"十二五"江苏省高等学校重点教材(编号:2015-1-084)

高等院校应用型本科规划教材

新能源材料

(第二版)

主　编　吴其胜

副主编　张　霞　戴振华

華東理工大學出版社
EAST CHINA UNIVERSITY OF SCIENCE AND TECHNOLOGY PRESS
·上海·

图书在版编目(CIP)数据

新能源材料/吴其胜主编. —2版. —上海：华东理工大学出版社，2017.6(2023.7重印)
高等院校应用型本科规划教材
ISBN 978-7-5628-5051-9

Ⅰ.①新…　Ⅱ.①吴…　Ⅲ.①新能源-材料　Ⅳ.①TK01

中国版本图书馆CIP数据核字(2017)第090004号

内 容 提 要

全书共分9章，首先概述了新能源技术及其材料；第2～9章从原理和微观机制、材料成分、组织结构与性能的关系等方面分别具体介绍了金属氢化物镍电池材料、锂离子电池材料、燃料电池材料、太阳能电池材料、半导体照明发光材料、相变储能材料、超级电容材料、非锂金属离子电池材料等新能源材料，同时对这些新能源材料的发展应用前景及趋势等进行了介绍。

本书可作为高等院校，尤其是应用型本科院校的无机非金属材料、金属材料、高分子材料与工程和材料物理、材料化学等专业高年级学生的教材，也可供相关材料科学与工程技术人员参考。

策划编辑 / 周永斌
责任编辑 / 徐知今
装帧设计 / 吴佳斐
出版发行 / 华东理工大学出版社有限公司
地址：上海市梅陇路130号，200237
电话：021-64250306
网址：www.ecustpress.cn
邮箱：zongbianban@ecustpress.cn
印　　刷 / 江苏省句容市排印厂
开　　本 / 787mm×1092mm　1/16
印　　张 / 22.25
字　　数 / 541千字
版　　次 / 2012年4月第1版
2017年6月第2版
印　　次 / 2023年7月第9次
定　　价 / 55.00元

序

能源和材料是人类社会赖以生存和发展的最重要物质基础。随着人类发展和社会工业化进程的推进，与人类休戚相关的石油、天然气和煤等传统能源资源日益减少，而传统能源消耗带来的环境污染却日益严重，威胁着人类的可持续发展。为了实现人类社会可持续发展的战略，必须保护人类赖以生存的自然环境与资源，这是人类进入21世纪面临的严重问题。为缓解和解决能源和环境危机，科学家提出资源与能源最充分利用技术和环境最小负担技术。发展新能源与新能源材料是两大技术的重要组成部分。我国历来重视新能源及其新能源材料的研究，在“十三五”规划中新能源材料是高技术研究和产业化的重点之一。

新能源是相对常规能源而言的，一般指以采用新技术和新材料而获得的，在新技术基础上系统开发利用的能源。新能源具有资源可持续、清洁、分布均衡等特点，必将成为未来可持续能源系统的支柱。新能源产业的发展既是整个能源供应系统的有效补充手段，也是环境治理和生态保护的重要措施，是满足人类社会可持续发展需要的最终能源选择。新能源材料是实现新能源的转化利用及发展新能源技术中所用的关键材料，是发展新能源技术的核心和其应用的基础。

《新能源材料》内容系统、全面、理论联系实际，深入地阐述了新能源材料的成分、组成、结构与工艺以及基本的工作原理等。主要介绍金属氢化物镍电池材料、锂离子电池材料、太阳能电池材料和燃料电池材料等。该书的内容编排与搭配，科学、技术、理论、实验方法和应用等方面的论述都是经过反复推敲的。该书是一部非常优秀的应用型本科院校材料类专业的教科书。

时光荏苒，该书初版已达5年多的时间。5年来，国内外的新能源材料又有了新的发展，出现了许多与国民经济、科研和教学等紧密相关的新材料、新理论、新技术，并取得了一系列新成果。因此，吴其胜教授等针对新能源材料新进展对原章节的内容进行了更新与补充，同时增加了超级电容器材料和钠硫、锂硫电池材料，并对原书进行了重新修订、编辑，出版该书的第二版。我相信，该书的第二版的出版对我国新能源材料的发展将起到积极的推动作用。

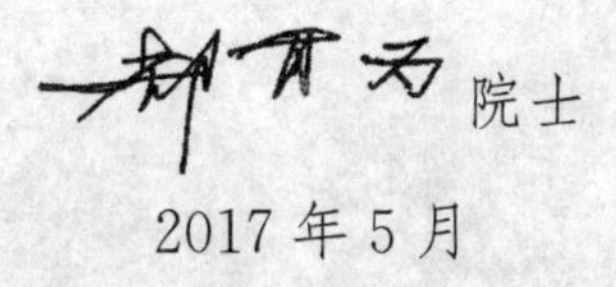
院士

2017年5月

序

第二版前言

《新能源材料》自2012年由华东理工大学出版社出版以来，已作为全国45所高校材料类专业本科教材或研究生教学参考书，受到广泛认同。近5年来，新能源材料发展日新月异，超级电容器、钠硫、锂硫电池等新能源材料的发展更是突飞猛进。

2017年，在江苏省教育厅精品教材出版基金的支持下，为适应新能源材料的发展，我们对《新能源材料》2012版进行了修订。本次修订主要针对新能源材料新进展对原书章节的内容进行了更新与补充，同时增加了超级电容器材料和钠硫、锂硫电池材料。本书是阐述金属氢化物镍电池材料、锂离子电池材料、燃料电池材料、太阳能电池材料、半导体照明发光材料、相变储能材料、超级电容器材料和钠硫、锂硫电池材料等新能源材料的成分、组成、结构、工艺过程的关系及变化规律。

本书由吴其胜教授、张霞副教授负责全书再版的统稿工作。盐城工学院吴其胜教授、张霞副教授、许剑光教授、姚为副教授、温永春博士、岳鹿博士、何寿成博士参与本书的修订与编写。具体编写分工如下：吴其胜教授修订第1章、第7章；张霞副教授修订第2章、第6章；温永春博士修订第5章；岳鹿博士修订第3章；何寿成修订第4章；姚为副教授新编第8章；许剑光教授新编第9章。

在修订与再版过程中，本书参考了大量的资料文献，在此向这些文献的作者们表示衷心感谢。本书涉及的知识面较广，限于编者学识水平有限，书中不足与不妥之处在所难免，恳请读者给予批评指正。

编者

2017年3月

前　言

新能源与新材料，是国民经济和社会发展的命脉，广泛渗透于人类的生活之中，影响着人类的生存质量。新材料是高新技术产业发展的基础性与先导性行业，每一次材料技术的重大突破都会带动一个新兴产业群的发展，其研发水平及产业化规模已成为衡量一个国家经济发展、科技进步和国防实力的重要标志。相对于传统能源，新能源普遍具有污染少、储量大的特点，对于解决当今世界严重的环境污染问题和资源(特别是化石能源)枯竭问题具有重要意义。面对日益严峻的能源问题和环境污染问题，人类最终离不开新材料、新能源的使用，新能源材料的开发已经越来越引起世界各国研究机构的广泛重视，新的技术和成果不断涌现。可以说，新能源材料的开发和利用已成为社会可持续发展的重要影响因素。

开发新能源是降低碳排放、优化能源结构、实现人类社会可持续发展的重要途径。在新能源的发展过程中，新能源材料起到了不可替代的重要作用，引导和支撑了新能源的发展。作为材料科学与工程专业的高级工程技术人才，了解与掌握作为新材料重要组成部分且最具发展前景的新能源材料方面的知识，是时代的需要、市场的需要、材料发展的需要。

新能源材料是指支撑新能源发展，具有能量储存和转换功能的功能材料或结构功能一体化材料。新能源材料对新能源的发展发挥了重要作用，一些新能源材料的发明催生了新能源系统的诞生，其应用提高了新能源系统的效率，新能源材料的使用则直接影响着新能源系统的投资与运行成本。本书阐述了金属氢化物镍电池材料、锂离子电池材料、燃料电池材料、太阳能电池材料、半导体照明发光材料、相变储能材料等新能源材料的成分、组成、结构与工艺过程的关系及变化规律。

根据教育部最新颁布的本科专业目录，适应我国经济结构战略性调整、人才市场竞争力以及新材料、新能源新兴产业发展的要求，为了达到培养专业面宽、知识面广和工程能力强的应用型本科人才培养的目标，我们编写了本教材。

本书由盐城工学院吴其胜教授、张霞副教授、刘学然副教授、于方丽博士、温永春博士、王旭副教授、江苏东新能源公司董事长戴振华编写。具体编写情况如下：吴其胜教授编写第1、3、7章，并负责全书的统稿工作；张霞副教授编写第2章；王旭副教授、温永春博士编写第4章；刘学然副教授编写第5章；于方丽博士编写第6章，戴振华参与第3章的编写工作。

在编写过程中，本书参考了大量的文献资料，在此向这些文献的作者们表示衷心感谢。

本书涉及的知识面较广，限于编者的学识水平，书中不足与不妥之处在所难免，恳请读者给予批评指正。

目　录

概　述

本章内容提要

能源问题与环境问题是21世纪人类面临的两大基本问题，发展无污染、可再生的新能源是解决这两大问题的必由之路。本章介绍新能源的定义、分类，新能源与新材料的关系，以及发展新能源材料的意义及其关键技术。

能源、材料、生物技术、信息技术一起构成了文明社会的四大支柱。能源是推动社会发展和社会进步的主要物质基础，能源技术的每一次进步都带动了人类社会的发展。随着煤炭、石油和天然气等不可再生的化石燃料资源逐渐消耗殆尽，从生态环境保护的必要性角度考虑，新能源的开发变得尤为重要，它将促进世界能源结构的转变，新能源技术的日臻成熟将带来产业领域的革命性变化。

1.1　能源

能源按其形成方式不同可分为一次能源和二次能源。一次能源包括以下三大类：

(1) 来自地球以外天体的能量，主要是太阳能；

(2) 地球本身蕴藏的能量，海洋和陆地内储存的燃料、地球的热能等；

(3) 地球与天体相互作用产生的能量，如潮汐能。

能源按其循环方式不同可分为不可再生能源（化石燃料）和可再生能源（生物质能、氢能、化学能源）；按使用性质不同可分为含能体能源（煤炭、石油等）和过程能源（太阳能、电能等）；按环境保护的要求可分为清洁能源（又称绿色能源，如太阳能、氢能、风能、潮汐能等）和非清洁能源；按现阶段的成熟程度可分为常规能源和新能源。表1-1为能源分类的方法。

表1-1　能源分类的方法

项目			可再生能源	不可再生能源
一次能源	常规能源	商品能源	水力（大型）；核能；地热； 生物质能（薪材秸秆、粪便等）； 太阳能（自然干燥等）； 水力（水车等）	化石燃料（煤、油、天然气等）； 核能
		传统能源 （非商品能源）	风力（风车、风帆等）； 畜力	
	非常规能源	新能源	生物质能（燃料作物制沼气、酒精等）； 太阳能（收集器、光电池等）； 水力（小水电）；风力（风力机等）； 海洋能；地热	
二次能源	电力、煤气、沼气、汽油、柴油、煤油、重油等油制品，蒸汽，热水，压缩空气，氢能等			

1.2 新能源及其利用技术

新能源是相对于常规能源而言，以采用新技术和新材料而获得的，在新技术基础上系统地开发利用的能源，如太阳能、风能、海洋能、地热能等。与常规能源相比，新能源生产规模较小，适用范围较窄。如前所述，常规能源与新能源的划分是相对的。以核裂变能为例，20 世纪 50 年代初开始把它用来生产电力和作为动力使用时，被认为是一种新能源。到 80 年代世界上不少国家已把它列为常规能源。太阳能和风能被利用的历史比核裂变能要早许多世纪，由于还需要通过系统研究和开发才能提高利用效率、扩大使用范围，所以还是把它们列入新能源。联合国曾认为新能源和可再生能源共包括 14 种能源：太阳能、地热能、风能、潮汐能、海水温差能、波浪能、木柴、木炭、泥炭、生物质转化、畜力、油页岩、焦油砂及水能。目前各国对这类能源的称谓有所不同，但是共同的认识是，除常规的化石能源和核能之外，其他能源都可称为新能源或可再生能源，主要为太阳能、地热能、风能、海洋能、生物质能、氢能和水能。由不可再生能源逐渐向新能源和可再生能源过渡，是当代能源利用的一个重要特点。在能源、气候、环境问题面临严重挑战的今天，大力发展新能源和可再生能源是符合国际发展趋势的，对维护我国能源安全以及环境保护意义重大。

新能源的分布广、储量大和清洁环保，将为人类提供发展的动力。实现新能源的利用需要新技术支撑，新能源技术是人类开发新能源的基础和保障。

1. 太阳能及其利用技术

太阳能是人类最主要的可再生能源，太阳每年输出的总能量为 3.75×10^{26} W，其中辐射到地球陆地上的能量大约为 8.5×10^{16} W，这个数量远大于人类目前消耗的能量的总和，相当于 1.7×10^{18} t 标准煤。太阳能利用技术主要包括：太阳能—热能转换技术，即通过转换装备将太阳辐射转换为热能加以利用，例如太阳能热能发电、太阳能采暖技术、太阳能制冷与空调技术、太阳能热水系统、太阳能干燥系统、太阳灶和太阳房等；太阳能—光电转换技术，即太阳能电池，包括应用广泛的半导体太阳能电池和光化学电池的制备技术；太阳能—化学能转换技术，例如光化学作用、光合作用和光电转换等。

2. 氢能及其利用技术

氢是未来最理想的二次能源。氢以化合物的形式储存于地球上最广泛的物质中，如果把海水中的氢全部提取出来，总能量是地球现有化石燃料的 9 000 倍。氢能利用技术包括制氢技术、氢提纯技术和氢储存与输运技术。制氢技术范围很广，包括化石燃料制氢技术、电解水制氢、固体聚合物电解质电解制氢、高温水蒸气电解制氢、生物制氢技术、生物质制氢、热化学分解水制氢及甲醇重整、H_2S 分解制氢等。氢的储存是氢利用的重要保障，主要技术包括液化储氢、压缩氢气储氢、金属氢化物储氢、配位氢化物储氢、有机物储氢和玻璃微球储氢等。氢的应用技术主要包括燃料电池、燃气轮机(蒸汽轮机)发电、MH/Ni 电池、内燃机和火箭发动机等。

3. 核能及其利用技术

核能是原子核结构发生变化放出的能量。核能技术主要有核裂变和核聚变。核裂变所用原料铀 1 g 就可释放相当于 30 t 煤的能量，而核聚变所用的氚仅仅用 560 t 就可能为全世界提供一年消耗所需的能量。海洋中氚的储量可供人类使用几十亿年，同样是取之不尽，用之不竭的清洁能源。自 20 世纪 50 年代第一座核电站诞生以来，全球核裂变发电迅速发展，核电技术不断完善，各种类型的反应堆相继出现，如压水堆、沸水堆、石墨堆、气冷堆及快中子堆等，其中，以轻水

(H_2O)作为慢化剂和载热剂的轻水反应堆(包括压水堆和沸水堆)应用最多,技术相对完善。人类实现核聚变并进行控制其难度非常大,采用等离子体最有希望实现核聚变反应。

4. 生物质能及其利用技术

生物能目前占世界能源中消耗量的14%。估计地球每年植物光合作用固定的碳达到2×10^{12} t,含能量3×10^{21} J。地球上的植物每年生产的能量是目前人类消耗矿物能的20倍。生物质能的开发利用在许多国家得到高度重视,生物质能有可能成为未来可持续能源系统的主要成员,扩大其利用是减排CO_2的最重要的途径。生物质能的开发技术有生物质气化技术、生物质固化技术、生物质热解技术、生物质液化技术和沼气技术。

5. 化学能源及其利用技术

化学能源实际是直接把化学能转变为低压直流电能的装置,也叫电池。化学能源已经成为国民经济中不可缺少的重要的组成部分。同时化学能源还将承担其他新能源的储存功能。化学电能技术即电池制备技术,目前以下电池研究活跃并具有发展前景:金属氢化物-镍电池、锂离子二次电池、燃料电池和铝电池。

6. 风能及其利用技术

风能是大气流动的动能,是来源于太阳能的可再生能源。估计全球风能储量为10^{14} MW,如有千万分之一被人类利用,就有10^{6} MW的可利用风能,这是全球目前的电能总需求量,也是水利资源可利用量的10倍。风能应用技术主要为风力发电、如海上风力发电、小型风机系统和涡轮风力发电等。

7. 地热能及其利用技术

地热能是来自地球深处的可再生热能。全世界地热资源总量大约1.45×10^{26} J,相当于全球煤热能的1.7亿倍,是分布广、洁净、热流密度大、使用方便的新能源。地热能开发技术集中在地热发电、地热采暖、供热和供热水等技术。

8. 海洋能及其利用技术

海洋能是依附在海水中的可再生能源,包括潮汐能、潮流、海流、波浪、海水温差和海水盐差能。估计全世界海洋的理论或再生量为7.6×10^{13} W,相当于目前人类对电能的总需求量。潮流能利用涉及很多关键问题需要解决,例如,潮流能具有大功率低流速特性,这意味着潮流能装置的叶片、结构、地基(锚泊点或打桩桩基)要比风能装置有更大的强度,否则在流速过大时可能对装置造成损毁;海水中的泥沙进入装置可能损坏轴承;海水腐蚀和海洋生物附着会降低水轮机的效率和整个设备的寿命;漂浮式潮流发电装置也存在抗台风问题和影响航运问题。因此,未来潮流能发电技术研究要研发易于上浮的坐底式技术,以免影响航运,并且易于抗台风和易于维修,还要针对海洋环境的特点研究防海水腐蚀、海洋生物附着的技术。

9. 可燃冰及其利用技术

可燃冰是天然气的水合物。它在海底分布范围占海洋总面积的10%,相当于4 000万平方千米,它的储量够人类使用1 000年。但是可燃冰的深海开采本身面临众多技术问题,另一方面就是开采过程中的泄漏控制问题,甲烷的温室效应要比二氧化碳强很多,一旦发生大规模泄漏事件,对全球气候变化的影响不容忽视,因此相关开采研究有很多都集中在泄漏控制上面。

10. 海洋渗透能及其利用技术

在江河的入海口,淡水的水压比海水的水压高,如果在入海口放置一个涡轮发电机,淡水和海水之间的渗透压就可以推动涡轮机来发电。海洋渗透能是一种十分环保的绿色能源,它既不产生垃圾,也没有二氧化碳的排放,更不依赖天气的状况,可以说是取之不尽,用之不竭。而在盐分浓度更大的水域里,渗透发电厂的发电效能会更好,比如地中海、死海、中国盐城市的大盐湖、美国的大盐湖。当然发电厂附近必须有淡水的供给。据挪威能源集团的负责人巴德·米克尔森估计,利用海洋渗透能发电,全球范围内年度发电量可以达到16 000亿度。

1.3 新能源材料

能源材料是材料学科的一个重要研究方向,有的学者将能源材料划分为新能源技术材料、能量转换与储能材料和节能材料等。综合国内外的一些观点,新能源材料是指实现新能源的转化和利用以及发展新能源技术中所要用到的关键材料,它是发展新能源技术的核心和新能源应用的基础。从材料学的本质和能源发展的观点看,能储存和有效利用现有传统能源的新型材料也可以归属为新能源材料。新能源材料覆盖了镍氢电池材料、锂离子电池材料、燃料电池材料、太阳能电池材料、反应堆核能材料、发展生物质能所需的重点材料、新型相变储能和节能材料等。新能源材料的基础仍然是材料科学与工程基于新能源理念的演化与发展。

材料科学与工程研究的范围涉及金属、陶瓷、高分子材料(如塑料)、半导体以及复合材料。通过各种物理与化学的方法来发现新材料、改变传统材料的特性或行为使它们变得更有用,这就是材料科学的核心。材料的应用是人类发展的里程碑,人类所有的文明进程都是以他们使用的材料来分类的,如石器时代、铜器时代、铁器时代等。21世纪是新能源发挥巨大作用的年代,显然新能源材料及相关技术也将发挥巨大作用。新能源材料之所以被称为新能源材料,必然在研究该类材料的时候要体现出新能源的角色。既然现在新能源的概念已经涵盖很多方面,那么具体的某类新能源材料就要体现出其所代表的该类新能源的某个(些)特性。

1.4 新能源材料发展方向

新能源新材料是在环保理念推出之后引发的对不可再生资源节约利用的一种新的科技理念,新能源新材料是指新近发展的或正在研发的、性能超群的一些材料,具有比传统材料更为优异的性能。新材料技术则是按照人的意志,通过物理研究、材料设计、材料加工、试验评价等一系列研究过程,创造出能满足各种需要的新型材料。

1. 超导材料

有些材料当温度下降至某一临界温度时,其电阻完全消失,这种现象称为超导电性,具有这种现象的材料称为超导材料。超导体的另外一个特征是:当电阻消失时,磁感应线将不能通过超导体,这种现象称为抗磁性。一般金属(例如:铜)的电阻率随温度的下降而逐渐减小,当温度接近于0 K时,其电阻达到某一数值。而1919年荷兰科学家昂内斯用液氦冷却水银,当温度下降到4.2 K(即−269 ℃)时,发现水银的电阻完全消失。

超导电性和抗磁性是超导体的两个重要特性。使超导体电阻为零的温度称为临界温度(TC)。超导材料研究的难题是突破"温度障碍",即寻找高温超导材料。以NbTi、Nb_3Sn为代表的实用超导材料已实现了商品化,在核磁共振人体成像(NMRI)、超导磁体及大型加速器磁体等多个领域获得了应用;SQUID作为超导体弱电应用的典范已在微弱电磁信号测量方面起到了重要作用,其灵敏度是其他任何非超导的装置无法达到的。但是,由于常规低温超导体的临界温度太低,必须在昂贵复杂的液氦(4.2 K)系统中使用,因而严重地限制了低温超导应用的发展。高温氧化物超导体的出现,突破了温度壁垒,把超导应用温度从液氦(4.2 K)提高到液氮(77 K)温区。同液氦相比,液氮是一种非常经济的冷媒,并且具有较高的热容量,给工程应用带来了极大的方便。另外,高温超导体都具有相当高的磁性能,能够用来产生 20T 以上的强磁场。

超导材料最诱人的应用是发电、输电和储能。利用超导材料制作发电机的线圈磁体后的超导发电机,可以将发电机的磁场强度提高到 5 万～6 万高斯,而且几乎没有能量损失,与常规发电机相比,超导发电机的单机容量提高 5～10 倍,发电效率提高 50%;超导输电线和超导变压器可以把电力几乎无损耗地输送给用户,据统计,目前的铜或铝导线输电,约有 15%的电能损耗在输电线上,在中国每年的电力损失达 1 000 多亿度,若改为超导输电,节省的电能相当于新建数十个大型发电厂;超导磁悬浮列车的工作原理是利用超导材料的抗磁性,将超导材料置于永久磁体(或磁场)的上方,由于超导的抗磁性,磁体的磁力线不能穿过超导体,磁体(或磁场)和超导体之间会产生排斥力,使超导体悬浮在上方。利用这种磁悬浮效应可以制作高速超导磁悬浮列车,如已运行的日本新干线列车,上海浦东国际机场的高速列车等;用于超导计算机,高速计算机要求在集成电路芯片上的元件和连接线密集排列,但密集排列的电路在工作时会产生大量的热量,若利用电阻接近于零的超导材料制作连接线或超微发热的超导器件,则不存在散热问题,可使计算机的运算速度大大提高。

2. 能源材料

能源材料主要有太阳能电池材料、储氢材料、固体氧化物电池材料等。太阳能电池材料是新能源材料,IBM 公司研制的多层复合太阳能电池,转换率高达 40%。氢是无污染、高效的理想能源,氢的利用关键是氢的储存与运输,美国能源部在全部氢能研究经费中,大约有 50%用于储氢技术。氢对一般材料会产生腐蚀,造成氢脆及其渗漏,在运输中也极易爆炸,储氢材料的储氢方式是材料与氢结合形成氢化物,当需要时加热放氢,放完后又可以继续充氢。目前的储氢材料多为金属化合物。如 $LaNi_5H$、$Ti_{1.2}Mn_{1.6}H_3$ 等。固体氧化物燃料电池的研究十分活跃,关键是电池材料,如固体电解质薄膜和电池阴极材料,还有质子交换膜型燃料电池用的有机质子交换膜等。

3. 智能材料

智能材料是继天然材料、合成高分子材料、人工设计材料之后的第四代材料,是现代高技术新材料发展的重要方向之一。国外在智能材料的研发方面取得很多技术突破,如英国宇航公司的导线传感器,用于测试飞机蒙皮上的应变与温度情况;英国开发出一种快速反应形状记忆合金,寿命期具有百万次循环,且输出功率高,用它制作制动器时,反应时间仅为 10 min;形状记忆合金还成功地应用于卫星天线、医学等领域。另外,还有压电材料、磁致伸缩材料、导电高分子材料、电流变液和磁流变液等智能材料驱动组件材料等功能材料。

4. 磁性材料

磁性材料可分为软磁材料和硬磁材料两类。

软磁材料是指那些易于磁化并可反复磁化的材料,但当磁场去除后,磁性即随之消失。这类材料的特性标志是:磁导率($\mu=B/H$)高,即在磁场中很容易被磁化,并很快达到高的磁化强度;但当磁场消失时,其剩磁就很小。这种材料在电子技术中广泛应用于高频技术。如磁芯、磁头、存储器磁芯;在强电技术中可用于制作变压器、开关继电器等。目前常用的软磁体有铁硅合金、铁镍合金、非晶金属。Fe-(3%～4%)Si 的铁硅合金是最常用的软磁材料,常用作低频变压器、电动机及发电机的铁芯;铁镍合金的性能比铁硅合金好,典型代表材料为坡莫合金(Permalloy),其成分为 79%Ni-21%Fe,坡莫合金具有高的磁导率(磁导率 μ 为铁硅合金的 10～20 倍)、低的损耗;并且在弱磁场中具有高的磁导率和低的矫顽力,广泛用于电讯工业、电子计算机和控制系统方面，是重要的电子材料；非晶金属(金属玻璃)与一般金属的不同点是其结构为非晶体。它们是由 Fe、Co、Ni 及半金属元素 B、Si 所组成，其生产工艺要点是采用极快的速度使金属液冷却，使固态金属获得原子无规则排列的非晶体结构。非晶金属具有非常优良的磁性能，它们已用于低能耗的变压器、磁性传感器、记录磁头等。另外，有的非晶金属具有优良的耐蚀性，有的非晶金属具有强度高、韧性好的特点。

永磁材料(硬磁材料)经磁化后，去除外磁场仍保留磁性，其性能特点是具有高的剩磁、高的矫顽力。利用此特性可制造永久磁铁，可把它作为磁源。如常见的指南针、仪表、微电机、电动机、录音机、电话及医疗等方面。永磁材料包括铁氧体和金属永磁材料两类。铁氧体的用量大、应用广泛、价格低，但磁性能一般，用于一般要求的永磁体。金属永磁材料中，最早使用的是高碳钢，但磁性能较差。高性能永磁材料的品种有铝镍钴(Al-Ni-Co)和铁铬钴(Fe-Cr-Co)；稀土永磁，如较早的稀土钴(Re-Co)合金(主要品种有利用粉末冶金技术制成的 $SmCo_5$ 和 Sm_2Co_{17})，以及现在广泛采用的铌铁硼(Nb-Fe-B)稀土永磁，铌铁硼磁体不仅性能优，而且不含稀缺元素钴，所以很快成为目前高性能永磁材料的代表，已用于高性能扬声器、电子水表、核磁共振仪、微电机、汽车启动电机等。

5. 纳米材料

纳米本是一个尺度范围，纳米科学技术是一个融科学前沿的高技术于一体的完整体系，它的基本含义是在纳米尺寸范围内认识和改造自然，通过直接操作和安排原子、分子来创新物质。纳米科技主要包括：纳米体系物理学、纳米化学、纳米材料学、纳米生物学、纳米电子学、纳米加工学、纳米力学七个方面。纳米材料是纳米科技领域中最富活力、研究内涵十分丰富的科学分支。用纳米来命名材料是 20 世纪 80 年代，纳米材料是指由纳米颗粒构成的固体材料，其中纳米颗粒的尺寸最多不超过 100 nm。纳米材料的制备与合成技术是当前主要的研究方向，虽然在样品的合成上取得了一些进展，但至今仍不能制备出大量的块状样品，因此研究纳米材料的制备对其应用起着至关重要的作用。目前我国已经研制出一种用纳米技术制造的乳化剂，以一定比例加入汽油后，可使像桑塔纳一类的轿车降低 10%左右的耗油量；纳米材料在室温条件下具有优异的储氢能力，在室温常压下，约 2/3 的氢能可以从这些纳米材料中得以释放，可以不用昂贵的超低温液氢储存装置。

6. 未来的几种新能源材料

波能：即海洋波浪能。这是一种取之不尽，用之不竭的无污染可再生能源。据推测，地球上海洋波浪蕴藏的电能高达 9×10^4 TW。近年来，在各国的新能源开发计划中，波能的利用已占有一席之地。尽管波能发电成本较高，需要进一步完善，但目前的进展已表明了这种新能源潜在的商业价值。日本的一座海洋波能发电厂已运行 8 年，电厂的发电成本虽高于其他发电方式，但对于边远岛屿来说，可节省电力传输等投资费用。目前，美、英、印度等国家已建成几十座波能发电站，且均运行良好。

可燃冰：这是一种甲烷与水结合在一起的固体化合物，它的外形与冰相似，故称“可燃冰”。可燃冰在低温高压下呈稳定状态，冰融化所释放的可燃气体相当于原来固体化合物体积的 100 倍。据测算，可燃冰的蕴藏量比地球上的煤、石油和天然气的总和还多。

煤层气：煤在形成过程中由于温度及压力增加，在产生变质作用的同时也释放出可燃性气体。从泥炭到褐煤，每吨煤产生 68 m^3 气；从泥炭到肥煤，每吨煤产生 130 m^3 气；从泥炭到无烟煤，每吨煤产生 400 m^3 气。科学家估计，地球上煤层气可达 2 000 Tm^3。

微生物发酵：世界上有不少国家盛产甘蔗、甜菜、木薯等，利用微生物发酵，可制成酒精，酒精具有燃烧完全、效率高、无污染等特点，用其稀释汽油可得到“乙醇汽油”，而且制作酒精的原料丰富，成本低廉。据报道，巴西已改装“乙醇汽油”或酒精为燃料的汽车达几十万辆，减轻了大气污染。此外，利用微生物可制取氢气，以开辟能源的新途径。

第四代核能源：当今，世界科学家已研制出利用正反物质的核聚变，来制造出无任何污染的新型核能源。正反物质的原子在相遇的瞬间，灰飞烟灭，此时，会产生高当量的冲击波以及光辐射能。这种强大的光辐射能可转化为热能，如果能够控制正反物质的核反应强度，来作为人类的新型能源，那将是人类能源史上的一场伟大的能源革命。

1.5 新能源材料的关键技术

新能源发展过程中发挥重要作用的新能源材料有锂离子电池关键材料、镍氢动力电池关键材料、氢能燃料电池关键材料、多晶薄膜太阳能电池材料、LED发光材料、核用锆合金等。新能源材料的应用现状可以概括为以下几个方面。

1. 锂离子电池及其关键材料

经过10多年的发展，小型锂离子电池在信息终端产品(移动电话、便携式电脑、数码摄像机)中的应用已占据垄断性地位，我国也已发展成为全球三大锂离子电池和材料的制造和出口大国之一。新能源汽车用锂离子动力电池和新能源大规模储能用锂离子电池也已日渐成熟，市场前景广阔。近10年来锂离子电池技术发展迅速，其比能量由100 W·h/kg增加到180 W·h/kg，比功率达到2 000 W/kg，循环寿命达到1 000次以上。在此基础上，如何进一步提高锂离子电池的性价比及其安全性是目前的研究重点，其中开发具有优良综合性能的正负极材料、工作温度更高的新型隔膜和加阻燃剂的电解液是提高锂离子电池安全性和降低成本的重要途径。

2. 镍氢电池及其关键材料

镍氢动力电池已进入成熟期，在商业化、规模化应用的混合动力汽车中得到了实际验证，全球已经批量生产的混合动力汽车大多采用镍氢动力电池。目前技术较为领先的是日本Panasonic EV Energy公司，其开发的电池品种主要为6.5 A·h电池，形状有圆柱形和方形两种，电池比能量为45 W·h/kg，比功率达到1 300 W/kg。采用镍氢动力电池的Prius混合动力轿车在全球销售约120万辆，并已经经受了11年左右的商业运行考核。随着Prius混合动力轿车需求增大，原有的镍氢动力电池的产量已不能满足市场需求，Panasonic EV Energy公司正在福岛县新建一条可满足106台/年电动汽车用镍氢动力电池的生产线，计划3年后投产。镍氢电池是近年来开发的一种新型电池，与常用的镍镉电池相比，容量可以提高一倍，没有记忆效应，对环境没有污染。它的核心是储氢合金材料，目前主要使用的是RE($LaNi_5$)系、Mg系和Ti系储氢材料。我国在小功率镍氢电池产业化方面取得了很大进展，镍氢电池的出口逐年增长，年增长率为30%以上。世界各发达国家都将大型镍氢电池列入电动汽车的开发计划，镍氢动力电池正朝着方形密封、大容量、高能比的方向发展。

3. 燃料电池材料

燃料电池材料因燃料电池与氢能的密切关系而显得意义重大。燃料电池可以应用于工业及生活的各个方面，如使用燃料电池作为电动汽车电源一直是人类汽车发展的目标之一。在材料及部件方面，主要进行了电解质材料合成及薄膜化、电极材料合成与电极制备、密封材料及相关测试表征技术的研究，如掺杂的$LaGaO_3$、纳米YSZ、锶掺杂的锰酸镧阴极及Ni-YSZ陶瓷阳极的制备与优化等。采用廉价的湿法工艺，可在YSZ+NiO阳极基底上制备厚度仅为50 μm的致密 YSZ 薄膜,800 ℃用氢作燃料时单电池的输出功率密度达到 0.3 W/cm^2 以上。

催化剂是质子交换膜燃料电池的关键材料之一,对于燃料电池的效率、寿命和成本均有较大影响。在目前的技术水平下,燃料电池中 Pt 的使用量为 1~1.5 g/kW,当燃料电池汽车达到 10^6 辆的规模(总功率为 4×10^7 kW)时,Pt 的用量将超过 40 t,而世界 Pt 族金属总储量为 56 000 t,且主要集中于南非(77%)、俄罗斯(13%)和北美(6%)等地,我国本土的铂族金属矿产资源非常贫乏,总保有储量仅为 310 t。铂金属的稀缺与高价已成为燃料电池大规模商业化应用的瓶颈之一。如何降低贵金属铂催化剂的用量,开发非铂催化剂,提高其催化性能,成为当前质子交换膜燃料电池催化剂的研究重点。

传统的固体氧化物燃料电池(SOFC)通常在 800~1 000 ℃的高温条件下工作,由此带来材料选择困难、制造成本高等问题。如果将 SOFC 的工作温度降至 600~800 ℃,便可采用廉价的不锈钢作为电池堆的连接材料,降低电池其他部件(BOP)对材料的要求,同时可以简化电池堆设计,降低电池密封难度,减缓电池组件材料间的互相反应,抑制电极材料结构变化,从而提高 SOFC 系统的寿命,降低 SOFC 系统的成本。当工作温度进一步降至 400~600 ℃时,有望实现 SOFC 的快速启动和关闭,这为 SOFC 进军燃料电池汽车、军用潜艇及便携式移动电源等领域打开了大门。实现 SOFC 的中低温运行有两条主要途径:继续采用传统的 YSZ 电解质材料,将其制成薄膜,减小电解质厚度,以减小离子传导距离,使燃料电池在较低的温度下获得较高的输出功率,开发新型的中低温固体电解质材料及与之相匹配的电极材料和连接板材料。

4. 轻质高容量储氢材料

目前得到实际应用的储氢材料主要有 AB_5 型稀土系储氢合金、钛系 AB 型合金和 AB_2 型 Laves 相合金,但这些储氢材料的储氢质量分数都低于 2.2%。近期美国能源部将 2015 年储氢系统的储氢质量分数的目标调整为 5.5%,目前尚无一种储氢方式能够满足这一要求,因此必须大力发展新型高容量储氢材料。目前的研究热点主要集中在高容量金属氢化物储氢材料、配位氢化物储氢材料、氨基化合物储氢材料和 MOFs 等方面的研究。在金属氢化物储氢材料方面,北京有色金属研究总院近期研制出 $Ti_{32}Cr_{46}V_{22}Ce_{0.4}$ 合金,其室温最大储氢质量分数可达 3.65%,在 70 ℃、0.1 MPa 条件下有效放氢质量分数达到 2.5%。目前研究报道的钛钒系固溶体储氢合金,大多以纯钒为原料,合金成本偏高,大规模应用受到了限制。因此,高性能低钒固溶体合金和以钒铁为原料的钛钒铁系固溶体储氢合金的研究日益受到重视。

5. 太阳能电池材料

基于太阳能在新能源领域的龙头地位,美国、德国、日本等发达国家都将太阳能光电技术放在新能源的首位。这些国家的单晶硅电池的转换率相继达到 20%以上,多晶硅电池在实验室中的转换效率也达到了 17%,这引起了各个方面的关注。砷化镓太阳能电池的转换率目前已经达到 20%~28%,采用多层结构还可以进一步提高转换率,美国研制的高效堆积式多结砷化镓太阳能电池的转换率达到了 31%,IBM 公司报道的多层复合砷化镓太阳能电池的转换率达到了 40%。在世界太阳能电池市场上,目前仍以晶体硅电池为主。预计在今后一定时间内,世界太阳能电池及其组件的产量将以每年 35%左右的速度增长。晶体硅电池的优势地位在相当长的时期里仍将继续维持并向前发展。

6. 发展核能的关键材料

美国的核电约占总发电量的 20%。法国、日本两国核能发电所占份额分别为 77%和 29.7%。目前,中国核电工业由原先的适度发展进入加速发展的阶段,同时我国核能发电量创历史最高水平,到 2020 年核电装机容量将占全部总装机容量的 4%。核电工业的发展离不开核材料,任何核电技术的突破都有赖于核材料的首先突破。发展核能的关键材料包括:先进核动力材料、先进的核燃料、高性能燃料元件、新型核反应堆材料、铀浓缩材料等。

核反应堆中,目前普遍使用锆合金作为堆芯结构部件和燃料元件包壳材料。Zr-2、Zr-4和Zr-2.5Nb是水堆用的三种最成熟的锆合金,Zr-2用作沸水堆包壳材料,Zr-4用作压水堆、重水堆和石墨水冷堆的包壳材料,Zr-2.5Nb用作重水堆和石墨水冷堆的压力管材料,其中Zr-4合金应用最为普遍,该合金已有30多年的使用历史。为提高性能,一些国家开展了改善Zr-4合金的耐腐蚀性能以及开发新锆合金的研究工作。通过将Sn含量取下限,Fe、Cr含量取上限,并采取适当的热处理工艺改善微观组织结构,得到了改进型Zr-4包壳合金,其堆内腐蚀性能得到了改善。但是,长期的使用证明,改进型Zr-4合金仍然不能满足50 GWd/tU以上高燃耗的要求。针对这一情况,美国、法国和俄罗斯等国家开发了新型Zr-Nb系合金,与传统Zr-Sn合金相比,Zr-Nb系合金具有抗吸氢能力强,耐腐蚀性能、高温性能及加工性能好等特性,能满足60 GWd/tU甚至更高燃耗的要求,并可延长换料周期。这些新型锆合金已在新一代压水堆电站中获得广泛应用,如法国采用M5合金制成燃料棒,经在反应堆内辐照后表明,其性能大大优于Zr-4合金,法国法玛通公司的AFA3G燃料组件已采用M5合金作为包壳材料。

7. 其他新能源材料

我国风能资源较为丰富,但与世界先进国家相比,我国风能利用技术和发展差距较大,其中最主要的问题是尚不能制造大功率风电机组的复合材料和叶片材料。电容器材料和热电转换材料一直是传统能源材料的研究范围。现在随着新材料技术的发展和新能源含义的拓展,一些新的热电转换材料也可以当作新能源材料来研究。目前热电材料的研究主要集中在$(SbBi)_3(TeSe)_2$合金、填充式Skutterudites $CoSb_3$型合金(如$CeFe_4Sb_{12}$)、Ⅳ族Clathrates体系(如$Sr_4Eu_4Ga_{16}Ge_{30}$)以及Half-Heusler合金(如$TiNiSn_{0.95}Sb_{0.05}$)。节能储能材料的技术发展也使得相关的关键材料研究迅速发展,一些新型的利用传统能源和新能源的储能材料也成为人们关注的对象。利用相变材料(phase change mAterials,PCM)的相变潜热来实现能量的储存和利用,提高能效和开发可再生能源,是近年来能源科学和材料科学领域中一个十分活跃的前沿研究方向;发展具有产业化前景的超导电缆技术是国家新材料领域超导材料与技术专项的重点课题之一。我国已成为世界上第3个将超导电缆投入电网运行的国家,超导电缆的技术已跻身于世界前列,将对我国的超导应用研究和能源工业的前景产生重要的影响。

新能源材料是推动氢能燃料电池快速发展的重要保障。提高能效、降低成本、节约资源和环境友好将成为新能源发展的永恒主题,新能源材料将在其中发挥越来越重要的作用。如何针对新能源发展的重大需求,解决相关新能源材料的材料科学基础研究和重要工程技术问题,将成为材料工作者的重要研究课题。

思考题

[1] 新能源主要指哪些能源?其关键技术有哪些?

[2] 新能源材料的关键技术有哪些?未来可能朝哪几种材料方向发展?

[3] 结合汽车行业的发展趋势,谈谈新能源在汽车行业中的应用。

参考文献

[1] 王革华,艾德生. 新能源概论. 北京:化学工业出版社,2006.

[2] 李传统.新能源与再生能源技术.南京:东南大学出版社,2005.
[3] 翟秀静,刘奎仁,韩庆.新能源技术.北京:化学工业出版社,2005.
[4] 艾德生,高喆.新能源材料-基础与应用.北京:化学工业出版社,2010.
[5] 雷永泉.新能源材料.天津:天津大学出版社,2002.
[6] 汤天浩.新能源与可再生能源的关键技术.电源技术应用,2007,10(2):60-64.
[7] 罗智.新能源技术开发及应用.锅炉制造,2004(2):51-54.
[8] 汝小芳,赵媛.新能源开发与我国能源的可持续发展.能源研究与利用,2003(3):4-6.
[9] 唐有根.镍氢电池.北京:化学工业出版社,2007.
[10] 朱继平.新能源材料技术.北京:化学工业出版社,2014.
[11] 崔平.新能源材料科学与应用技术.北京:科学出版社,2016.

金属氢化物镍(Ni/MH)电池材料

本章内容提要

Ni/MH 电池作为新兴的绿色能源材料正处于蓬勃发展时期。本章介绍 Ni/MH 电池的原理、负极材料、正极材料,Ni/MH 电池材料的最新制备方法,Ni/MH 电池的充放电行为、Ni/MH 电池的设计与制造工艺和 Ni/MH 电池的再生利用技术。

随着科技的进步,人们对便携式电子产品的需求越来越大,而这种需求对电池产业提出了更高的要求。环保意识的提高和天然资源的减少,对开发电动车的需求也变得非常迫切。因此,开发并使用清洁能源,研究如何储存能源,并且高效地使用这一能源的技术,正成为当今世界一个至关重要的问题。

氢能是最清洁的二次能源,储氢材料的发现、发展及应用促进了氢能的开发与利用。利用储氢材料的可逆储放氢性能及伴随的热效应和平衡压特性,可以进行化学能、热能和机械能等能量交换,具体可以用于氢的高效储运、电池的负极材料、高纯氢气的制备、热泵、同位素的分离、氢压缩机和催化剂等,从而形成一类新型功能材料。其中金属氢化物镍二次电池的商业化是储氢材料研究成果最有经济价值的突破。

作为绿色能源的 Ni/MH 电池,由于其具有高能量密度、大功率、无污染等综合特性,正在逐渐取代镉镍电池。最近报道一种新型手机面市,其电池电压只需 2.4 V,为 Ni/MH 电池又开拓了新市场,电动车辆(EV 和 HEV)领域也为 Ni/MH 动力电池展现出巨大的应用市场。

Ni/MH 电池是一种绿色环保电池,由于贮氢合金材料的技术进步,大大地推动了镍氢电池的发展,而且淘汰 Cd-Ni 电池的步伐也已加快,Ni/MH 电池发展的黄金时刻已到来。Ni/MH 电池的技术发展大致经历了三个阶段:第一阶段即 20 世纪 60 年代末至 70 年代末为可行性研究阶段。第二阶段即 20 世纪 70 年代末至 80 年代末为实用性研究阶段。1984 年开始,荷兰、日本、美国都致力于研究开发储氢合金电极。1988 年,美国 Ovonic 公司,1989 年,日本松下东芝三洋等电池公司先后开发成功 Ni/MH 电池。第三阶段即 20 世纪 90 年代初至今为产业化阶段。我国于 80 年代末研制成功电池用贮氢合金,1990 年研制成功 AA 型 Ni/MH 电池,截至 2005 年底,全国已有一百多家企业能批量生产各种型号规格的 Ni/MH 电池,国产 Ni/MH 电池的综合性能已经达到国际先进水平。在国家“863”计划的推动下,MH-Ni 动力电池是“十五”计划我国电池行业重点之一,Ni/MH 电池作为动力在电动汽车和电动工具方面应用的研究已经取得了一定的成就,目前 Ni/MH 电池逐步向高能量型和高功率型双向发展。

金属氢化物镍(Ni/MH)电池材料包括电池的正、负极活性物质和制备电极所需的基板材料(泡沫镍、纤维镍及镀镍冲孔钢带)与各种添加剂、聚合物隔膜、电解质以及电池壳体和密封件材料等。本章将着重介绍 Ni/MH 电池的储氢合金负极材料和 $Ni(OH)_2$ 正极材料的基本特征、化学反应、结构性能和制备工业等。

2.1 金属氢化物镍电池简介

2.1.1 金属氢化物镍电池工作原理

金属氢化物镍电池的正极活性物质采用氢氧化镍,负极活性物质为储氢合金,电解液为碱性水溶液(如氢氧化钾溶液),其基本电极反应为

正极　$Ni(OH)_2 + OH^- \underset{放电}{\overset{充电}{\rightleftharpoons}} NiOOH + H_2O + e^-$

负极　$M + H_2O + e^- \underset{放电}{\overset{充电}{\rightleftharpoons}} MH + OH^-$

电池总反应　$Ni(OH)_2 + M \underset{放电}{\overset{充电}{\rightleftharpoons}} NiOOH + MH$

式中,M 为储氢合金;MH 为储有氢的储氢合金。

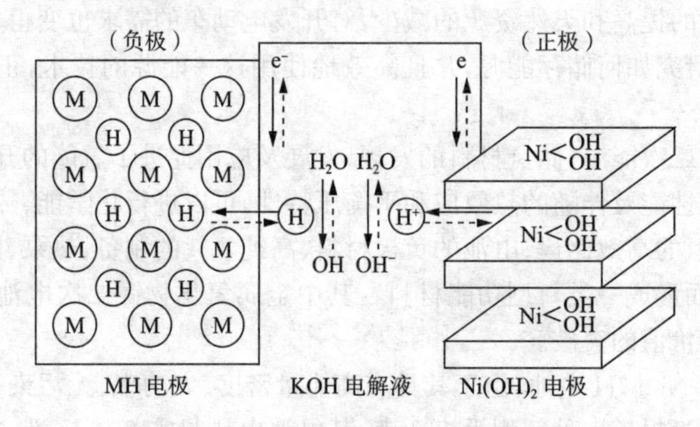

图 2-1　Ni/MH 电池的工作原理示意图

电池的充放电过程可以看作是氢原子或质子从一个电极移到另一个电极的往复过程。在充电过程中,通过电解水在电极表面上生成的氢不是以气态分子氢形式逸出,而是电解水生成的原子氢直接被储氢合金吸收,并向储氢合金内部扩散,进入并占据合金的晶格间隙,形成金属氢化物。在充电后期正极有氧气产生并析出,氧透过隔膜到达负极区,与负极进行复合反应生成水,其反应为

正极　$4OH^- - 4e^- \rightleftharpoons 2H_2O + O_2 \uparrow$

负极　$2H_2O + O_2 + 4e^- \rightleftharpoons 4OH^-$

电化学反应　电池的总反应为 0

在过充电时,对于理想密封电池,正极上产生的 O_2 很快地在负极上发生反应生成 OH^-。Ni/MH 电池的失效在很大程度上是由于负极对氧气复合能力的衰减,导致电池内压升高,迫使电池安全阀开启,产生漏气、漏液等现象。

在过放电时,当电压接近 −0.2V 时,在正极上产生氢,使内压有少量增加,但这些氢很快在负极储氢合金的催化下与 OH^- 反应,反应式为

正极　$2H_2O+2e^- \longrightarrow H_2\uparrow+2OH^-$

负极　$H_2+2OH^-+2e^- \longrightarrow 2H_2O$

电池总反应　电池的总反应为0

在Ni/MH电池设计时，一般采用正极限容、负极过量，即负极的容量必须超过正极。否则，过充电时，正极上会析出氧，从而使合金被氧化，造成负极片的不可逆损坏，导致电池容量及寿命骤减；过放电时，正极上会产生大量氢气，造成电池内压上升(图2-1)。所以，一般负正极的设计容量比为1.5左右。目前，商品Ni/MH电池的形状有圆柱形(图2-2)、方形(图2-3)、口香糖式和口式等多种类型。

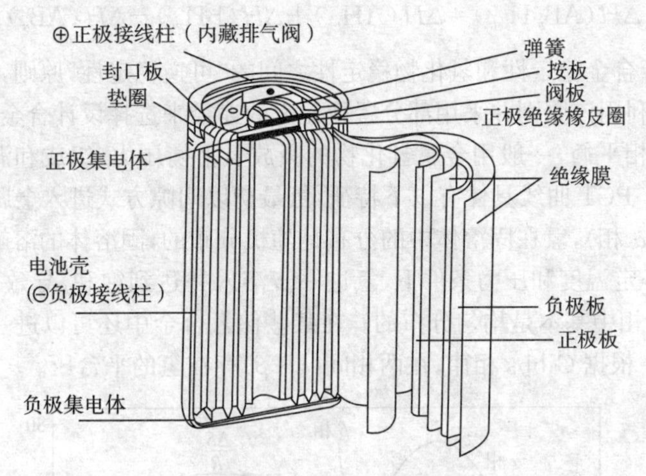

图2-2　圆柱形Ni/MH电池的结构示意图

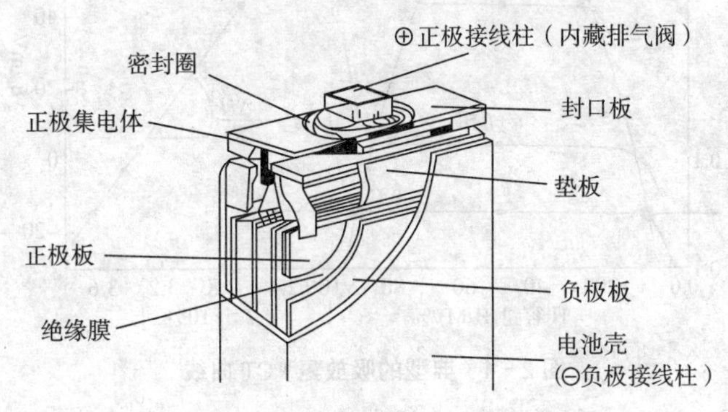

图2-3　方形Ni/MH电池的结构示意图

2.1.2　储氢合金的基本特征

二元储氢合金基本上是在1970年前后相继被发现的。这些二元储氢合金可分为AB_5型(稀土系合金)、AB_2型(Laves相合金)、AB型(钛系合金)和A_2B型(镁系合金)。其中A为氢化物稳定性元素(发热型金属)，B为氢化物不稳定性金属(吸热型金属)，A原子半径大于B原子半径。

氢在金属或合金中比液态氢的密度高，氢能在相对温和的条件下可逆吸放，并且伴随热的释放与吸收。试验检测和模拟计算证明氢主要以原子形式存在，部分带有负电荷。在合金晶格中存在6配位的八面体间隙和4配位的四面体间隙，在吸氢时，氢原子进入晶格占据八面体间隙或四面体间隙。氢原子在八面体或四面体中的分布,取决于金属或合金的种类和结构。氢的进入一般遵循填充不相容规则,即两个共面的四面体或八面体间隙不能同时被氢原子占据。同时,氢在间隙的占据状态也取决于间隙的几何因素和间隙周围金属原子的电子分布状态及电负性因素。

氢进入合金晶格的间隙位置后,一般原合金的晶型结构保持不变,但会造成合金晶格的膨胀。储氢后合金体积膨胀率与氢浓度成正比,其比例系数因合金种类和结构而有所差异。氢占据储氢合金的晶格间隙后,储氢合金晶格中的A原子和B原子不再直接接触,而出现A-H和B-H界面。合金氢化物的生成焓可经验型地表示为

$$\Delta H(AB_nH_{2m})=\Delta H(AH_m)+\Delta H(BH_m)-\Delta H(AB_n)$$

该经验关系式表明了合金稳定性和氢化物稳定性之间的“可逆稳定性”原则,即合金越稳定,其氢化物越不稳定,可以利用该原则并采用部分置换元素的途径来选择设计合金的稳定性。

金属-氢体系的相平衡,一般用金属氢化物的吸放氢平衡压力、组成和温度曲线,即PCT曲线来表示(图2-4)。PCT曲线具体有以下特征,氢最初以间隙方式进入金属(或合金)晶格内部形成固溶体(通常称α相),氢在固溶体中的分布是随机分布的,固溶体的溶解度与其氢平衡压的平方根成正比。在一定温度和压力条件下,氢进一步溶入并达到饱和,导致金属氢化物(通常称β相)的形成,氢在β相中基本是均匀分布的。在某些储氢合金中还可以进一步形成第二种氢化物相(通常称γ相)。根据Gibbs相律,在两相间($\alpha+\beta$)存在氢的平台压。

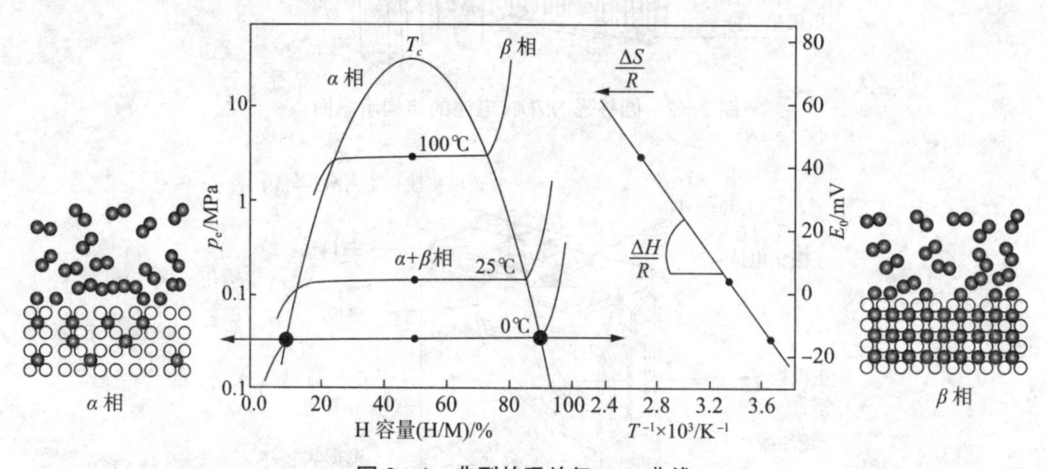

图2-4 典型的吸放氢PCT曲线

可逆吸放氢过程中出现的平台压是储氢合金进行能量转换的关键。氢的可逆吸收/释放主要包括分子表面吸附/脱附、分子解离/化合、原子体相扩散等反应历程。氢在储氢合金中的固相扩散多属于间隙机制,即扩散原子在点阵的间隙位置跃迁而导致的扩散。氢在合金扩散的动态过程中还伴随着相变,并出现相界面的移动。氢的可逆储放可以采用氢气和合金的直接反应(称气固反应)与水溶液电解质中电化学反应两种方式进行。

2.1.3 储氢合金电极材料的主要特征

储氢合金作为Ni/MH电池的负极材料应用,是由于其具有独特的储氢和电化学反应双重功能(图2-5)。储氢合金负极材料一般需要具备以下主要特征。

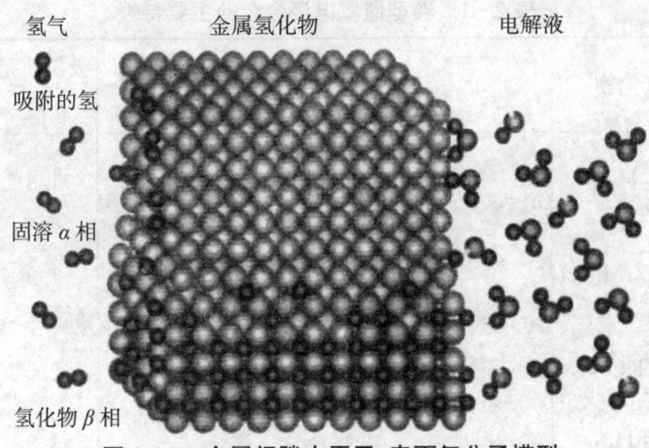

图 2-5 金属间隙中原子、表面氢分子模型

(氢来自于物理吸附的氢分子或溶液中水分子的解离)

(1) 储氢合金的可逆储氢容量较高,平台压力适中(0.01～0.05MPa),对氢的阳极氧化具有良好的电催化性能。

(2) 在氢的阳极氧化电位范围内,储氢合金具有较强的抗氧化性能。

(3) 在强碱性电解质溶液中,储氢合金组分的化学状态相对稳定。

(4) 在反复重放电循环过程中,储氢合金的抗粉化性能优良。

(5) 储氢合金具有良好的电和热的传导性。

(6) 合金的成本相对低廉。

储氢合金电极在碱性电解液中的电极反应主要包括以下反应。

(1) 氢在储氢合金和电解液界面的电化学吸附/脱附反应过程

$$M+H_2O+e^- \rightleftharpoons MH_{ads}+OH^-$$

(2) 氢在储氢合金内的固相传输过程

$$MH_{ads} \rightleftharpoons MH_{abs}(\alpha) \rightleftharpoons MH_{abs}(\beta)$$

储氢合金表面吸附原子氢(MH_{ads})逐步向合金体相扩散形成固溶 α 相(MH_{abs}),随着氢浓度的增加,固溶 α 相吸收带氢逐步转化成 β 相氢化物。

(3) 氢在储氢合金表面的析出过程

$$2MH_{ads} \rightleftharpoons M+H_2$$

$$2MH_{ads}+H_2O+e^- \rightleftharpoons M+H_2+OH^-$$

合金表面吸附的氢原子进行化学和电化学复合反应,导致氢以气体的形式析出。

2.2 储氢合金负极材料

Ni/MH 电池的核心技术是负极材料——储氢合金。储氢合金是由易生成稳定氢化物的元素 A(如 La、Zr、Mg、V、Ti 等)与其他元素 B(如 Cr、Mn、Fe、Co、Ni、Cu、Zn、Al 等)组成的金属间化合物。目前研究的储氢合金负极材料主要有 AB_5 型稀土镍系储氢合金、AB_2 型 Laves 相合金、A_2B 型镁基储氢合金以及 V 基固溶体型合金等类型。它们的主要特性见表 2-1。

表 2-1 典型储氢电极合金的主要特性

合金类型	典型氢化物	合金组成	吸氢质量/%	电化学容量/(mA·h/g)	
				理论值	实测值
AB_5 型	$LaNi_5H_6$	$Mm[Ni_a(Mn,Al)_bCo_c]$ ($a=3.5\sim4.0$, $b=0.3\sim0.8$, $a+b+c=5$)	1.3	348	330
AB_2 型	$TiMn_2H_3$、$ZrMn_2H_3$	$Zr_{1-x}Ti_xNi_a(Mn,V)_b(Co,Fe,Cr)_c$ ($a=1.0\sim1.3$, $b=0.5\sim0.8$, $a+b+c=2$)	1.8	482	420
AB 型	$TiFeH_2$、$TiCoH_2$	$ZrNi_{1.4}$, TiNi, $Ti_{1-x}Zr_xNi_a$ ($a=0.5\sim1.0$)	2.0	536	350
A_2B 型	Mg_2NiH_4	(MgNi)	3.6	965	500
V 基固溶体型	$V_{0.8}Ti_{0.2}H_{0.8}$	$V_{4-x}(Nb, Ta, Ti, Co)_xNi_{0.5}$	3.8	1 018	500

上述五种类型的储氢合金中，AB_5 型合金最早被用为电极材料，对其研究也最广泛。而 AB_2 型、A_2B 及 V 基固溶体型合金因具有更高的容量正受到更多研究者的关注。下面对 AB_5 型稀土镍系储氢合金、AB_2 型 Laves 相储氢合金、A_2B 型镁基储氢合金和 V 基固溶体型合金进行简要介绍。

2.2.1 AB_5型混合稀土系统储氢电极合金

AB_5 型储氢合金为 $CaCu_5$ 型六方结构(图 2-6)，典型代表为 $LaNi_5$ 合金。$LaNi_5$ 合金的 La 占据 La(0,0,0)等价位置，Ni 分别占据 2c(1/3,2/3,0)和 3g(1/2,0,1/2)等价位置。金属元素替代可发生在 La 和 Ni 位置，一般 4f 稀土元素可以在 La 位置上进行全部浓度范围内的固溶替代，而对镍的替代则限定在特定浓度范围内有限的金属元素(主要为金属氢化物不稳定性元素)。一般在合金多元替代中，具有较大原子半径的元素优先占据 3g 位置，而与镍原子半径相近的元素随机分布在这两种位置。氢优先占据四种不同的间隙位置：4h(B_4)、6m(A_2B_2)、12n(AB_3)和 12o(AB_3)。

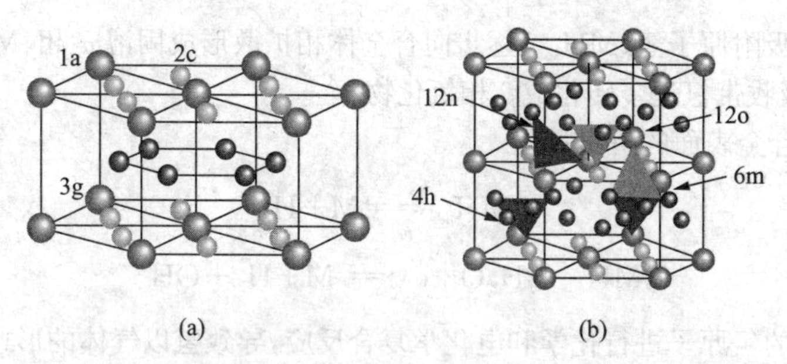

图 2-6 AB 晶体结构(a)和 AB 氢化物晶体结构(b)(大小原子分别对应 A 和 B 原子)

虽然 $LaNi_5$ 合金具有很高的电化学储氢容量和良好的吸放动力学特性，但因合金吸氢后晶胞体积膨胀较大，随着充放电循环的进行，晶格发生变形，导致合金严重分化和比表面增大，其容量迅速衰减，因此不适合用作 Ni/MH 电池的负极材料。其后多元 $LaNi_5$ 系储氢合金的开发基本上解决了这一难题，使储氢合金电极向实用化迈出了关键一步。但还有要把 $LaNi_5$ 系多元合金(例如 $La_{0.7}Nd_{0.3}Ni_{0.5}Co_{2.4}Si_{0.1}$)用于产生 Ni/MH 电池以及降低合金材料价格的问题摆在我们面前。解决此问题的途径之一是降低合金中 Co 的含量，并用廉价的混合稀土 Mm(主要成分为 La、Ce、Pr、Nd)替代单一稀土 La 和 Nd。

因此,目前研制的 AB_5 型混合稀土系储氢电极合金具有良好的性价比,是国内外 Ni/MH 电池生产中应用最为广泛的电池负极材料。随着 Ni/MH 电池产业的迅速发展,对电池的能量密度和充放电性能的要求不断提高,进一步提高电池负极材料的性能已成为推动 Ni/MH 电池产业持续发展的技术关键。研究表明,对合金的化学成分(包括合金 A 侧的混合稀土组成和 B 侧的合金组成)、表面特性及组织结构进行综合优化,是进一步提高 AB_5 型混合稀土系储氢电极合金性能的重要途径。

1. 合金的化学成分与电极性能

1) 合金 A 侧混合稀土组成的优化

在 AB_5 型混合稀土系储氢电极合金中,合金化学式 A 侧的混合稀土金属,主要由 La、Ce、Pr、Nd 四种稀土元素组成。与 $LaNi_5$ 系合金相比,相当于合金 A 侧的稀土元素 La 被 Ce、Pr、Nd 部分替代。由于四种稀土元素在物理化学性质和吸放氢性能方面的差异,混合稀土的组成(La、Ce、Pr、Nd 的含量及相对比例)必然对储氢电极合金的性能产生重要影响。从目前储氢合金所使用的混合稀土金属原材料来看,虽然可大体上分为富镧混合稀土(Ml)和富铈混合稀土(Mm)两种类型,但由于产地矿源和提炼方法不同,市售混合稀土金属中各种稀土元素的含量存在较大差异(表 2-2),也不利于稳定和提高储氢电极合金的性能。因此,在对 AB_5 型混合稀土系合金 B 侧进行多元合金化研究的基础上,深入研究合金 A 侧稀土的组成,是进一步提高储氢电极合金综合性能的重要途径。

表 2-2　几种市售混合稀土金属成分的 ICP 分析结果　　单位:%(质量分数)

混合稀土类型	产地	La	Ce	Nd
富镧(富钕)	包头	42.19	3.64	38.54
富铈	包头	23.95	51.63	16.50
富镧(富钕)	江西	43.41	4.33	41.97
富铈	江西	34.46	45.47	18.39
富镧	四川	79.33	5.82	1.54
富铈	四川	30.40	52.50	11.40
富镧	甘肃	73.95	5.40	3.87
富铈	甘肃	27.80	53.14	14.9

单一稀土元素对合金电极性能的影响主要体现在 $RE(NiCoMnTi)_5$ 合金中,当 RE 分别为 La、Ce、Pr、Nd 单一稀土时,合金的晶胞体积按 RE=Ce<Nd<Pr<La 的顺序增大(与稀土元素的离子半径 $Ce^{4+}<Nd^{3+}<Pr^{3+}<La^{3+}$ 的变化顺序一致),合金的平衡氢压随合金晶胞体积的增大而降低[图 2-7(a)]。比较四种合金的电化学性能[图 2-7(b)]可以看出,$Nd(NiCoMnTi)_5$ 的活化性能最好,放电容量最高(307 mA·h/g),但循环稳定性较差;$Pr(NiCoMnTi)_5$ 和 $La(NiCoMnTi)_5$ 的活化性能和放电容量(分别为 299 mA·h/g 和 289 mA·h/g)不及 $Nd(NiCoMnTi)_5$,但具有较好的循环稳定性;而 $Ce(NiCoMnTi)_5$ 的活化性能最差、放电容量最低(59 mA·h/g),但具有良好的循环稳定性。上述结果反映出 La、Ce、Pr、Nd 四种单一稀土元素各自对 $RE(NiCoMnTi)_5$ 储氢合金性能的不同影响。

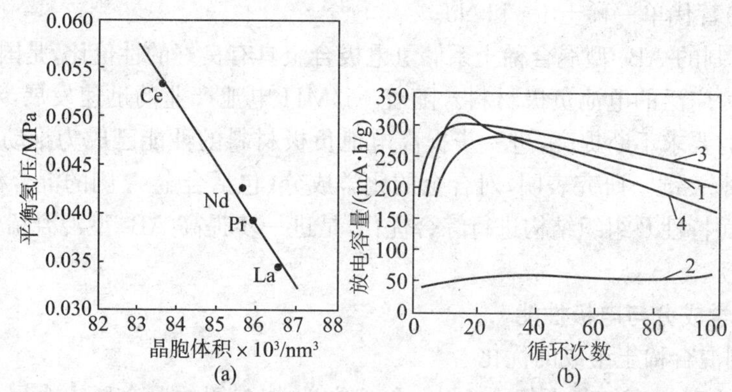

图 2-7 RE(NiCoMnTi)$_5$(RE=La、Ce、Pr、Nd)合金的性能比较(25 ℃)

(a) 合金的平衡氢压与晶胞体积;(b) 合金的充放电循环曲线(充放电电流 50 mA/g)

1—La(NiCoMnTi)$_5$;2—Ce(NiCoMnTi)$_5$;3—Pr(NiCoMnTi)$_5$;4—Nd(NiCoMnTi)$_5$

二元混合稀土组成对合金电极性能的影响主要取决于La,它是混合稀土中最为重要的吸氢元素,因此着重研究了La-Ce、La-Pr及La-Nd三种二元混合稀土组成对合金电极性能的影响。

La-Ce二元混合稀土:对$La_{1-x}Ce_xNi_{3.55}Co_{0.75}Mn_{0.4}Al_{0.3}$($x$=0～1.0)合金的研究表明,随着含Ce量的增加,合金的晶胞体积线性减小,平衡氢压升高,导致合金的放电容量降低,合金的循环稳定性则随含Ce量的增大而明显改善。当含Ce量x=0.2时,合金具有较好的综合性能(图2-8)。研究还认为,含Ce合金表面生成的一层CeO_2保护膜使合金的抗腐蚀性能得到提高,这可能是Ce能够改善合金循环稳定性的重要原因。对$La_{1-x}Ce(NiCoMnTi)_5$和$La_{1-x}Ce_x(NiCoAl)_5$等合金的研究也表明,虽然Ce对La的部分替代使合金的活化性能及放电容量有所降低,但可使合金的循环稳定性得到显著改善。

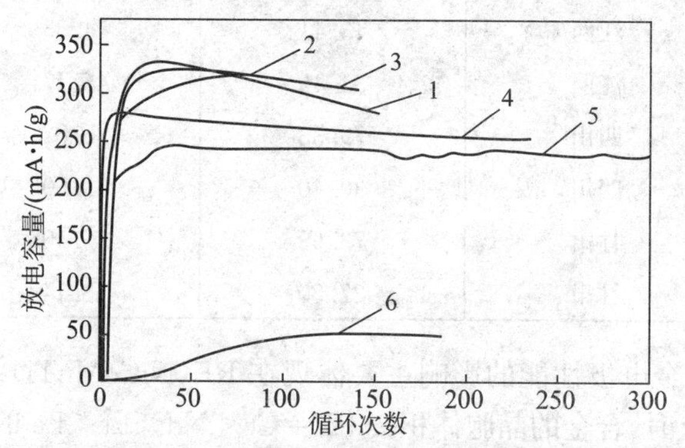

图 2-8 $La_{1-x}Ce_xNi_{3.55}Co_{0.75}Mn_{0.4}Al_{0.3}$ 合金的放电容量与充放电循环次数的关系

(充电电流 200 mA/g,放电电流 135 mA/g)

1—x=0.2;2—x=0.2;3—x=0.35;4—x=0.5;5—x=0.75;6—x=1.0

La-Pr二元混合稀土:如图2-9所示,在$La_{1-x}Pr_x(NiCoMnTi)_5$(x=0～1.0)合金中,Pr对La的部分替代具有改善合金活化性能及循环稳定性的作用,但合金放电容量与Pr含量的关系没有一定的规律。如Pr含量较高的$La_{0.4}Pr_{0.6}(NiCoMnTi)_5$合金表现高的放电容量和良好的循环稳定性,但进一步增大Pr含量(x=0.8)会导致合金的放电容量明显降低。而Pr含量较低(x=0.2)的合金(Pr含量与一般市售混合稀土成分相近)的放电容量介于以上两种高Pr合金之间,但循环稳定性明显不如高 Pr 合金。

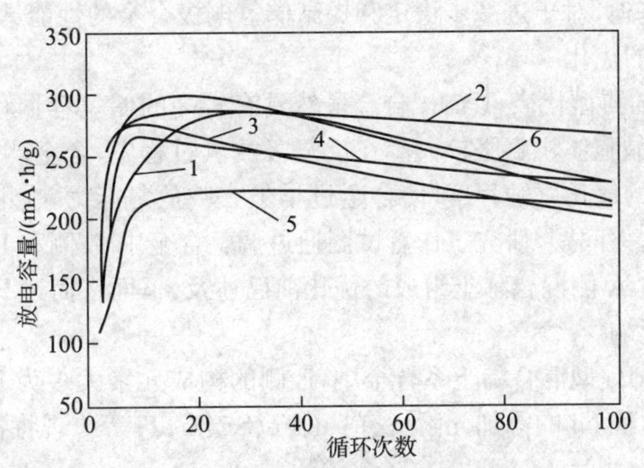

图 2-9　$La_{1-x}Pr_x(NiCoMnTi)_5$ (x=0～1.0)合金的充放电循环曲线(25 ℃,充放电电流 50 mA/g)

1—x=0.0;2—x=0.6;3—x=0.2;4—x=0.8;5—x=0.4;6—x=1.0

La-Nd 二元混合稀土:如图 2-10 所示,在 $La_{1-x}Nd_x(NiCoMnTi)_5$ (x=0～1.0)合金中,Nd 对 La 的部分替代可显著改善合金活化性能。La 含量不同的合金的放电容量均在 280～290 mA·h/g,但合金的循环稳定性随 Nd 含量的增大而降低。另一方面,也有这样的报道:在 $La_{1-x}Nd_x(NiCoAl)_5$ (x=0～0.25)合金中,随着合金 A 侧的 Nd 含量和合金 B 侧的 Al 含量的增加,合金的循环稳定性得到显著改善。

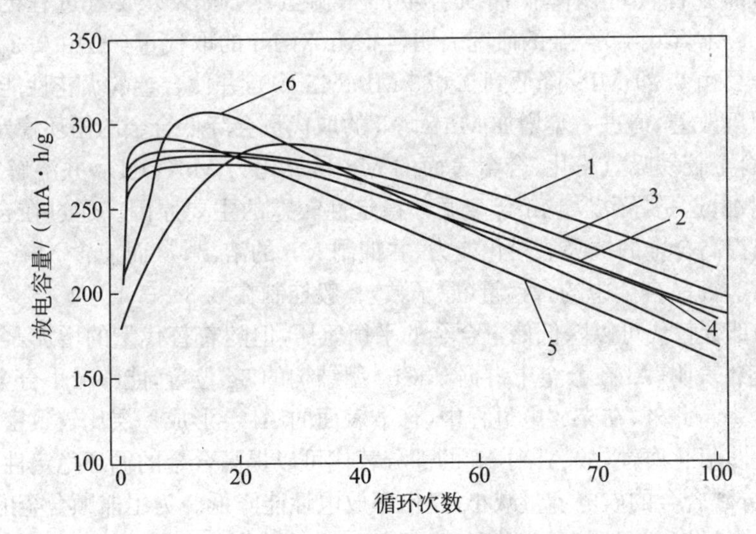

图 2-10　$La_{1-x}Nd_x(NiCoMnTi)_5$ (x=0～1.0 合金的充放电循环曲线(25 ℃,充放电电流 50 mA/g)

1—x=0.2;2—x=0.6;3—x=0.2;4—x=0.8;5—x=0.4;6—x=1.0

从现有的研究来看,尽管有关 La、Ce、Pr、Nd 四种稀土元素对合金电极性能的综合影响机制尚待进一步认识,但已有研究证实,优化调整混合稀土中的 La 和 Ce 两种主要稀土元素的比例是进一步提高储氢电极合金性能的重要途径。鉴于目前储氢合金生产使用的市售混合稀土均为提炼稀土纯金属的副产品,其成分受到产地矿源、生产工艺等条件的限制,难以直接满足储氢电极合金的需求,而采用重熔精炼的方法调整混合稀土的成分会增加合金的生产成本。因此,根据不同电池产品对储氢合金性能的要求,采用不同类型的市售混合稀土(或市售混合稀土与部分纯稀土)进行交叉搭配,仍是目前优化调整混合稀土组成最为经济和有效的方法。随着储氢电极合金产业的迅速发展和稀土组成的影响规律进一步得到认识,尽快建立 Ni/MH 电池用混合稀土金属的技术标准和生产基地,对于进一步稳定和提高储氢电极合金的性能具有重要意义。

2) 合金 B 侧元素的优化

作为 AB_5 型合金的典型代表,$LaNi_5$ 合金虽然具有较高的储氢容量和优良的吸放氢动力学特性,但合金吸放氢后晶胞体积膨胀较大。在反复吸放氢过程中,合金严重粉化,比表面积随之增大,从而增加了合金的氧化腐蚀程度,使合金过早失去吸放氢能力,在电化学充放电过程中表现得尤为明显。针对这一问题,研究工作者试图通过调整合金中 A 侧和 B 侧组成元素的成分来改善合金的性能。有关 A 侧混合稀土组成的优化前已述及,下面将简述 B 侧组成元素的优化及其对合金电极性能的影响。

在目前商品化的 AB_5 型混合稀土系合金中,B 侧的构成元素大多为 Ni、Co、Mn、Al。此外,比较常见的用以部分取代 Ni 的添加元素还有 Cu、Fe、Sn、Si、Ti 等。现将各主要合金元素的作用分述如下。

钴是改善 AB_5 型储氢合金循环寿命最为有效的元素。钴能够降低合金的显微硬度、增强柔韧性、减小合金氢化后的体积膨胀和提高合金的抗粉化能力;同时,在充放电过程中,钴还能抑制合金表面 Mn、Al 等元素的溶出,减小合金的腐蚀速率,从而提高合金的循环寿命。但 Co 价格昂贵,为了减少合金中价格昂贵的 Co 的用量以降低合金成本,在不降低(或少降低)合金容量及寿命的前提下,发展低钴或无钴合金也已成为当今的研究热点。研究用以替代 Co 的元素有 Cu、Fe、Si 等。

锰对 Ni 的部分替代可以降低储氢合金的平衡氢压,减少吸放氢过程的滞后程度。对 $Mm(Ni_{3.95-x}Mn_xAl_{0.3}Co_{0.75})$ 合金的研究表明,当 Mn 对 Ni 的取代量(x)由 0.2 增加到 0.4 时,合金的平衡氢压可由 0.24 MPa 降低到 0.083 MPa(45 ℃),并使合金的火花性能、放电容量及高倍率放电性能得到改善,但进一步增加 Mn 对 Ni 的取代量会降低合金的循环稳定性。在充放电过程中,含 Mn 合金较易吸氢粉化,合金表面的 Mn 易氧化为 $Mn(OH)_2$ 并溶解在碱液中,因而加快了合金的腐蚀,这是导致含 Mn 合金循环稳定性较差的主要原因。通过在合金中同时加入适量的 Co,可以提高合金的抗吸氢粉化能力,并抑制 Mn 的溶出,从而使含 Mn 合金的循环稳定性得到明显改善。商品合金中的含锰量(原子数)一般控制在 0.3~0.4。

Al 对 Ni 的部分替代可以降低储氢合金的平衡氢压,但随着替代量的增加,合金的储氢容量有所降低。研究还表明,Al 在合金中占据 $CaCu_5$ 型结构的 3g 位置,能够减小合金氢化过程的体积膨胀和粉化速率。此外,在充放电过程中,合金表面的 Al 会形成一层比较致密的氧化膜,可以防止合金的进一步氧化腐蚀,故 Al 对 Ni 的部分替代可以提高合金的循环稳定性。但随着 Al 的替代量增大,会导致合金的放电容量减小,高倍率放电性能降低。为了兼顾合金的放电容量和循环稳定性,合金中 Al 对 Ni 的部分替代量(原子数)一般控制在 0.1~0.3。

在 AB_5 型合金中,Si 对 Ni 的部分替代作用和 Al 相似。由于 Si 在合金中也占据 $CaCu_5$ 型结构的 3g 位置,能减小合金的吸氢体积膨胀及粉化速率,在合金表面形成的 Si 的致密氧化膜具有较好的抗腐蚀性能,Si 对 Ni 的部分替代可使合金的循环稳定性得到改善,但含 Si 合金的放电容量不高,对氢阳极氧化的极化程度较大,使 Ni/MH 电池的输出功率有所降低。

在合金中加入适量的 Cu 能降低合金的显微硬度和吸氢体积膨胀,有利于提高合金的抗粉化能力。因此,Cu 是一种可用于替代 Co 的合金元素。对 $Ml(Ni_{3.5}Co_{0.7-x}Cu_{8x}Al_{0.8-x})$ 合金($x=0\sim0.1$)的研究发现,当合金 Co 含量的 50%被 Cu 所替代时,合金的电化学性能并未受到明显的不利影响。但当进一步增大 Cu 对 Co 的替代量时,会导致合金的循环稳定性降低。此外,含 Cu

合金的火花周期较长，在循环过程中合金表面生成了较厚的 Cu 的氧化层会导致合金的高倍率放电性能降低，这点还有待于进一步研究。

对 $LaNi_5$ 系和 $MnNi_5$ 系合金的研究表明，Fe 对 Ni 的部分替代能够降低合金的平衡氢压，但使合金的储氢容量有所降低。同时，在降低合金吸氢体积膨胀和粉化速率方面，Fe 具有与 Co 相似的特性。由于 Fe 的资源丰富、价格低廉，因此，发展低成本的无 Co 的 $Mm(Ni_{3.6}Fe_{0.7}Al_{0.3}Mn_{0.4})$ 合金成为当前研究的热点。研究表明，该合金的放电容量可达 280 mA·h/g，并具有较好的室温循环稳定性。但当环境温度升高到 40 ℃时，合金有表面钝化的倾向，导致其高倍率放电性能降低；而对 $Ml(Ni_{3.8}Al_{0.4}Mn_{0.3}Co_{0.3}Fe_{0.2})$ 低 Co 合金的研究表明，即使在 40 ℃的工作温度下，合金仍具有较高的放电容量(320 mA·h/g)和良好的高倍率放电性能(1C 放电容量为 295 mA·h/g)。经 250 次充放电循环后，合金的容量保持率仍可达 88%左右，循环稳定性还能进一步得到提高。

综上所述，从目前国内外研究看，AB_5 型储氢电极的某些性能得到了不同程度的改善，但从合金的综合性能方面看，不同合金元素对合金电化学性能的影响比较复杂。对此还需要进一步优化合金 B 侧元素的研究，使合金的综合性能及性价能比不断得到提高。

2. 合金的表面改善处理与电极性能

研究表明，虽然合金的储氢容量、PCT 特性、氢扩散及储氢过程中的相变和体积膨胀等主要与合金的种类、成分和组织结构等体相性质有关，但与电极性能密切相关的电极过程力学、活化与钝化、腐蚀与氧化、自放电与循环寿命等均与材料的表面性质有很大关系。合金的电化学吸放氢过程将更多地涉及电极表面的电化学反应过程和电极-电解质-气体三相界面。因此，合金表面的成分、微观结构及催化活性等对合金电极和电池的性能得到进一步提高有一定的影响。从目前储氢电极合金的发展趋势来看，合金成分和相结构的优化以及合金的表面改性处理，已成为进一步提高合金综合性能的重要研究方向。下面概括介绍 AB_5 型混合稀土系储氢合金的表面改性处理方法及其对电极性能的影响。

1) 表面包覆处理

化学镀 采用化学镀的方法在储氢合金粉体表面包覆一层 Cu、Ni、Co 等金属或合金的作用主要是：①作为表面保护层，防止表面氧化及钝化，提高电极循环寿命；②作为储氢合金之间及其基体之间的集流体，同时改善电极导电性，提高活性物质利用率；③有助于氢原子向体相扩散，提高金属氢化物电极的充电效率，降低电池内压。

在合金粉表面包覆不同化学镀层(Cu，Co－P，Cr－P，Ni－P，Ni－Co－P 及 Ni－W－P)的研究表明，各种化学镀层均可在不同程度上改善合金电极的放电性能及循环稳定性。采用化学镀层铜或化学键镍的合金粉制备 Ni/MH 电池时，可降低电池内压，提高电池的循环寿命。因此，在我国早期的 Ni/MH 电池生产中，合金粉的化学镀镍(或镀铜)处理方法曾一度得到广泛采用。但由于化学键的弛豫过程提高了合金的成本，并存在废弃镀液的排放处理问题等，因此在目前的生产过程中已很少采用。

电镀 电镀镀层与化学镀层具有相同的作用，但由于合金粉的电镀设备较为复杂，因而对电镀的研究相对较少。对 $Mm(Ni_{3.6}Mn_{0.4}Al_{0.3}Co_{0.7})_{0.92}$ 合金表面电镀 Co、Pd 的研究表明，电镀 Pd 对放电容量没有明显提高，但可改善电极的活化性能。电镀 Co 可使合金电极的放电容量有较大提高，并在放电曲线上出现第二个放电平台。

机械合金化方法 通过机械合金化的方法可以在储氢合金表面形成一层金属包覆层(如 Ni、Co、Cu 等)，使合金电极的放电容量和循环稳定性得到提高。例如，合金粉经包覆 20%(质量分数)的 Co 后 MH 电极在第 500 次循环的放电容量仅比最高容量下降 10%，而未经包覆处理的合金容量却下降了 50%以上。

2) 表面修饰

在储氢合金表面涂上一层疏水性有机物，可使负极表面形成微空间，有利于提高充电后期及快速充电时氢、氧复合为水的反应速度，从而降低电池内压，提高循环寿命。对储氢合金表面进行特殊憎水处理，对氢、氧复合也有良好的催化作用，并能降低电极极化，从而提高了电极高倍率放电能力和大电流的充放电效率。如在储氢合金表面涂上一层聚四氟乙烯(PTEE)或包覆上含有 Pd 颗粒的 PTEE 薄膜可有效降低电池内压。

在储氢合金表面涂覆贵金属也能有效提高电极性能。如将少量 Pd 粉末在储氢合金表面可有效防止储氢合金的氧化，而涂上颗粒尺寸小于 2 μm 的 Ag 层能有效降低电池内压。在电极表面修饰一层亲水性高聚物，可增加 H_2 析出的扩散阻力，减缓氢的扩散，使自放电下降 17.2%。而在合金表面修饰一层适量的聚苯胺膜，使 MH 电极的自放电率由原来的 35%下降到 25%。

MH 电极自放电第一步是氢原子在电极表面复合成氢分子而脱附，采用 S、CN^- 等氢复合的毒化剂修饰 MH 电极表面，以降低氢的复合速度，使其自放电率下降 10%。这种催化毒化扩散剂的存在还有助于提高 MH 电极表面吸附氢原子向体相扩散的驱动力，促使氢向体相扩散，阻止氢原子复合成氢气析出，提高电极充电效率。

在合金表面修饰一层连续亲水性有机物膜，并在亲水性有机物膜上修饰不连续的孤立岛状的憎水性有机物，能够显著提高合金的抗氧化能力及电池循环寿命。

用非金属材料修饰合金表面也能有效提高电极性能。包覆氟化碳的电极循环寿命有显著提高，但电极放电容量下降约 20%。而用活性炭包覆的合金能提高活性物质的利用率，从而提高电极容量及循环寿命。

3) 热碱处理

研究表明，经浓(热)KOH 溶液处理后，随着合金表面层中 Mn、Al 等元素的溶解，将在合金表面形成一层具有较高催化活性的富镍层(类似 Ranney Ni)。它不仅提高了合金粉之间的导电性能，而且显著改善了电极的活化性能和高倍率放电性能。此外，在 Mn、Al 等元素的溶解点，$La(OH)_3D$ 容易以须晶的形式生长，可以防止合金表面层进一步腐蚀，提高合金的耐久性。除用单一的热碱溶液对合金粉进行浸渍处理外，目前研究的碱处理方法还有以下几种：将超声波技术应用于碱含量过程(可延长储氢合金的循环寿命)；先对合金粉进行碱处理(60～90 ℃)，制成负极后，再在更高的温度下进行碱处理(95～120 ℃)等。日本松下公司对 $Mm(Ni_{4.3-x}Mn_{0.4}Al_{0.3}Co_x)$ 合金进行热碱处理(6 mol/L KOH，80 ℃)的研究表明，当合金的 Co 含量 $x=0.5\sim0.75$ 时，热碱处理对提高合金的循环寿命的效果最显著(图 2-11)。

虽然热碱处理有助于改善合金的电化学性能，但必须严格控制处理的工艺条件。否则，合金的过度腐蚀会损失一部分有效容量，同时长时间碱处理所造成的表明腐蚀凹痕和空洞会加速合金的腐蚀，反而降低循环寿命。

4) 氟化物处理

研究表明，经 HF 等氟化物溶液处理后，合金表面的微观结构有很大变化。合金的外表面被一层厚度为 1～2 μm 的氟化物(LaF_3)层所覆盖，在氟化物层下的亚表面则是一层电催化活性良好的富 Ni 层。同时，由于在处理过程中，氟化物溶液中的 H^+ 使合金表层氧化，合金表面生成大量的微裂纹，使合金的反应比表面积显著增大。因此，经氟化物溶液处理后，合金的活化，高倍率放电性能及循环稳定性均能得到一定改善。

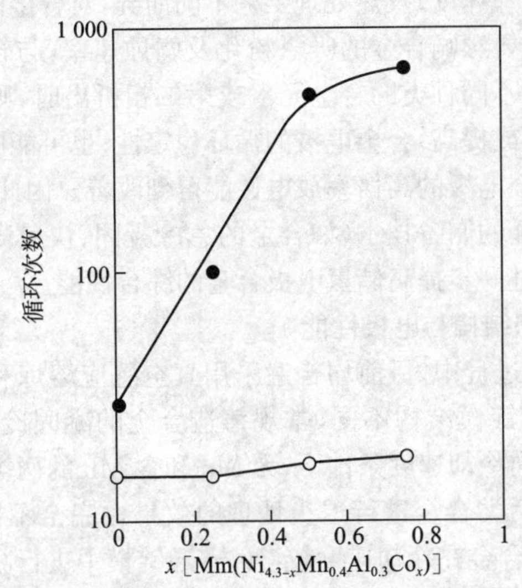

图 2-11　碱处理对 $Mm(Ni_{4.3-x}Mn_{0.4}Al_{0.3}Co_x)$ 合金循环寿命的影响

○—未经碱处理；●—经过碱处理

5）酸处理

储氢合金经酸浸渍处理后可溶解除去合金表面的稀土氧化层，并在合金表面形成电催化活性良好的富 Ni(Co)层。同时，由于合金表面层氢化产生较多的微裂纹，使合金的比表面积增大，从而使合金的活化及高倍率放电性能得到改善。合金酸处理研究中常用的酸有盐酸、HAc-NaAc 缓冲溶液、甲酸、乙酸及氨基乙酸。日本三洋公司采用 HCl 溶液(pH＝1.0)对 $Mm(Ni-Co-Al-Mn)_{4.76}$ 合金进行表面处理的研究表明，在改善合金的活化性能等方面，快速凝固合金和退火处理合金的酸处理效果优于普通的铸态合金。

6）化学还原处理

研究表明，采用含有还原剂(如 KBH_4、$NaBH_4$ 以及磷酸盐等)的热碱溶液对合金粉(或 MH 电极)进行浸渍处理后，也可以改善合金电极的性能。如利用磷酸盐作还原剂对合金进行处理时，除能将合金表面的氧化物还原外，由于磷酸盐离子向亚磷酸转化中生成的原子氢被吸附在储氢合金表面，使得合金表面对氢的吸附能力加强，并有一部分氢扩散到合金的体相中形成金属氢化物，从而使处理后的合金较易达到饱和容量。

经化学还原处理后，MH 电极的初始容量、活化性能、循环稳定性、电催化活性和快速放电能力也能得到显著提高，并使 MH 电极的循环伏安特及电极表面的电化学反应法拉第阻抗得到改善。如经过 400 次循环后，未经处理的 MH 电极的容量保持率为 70%，而将 MH 电极在 0.05 mol/L KBH_4 和 6 mol/L KOH 的溶液(70～80 ℃)中处理 7～8 h 后，容量保持率可提高到 81.5%

总之，适当的表面处理对改善合金的电化学性能是行之有效的。但对不同的合金用同一种方法处理时，具体条件不尽相同，只有通过实验研究才能找到最佳的方法和工艺条件。不适当的处理可能导致相反的结果，必须充分注意。

3. 合金的组织结构与电极性能

研究表明，储氢合金的组织结构(包括合金的凝固组织、晶粒尺寸及晶界偏析等)因合金成分、合金的铸造条件(凝固冷却速度)及热处理工艺不同而异,对合金的电极性能有重要影响。合金的凝固组织及晶粒尺寸主要影响合金的吸氢粉化及腐蚀速率,与合金电极的循环稳定性密切相关。而在合金的晶界上有不同种类的合金元素或第二相析出时,则可能促进(或抑制)合金的吸氢粉化及腐蚀过程,降低(或提高)合金电极的循环稳定性;也可能因晶界析出的第二相具有良好的电催化活性,从而使合金电极的高倍率放电性能得到改善。因此,在优化储氢合金化学成分的同时,还应研究并改进合金的制备技术(如合金的急冷凝固、快速凝固及热处理),使合金的组织结构得到优化控制,从而进一步提高储氢电极合金的综合性能。

1) 常规铸造合金的组织结构与电极性能

在储氢合金的批量生产过程中,目前均普遍采用真空感应熔炼和常规铸造的方法获得合金锭块。根据合金锭的质量和锭模结构不同,常规铸造合金的凝固冷却速度约为 10～100 K/s。研究表明,在常规铸造的不同冷却速度条件下,无 Mn 和含 Mn 的两类 AB_5 型合金显示出不同的组织结构与循环稳定性,对两类合金进行退火处理的效果也完全不同。如图 2-12 所示,当无 Mn 的 $Mm(Ni_{3.5}Co_{0.7}Al_{0.8})$合金在冷却速度较慢的普通锭模中进行凝固时(徐冷凝固,冷却速度为 10～40 K/s),与锭模冷却面直接接触的合金锭表面两层部分因冷却速度较快而形成柱状晶结构(D),而合金锭芯部因冷却缓慢而形成等轴晶结构(C)。与等轴晶结构的合金相比,由于柱状晶结构的合金晶格应变较小,组织结构及化学成分比较均匀,在充放电循环过程中可以抑制合金的吸氢粉化及腐蚀速率,循环稳定性明显优于等轴晶结构的合金。当改进铸造锭模的结构使合金的凝固冷却速度提高到约 100 K/s 进行急冷凝固时,合金的凝固组织全部转变为柱状晶,晶粒尺寸可由徐冷凝固时 50～100 μm 减小为 20～30 μm,从而使急冷凝固合金(E)显示出更为优良的循环稳定性。对上述无 Mn 合金在 1 000 ℃进行退火处理的研究还表明,由于退火过程使合金的晶粒长大并导致部分合金元素在晶界偏析,经退火处理后反而使合金(A)的循环稳定性明显降低。但将退火合金经电弧炉重熔(急冷凝固)后,由于所得的合金(B)重新生成晶粒较细的柱状晶结构,又可使合金的循环稳定性得到明显改善。

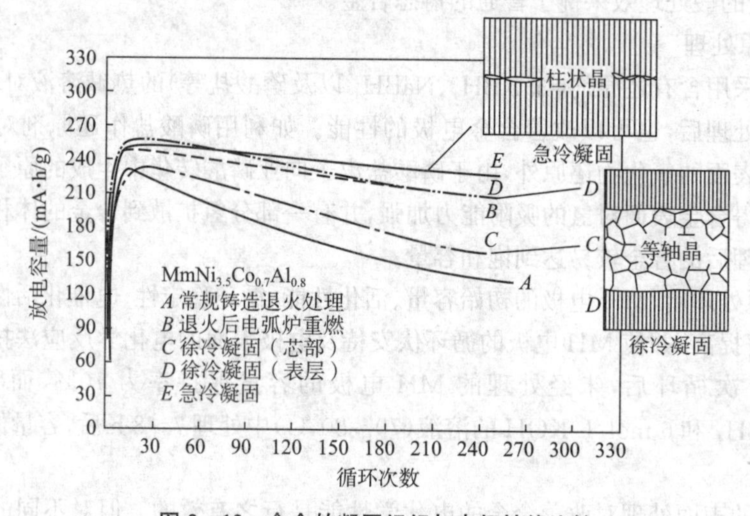

图 2-12　合金的凝固组织与电极性能比较

另一方面,对含 Mn 的 $Mm(Ni_{3.5}Co_{0.8}Mn_{0.4}Al_{0.3})$合金而言,由于在合金凝固过程中 Mn 元素具有较强的成核作用,含 Mn 合金的徐冷凝固和急冷凝固组织均为等轴晶。与柱状晶结构的无 Mn 合金相比,含 Mn 合金具有较大的晶格应变,吸氢粉化速率较大,加上合金中的 Mn 较易在晶界偏析并在碱液中部分溶出，含 Mn 合金电极的循环稳定性不如无 Mn 合金。但将徐冷凝固和急冷凝固的含 Mn 合金相比较，由于急冷凝固合金中等轴晶的晶粒尺寸细化(20～30 μm)，并减少了合金成分的凝固偏析，急冷凝固可使含 Mn 合金的循环稳定性得到明显提高。此外，对含 Mn 合金在1 000 ℃进行的退火处理研究还表明，由于退火过程使含 Mn 合金凝固时产生的较大晶格应力得到释放，并使 Mn 的偏析程度进一步减小，退火处理不仅可使合金循环稳定性进一步得到改善，还使合金的荷电保持能力也得到显著提高(图 2-13)。综上所述，在 AB_5 型混合稀土系储氢合金的常规铸造过程中，提高合金的凝固冷却速度(急冷凝固)是提高合金循环稳定性的有效途径。而对放电容量较高的含 Mn 合金而言，适当的退火处理可使合金的电极性能进一步得到改善。

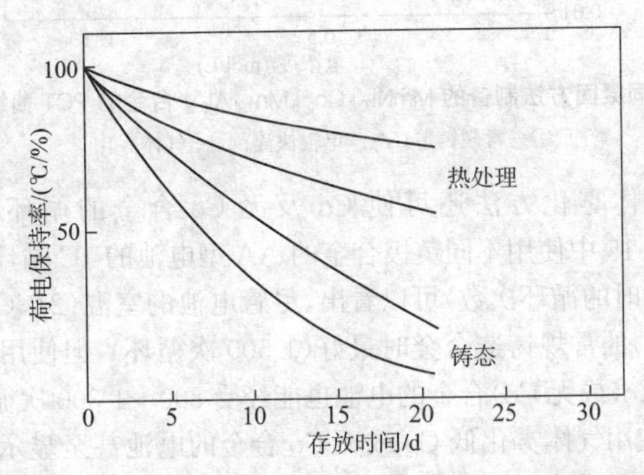

图 2-13 热处理(1 000 ℃)对 $Mm(Ni_{3.8}Co_{0.5}Mn_{0.4}Al_{0.3})$ 合金电极荷电保持能力的影响

由于提高合金的凝固冷却速度能显著改善合金电极的循环稳定性，采用比常规铸造冷却速度更高的快速凝固技术制备储氢合金的研究受到广泛关注，近年来已成为国内外储氢合金制备新技术的研究热点。研究开发中的储氢合金快速凝固制备方法主要有气体雾化法(gas atomizing)和单辊快淬法(melt-spining)。气体雾化法是通过高压 Ar 气流(2～8 MPa)将合金熔化雾化分散为细小液滴的一种快速凝固的方法。合金的凝固冷却速度为 10^3～10^4 K/s，可获得平均粒径为 30～40 μm 的球形合金粉末。单辊快淬法是将合金熔体倾倒(或喷射)在高速旋转(1 500～3 000 r/min)的水冷铜辊上进行快淬凝固的方法，合金的凝固冷却速度为 10^5～10^6 K/s，可获得平均厚度为 30～50 μm 的合金薄片。比较快速凝固和常规铸造 $Mm(Ni_{3.8}Co_{0.5}Mn_{0.4}Al_{0.3})$ 合金的气态 PCT 曲线(图 2-14)可以看出，单辊快淬合金的 PCT 曲线相对比较平缓，气体雾化合金的 PCT 曲线最为倾斜，而常规铸造合金 PCT 曲线介于两种快凝合金之间。根据 PCT 曲线的倾斜程度和合金的 XRD 分析可知，当同一成分的合金采用不同方式凝固时，气体雾化合金凝固时产生的晶格应变较大，常规铸造合金次之，而单辊快淬合金的晶格应变最小。

2) 气体雾化合金和单辊快淬合金

(1) 气体雾化合金的组织结构与电极性能

在凝固冷却速度为 10^3～10^4 K/s 的气体雾化条件下，合金的凝固组织为细小的等轴晶及树枝晶结构，晶粒尺寸细化为 10 μm 左右。由于气体雾化合金的晶粒细化并基本上消除了合金中稀土及 Mn 等元素的成分偏析，气体雾化合金的循环稳定性比常规铸造合金有显著提高。如对 $Mm(Ni_{3.5}Co_{0.75}Mn_{0.4}Al_{0.3})$ 合金而言，经 300 次充放电循环后，常规铸造合金的容量保持率为 70%左右，而气体雾化合金的容量保持率可提高到约 90%。

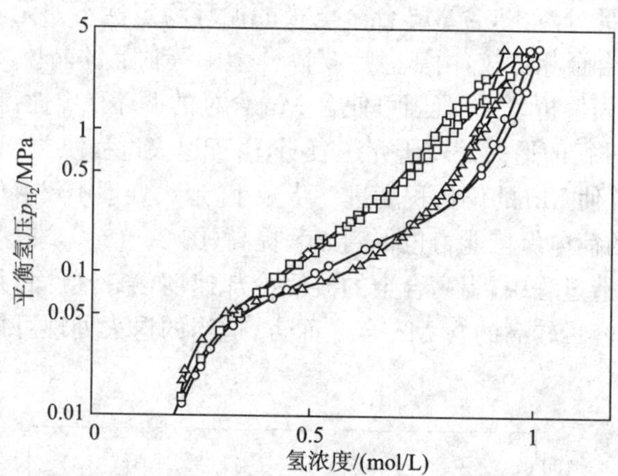

图 2-14 不同凝固方法制备的 $MmNi_{3.8}Co_{0.5}Mn_{0.4}Al_{0.3}$ 合金的 PCT 曲线比较(40 ℃)

○—常规铸造；△—单辊快淬；□—气体雾化

研究表明，采用气体雾化方法还可使 Co 及无 Co 合金的循环稳定性得到显著改善(图 2-15)。比较图 2-15 中使用不同负极合金的 AA 型电池的 1C 循环寿命(定义为电池容量衰减到起始容量的 80%时的循环次数)可以看出，尽管电池的室温(21 ℃)循环寿命仍以使用含 Co 量为 10%(质量分数)的常规铸造合金时最好(1 500 次循环)，但使用气体雾化的含 Co 量为 4.2%(质量分数)的低 Co(或无 Co)合金的电池也能经受 800～1 300 次循环。从电池在 45 ℃时的循环寿命来看，部分使用气体雾化低 Co 或无 Co 合金的电池甚至显示出更好的循环稳定性。此外，从 0 ℃时测试的电池高倍率放电性能来看，气体雾化低 Co 合金也优于常规铸造高 Co 合金。研究认为，由于气体雾化快速凝固可使 Co 合金的吸氢体积膨胀率降低到低于(或接近于)常规铸造高 Co 合金的水平，并使合金的成分分布均匀化，因而快凝低 Co 合金在密封电池中具有较强的抗氧化腐蚀能力，电池的循环稳定性等得到显著改善。

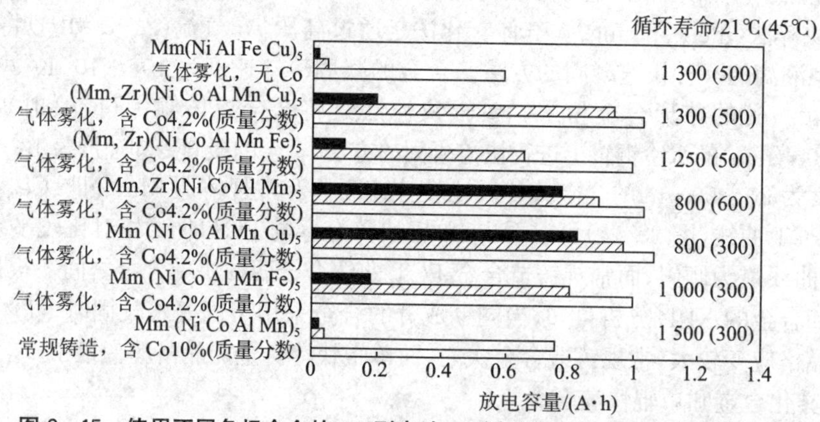

图 2-15 使用不同负极合金的 AA 型电池 1C 循环寿命及高倍率放电性能比较

□—1C；▨—3C；■—5C

研究还表明，虽然气体雾化的球形合金粉具有充填密度大的优点，但球形合金也存在反应的比表面积较小和晶格应变较大的问题，导致气体雾化合金的初期活化比较困难，同时会降低合金的高倍率放电性能。因此，必须对球形合金粉进行热碱浸渍等表面改性处理或真空退火处理，才能更好地满足 Ni/MH 电池的实用要求。

(2) 单辊快淬合金的组织结构与电极性能

在凝固冷却速度高达 10^5～10^6 K/s 的单辊快淬条件下，合金的凝固组织为细小的柱状晶结构，晶粒尺寸进一步细化为 1～2 μm。由于单辊快淬方法可使合金生成超细晶粒的柱状晶结构并有效抑制了稀土和 Mn 等元素的凝固偏析，快淬合金(包括低 Co 合金)的循环稳定性均比常规铸造合金有显著提高。研究表明，常规铸造 $Ml(Ni_{4.0}Co_{0.4}Mn_{0.3}Al_{0.3})$ 合金的循环寿命(容量保持率为 80%时的循环次数)只有 380 次循环，而同一成分的快淬合金可以经受 600 次循环。

对单辊快淬法和常规铸造 $Mm[(Ni_{3.8}Al_{0.2}Mn_{0.6})_{(x-0.4)/4.6}Co_{0.4}]$($x$=5.0～5.8)低 Co 非化学计量比合金的对比研究表明，上述合金电极的放电容量主要取决于合金的非化学计量比(x 值)，但循环稳定性与 x 值和合金微观结构的均匀性密切相关。由于快淬合金消除了 Mn 和 Ni 的凝固偏析并使合金保持单相 $CaCu_5$ 型结构，因而循环稳定性较常规铸造合金有显著提高。制作 AA 型电池(1 000 mA·h)对比测试表明，在使用 x=5.2 的快淬合金(放电比容量 310 mA·h/g)时电池的循环稳定性最好。经在 1.5 倍率充放电 500 次循环后，电池的容量保持率仍可达 79.5%。由此可以认为，通过采用非化学计量比和快速凝固的方法，可使低 Co 合金的性能满足 Ni/MH 电池的使用要求。

对 $Ml(NiCoMnTi)_5$ 合金的单辊快淬法研究还表明，随着单辊快淬时合金凝固冷却速度的增大，合金电极的循环稳定性进一步提高，但合金的活化循环次数明显增多，起始放电容量有所降低。快淬合金的高倍率放电性能也不如常规铸造合金，并随快淬合金凝固冷却速度的增大而降低。因此，在对不同成分的合金进行单辊快淬时，必须选择合适的凝固冷却速度才能使快淬合金获得较好的综合性能。此外，对快淬合金进行适当的低温(400 ℃)退火处理，可以消除合金中的位错等缺陷，使快淬合金的循环稳定性进一步得到改善。

除快速凝固技术的研究外，采用定向凝固技术使储氢合金生成细小的柱状晶结构也是提高合金电极性能的一种有效途径。对 $Ml(NiCoMnTi)_5$ 合金进行的定向凝固研究表明，当定向凝固合金的生长速率由 48 μm/s 逐步增大到 220 μm/s 时，合金的柱晶形态由胞状柱晶转变成柱状枝晶。定向凝固对合金电极的活化性能没有影响，但可显著提高合金电极的放电容量、高倍率放电性能及循环稳定性。在所研究的定向凝固生成速率范围内，生成速率为 48μm/s 时所得的具有胞状晶结构的合金综合性能较好。

3) 合金的晶界析出物与电极性能

对 $Mm_x(Ni_{3.5}Mn_{0.4}Al_{0.3})$等合金的研究发现，当合金 A 侧的 Mm 欠剂量(x<1.0 时)，会导致易受碱液腐蚀的 Mn 及 $AlNi_3$ 第二相在晶界附近偏析，使合金电极的循环稳定性明显降低；当合金 A 侧的 Mm 过剂量(x>1.0)时，则会导致 $LaNi_3$ 等富 La 相的稳定性有所降低(图 2-16)。因此，在 AB_5 型混合稀土系合金的批量生产过程中，准确控制混合稀土金属的成分，使合金保持 A∶B(原子比)=1∶5 的正常化学计量比，对于提高合金的循环稳定性具有重要意义。此外，在含有 Ti 及 V 的 MmB_5 型合金中，也发现有 $TiNi_3$ 或 V-Ni 第二相的生成及晶界偏析，加速了合金的吸氢粉化及腐蚀过程，使合金电极的循环稳定性降低。而在用 Zr 部分替代 La 或 Mm 的合金中，则发现晶界上有不吸氢的 $ZrNi_5$ 第二相析出并具有抑制合金粉化及腐蚀的作用，使合金电极的循环稳定性得到改善，对合金进行快速凝固或适当的均匀退火处理是消除合金元素或有害第二相晶界偏析的有效途径。对含 Mo 的 $LaNi_5$ 系多元合金的研究还表明，在晶界上析出的 $MoCo_3$ 第二相具有良好的电催化活性，可使合金电极的高倍率放电性能得到改善。由此认为，发展由 $CaCu_5$ 型主相和催化第二相组成的双相合金也是一种提高 AB_5 型合金综合性能的重要途径。对 $Mm(NiCoAlMn)_5M_{0.09}$ 合金的研究也表明，当在上述合金中额外添加微量元素 M 为

Zr、W、Ta、Mo 及 B 等时，由于添加元素均不能固溶于合金的 $CaCu_5$ 型主相内，从而分别生成不同的第二相在晶界析出，并使合金的高倍率放电性能得到不同程度的改善。其中，以添加 B、Mo 及 W 的合金[晶界析出相分别为 $Mm(Co_4B)$、Mo－Ni－Co 及 W]效果最为显著。从现有的研究来看，晶界析出物(第二相)良好的电催化活性在改善合金电极的活化及高倍率放电性能方面确有一定的效果，但有关合金中第二相与主相的最佳比例及其在合金制备过程中的控制等问题尚有待进一步研究。

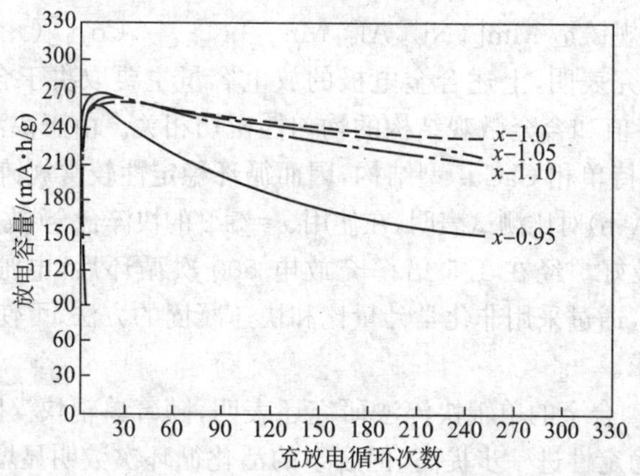

图 2－16 $Mm_xNi_{3.5}Co_{0.8}Mn_{0.4}Al_{0.3}$ 合金的循环稳定性

2.2.2 AB_2 型 Laves 相储氢电极合金

在 AB 二元合金中，ZrM_2 及 TiM_2(M 代表 Mn、V、Cr)等合金的化学式均为 AB_2，且因 A 原子和 B 原子的原子半径之比(r_A/r_B)为 1.225 而形成一种密堆排列的 Laves 相结构，故称该类合金为 AB_2 型 Laves 相合金。在合金中原子半径较大的 A 原子与原子半径较小的 B 原子相间排列，Laves 相的晶体结构具有很高的对称性及空间充填密度。Laves 相的结构有 C14(MgZn 型，六方晶)、C15(MgCu 型，正方晶)及 C36(MgNi 型，六方晶)三种类型(图 2－17)，但 AB_2 型储氢合金只涉及 C14 与 C15 型两种结构。由于原子排列紧密，C14 与 C15 型 Laves 相的原子间隙均由四面体构成，包括由 1 个 A 原子和 3 个 B 原子组成的 A_1B_3、由 2 个 A 原子和 2 个 B 原子组成的 A_2B_2 以及由 4 个 B 原子组成的 B_4 三种类型。研究表明，在单位 AB_2 晶体中，包含有 17 个四面体间隙(12 个 A_2B_2、4 个 A_1B_3 及一个 B_4)。由于 Laves 相结构中可供氢原子占据的四面体间隙(A_2B_2 及 A_1B_3)较多，AB_2 型 Laves 相合金具有储氢量大的特点。如 ZrMn 和 $TiMn_2$ 的储氢量为 1.8%(质量分数)，其理论容量为 482 mA·h/g，比已经实用化的 AB_5 型混合系合金(理论容量 348 mA·h/g)提高了约 40%。

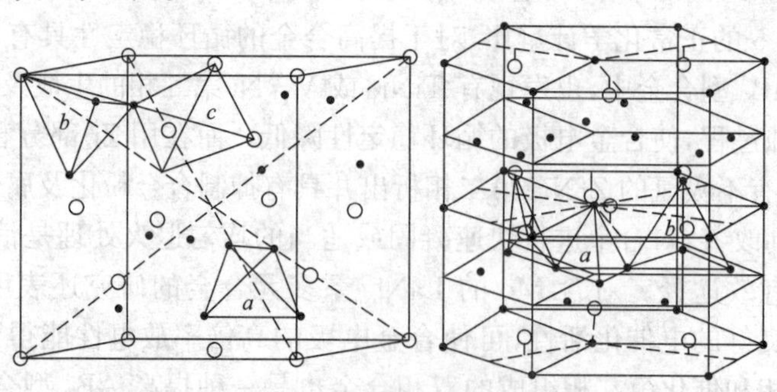

图 2－17 Laves 相储氢合金的结构示意图

由于 AB_2 型合金比 AB_5 型合金的储氢密度更高，所以可使 Ni/MH 电池的能量密度进一步提高。因此，在高容量储氢电极合金的研究开发中，AB_2 型合金的研究受到广泛关注，被看做是继 AB_5 型合金之后第二代储氢负极材料。研究开发中的 AB_2 型合金放电容量已可达 380～420 mA·h/g。但目前还存在初期活化比较困难，高倍率放电性能较差及成本较高等不足之处，有待于进一步改进与提高。从 AB_2 型合金的产业化应用来看，目前只有美国 Ovonic 公司独家用于 Ni/MH 电池的生产。

1. AB_2 型 Laves 相储氢电极合金的基本特征

1) 合金成分的多组分特征

由于 ZrM_2 或 TiM_2(M 代表 Mn、V、Cr)等二元合金吸氢生成的氢化物均过于稳定(25 ℃时的平衡氢压 $p_{H_2}<10^{-4}$ MPa)，不能满足氢化物电极的工作要求(10^{-2} MPa$<p_{H_2}<10^{-1}$ MPa)，此外，Ni 是储氢电极合金中不可缺少的电催化元素。因此，在研究开发 AB_2 型 Laves 相储氢电极合金的过程中，必须用 Ni 和其他元素部分替代 ZrM_2 或 TiM_2 合金 B 侧的 M 元素或用 Ti 等元素部分替代 ZrM_2 合金 A 侧的 Zr，调整合金氢化物的平衡氢压及其他性质，才能使合金具备良好的电极性能。在对大量三元或四元合金研究的基础上，目前开发中的 AB_2 型合金均已逐渐发展成为五组元的合金(图 2-18)。研究表明，除了合金元素替代之外，改变合金 A、B 两侧的化学计量比(原子比)对于改善合金电极性能也有重要的作用。因此，研究开发中的 AB_2 型多元合金含有标准化学计量比(AB_2)和超化学计量比(AB_{2+a})两种类型。此外，为便于区分，通常将合金 A 侧只含有 Zr 的 AB_2 型合金称为 Zr 系合金，将合金 A 侧同时含有 Zr 和 Ti 的合金称为 Zr-Ti 系合金。

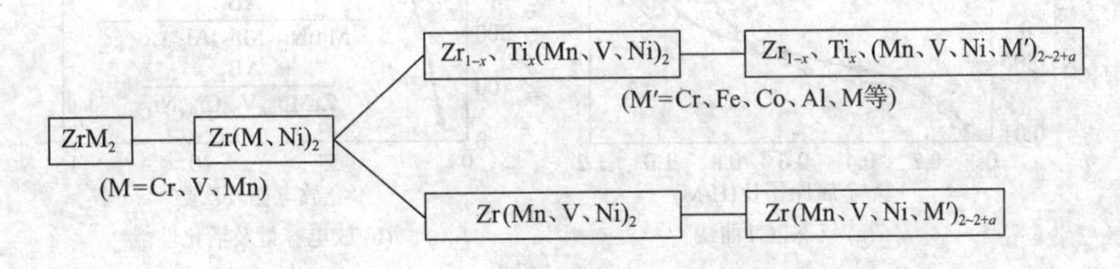

图 2-18 AB_2 型合金的多元合金化过程

研究表明，为使 AB_2 型合金具有较好的电极活性，合金中的 Ni 含量应保持在 40%(原子分数)左右。由于在 ZrM_2(或 TiM_2)中添加 Ni 后使合金的晶胞体积减小，在增大合金氢化物平衡氢压的同时，也使合金的储氢量有所降低。因此，在进一步进行合金化时，为确保合金具有较高的储氢量，应优先选择能使合金晶胞体积增大的元素(如 Mn、V、Cr)对合金 B 侧进行部分替代。已经证实，含有 Mn 和 V 的含 Cr 合金具有较好的循环稳定性，但合金较难活化，放电容量也有所降低。此外，采用 Ti 对 ZrM_2 合金 A 侧的 Zr 进行适量替代时，可以降低合金氢化物的稳定性，使合金保持较高的放电容量。由于在多元合金中各种元素的作用机制比较复杂，至今尚缺乏实用的合金设计理论，对 AB_2 型合金成分的研究仍主要通过实验方法进行优化筛选。

2) 合金的多相结构特征

在 AB_2 型多元储氢合金中，通常均含有 C14 型和 C15 型两种 Laves 相。此外，一般还可能存在 Zr_7Ni_{10}、Zr_9Ni_{11} 以及固溶体等非 Laves 相。与 AB_5 型合金的单相 $CaCu_5$ 型结构相比，多相结构是 AB_2 型合金的重要特征。由于合金的相结构对电化学性能具有重要影响，研究并优化合金的相结构也是提高 AB_2 型合金电极性能的重要途径。

在 AB_2 型合金中,C14 与 C15 型 Laves 相都是合金的主要吸氢相。合金中两种 Laves 相的含量及比例因合金成分不同而异,合金 A 侧含 Ti 量较高的合金通常以 C14 型 Laves 相为主相,而含 Zr 量较高的合金则以 C15 型 Laves 相为主相。此外,合金 B 侧元素对两种 Laves 相的含量也有一定影响。研究表明,在不同的合金体系中,C15 型和 C14 型两种 Laves 相对合金的电极性能往往表现出不同的作用和影响。因此,必须针对具体的合金体系确定两种 Laves 相的合适比例,使合金具有较好的综合性能。

在 Zr 系 AB_2 型储氢合金中,Zr_7Ni_{10}、Zr_9Ni_{11} 及 ZrNi 等非 Laves 相的含量与合金制备条件有关。已发现上述 Zr－Ni 型非 Laves 相可在一定程度上改善合金的活化及高倍率放电性能,但这些金属间化合物本身的电化学容量很低(如 Zr_7Ni_{10} 的放电容量仅为 40 mA·h/g),合金的放电容量将随非 Laves 相含量的增加而降低。

3) AB_2 型合金与 AB_5 型合金的吸放氢特性比较

图 2－19 对比了两种典型化学成分的 AB_2 型和 AB_5 型合金的气态 PCT 曲线和放电性能。可以看出,AB_2 型合金的气态可逆储氢量大于 AB_5 型合金,但 AB_2 型合金的 PCT 曲线较为倾斜。此外,AB_2 型合金的放电容量可比 AB_5 型合金提高 30%左右,但 AB_2 型合金的活化性能明显不如 AB_5 型合金。研究表明,许多 AB_2 型合金通常需要 10 次以上循环才能活化。因此,AB_2 型合金通常必须经过表面改性处理,合金的活化性能才能满足实用化的要求。

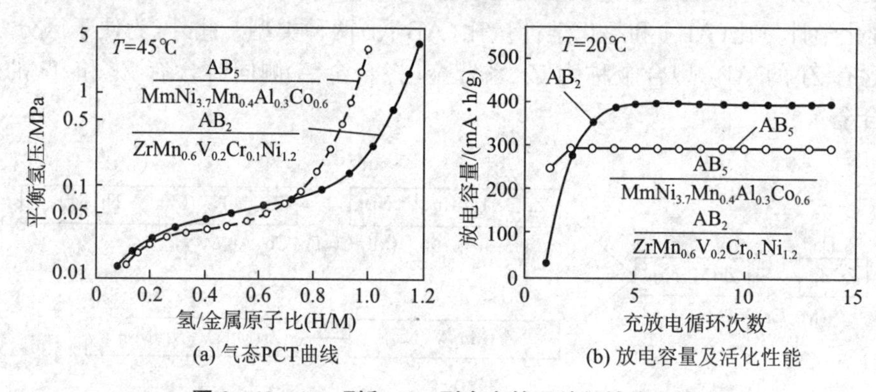

(a) 气态PCT曲线　　(b) 放电容量及活化性能

图 2－19　AB_2 型和 AB_5 型合金的吸放氢性能比较

2. AB_2 型 Laves 相储氢电极合金的发展方向

经过近 10 年的研究开发,对 AB_2 型 Laves 相储氢电极合金的基础和应用研究已取得了长足的进展。作为一种新型的高容量储氢电极材料,AB_2 型合金的放电容量已达到 380～420 mA·h/g(比现有 AB_5 型合金提高了约 30%),并开始在美国 Ovonic 公司 Ni/MH 电池生产中得到应用,显示出良好的发展应用前景。另一方面,AB_2 型合金目前还存在着初期活化比较困难、高倍率放电性能较差以及成本高等问题,还有待进一步研究改进。因此,AB_2 型合金至今在我国及日本等 Ni/MH 电池的主要生产国家尚未得到产业化应用,AB_2 型合金的进一步研究开发工作将着重体现如下几个方面。

1) 合金的表面状态与表面改性处理研究

与目前已经实用化的 AB_5 型合金相比,AB_2 型合金在初期活化及高倍率性能方面尚存在较大的差距。AB_2 型合金表面的含 Ni 量偏低并为 Zr、Ti 的致密氧化膜所覆盖,是影响合金电极活化、导电性、交换电流密度以及氢的扩展过程的主要原因,必须进一步深入研究合金表面(包括合金与电解质界面)的组成与结构及其对合金电极性能的影响规律,在此基础上寻求更简便有效的合金表面改性处理方法,力求使 AB_2 型合金及高倍率放电性能达到(或超过)目前 AB_5 型合金水平。

2) 合金成分与结构的综合优化研究

针对 AB_2 型合金的多相结构特点,应进一步研究合金中 C14 和 C15 型 Laves 相以及各种非 Laves 相的成相规律以及其与合金成分的关系,并查明各种合金相的结构及丰度对合金电极性能的影响规律,使合金成分与相结构得到综合优化,并在合金制备过程中得到有效控制,稳定和进一步提高合金电极性能。

3) 合金的制备技术研究

对 Zr 系和含 Ti 量较低的 Ti－Zr 系 AB_2 型合金而言,因合金成分偏析而导致 Zr－Ni 型非 Laves 相的生成,是限制合金放电容量及循环稳定性进一步提高的重要原因。因此,进一步研究开发 AB_2 型合金的快速凝固及热处理等合金制备技术,在合金凝固过程中抑制 Zr－Ni 型非 Laves 相的生成,或通过扩散退火处理消除已析出的 Zr－Ni 相,可使合金具有单一的 Laves 相结构,从而进一步提高合金的放电容量及循环稳定性。

4) 降低合金的生产成本

由于 AB_2 型合金中 Zr 和 V 纯金属原材料的价格昂贵,AB_2 型合金的生产成本高于 AB_5 型合金。因此,应加强对低价 Zr 和 V 原材料的研究开发,降低合金生产成本,进一步提高合金的性价比,以满足大规模产业化应用的要求。

2.2.3 其他新型高容量储氢合金电极材料

随着 Ni/MH 电池产业的迅速发展,迫切要求电池的能量密度不断提高。从电池的负极材料来看,由于目前 AB_5 型混合稀土系合金的放电容量(300～330 mA·h/g)已接近其理论极限(348 mA·h/g),必须进一步研究开发具有更高容量的储氢电极合金,才能满足 Ni/MH 电池的发展需求。除 AB_2 型合金外,研究开发中的新型高容量储氢电极合金主要有 Mg－Ni 系非晶合金和 V 基固溶体型合金及 Ti 基合金等。

1. Mg－Ni 系非晶合金电极材料

以 Mg_2Ni 为代表的 Mg－Ni 合金具有储氢量大(理论容量近 1 000 mA·h/g)、资源丰富及价格低廉等突出优点,其电化学应用的可能性问题一直受到广泛关注。鉴于常规冶金方法制备的非晶态 Mg_2Ni 吸氢生成的氢化物过于稳定(需在 250 ℃左右才能放氢),并存在反应动力学性能较差的问题,不能满足 Ni/MH 电池负极材料的工作要求,人们已对晶态和非晶态 Mg－Ni 系合金的制备方法及电化学吸放氢性能进行了大量的研究探索。中国采用置换扩散法及固相扩散法合成了晶态 Mg－Ni 系合金,可使合金的动力学及热力学性能得到显著改善,并具有一定的室温充放电能力。但上述合金的放电容量一般只有 100 mA·h/g 左右,且循环寿命很短,不能满足 Ni/MH 电池负极材料的应用要求。

中国采用机械合金化法制备的非晶态 Mg－Ni 系合金具有比表面积大和电化学活性高的特点,可使 Mg－Ni 合金在室温下的充放电过程顺利实现。研究表明,非晶态 $Mg_{50}Ni_{50}$ 系合金电极在第一次充放电循环即能完全活化,放电容量可达 500 mA·h/g 左右。但非晶态 Mg－Ni 系二元合金电极存在容量衰退迅速的问题,在循环稳定性方面不能满足 Ni/MH 电池的工作要求。进一步对非晶态 $Mg_{50}Ni_{50-x}M_x$(M 代表 Co、Al、Si 等,$x=5$～10)三元合金研究表明,当采用 Co、Al 和 Si 等元素部分取代 $Mg_{50}Ni_{50}$ 中的 Ni 时,三元合金的起始放电容量(210～320 mA·h/g)较 $Mg_{50}Ni_{50}$ 合金有所降低,但可使合金的抗腐蚀性能得到提高,因而可以在较大程度上改善非晶合金的循环稳定性。从实用化的要求看,合金电极的循环稳定性仍有待进一步提高。

Dou 等对非晶态 $Mg_2Ni_{1-x}Y_x$ 三元合金电极的研究发现,采用元素 Y 部分替代 Mg_2Ni 中的 Ni 可在一定程度上改善合金电极的吸放氢性能。但该合金电极的最大放电容量只有 170 mA•h/g,与合金的理论容量相去甚远。

近年来,随着机械合金化制备技术的进步,非晶态 Mg–Ni 系合金的放电容量得到进一步提高。如日本东芝公司对非晶态 Mg_2Ni 和 $Mg_{1.9}M_{0.1}Ni$(M 代表 Al、Mn)合金的研究发现,当用 Al 或 Mn 部分替代 Mg_2Ni 中的 Mg 时,可降低合金氢化物的稳定性,提高合金的可逆吸放氢能力。在室温条件下,非晶态 $Mg_{1.9}M_{0.1}Ni$(M 代表 Al、Mn)合金的放电容量可提高到 690 mA·h/g,循环稳定性也比二元合金有明显改善。但该合金仍存在循环容量衰退迅速的问题,经 19 次充放电循环后,合金的放电容量由 690 mA•h/g 降低到400 mA•h/g(图 2–20)。

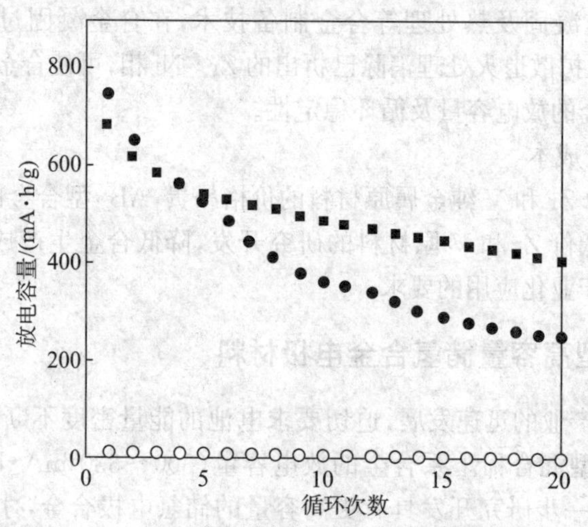

图 2–20　Mg–Ni 系合金电极的放电容量与循环次数的关系

○—晶态 Mg_2Ni;●—非晶态 Mg_2Ni;■—非晶态 $Mg_{1.9}Al_{0.1}Ni$

对非晶态 Mg_2Ni–Ni(质量比为 2∶1)合金的研究表明,由于机械合金化使合金形成均一的非晶结构,合金的比表面积及缺陷增多,以及 Ni 的催化作用,该合金的放电容量可进一步提高到 870 mA•h/g,但合金的循环稳定性很差,经过 10 次充放电循环放电容量迅速降低为 480 mA•h/g。

在合金的表面改性处理方面,国外在非晶态 Mg_2Ni 合金表面上进行了化学镀 Ni 的研究,可使合金的放电容量达到 780 mA · h/g,循环稳定性比不镀镍的合金有明显改善。此外对晶态和非晶态 Mg–Ni 系合金的表面改性处理研究表明,经表面氟化处理后,合金在比较温和的条件下具有良好的吸放氢性能。用氟处理的合金的放电容量比用 HCl 处理的合金高 10%,并可使电极寿命延长 20%左右。但总的来看,非晶态 Mg–Ni 系合金的室温充放电过程可以实现。目前,非晶态 Mg–Ni 系合金的放电容量已达到 500～800 mA•h/g,显示出诱人的应用开发前景。另一方面,非晶态 Mg–Ni 系合金目前仍存在循环稳定性差的问题,必须进一步研究改进,才能满足 Ni/MH 电池实用化的要求。研究表明,由于 Mg–Ni 系合金比较活泼,在碱性水溶液中容易氧化腐蚀,合金表面生成的非致密的 $Mg(OH)_2$ 不能阻止体相中活性物质进一步腐蚀,是导致 Mg–Ni 系合金电极循环容量衰减迅速的主要原因。因此,通过对合金的制备方法、多元合金元素替代及合金的表面改性处理等方面的研究,进一步提高合金的抗腐蚀性能,现已成为非晶态 Mg–Ni 系合金实用化的重要研究方向。由于非晶态 Mg–Ni 系合金具有容量高及价格低廉等突出优点,一旦循环稳定性取得突破,必将对未来的 Ni/MH 电池产业化产生重大影响。非晶态

Mg-Ni系合金储氢电极的发展正受到国内外的广泛关注。

2. V基固溶体型合金电极材料

V及V基固溶体合金(V-Ti及V-Ti-Cr等)吸氢时可生成VH及VH_2两种类型的氢化物。其中,VH_2的储氢量高达3.8%(质量分数),理论容量达1 018 mA·h/g,为$LaNi_5H_6$的3倍左右。在接近室温条件下,尽管VH的平衡氢气压太低($p_{H_2}=10^{-9}$ MPa)而使VH-V放氢反应难以利用,实际上可以利用的VH_2-VH反应的放氢量只有1.9%(质量分数)左右,但V基固溶体合金的上述可逆储氢量明显高于现有的非AB_5型或AB_2型合金。与AB_5型和AB_2型等合金利用金属间化合物吸氢的情况不同,由于V基储氢合金的吸氢相是V基固溶体,故称之为V基固溶体型合金。V基固溶体型合金具有可逆储氢量大、氢在氢化物中的扩散速度比较快等优点,已在氢的存储、净化、压缩以及氢的同位素分离等领域较早得到应用。但由于V基固溶体本身在电极碱性溶液中没有电极活性,不具备可充放电的能力,一直未能在电化学体系中得到应用。

近年来,为了研究开发高容量的储氢电极合金,日本进一步研究了V基固溶体型合金的电极性能并取得了重要发展。研究表明通过在V_3Ti合金中添加适量非催化元素Ni并优化控制合金的相结构,利用在合金中形成的一种三维网状分布的第二相的导电和催化作用,可使以V-Ti-Ni为主要成分的V基固溶体型合金具备良好的充放电能力。在所研究V_3TiNi_x($x=0\sim0.75$)合金中,$V_3TiNi_{0.56}$合金的放电容量可达410 mA·h/g,但存在循环容量衰减较快的问题。通过对$V_3TiNi_{0.56}$合金进行热处理及进一步多元合金化研究,合金的循环稳定性及高倍率放电性能得到显著提高,从而使V基固溶体型合金发展成为一种新型的高容量储氢电极材料,显示出良好的应用开发前景。

3. 钛系AB型储氢合金电极材料

钛与镍可形成三种金属间化合物:Ti_2Ni相、TiNi相和$TiNi_3$相。其中只有前两种才具有在间隙位置吸收大量氢的特征,吸氢后可分别形成$Ti_2NiH_{2.5}$和TiNiH。吸氢后Ti_2Ni和TiNi氢化物的晶型未发生改变,但其晶胞体积分别膨胀10%和17%。在碱液和室温条件下,TiNi储氢电极材料可完全可逆地充放电,且TiNi合金抗粉化、抗氧化和电催化性能良好,但其理论化学储氢容量偏低,仅为250 mA·h/g。Ti_2Ni由于可以形成多种氢化物相($Ti_2NiH_{0.5}$、Ti_2NiH、Ti_2NiH_2、$Ti_2NiH_{2.5}$相),其电化学储氢难以完全可逆进行,仅有40%的氢可以参与电化学反应过程,且其抗粉化和抗氧化性能相对较差。将TiNi和Ti_2Ni的混合粉末烧结制备的电极,其充放电容量提高到300 mA·h/g,充放电效率接近100%。这主要是因为在TiNi-Ti_2Ni混合烧结电极中氢可以按移动式机制进行充放电,即TiNiH相首先进行放电,由于在两相中浓度梯度的形成,$Ti_2NiH_{2.5}$相的氢通过固相扩散逐步转移到TiNi相,并实现可逆放电。这种氢移动式机制为构建新型储氢复合材料提供了新的思路。

4. 钒基BCC固溶体储氢合金电极材料

钒基BCC固溶体储氢合金电极材料主要是指具有体心立方(BCC)结构的V-Ti基固溶体合金,其特点是室温下储氢量大。Tsukahara研究发现,$Ti_{22}V_{66}Ni_{12}$合金的室温储氢容量达3.2%(质量分数),其电化学PCT曲线得到的放电容量为800 mA·h/g,但由于低平台压贡献的储氢容量难以在实际放电中实现化学脱氢,合金的电化学放电容量仅为420 mA·h/g。钒基固溶体储氢合金在添加金属或金属部分替代后呈现多相结构。在$TiV_3Ni_{0.56}$合金中,主相为钒基固溶体BCC结构,具有大量储氢功能,第二相TiNi沿主晶相析出,第二相的三维网络结构可以增加电极的动力学性能。在Hf或Zr部分替代以及其他组员的钒基固溶体合金中,具有催化活性和微集流体功能的C14型Laves相合金作为第二相析出,可有效提高电极高倍率放电性能。适当调整 BCC 主相和 C14 型 Laves 相比例,可改善合金的综合性能。但钒基固溶体储氢材料的缺点是 PCT 曲线相对倾斜,滞后效应大,低平衡压下残余氢量较大。在电化学储放氢中,由于 V 在电解液中的氧化/溶解一直难以克服,所以循环寿命欠佳,在密封 Ni/MH 电池中会表现得更加严重。另外,钒基固溶体储氢材料在成本上缺乏竞争优势。

5. AB_3 型储氢合金电极材料

AB_3 型合金结构有两种类型:$PuNi_3$ 型斜六面体结构和 $CeNi_3$ 型六面体结构。其中大部分 AB_3 型合金结构与 AB_5 型和 AB_2 型合金结构密切相关,AB_3 型合金结构含有广泛重叠排列结构,由 AB_5 型结构单元和 AB_2 型结构单元沿 c 轴[001]方向以不同方式堆砌而成。作为储氢合金电极材料,研究较多的主要是具有 $PuNi_3$ 型结构的多元含有金属镁的合金,如 $LaCaMgNi_9$ 和 $(LaMg)(NiCo)_3$ 合金,此类储氢合金的电化学容量在 360~400 mA·h/g。其结构如图 2-21。

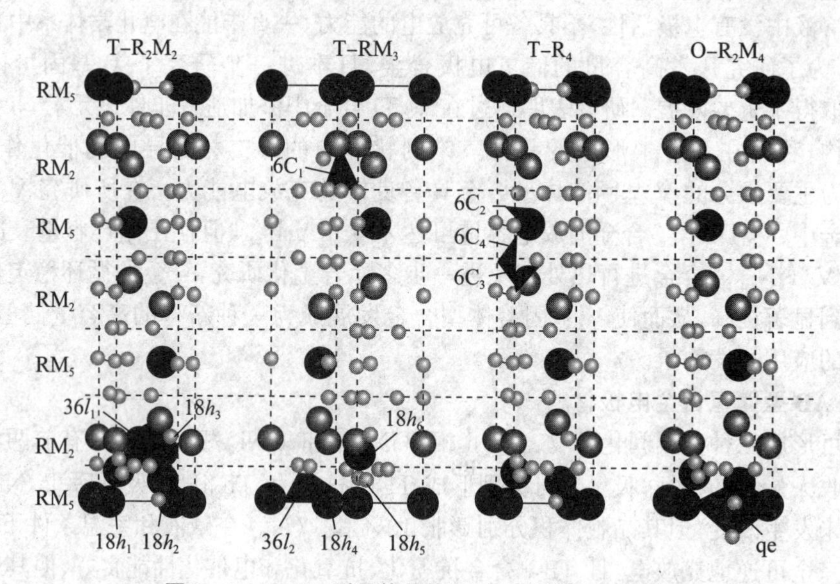

图 2-21 $PuNi_3$ 型晶体结构及晶格间隙位置示意图

日本三洋 Ni/MH 电池在 AB_3 型合金中加入约为 A 原子数量的 1/3 的 Mg 原子,得到了更容易吸附并释放氢的"超晶格合金"结晶结构。此"超晶格合金"的结构以 $PuNi_3$ 型结构为主。与原来使用的负极材料相比,该新材料储存氢原子可增加 25%,可以大幅度提高负极材料的电化学容量,从而使 AA 型 Ni/MH 电池的容量达到了 2 500 mA·h/g,实现了在 AA 型 Ni/MH 电池中 10%容量的提高。

2.3 镍正极材料

在 100 余年的发展历程中,镍正极被广泛地应用于各种碱性二次电池中,如 Cd/Ni 电池、Zn/Ni 电池以及 MH/Ni 电池等。在长期的研究和应用过程中,镍电极的结构和性能等方面大致经历了三个发展阶段,即极板盒式电极、烧结式电极和非烧结式电极。根据镍极板导电载体的生产工艺及活性物质载入方式的差异,可进行如图 2-22 所示的分类。

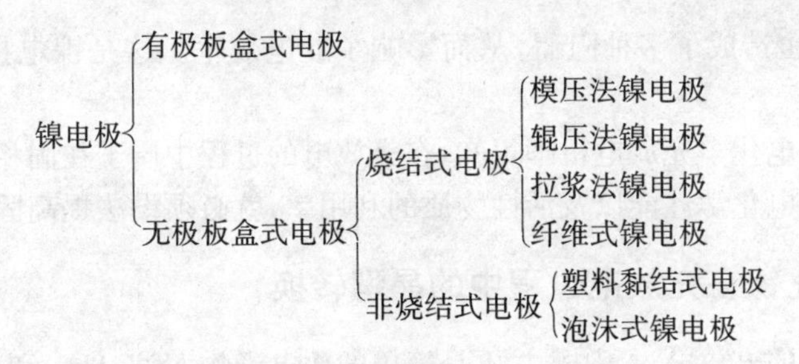

图 2-22 镍电极的分类示意图

2.3.1 氢氧化镍电极的充放电机制

氢氧化镍电极在充放电过程中的电极反应通常表示为：

$$Ni(OH)_2+OH^- \underset{放电}{\overset{充电}{\rightleftharpoons}} NiOOH+H_2O+e^-$$

$Ni(OH)_2$ 在制备和充放电过程中，存在部分没有被完全还原的 Ni^{3+}，以及部分按化学计量过量的 O^{2-}，即在 $Ni(OH)_2$ 晶格中一定数量的 OH^- 被 O^{2-} 所代替，并且相同数量的 Ni^{2+} 被 Ni^{3+} 所代替。$Ni(OH)_2$ 晶格中的 Ni^{3+} 相对于 Ni^{2+} 少一个电子，称为电子缺陷。晶格中的 O^{2-} 相当于 OH^- 少一个质子，称为质子缺陷。在电极的充放电过程中，电极和溶液界面发生的氧化还原反应是通过半导体晶格中的电子缺陷和质子缺陷的转移来实现的，其导电性取决于电子缺陷的运动和浓度。

当镍电极发生阳极极化及充电时，$Ni(OH)_2$ 晶格中的 O^{2-} 和溶液中的质子在两相界面构成双电层。溶液中的质子和 $Ni(OH)_2$ 晶格中的负离子 O^{2-} 定向排列，起着决定电极电位的作用。$Ni(OH)_2$ 通过电子和空穴导电，即电子通过氧化物相（$Ni^{2+} \rightarrow Ni^{3+}$）向导电骨架和外电路转移，电极表面晶格中的 OH^- 失去质子成为 O^{2-}，质子则越过双电层的电场进入溶液，与溶液中的 OH^- 合成水，于是在固相中增加了一个质子缺陷（O^{2-}）和一个电子缺陷（Ni^{3+}）。由于阳极极化，双电层表面靠氢氧化镍的一侧，形成了新的电子缺陷和质子缺陷，使得表面层中的质子浓度降低，而氢氧化物内部质子浓度却相对较高，从而形成了浓度梯度。在此浓度梯度的作用下，质子根据 Fick 定律，从氢氧化镍内部向表面扩散。随着阳极极化的增加，电极电位会持续升高，电极表面的 Ni^{3+} 会持续增加，而质子浓度则会不断下降。在极限情况下，电极表面的质子浓度为零，氢氧化物表面的 NiOOH 几乎全部转化为 NiO_2，而此时电极电位足以使溶液中的 OH^- 发生氧化反应，即发生析氧反应。镍电极在充电过程中有两个重要的特性：一是在电极表面形成的 NiO_2 分子只是掺杂在 NiOOH 的晶格中，并没有形成单独的结构；二是当镍电极析出氧气时，电极内部仍有 $Ni(OH)_2$ 存在，并没有完全被氧化。

镍电极的阴极极化过程（即放电过程）与阳极极化过程恰好相反，从外电路来的电子与固相中的 Ni^{3+} 相结合生成 Ni^{2+}，质子从溶液越过界面双电层进入镍电极的表面层，与表面层中的 O^{2-} 结合，即在固相中减少了一个质子缺陷（O^{2-}）和一个电子缺陷（Ni^{3+}），而在溶液中增加了一个 OH^-。在此过程中，质子在固相中的扩散仍是整个过程的控制步骤。由于较慢的质子扩散小于阴极反应速度，因此为了保持阴极反应速度，电极电势需不断下降；而且随着阴极极化的进行，固相表面层中 O^{2-} 的浓度不断减小，$Ni(OH)_2$ 的量不断增加。由于质子从电极表面向电极内部扩散速度的限制，因此当电极电势降至终止电压时，镍电极内部尚有未放完电的 NiOOH。另外，$Ni(OH)_2$ 是低导电性的 p 型半导体，因此在镍电极表面层中生成的 $Ni(OH)_2$ 对电极内部

NiOOH 的放电反应也造成了一种阻碍，从而影响了放电效率。这是镍电极在放电过程中的重要特性。

由以上镍电极的电化学充放电机理可知，在充放电的过程中质子在固相中扩散是控制步骤，因此要提高镍电极的电化学性能以及活性物质的利用率，就必须设法提高固相质子的扩散速度。

2.3.2 氢氧化镍在充放电过程中的晶型转换

在氢氧化镍电极的充放电过程中，并不是简单的放电产物 $Ni(OH)_2$ 和充电产物 NiOOH 之间的电子的得失。$Ni(OH)_2$ 有 α 型和 β 型两种晶型结构，NiOOH 具有 γ 型和 β 型两种晶型结构。因此在氢氧化镍电极的充放电过程中，各晶型活性物质之间的转化很复杂，如图 2-23 所示。

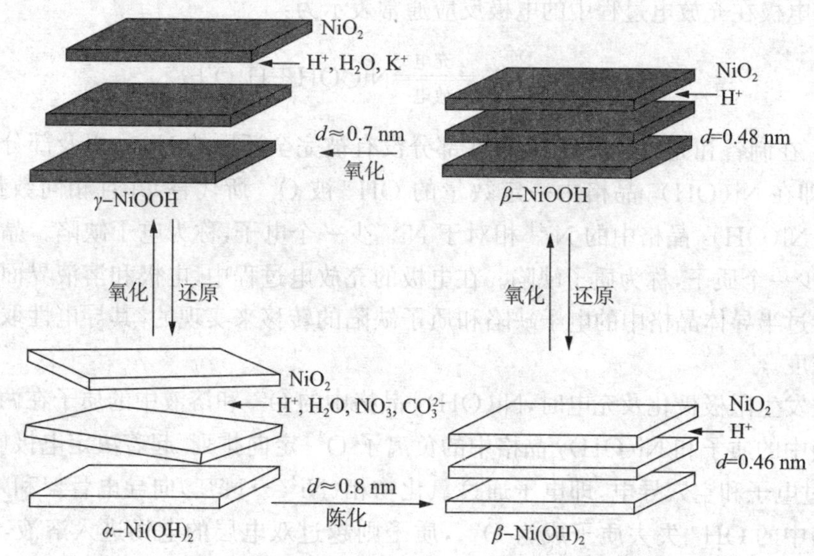

图 2-23 氢氧化镍在充放电过程中的晶型转换

2.3.3 球形 $Ni(OH)_2$ 正极材料的基本性质与制备方法

1. 基本性质

$Ni(OH)_2$ 是涂覆式 Ni/MH 电池正极使用的活性物质。电极充电时 $Ni(OH)_2$ 转变成 NiOOH，Ni^{2+} 被氧化成 Ni^{3+}；放电时 NiOOH 逆变成 $Ni(OH)_2$，Ni^{3+} 还原成 Ni^{2+}。电极的充电反应式为

$$Ni(OH)_2 + OH \xrightarrow{充电} NiOOH + H_2O + e$$

按反应式，$Ni(OH)_2$ 充电过程中 Ni^{2+} 与 Ni^{3+} 相互转变产生的理论放电容量约为 289 mA·h/g。由于电化学反应不充分或过充、过放，$Ni(OH)_2$ 的实际电容量常与理论值有一定的差异。在充放电过程中，也经常出现非化学计量现象。

近年来，$Ni(OH)_2$ 正极材料的密度有显著提高，与原有的无规则形状的低密度 $Ni(OH)_2$ 相比，高密度球形 $Ni(OH)_2$ 因能提高电极单位体积的填充量(＞20％)和放电容量，且有良好的充填流动性，是 Ni/MH 电池生产中广泛应用的正极材料。虽然目前还没有统一的高密度定义范围，但一般认为松装密度大于 1.5 g/mL、振实密度大于 2.0 g/mL 的球形为高密度球形 $Ni(OH)_2$。

$Ni(OH)_2$ 存在 α、β 两种晶型，NiOOH 存在 β、γ 两种晶型。目前生产 Ni/MH 电池使用的 $Ni(OH)_2$ 均为 β 晶型。研究表明，结晶完好的 $\beta-Ni(OH)_2$ 由层状结构的六方单元晶胞(图 2-24)所组成，每个晶胞中含有一个镍原子、两个氧原子和两个氢原子。两个镍原子之间的距离 $a_0=0.312$ nm，两个 NiO_2 层之间的距离 $c_0=0.460\ 5$ nm。NiO_2 层中 Ni^{2+} 与占据的八面体间隙可能成为空穴，也可能被其他金属离子如 Co^{2+} 和 Zn^{2+} 等填充而形成 Ni^{2+} 晶格缺陷。NiO_2 层间的八面体间隙可能填充有 H_2O、CO_3、SO_4^{2-}、K^+ 和 Na^+ 等。

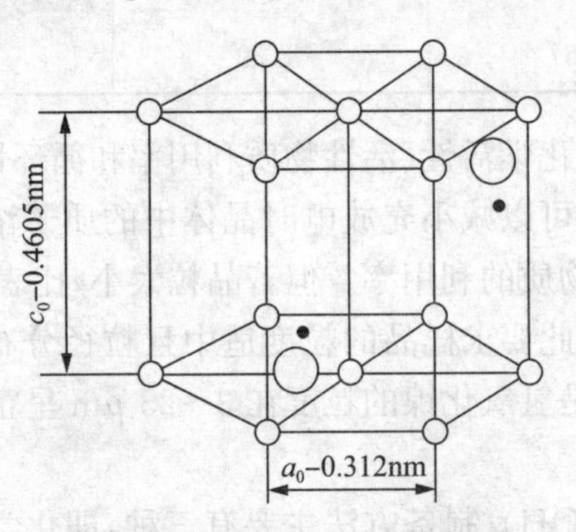

图 2-24　$\beta-Ni(OH)_2$ 单元晶胞

在充放电过程中，各晶型的 $Ni(OH)_2$ 和 NiOOH 存在一定的对应转变关系，如图 2-25 所示。研究表明，$\beta-Ni(OH)_2$ 在正常充放电条件下转变为 β-NOOH，相变过程中产生质子 H^+ 的转移，NiO_2 层间距从 0.460 5 nm 膨胀至 0.484 nm，镍-镍间距 a_0 从 0.312 6 nm 收缩至 0.281 nm。

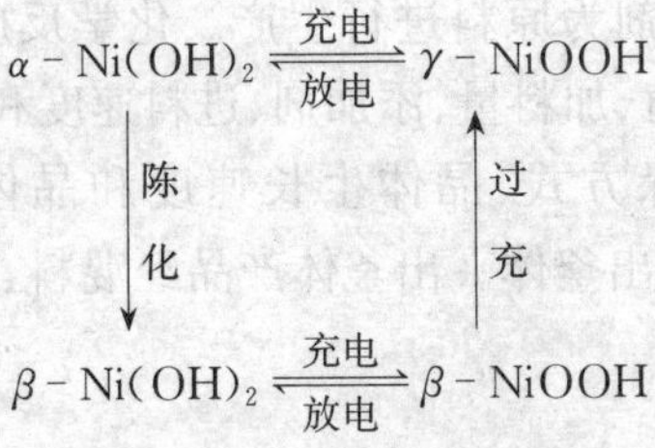

$$\begin{array}{ccc} \alpha-Ni(OH)_2 & \underset{\text{放电}}{\overset{\text{充电}}{\rightleftharpoons}} & \gamma-NiOOH \\ \downarrow \text{陈化} & & \uparrow \text{过充} \\ \beta-Ni(OH)_2 & \underset{\text{放电}}{\overset{\text{充电}}{\rightleftharpoons}} & \beta-NiOOH \end{array}$$

图 2-25　各晶型的转变

由于 a_0 收缩，导致 $\beta-Ni(OH)_2$ 转变为 β-NiOOH 后，体积缩小 15%。但在过充电条件下，β-NiOOH 将转变为 γ-NiOOH。此时 Ni 的价态从 2.90 升至 3.67，c_0 膨胀至 0.69 nm，a_0 膨胀至 0.282 nm。由于 a_0 和 c_0 增加，导致 β-NiOOH 转变为 γ-NiOOH 后，体积膨胀 44%。生成 γ-NiOOH 时的体积膨胀会造成电极开裂、掉粉，影响电池容量循环寿命。由于 γ-NiOOH 在电极放电过程中不能逆变为 $\beta-Ni(OH)_2$，使电极中活性物质的实际存量减少，导致电极容量下降甚至失效。γ-NiOOH 放电后将转变成 $\alpha-Ni(OH)_2$，此时 c_0 膨胀至 0.76～0.85 nm，a_0 膨胀至 0.302 nm。γ-NiOOH 转变为 $\alpha-Ni(OH)_2$ 后，体积膨胀了 39%。由于 $\alpha-Ni(OH)_2$ 极不稳定，在碱液中很快就转变为 $\beta-Ni(OH)_2$。$Ni(OH)_2$ 和 NiOOH 各晶型的密度、氧化态和晶胞参数等均有差异，如表 2-3 所示。

表 2-3　不同晶型 $Ni(OH)_2$ 的氧化态、最高密度和晶胞参数

晶型	Ni 的平均氧化态	密度/(g/mL)	a_0/nm	c_0/nm
α-$Ni(OH)_2$	+2.25	2.82	0.302	0.76～0.85
β-$Ni(OH)_2$	−2.25	3.97	0.312 6	0.460 5
β-NiOOH	+2.90	4.68	0.281	0.486
γ-NiOOH	+3.67	3.79	0.282	0.69

较小晶粒的氢氧化镍其电化学活性、活性物质利用率和循环性能较好，因为对于较小的晶粒来说，其质子固相扩散较有利，可以减小充放电时晶体中的质子浓差极化，而且与电解质的接触面积增加，因此可以提高活性物质的利用率。但若晶粒太小，比表面积太大，则密度会降低，从而影响氢氧化镍的振实密度。因此要求样品的粒度适中且粒径分布合理，使较小的晶粒能填充到大颗粒的间隙中，较佳的情况是氢氧化镍的粒度在 3～25 μm 呈正态分布，中位值在 8～11 μm。

2. 制备方法

用于电池材料的球形 $Ni(OH)_2$ 制备方法主要有三种，即化学沉淀晶体生长法、镍粉高压催化氧化法及金属镍电解沉淀法。其中化学沉淀晶体生长法制备的 $Ni(OH)_2$ 综合性能相对较好，已得到广泛应用。

1）化学沉淀晶体生长法

此方法是在严格控制反应物质浓度、pH 值、反应时间、搅拌速度等条件下，使镍盐溶液和碱溶液直接反应生成微晶晶核，晶核在特定的工艺条件下生长成球形颗粒。目前国际上普遍以硫酸镍、氢氧化钠、氨水和少量添加剂为原料进行生产。化学反应是在特定结构的反应釜中进行的，主要通过调节反应温度、pH 值、加料量、添加剂、进料速度和搅拌强度等工艺参数来控制晶核产生量、微晶晶粒尺寸、晶粒堆垛方式、晶体生长速度和晶体内部缺陷等晶体生长条件，使 $Ni(OH)_2$ 粒子长成一定尺寸后流出釜体。出釜体产品经混料、表面处理、洗涤、干燥、筛分、检测和包装后，供电池厂家使用。

2）镍粉高压催化氧化法

采用镍粉为基本原料，在催化剂的作用下利用 O_2 和水将金属镍粉氧化成氢氧化镍，一般采用的催化剂是硝酸、硫酸等。该方法制得的氢氧化镍纯度较高，Ni 的转化率较高，可达到 99.99%，而且工业污染小。缺点主要是合成的样品球形较差，未反应的 Ni 粉混在产品氢氧化镍中后会给分离造成困难，而且此方法对设备要求高，能耗较大。

3）金属镍电解沉淀法

将金属镍作为阳极，在外加电流的作用下，镍被氧化成 Ni^{2+}，阴极发生还原吸氢反应，产生的 OH^- 与 Ni^{2+} 反应生成氢氧化镍沉淀。电解法根据电解液是否含水，又分为水溶液法和非水溶液法。水溶液法是利用恒流阴极极化和恒电位阳极电沉淀法而得到 $Ni(OH)_2$，并吸附水嵌入 $Ni(OH)_2$ 晶格中。非水溶液法是以惰性电极（石墨、铂、银）为阴极，醇作电解液，铵盐和季铵盐作为支持电解质，因此又称为醇盐电解法，在电解液和整个电解过程中不能有水存在，在外加电流作用下，并在醇沸点温度下加热电解。此方法合成的氢氧化镍粒子形态好，只是整个过程中设备需要密封，严格控制无水条件，因此成本较高。电解法可以实现零排放，其显著的环境效益备受关注。

2.3.4 影响高密度球形 $Ni(OH)_2$ 电化学性能的因素

作为镍电池活性物质的氢氧化镍，其本身的电化学性能较差，在实际的充放电过程中还存在一些问题，如放电容量不高、残余容量较大、电极膨胀、电极寿命较短等。影响电化学性能的因素主要有：化学组成、粒径大小、粒径分布、密度、晶型、表面形态和组织结构等。

1. 化学组成的影响

镍含量、添加剂和杂质含量的高低对 $Ni(OH)_2$ 的电化学性能均有一定的影响。纯 $Ni(OH)_2$ 的镍含量为 63.3%，因含水、添加剂和杂质，可使镍含量降至 50%～62%。通常 $Ni(OH)_2$ 的放电容量随着镍含量的升高而增高。为了提高活性物质的利用率、电池的放电电压平台及其电压与电池总容量的比率，以及提高电池的大电流充放电性能和循环寿命，常采用共沉淀法，在 $Ni(OH)_2$ 的制备过程中添加一定量的 Co、Zn 和 Cd 等添加剂。由于 Cd 对人体及环境有较大危害，在 Ni/MH 电池中已不再使用。不同种类添加剂及其添加量会对微晶结构产生一定的影响。此外，电池中的杂质主要为 Ca、Mg、Fe、SO_4^{2-} 和 CO_3^{2-} 等，它们对 $Ni(OH)_2$ 的性能均有不同程度的负面影响。

2. 粒径及粒径分布的影响

由化学沉淀晶体生长法制备的球形 $Ni(OH)_2$ 的粒径一般在 1～50 μm(扫描电镜法测定，下同)，其中平均粒径在 5～12 μm 的使用频率最高。粒径大小及粒径分布主要影响 $Ni(OH)_2$ 的活性、比表面积、松装和振实密度。一般粒径小、比表面积大的颗粒活性就高。但粒径过小，会降低松装和振实密度，今后生产 $Ni(OH)_2$ 的粒径有细化的趋势。在 0.2 C 和 1.0 C 放电条件下，平均粒径对 $Ni(OH)_2$ 利用率(测试容量与理论容量的百分比)的影响见图 2-26。

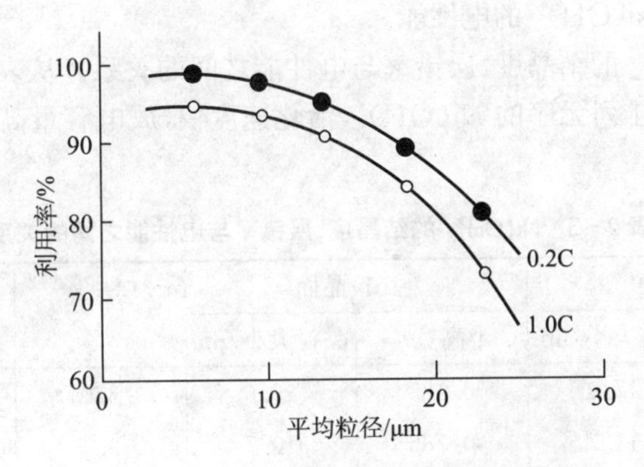

图 2-26 $Ni(OH)_2$ 的利用率与平均粒径的关系

3. 表面状态的影响

在 1 000 倍扫描电镜下观察，球形 $Ni(OH)_2$ 呈较光滑的表面状态，而在 100 000 倍扫描电镜下，则能观察到表面孔隙和针状结构(图 2-27)。一般表面光滑球形度好的 $Ni(OH)_2$ 振实密度高，流动性好，但活性差；而球形度低、表面粗糙、孔隙发达的产品振实密度相对较低，流动性差，但活性较高。$Ni(OH)_2$ 不同的表面状态，会导致比表面积存在较大的差异，显著影响电化学性能。表 2-4 为氮吸附法(BET)测定 $Ni(OH)_2$ 的比表面积与其放电容量之间的关系。可以看出，当 $Ni(OH)_2$ 比表面积控制在 7.8～17.5 m^2/g 时，可获得较高的放电容量。

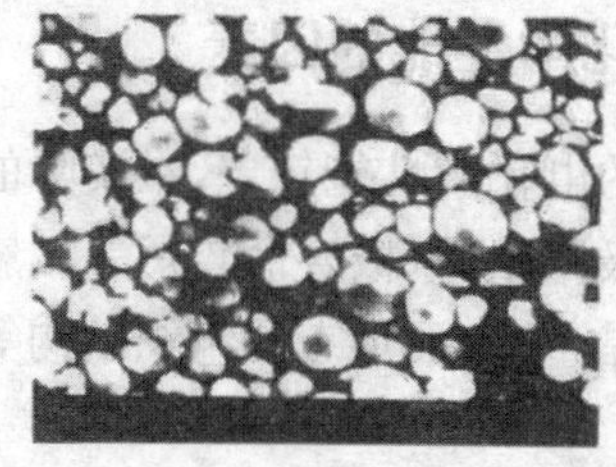

×1 000

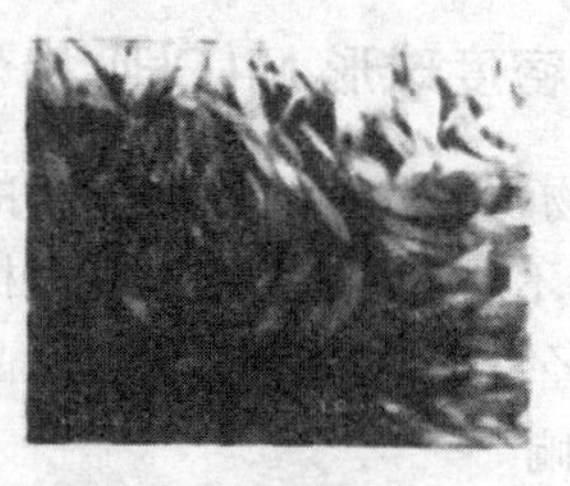

×100 000

图 2-27 $Ni(OH)_2$ 颗粒的 SEM 照片

表 2-4 $Ni(OH)_2$ 的比表面积与放电容量

性能 \ 样品	1	2	3	4	5	6	7	8
比表面积/(m^2/g)	2.6	4.1	7.8	10.9	14.0	17.5	21.0	25.3
放电容量/(mA·h/g)	261	264	283	284	286	285	265	263

4. 微晶晶粒尺寸及缺陷的影响

化学组成和颗粒粒径分布相同的 $Ni(OH)_2$ 电化学性能往往存在相当大的差异。根本原因是 $Ni(OH)_2$ 晶体内部微晶晶粒尺寸和缺陷不同。在制备 $Ni(OH)_2$ 过程中，不同的反应工艺、反应物后处理方法及添加剂的种类和添加量都会对组成 $Ni(OH)_2$ 晶体的微晶晶粒大小、微晶晶粒排列状态产生影响。微晶晶粒大小和排列状态又会引起 $Ni(OH)_2$ 晶体内部缺陷、孔隙和表面形貌等的差异，最终影响 $Ni(OH)_2$ 的电性能。

表 2-5 为 $Ni(OH)_2$ 的结晶度、层错率与电性能之间的关系。从表中可知，结晶度差、层错率高、微晶晶粒小、微晶排列无序的 $Ni(OH)_2$，活化速度快，放电容量高，循环寿命长，其他电性能也较好。

表 2-5 $Ni(OH)_2$ 的结晶度、层错率与电性能之间的关系

样品	{001}晶面		{101}晶面		层错率/%	放电容量/(mA·h/g)	IC 循环寿命/次
	半高宽/″	晶粒大小/nm	半高宽/″	晶粒大小/nm			
1	0.451	17.9	0.425	19.6	3.0	245	233
2	0.687	11.7	0.785	10.7	9.4	261	280
3	0.697	11.5	0.932	9.0	11.8	280	>500

2.3.5 $Ni(OH)_2$ 正极材料的研究动向

1. 新型添加剂的研究

对镍电极活性物质进行掺杂改性是改善和提高镍电极充电效率、能量密度、功率密度和循环寿命等方面性能的最有效方法。

镍电极添加剂的掺杂方式一般有三种：①物理掺杂方式(外掺)，即将活性物质 $Ni(OH)_2$ 与添加剂机械研磨均匀；②共沉淀方式(内掺)，即在氢氧化镍的制备过程中使添加剂阳离子与 Ni^{2+} 以氢氧化物的形式共同沉淀下来，形成固溶体；③表面沉积方式(包裹)，即将添加剂以薄膜的形式在氢氧化镍颗粒表面沉积下来。

$Ni(OH)_2$ 是一种导电性不良的 p 型半导体，在正极的 $Ni(OH)_2$ 粒子与粒子间以及粒子与泡沫镍基体之间存在着较大的接触电阻。由于电子的传递受到影响，在充放电过程中 Ni^{2+} 不能充分氧化，放电过程中 Ni^{3+} 不能还原物质，使其活性不能被充分利用，因而使 $Ni(OH)_2$ 的容量难以提高。采用共沉淀法在 $Ni(OH)_2$ 中掺入 Co、Zn、Mn 等后，虽然能改善晶体内部质子的传递状况，提高放电容量、电压平台和循环寿命，但不能解决 $Ni(OH)_2$ 粒子与粒子之间以及粒子与泡沫镍基体之间的导电性问题。为了提高镍电池的可逆性和活性物质利用率，人们通常会掺入适量的导电剂，如 Co、CoO、$Co(OH)_2$、Ni、石墨和碳纳米管等。但导电剂在粒子表面分布的均匀性的问题仍不易解决，为此已采用化学镀方法在表面镀覆一层 Co 或 $Co(OH)_2$，使正极的性能得到进一步提高。研究表明，由于化学镀层均匀地包覆在粒子表面，并在充电时被不可逆氧化为高导电的 CoOOH，因此 CoOOH 在 $Ni(OH)_2$ 表面可起到微电流收集器的作用，改善 $Ni(OH)_2$ 与其他电极材料及与基体之间的导电性，从而可增大电极的放电深度，最终提高活性物质的利用率和放电容量。根据日本三洋公司 1998 年的年度报告，表面镀覆 2%～8%(质量分数)的钴可显著改善 $Ni(OH)_2$ 的导电性，并可使电池容量提高约 10%。从试用情况看，还存在 $Ni(OH)_2$ 表面的镀层不够牢固，经一定周期充放电循环后会出现表面镀层溶解和脱落的现象，对此还需进一步研究改进。

自发现 Co 元素对镍电极性能的较大改善作用后，Co 元素添加剂的研究在镍电极添加剂研究领域就占有了一席之地。关于 Co 及其化合物在氢氧化镍活性物质中的最佳掺杂方式和最合适的掺杂量，不同的研究者有着不同的结论。但普遍认为，过多 Co 元素导电剂的添加只会导致镍电极性能的下降。

日本和德国正在开发锰、钛和铝等新型添加剂。采用共沉淀法将添加物沉积在 $Ni(OH)_2$ 的某一晶面上(如{101}晶面)，可提高 $Ni(OH)_2$ 晶体内部的生长缺陷和变形缺陷，提高 $Ni(OH)_2$ 的放电容量和改善其他电化学性能。

2. 镍电极高温性能的改善

镍氢电池的电容量是按照正极容量限制的原则，即负极容量超过正极容量，这样在充电的末期，正极产生的氧气可以在负极被还原成水和氢氧根离子，从而减轻了电池的内部压力。但正极析氧速度增加时，氧气会加速对负极储氢合金的氧化，使其失去储氢能力，并降低其对氧气复合反应的催化作用，导致电池内压剧升和电池性能恶化。作为电动汽车和混合电动汽车的电池，镍氢电池一般在高于 40 ℃的环境下工作，因此改善高温下电池的充电效率和抑制氧气的析出成为一个重要的研究方向。

当镍电极在常温下充电时，充电曲线明显分为两个平台，分别对应氧化反应和还原反应。当温度升高时，由于还原反应的过电位会降低，而且在温度、压力、电解液浓度等各项影响因素中，温度对还原反应的电极电位的影响最大，因此还原反应过电位的降低幅度超过了氧化反应。在环境温度升高后，更多的电量用于氧气的析出反应，因此充电效率大大降低，放电比容量也随之减小。

目前的研究发现，除了加强对镍氢电池热处理系统的优化设计之外，优化电解液成分和优化正极活性物质组成这两种方法也可有效地提高析氧过电位，从而提高镍电极的高温充电效率并抑制氧气的析出。

电解液组分的优化主要是指在电解液中添加适量的 LiOH，它可以明显地改善镍氢电池的高温充电效率。因为：①在充放电过程中，Li^+ 可以逐渐嵌入 $Ni(OH)_2$ 的晶格中，进而增大氢氧化镍在充电时的缺陷和质子的扩散速度；②Li^+ 在 $Ni(OH)_2$ 的晶格中的存在可以改善晶粒度，并消除 Fe^{3+} 等杂质的影响；③ 吸附在 $Ni(OH)_2$ 颗粒表面，阻止颗粒长大团聚，提高电极活性物质利用率;④ Li^+ 被吸附在 $Ni(OH)_2$ 上,也可增大还原反应的极化,从而提高高温充电效率,抑制氧气析出,使镍电极在高温下更稳定。此外,在电解液中添加适当比例的 NaOH 和 LiOH 的复合添加剂,组合 K-Na-Li 三元电解液也是改善镍电极高温性能的有效途径。

优化正极活性物质的组成,即添加合适的正极添加剂也是提高充电效率的有效方法。此方面的添加剂研究较多的有 Co、Ca、Ba 以及稀土等元素的化合物。

总之,改善 MH/Ni 电池正极高温性能的根本途径就是降低氧化电位或提高还原过电位,从而增加氧化电位和还原电位之间的差值,使得更多的电量用于充电反应,最终提高充电效率,抑制氧气析出。

2.4 Ni/MH 电池的设计与制造

2.4.1 Ni/MH 电池的设计基础

1. Ni/MH 电池的设计要求

电池设计就是根据仪器设备的要求,为其提供具有最佳使用性能的工作电源或动力电源。因此,电池设计首先必须满足用电器的使用要求,并进行优化,使其具有最佳的综合性能,以此来确定电池的电极、电解液、隔膜、外壳和其他零部件的参数,并将它们合理搭配,制成具有一定规格和指标的电池或电池组。

电池设计是为满足对象(用户或仪器设备)的要求而进行的。因此,在进行电池设计前,首先必须详尽地了解对象对电池性能指标及使用条件的要求,一般包括以下几个方面:

(1) 电池的工作电压;

(2) 电池的工作电流,即正常放电电流和峰值电流;

(3) 电池的工作时间,包括连续放电时间,使用期限或循环寿命;

(4) 电池的工作环境,包括电池工作时所处状态及环境温度;

(5) 电池的最大允许体积。

同时还应综合考虑:① 材料来源;② 电池性能;③ 电池特性的决定因素;④ 电池工艺;⑤ 经济指标;⑧ 环境问题等方面的因素。

2. 评价 Ni/MH 电池性能的主要参数指标

电池性能一般通过以下几个方面来评价。

(1) **容量**

电池容量是指在一定放电条件下,可以从电池获得的电量,即电流对时间的积分,一般用 Ah 或 mAh 来表示,它直接影响到电池的最大工作电流和工作时间。

(2) **放电特性和内阻**

电池的放电特性是指电池在一定的放电制度下,其工作电压的平稳性,电压平台的高低以及大电流放电性能等,它表征电池带负载的能力。电池内阻包括欧姆内阻和电化学极化内阻,大电流放电时,内阻对放电特性的影响尤为明显。

(3) **工作温度范围**

用电器的工作环境和使用条件要求电池在特定的温度范围内具有良好的性能。

(4) **贮存性能**

电池贮存一段时间后,会因某些因素的影响使性能发生变化,导致电池自放电;电解液泄漏,电池短路等。

(5) **循环寿命**

循环寿命是指二次电池按照一定的制度进行充放电，其性能衰减到某一程度(例如，容量初始值的70%)时的循环次数。

(6) **内压和耐过充性能**

对于Ni/MH等密封型二次电池，大电流充电过程中电池内部压力能否达到平衡，平衡压力的高低，电池耐大电流过充性能等都是衡量电池性能优劣的重要指标。如果电池内部压力达不到平衡或平衡压力过高，就会使电池限压装置(如防爆球)开启而引起电池泄气或漏液，从而很快导致电池失效。如果限压装置失效，则有可能会引起电池壳体开裂或爆炸。

3. 影响Ni/MH电池特性的主要因素

(1) **电极活性物质**

电极活性物质决定了电极的理论容量和电极平衡电位，从而决定着电池容量和电池电动势。电极的理论容量是指活性物质全部参加电池的成流反应，根据Faraday定律计算出的电量。

电池活性物质除了要有较高的理论容量和较正(正极)或较负(负极)的平衡电位外，还要求活性物质具有合适的晶型、粒度、表面状态等，从而获得较高的活性。而且电池在开路情况下，活性物质应具有良好的稳定性，与电池内各组分不发生任何作用。

(2) **电解液**

电解液是电池的主要组成之一，电解液的性质(冰点、沸点、熔点等)直接决定了电池的工作温度范围。改善电解液的性质可以扩大电池工作温度范围，改善电池的高低温性能。

电解液的比电导直接影响电池的内阻，一般应选择比电导较高者。但还应该注意电池的使用条件，如在低温下工作，还要考虑电解液的冰点情况。

对于非水有机溶剂电解液，一般是电解液的介电常数越大越好，而黏度则越小越好。

电解液需要长期保存于电池中，所以要求它具有良好的稳定性，电池开路时，电解质不发生任何反应。

(3) **隔膜**

化学电源对隔膜的基本要求是有足够的化学稳定性和电化学稳定性，有一定的耐碱性、耐腐蚀性，具有足够的隔离性和电子绝缘性，能保证正负极的机械隔离和阻止活性物质的迁移，具有足够的吸液保湿能力和离子导电性，保证正负极间良好的离子导电作用。此外，还要有较好的透气性能，足够的机械性能和防震能力。

隔膜的以上性质对于电池的内阻、放电特性、贮存性能及自放电、循环性能、内压和耐过充性能等都有着重要的影响，合理选择使用隔膜的种类和厚度，对电池性能尤为重要。Ni/MH电池中常用的有聚丙烯毡隔膜、聚酰胺隔膜等。

(4) **电极制备工艺**

电极的制造方法有粉末压成法、涂膏法、烧结法和沉积法等。不同的制造方法各有其特点，压成法设备简单，操作方便，较为经济，一般电池系列均可采用；涂膏法也较普遍，涂膏法制得的电池寿命较长，自放电较小；烧结式电极寿命较长，大电流放电性能好；电沉积式电极孔率高，比表面积大，活性高，适用于大功率、快速激活电池。

在电极制备过程中，往往需在活性物质中加入一些导电剂、分散剂、保液剂和添加剂等来提高活性物质的利用率，改善电极导电性，从而提高电极的实际容量和电池的放电性能、循环性能等。电极制备工艺往往是电池制造技术中的关键和核心。

(5) **电池结构与装配**

合理的电池结构有利于发挥电池的最佳性能。两极物质的配比、电池组装的松紧程度、电池上部气室的大小都对电池的内阻、内压和活性物质的利用率有一定程度的影响。

电池在组装过程中的焊接方式、焊接质量对电池的放电性能也有较大程度的影响。

2.4.2 Ni/MH 电池的设计步骤

根据电池用户要求,电池设计的思路有两种:一种是为用电设备和仪器提供额定容量的电源;另一种则只是给定电源的外形尺寸,研制开发性能优良的新规格电池或异形电池。

1. 额定容量电池设计步骤

1) 确定组合电池中单体电池数目与工作电流密度。

(1) 根据用户要求确定电池组的工作总电压,工作电流等指标,选定电池系列,参照该系列的"伏安曲线"(经验数据或通过实验所得)确定单体电池的工作电压与工作电流密度。

(2) 确定电池组中单体电池数。

$$单体电池数目=\frac{电池组工作总电压}{单体电池电压}$$

2) 计算电池容量

(1) 根据要求的工作电流和工作时间计算额定容量。

$$额定容量=工作电流\times工作时间$$

(2) 确定设计容量。

$$设计容量=额定容量\times设计系数$$

其中设计系数是为保证电池的可靠性和使用寿命而设定的,一般取 1.1~1.2。

3) 计算活性物质的用量

(1) 控制电极的活性物质用量。

$$单体电池中控制电极的活性物质用量=\frac{设计容量\times电化当量}{利用率}$$

(2) 非控制电极的活性物质用量。

$$单体电池中非控制电极的活性物质用量=\frac{设计容量\times电化当量\times过剩系数}{利用率}$$

过剩系数一般在 1~2 之间,如 Ni/MH 电池常取 1.3~1.7。

4) 电极极片设计(确定电极总面积、电极数目、单片电极物质用量、单片电极厚度)。

(1) 根据工作电流和选定的工作电流密度,计算电极总面积(以控制电极为准)。

$$电极总面积=\frac{工作电流}{工作电流密度}$$

(2) 根据电池外形最大尺寸,选择合适的电极尺寸,计算电极数目。

$$电极数目=\frac{电极总面积}{极片面积}$$

(3) 根据单体电池正负极活性物质用量和电极数目计算单片电极活性物质用量。

$$\text{单片正(负)极物质用量}=\frac{\text{单体电池中正(负)极物质用量}}{\text{单体正(负)极片数目}}$$

(4) 确定单片电极厚度

$$\text{正(负)极片的平均厚度}=\frac{\text{每片正(负)极物质用量}}{\text{物质密度}\times\text{极片面积}\times(1-\text{孔率})}+\text{集流网厚度}$$

其中，$\text{集流网厚度}=\frac{\text{网格重量}}{\text{物质密度}\times\text{网格面积}}$

5) 电池隔膜材料的选择及厚度、层数的确定

根据电池系列及设计要求选定合适的电池隔膜材料及厚度，依据具体设计确定所需隔膜层数。

6) 确定电解液的浓度及用量

根据选定的电池系列的特性，结合具体电池设计的要求和使用条件(如工作电流、工作温度、循环性能等)或根据经验数据来确定电解液的浓度和用量。电解液的用量以保证电池无泄漏的情况下较多为宜。

7) 确定电池的松紧度及单体电池尺寸

松紧度可通过以下公式来计算

$$\text{松紧度}=\frac{\text{极片总厚度}+\text{隔膜总厚度}}{\text{电池内径}}\times 100\%$$

对于圆柱形电池，亦通过横截面积来计算

$$\text{松紧度}=\frac{\text{极片总长度}\times\text{极片厚度}+\text{隔膜总长度}\times\text{隔膜厚度}}{\text{电池横截面积}}\times 100\%$$

$$\text{电池横截面积}=\frac{\pi}{4}\times d^2$$

式中，d 为电池内径。

电池的松紧度依据选定系列的电池特性及设计电池的电极厚度来确定，一般方形电池经验数据为 85%左右。圆柱形电池可达 95%左右，这是因为一般圆柱形电池比方形电池的耐内压性能要好，方形电池在内压过高情况比圆柱形电池更加容易鼓肚。选定松紧度后，依照以上公式可得电池内径，再根据电极高度、电解液量及气室容积等情况可确定电池壳体的高度。

2. 新规格或异形电池的设计步骤

设计工作一般是在设计者对该系列电池有了一定程度的了解基础上进行的，用已成型的一种规格的电池为参照进行电池参数的设计和调整，因而其设计步骤较第一种设计要简单，方便得多。

下面以圆柱形密封电池为例介绍这种设计方法。

1) 选定参照基准

一般选择该系列电池中设计较为合理，尺寸、规格比较接近的电池作为参考对象。

2) 确定电极极片高度

电极极片高度主要根据壳体高度、气室高度来确定：

$$极片高度 = 电池壳体高度 - K_1 \times 基准电池剩余高度$$

$$基准电池剩余高度 = 基准电池高度 - 基准电池极片高度$$

其中,电池剩余高度指的除极片以外的电池高度,主要与气室高度有关,K_1 为设计系数,一般为0.8~1.2,设计电池尺寸较基准电池大或高时取值 $K_1 \geqslant 1$,否则 $K_1 \leqslant 1$。

3) 计算电池活性物质用量

电池活性物质的用量可根据电池有效容积计算

$$电池有效容积 = \frac{\pi}{4} \times d^2 \times 电池极片高度$$

$$正(负)极活性物质用量 = \frac{电池有效容积}{基准电池有效容积} \times \frac{基准电池正(负)极活性物质用量}{}$$

4) 极片厚度和长度的确定

(1) 正极片厚度

极片厚度主要根据电池直径来确定,一般大电池极片较厚。

$$电池正极片厚度 = K_2 \times 基准极片厚度$$

K_2 一般取0.6~1.6。

(2) 正极片的长度

正极片的长度可根据正极活性物用量及正极活性物质在极片中的体积密度(压实密度)来计算。正极片体积密度一般为2.7~3.0 g/cm^3,负极片体积密度一般为5.5~5.8 g/cm^3,具体根据电池容量和装配松紧度确定。

$$活性物质体积密度 = \frac{活性物质用量}{极片长度 \times 极片宽度 \times 极片厚度}$$

$$正极片的长度 = \frac{正极活性物质用量}{极片密度 \times 极片宽度 \times 极片厚度}$$

(3) 负极片的长度和厚度

因为密封型二次电池由正极限制容量,负极过量,一般要求负极能够包裹住正极。其长度可通过以下经验公式计算:

$$负极片长度 = 正极片的长度 + K_3 \times \frac{\pi d}{3}$$

式中,K_3 取值为0.95~1.05,调整 K_3 使负极末端刚好盖住正极为宜。

负极片的厚度则由其活性物质用量和电极的高度、长度可确定。与正极片类似。

5) 电池容量的计算

$$电池容量 = K_4 \times \frac{设计电池正极活性物质用量}{基准电池正极活性物质用量} \times 基准电池容量$$

K_4 是电极活性物质在不同规格、尺寸电池中的利用率不同而设定的参数。一般为0.9~1.1,一般尺寸大或高的电池取 $K_4 \leqslant 1$,否则 $K_4 \geqslant 1$。

6) 隔膜的选择和尺寸的确定

根据设计要求选用合适的隔膜材料和厚度,一般大电池可选择稍厚的隔膜,隔膜的宽度比负极高度宽2~4 mm,隔膜长度可依下式计算:

$$隔膜长度=(正极片长度+负极片长度)\times K_5$$

K_5 取值为 0.95～1.05 之间。

7）电解液用量的确定

电解液用量可由以下公式计算：

$$电解液用量=\frac{设计电池容量}{基准电池容量}\times 基准电池电解液用量$$

以上为一般电池设计的基本步骤。电池设计完毕后，还要经过试制样品，进行各项性能测试，如果电池性能测试结果完全达到设计要求，则该设计达到了设计定型的要求，可投入生产。

2.4.3 Ni/MH 电池的制造

1. Ni/MH 电池的制造工艺

Ni/MH 电池的制造一般包括四个主要部分：正极片的制造、负极片的制造、电池的装配、电池的化成分选。其主要过程如图 2－28 所示。

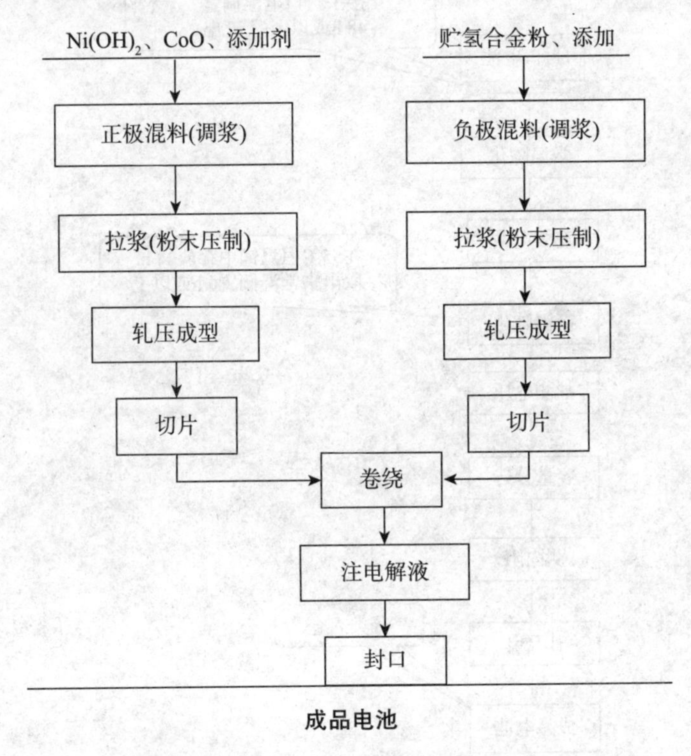

图 2－28 Ni/MH 电池的制造工艺流程

2. Ni/MH 电池的装配

由于极板制造工艺不同，电池装配工艺可以分为开口化成和直封工艺两种形式。所谓开口化成工艺就是在电池封口之前对电池进行数次充放电以激活极板内部物质，使电池达到各项性能指标。开口化成工序周期较长，给连续自动化装配造成了困难，因此，不适合大规模自动化生产；而直封工艺在极板制造过程中已对极板进行了物质激活处理，在电池装配过程中，克服了开口工艺化成周期长的缺点，使相邻两道装配工序间隔时间小，适于电池现代化生产模式。

电池的隔膜一般为无纺布，常用聚丙烯和聚酰胺两种材料。电池外壳为镀镍钢筒，同时兼作负极的作用,电极的盖帽为正极引出端,并装有安全排气装置。电解质采用KOH溶液。

Ni/MH电池装配工艺流程如图2-29所示。

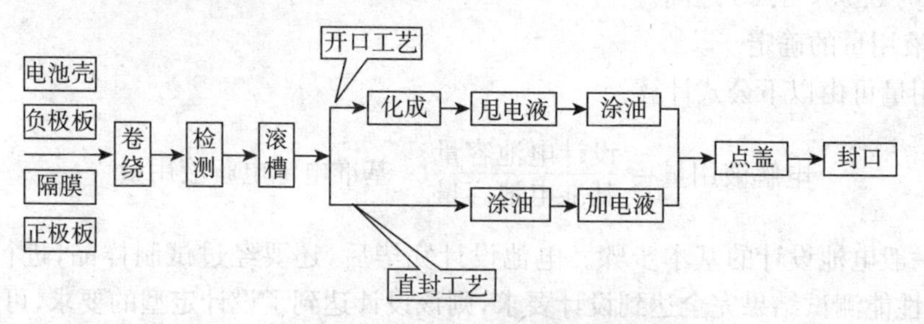

图2-29 Ni/MH电池装配流程图

3. Ni/MH电池化成工艺

封好口的电池其开路电压只有0.4 V左右,还不具有充放电特性,所以要进行电池的活化,也就是化成。Ni/MH电池的化成工艺流程如图2-30所示。

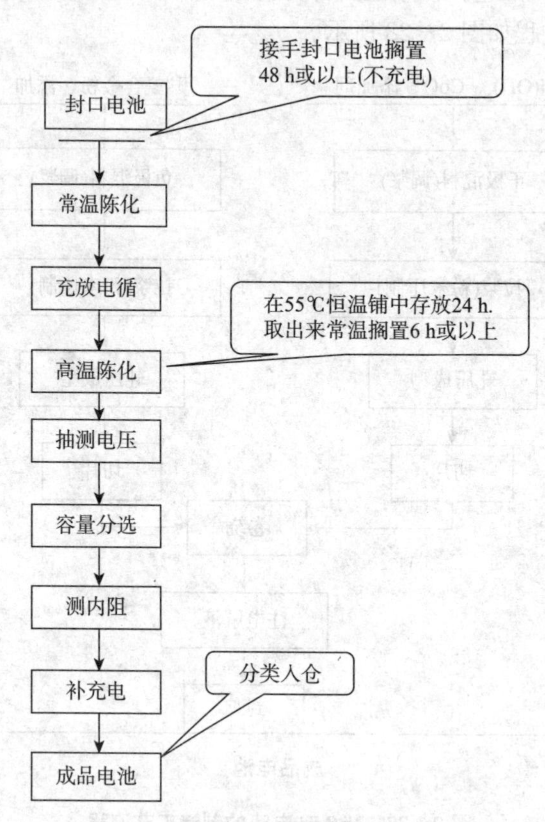

图2-30 Ni/MH电池的化成工艺流程

2.5 Ni/MH电池材料的再生利用

从环境保护和资源的有效利用两个方面考虑,对已失效的各种废旧电池进行回收及再生利用的问题一直受到人们的高度重视。就二次电池而言,为严格控制Pb和Cd等有毒重金属元素对环境的污染,欧美及日本等发达国家已先后建立了有关废旧铅酸电池及Ni/Cd电池的回收管制法规，并研究开发了废旧电池材料的再生利用技术，从而在实现环境保护目标的同时也回收了各种有价金属，取得了良好的经济效益和社会效益。

随着 Ni/MH 高容量新型二次电池在无线通信、便携式计算机、电动工具以及电动汽车等应用领域的进一步普及，在电池生产及使用量迅速增长的同时，人们也面临着大量废旧 Ni/MH 电池的处理问题，从环境保护角度看，尽管不含有 Pb 和 Cd 的 Ni/MH 电池已较原有的铅酸电池和 Ni/Cd 电池清洁和安全，但随着国际社会对环境保护的要求不断提高，对于废弃物中有可能危及生态环境的 Ni、Cr、V 等元素的限制将会越来越严格，废旧 Ni/MH 电池仍将被看做是一种对环境有害的废弃物，按照美国国家环境保护局关于废弃物中有害元素的溶出量测试及控制标准，虽然目前对于 Ni/MH 电池中 Ni 的溶出量(320～590 mg/L)尚未明确限制，但美国加利福尼亚州已要求限制废弃物中 Ni 的溶出量不超过 20 mg/L，欧洲国家则限制 Ni 的最大溶出量为 2 mg/L，废旧 Ni/MH 电池仍需要通过回收及再生处理才能满足更高的环保要求。另一方面，回收利用 Ni/MH 电池中含有的大量 Ni、Co 及稀土等有价金属，对于金属资源的有效利用及进一步降低电池的生产成本均有重要价值。因此，近年来美国及日本等国均将废旧 Ni/MH 电池的再生利用作为重要的技术课题进行研究，力求适应 Ni/MH 电池产业进一步发展的需要。

2.5.1 Ni/MH 电池的生产和回收概况

我国是电池生产和消费的大国，2003 年的产量已经接近世界电池总产量的一半，2001、2002、2003 年国内市场消耗的小型二次电池分别为 10.5 亿只、11.8 亿只和 13.31 亿只。按其平均使用寿命 3 年计，2001—2003 年投入使用的 35.61 亿只二次电池到 2006 年底全部报废。根据市场调查，镍氢电池平均每只重 25 g，则 35.61 亿只废电池的重量约 8.9×10^4 吨，其中含镍 14 100 吨、钴 2 160 吨。按 2007 年英国伦敦金属交易所市场平均价格(镍 190 000 元/吨、钴 340 000 元/吨)计算，其价值约 34 亿元。目前国内电池产量仍有 20%以上的年增长率，每年废旧的二次电池中所含的有色金属价值在 12 亿元以上，在相应的世界金属资源总量中占有相当重要的位置。

但由于废旧电池回收技术、工艺的不成熟，以及相关政策的不完善，大量废旧电池的回收率极低，不仅废旧二次电池没有实现资源化，还给环境带来很大的隐患。我国东南沿海每年仅投入海中的渔用废旧电池就有数百万节。电池中重金属元素外泄将造成污染，深埋废旧电池又将耗费巨大费用。回收镍氢电池不仅能对金属资源实现有效利用，而且还能降低生产成本，减少日益恶化的环境问题。因此废旧电池的回收问题已经迫切需要提上社会发展日程。

2.5.2 Ni/MH 电池材料的再生利用技术

通常认为，由于 Ni/MH 电池的结构及正极材料的基本组成与 Ni/Cd 电池相近，现有处理废旧 Ni/Cd 电池的火法冶金或湿法冶金方法原则上也可用于处理废旧 Ni/MH 电池。但是与 Ni/Cd 电池中成分比较单一的负极材料(CdO)相比，由于 Ni/MH 电池的储氢合金负极材料通常含有五种以上合金元素，合金元素的种类还因电池所用的合金类型(AB_5 型或 AB_2 型)不同而异，因此对废旧 Ni/MH 电池的再生处理必须进一步研究分离及回收储氢合金中各种有价金属的问题。根据 Ni/MH 电池材料中有价金属种类较多的特点，并考虑到废旧电池材料再生冶金技术的可行性及经济性，现已针对不同的回收目标、电池所用储氢合金的类型以及大型动力电池的结构特点等研究提出了若干利用废旧 Ni/MH 电池材料的处理方法，并正在进行试验研究及技术、经济评价。现简要介绍其中三种比较典型的再生冶金处理流程。

1. 火法冶金处理流程

图 2-31 是一种以获得 Ni-Fe 合金为回收目标的火法冶金处理流程示意图。废旧 Ni/MH 电池先经机械破碎解体,再经洗涤(去除 KOH 电解液)、干燥并分选出电池隔膜等有机废弃物后,将其余的电池材料在电炉中进行还原熔炼,即获得含 Ni 50%~55%(质量分数),含 Fe 30%~35%(质量分数)并含有部分其他合金的 Ni-Fe 合金。考虑到回收所得到的 Ni-Fe 合金主要用于合金铸铁生产中的合金元素添加剂、Ni 基合金或合金钢生产的原材料,因此,根据不同应用目标对 Ni-Fe 合金成分的要求,还可进一步将上述 Ni-Fe 合金通过氧气转炉进行精炼,使合金中的 Re、Mn、Al 或 Ti、Zr、Cr、V 等元素选择氧化后转入炉渣;或根据用户要求,在精炼后期再额外添加某些合金元素,最后获得合乎用户要求的 Ni-Fe 合金产品。火法冶金流程具有处理过程比较简单、对处理的储氢合金类型没有限制以及可部分利用现有处理废旧 Ni/Cd 电池的生产设备等优点,但会使所得的 Ni-Fe 合金经济价值降低。

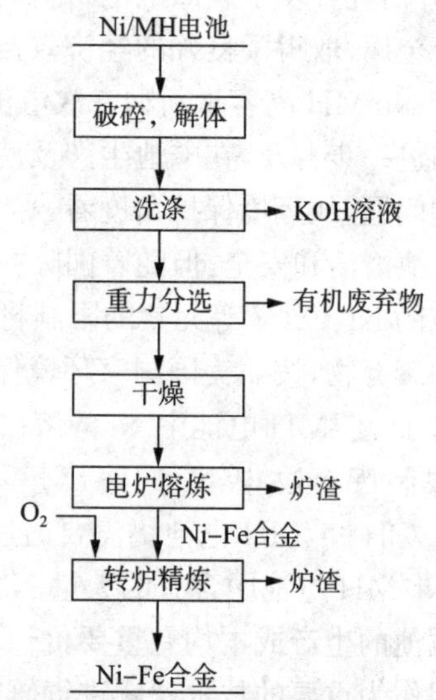

图 2-31 处理废旧 Ni/MH 电池的火法冶金再生流程

2. 湿法冶金处理流程

图 2-32 是一种以分离、回收多种金属为目标的湿法冶金处理流程示意图。处理过程主要包括物理分选、酸浸出、沉淀分离及 NiCo 的电解沉淀等工序。

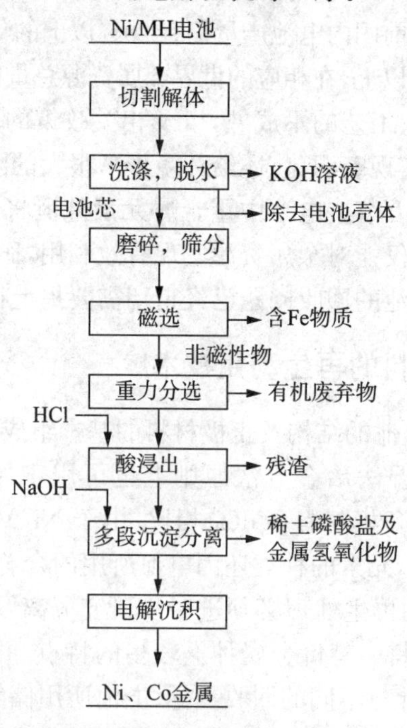

图 2-32 处理废旧 Ni/MH 电池的湿法冶金再生流程

在物理分选阶段,先将废旧 Ni/MN 电池切割解体、洗涤并分离出电池壳体,随后将电池芯磨碎、筛分，并进行磁选和重力分选，使其中的含 Fe 物质及有机废弃物与电池活性物质分离。然后将物理分选所得的电池活性物质用盐酸(或硫酸等)进行浸出处理，使活性物质中的各种有价金属溶解进入浸出液中。随后在浸出液中添加 NaOH 以外的其他元素分别以氢氧化物或磷酸盐等形式沉淀析出与溶液分离。然后采用电解质沉淀的方法从上述溶液中获得 Ni 和 Co 的金属产品。

在湿法冶金处理流程中，电池活性物质的酸浸出工艺及随后的元素分离方法因所处理电池用的储氢合金类型的不同而异。美国矿业局盐湖研究中心对使用 AB_5 型和 AB_2 型合金的 AA 型 Ni/MN 电池的处理研究表明，在采用盐酸浸出时，两种电池活性物质中有价金属的综合浸出效果均优于采用硫酸或硝酸溶液的浸出过程。对使用 AB_5 型合金的电池，用 4 mol/L HCl 溶液在室温下浸出 2 h 后，可使活性中的 Co 全部浸出，La 和 Ce 的浸出率均可达 92%～93%，Ni 的浸出率为 73.6%；而对使用 AB_2 型合金的电池，采用 6 mol/L HCl 溶液在 50 ℃浸 30 min 后，可使活性物质中的 Zr、Ti、Co 全部浸出，Cr、Ni、V 的浸出率分别为 85.3%、65.1%及 95.6%。通过对上述浸出残渣进行二次浸出，还可使其中剩余的 Ni 等元素进一步回收。在随后的沉淀分离阶段，处理含有 AB_5 型合金成分的浸出液时，主要目的是使溶液中的稀土元素与 Ni、Co 分离。通过在浸出液中添加适量的 NaOCl 或 H_3PO_4 并调节溶液的 pH 值，使溶液中约 95%(质量分数)的 La、Ce 等稀土元素形成稀土氢氧化物或磷酸盐沉淀析出，与溶液分离。在处理含有 AB_2 型合金成分的浸出液时，主要目的在于使溶液中的 Zr、Ti、Cr、V 等元素与 Ni、Co 分离。研究发现，即使在溶液中 pH=11 的条件下，仍有 35%～45%(质量分数)的 Ni、Co 与其他元素一起生成复合氢氧化物沉淀析出，分离效果不好。为此，该中心还对浸出液进行了溶剂萃取分离的研究。采用 10% D2EHPA[二(2-乙基己基)磷酸]-煤油萃取剂与浸出液按 1∶1 混合进行萃取时，可使浸出液中 98%(质量分数)的 Zr、96%(质量分数)的 Ti 以及 55%(质量分数)以上的 V 进入有机相而得到分离，显示出较好的分离效果。

由于湿法冶金处理方法原则上可分离回收废旧 Ni/MN 电池材料中的各种有价金属，其发展应用前景比火法冶金方法更具吸引力。美国矿业局的研究认为，随着溶剂萃取法和离子交换色层法等分离技术的应用及研究进一步发展，湿法冶金处理方法可望成为一种回收利用废旧 Ni/MN 电池材料的重要途径。

3. 大型动力电池材料的冶金处理流程

图 2-33 是针对电动汽车用大型 Ni/MN 电池材料回收的一种冶金处理流程，根据大型电池正、负极板等构件比较容易分离的结构特点，废旧 Ni/MN 电池经解体、洗涤后，先通过人工将电池壳体、正极、负极、隔膜等有机物以及其他金属构件分离，然后再分别对不同类型的材料进行再生处理。

对于电池的正极活性物质，通过采用盐酸浸出、中和沉淀及电解沉淀的湿法冶金方法进行处理，其中的 Ni、Co 等有价金属得到回收。对于电池的负极活性物质，则先经过机械粉体及磁选去除含 Fe 夹杂物后，可通过重熔精炼的方法使储氢合金得到再生，重新用于电池负极生产。可以看出，由于上述流程将电池的正、负极活性物质分开进行处理，冶金过程中由于有价金属的分离回收工作明显简化，有利于提高废旧电池材料中有价金属的回收率并降低再生处理过程的成本。在 1994—1996 年，日本 Ni/MN 电池再生利用调查委员会已就上述处理流程涉及的关键技术及经济性进行了多次论证评估，确认上述流程在处理使用 AB_5 型合金的大型动力电池时具有经济、实用的优点。

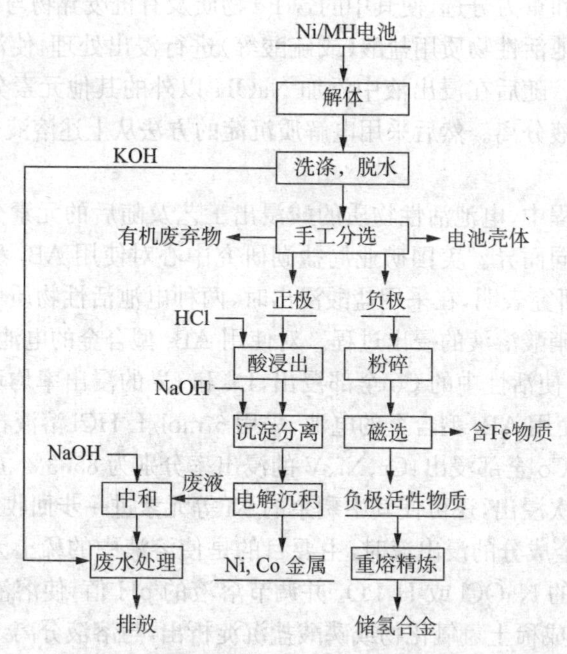

图 2-33　废旧大型 Ni/MN 电池的再生处理流程

综上所述，随着 Ni/MN 电池产业的迅猛发展，尽快研究开发废旧 Ni/MN 电池材料的再生利用技术具有重要的社会效益和经济效益。为建立经济而实用的电池材料再生处理技术，必须进一步研究改进现有的元素分离回收技术并降低处理过程的成本。此外，从便于回收利用电池材料的角度考虑，改进现有电池的结构也有重要意义。

思考题

[1]　说明 Ni/MH 电池的工作原理及其充放电过程中的电极反应。

[2]　叙述 Ni/MH 负极材料的主要特征。

[3]　简述进一步提高 AB_5 型混合稀土储氢电极合金性能的重要途径。

[4]　根据镍极板导电载体的生产工艺及活性物质载入方式的差异，如何将镍正极材料进行分类。

[5]　说明氢氧化镍电极的充放电机制。

[6]　影响高密度球形 $Ni(OH)_2$ 电化学性能的因素有哪些？

[7]　评价 Ni/MH 电池的主要指标有哪些？

[8]　简述 Ni/MH 电池设计的基本步骤。

[9]　简述 Ni/MH 电池材料的再生利用技术。

参考文献

[1]　王占国，陈立泉，屠海令．中国材料工程大典-信息功能材料(下)．北京：化学工业出版社，2006.

[2] 雷永泉.新能源材料.天津:天津大学出版社,2002.
[3] 翟秀静,刘奎仁,韩庆.新能源技术.北京:化学工业出版社,2010.
[4] 李景虹.先进电池材料.北京:化学工业出版社,2004.
[5] 李建保,李敬锋.新能源材料及其应用技术.北京:清华大学出版社,2005.
[6] 艾德生,高喆.新能源材料-基础与应用.北京:化学工业出版社,2010.

锂离子电池材料

本章内容提要

锂离子电池材料作为新兴的能源材料正处于蓬勃发展时期。本章介绍锂离子电池的原理、负极材料、正极材料、电解质、锂离子电池材料的最新制备方法，以及锂离子电池的生产和检测、充放电行为及其主要应用等。

3.1　概述

锂是自然界最轻的金属元素，具有较低的电极电位（−3.045 V vs. SHE）和高的理论比容量3 860 mA·h/g。因此，以锂为负极组成的电池具有电池电压高和能量密度大等特点。锂一次电池的研究始于20世纪50年代，70年代进入实用化。由于其优异的性能，已广泛应用于军事和民用小型电器中，如导弹点火系统、潜艇、鱼雷、飞机、心脏起搏器、电子手表、计算器、数码相机等，部分替代了传统电池。已实用化的锂一次电池有 $Li-MnO_2$、$Li-I_2$、$Li-CuO$、$Li-SOCl_2$、$Li-(CF_x)_n$、$Li-SO_2$、$Li-Ag_2CrO_4$ 等。

锂二次电池的研究工作也同时展开，但锂二次电池使用金属锂作负极带来了许多问题。特别是在反复的充放电过程中，金属锂表面生长出锂枝晶，能刺透在正负极之间起电子绝缘作用的隔膜，最终触到正极，造成电池内部短路，引起安全问题。解决的方法主要是对电解液、隔膜改进，解决枝晶问题。这方面的工作一直在延续，但目前尚未取得关键性突破。另一方面，人们提出采用新的电极材料代替金属锂。

1980年，M. Armand提出了“摇椅式”二次锂电池的设想，即正负极材料采用可以储存和交换锂离子的层状化合物，充放电过程中锂离子在正负极之间穿梭，从一边“摇”到另一边，往复循环，相当于锂的浓差电池。随后Murphy和Scrosat等通过小型原理电池的研究证实了锂离子电池实现的可能性。他们采用的正极材料是 $Li_6Fe_2O_3$ 或 $LiWO_2$，负极材料是 TiS_2、WO_2、NbS_2 或 V_2O_5，电解液是 $LiClO_4$ 和PC（碳酸丙烯酯）。这些电池比容量很低，充放电速率较慢，但初步表明了“摇椅式”二次锂电池概念的可行性。在研究之初，负极为锂源。与此同时，在20世纪80年代初期，Goodenough提出了 $LiMO_2$（M=Co、Ni、Mn）化合物，这些材料均为层状化合物，能够可逆地嵌入和脱出锂，后来逐渐发展成为二次锂电池的正极材料。这类材料的发现改变了二次锂电池源为负极的思想。1987年，Aubum和Barberio研究了 $MoO_2(WO_2)|LiPF_6-PC|LiCoO_2$ 体系，他们直接将含锂的正极材料如 $LiCoO_2$ 和不含锂的插层化合物如 MoO_2、WO_2 组装为锂离子电池，此类电池仍存在缺点，就是锂离子在 MoO_2、WO_2 中的扩散很慢，限制了该体系的放电速率，而且容量也不高。

日本SONY公司通过对碳材料仔细的研究，1990年宣布成功开发出了以碳作为负极的二次锂电池，于1991年6月投放市场。后来，这种不含金属锂的二次锂电池被称为锂离子电池。

SONY 的电池负极材料为焦炭，正极材料为 $LiCoO_2$，锂盐溶于丙烯碳酸酯和乙烯碳酸酯混合溶剂作为电解液。1990 年，Dahn 等注意到，锂离子在 PC 电解液体系中可以嵌入石墨，但由于溶剂共嵌入而导致石墨结构破坏。而结晶度差的非石墨化炭（石油焦）对溶剂的影响太敏感。这些研究解释了 SONY 公司电池体系成功的原因。

相对于当时广泛使用的其他二次电池体系，SONY 公司报道的二次锂电池具有高电压、高容量、循环性好、自放电率低、对环境无污染等优点。因此一经推出，立即激发了全球范围内研究和开发二次锂电池的热潮。目前，人们还在不断研发新的电池材料，改善设计和制造工艺，提高其性能。以 18650 型锂离子电池为例，1991 年 SONY 公司产品的容量为 900 mA·h，目前已达到 2 550 mA·h。

锂离子二次电池的发展过程见表 3-1。

表 3-1 锂离子二次电池的发展过程

时间	电池组成的发展			体系
	负极	正极	电解质	
1958 年			有机电解质	
1970 年	金属锂 锂合金	过渡金属硫化物（TiS_2、MoS_2） 过渡金属氧化物（V_2O_5、V_6O_{13}） 液体正极（SO_2）	液体有机电解质 固体无机电解质（LiN）	Li/LE/TiS_2 Li/SO_2
1980 年	Li 的嵌入物 （$LiWO_2$）	聚合物正极 FeS_2 正极 硒化物（$NbSe_3$） 放过电的正极（$LiCoO_2$、$LiNiO_2$）	聚合物电解质	Li/聚合物二次电池 Li/LE/MoS_2 Li/LE/$NbSe_3$ Li/LE/$LiCoO_2$
	Li 的碳化物 （LiC_{12}、石墨）	锰的氧化物（$Li_xMn_2O_4$）	增塑的聚合物、电解质	Li/PE/V_2O_5、V_6O_{13} Li/LE/MnO_2
1990 年	Li 的碳化物 （LiC_6、石墨）	尖晶石氧化锰锂（$LiMn_2O_4$）		C/LE/$LiCoO_2$ C/LE/$LiMn_2O_4$
1994 年	无定形碳			
1995 年		氧化镍锂	PVDF 凝胶电解质	凝胶型聚合物锂离子电池
1997 年	锡的氧化物	橄榄石形 $LiFePO_4$		
1998 年	新型合金		纳米复合电解质	
1999 年				凝胶型聚合物锂离子电池的商品化
2000 年	纳米氧化物电极			
2002 年				C/电解质/$LiFePO_4$

3.2 锂离子电池的工作原理

3.2.1 工作原理

锂离子电池的工作原理如图 3-1 所示。充电过程中,锂离子从正极材料中脱出,通过电解质扩散到负极,并嵌入负极晶格中,同时得到由外电路从正极流入的电子,放电过程则与之相反。正负极材料一般均为嵌入化合物(intercalation compound),在这些化合物的晶体结构中存在着可供锂离子占据的空位。空位组成 1 维、2 维或 3 维的离子输运通道。例如,$LiCoO_2$ 和石墨为具有 2 维通道的层状结构的典型嵌入化合物,分别以这两种材料为正负极活性材料组成锂离子电池,则充电时电极反应可表示为

正极　$LiCoO_2 \longrightarrow Li_{1-x}CoO_2 + xLi^+ + xe^-$

负极　$C + xLi^+ + xe^- \longrightarrow Li_xC$

电池总反应　$LiCoO_2 + C \longrightarrow Li_{1-x}CoO_2 + Li_xC$

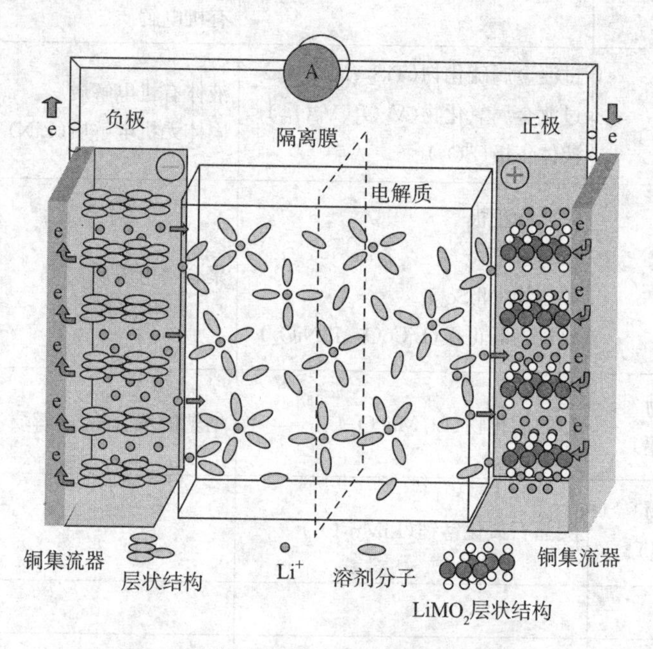

图 3-1　锂离子电池工作的原理示意图

3.2.2 特点

和目前常见的二次电池相比(表 3-2),锂离子电池具有以下优点。

(1) 工作电压高,达到 3.6 V,相当于 3 节 Ni-Cd 或 Ni-M_xH 电池;

(2) 能量密度高,目前锂离子电池质量比能量达到 180 W·h/kg,是镍镉电池(Ni-Cd)的四倍,镍氢电池(Ni-M_xH)的两倍;

(3) 能量转换效率高,锂离子电池能量转换率达到 96%,而 Ni-M_xH 为 55%~65%,Ni-Cd 为 55%~75%;

(4) 自放电率小,锂离子电池自放电率小于 2%/月;

(5) 循环寿命长,SONY 公司 18650 型锂离子电池能循环 1 000 次,容量保持率达到 85%以上;

(6) 具有高倍率充放电性,Saft 公司最近研制的高功率型锂离子电池的功率密度达到 4 000 W/kg;

(7) 无任何记忆效应,可以随时充放电;

(8) 不含重金属及有毒物质,无环境污染,是真正的绿色电源。

表 3-2　四种二次电池的基本性能比较

电池种类	工作电压/V	比能量/(W·h/kg)	比功率/(W/kg)	循环寿命/次	自放电率×10²/月⁻¹
铅酸电池	2.0	30~50	150	150	30
镍镉电池	1.2	45~55	170	170	25
镍氢电池	1.2	70~80	250	250	20
锂离子电池	3.6	120~200	300~1 500	1 000	2

3.2.3 结构组成

锂离子电池的结构同镍氢电池等一样,一般包括以下部件:正极、负极、电解质、隔膜、正极引线、负极引线、中心端子、绝缘材料、安全阀、PTC(正温度控制端子)、电池壳。以圆柱形为例,锂离子电池的结构如图 3-2(a)所示,扣式电池的结构与圆柱形的相似。方形锂离子电池的结构如图 3-2(b)所示,聚合物锂离子电池的结构如图 3-2(c)所示。

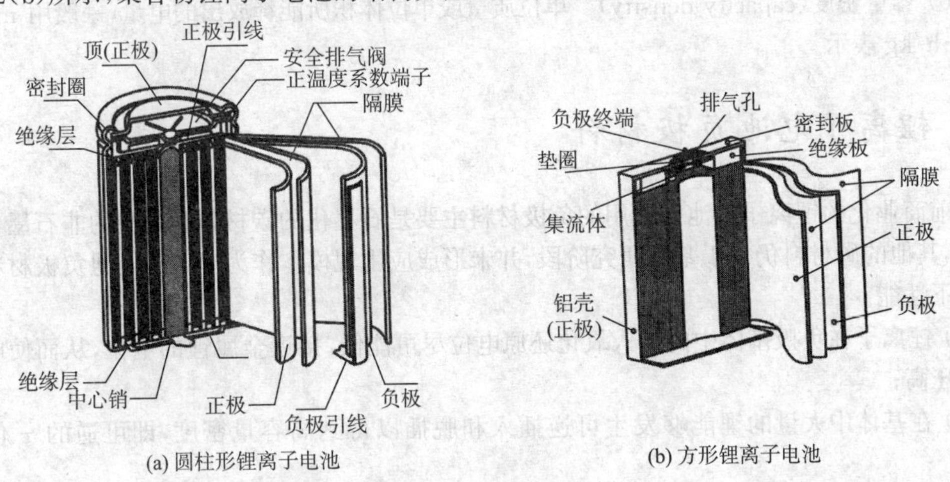

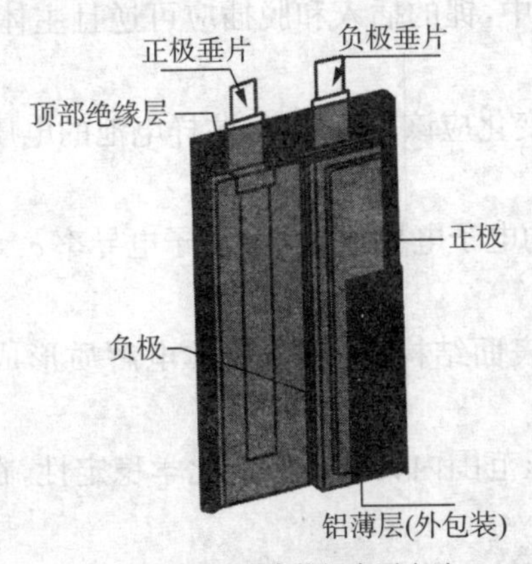

图 3-2　锂离子电池的几种结构

3.2.4 与电池相关的基本概念

(1) 一次电池(primary battery) 只能进行一次放电的电池,不能进行充电而再利用。

(2) 二次电池(secondary battery) 反复进行还能够充电、放电而多次使用的电池,也叫蓄电池或充电电池。

(3) 标称电压(nominal voltage) 电池 0.2 C 放电时全过程的平均电压。

(4) 标称容量(nominal capacity) 电池 0.2 C 放电时的放电容量。

(5) 放电容量(discharge capacity) 电池放电时释放出来的电荷量,一般用时间与电流的乘积表示,例如 A·h、mA·h (1 A·h=3 600C)。

(6) 放电速率(discharge rate) 表示放电快慢的一种量度。所用的容量 1 h 放电完毕,称为 1 C 放电;5 h 放电完毕,则称为 C/5 放电。

(7) 放电深度(depth of discharge) 表示放电程度的一种量度,为放电容量与总放电容量的百分比,略写成 DOD。

(8) 残存容量(residual capacity) 电池残留的可再继续释放出来的容量。

(9) 循环寿命(cycle life) 在一定条件下,将充电电池进行反复充放电,当容量等电池性能达到规定的要求以下时所能发生的充放电次数。

(10) 容量密度(capacity density) 单位质量或单位体积所能释放出的电量,一般用 mA·h/L 或 mA·h/kg 表示。

3.3 锂离子电池负极材料

目前商业化的锂离子电池中使用的负极材料主要是石墨化的碳材料和少量的非石墨化的硬碳材料,其他的碳材料仍处于基础研究阶段,并未形成应用规模。作为锂离子电池负极材料要求具有以下性能。

(1) 锂离子在负极基体中的插入氧化还原电位尽可能低,接近金属锂的电位,从而使电池的输出电压高;

(2) 在基体中大量的锂能够发生可逆插入和脱插以得到高容量密度,即可逆的 x 值尽可能大;

(3) 在整个插入/脱插过程中,锂的插入和脱插应可逆且主体结构没有或很少发生变化,这样可确保良好的循环性能;

(4) 氧化还原电位随 x 的变化应该尽可能少,这样电池的电压不会发生显著变化,可保持平稳的充电和放电;

(5) 插入化合物应有较好的电子电导率(σ_e)和离子电导率 σ_{Li^+} ,这样可以减少极化并能进行大电流充放电;

(6) 主体材料具有良好的表面结构,能够与液体电解质形成良好的 SEI(solid electrolyte interface)膜;

(7) 插入化合物在整个电压范围内具有良好的化学稳定性,在形成 SEI 膜后不与电解质等发生反应;

(8) 锂离子在主体材料中有较大的扩散系数,便于快速充放电;

(9) 从实用角度而言,主体材料应该便宜,对环境无污染。

锂离子电池负极材料经历了从金属锂到锂合金、碳材料、氧化物再回到纳米合金的演变过程,如表 3-3 所示。

表 3-3 锂离子电池负极材料的演变过程

负极材料	金属锂	锂合金	碳材料(石墨)	氧化物(如 SnO)	纳米合金(如纳米硅)
年份	1965	1971	1980	1995	2000
比容量/(mA·h/g)	3 400	790	372	700	2 000

3.3.1 金属锂负极材料

锂离子电池负极材料经历了曲折的过程。初期,负极材料是金属锂,它是比容量最高的负极材料。由于金属锂异常活泼,所以能与很多无机物和有机物反应。在锂电池中,锂电极与非水有机电解质容易反应,在表面形成一层钝化膜(固态电解质界面膜,SEI),使金属锂在电解质中稳定存在,这是锂电池得以商品化的基础。对于二次锂电池,在充电过程中,锂将重新回到负极,新沉积的锂的表面由于没有钝化膜保护,非常活泼,部分锂将与电解质反应并被反应产物包覆,与负极失去电接触,形成弥散态的锂。与此同时,充电时负极表面形成枝晶,造成电池软短路,使电池局部温度升高,熔化隔膜,软短路变成硬短路,电池被毁,甚至爆炸起火。

3.3.2 锂合金与合金类氧化物负极材料

为了解决二次锂电池采用金属锂作为负极时容易粉化并形成枝晶的问题,采用锂合金作为二次锂电池的负极以及后来在锂离子电池中采用能与锂发生合金化反应的材料一直得到广泛关注。

历史上对合金类负极的研究始于高温熔融盐体系的锂合金,研究体系包括 Li-Al、Li-Si、Li-Sn、Li-Sb、Li-Bi、Li-Pb、Li-Cd 以及 Li-Mg 等。研究发现,在有机电解液体系中,锂在常温下也可以与 Al、Si、Sn、Pb、In、Bi、Sb、Ag、Mg、Zn、Pt、Cd、Au、As、Ge 等发生电化学合金化反应。

对于合金类负极材料而言,最大的问题是深度嵌锂和脱锂引起的较大的体积膨胀与收缩。例如,锂在 Al、Sb 中达到最大浓度时体积膨胀百分比达到 100%,而在 Sn 与 Si 中高达 310%和 260%。这使得电极材料在反复的充放电过程中逐渐粉化并脱落,电池循环性变差。

为了解决合金材料的粉化问题,Huggins 提出将活性的 Li_xSi 合金均匀分散在非活性(所谓的非活性是指在一定的电位下不参与反应)的 Li_xSn 或 Li_xCd 中形成混合导体全固态复合体系;Shacklette 等提出将锂合金分散在导电聚合物中形成复合材料;Bensenhard 提出将小颗粒合金嵌入稳定的网络支撑体中。这些措施从一定程度上抑制了合金材料的粉化,但仍然没有达到使用化的要求。

自从摇椅式电池设计思想以及碳负极材料引入二次锂电池后,二次锂电池逐渐朝锂离子电池方向发展,这一转变标志着锂源负极的结束,负极材料不再需要含锂。虽然碳负极材料在 1990 年以后得到了更多的关注,由于可以不含金属锂,在材料设计和制备上有了更多的方案。其中几个方面的研究,对今后设计合金类负极材料起了关键性的作用。

1994 年底 Fuji 公司申请了通式为 $M^1M^2_pM^4_q$ 的负极材料的专利,其中 M^1、M^2 为 Si、Ge、Sn、Pb、P、B、Al、As 和 Sb,M^4 为 O、S、Se、Te 等,并在 1997 年的《Science》上报告了其 ACTO(amorphous tin-based composite oxide)研究结果。这种玻璃态的物质具有 SnM_xO_y(其中 M 为 B、P、

Al 等玻璃化元素)的通式,可逆容量达到 550 mA·h/g,可以循环 300 次。在报道之初,人们对其储锂机理并不了解,随后人们比较研究了 SnO、SnO_2 以及锡基氧化物玻璃的储锂机制。通过 XRD、Ro mAn 光谱、循环伏安等研究,证明其储锂反应机理为:第一步放电时嵌入的锂首先与氧结合形成无定形的 Li_2O,同时合金元素被还原出来;随后嵌入的锂接着与合金元素发生合金化反应;在以后的充放电过程中,只涉及锂与合金元素的合金化反应。通过高分辨透射电镜的研究发现,深度嵌锂后,Li－Sn 合金以纳米尺度均匀地弥散在无定形 Li_2O 形成的网络中。这样的微结构有两个好处:首先,合金的尺度在纳米级,单个晶粒的体积膨胀收缩幅度大大减小,而且纳米晶粒具有较高的塑性;其次,循环过程中,合金材料的体积变化可以通过无定形 Li_2O 得到缓冲。因此,相对于单纯的合金材料,其循环性大大提高。

由于合金类氧化物负极材料存在较大的不可逆容量损失,因此没有在实际锂离子电池中得到应用,但是通过上述研究,人们逐渐认识到降低合金尺寸,提供缓冲介质,可能是解决合金体积变化的有效途径。

借鉴合金类氧化物的研究结果,人们设计了合金材料来解决合金的粉化问题。一类是研究双活性元素金属间化合物,如 SnSb、SnAg、AgSi、GaSb、AlSb、InSb 等。这类金属间化合物中,每一个元素都可以与 Li 发生合金化反应,但是发生在不同的电位,在嵌锂过程中,一个活性相形成后分散在另一个活性相中。还有一类是活性合金元素和非活性金属组成的金属间化合物,如 Sb_2Ti、Sb_2V、Sn_2Co、Sn_2Mn、Al_2Cu、Ge_2Fe、CuSn、Cu_2Sb、Cr_2Pb、SnFe、SnFeC 等。充放电过程中,活性相将分散在非活性相中,非活性相起到缓冲介质的作用,同时也可以增强导电性。但由于非活性物质的存在,比容量显著降低。这两类材料的循环性,相对于单一成分合金元素,都有不同程度的改善,但充放电效率并不高。

与此同时,杨军等采用电沉积的方法制备了超细(约 200nm)的 Sn 及 SnSb、SnAg 金属间化合物,结果发现其循环性得到了明显的改善;通过化学沉积的办法制备了尺寸为 300 nm 的 $Sn_{0.88}Sb$ 合金,循环 200 次可以保持 95%的容量。李泓等发现,将纳米尺寸的硅(80nm)与炭黑混合后,材料的循环性得到了显著改善,可逆容量可以达到 1 700 mA·h/g。这些研究表明,小尺寸材料对合金的循环性十分有利。

但是,对纳米合金的进一步研究发现,由于纳米材料具有较大的表面积,表面能较大,因而在电化学循环过程中存在严重的电化学团聚问题。纳米合金也存在着较大的首次容量损失、循环过程中容量逐渐衰减的问题,这主要由 5 个方面原因引起:表面氧化物、电解液的分解、锂被宿主材料捕获、杂质相的存在、活性颗粒在电化学循环过程中的团聚。

为了解决纳米合金的团聚问题,科研人员曾采用将纳米合金沉积在碳材料表面的方法,这显著改善了材料的循环性,但是材料每次的充放电效率仍然达不到 99%以上。这是由于合金颗粒和电解液直接接触,每次充放电都会引起颗粒的膨胀收缩,导致表面的钝化膜无法稳定存在,在循环过程中不断破坏再生长,因此库仑效率不高。

在上述研究的基础上,人们逐渐认识到,对于合金类材料而言,为了提高充放电效率和循环性,必须采用特殊的结构设计。例如,用电化学性质稳定的碳材料把较小尺寸的合金元素包裹在内形成核壳结构,有望解决体积变化带来的许多问题,这方面的研究还在进行之中,从复合材料制备的角度看,Si 基材料最有可能获得突破。

3.3.3　石墨与石墨层间化合物

石墨化碳负极材料随原料不同而有很多种类,典型的为石墨化中间相碳微珠、天然石墨和石墨化碳纤维。

石墨为片层结构(图 3-3),层与层之间通过范德瓦尔斯力结合,层内原子间是共价键结合,石墨类的碳材料嵌锂时可形成不同“阶”的石墨层间化合物。阶(stage)的定义为相邻两个嵌入原子层之间所间隔的石墨层的个数,例如 1 阶的 Li-GIC 意味着相邻两个 Li 嵌入层之间只有一个石墨层即-Li-C-Li-C-结构(LiC_6)。在嵌锂达到 LiC_6 后,石墨层间距会从 3.34×10^{-10} m 增加到 3.7×10^{-10} m。

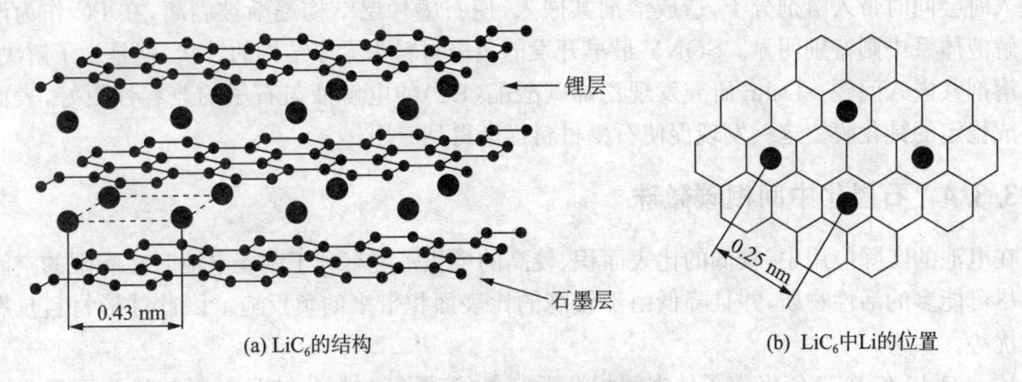

图 3-3 LiC_6 的结构示意图

图 3-4 (a)为恒电流法将石墨进行电化学还原插入锂过程中电位与组成的变化,明显看到电压平台表明两面三刀相区的存在。图 3-4 (b)为动电位法的结果,电流峰的出现也表明两相区域的存在。

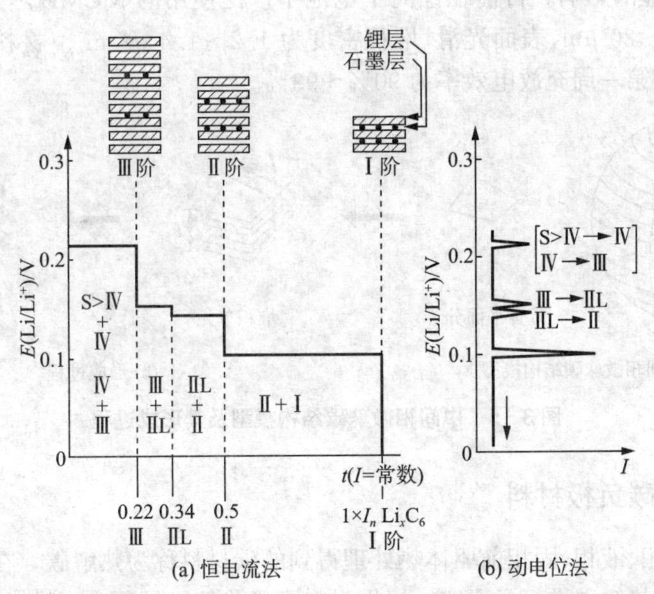

图 3-4 锂嵌入石墨的电位以及对应的不同阶的嵌入化合物

石墨层间化合物的研究开始于 1955 年,Herold 首先合成了石墨的插层化合物(graphite intercalation compounds,GIC),后来 Guerard 与 Woo 等通过化学方法将锂插入石墨片层结构的层间,形成了一系列的插层化合物,如 LiC_{24}、LiC_{18}、LiC_{12}、LiC_6 等。1970 年,Dey 和 Sullivan 发现锂可以通过电化学方法在非水有机电解质溶液中嵌入石墨,在 20 世纪 70 年代到 80 年代之间的初步研究发现,可逆嵌锂的发生与碳的选择和电解质的组成有关。后来 Dahn 的研究表明,电化学嵌锂到石墨中也可以逐渐形成一系列不同阶的插层化合物。对于石墨类负极材料而言,其充放电机理就是形成石墨层间化合物,最多可以达到 LiC_6,因此这类材料的理论容量为 372 mA·h/g。表达式为

$$Li^+ + e^- + C_6 \longrightarrow LiC_6$$

石墨的层与层以较弱的范德瓦尔斯力结合,在含有有机溶剂的电解质中,部分溶剂化的锂离子嵌入时会同时带入溶剂分子,造成溶剂共嵌入,使石墨片层结构逐渐被剥离,在 PC 作为溶剂的电解液体系中则特别明显。SONY 最早开发的负极材料为无序结构的针状,就是为了解决 PC 体系溶剂共嵌入问题。Dahn 研究发现乙烯碳酸酯(EC)的电解液与石墨的兼容性更好,表面可以形成稳定的钝化膜。这一发现促使石墨材料逐渐得到应用。

3.3.4 石墨化中间相碳微珠

在电池的实际应用中,较低的比表面积、较高的堆积密度有利于制备电池时在有限的空间内放入尽可能多的活性物质,并且降低由于较高的比表面积带来的负反应。因此球形材料具有显著的优势。

Ya mAda 在 1973 年报道了从中间相沥青制备的球形碳材料,这种材料被称为石墨化中间相碳微珠(mesophase carbon microbead,MCMB),图 3-5 为中间相微珠碳结构模型及其形成过程。1993 年,大阪煤气公司首先将 MCMB(中间相碳小球)用在了锂离子电池中。MCMB 的石墨化程度、表面粗糙度、材料的织构、孔隙率、堆积密度与合成工艺密切相关。这些物理性质对电化学性质又有着明显的影响。目前在锂离子电池中广泛使用的 MCMB 热处理温度在 2 800~3 200 ℃,粒径在 8~20 μm,表面光滑,堆积密度为 1.2~1.4 g/cm³。材料的可逆容量可达到 300~320 mA·h/g,第一周充放电效率为 90%~93%。

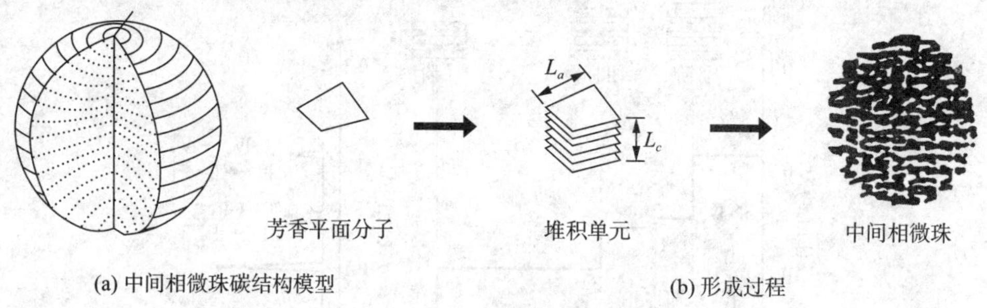

图 3-5 中间相微珠碳结构模型及其形成过程

3.3.5 热解碳负极材料

将各种碳的气相、液相、固相前驱体热处理得到的碳材料称为热解碳。在碳负极材料的研究过程中,人们对许多热解碳进行了研究。根据材料石墨化的难易程度,分为软碳和硬碳。软碳指热处理温度达到石墨化温度后,处理的材料具有较高的石墨化程度。硬碳指热处理温度达到石墨化温度时,材料仍然为无序结构。一般而言,软碳的前驱体中含有苯环结构,例如苯、甲苯、多并苯、沥青、煤焦油等。硬碳的前驱体多种多样,包括多种聚合物、树脂类、糖类以及天然植物,如竹子、棉线、树叶等。

无定形碳材料中没有长程有序的晶格结构,原子的排列只有短程序,介于石墨和金刚石结构之间,sp^2 和 sp^3 杂化的碳原子共存,同时有大量的缺陷结构。但是软碳和硬碳在结构上存在着

细微的差别。低温处理的软碳由于热处理温度低，存在着石墨微晶区域和大量的无序区。硬碳材料中基本不存在3～4层以上的平行石墨片结构，主要为单层石墨片结构无序排列而成，材料中因此存在大量直径小于1 mm的微孔。

图3-6为三类典型碳材料的充放电曲线。图3-6(a)即石墨材料的充放电曲线，随着锂的嵌入量不同，对应于不同的阶，电位曲线呈现不同的台阶。相对而言，石墨材料的电位曲线比较平坦。图3-6(b)为软碳(低温热解碳)的典型充放电曲线，它的嵌锂过程可以分为两部分：一部分是石墨微晶嵌锂过程，锂离子插入片层间，形成插入化合物，为一高于0 V的充放电平台；另一部分和无定形区有关，这些区域含有较多的边缘碳原子，这些悬键和H元素相结合。锂原子脱出过程中显著地受到这些缺陷结构的影响，导致充电曲线严重滞后，电化学极化较大。图3-6(c)为硬碳材料的典型充放电曲线，包括在乱层石墨结构中嵌锂的斜坡段与在微孔中嵌锂的低电位平台。

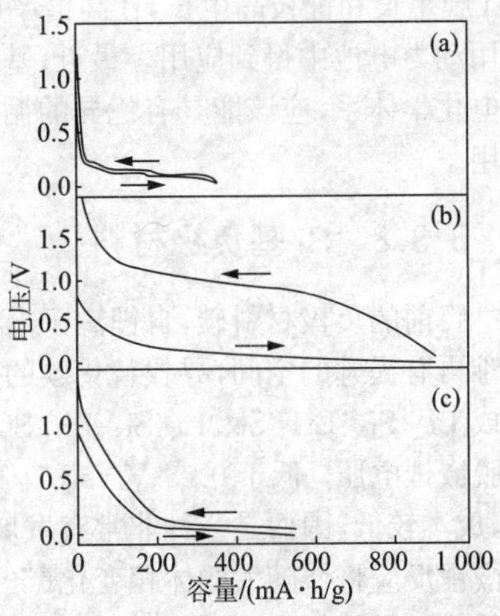

图3-6　典型碳材料的充放电曲线

(a) 石墨；(b) 软碳；(c) 硬碳材料

这三类材料基本概括了目前所研究的碳负极材料的结构特点，上述充放电曲线也基本代表了这些材料的嵌锂特征。其中石墨类的可逆容量略低，但初始充放电效率高(＞90%)，且材料的堆积密度较高(＞1.2 g/cm^3，如MCMB、CMS)。软碳和硬碳材料的不可逆容量的损失都较大，效率较低(＜85%)，可逆容量一般在400～1 000 mA·h/g。就上述三类材料而言，改性石墨类主要用在高能量密度锂电池中，硬碳类主要用在高功率锂离子电池中，软碳目前还没有得到应用。

3.3.6　过渡金属氧化物负极材料

1993年Idota发现基于钒氧化物的材料在较低电位下能够嵌入7个Li，容量能达到800～900 mA·h/g。Tarascon小组研究了无定形RVO_4(R＝In、Cr、Fe、Al、Y)的电化学性能，并提出Li可能与O形成Li—O键。在此基础上Tarascon小组又系统地研究了过渡金属氧化物CoO、Co_3O_4、NiO、FeO、Cu_2O以及CuO的电化学性能，发现这类材料的可逆容量可以达到400～1 000 mA·h/g，并且循环性较好。通过TEM(SAED)及XANES手段研究发现，可逆储锂机制为$Li+MO \rightleftharpoons M+Li_2O$。这一研究开辟了寻找高容量负极材料的新途径。一般而言，体相Li_2O既不是电子导体，也不是离子导体，不能在室温下参与电化学反应。研究发现，锂插入到过渡金属氧化物后，形成了纳米尺度的复合物，过渡金属M和Li_2O的尺寸在5 nm以下。这样微小的尺度从动力学考虑是非常有利的，这是Li_2O室温电化学活性增强的主要原因。

后来发现，这一反应体系也适用于过渡金属氟化物、硫化物、氮化物等，这是一个普遍现象，在这些体系中形成了类似的纳米复合物微结构。对于电子电导较高的材料，如RuO_2，第一周充放电效率可以达到98%，可逆容量为1 100 mA·h/g。

作为负极材料，希望嵌锂脱锂电位接近0 V vs Li/Li^+。但上述报道的材料平均工作电压都超过了1.8 V。热力学计算可以得到二元金属化合物的热力学反应电位，从中筛选出电位较低的材料Cr_2O_3。通过形成核壳结构，显著提高该材料的循环性。这部分研究还在进行之中。

3.3.7　$Li_4Ti_5O_{12}$负极材料

$Li_4Ti_5O_{12}$具有尖晶石结构，可以表达为$Li[Li_{1/3}Ti_{5/3}]O_4$。该材料的可逆容量为140～

160 mA·h/g(理论容量为 167 mA·h/g),充放电曲线为一电位平台,电压为 1.55 V。Thackery 报道其在充放电过程中体积变化只有 1%,Ohzuku 将其优异的循环性归因于零应力。这一材料逐渐引起关注是由于其高倍率的充放电特性。由于其嵌锂电位较高,避免了通常负极材料上的 SEI 膜生长和锂枝晶生长,在高倍率放电时,电池具有较高的安全性,较好的循环性,因此有望在车用动力电池中得到应用。最近,基于 $Li_4Ti_5O_{12}/LiFePO_4$ 的 2 V 电池体系引起了关注,这样一个电化学体系,应该能具有优异的循环寿命、较低的价格,有望在储能电池、超高功率电池中得到应用。

3.3.8 Si 基负极材料

目前的负极材料碳,自锂离子电池商业化以来,实际比容量已经接近 372 mAh/g 的理论值,很难再有提升的空间,寻找替代碳的高比容量负极材料已成为一个重要的发展方向。硅和锂能形成 $Li_{12}Si_7$、$Li13Si_4$、Li_7Si_3、$Li_{15}Si_4$、$Li_{22}Si_5$ 等合金,具有高容量($Li_{22}Si_5$,最高 4 200 mA·h/g),低脱嵌锂电压(低于 0.5 V vs Li/Li^+)与电解液反应活性低等优点;而且硅在地球上储量丰富,成本较低,因而是一种非常有发展前途的锂离子电池负极材料。然而在充放电过程中,硅的脱嵌锂反应将伴随大的体积变化(~300%),造成材料结构的破坏和机械粉化,导致电极材料间及电极材料与集流体的分离,进而失去电接触,致使容量迅速衰减,循环性能恶化。在获得高容量的同时,如何提高 Si 基负极材料的循环性能,是 Si 基材料的研究重点。

3.3.9 石墨烯基负极材料

石墨烯的比表面积大,电性能良好,作为锂离子电池电极材料的潜力巨大。调控石墨烯在集流体上的排列,以形成良好的电子和离子传输通道,可进一步提高石墨烯电极材料的性能。石墨烯的活性位点过多,在形成固相电解质相界面(SEI)膜的过程中会消耗大量的能量,导致首次不可逆容量过高;通过利用金属氧化物和其他材料与石墨烯复合,是研究的重要方向。石墨烯可阻止复合材料中纳米粒子的团聚,缓解充放电过程中的体积效应,延长材料的循环寿命;纳米粒子通过与 Li+发生化学反应,可增加材料的嵌脱锂能力;粒子在石墨烯表面的附着,可减少材料形成 SEI 膜过程中与电解质反应的能量损失,对实际生产具有重要意义。

3.3.10 硫化物负极材料

含硫无机电极材料包括简单二元金属硫化物、硫氧化物、Chevrel 相化合物、尖晶石型硫化物、聚阴离子型磷硫化物等。与传统氧化物电极材料相比,此类材料在比容量、能量密度和功率密度等方面具有独特的优势,因此成为近年来电极材料研究的热点之一。二元金属硫化物电极材料种类繁多,它们一般具有较大的理论比容量和能量密度,并且导电性好,价廉易得,化学性质稳定,安全无污染。除钛、钼外,铜、铁、锡等金属硫化物也是锂二次电池发展初期研究较多的电极材料。由于仅含两种元素,二元金属硫化物的合成较为简单,所用方法除机械研磨法、高温固相法外,也常见电化学沉积和液相合成等方法。作为锂电池电极材料,这类材料在放电时,或者生成嵌锂化合物(如 TiS_2),或者与氧化物生成类似的金属单质和 Li_2S(如 Cu_2S、NiS、CoS),有的还可以进一步生成 Li 合金(如 SnS、SnS_2)。

3.4 锂离子电池正极材料

从晶体结构考虑,目前锂离子电池的正极材料主要有三种:具有层状结构的 $LiMO_2$(M=

Co、Ni、NiCo、NiCoMn)，尖晶石结构的 $LiMn_2O_4$，橄榄石结构的 $LiMPO_4$(M=Fe、Mn、Co)。

3.4.1 正极材料的选择要求

锂离子电池正极材料一般以嵌入化合物作为理想的正极材料，锂嵌入化合物应具有以下性能。

(1) 金属离子 Mn^+ 在嵌入化合物 $Li_xM_yX_z$ 中应有较高的氧化还原电位，从而使电池的输出电压较高；

(2) 在嵌入化合物 $Li_xM_yX_z$ 中大量的锂能够发生可逆嵌入和脱嵌以得到高容量，即可逆的 x 值尽可能大；

(3) 在整个插入/脱插过程中，锂的插入和脱插应可逆且主体结构没有或很少发生变化，这样可确保良好的循环性能；

(4) 氧化还原电位随 x 的变化应该尽可能少，这样电池的电压不会发生显著变化，可保持平稳的充电和放电；

(5) 嵌入化合物应有较好的电子电导率(σ_e)和离子电导率 σ_{Li^+}，这样可以减少极化并能进行大电流充放电；

(6) 嵌入化合物在整个电压范围内具有良好的化学稳定性，在形成 SEI 膜后不与电解质等发生反应；

(7) 锂离子在电极材料中有较大的扩散系数，便于快速充放电；

(8) 从实用角度而言，主体材料应该便宜，对环境无污染。

能作为锂离子电池的正极活性材料，相对于 Li/Li^+ 的电位，金属锂和嵌锂碳的电位如图 3-7 所示。

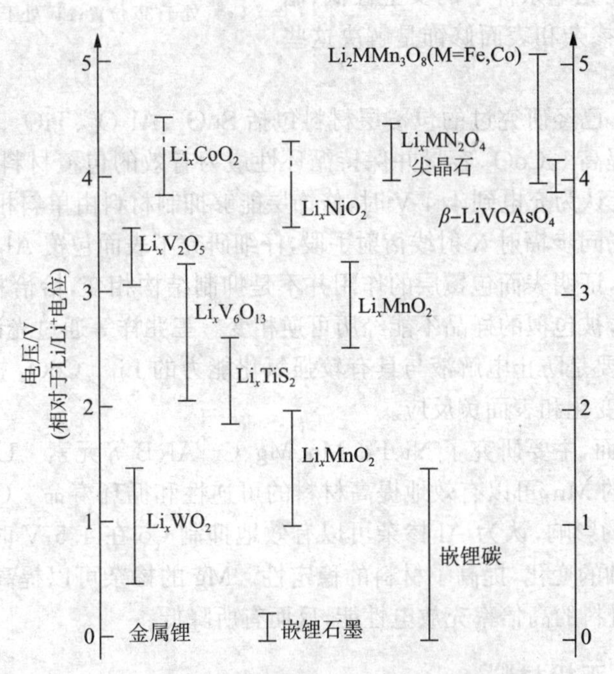

图 3-7 锂离子电池正极材料扩放电电位(对 Li/Li^+)

3.4.2 $LiCoO_2$ 正极材料

层状结构的典型代表为 $LiCoO_2$，其晶体结构为 $\alpha-NaFeO_2$ 型，属于六方晶系，$R3m$ 空间群，氧原子呈现 ABCABC 立方密堆积排列，在氧原子的层间锂离子和钴离子交替占据其层间的八面体位置，其晶格常数为 $a=2.82$、$c=14.06$，如图 3-8 所示。

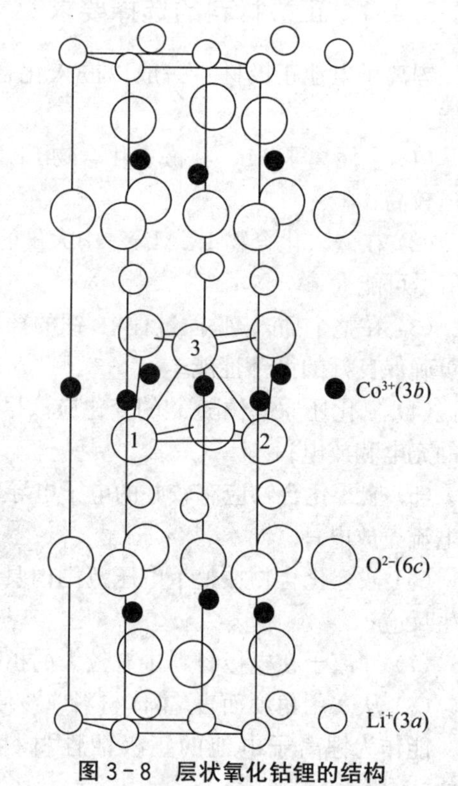

图 3-8 层状氧化钴锂的结构

Co^{3+} 处于 $3b$ 位置；Li^{+} 处于 $3a$ 位置；O^{2-} 处于 $6c$ 位置

$LiCoO_2$ 为半导体，室温下的电导率为 10^{-3} S/cm，电子电导占主导作用。锂在 $LiCoO_2$ 中的室温扩散系数为 $10^{-12}\sim10^{-11}$ cm^2/s，锂完全脱出对应的理论比容量为 274 mA·h/g。

在实际应用中，锂离子脱出量达到一定程度后，由于脱出态的 $Li_{1-x}CoO_2$（$x<0.55$）具有较高的氧化性，导致电解液的分解和集流体的腐蚀，以及电极材料结构的不可逆相变，为保持材料良好的循环性能，实际电池中将 $LiCoO_2$ 的组分控制在 $Li_{0.5}CoO_2$ 的范围内，可逆容量在 130～150 mA·h/g。

该材料最常用的合成方法为固相反应法。在应用过程中，主要存在充电条件下的安全性低、循环性差等问题。目前掺杂和表面修饰是解决这些问题的两个主要途径。

在表面修饰方面，已经研究过的包覆层材料包括 SnO_2、Al_2O_3、TiO_2、ZrO_2、$LiAlO_2$、$AlPO_4$ 等。目前认为，对于提高 $LiCoO_2$ 容量并保持循环性最为有效的包覆材料是 $AlPO_4$。对于表面修饰层的作用，Cho 等认为充电到 4.4 V 时，修饰层能够抑制材料由单斜相向六方相的转变。后来，刘立君等通过现场同步辐射 X 射线衍射手段，仔细研究了表面包覆 Al_2O_3 的 $LiCoO_2$ 在充放电过程中的结构变化，证明表面包覆层的作用并不是抑制结构相变，恰恰相反，表面包覆层的样品可以发生可逆相变，被包覆的样品不能经历可逆相变。王兆祥等通过光谱的研究进一步证明，表面包覆层的作用主要是防止电解液与具有较强氧化能力的 $Li_{1-x}CoO_2$ 接触，抑制充电时由于氧的析出导致结构的变化和表面负反应。

在材料的掺杂方面，主要研究了 Ni、Fe、Mn、Mg、Cr、Al、B 等元素。Uchida 等研究表明，在 $LiCoO_2$ 中掺入 20%的 Mn，可以有效地提高材料的可逆性和循环寿命。Chung 等研究了 Al 掺杂对 $LiCoO_2$ 微结构的影响，认为 Al 掺杂可以有效地抑制 Co 在 4.5 V 时的溶解，以及降低了 Li^+ 嵌入时 c 轴和 a 轴的变化，提高了材料的稳定性。Mg 的掺杂可以提高 $LiCoO_2$ 材料的电子电导率，但并未提高材料的高倍率充放电性能，反而有所降低。

3.4.3 $LiNiO_2$ 正极材料

$LiNiO_2$ 具有和 $LiCoO_2$ 相同的层状结构，但局部 NiO_6 八面体是扭曲的，存在两个长的 Ni—O(2.09×10^{-10} m)和四个短的 Ni—O(1.91×10^{-10} m)。$LiNiO_2$ 晶格参数 $a=2.878\times$

10^{-10} m、$c=14.19\times10^{-10}$ m。占位情况为 Ni 3*a*(0,0,0)、Li 3*b*(0,0,1/2)以及 O 6*c*(0,0,*z*)与(0,0,$-z$),其中 $z=0.25$、$c/a=4.93$。在 $Li_{0.95}NiO_2$ 中 Li^+ 的化学扩散系数达到 $2\times10^{-11}m^2/s$,$LiNiO_2$ 可逆容量为 150～200 mA·h/g。$LiNiO_2$ 的结构示意如图 3-9 所示。

纯相的 $LiNiO_2$ 不容易制备,而且在充电时 Ni 容易进入 Li 层,阻碍了锂离子的扩散,并且随着锂缺陷的增加,电极的电阻升高,使材料的可逆比容量降低,循环性变差。在过充电时容易发生分解,释放出氧气和大量的热,存在安全性问题,为改善 $LiNiO_2$ 的结构稳定性和安全性能,Del mAs、mDahn 以及 Ohzuku 小组采用 Co、Fe、Al、Mg、Ti、Mn、Ga、B 等材料部分取代 Ni,合成了一系列的 $LiNi_{1-x}M_xO_2$ 掺杂化合物作为锂离子电池正极材料。高原等为提高 $LiNiO_2$ 的热稳定性和结构稳定性,通过同时掺杂 Mg 和 Ti 合成了 $LiMg_{0.125}Ni_{0.75}Ti_{0.125}O_2$。在 3.0～4.5 V 时,其可逆容量接近 160 mA·h/g,循环 100 周容量衰减大约 15%。掺杂 Co 的材料 $LiNi_{1-x}Co_xO_2$ 目前已有小批量的生产和使用。

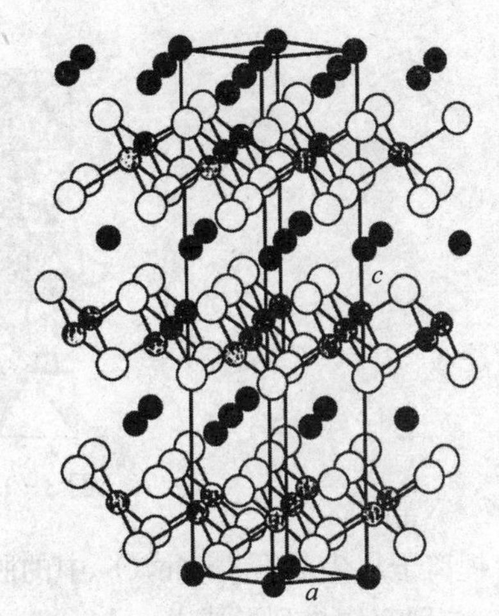

图 3-9 氧化镍锂的理想结构示意图

3.4.4 $LiMnO_2$ 正极材料

层状 α-$NaFeO_2$ 结构的 $LiMnO_2$ 属于 *C*2/*m* 空间群,结构类似于 $LiCoO_2$ 和 $LiCoO_2$,但由于 Mn^{3+} 的 Jahn-Teller 效应导致结构的扭曲,如图 3-10 所示。层状 $LiMnO_2$ 在循环过程中容易向稳定的尖晶石结构转变,引起循环性能恶化,层状结构的 $LiMnO_2$ 不能直接合成,主要由 $NaMnO_2$ 经过离子交换反应制备。这些缺点导致该材料的研究较少。

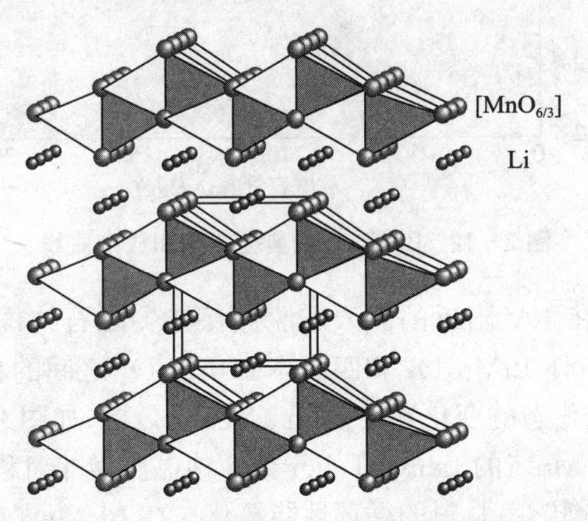

图 3-10 尖晶石 $LiMnO_2$ 的晶体结构

3.4.5 $LiMn_2O_4$ 正极材料

$LiMn_2O_4$ 为尖晶石结构(图 3-11),属于 *Fd*3*m* 空间群,氧原子呈立方密堆积排列,位于晶胞 32*e* 的位置,锰占据一半八面体空隙 16*d* 位置,而锂占据 1/8 四面体 8*a* 位置。空的四面体和八面体通过共面与共边相互连接,形成锂离子扩散的三维通道。锂离子在尖晶石中的化学扩散

系数在 10^{-14}～10^{-12} m^2/s。$LiMn_2O_4$ 的理论容量为 148 mA·h/g,实际容量约为 120 mA·h/g。

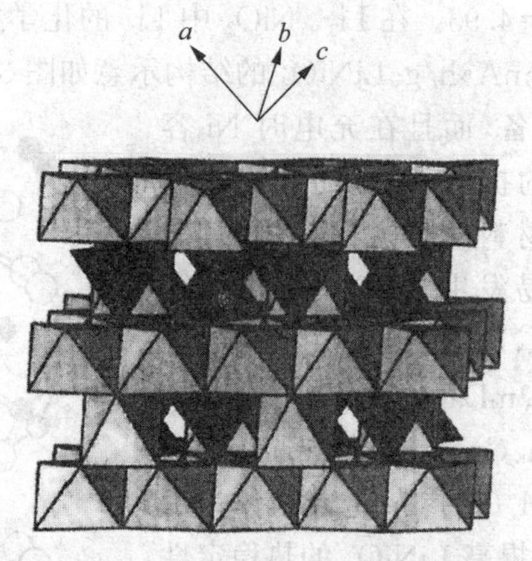

图 3-11　尖晶石 $LiMn_2O_4$ 的晶体结构

锂离子从尖晶石 $LiMn_2O_4$ 中的脱出分两步进行,锂离子脱出一半发生相变,锂离子在四面体 8a 位置有序排列形成 $Li_{0.5}Mn_2O_4$ 相,对应于低电压平台。进一步脱出,在 $0<x<0.1$ 时,逐渐形成 $\gamma-MnO_2$ 和 $Li_{0.5}Mn_2O_4$ 两相共存,对应于充放电曲线的高电压平台。对于 $LiMn_2O_4$ 而言,锂离子完全脱出时,晶胞体积变化仅有 6%,因此该材料具有较好的结构稳定性。

$LiMn_2O_4$ 的典型充电和放电曲线如图 3-12 所示。充电过程中主要有 2 个电压平台:4 V 和 3 V。前者对应于锂从四面体(8a)位置发生脱嵌,后者对应于锂嵌入空的八面体(16c)中。

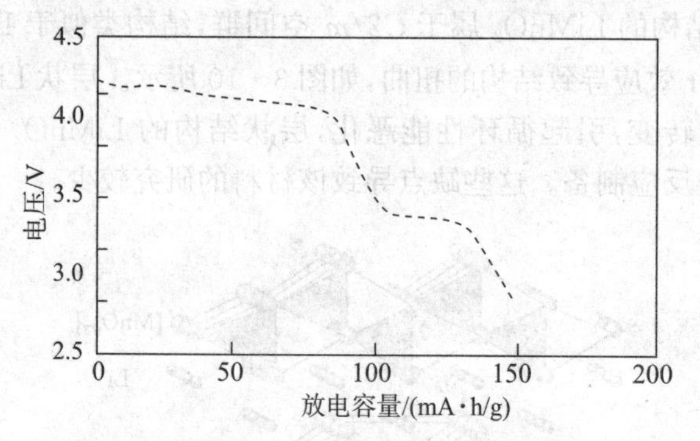

图 3-12　$LiMn_2O_4$ 的典型充电和放电曲线

Jahn-Teller 效应:锂在 4 V 附近的嵌入和脱嵌保持尖晶石结构的立方对称性。而在 3 V 的嵌入和脱嵌则存在着立方体 $LiMn_2O_4$ 和四面体 $Li_2Mn_2O_4$ 之间的相转变,锰从 3.5 价还原为 3.0 价。该转变由于 Mn 氧化态的变化导致 Jahn-Teller 效应,如图 3-13 所示。锂离子在该电压区间嵌入与脱出时,由于 Mn^{3+} 的 Jahn-Teller 效应使晶胞做非对称性膨胀与收缩引起尖晶石结构由立方对称向四方对称转变,材料的循环性能恶化。在 $Li_2Mn_2O_4$ 中的 MnO_6 八面体中,沿 c 轴方向 Mn—O 键变长,而沿 a 轴和 b 轴变短,由于 Jahn-Teller 效应比较严重,c/a 比例变化达到 16%,晶胞单元体积增加 6.5%,足以导致表面的尖晶石粒子发生破裂。由于粒子与粒子间的接触发生松弛,因此在 $1\leqslant x\leqslant 2$ 范围内不能作为理想的 3 V 锂离子电池正极材料。

$LiMn_2O_4$存在着高温循环与储存性能差的缺点。其原因主要是在深放电和高倍率充放电状态下,3.0 V 电压区间易形成 $Li_2Mn_2O_4$。在高电位下,电解液的氧化分解会产生一些酸性的产物,该产物会浸蚀尖晶石 $LiMn_2O_4$,从而引起 Mn 溶解。电解液中残余的水分也会引起 $LiPF_6$ 分解，分解产生的 HF 同样会引起锰的溶解，而锰的溶解又会破坏材料的晶体结构，造成缺陷尖晶石的产生，从而进一步恶化材料的电化学性能。因此，锰的溶解是 $LiMn_2O_4$ 容量损失的主要原因。

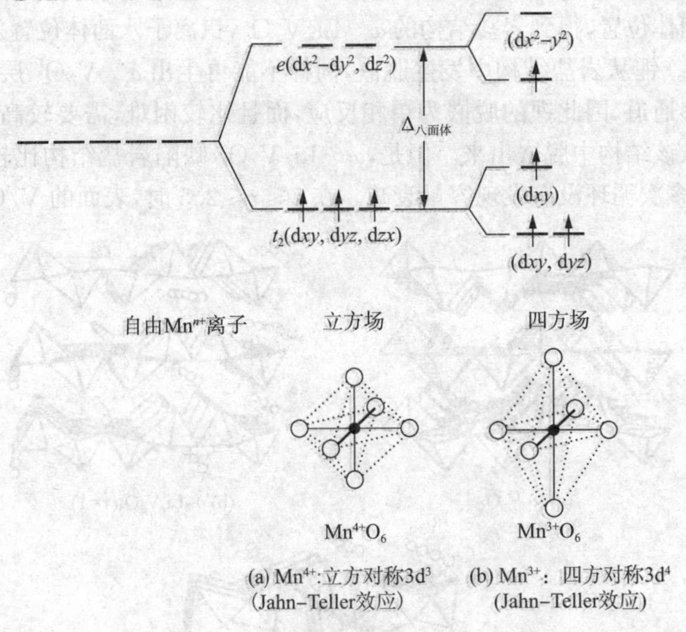

图 3-13 锰的氧化物发生杨-泰勒效应示意图

为解决这些问题，掺杂和表面修饰方法被广泛采用。Li、Mg、Al、Ti、Ga、Cr、Ni、Co 等元素部分取代 Mn，可以有效地提高 $LiMn_2O_4$ 的结构稳定性，改善材料的循环性能。其中较为有效的掺杂元素是 Li、Al 和 Cr。Li 过量可以提高 Mn 的平均化合价，减少材料的 Jahn-Teller 形变，合成锂过量的非化学计量比的 $Li_{1+x}Mn_{2-x}O_4$ 可以有效地提高材料的循环特性；Al 掺杂可以起到同样的效果；Cr^{3+} 的半径与 Mn^{3+} 相近，能以稳定的 d^3 结构存在于八面体配位中，提高材料的结构稳定性。0.6%的 Mn 被 Cr^{3+} 取代后，材料经过 100 周循环，容量仍为 110 mA·h/g。表面包覆 Co_3O_4、Al_2O_3、ZrO_2、ZnO、C、Ag、聚合物等方法被广泛采用。目前应用较多的为 Al_2O_3 包覆，材料的高温循环性和安全性大大提高。

对于 $LiMn_2O_4$ 基正极材料而言，Mn 在自然界中资源丰富，成本低，材料的合成工艺简单，热稳定性高，耐过冲性好，放电电压平台高，动力学性能优异，对环境友好，目前已在大容量动力型锂离子电池中得到应用。

3.4.6 $\alpha-V_2O_5$ 及其锂化衍生物

$\alpha-V_2O_5$ 为层状结构，在钒的氧化物体系中，理论容量最高(442 mA·h/g)，可以嵌入 3 mol 锂离子，达到组分为 $Li_3V_2O_5$ 的岩盐计量化合物。在该反应中，钒的氧化态从 V_2O_5 中的+5 价变化到 LiV_2O_5 中的+3.5 价。在层状 $\alpha-V_2O_5$ 结构中，氧为扭变密堆分布，钒离子与 5 个氧原子的键合较强，形成四方棱锥配合，如图 3-14(a)所示，锂嵌入 V_2O_5 中随 x 的增加形成几种 $Li_xV_2O_5$ 相(α、ε、δ、γ、ω 相)，电压变化如图 3-15 所示。α、ε、δ 相与母体 V_2O_5 层状结构紧密相关，随着 x 的增加而变化。当 $x=1$ 时，得到 $\delta-Li_xV_2O_5$，如图 3-14(b)所示。当 $0\leqslant x\leqslant 1$ 时，嵌入、脱嵌反应是可逆的，表面的 V/O 值保持在 0.30～0.35(理论值为 0.4)。在嵌锂过程中，V_2O_5 的结构发生变形。当 $x=2$ 时，得到 $\gamma-Li_xV_2O_5$，这时 V_2O_5 的结构发生折皱，如图

3-14(c)所示。尽管锂从 $\gamma-Li_xV_2O_5$ 中发生脱嵌并不能再生到起始的 V_2O_5 结构,但是当充电到较高电压时,所有的锂均能发生脱嵌。当 $x>2$ 时,结构发生明显变化,钒离子从原来的位置迁移到邻近的八面体位置,得到岩盐结构的 $\omega-Li_xV_2O_5$,钒离子八面体位置发生无规则分布,并发现有 Li_2O 生成。锂从岩盐结构中发生脱嵌,同样不能再生出 $\alpha-V_2O_5$ 层状结构。由于锂离子没有较好的迁移通道,因此锂的脱嵌为单相反应,而且比较困难,需要较高的电压(高达 4 V)才能把大部分锂从该结构中脱嵌出来。但是,$\omega-Li_xV_2O_5$ 缺陷岩盐结构比较牢固,x 在较大范围内变化均稳定,多次循环没有发现容量衰减。在 $2\leqslant x\leqslant 2.5$ 时,表面的 V/O 值降为 0.1。

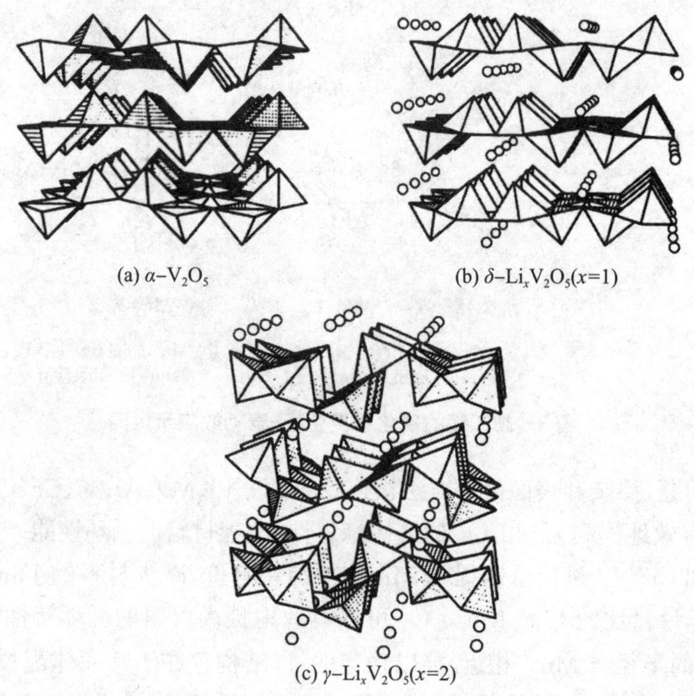

图 3-14 $\alpha-V_2O_5$ 及其部分锂化衍生物的结构(影线区表示 V_2O_5 方棱锥)

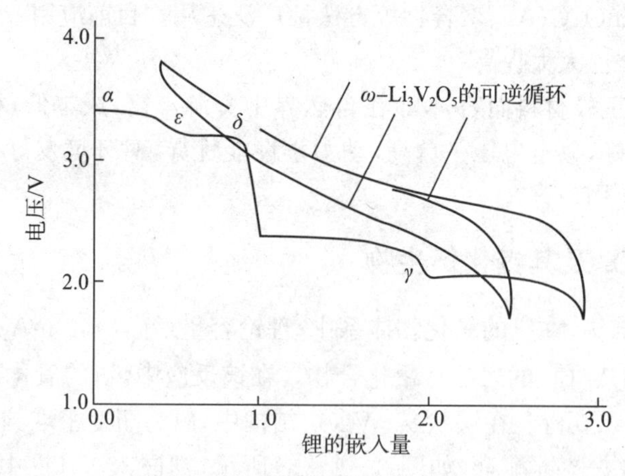

图 3-15 $\alpha-V_2O_5$ 放电过程中形成 α、ε、δ、γ 及 ω 相的循环

3.4.7 橄榄石结构 $LiMPO_4$ 正极材料

橄榄石结构(olivine)的 $LiMPO_4$(图 3-16)属于正交晶系,$D^{16}2h-Pmnb$ 空间群,每个单胞

含有四个单位的 $LiMPO_4$。研究最多的为 $LiFePO_4$，其首先由 Goodenough 小组提出。

图 3-16　橄榄石结构 $LiMPO_4$

$LiFePO_4$ 的晶格参数为：$a=6.008\times10^{-10}$ m，$b=10.324\times10^{-10}$ m，$c=4.694\times10^{-10}$ m。锂离子从 $LiFePO_4$ 中完全脱出时，体积缩小 6.81%，与其他锂离子电池正极材料相比，它的本征电导率低（$10^{-12}\sim10^{-9}$ S·cm^{-1}），Li^+ 在 $LiFePO_4$ 中的化学扩散系数也较低，恒流间歇滴定技术(GITT)和交流阻抗技术测定的值在 $1.8\times10^{-16}\sim2.2\times10^{-14}$ cm^2/s。较低的电子电导率和离子扩散系数是限制该类材料实际应用的主要因素。

为了解决这一问题，采用了多种改进方法，如采用碳或金属粉末表面包覆的方法来提高材料的电接触性质，采用掺杂的方法提高本征电子电导，如 Chung 等通过异价元素(Mg、Zr、Ti、Nb、W 等)代替 $LiFePO_4$ 中的 Li^+ 进行体相掺杂，掺杂后的材料的电子电导率提高了 8 个数量级，从未掺杂前的 $10^{-10}\sim10^{-9}$ S/cm 提高到超过 10^{-2}S/cm。Valence 公司利用碳热还原法合成的掺杂 Mg 的 $LiFe_{0.9}Mg_{0.1}PO_4$ 材料理论比容量为 156 mA·h/g，具有很好的结构稳定性。中国科学院物理研究所的研究发现，Li 位掺杂 1% Cr 可使电子电导率提高 8 个数量级，但掺杂并未使得正极材料 $LiFePO_4$ 的高倍率充放电性能得到改善。分子动力学研究表明 $LiFePO_4$ 是一维离子导体，Cr 在锂位掺杂阻塞了 Li^+ 通道，虽然电子电导率提高了，但离子电导率却降低了，因而影响了倍率性能。最近，王德宇研究发现，钠在锂位或铁位的掺杂，结合表面包覆的材料倍率性能较好，主要的原因是既提高了颗粒的电接触和本征电子电导，又没有降低离子的输运性能。图 3-17 为 $LiFePO_4$ 和 $LiFePO_4$/C 复合材料在室温、2.7～4.1 V、0.1 C 速率下的首次充放电曲线和循环性能。

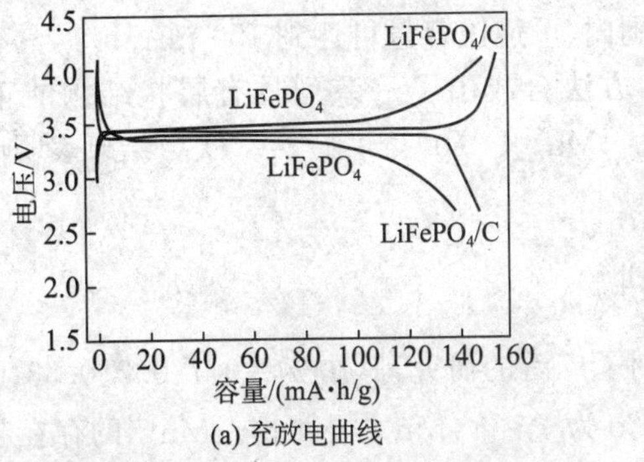

(a) 充放电曲线

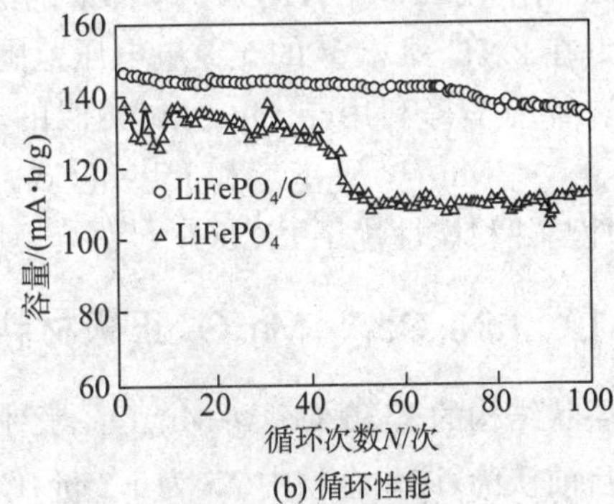

(b) 循环性能

图 3-17　$LiFePO_4$ 和 $LiFePO_4$/C 复合材料在室温、2.7～4.1 V、0.1 C 速率下的首次充放电曲线和循环性能

$LiFePO_4$ 成本低，资源丰富，结构稳定，热稳定性高，有望使用在动力电池和储能电池中。除

了 $LiFePO_4$,$LiMnPO_4$ 也引起了广泛的关注。$LiMnPO_4$ 晶格参数为:$a=6.108\times10^{-10}$ m,$b=10.455\times10^{-10}$ m,$c=4.750\times10^{-10}$ m,其脱嵌锂电压在 4.1 V 左右,电化学活性不高。Sony 公司研究发现,通过合成原料中添加炭黑的工艺制备出具有细小颗粒的掺杂 Fe 的 $LiFe_{1-x}Mn_xPO_4$ 具有较好的脱嵌锂离子性能,当 $x=0.5$ 时,容量达到最大值。锂离子脱出包括两个步骤:3.5 V 电压平台脱锂,Fe^{2+} 被氧化成 Fe^{3+},接着 4.1 V 平台脱锂,Mn^{2+} 被氧化成 Mn^{3+}。在充放电过程中 $LiFe_{1-x}Mn_xPO_4$ 的局部结构变化是完全可逆的,并且在 $0\leqslant x\leqslant1$ 时,Mn^{3+} 的局部结构没有任何明显的变化。这表明即使在 Mn 含量很高时,锂离子从材料结构中的脱出也没有内在的本质障碍。Padhi 等系统地研究了 $LiFe_{1-x}Mn_xPO_4$($x=0.25$、0.5、0.75、1.0)的电化学充放电性质,并且发现,随着 Mn 含量的升高,4.1 V 的平台逐渐变长。但当 Mn 的含量大于 0.75 时,总容量迅速降低。

3.4.8 $LiNi_{1-x}Co_xO_2$ 正极材料

$LiNi_{1-x}Co_xO_2$ 具有与 $LiNiO_2$ 相同的晶体结构,Co 代替部分 Ni 进入八面体 3*a* 位置,抑制了与 Ni^{3+} 有关的 Jahn - Teller 扭曲,提高了材料的循环性能和热稳定性。SAFT 公司采用 $LiNi_{1-x}Co_xO_2$ 作为高比能量锂离子电池的正极材料。Berkeley 实验室对 SAFT 合成的 $LiNi_{0.8}Co_{0.15}Al_{0.05}O_2$ 材料进行了细致的研究,结果表明,虽然在常温条件下电池保持了较好的循环特性,但在高温循环条件下,由于电极阻抗的升高,导致电池容量下降较快。Ra mAm 光谱研究发现,循环过程中 Ni—Co—O 出现相分离。因此,$LiNi_{1-x}Co_xO_2$ 正极材料长期循环时,仍然存在结构不稳定的问题。

3.4.9 $LiNi_{1/2}Mn_{1/2}O_2$ 正极材料

$LiNi_{1/2}Mn_{1/2}O_2$ 具有与 $LiNiO_2$ 相同的六方结构。在 $LiNi_{1/2}Mn_{1/2}O_2$ 的晶体结构中,镍和锰分别为+2 价和+4 价。当材料被充电时,随着锂离子的脱出,晶体结构中的 Ni^{2+} 被氧化为 Ni^{4+},而 Mn^{4+} 保持不变。6Li mAS NMR 测试结果表明,在 $LiNi_{1/2}Mn_{1/2}O_2$ 中,锂离子不仅存在于锂层,而且也分布在 Ni^{2+}/ Mn^{4+} 层中,主要被 6 Mn^{4+} 包围,与 Li_2MnO_3 中相同。但充电到 $Li_{0.4}Ni_{1/2}Mn_{1/2}O_2$ 时,所有过渡金属层中的锂离子都脱出,剩余的 Li^+ 分布在锂层靠近 Ni 的位置。

Ohzuku 等利用 $LiOH\cdot H_2O$ 与 Ni、Mn 的氢氧化物在 1 000 ℃下空气中合成了 $LiNi_{1/2}Mn_{1/2}O_2$ 正极材料。在 2.75~4.3 V 的充放电电压范围内,可逆比容量可达到 150 mA·h/g,具有较好的循环性能。鲁中华等利用与 Ohzuku 类似的方法合成出了一系列具有层状结构的正极材料 $Li[Ni_xLi_{(1/3-2x/3)}Mn_{(2/3-x/3)}]O_2$ 和 $Li[Ni_xCo_{1-2x}Mn_x]O_2$($0\leqslant x\leqslant1/2$)。DSC 结果表明该类材料的耐过充性与热稳定性优于 $LiCoO_2$。

3.4.10 $LiNi_xCo_{1-2x}Mn_xO_2$ 正极材料

具有层状结构的 $LiNi_xCo_{1-2x}Mn_xO_2$ 得到了广泛的研究,其中 $x=0.1$、0.2、0.33、0.4 研究得最多。目前认为,该化合物中 Ni 为+2 价,Co 为+3 价,Mn 为+4 价。Mn^{4+} 的存在起到稳定结构的作用,Co 的存在有利于提高电子电导,充放电过程中 Ni 从+2 价变到+4 价。该材料的可逆容量可以达到 150~190 mA·h/g,且具有较好的循环性和高的安全性,目前已在新一代高能量密度小型锂离子电池中得到应用。

3.4.11 高容量高电压正极材料

提高电池的能量密度,主要通过两个途径:提高电极材料的容量和工作电压。锂离子电池中使用的正极材料可逆容量一般在 110～180 mA·h/g,工作电压小于 4.1 V,容量高于这一范围、具有较高工作电压的正极材料一直是研究的热点。下面简单介绍科研人员在这些方面的探索性工作。

Cho 等制备了具有六方层状结构($R3m$)的 $Li_{2+x}Mn_{0.91}Cr_{1.09}O_4$($x=0.7$、0.9、1.1、1.3)材料,其中名义配比为 $Li_{3.1}Mn_{0.9}Cr_{1.09}O_4$ 的可逆容量为 210 mA·h/g,充放电曲线为 3～4.5 V 的斜坡,其容量和循环性在 55 ℃时高于室温,倍率性能较差。Grincount 等报道 $Li_3CrMnO_{4+\delta}$ 的可逆容量达到 200 mA·h/g,吴香兰等报道 $Li_{3.07}Mn_{0.91}Cr_{1.06}O_{5.37}$ 的可逆容量达到 210 mA·h/g。这种材料可以认为是 $Li[Cr_xLi_{1/3}Mn_{2/3}]O_2$ 的层状化合物,类似于 $Li[Ni_xLi_{1/3-2x/3}Mn_{2/3-x/3}]O_2$。但实际上,文献中报道的化合物并不能严格服从这一表达式,其实际配比的测量可能存在一定误差,或者存在少数锂离子占据间隙位的可能性,需要进一步研究。上述这些材料第一周充电容量高达 240～280 mA·h/g,这表明占据 a、b 位的锂基本上全部脱出。脱锂之后的结构变化还没有报道,上述材料中 Mn 为+4 价,Cr 为+3 价,充电过程中 Cr 由+3 价变到+6 价。

在此之前,具有 Nasicon 结构的材料已被广泛研究,例如 $Li_3Fe_2(PO_4)_3$、$Li_2FeTi(PO_4)_3$、$Li_3Fe_2(AsO_4)_3$、$LiZr_2(PO_4)_3$、$Li_xFe_2(WO_3)_3$、$Li_xFe_2(SO_4)_3$ 和 $LiFe_2(SO_4)_2(PO_4)$等。但这些材料的性能均不如 $Li_3V_2(PO_4)_3$。图 3-18 为 R-$Li_3Fe_2(PO_4)_3$ 的晶体结构。

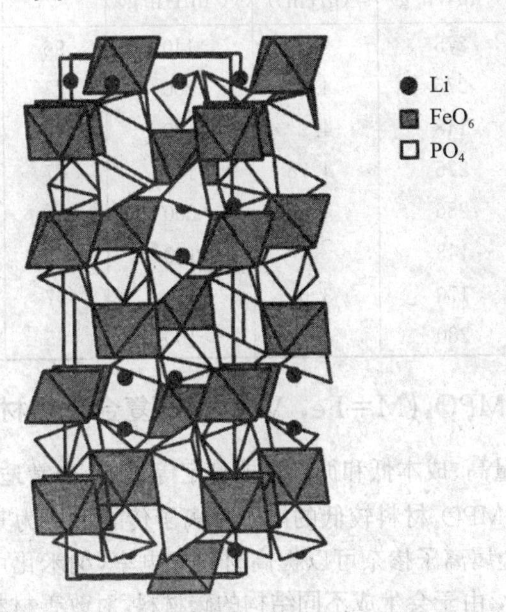

图 3-18 R-$Li_3Fe_2(PO_4)_3$ 的晶体结构示意图

工作电压高于 4 V 的电极材料一直受到广泛的关注。研究发现,在 $LiMn_2O_4$ 中通过掺杂,可以使材料在高于 4.2 V 时出现充电平台,并且具有一定的容量。$LiCoPO_4$ 和 $LiNiVO_4$ 也显示了较高的充电电压,高电压材料需要稳定的电解质体系,现有非水电解质体系稳定的电化学窗口一般小于 4.5 V,不能满足要求。表 3-4 中报道的材料普遍存在容量低、循环性差、效率低的问题。这可能与电解质在电极表面的负反应以及电极材料的晶格氧的析出有关,此类材料的应用还需要对电极材料和电解质材料做更深入广泛的研究。

表 3-4 具有尖晶石结构的 5 V 锂离子电池正极材料的电化学性能

化合物	5V 电压 /V	高电压区氧化还原电对	低于 4.2 V 区容量 /(mA·h/g)	高于 4.2 V 区容量 /(mA·h/g)
$LiCr_{0.5}Mn_{1.5}O_4$	4.8	Cr^{3+}/Cr^{4+}	70	55
$LiCrMnO_4$	4.8	Cr^{3+}/Cr^{4+}	0	75
$LiFe_{0.5}Mn_{1.5}O_4$	4.9	Fe^{3+}/Fe^{4+}	75	50
$LiCo_{0.5}Mn_{1.5}O_4$	5.1	Co^{3+}/Co^{4+}	70	60
$LiCoMnO_4$	5.0	Co^{3+}/Co^{4+}	10	95
$LiNi_{0.5}Mn_{1.5}O_4$	4.7	Ni^{2+}/Ni^{4+}	16	95
$Li_{1.01}Cu_{0.32}Mn_{1.67}O_4$	4.9	Cu^{2+}/Cu^{3+}	48	23
$LiCoPO_4$	4.8	Co^{2+}/Co^{3+}	0	100
$LiNiVO_4$	4.8	$Ni^{2+}/Ni^{3+/4+}$	0	45

表 3-5 对几种主要的正极材料的性能作了相应的比较。目前在商业化锂离子电池中 $LiCoO_2$ 材料得到普遍应用,随着锂离子电池在更广泛的领域内的推广应用,其他正极材料必然会逐渐应用。

表 3-5 几种主要正极材料的性能比较

化学组成	研究时间	理论比容量 /(mA·h/g)	真实密度 /(g/cm³)	实际比容量 /(mA·h/g)	首次效率 /%	循环性 /周	热稳定性	电压(对 Li)/V	合成
$LiCoO_2$	1980	275	5.1	140	96	500	一般	3.9	容易
$LiNiO_2$	1985	275	4.8	200	77		差	3.80	难
$LiMn_2O_4$	1983	148	4.2	120	96	400	好	4.1	容易
$LiNi_{0.8}Co_{0.2}O_2$	1992	275	4.78	>170	77		一般	3.80	较难
$LiMnO_2$	1996	286	—	200	—		差	3.0	难
$LiMn_{2-x}Ni_xO_4$	1996	148	—	120	75		一般	4.8	一般
$LiFePO_4$	1997	170	3.6	150	97	500	好	3.4	一般
$LiNi_xCo_{1-2x}Mn_xO_2$	2001	280	—	>160	85	500	好	3.85	一般

3.4.12 石墨烯-$LiMPO_4$(M=Fe, V 和 Mn)复合正极材料

$LiMPO_4$具有理论容量高、成本低和循环性能稳定等优点,非常适宜发展为电动汽车用锂离子电池正极材料。但是 $LiMPO_4$材料较低的电子及离子传导性成为其产业化必须克服的难题。大量研究表明,碳包覆和金属离子掺杂可以提高材料导电率,纳米化可以改善锂离子传输通道。不同的碳包覆原料和工艺,由于会生成不同结构的碳材料,对改善材料电子导电率、减少颗粒尺寸、提高材料充放电容量的效果可能会迥然不同。石墨烯是一种只有 1 个碳原子厚度的二维材料,其碳原子以 sp2 杂化轨道组成六角型呈蜂巢晶格结构。由于其具有高比表面积、优异的导电性能和化学稳定性,用于 $LiMPO_4$复合材料时具有以下优势:(1) 可以与 $LiMPO_4$颗粒和集流体形成很好的电接触,易于电子在集流体和 $LiMPO_4$颗粒之间迁移,从而降低电池内部电阻,提高输出功率;(2) 优异的机械性能和化学性能赋予石墨烯-$LiMPO_4$复合电极材料较好的结构稳定性,从而提高电极材料循环稳定性;(3)$LiMPO_4$在石墨烯负载,可以有效控制晶粒增长,使得到的颗粒尺寸控制在纳米级。

通过不同方法制备的石墨烯-$LiMPO_4$复合材料，在结构、形貌和电化学性能等方面都有差异。目前石墨烯-$LiMPO_4$复合材料的制备方法主要有固相法、液相法、喷雾干燥法和水(溶剂)热法等，可以使不同形貌的$LiMPO_4$负载在三维或二维石墨烯片上。

3.5 电解质材料

电解质在电池正负极间起着离子导电、电子绝缘的作用。二次锂电池中，电解质的性质对电池的循环寿命、工作温度范围、充放电效率、电池的安全性及功率密度等性能有重要的影响。二次锂电池电解质材料应具备以下性能。

(1) 锂离子电导率高，一般应达10^{-3}～10^{-2} S/cm。

(2) 电化学稳定性高，在较宽的电位范围内保持稳定。

(3) 与电极的兼容性好，在负极上能有效地形成稳定的SEI膜，在正极上在高电位条件下有足够的抗氧化分解能力。

(4) 与电极接触良好，对于液体电解质而言，应能充分浸润电极。

(5) 低温性能良好，在较低的温度范围(−20～20 ℃)能保持较高的电导率和较低的黏度，以便在充放电过程中保持良好的电极表面浸润性。

(6) 宽的液态范围。

(7) 热稳定性好，在较宽的温度范围内不发生热分解。

(8) 蒸气压低，在使用温度范围内不发生挥发现象。

(9) 化学稳定性好，在电池长期循环和储备过程中，自身不发生化学反应，也不与正极、负极、集流体、黏结剂、导电剂、隔膜、包装材料、密封剂等材料发生化学反应。

(10) 无毒，无污染，使用安全，最好能生物降解。

(11) 制备容易，成本低。

由于锂离子电池负极的电位与锂接近，比较活泼，在水溶液体系中不稳定，必须使用非水性有机溶剂作为锂离子的载体。该类有机溶剂和锂盐组成非水液体电解质，也称为有机液体电解质，是液体锂离子电池中不可缺少的成分，也是凝胶聚合物电解质的重要组分。当前锂离子电池电解质材料主要为液体电解质和胶体聚合物电解质，研究开发的还包括聚合物电解质、室温熔盐电解质、无机固体电解质等。

3.5.1 非水有机液体电解质

有机液体电解质主要由两部分组成，即电解质锂盐和非水有机溶剂。此外，为了改善电解液的某方面性能，有时会加入各种功能添加剂。

1. 电解质锂盐

理想的电解质锂盐应能在非水溶剂中完全溶解，不缔合，溶剂化的阳离子应具有较高的迁移率，阴离子应不会在正极充电时发生氧化还原分解反应，阴阳离子不应和电极、隔膜、包装材料反应，盐应是无毒的，且热稳定性较高。高氯酸锂($LiClO_4$)、六氟砷酸锂($LiAsF_6$)、四氟硼酸锂($LiBF_4$)、三氟甲基磺酸锂($LiCF_3SO_3$)、六氟磷酸锂($LiPF_6$)、二(三氟甲基磺酰)亚胺锂$LiN(CF_3SO_2)_2$(LiTFSi)、双(草酸合)硼酸酯锂(LiBOB)等锂盐得到广泛研究。但最终得到实际应用的是$LiPF_6$，虽然它的单一指标不是最好的，但在满足所有指标的平衡方面是最好的。含$LiPF_6$的电解液已基本满足锂离子电池对电解液的要求，但是制备过程复杂，热稳定性差，遇水易分解,价格昂贵。

目前,有希望替代 $LiPF_6$ 的锂盐为 LiBOB,其分解温度为 320 ℃,电化学稳定性高,分解电压大于 4.5 V,能在大多数常用有机溶剂中有较大的溶解度。与传统锂盐相比,以 LiBOB 作为锂盐的电解液,锂离子电池可以在高温下工作而容量不衰减,而且即使在单纯溶剂碳酸丙烯酯(PC)中,电池仍然能够充放电,具有较好的循环性能。初步研究结果表明,BOB^- 能够参与石墨类负极材料表面 SEI 膜的形成,并且能形成有效的 SEI 膜,阻止溶剂和溶剂化锂离子共同嵌入石墨层间。

2. 非水有机溶剂

溶剂的许多性能参数与电解液的性能优劣密切相关,如溶剂的黏度、介电常数、熔点、沸点、闪点对电池的使用温度范围、电解质锂盐的溶解度、电极电化学性能和电池安全性能等都有重要的影响。此外,在锂离子电池中,负极表面的 SEI 膜成分主要来自于溶剂的还原分解。性能稳定的 SEI 膜对电池的充放电效率、循环性、内阻以及自放电等都有显著的影响。溶剂在正极表面氧化分解,对电池的安全性也有显著的影响。

目前主要用于锂离子电池的非水有机溶剂有碳酸酯类、醚类和羧酸酯类等。

碳酸酯类:主要包括环状碳酸酯和链状碳酸酯两类。碳酸酯类溶剂具有较好的化学、电化学稳定性,较宽的电化学窗口,因此在锂离子电池中得到广泛的应用。碳酸丙烯酯(PC)是研究历史最长的溶剂,它与二甲基乙烷(DME)等组成的混合溶剂仍然在一次锂电池中使用。由于它的熔点(−49.2 ℃)低、沸点(241.7 ℃)和闪点(132 ℃)高,因此含有它的电解液显示出好的低温性能。但如前所述,锂离子电池中石墨类碳材料对 PC 的兼容性较差,不能在石墨类电极表面形成有效的 SEI 膜,放电过程中 PC 和溶剂化锂离子共同嵌入石墨层间,导致石墨片层的剥离,破坏了石墨电极结构,使电池无法循环。因此,在当前锂离子电池体系中,一般不采用 PC 作为电解液组分。目前,大多采用碳酸乙烯酯(EC)作为有机电解液的主要成分,它和石墨类负极材料有着良好的兼容性,主要分解产物 $ROCO_2Li$ 能在石墨表面形成有效、致密和稳定的 SEI 膜,大大提高了电池的循环寿命。但由于 EC 的熔点(36 ℃)高而不能单独使用,一般将其与低黏度的链状碳酸酯如碳酸二甲酯(DMC)、碳酸二乙酯(DEC)、碳酸甲乙酯(EMC)、碳酸甲丙酯(MPC)等混合使用。此类溶剂具有较低的黏度、介电常数、沸点和闪点,但不能在石墨类电极或锂电极表面形成有效的 SEI 膜,因此它们一般不能单独作为溶剂用于锂离子电池中。由于 EC 熔点高,电池低温性能差,在−20 ℃以下就不能正常工作。EMC 具有较低的熔点(−55 ℃),作为共溶剂可改善电池的低温性能。Plichta 等报道,Li/$LiCoO_2$ 或石墨/$LiCoO_2$ 扣式电池使用 1 $mol\cdot L^{-1}$ $LiPF_6$ 的 1∶1∶1EMC-DMC-EC 电解液可在−40 ℃下工作。但大量添加低浓度溶剂后,虽然有利于电解质低温性能的提高,但也存在着溶剂着火点降低,导致电池安全性降低的问题。相反,若添加量较少,则存在电池低温性能较差的问题。因此,目前在锂离子电池中采用的体系,是考虑综合性能后的一个平衡配方。

醚类:醚类有机溶剂包括环状醚和链状醚两类。环状醚有四氢呋喃(THF)、2-甲基四氢呋喃(2-MeTHF)、1,3-二氧环戊烷(DOL)和 4-甲基-1,3-二氧环戊烷(4-MeDOL)等。THF、DOL 可与 PC 等组成混合溶剂用在一次锂电池中。2-MeTHF 沸点(79 ℃)低、闪点(−11 ℃)低,易于被氧化生成过氧化物,且具有吸湿性,但它能在锂电极上形成稳定的 SEI 膜,如在 $LiPF_6$-EC-DMC 中加入 2-MeTHF 能够有效抑制枝晶生成,提高锂电极的循环效率。链状醚主要有二甲氧基甲烷(DMM);1,2-二甲氧基乙烷(DME);1,2-二甲氧基丙烷(DMP)和二甘醇二甲醚(DG)等。随着碳链的增长,溶剂的耐氧化性能增强,但同时溶剂的黏度也增加,对提高有机电解液的电导率不利。常用的链状醚是 DME,它具有较强的对锂离子螯合能力,$LiPF_6$ 能与 DME 生成稳定的 $LiPF_6$ - DME 复合物,使锂盐在其中有较高的溶解度并且具有较小的溶剂化离子半径,从而具有较高的电导率。但 DME 易被氧化和还原分解,与锂接触很难形成稳定的 SEI 膜。DG 是醚类溶剂中氧化稳定性较好的溶剂,具有较大的分子量,其黏度相对较小,对锂离子具有较强的配合配位能力,能够使锂盐有效解离。它与碳负极具有较好的相容性,而且至少有 200 ℃的热稳定性,但该电解液体系的低温性能较差。出于对安全性的考虑,醚类尚未使用在锂离子电池上。

羧酸酯类:羧酸酯同样也包括环状羧酸酯和链状羧酸酯两类。环状羧酸酯中主要的有机溶剂是γ-丁内酯(γ-BL)。γ-BL 的介电常数小于 PC,其溶液电导率也小于 PC,曾用于一次锂电池中。它遇水分解是其一大缺点,且毒性较大。链状羧酸酯主要有甲酸甲酯(MF)、乙酸甲酯(MA)、乙酸乙酯(EA)、丙酸甲酯(MP)和丙酸乙酯(EP)等。链状羧酸酯一般具有较低的熔点,在有机电解液中加入适量的链状羧酸酯,锂离子电池的低温性能会得到改善。其中以 EC-DMC-MA 为电解液的电池,在−20 ℃能放出室温容量的 94%,但是循环性较差。而 EC-DEC-EP 和 EC-EMC-EP 为电解液的电池,在−20 ℃能放出室温容量的 63%和 89%,室温和 50 ℃的初始容量与循环性都很好。主要有机溶剂的结构示意图如图 3-19 所示。

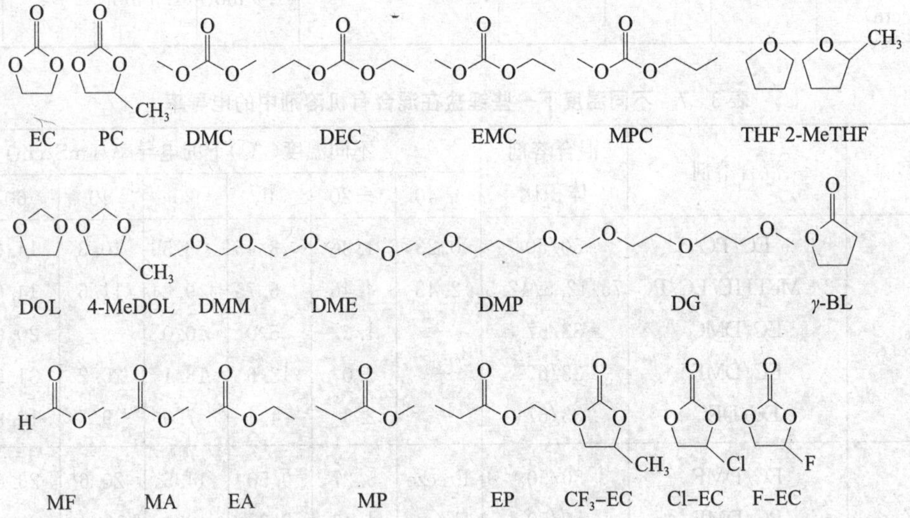

图 3-19 锂离子电池用一些非水有机溶剂的结构

表 3-6 为有机溶剂的主要性质,表 3-7 为同温度下一些锂盐在混合有机溶剂中的电导率。

表 3-6 一些有机溶剂的主要性质

	γ-BL(γ-丁内酯)	THF(四氢呋喃)	1,2-DME(1,2-二甲氧基乙烷)	PC(碳酸丙烯酯)	EC(碳酸乙烯酯)	DMC(二甲基碳酸酯)	DEC(二乙基碳酸酯)	DEE(二乙氧基乙烷)	Dioxolane(二氧戊环)
沸点/ ℃	202~204	65~67	85	240	248	91	126	121	78
熔点/ ℃	−43	−109	−58	−49	40	4.6	−43	−74	−95
密度/(g/cm^3)	1.13	0.887	0.866	1.198	1.322	1.071	0.98	0.842	1.060

续 表

	γ-BL(γ-丁内酯)	THF(四氢呋喃)	1,2-DME(1,2-二甲氧基乙烷)	PC(碳酸丙烯酯)	EC(碳酸乙烯酯)	DMC(二甲基碳酸酯)	DEC(二乙基碳酸酯)	DEE(二乙氧基乙烷)	Dioxolane(二氧戊环)
溶剂电导率/(S/cm)	1.1×10^{-8}	2.1×10^{-7}	3.2×10^{-8}	2.1×10^{-9}	$<10^{-7}$	$<10^{-7}$	$<10^{-7}$	$<10^{-7}$	$<10^{-7}$
黏度$\times10^3$ (25 ℃)/(Pa·s)	1.75	0.48	0.455	2.5	1.86 (40 ℃)	0.59	0.75	0.65	0.58
介电常数(20 ℃)	39	7.75	7.20	64.4	89.6 (40 ℃)	3.12	2.82	5.1	6.79
摩尔质量	86.09	72.10	90.12	102.0	88.1	90.08	118.13	118.18	74.1
含水量$\times10^6$	<10	<10	<10	<10	<10	<10	<10	<10	<10
电导率(20 ℃,1 mol·L^{-1} $LiAsF_6$)/(mS/cm)	10.62	12.87	19.40	5.28	6.97	1 100 (1.9 mol)	5.00 (1.5 mol)	~10.00	~11.20

表 3-7 不同温度下一些锂盐在混合有机溶剂中的电导率

锂盐	混合溶剂	混合溶剂体积比	不同温度(℃)下的电导率/(mS/cm)						
			-40	-20	0	20	40	60	80
$LiPF_6$	EC/PC	50/50	0.23	1.36	3.45	6.56	10.3	14.6	19.3
	2-MeTHE/EC/PC	75/12.5/12.5	2.43	4.46	6.75	9.24	11.6	14.0	16.2
	EC/DMC	33/67	—	1.2	5.0	10.0	—	20.0	—
	EC/DME	33/67	—	8.0	13.6	18.1	25.2	31.9	—
	EC/DEC	33/67	—	2.5	4.4	7.0	9.7	12.9	—
$LiAsF_6$	EC/DME	50/50	Freeze	5.27	9.50	14.5	20.6	26.6	32.5
	PC/DME	50/50	Freeze	4.43	8.37	13.1	18.4	23.9	28.1
	2-MeTHE/EC/PC	75/12.5/12.5	2.54	4.67	6.91	9.90	12.7	15.5	18.1
$LiCF_3SO_4$	EC/PC	50/50	0.02	0.55	1.24	2.22	3.45	4.88	6.43
	DME/PC	50/50	—	2.61	4.17	5.88	7.46	9.07	10.6
	DMC/PC	50/50	—	Freeze	5.32	7.41	9.43	11.4	13.2
	2-MeTHE/EC/PC	75/12.5/12.5	0.50	0.93	1.34	1.78	2.31	2.81	3.30
$LiN(CF_3SO_4)_2$	EC/PC	50/50	0.28	1.21	2.80	5.12	7.69	10.7	13.8
	EC/DMC	50/50	—	Freeze	7.87	12.1	16.5	21.2	25.9
	PC/DMC	50/50	—	3.92	7.19	11.2	15.5	19.8	24.3
	2-MeTHE/EC/PC	75/12.5/12.5	2.07	3.40	5.12	7.06	8.71	10.4	12.0

续 表

锂盐	混合溶剂	混合溶剂体积比	不同温度(℃)下的电导率/(mS/cm)						
			−40	−20	0	20	40	60	80
$LiBF_6$	EC/PC	50/50	0.19	1.11	2.41	4.25	6.27	8.51	10.7
	2-MeTHE/EC/PC	75/12.5/12.5	—	0.38	0.92	1.64	2.53	3.43	4.29
	EC/DMC	33/67	—	1.3	3.5	4.9	6.4	7.8	—
	EC/DEC	33/67	—	1.2	2.0	3.2	4.4	5.5	—
	EC/DME	33/67	—	6.7	9.9	12.7	15.6	18.5	—
$LiClO_4$	EC/DMC	33/67	—	1.0	5.7	8.4	11.0	13.9	—
	EC/DEC	33/67	—	1.8	3.5	5.2	7.3	9.4	—
	EC/DME	33/67	—	8.4	12.3	16.5	20.3	23.9	—

3. 功能添加剂

在锂离子电池中使用的有机电解液中添加少量物质,能显著改善电池的某些性能,这些物质称之为功能添加剂。针对不同目的的功能添加剂得到了广泛的研究。

改善电极 SEI 膜性能的添加剂:锂离子电池在首次充/放电过程中不可避免地都要在电极与电解液界面上发生反应,在电极表面形成一层钝化膜与保护膜。这层膜主要由烷基酯锂($ROCO_2Li$)、烷氧锂(ROLi)和碳酸锂(Li_2CO_3)等成分组成,具有多组分、多层结构的特点。这层膜在电极和电解液间具有固体电解质的性质,只允许锂离子自由穿过,实现嵌入和脱出,同时对电子绝缘。因此,称之为"固体电解质中间相"(Solid Electrolyte Interphase,SEI)。稳定的SEI 膜能够阻止溶剂分子的共嵌入,避免电极与电解液的直接接触,从而抑制了溶剂的进一步分解,提高了锂离子电池的充放电效率和循环寿命。因而在电极/电解液界面形成稳定的 SEI 膜是实现电极/电解液相容性的关键因素。

Besenhard 等曾报道在 PC 电解液中添加一些 SO_2、CO_2、NO_x 等小分子,可促使 Li_2S、$LiSO_3$、$LiSO_4$ 和 $LiCO_3$ 为主要成分的 SEI 膜的形成,它们的化学性质稳定,不溶于有机溶剂,具有良好的导锂离子的性能,以及抑制溶剂分子的共嵌入和还原分解对电极破坏的功能。在 PC 基电解液中添加亚硫酸乙烯酯(ES)和亚硫酸丙烯酯(PS),能显著改善石墨电极的 SEI 膜性能,并和整体材料有着很好的兼容性。SONY 公司报道,在锂离子电池有机电解液中加入微量的苯甲醚或其卤代衍生物,能够改善电池的循环性能,减少电池的不可逆容量损失。还有一类含有 vinylene 基团的化合物如碳酸亚乙烯酯(VC)、乙酸乙烯酯(VA)、丙烯腈(AN)等,由于具有优良的成膜性能,也被研究者广泛研究,并且在实际电池中得到应用。

过充电保护添加剂:过充电时正极处于高氧化态,溶剂容易氧化分解,产生大量气体,电极材料可能发生不可逆结构相变;负极有可能析出锂,与溶剂发生化学反应,因此电池存在安全隐患。目前锂离子电池的过充电保护一方面采用外加过充电保护电路防止电池过充,另一方面,对正极材料表面修饰,提高其耐过充性,或者选择电化学性质稳定的正极材料。除此之外,许多研究人员提出,在电解液中通过添加剂来实现电池的过充电保护。这种方法的原理是通过在电解液中添加合适的氧化还原对,在正常充电电位范围内,这个氧化还原对不参加任何化学或电化学反应,二挡充电电压超过正常充放电截止电压时,添加剂开始在正极发生氧化反应,氧化产物扩散

到负极,发生还原反应,如下式所示:

$$\text{正极}\quad R \longrightarrow O + ne^-$$

$$\text{负极}\quad O + ne^- \longrightarrow R$$

反应所生成的氧化还原产物均为可溶物质,并不与电极材料、电解质中的其他成分发生化学反应,因此在过充条件下可以不断循环反应。

LiI、二茂铁及其衍生物、亚铁离子的2,2-吡啶和1,10-邻菲咯啉的配合物曾被考虑作为过充电保护试剂,但这些添加剂发生氧化还原反应的电位均在4 V以下。研究发现,邻位和对位的二甲氧基取代苯的氧化还原电位在4.2 V以上,有望作为防止过充电的添加剂。

改善电池安全性能的添加剂:改善电解液的稳定性是改善锂离子电池安全性的一个重要方法。在电池中添加一些高沸点、高闪点和不易燃的溶剂,可改善电池的安全性。氟代有机溶剂具有较高的闪点及不易燃烧的特点,将这种有机溶剂添加到有机电解液中将有助于改善电池在受热、过充电等状态下的安全性能。一些氟代链状醚如 $C_4F_9OCH_3$ 曾被推荐用于锂离子电池中,能够改善电池的安全性能。但氟代链状醚往往具有较低的节点常数,因此电解质锂盐在其中的溶解性很差,同时很难与其他介电常数高的有机溶剂EC、PC等混溶。研究发现氟代环状碳酸酯类化合物如一氟代甲基碳酸乙烯酯(CH_2F-EC)、二氟代甲基碳酸乙烯酯(CHF_2-EC)、三氟代甲基碳酸乙烯酯(CF_3-EC)具有较好的化学稳定性、较高的闪点和介电常数,能够很好地溶解电解质锂盐和其他有机溶剂混溶,电池中采用了这类添加剂可表现出较好的充放电性能和循环性能。在有机电解液中添加一定量的阻燃剂,如有机磷系列、硅硼系列及硼酸酯系列,$[NP(OCH_3)_2]_3$,3-苯基磷酸酯(TPP),3-丁基磷酸酯(TBP),氟代磷酸酯、磷酸烷基酯等,可有效地提高电池的安全性。

控制电解液中酸和水含量的添加剂:电解液中痕量的HF酸和水对SEI膜的形成具有重要的影响作用。但水和酸的含量过高,会导致 $LiPF_6$ 的分解,破坏SEI膜,还可能导致正极材料的溶解。Stux等将锂或钙的碳酸盐、Al_2O_3、MgO、BaO等作为添加剂加入电解液中,它们将与电解液中微量的HF发生反应,阻止其对电极的破坏和对 $LiPF_6$ 的分解的催化作用,提高电解液的稳定性。碳化二乙胺类化合物可以通过分子中的氢原子与水形成较弱的氢键,从而能阻止水与 $LiPF_6$ 反应产生HF。

3.5.2 聚合物电解质

液体电解质存在漏液、易燃、易挥发、不稳定等缺点,因此人们一直希望电池中能采用固体电解质。1973年,Fenton等发现聚环氧乙烷(PEO)能"溶解"部分碱金属盐后形成聚合物-盐的配合物(polymer-salt complex)。1975年,Wright等报道了PEO的碱金属盐配合体系具有较好的离子电导性。1979年,Armand等报道PEO的碱金属盐配合体系在40~60 ℃时离子电导率达到 10^{-5} S/cm,且具有良好的成膜性能,可作为锂电池的电解质。从此,聚合物固体电解质得到了广泛的关注。

聚合物电解质具有高分子材料的柔顺性、良好的成膜性、黏弹性、稳定性、质轻、成本低的特点,而且还具有良好的力学性能和电化学稳定性。在电池中,聚合物电解质兼具电解质和电极间的隔膜两项功能。按照聚合物电解质的形态,大致可分为全固态聚合物电解质、胶体聚合物电解质两类,下面分别介绍。

1. 全固态聚合物电解质

到目前为止,研究最多的体系是 PEO 基的聚合物电解质。在该体系中,常温下存在纯 PEO 相、非晶相和富盐相三个相区,其中离子传导主要发生在非晶相高弹区。一般认为,碱金属离子先同高分子链上的极性醚氧官能团配合,在电场的作用下,随着高弹区中分子链段的热运动,碱金属离子与极性基团发生解离,再与链段上别的基团发生配合;通过这种不断地配合-解配合过程,而实现离子的定向迁移,其电导率符合 VTF 方程,与链段蠕动导致的自由体积密切相关。通过对 PEO 的研究,人们认识到,要形成高电导的聚合物电解质,对于主体聚合物的基本要求是必须具有给电子能力很强的原子或基团,其极性基团应含有 O、S、N、P 等能提供孤对电子与阳离子形成配位键以抵消盐的晶格能。其次,配位中心间的距离要适当,能够与每个阳离子形成多重键,达到良好的溶解度。此外,聚合物分子链段要足够柔顺,聚合物上功能键的旋转阻力要尽可能低,以利用阳离子移动。常见的聚合物基体有 PEO、聚环氧丙烷(PPO)、聚甲基丙烯酸甲酯(PMMA)、聚丙烯腈(PAN)、聚偏氟乙烯(PVDF)等。

由于离子传输主要发生在无定形相,晶相对导电贡献小,因此含有部分结晶相的 PEO/盐配合物室温下的电导率很低,只有 10^{-8} S/cm;只有当温度升高到结晶相融化时,电导率才会大幅度提高,因而远远无法满足实际的需要。因此导电聚合物的发展便集中在开发具有低玻璃化转变温度(T_g)的、室温为无定形态的基质的聚合物电解质上。常用的改性方法有化学的(如共聚和交联)也有物理的(如共混和增塑)手段等。Kills 等采用 EO 和 PO 的交联嵌段共聚物电解质的室温电导率提高到 5×10^{-5} S/cm。Hall 等通过将 PEO 链接到聚硅氧烷主链上,形成了梳状聚合物,并将这种聚合物电解质的室温电导率提高到 2×10^{-4} S/cm。Przyluski 等用 PEO 和聚丙烯酰胺(PAAM)共混,再与 $LiClO_4$ 形成配合物,室温电导率高于 10^{-4} S/cm。Ichino 等用丁苯橡胶和丁腈橡胶共混,合成了一种双相电解质。非极性的丁苯橡胶为支持相,保证电解质具有良好的力学性能;极性的丁腈橡胶为导电相,锂离子在导电相中进行传导,室温电导率高达 10^{-3} S/cm。

1998 年,Croce 等提出纳米复合聚合物电解质,将粒子尺寸为 5.8~13 nm 的 TiO_2 和 Al_2O_3 陶瓷粉末加入 PEO - $LiClO_4$ 体系中,发现纳米陶瓷粉的添加可以抑制 PEO 的晶化,体系电导率有明显的提高,在 30 ℃为 10^{-5} S/cm,50 ℃为 10^{-4} S/cm。Krawiec 等在 PEO - $LiBF_4$ 中加入 10%的纳米级的 Al_2O_3,室温下电导率达到 10^{-4} S/cm,而用等量的微米级的无机粒子与聚合物复合的电导率只有 10^{-5} S/cm。这表明降低粒子粒径,可增加无机粒子与聚合物的界面层,因而离子电导率的增加与界面层的形成密切相关。Croce 等对一系列纳米复合聚合物电解质进行研究,认为无机添加剂不仅抑制聚合物链段晶化,而且主要的是提高了表面基团与聚合物链段及电解质中离子的相互作用。这种作用导致结构的修正,从而提高了自由 Li^+ 的含量,这些离子在陶瓷粉扩展的界面层导电通道快速迁移。Chung 等利用 Li NMR 研究了纳米陶瓷粉加入对 PEO - $LiClO_4$ 体系的影响,发现体系的电导率和离子迁移数都有提高,且 TiO_2 的影响最大。NMR 研究表明,阳离子迁移数的提高直接与 Li^+ 扩散率的提高有关;电导率的提高并不是由于聚合物链段运动的提高,很可能是由于纳米粒子的存在削弱了阳离子-醚氧之间的相互作用导致的。最近,王兆翔通过红外光谱(FT - IR)明确提出将纳米 Al_2O_3 加入聚合物电解质 PAN - $LiClO_4$ 中,有利于锂盐的解离,进而提高电导率。

尽管纳米复合聚合物电解质的室温电导率已经达到 10^{-3} S/cm,但是目前锂离子电池的电极为多孔粉末电极,对于全固态电解质而言:① 电极和电解质的界面接触很难达到液体电解质的完全浸润的效果;② 低于室温的电导率急剧下降。这两个困难,限制了其在现有的锂离子电池体系中的应用。将来可能有望在高温场合得到应用。

2. 胶体聚合物电解质

此类电解质,是在前述全固态聚合物电解质的基础上,添加了有机溶剂等增塑剂,在微观上,液相分布在聚合物基体的网络中,聚合物主要表现出其力学性能,对整个电解质膜起支撑作用,而离子输运主要发生在其中包含的液体电解质部分。因此,其电化学性质与液体电解质相当。广泛研究的聚合物包括 PAN、PEO、PMMA、PVDF。目前商业化应用的主要技术包括 Bellcore/Telcordia 发展的基于 PVDF - HFP 的相翻转两步抽提技术和 SONY 公司开发的胶体电解质技术。胶体电解质兼有固体电解质和液体电解质的优点,因此,可以采用软包装来封装电池,提高了电池的能量密度,并且使电池的设计更具柔性。

3.5.3 离子液体电解质

离子液体是完全由离子组成的、在常温下呈液态的低温熔盐。由于离子液体大多具有较宽的使用温度范围、好的化学和电化学稳定性以及良好的离子导电性等优点，近年来作为新型液体电解质受到了密切的关注,尤其是在电池、电容器、电沉积等方面的基础和应用研究已见较多报道。离子液体的独特性质通常由其特定的结构和离子间的作用力来决定。离子液体一般由不对称的有机阳离子和无机或有机阴离子组成。目前研究比较多的离子液体按阳离子可以分为季铵盐类、咪唑类和吡啶类等；阴离子主要为四氟硼酸根(BF_4^-)、六氟磷酸根(PF_6^-)、三氟甲基磺酸根($CF_3SO_3^-$)、三氟甲基磺酸亚胺$(CF_3SO_2)_2N^-$等。不同阴阳离子的组合对离子液体电解质的物理和电化学性质影响很大。例如，当阴离子均为$(CF_3SO_2)_2N^-$时，阳离子为 TBA(四丁基铵)和 EMI(1 -乙基- 3 -甲基咪唑)的离子液体的熔点分别为 70 和－3 ℃；阳离子为 TMPA(三甲基丙基铵)和 EMI(1 -乙基- 3 -甲基咪唑)的阴极极限电位分别约为－3.3 和－2.5V。而另一方面，阳离子中有机基团的多少和长短也能显著改变离子液体的黏度、熔点等性质，例如 1 -乙基- 3 -甲基咪唑三氟甲基磺酰亚胺的黏度为 34mPa · S,熔点为－15 ℃，而当阳离子为 1，2 -二甲基- 3 -丙基咪唑时，其黏度和熔点分别上升到 60mPa · S 和 15 ℃. 离子液体物理和电化学性质的明显差异将对相关电化学器件的性能产生极大影响。

3.6 隔膜材料

在锂离子电池的结构中,隔膜是关键的内层组件之一。隔膜的性能决定了电池的界面结构、内阻等,直接影响到电池的容量、循环以及安全性能等特性。性能优异的隔膜对提高电池的综合性能具有重要的作用。隔膜技术难点在于造孔的工程技术以及基体材料制备。其中造孔的工程技术包括隔膜造孔工艺、生产设备以及产品稳定性。基体材料制备包括聚丙烯、聚乙烯材料和添加剂的制备和改性技术。造孔工程技术的难点主要体现在空隙率不够、厚度不均、强度差等方面。目前市场化的锂电隔膜为聚烯烃微孔膜(PE,聚乙烯膜;PP,聚丙烯膜),该类隔膜性能良好、价格低,是 3 C 领域的最佳选择。但是,作为交通工具动力的锂离子电池及储能电池等的出现,对锂电隔膜的性能提出苛刻要求,传统隔膜的耐热性、吸液性等问题已不可忽视。因此,改性隔膜及新型隔膜的开发成为近年来的研究热点。

3.7 锂离子电池主要应用和发展趋势

作为高性能二次电池,锂离子电池已经在消费电子领域得到了广泛应用,其在市场中所占份额也逐年递增。目前,锂离子电池主要应用在无线信息通信办公产品:如移动电话、笔记本电脑;数字娱乐产品:如数码相机和数码摄像机、个人数字助理(PDA)、便携式音乐和多媒体播放器(MD、CD、DVD、MP3、MP4)和电子图书等。

一方面,上述领域仍然在飞速发展,功能增强的电子器件对二次电池性能有了更高的要求。另一方面,锂离子电池的应用领域也在迅速扩大。不同的应用领域对电池性能的要求并不一样。锂离子电池的应用指标主要包括能量密度、功率密度、循环性、安全性、温度特性和价格等。目前的单一电池体系还无法同时将所有指标做到最高。因此,针对不同需求,研究对性能指标侧重点不同的锂离子电池,是未来的发展趋势。具体而言,锂离子电池正朝着五个方向发展。

1. 高能量密度电源

主要应用在无线信息通信办公产品和数字娱乐产品上。对于该类电池而言,提高电池的能量密度是关键。目前锂离子电池的能量密度为150～200 W·h/kg,期望的电池能量密度高于200 W·h/kg。此类电池,100%充放电深度下期望电池的循环性在300～1 000次(指容量保持率在70%),功率密度在200～1 000 W/kg即可。由于电池功率密度较低,对安全性、工作温度范围和价格的要求不是很苛刻。对于一些军事用途,循环性的要求还可以进一步降低。

2. 高功率动力电源

主要应用在交通运输工具、无绳电动工具、其他大功率器件上。对于该类电池而言,电池的功率密度特性更重要。目前锂离子电池的功率密度可以达到800～1 500 W/kg,今后发展的目标为2 000～10 000 W/kg。这样的功率要求,现在只有超级电容器可以达到,但是其能量密度小于10 W·h/kg。而目前开发的锂离子电池在高功率状态使用时,能量密度可以保持在40～60 W·h/kg,具有明显的优势。随着混合动力车和电动汽车的普及,对于高功率电池的需求十分迫切。如果上述发展目标能够实现,将可以在各类应用中取代目前的铅酸电池、Ni-Cd电池、超级电容器等,以提高能量的利用效率,减小对环境的压力。此类电池应用时的自然环境多种多样,开发电池时必须满足对安全性、温度特性、价格、自放电率方面较高的要求。

3. 长寿命储能电池

主要应用如后备电源(UPS),电站电网调峰用电源,与太阳能电池、燃料电池、风力发电配套的分散式独立电源体系中的储能电池等。这方面的应用希望电池的使用寿命达到10～20年,免维护,性能稳定,价格低廉。由于对电池的体积和重量没有严格的要求,因此对单体电池功率密度和能量密度的追求没有前两类高。但对电池的循环寿命、温度特性和自放电率有较高的要求。目前,应用在这些方面的锂离子电池还处于实验室研发阶段。

4. 微小型锂离子电池

随着纳、微电子器件的发展,未来对微型二次电池会有一定的需求,如利用在无线传感器、微型无人飞机、植入式医疗装置、智能芯片、微型机器人、集成芯片上。此类电池,根据应用的不同对电池性能指标的要求可能不一样。但由于维护困难,对稳定性、寿命有很高的要求。利用目前的微加工技术,实现锂离子电池的微型化,将不会太遥远。

5. 高能量密度、高功率密度锂离子电池

实际上，人们对既能保持高的能量密度，又能拥有高的功率密度以及好的循环性的二次电池十分渴望。这样的电池，可以用在以二次电池为唯一能源的电动汽车、电动自行车或摩托车、无人飞机、数字化士兵系统电源、高度集成的多媒体信息处理系统电源等上，对于锂离子电池而言，这要求电极材料既能容纳大量的锂离子，又能允许锂离子高速嵌入脱出，并能保持结构稳定性。这些应用对材料开发提出了很高的要求。

思考题

[1] 说明锂离子电池的工作原理及其充放电过程中的电极反应。
[2] 说明锂离子负极材料的要求及其结构特点。
[3] 说明锂离子正极材料的要求及其结构特点。
[4] 说明锂离子电池电解质的技术要求。
[5] 说明锂离子电池未来的发展趋势。

参考文献

[1] 王占国，陈立泉，屠海令. 中国材料工程大典-信息功能材料(下). 北京：化学工业出版社，2006.
[2] 雷永泉. 新能源材料. 天津：天津大学出版社，2002.
[3] 吴宇平，戴晓兵，马军旗. 锂离子电池-应用与实践. 北京：化学工业出版社，2004.
[4] 艾德生，高喆. 新能源材料-基础与应用. 北京：化学工业出版社，2010.
[5] 李建保，李敬锋. 新能源材料及其应用技术. 北京：清华大学出版社，2005.
[6] 别依田，杨军. 锂离子电池硅基负极研究进展. 中国材料进展，2016，35(7)：518－527.
[7] 金玉红，王莉. 锂离子电池石墨烯－$LiMPO_4$(M＝Fe，V 和 Mn)复合正极材料的研究进展. 中国科学：化学，2015，45(2)：158－167.
[8] 肖 伟，巩亚群. 锂离子电池隔膜技术进展. 储能科学与技术，2016，5(2)：188－196.

燃料电池材料

本章内容提要

燃料电池是一种把燃料和电池两种概念结合在一起的装置。它是一种电池,但不需用昂贵的金属而只用便宜的燃料来进行化学反应。目前,燃料电池按电解质划分已有6个种类得到了发展,即碱性燃料电池(alkaline fuel cell, AFC)、磷酸盐型燃料电池(Phosphoric Acid Fuel Cell, PAFC)、熔融碳酸盐型燃料电池(Molten Carbonate Fuel Cell, MCFC)、固体氧化物型燃料电池(Solid Oxide Fuel Cell, SOFC)、固体聚合物型燃料电池(Solid Polymer Fuel Cell, SPFC,又称为质子交换膜型燃料电池,Proton Exchange Membrane Fuel Cell, PEMFC)及生物燃料电池(BEFC),本章主要介绍前五种电池。

4.1 概述

简单地说,燃料电池(Fuel Cell)是一种将存在于燃料与氧化剂中的化学能直接转化为电能的发电装置。燃料和空气分别送进燃料电池内,电就被奇妙地生产出来了。它从外表上看有正负极和电解质等,像一个蓄电池,但实质上它不能“储电”而是一个“发电厂”。燃料电池的概念是1839年G. R. Grove提出的,至今已有大约160年的历史。

燃料电池(FC)是一种在等温下直接将储存在燃料和氧化剂中的化学能高效(50%~70%)而与环境友好地转化为电能的发电装置。它的发电原理与化学电源一样,如图4-1所示,是由电极提供电子转移的场所。阳极进行燃料(如氢)的氧化过程;阴极进行氧化剂(如氧等)的还原过程。导电离子在将阴、阳极分开的电解质内迁移,电子通过外电路做功并构成电的回路。但是FC的工作方式又与常规的化学电源不同,更类似于汽油、柴油发电机。它的燃料和氧化剂不是储存在电池内,而是储存在电池外的储罐中。当电池发电时,要连续不断地向电池内送入燃料和氧化剂,排出反应产物,同时也要排除一定的废热,以维持电池工作温度恒定。FC本身只决定输出功率的大小,储存的能量则由储罐内的燃料与氧化剂的量决定。

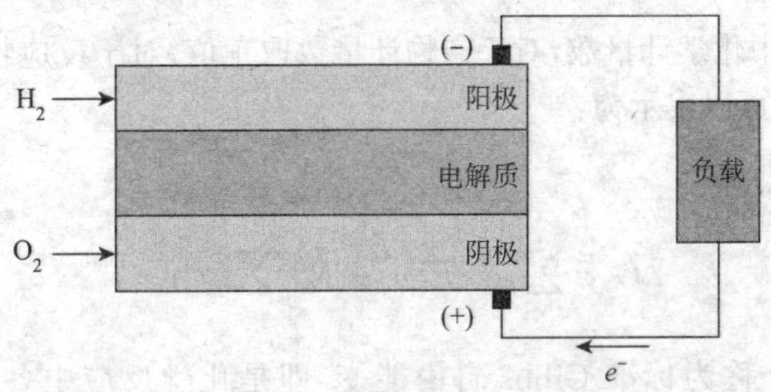

图4-1 燃料电池的工作原理

4.1.1 燃料电池工作原理

1. 燃料电池热力学

不同类型的燃料电池电极反应各有不同,但是都是由阴极、阳极、电解质这几个基本单元组成的且都遵循电化学原理。燃料气(氢气等)在阳极催化剂作用下发生氧化反应,生成阳离子给出自由电子。氧化物在阴极催化剂作用下发生还原反应,得到电子并产生阴离子。阳极的阳离子或阴极的阴离子通过能传导质子并电子绝缘的电解质传递到另一个电极上,生产反应产物,而自由电子由外电路导出为用电器提供电能。

对于一个氧化还原反应,如式 4-1 所示:

$$[O]+[R]\rightarrow P \tag{4-1}$$

其中 $[O]$ 是氧化剂,$[R]$ 是还原剂,P 为反应产物。对于半反应则可写为式 4-2 和式 4-3:

$$[R]\rightarrow[R]^{+}+e^{-} \tag{4-2}$$

$$[R]^{+}+[O]+e^{-}\rightarrow P \tag{4-3}$$

燃料电池的单电池在电化学反应过程中的可逆电功,即是反应的 Gibbs 自由能变:

$$W_e=\Delta G=-nEF \tag{4-4}$$

式中,n 为反应过程中转移的电子数,E 为电池的电动势,F 为法拉第常数($F=96493C$)。在标准状态下(293.15 K,101.325 kPa),以 H_2 为燃料,n 的值为 2,当反应产物为液态水时,$\Delta G=-237.2$ kJ,根据公式 4-4 可以计算出燃料电池的可逆电动势为 1.229 V;当反应产物为气态水时,$\Delta G=-228.6$ kJ,根据公式 4-4 可以计算出燃料电池的可逆电动势为 1.190 V。

对于由 i 种物质构成的体系,体系的 Gibbs 自由能与组成物质的化学势 μ_i 之间存在以下关系:

$$G_{T,p}=\sum_i \mu_i n_i \tag{4-5}$$

μ_i 可以表示为:

$$\mu_i=\mu_i^0(T)+RT\ln a_i \tag{4-6}$$

式中,a_i 为第 i 种物质的活度,μ^0 为 $a_i=1$ 时的化学势,定义为该物质在标准状态下的化学势,它仅是温度的函数,与浓度和压力无关。

对于任一化学反应,都满足下列条件:

$$\sum_i v_i A_i=0 \tag{4-7}$$

式中,v_i 为反应式中化学计量数,对于产物计量数取正值,对于反应物计量数取负值。此时反应的 Gibbs 自由能变可以表示为:

$$\Delta G=\sum_i \mu_i v_i \tag{4-8}$$

$$\Delta G=\sum_i \mu_i^0(T)v_i+RT\sum_i v_i\ln a_i \tag{4-9}$$

式中,$\sum_i \mu_i^0(T)v_i$ 称为标准 Gibbs 自由能变,即是化学反应中各物质浓度均为 1 时的 Gibbs 自由能变,用 ΔG^0 表示。

由热力学相关知识可知：

$$\Delta G = -RT\ln K \tag{4-10}$$

式中，K 为反应的平衡常数。

由公式 4-4、4-9 和 4-10 联立可得：

$$E = \frac{RT}{nF}\ln K - \frac{RT}{nF}\sum_i v_i \ln a_i = E^{\ominus} - \frac{RT}{nF}\sum_i v_i \ln a_i \tag{4-11}$$

式中，$E^{\ominus} = \frac{RT}{nF}\ln K$ 为电池的标准电动势，$E^{\ominus}$ 仅是温度的函数，与浓度和压力无关。公式 4-11 即为 Nernst 方程，它提供了电化学反应的电动势与反应物以及产物的活度、温度之间的关系。

2. 燃料电池动力学

前面讨论的内容是单纯从热力学角度出发计算得到的平衡状态下电池电压。然而电池在实际工作中，电极上会发生一系列物理与化学反应过程，其中的每一个过程都会对电池反应产生阻力。为了克服这些阻力，电池自身会消耗一些能量，导致电池的电极电位会偏离平衡电位，这种现象称为极化(Polarization)，此时电池电压与电流密度之间的关系图称为极化曲线，如图 4-2 所示。燃料电池极化损失主要来源三个方面：活化极化(η_{act})，欧姆极化(η_{ohm})和浓差极化(η_{con})。考虑到上述极化损失，电池实际工作电压为：

$$V = E_{。} - \eta_{act} - \eta_{ohm} - \eta_{con} \tag{4-12}$$

式中，$E_{。}$ 为电池的开路电压。

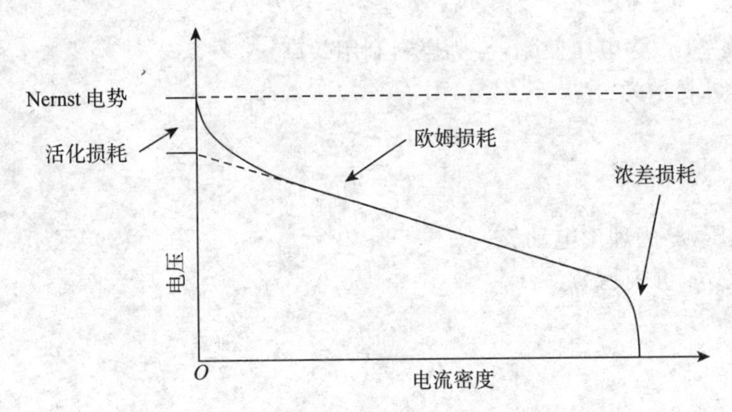

图 4-2 燃料电池典型的电压-电流密度曲线

(1) 活化极化(Activation polarization)：为了克服电化学反应活化能势垒所产生的电压损失，主要原因包括触媒上的吸附与脱附过程、载流子传导过程等。电池在实际工作中，只要电池中有电流流过，就会产生活化极化。此过程对应于极化曲线上，在低电流密度时，电压随着电流密度的增加而急剧下降的现象。

(2) 欧姆极化(Ohmic polarization)：主要来源于氧离子在电解质中迁徙、电子在电极中移动以及电池各组元之间的接触状态所引起的电压损失，它符合欧姆定律。此过程对应于极化曲线上，电压随着电流密度的增加而线性下降的现象。

(3) 浓差极化(Concentration polarization)：指与传质有关的电压损失。当电池处于大电流工作状态时,对燃料气体和氧化剂的消耗程度很高。当电流密度达到一定值时,燃料气体和氧化剂的供应无法满足电极反应的需求,则发生浓差极化。此过程对应于极化曲线上,在高电流密度时,随着电流密度的增加电压急剧下降的现象。

3. 燃料电池效率

对于任一可逆电池,其最大效率为:

$$\eta_{max}=\frac{\Delta G}{\Delta H} \tag{4-13}$$

在标准状态下,以 H_2 为燃料,当反应产物为液态水时,焓变 $\Delta H=-285.1$ kJ,根据公式 4-13 可以计算出电池效率为 83 %;当反应产物为气态水时,焓变 $\Delta H=-246.2$ kJ,根据公式 4-13 可以计算出电池效率为 93 %。

由热力学相关知识可知,ΔG 、ΔH 和熵变 ΔS 之间有如下关系:

$$\Delta G=\Delta H-T\Delta S \tag{4-14}$$

由公式(4-13)和式(4-14)联立可得:

$$\eta_{max}=\frac{\Delta G}{\Delta H}=1-T\frac{\Delta S}{\Delta H} \tag{4-15}$$

式中,η_{max} 即为燃料电池的极限效率。

然而,燃料电池在实际工作中的效率远低于极限效率,这是由电压损失和燃料利用率不足引起的。燃料电池的实际效率为:

$$\eta_r=\eta_{max}\times\eta_v\times\eta_f \tag{4-16}$$

式中,η_r 为实际效率,η_v 为电压效率,η_f 为燃料利用效率。

电压效率 η_v 可表示为:

$$\eta_v=\frac{V}{E} \tag{4-17}$$

式中,V 为开路电压,E 为理论电动势。

燃料利用效率 η_f 可表示为:

$$\eta_f=\frac{v_f}{i/(nF)} \tag{4-18}$$

式中,v_f 为单位时间内燃料供应量,i 为电池产生的电流,n 为一个燃料分子产生的电子数。

4.1.2 燃料电池的分类

燃料电池的分类有很多种方法,有按电池工作温度的高低分类,有按燃料的种类分类,也有按电池的工作方式类分类。通常人们以电解质的不同将燃料电池分为五大类:碱性燃料电池(AFC)、磷酸型燃料电池(PAFC)、熔融碳酸盐燃料电池(MCFC)、质子交换膜燃料电池(PEMFC)和固体氧化物燃料电池(SOFC)。这五类燃料电池的基本特征见表 4-1。

表 4-1 燃料电池的类型与特征

类型	电解质	导电离子	工作温度/℃	燃料	氧化剂	技术状态	可能应用领域
碱性	KOH	OH^-	50～200	纯氢	纯氧	高度发展,高效	航天,特殊地面应用
质子交换膜	全氟磺酸膜	H^+	室温～100	氢气,重整氢	空气	高度发展,需降低成本	电动汽车,潜艇推动,可移动动力源
磷酸	H_3PO_4	H^+	100～200	重整气	空气	高度发展,成本高,余热利用价值低	特殊需求,区域性供电
熔融碳酸盐	$(Li,K)_2CO_3$	CO_3^{2-}	650～700	净化煤气,天然气,重整气	空气	正在进行现场实验,需延长寿命	区域性供电
固体氧化物	氧化钇稳定的氧化锆	O^{2-}	800～1 000	净化煤气,天然气	空气	电池结构选择,开发廉价制备技术	区域供电,联合循环发电

(1) 碱性燃料电池以氢氧化钠或者氢氧化钾的水溶液作为电解质,氢气作为燃料气,纯氧作为氧化剂,工作温度在 50～200 ℃。碱性燃料电池一般使用碳载铂作为催化剂,发电效率在60%～70%。虽然碱性燃料电池是目前研究最早、技术最成熟的燃料电池之一,但是它只能使用纯氢作为燃料,因为重整气中的 CO 和 CO_2 都可以使电解质中毒。此外,碱性电解质的腐蚀性强,导致电池寿命短。以上特点限制了碱性燃料电池的发展,开发至今仅成功地运用于航天或军事领域。

(2) 磷酸型燃料电池以磷酸为电解质,氢气作为燃料气,可用空气作为氧化剂,发电效率在40%～45%。由于磷酸在低温时离子电导较低,所以磷酸型燃料电池的工作温度在100～200 ℃。与碱性燃料电池不同,磷酸型燃料电池允许燃料气和氧化剂中 CO_2 的存在,可使用由天然气等矿物燃料经重整或者裂解的富氢气体作为燃料,但其中 CO 的含量不能超过 1%,否侧会使催化剂中毒。磷酸型燃料电池目前的技术已经成熟,千瓦级的发电装置已进入商业化推广阶段。

(3) 熔融碳酸盐燃料电池以熔融的碳酸钾或碳酸锂为电解质,工作温度在碳酸盐熔点以上(650 ℃左右)。由于电池是在高温下工作,因此不必使用贵金属催化剂。熔融碳酸盐燃料电池具有内部重整能力,可使用 CO 和 CH_4 作为燃料,发电效率在 50%～65%。然而熔融碳酸盐具有腐蚀性,而且易挥发,导致电池寿命较短。目前熔融碳酸盐燃料电池已接近商业化,试验电站的功率达到兆瓦级。

(4) 质子交换膜燃料电池以具有质子传导功能的固态高分子膜为电解质,以氢气和氧气分别作为燃料和氧化剂,发电效率在 45%～60%。与碱性燃料电池一样,质子交换膜燃料电池也需要使用铂等贵金属作为催化剂,并且对 CO 毒化非常敏感。质子交换膜燃料电池的工作温度在 80 ℃左右,可在接近常温下启动,激活时间短。电池内唯一的液体为水,腐蚀的问题较小。质子交换膜燃料电池是目前备受关注的燃料电池之一,被认为是电动车和便携式电源的最佳候选,制约其商业化的主要问题是质子交换膜以及催化剂等材料价格昂贵。

(5) 固体氧化物燃料电池是以金属氧化物为电解质的全固态结构电池,工作温度在 800～1 000 ℃。通常以氧化钇稳定的氧化锆(YSZ)为电解质,Ni - YSZ 金属陶瓷为阳极,掺杂 Sr 的 $LaMnO_3$ 为阴极。由于电池为全固态结构,其外形具灵活性,可以制成管式和平板式等形状,并且避免了电解质流失和腐蚀等问题。高温运行使得燃料可以在电池内部进行重整,理论上可以使用所有能够发生电化学氧化反应的气体作为燃料。此外,固体氧化物燃料电池的高温余热可以回收或者与热机组成热电联供发电系统,发电效率可达 80%。然而较高的工作温度对电池的制造成本以及长期运行的稳定性带来了很大挑战,因此降低工作温度是未来固体氧化物燃料电池的主要研究方向。

4.1.3 燃料电池的研究现状

1. 碱性氢氧燃料电池

由于碱性氢氧燃料电池(AFC)技术的高度发展,此种电池已成功应用于航天飞行中。AFC 用于载人航天飞行时,电池反应生成的水经过净化可供宇航员饮用;供氧分系统还可与生命保障系统互为备份。美国已成功地将 Bacon 型 AFC 用于阿波罗(Apollo)登月飞行;石棉膜型 AFC 用于航天飞机,作为机上主电源。德国西门子公司开发了 100 kW AFC 并在艇上试验,作为不依赖空气(AIP)的动力源已并获成功。

我国早在 20 世纪 60 年代末就进行了 AFC 研究,70 年代经历了研制 FC 的高潮。已研制成功两种石棉膜型、静态排水的 AFC。A 型电池以纯氢、纯氧为燃料和氧化剂,带有水的回收与净化分系统;B 型电池以 N_2H_4 分解气(H_2 含量大于 65%)为燃料,空气氧为氧化剂。这两种 AFC 电池系统均通过了例行的航天环模实验。此外,还进行了 Ba－con 型和石棉膜型动态排水 AFC 研究,研制成功了动态排水石棉模型 AFC 电池系统。

国内外几种航天用燃料电池的主要技术性能见表 4－2。

表 4－2 国内外几种航天用燃料电池的主要技术性能

FC 类型		酸性离子膜型(Gemini 飞行)	碱性培根型(Apollo 飞行)	碱性石棉膜型(Shuttle 飞行)	碱性石棉膜型 A 型(大连化物所)	碱性石棉膜型 B 型(大连化物所)	碱性石棉膜型 4001(天津电源所)
输出功率/(千瓦/台)	正常	0.25	0.60	7.0	0.25～0.60	0.2～0.3	0.3～0.5
	峰值	1.05	1.42	12.0	0.8～1.0	0.4～0.6	0.7
工作电压/V		23.3～26.5	27～31	27.5～32.5	28±2	28±2	28±2
整机重量/kg		30	110	91	40	60	50
整机体积/cm^3		d30.48 L60.96	d57 L112	101×35×38	22×22×90	39×29×57	50 000
寿命/h		400	1 000	2 000	>450	>1 000	>500
电池工作温度/℃		38～82	200	85～105	92±2	91±1	87±1
氢氧气工作压力/MPa		—	0.35	0.418	0.15±0.02	0.13±0.18	0.2±0.015
氢气纯度/%					>99.5	≥65①	99.95
电极工作电流密度/(mA/cm^2)②		50～100	—	66.7～450	100	75	125
电解质 KOH 浓度/%		—	45	30～50	40	40	
排水方式			动态	动态	静态	静态	动态
启动次数					>10	>10	>10

① 肼分解气。
②正常输出功率时的数据。

我国在 20 世纪 70 年代曾组装了 10 kW、21 kW 以 NH_3 分解气为燃料的电池组,并进行了性能测试。80 年代研制成功了千瓦级水下用 AFC,其主要特征见表 4－3。

表 4-3 千瓦级水下用 AFC 电池组特征

项　目	性能与指标	项　目	性能与指标
电池组输出功率/kW	1	H_2/O_2 工作压力/MPa	0.15
单池节数	40	碳腔氢气压力/MPa	0.10
电池组尺寸	40cm×30cm×21cm	电池工作温度/ ℃	60～100
电池组重量/kg	55	碱液浓度(质量分数)	30%～40%
电池组输出电流/A	25～35	启动升温功率/W	500
电极工作电流密度/(mA/cm²)	87～122	电池启动升温时间/h	≤1.5
电波输出电压/V	35～33	电池停工所需时间/ h	≤0.5
氢气纯度/%	>99.9	碱泵功耗/W	≤30
氧气纯度/%	>99.5		

在 20 世纪 70 年代我国曾试制以 NH_3 分解气为燃料的 200 W AFC 电池系统，并进行了实验，此外，还进行了多孔气体扩散电极模型研究。

美国一直在改进航天用 AFC，同时还开发了再生氢氧燃料电池(RFC)，拟作为高效储能电池用于空间站和太空开发，以代替二次化学电源。我国在 90 年代初开始进行跟踪与探索研究。

2. 磷酸盐型燃料电池

磷酸盐型燃料电池(PAFC)利用天然气重整气体为燃料，空气作氧化剂，以浸有浓 H_3PO_4 的 SiC 微孔膜作电解质，Pt/C 为电催化剂，产生的直流电经直交变换以交流形式供给用户。50～200 kW PAFC 可供现场应用，1 000 kW 以上的可在区域性电站应用。日本东京 4 500 kW PAFC 电厂已经成功运行，不但推进了民用 FC 发展，而且加速了 PAFC 的实用化。据报道，目前有 91 台 200 kW FC25 正在北美、日本与欧洲运行，最长的已经运行了 37 000 h。实际应用表明，PAFC 是高度可靠的电源，可作为医院、计算机站的不间断电源。

由于 PAFC 热电效率仅有 40%左右，余温仅 200 ℃，利用价值低；又因为它的启动时间长，不适于作移动动力源。因此，近年来国际上对它的研究工作逐渐减少，寄希望于批量生产，降低售价。

我国还进行了 $Pt_3(FeCo)/C$ 氧还原电催化剂的研究，并提出了 Fe、Co 对 Pt 的锚定效应。

3. 质子交换膜型燃料电池

质子交换膜型燃料电池(PEMFC)是以全氟磺酸型固体聚合物为电解质，以 Pt/C 或 Pt-Ru/C 为电催化剂，以氢或净化重整气为燃料，以空气或纯氧为氧化剂。它特别适于作可移动动力源，是电动汽车和 AIP 推进潜艇的理想电源之一，也是军民通用的可移动动力源。

20 世纪 60 年代，美国首先将 PEMFC 用于 Gemini 宇航飞行。但由于结构材料昂贵和铂黑用量大而阻碍了它的发展。直到 1983 年，加拿大国防部又资助 Ballard 公司发展 PEMFC，至今已取得突破性进展，电池组的比功率已达 1 000 W/L、700 W/kg，超过了 DOE(美国能源部)和 PNGV(partnership for a new generation vehicle)制定的电动汽车指标，受到世界各发达国家和各大公司的高度重视，并投巨资发展这一技术。美国三大汽车公司(GM、Ford、Chrysler)均在 DOE 资助下发展 PEMFC 电动汽车，德国的 Daimler—Benz 和日本的 Toyto motor 等也在发展 PEMFC 电动汽车。加拿大 Ballard 研制了 5 kW(MK5)、10 kW(MK513)电池组，性能见表 4-4。

表 4-4 加拿大 Ballard 公司 PEMFC 电池性能

名 称	MK5	MK513
功率/kW	5	10
电压/V	61	30
电流/A	82	330
燃料	纯氢	纯氢
氧化剂	空气	空气
气体工作压力/MPa	0.3	0.4
工作温度/℃	70	70
冷却剂	水	水
电池组合/kg	125	100
膜	Nafion117	Nafion115
效率/%	50	58
单电池数目	100	43
比功率/(W/kg)/(W/L)	40/50	100/130

Ballard 公司还用 MK513 组装 200 kW(275 hp)电动汽车发动机,以高压氢为燃料,装备了“零”排放电动汽车试验样车,最高时速和爬坡能力均与柴油发动机一样,加速性能还优于柴油发动机。

我国从 1995 年开始利用 AFC 技术积累全面开展了 PEMFC 研究,先后进行了 3~20 nm Pt 电催化剂、Pt/C 电催化剂、碳纸、碳布扩散层、电极制备技术的研究以及膜电极三合一制备条件的优化并建立了模型,还研究了电极内气体分布和膜电极三合一内水分布与传递,并设计了金属双极板,解决了电池组内增湿、密封、组装等技术问题。采用 Dupont 公司 Nafion117 膜组装 140 cm^2 单池,当工作电流密度为 500~600 mA/cm^2 时,工作电压为 0.05~0.65 V,输出功率密度大于 0.35 W/cm^2。我国先后组装了 4 节 100~200 W、8 节 200~300 W、35 节 1 000~1 500 W 电池组,经过几十次启动停工循环及近千小时运行,证明电池性能稳定。

35 节 1 000~1 500 W 级 PEMFC 电池组的特征见表 4-5。

表 4-5 kW 级 PEMFC 电池组的特征

项 目	性能与指标	项 目	性能与指标
电池组输出功率/kW	1~1.5	H_2 纯度/%	>99.0
单池节数	35	H_2/O_2 工作压力/MPa	0.25~0.45/0.30~0.5
电池组输出电流/A	40~69	电池工作温度/℃	室温~100
电极工作电流密度/(mA/cm^2)	300~530	电池启动时间	数秒钟
电池输出电压/V	27~23	电池组能量效率/%	52

我国在 20 世纪 70 年代研究过以聚苯乙烯磺酸膜为电解质的 PEMFC,90 年代初又开展了 PEMFC 跟踪研究,在 Pt/C 电催化剂制备、表征与解析方面进行了广泛工作。目前,还有多家单位在进行 PEMFC 电池结构、电催化剂与电极制备工艺研究。

4. 熔融碳酸盐型燃料电池

熔融碳酸盐型燃料电池(MCFC)的工作温度在650～700 ℃,以浸有$(K、Li)_2CO_3$的$LiALO_2$隔膜为电解质。电催化剂无需使用贵金属,以雷尼镍和氧化镍为主,可用净化煤气或天然气为燃料。100～1 000 kW电厂试验和发展研究主要在美国、日本和西欧进行。

美国从事MCFC研究的有国际燃料电池公司(IFC)、煤气技术研究所(IGT)和能量研究公司(ERC)。ERC已具备年产2～5 MW外公用管道型MCFC的能力,正在进行3个电极面积为0.65 m^2、244个单池组成的123 kW MCFC试验运行。由IGT创立的熔融碳酸盐动力公司(MCP)已具备年产3 MW MCFC的能力,正在进行电极面积为1.06 m^2、250 kW的电厂试验。1995年ERC在加州建立了2 MW试验电厂。为了尽早实现MCFC商业化,在DOE资助下,ERC和MCP正在分别进行5年的MCFC商业开发计划。ERC拟建立一个系统更简单、造价更低、可以使用多种燃料的标准化2 MW内重燃MCFC电厂作为商业化样板。MCP将建立一个以天然气为燃料、加压外重整的MCFC商业化原型电厂。

日本1994年分别由日立和石川岛播磨重工业完成两个100 kW、电极面积为1 m^2的加压外重整MCFC。由中部电力公司制造的1 MW外重整MCFC正在川越火力发电厂安装,若以天然气为燃料,预计热电效率大于45%,运行时间大于5 000 h。由三菱电机与美国ERC合作研制的内重整30 kW MCFC已运行10 000 h;三洋公司研制了30 kW内重燃MCFC。

在西欧,德国MTU宣布在解决MCFC性能衰减和电解质迁移方面已取得突破。该公司开发的至今世界上最大的280 kW单组电池正在运行。在荷兰,由欧共体组织并负责实施的为期5年的发展计划,拟建立两个250 kW外重整MCFC,分别以天然气和净化煤气为燃料。意大利正与西班牙合作开发100 kW MCFC。这项命名为Molcare的计划得到了欧共体、意大利和西班牙政府的支持。

我国从1993年开始进行MCFC研究。这些研究包括:$LiAlO_2$粉料的制备方法,$LiAlO_2$隔膜的制备,以烧结Ni为电极组装了28 cm^2、110 cm^2单池,对单池电性能进行了全面测试。单池经5次启动停工循环,性能无衰减,单池工作电流密度为100 mA/cm^2时电压为0.95 V,125 mA/cm^2时输出功率密度达到114 MW/cm^2,燃料利用率为80%时电池能量转化效率为61%。现在正在进行组合电池研究。

中国已进行或正在进行的研究还包括Nb改性的Ni电极耐蚀性和电催化性能研究,晶间化合物作MCFC阳极,梯度材料作阴极以及310、316不锈钢改质与表面改性的研究。

5. 固体氧化物型燃料电池

固体氧化物型燃料电池(SOFC)采用氧化钇稳定的氧化锆(YSZ)为固体电解质,锶掺杂的锰酸镧(LSM)为空气电极,Ni-YSZ为阳极的全固态陶瓷结构。它的工作温度高达900～1 000 ℃,易与煤气化和燃气轮机等构成联循环发电。至今已开发了管式、平板式与瓦楞式等多种结构形式的SOFC。

美国Westinghouse电气公司从20世纪80年代开始研究管型SOFC,1992年两台25 kW管型SOFC分别从日本大阪、美国南加州进行了几千小时试验运行。从1995年起,采用空气电极作支撑管,取代由CaO稳定的ZrO_2支撑管,不但简化了SOFC结构,而且电池功率刻度提高了近3倍。正在建造的100 kW管式SOFC系统的电池设计效率为50%,热利用率为25%,能量总利用率为75%。

德国从1992年起重点发展了平板式SOFC,至今功率已超过10 kW,居世界领先地位。

丹麦与澳大利亚分别进行了平板式SOFC开发,日本也在进行平板式SOFC开发,功率已达千瓦级。

我国从 1995 年开始进行 SOFC 研究,先后研究了 $La_{0.8}Sr_{0.2}MnO_3$/YSZ 电极氧还原动力学、氧空位生成动力学。目前已掌握了 SOFC 的 Ni－YSZ 阳极、LSM 阴极制备方法和高温无机密封技术,并组装了平板式 SOFC 单电池,功率密度达到 0.10 W/cm^2。现在在进行薄膜型 YSZ 固体电解质制备工艺开发。

我国还进行了 La(Sr)MnO_3 导电性能的研究,目前正在进行 YSZ 电解质制备和平板式 SOFC 研究。此外,还在 1995 年引进了俄罗斯 20～30 W 块状叠层式 SOFC 电池组,并建立了评价装置,进行了寿命试验。在这一工作基础上,研制成功了新型块状 SOFC,并已申请了专利。

4.1.4 前景与挑战

AFC 已在载人航天飞行中成功应用,并显示出巨大的优越性。由表 4－2 可知,我国研制的航天用 AFC 与美国同类型航天用 AFC 相比差距很大。为适应我国宇航事业发展,应改进电催化剂与电极结构,提高电极活性;改进石棉膜制备工艺,减薄石棉膜厚度,减小电池内阻,确保电池可在 300～600 mA/cm^2 条件下稳定工作,并大幅度提高电池组比功率和加强液氢、液氧容器研制。

RFC 是在空间站用的高效储能电池,随着宇航事业和太空开发的进展,尤其需要大功率储能电池(几十到几百千瓦)时,会更加展现出它的优越性。这方面的研究我国刚刚起步,应把研究重点放在双效氧电极的研制上,力争在电催化剂与电极制备方面取得突破,为 RFC 工程开发奠定基础。

高比功率和比能量、室温下能快速启动的 PEMFC 作为电动车动力源时,动力性能可与汽油、柴油发动机相比,而且是与环境友好的动力源。当以甲醇重整制氢为燃料时,每公里的能耗仅是柴油机的一半,与斯特林发动机、闭式循环柴油机相比,具有效率高、噪声低和低的红外辐射等优点;在携带相同重量或体积的燃料和氧化剂时,PEMFC 的续航力最大,比斯特林发动机长一倍。百瓦至千瓦的小型 PEMFC 还可作为军用、民用便携式电源和各种不同用途的可移动电源,市场潜力十分巨大。

尽管 PEMFC 具有高效、与环境友好等突出优点,但目前仅能在特殊场所应用和试用。若作为商品进入市场,必须大幅度降低成本,使生产者和用户均能获利。若作为电动车动力源,PEMFC 造价应能和汽油、柴油发动机相比;若作为各种携式动力源,造价必须与各种化学电源相当。

在降低 PEMFC 成本方面,国际上至今已取得突破性进展。由于在电催化剂和电极制备工艺方面的改进,尤其是电极立体化工艺的发明,已使 PEMFC 电池用 Pt 量从 MK5 的 13～8 g/kW 降到小于 1 g/kW。Ballard 在降低膜成本方面也取得了突破性进展,其开发的氟苯乙烯聚合物膜的运行寿命已超过 4 000 h,而膜成本仅 50 \$/cm^2。为降低双极板制造费用,国外正在开发薄涂层金属板、石墨板铸压成型技术和新型电池结构。

为加速我国 MCFC 开发,应当充分利用我国的资源优势,深入研究低 Pt 含量合金电催化剂和电极内 Pt 与 nafion 最佳分布,进一步提高 Pt 利用率和降低 Pt 用量,开发金属表面改性与冲压成型技术,廉价的、部分氟化、含多元磺酸基团的质子交换膜,甲醇、汽油等氧化重整制氢技术,以及抗 CO 中毒的阳极催化剂。

能以净化煤气和天然气为燃料的 PEMFC 和 SOFC 的发电效率高达 55%～65%,而且还可提供优质余热用于联合循环发电。这是一类优选的区域性供电电站,热电联供时,燃料利用率高达 80%以上。它与各种大型中心电站的关系颇类似个人电脑与大型中心计算机的关系,两者互为补充。在 21 世纪,这种区域性、与环境友好的高效发电技术有望发展成为一种主要的供电方式。

在国外对 MCFC 进行 100～1 000 kW 电厂工程试验的同时，正在深入研究改进电池基本材料——隔膜、电极与双极板在电池工作条件下[650～700 ℃，$(K,Li)_2CO_3$]的耐腐蚀性能，以便将其寿命从现在的 1 万小时至 2 万小时延长到 4 万小时以上，使 MCFC 电厂的建造费用与大型现代化火电厂相当。我国利用丰富的稀土资源，在 MCFC 电池材料方面的研究取得了突破。

对于 SOFC，应主攻中温(800～850 ℃)SOFC 电池，以减少 SOFC 对材料的要求。途径之一是制备薄(小于 35 μm)而致密的 YSZ 膜；二是探索新型中温固体电解质，加速 SOFC 发展。

4.2 质子交换膜型燃料电池(PEMFC)

4.2.1 PEMFC 简介

1. 原理

PEMFC 以全氟磺酸型固体聚合物为电解质，以 Pt/C 或 Pt－Ru/C 为电催化剂，以氢或净化重整气为燃料，以空气或纯氧为氧化剂，并以带有气体流动通道的石墨或表面改性金属板为双极板。

PEMFC 中的电极反应类同于其他酸性电解质燃料电池。阳极催化层中的氢气在催化剂作用下发生电极反应。

$$H_2 \longrightarrow 2H^+ + 2e^-$$

产生的电子经外电路到达阴极，氢离子经电解质膜到达阴极。氧气下氢离子及电子在阴极发生反应生成水，即

$$\frac{1}{2}O_2 + 2H^+ + 2e^- \longrightarrow H_2O$$

生成的水不稀释电解质，而是通过电极随反应尾气排出。

由图 4－3 可知，构成 PEMFC 电池的关键材料与部件为电催化剂、电极(阴极与阳极)、质子交换膜、双极板材料及其流场设计。

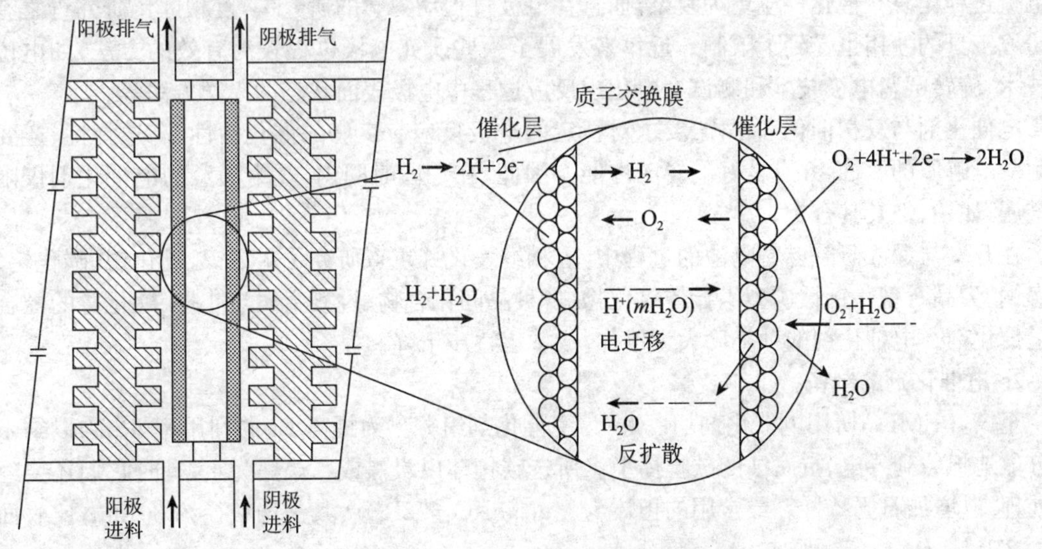

图 4－3 PEMFC 工作原理

2. 特点与用途

PEMFC除具有燃料电池一般特点(如能量转化效率高、环境友好等)外,还具有可在室温下快速启动、无电解液流失、水易排出、寿命长、比功率与能量高等突出特点。因此它特别适合作可移动动力源,是电动汽车和AIP推进潜艇的理想候选电源之一,是军民通用的可移动动力源,也是利用氯碱厂副产品氢气发电的最佳候选电源。在未来以氢作为主要燃料载体的氢能时代,PEMFC是最佳的家庭动力源。

4.2.2 电催化剂

1. 电催化

电催化是使电极与电解质界面上的电荷转移反应得以加速的催化作用,可视为复相催化的一个分支。它的主要特点是电催化反应速度不仅由电催化剂的活性决定,还与双电层内电场及电解质溶液的本性有关。

由于双电层内的电场强度很高,对参加电化学反应的分子或离子具有明显的活化作用,反应所需的活化能大大降低。所以,大部分电催化反应均在比通常化学反应低得多的温度下进行。例如,在铂黑电催化剂上可使丙烷于150~200 ℃完全氧化为二氧化碳和水。

由电极过程动力学可知,对任一基元电极过程,有下述关系:

$$\Delta\varphi = \Delta\varphi_e + \eta \tag{4-19}$$

$$i = i_0\left[e^{(1-\beta)nF/RT} - e^{-\beta nF/RT}\right] \tag{4-20}$$

式中,$\Delta\varphi$为电极的平衡电势;$\Delta\varphi_e$为电极电位;η为过电位(原电池为负,电解池为正);i为电流密度;i_0为交换电流密度;β为对称因数。由上述方程式可知,过电位η为电流产生的驱动电位,可通过改变η来改变电催化反应的速度。通常,当η改变100 mV时,反应速度即有几个数量级的变化。

由于电化学反应必须在适宜的电解质溶液中进行,在电极与电解质的界面上必然会吸附大量的溶剂分子和电解质,因而使电极过程与溶剂及电解质本性的关系极为密切。这一点不但导致电极过程比复相催化反应更为复杂,而且在电极过程动力学的研究中,复相催化研究行之有效的研究工具的使用也受到了限制。近年来发展了一些研究电极过程较为有效的方法,如电位扫描技术、旋转圆盘电极技术和测试在电化学反应过程中电极表面状态的光学方法等。

电催化剂与复相催化剂一样,要求对特定的电极反应有良好的催化活性、高选择性、还要求能耐受电解质的腐蚀,并有良好的导电性能。因此,在一段时间内,较为满意的电催化剂仅限于贵金属,如铂、钯及其合金。

在开发与深入研究燃料电池的过程中,曾相继发现并重点研究了雷尼镍、硼化镍、碳化钨、钠钨青铜、尖晶石型与钙钛矿型半导体氧化物、各种晶间化合物、过渡金属与卟啉、酞化菁的配合物等电催化剂。电催化剂的种类已大大增加,成本也逐步下降。

2. 电催化剂的制备

至今,PEMFC所用电催化剂均以Pt为主催化剂组分。为提高Pt的利用率,Pt均以纳米级高分散地担载到导电、抗腐蚀的碳担体上。所选碳担体以炭黑或乙炔黑为主,有时它们还要经高温处理,以增加石墨特性。最常用的担体为VulcanXC-72R碳,其平均粒径约30 nm,比表面积约为250 m^2/g。

采用化学方法制备Pt/C电催化剂的原料一般用铂氯酸。制备路线分为两大类:一是先将铂氯酸转化为铂的配合物，再由配合物制备高分散 Pt/C 电催化剂；二是直接从铂氯酸出发，用特定方法制备 Pt 高分散的 Pt/C 电催化剂。为提高电催化剂的活性与稳定性，有时还加入一定量的过渡金属，制成合金型（多为共熔体或晶间化合物）电催化剂。为了提高在低温工作的 PEMFC 阳极电催化剂抗 CO 中毒的性能，多采用 Pt－Ru/C 贵金属合金电催化剂。下面以三个专利为例阐述高分散 Pt/C 电催化剂的制备方法。

Prototech 公司 1977 年申请专利 US 4044193，提出了先制备 Pt 的亚硫酸根配合物的方法。先用碳酸钠溶液中和铂氯酸溶液，生成橙红色 $Na_2Pt(Cl)_6$ 溶液，再用亚硫酸氢钠调节溶液 pH 值至 4，溶液先转为淡黄色直至无色，再加入硫酸钠调节 pH 值至 7，即生成白色沉淀。此沉淀物中 1 个铂原子与 6 个钠原子、4 个 SO_3^{2-} 基团相结合。将其与水调成溶浆，经两次与氢型离子交换树脂进行交换，可制得亚硫酸根配合铂酸化合离子。经分析确认，该配合离子仅含有 H、O、Pt、S，无氯存在。其中 Pt、S 原子比为 1∶2，硫以亚硫酸根形式存在，该配合离子是三价的，两个 H^+ 时表现为强酸，一个 H^+ 时为弱酸。在空气中加热这一配合离子到 135 ℃，得到黑色、玻璃状态的物质。将它分散在水中，即制得胶体状态 Pt 溶胶，Pt 粒子绝大部分在 1.5～2.2 nm。将其按一定比例担载在碳担体上如 XC－72R，即制得高分散的 Pt/C 电催化剂。

Johnson mAtthey 公司在专利 US 5068161 中提出了碳载 Pt 合金（合金元素以 Cr、Mn、Co、Ni 为主）的电催化剂制备方法。电催化剂 Pt 含量为 20%～60%（质量分数），Pt 与合金元素的比一般在 65∶35 与 35∶65 之间，电化学比表面积大于 35 m^2/g。该专利制备电催化剂的方法是，先将金属化合物如铂氯酸、金属硝酸盐或氯化物等溶于水，再加入载体碳的水基溶浆，有时还加入碳酸氢钠，可用肼、甲醛、甲酸作还原剂将金属沉积在碳载体上。将沉淀物过滤、洗涤、干燥，然后在惰性或还原气氛下于 600～1 000 ℃进行热处理，即制得高活性的 Pt 合金电催化剂。Pt－Ni/C 电催化剂制备的一种具体方法是：将 37.0 g 乙炔黑加入 2 000 mL 去离子水中，搅动 15 min，制备均匀溶浆，将 34.45 g 碳酸氢钠加入溶浆中，搅动 5 min，加热溶浆至 100 ℃并保持沸腾 30 min；再将 10 g 铂氯酸溶液加至 100 mL 去离子水中，5 min 内加入运载碳溶浆中，溶浆煮沸 5 min；将溶于 75 mL 去离子水中的 3.01 g $Ni(NO_3)_2 \cdot 6H_2O$ 在 10 min 内加至上述溶浆中，煮沸 2 h；在 10 min 内将 75 mL 去离子水稀释的 7.8 mL 甲酸加入上述溶浆中，煮沸 1 h，过滤、洗涤至无氯离子，滤饼于 80 ℃真空干燥，再在 930 ℃氮气氛下处理 1 h，即制得 20%（质量分数）Pt、6%（质量分数）Ni 和 Pt、Ni 原子比为 50∶50 的 Pt－Ni/C 合金电催化剂。

我国专利中的一种 Pt/C 电催化剂制备方法是以 VulcanXC－72R 为载体、铂氯酸为原料、甲醛为还原剂。其特点是以高比例的异丙醇为溶剂，以改善 Pt 分散度，并在惰性气氛下进行还原，防止受氧气影响而产生大晶粒 Pt，并用 CO_2 调整 pH 值，加速沉淀。

4.2.3 气体扩散电极及制备工艺

1. 多孔气体扩散电极

燃料电池一般以氢为燃料，以氧为氧化剂。由于气体在电解质溶液中的溶解度很低，因此在反应点的反应剂浓度很低。为了提高燃料电池实际工作电流密度，减少极化，需增加反应的真实表面积，此外还应尽可能减少液相传质的边界厚度。多孔气体扩散电极就是在这种要求下研制成功的。它的出现使燃料电池由原理研究发展到实用阶段。多孔气体扩散电极的比表面积不但比平板电极提高了 3～5 个数量级，而且液相传质层的厚度也从平板电极的 10^{-2} cm 压缩到 10^{-5}～10^{-6} cm，从而大大提高了电极的极限电流密度，减少了浓差极化。如何在多孔气体扩散电极内部保持警惕反应区（通称此区为三相界面）稳定，是十分重要的。在 Bacon 型电池中，是以电极的双孔结构保持三相界面的稳定;而在黏结型多孔气体扩散电极内,是用聚四氟乙烯这类憎水剂(使电极有一定憎水性)形成三相界面并保持稳定。聚四氟乙烯含量一般从百分之几到百分之几十,加入量不能太多,否则影响电极的导电能力。

下面以典型氧化还原反应分析多孔气体扩散电极应具备的基本功能,反应式为:

$$O_2 + 4H^+ + 4e \longrightarrow 2H_2O$$

由电极反应方程可知:为使该反应在电催化剂(如 Pt)处连续、稳定地进行,电子必须传导到反应点,即电极内必须有电子导电通道;反应气(如氧)必须迁移、扩散至反应点,即电极内必须有气体传导通道;还必须有离子(如 H^+)参加反应,即电极内必须有离子通道;对低温电池(如 PEMFC),电极反应生成的液态水必须离开电极,即电极内必须有液态水传导通道。

用 Pt/C 电催化剂制备的 PEMFC 电极,电子通道由 Pt/C 电催化剂承担,电极内加入的防水黏结剂(如 PTFE)是气体通道的主要提供者,Pt/C 催化剂构成的微孔为水的通道,向电极内加入的全氟磺酸树脂构成 H^+ 通道,实现了电极立方体化。这一工艺大大提高了 PEMFC 电极有效反应面积和 Pt/C 电催化剂的利用率。综上所述,电极性能不仅依赖于电催化剂活性,还与电极各种组分配比、电极分布及孔隙率、电导等因素密切相关。为此,在 PEMFC 发展进程中已开发出多种电极制备工艺。

2. 电极制备工艺

PEMFC 电极是一种多孔气体扩散电极,一般由扩散层和催化层组成。扩散层的作用是支撑催化层、收集电流,并为电化学反应提供电子通道、气体通道和排水通道;催化层则是发生电化学反应的场所,是电极的核心部分。

电极扩散层一般由碳纸或碳布制作,厚度为 0.20～0.30 nm。其制备方法为:首先将碳纸或碳布多次浸入聚四氟乙烯乳液(PTFE)中进行憎水处理,用称量法确定浸入的 PTFE 量;再将浸好 PTFE 的碳纸置于温度为 330～340 ℃烘箱内进行热处理,除掉浸渍在碳纸中 PTFE 所含有的表面活性剂,同时使 PTFE 热熔结,并均匀分散在碳纸的纤维上,从而达到优良的憎水效果。焙烧后碳纸中 PTFE 含量约为 50%。由于碳纸或碳布表面凹凸不平,对制备催化层有影响,因此需要对其进行平整处理。具体工艺过程为:以水或水与乙醇作为溶剂,将乙炔黑或炭黑与 PTFE 配成质量为 1∶1 的溶液,用超声波振荡,混合均匀,再使其沉降;倒出上部清液,将沉降物刮到经憎水处理的碳纸或碳布上,对其表面平整。若用碳布作扩散层,也可以不预先进行憎水处理,直接在其上进行平整处理。

早期(20 世纪七八十年代)的催化层均由纯铂黑与 PTFE 制备,电极铂担量为 4 mg/cm^2。90 年代发展的电极制备工艺,都是建立在 Pt/C 为催化剂的基础上的。早期采用磷酸燃料电池电极催化层制备工艺,以后逐步改进,发展出薄层电极催化层制备工艺。至今组装的电池组,绝大部分都采用在磷酸燃料电池电极催化层制备工艺基础上发展的经典的电极层制备工艺。

1) 经典的疏水电极催化层制备工艺

催化层由 Pt/C 电催化剂、PTFE 及质子导体聚合物(如 Nafion)组成。其制备工艺为:将上述三种混合物按一定比例分散在 50%乙醇和 50%的蒸馏水中,搅拌,用超声波混合均匀后涂布在扩散层或质子交换膜上,烘干,并热压处理,得到膜电极三合一组件。催化层厚度一般在几十微米左右。催化层中 PTFE 含量一般在 10%～50%(质量分数)。国外的研究结果认为:① Nafion 与 PTFE、电催化剂共混制备的电极性能不如催化层制备后再喷涂 Nafion 好,喷涂 Nafion 的量控制在 0.5～1.0 mg/cm^2;② 催化层需经热处理,否则性能不稳定。氧电极催化层最佳组成为54%(质量分数)Pt/C、23%(质量分数)PTFE、23%(质量分数)Nafion。电极Pt担量为0.1 mg/cm²。催化层孔半径在10～35 nm,平均孔径为15 nm,没有检出小于2.5 nm的孔。

2) 薄层亲水电极催化层制备工艺

在薄层亲水电极催化层中,气体的传递不同于经典疏水电极催化层中由PTFE憎水网络形成的气体通道中的传递,而是利用氧气在水或Nafion类树脂中溶解扩散传递。因此这类电极催化层厚度一般控制在5 μm左右。对此厚度的催化层,氧气无明显的传质限制。该类亲水电极催化层的优点是:① 有利于电极催化层与膜的紧密结合,防止由于电极催化层与膜溶胀性不同而导致的电极与膜分层;② 使Pt/C电催化剂与Nafion型质子导体保持良好的接触;③ 有利于进一步降低电极的Pt担量。制备工艺如下。

(1) 将5%(质量分数)的Nafion溶液与Pt/C电催化剂(例如Pt含量为19.8%)混合均匀,Pt/C与Nafion的质量比为3∶1。

(2) 加入水与甘油,控制质量比为Pt/C∶H_2O∶甘油=1∶5∶20。

(3) 超声波混合,使其成为墨水状态。

(4) 将上述墨水状混合物分几次涂到已清洗过的PTFE膜上,并在135 ℃下烘干。

(5) 将带有催化层的PTFE膜与经过预处理的质子交换膜热压处理,将催化层转移到质子交换膜上。

为改进膜电极三合一组件(MEA)的整体性,可采用下述两种方法:①在制备电极时,加入少量10%的聚乙烯醇或二甲亚砜;②提高热压温度。为此,需将Nafion树脂和Nafion膜用NaCl溶液煮沸,使其转化为钠离子型,此时热压温度可提高到150～160 ℃,还可将Nafion溶液中的树脂转化为季铵盐型(如用四丁基氢氧化铵处理),再与经过钠型化的Nafion膜压合,热压温度可提高到195 ℃。

我国对亲水电极制法进行了改进,加入了造孔剂、PTFE等憎水剂,省掉甘油,使制备方法简单、快速。制备的电极铂担量已降到0.08 mg/cm²,催化剂利用率可以达到30%,催化层厚度大约为5 μm。用此种电极与Nafion 112膜组装的电池,性能可达到750 mA/cm²、0.7 V。

4.2.4 质子交换膜

1. 全氟磺酸型质子交换膜

1962年美国Dupont公司研制成功全氟磺酸型质子交换膜,1966年首次用于氢氧燃料电池,为研制长寿命、高比功率的PEMFC打下了坚实的物质基础。

制备全氟磺酸型质子交换膜,首先用聚四氟乙烯作原料合成全氟磺酰氟烯醚单体。该单体再与聚四氟乙烯聚合制备全氟磺酰氟树脂,最后用该树脂制膜。这种高分子材料化学式如下:

$$
\begin{array}{l}
\left(CF_2CF_2\right)_n CF_2CF \\
\qquad\qquad\quad | \\
\qquad\qquad\quad O(CF_2CF)_m OCF_2CF_2SO_3H \\
\qquad\qquad\qquad\quad | \\
\qquad\qquad\qquad\quad CH_3
\end{array}
$$

Dupont公司生产的Nafion系列膜,$m=1$;Dow公司试制高电导的全氟磺酸膜,$m=0$。图4-4为质子膜中水与氢离子传导机理的结构示意图。几种膜的厚度与质子交换膜容量见表4-6。

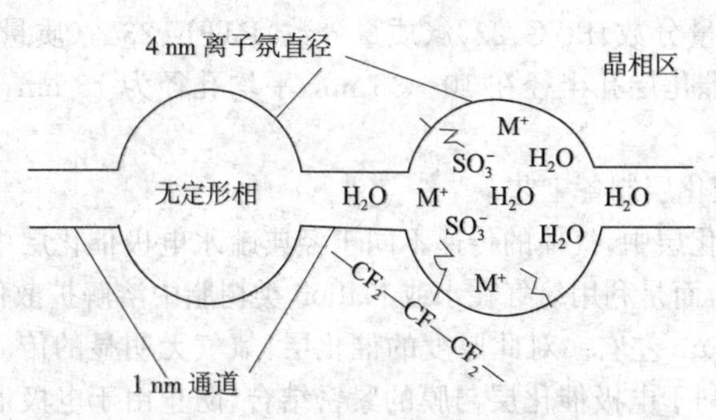

图 4-4　质子膜中水与氢离子传导机理的结构示意图

表 4-6　几种质子膜的膜厚度、交换容量与含水率

公司	型号	厚度/μm	交换容量/(meq/g)	含水率/%
Dupont	Nafion117 Nafion112	50 175	0.91 0.91	— 33
Asahi Glass	Flemion	50 120	1.0 1.0	— —
Asahi chemical Industry	Aciplex S1004 Aciplex S1004H	100 100	1.0 1.0	38 47

电导率与水含量的关系见图 4-5。

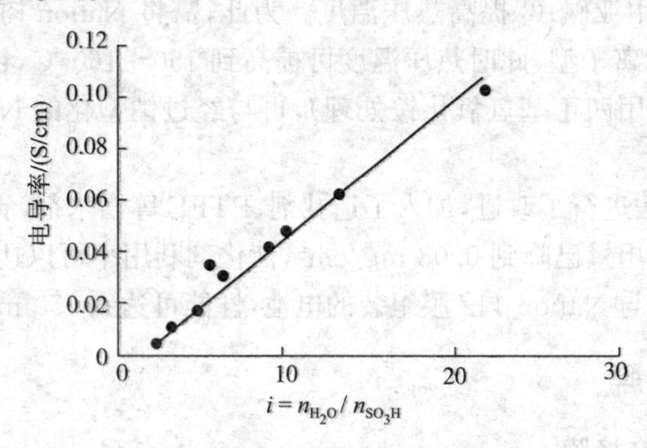

图 4-5　Nafion 117 的电导率与水含量的关系

国外研究了几种膜的水含量与温度的关系(图 4-6),还详细研究了氢、氧等气体在 Nafion 膜中的溶解、扩散性能。

2. 膜电极三合一组件的制备

对于采用液体电解质的燃料电池,如石棉花型碱性电池、磷酸型电池,在电池组装力作用下,多孔电极与饱浸电解液的隔膜不但能形成良好的电接触,而且电解液靠毛细力能浸入多孔气体扩散电极,在憎水黏合剂(如 PTFE)作用下,电极内能形成稳定的三相界面。

对 PEMFC 电池,由于膜为高分子聚合物,仅靠电池组装力,不但电极与质子交换膜间接触不好,而且质子导体不能进入多孔气体电极内部。如前所述,为实现电极的立体化,必须向多孔气体扩散电极内部加入质子导体,如全氟磺酸树脂。为改善电极与膜的接触,一般采用热压方法,即在全氟磺酸树脂玻璃化温度下对膜、电极三合一施以一定的压力,将已加入全氟磺酸树脂的氢电极(阳极)、隔膜(全氟磺酸型质子交换膜)和已加入全氟磺酸树脂的氧电极(阴极)压合在

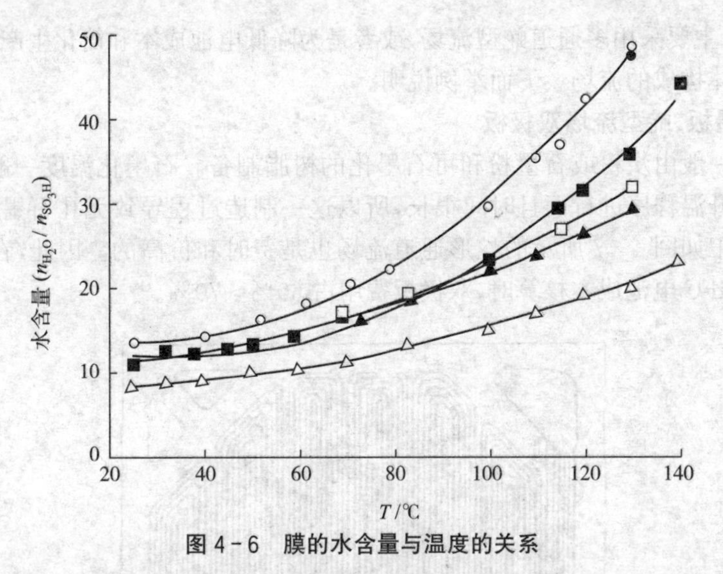

图 4-6 膜的水含量与温度的关系

○—FL-12；■—AC-4；□—AC-12；▲—Nafion 117；△—Nafion 125

一起，形成膜电极三合一组件，或称 MEA 组件。

MEA 具体制备工艺如下。

(1) 进行膜的预处理。预处理目的是清除质子交换膜上的有机与无机杂质。首先将质子交换膜在 3%～5%过氧化氢水溶液中于 80 ℃进行处理，除掉有机杂质，取出后用去离子水洗净，再在 80 ℃稀硫酸溶液中处理，除去无机金属离子，取出再用去离子水洗净后，置于去离子水中备用。

(2) 将制备好的多孔气体扩散型氢氧电极浸入或喷上全氟磺酸树脂溶液，一般控制全氟磺酸树脂的担载量为 0.6～1.2 mg/cm^2，在 60～80 ℃下烘干。

(3) 在质子交换膜两面放好氢、氧多孔气体扩散电极，置于两块不锈钢平板中间，放入热压机中。

(4) 在 130～150 ℃、压力 6～9 MPa 下热压 60～90 s，取出，冷却降温。

为改进电极与膜的结合，也可事先将质子交换膜与全氟磺酸树脂转换为钠离子型，此时可将热压温度提高到 150～160 ℃。若将全氟磺酸树脂事先转换为热塑性的季铵盐型(如采用四丁基氢氧化铵与树脂交换)，则热压温度可提高到 195 ℃，热压后的 MEA 置于稀硫酸中，将树脂与质子交换膜再转换为氢型。

4.2.5 双极板材料与流场

在燃料电池组内，双极板功能为：① 分隔氧化剂与还原剂，要求双极必须具有阻气功能，不能用多孔透气材料；② 具有集流作用，因此必须是良好的导电体；③ 已开发的几种燃料电池，电解质为酸(H^+)或碱(OH^-)，故双极板材料在工作电位下，并有氧化介质(如氧气)或还原介质(如氢气)存在时，必须具有抗腐蚀能力；④ 在双极板两侧加工或置有使反应气体均匀分布的流道，即所谓的流场，以确保反应气在整个电极各处能均匀分布；⑤ 应是良好的导热体，以确保电池组的温度均匀分布和实施排热的方案。

至今 PEMFC 电池广泛采用的双极板材料为无孔石墨板，同时表面改性的金属板和复合型双极板正在被开发。

从流场上看,主要采用多通道蛇型流场,或者是为降低电池成本和简化生产工艺正在开发的由网状物或多孔体构成的流场。下面举例说明。

1. 3 nm 石墨板、蛇型流场双极板

无孔石墨板一般由炭粉或石墨粉和可石墨化的树脂制备。石墨化温度一般超过 2 500 ℃,石墨化需按严格升温程序进行而且时间很长,所以这一制造过程导致无孔石墨板价格很高。在石墨板上机械加工如图 4-7 所示的蛇形通道流场也是费时和价高的。因此,在 Ballard 发展的 MK5、5 kW PEMFC 电池成本核算时,双极板费用占 60%~70%。

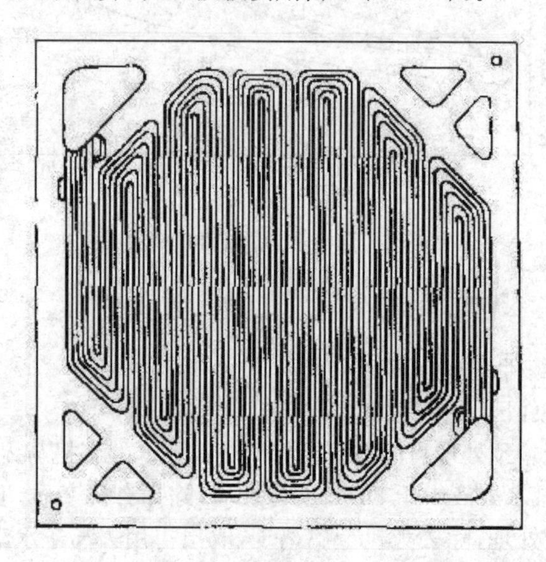

图 4-7 具有多通道蛇型流场的石墨双极板

2. 金属双极板

PEMFC 双极板一侧为湿的氧化剂,如氧;另一侧为湿的还原剂,如氢。由于质子交换膜极微量降解,生成水的 pH 值显示为微弱酸性。在这种环境下,用金属(如不锈钢)作双极板材料,会导致氧电极侧氧化膜增厚,增加接触电阻,降低电池性能;在氢电极侧有时会发生轻微腐蚀,降低电极电催化剂活性。采用金属作 PEMFC 双极板材料的关键技术之一是表面改性。通过这种改性,不但可以防止轻微腐蚀,而且还可以使接触电阻保持恒定,不随时间增大。各研究单位均对这种表面改性技术高度保密,甚至在专利中也不介绍(镀 Au、Ag 等电镀法除外)。

用金属作双极板不仅易于批量生产,而且可采用薄板(如 0.1~0.3 nm),能大幅度提高电池组的比能量与比功率,这已成为各国发展的重点。美国 H-Power 公司、德国 Siemens 公司、意大利 De Nora 公司以及我国的研究单位正在发展这一技术。采用的材料包括 310# 和 316# 不锈钢、Al 合金板和 Ti 板。

4.2.6 电池组技术

在已掌握了 PEMFC 电极、膜电极三合一(MEA)组件制备技术、双极板材料与流场板并经单池评价后,还必须解决电池组密封、排热、增湿技术,方可组装电池组,获得较好的性能,下面分别介绍各项关键技术。

1. 电池组的密封技术

PEMFC 的电池密封技术原则上分为两类。一类如加拿大 Ballard 公司专利所述,这类密封称为单密封。它的MEA组件与双极板一样大，在MEA上开有反应气与冷却液流动的孔道，并在MEA的扩散层上，反应气与冷却液孔道四周和周边冲出（或激光切割）沟槽，以放置橡皮等密封件。将橡皮等密封件放入已热压好的MEA组件的上述沟槽内，即制得带密封组件的MEA组件。其结构示意如图4-8所示。

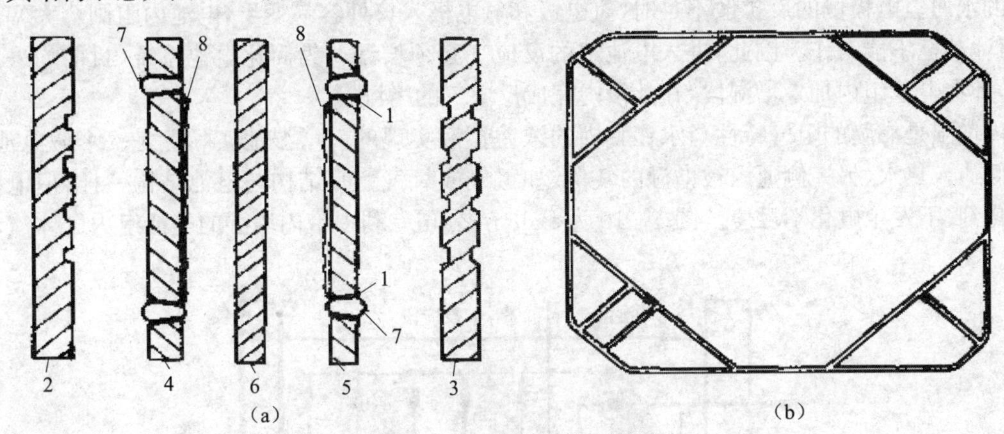

图4-8 单密封结构示意图

1—沟槽；2、3—流场板；4、5—碳纸扩散层；6—膜；7—密封圈；8—催化层

密封的原则是周边的橡皮密封组件应能防止反应气与冷却液外漏，反应气与冷却液开孔周边的橡皮密封件在能防止反应气与冷却液通过公用孔道互串。

这种单密封结构的优点是质子交换膜在电池中起到较好的分隔氢气、氧气的作用，密封相对易于实现；缺点是膜的有效利用率低，千瓦级电池仅能达到60%左右。电池工作面积越大，密封边的比例越小，就越能提高膜的利用率。

第二类密封是我国申报的专利，称为双密封。采用这种密封方法时，MEA组件比双极板小，比双极板流场部分稍大，将MEA组件四周用平板橡皮密封。对这种密封结构，不仅要设计好外漏与共用管道的密封，而且要设计好MEA周边的密封，否则反应气可通过这一通道互串。双密封结构示意如图4-9所示。

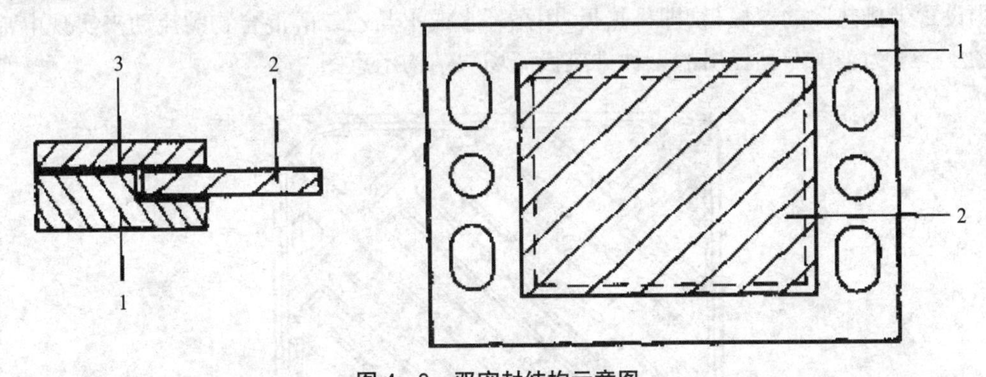

图4-9 双密封结构示意图

1—带有进出气通道的密封件A；2—MEA；3—密封件B

双密封结构的突出优点是昂贵的质子交换膜的利用率高，可达90%～95%；主要缺点是MEA的周边密封如控制不好，就易于出现反应气互串。

2. 电池组内增湿技术

质子交换膜的电导与含水量密切相关，若每个磺酸根结合的水分子少于4时质子交换膜几

乎不传导质子。依据 PEMFC 工作原理,按下述反应在氧电极生成水,即

$$4H^{+}+O_2+4e = 2H_2O$$

若进入电池的反应气没有增湿,尤其用厚的 Nafion 膜(如 Nafion 117 膜)时,若在氧电极侧生成的水向氢电极侧的反扩散不足时,氢电极和氧电极入口处容易变干,电池内阻则会大幅度上升,电池甚至不能工作。因此,进入电池组的反应气必须增湿。为简化电池系统,目前均采用内增湿,即在电池组内加入增湿段,在此段内完成反应气的增湿。

内增湿是靠膜的阻气特性与水在膜内的浓差扩散实现的。增湿池实际上是一个假电池,在膜一侧通入热水,另一侧通入被增湿的气体,如氢气或氧气。其结构与电池结构一样,但电极上无催化剂,不发生电化学反应。图 4-10 为 Ballard 公司专利中带内增湿的电池组内气体流动示意图。

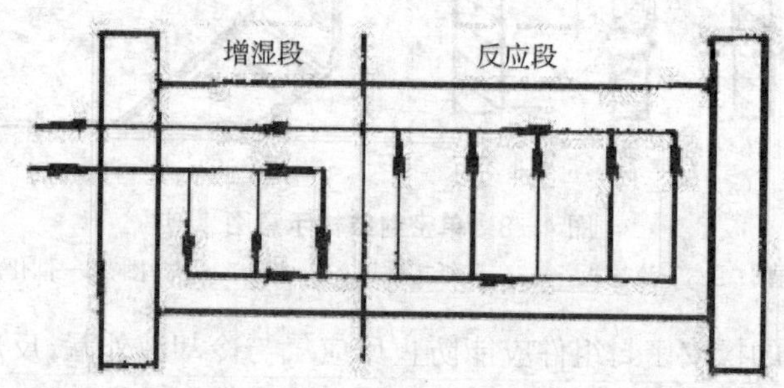

图 4-10　内增湿电池组气体流动示意图

一般而言,增湿段占电池组的 1/10～1/5,依据所采用增湿膜的增湿能力而定。最简单的办法是增湿膜也采用与 MEA 中一样的全氟磺酸型质子交换膜。

3. 电池组排热技术

对 PEMFC 的电池组,一般选定的平均单池工作电压为 0.60～0.75 V。此条件下电池组能量转化效率为 50%～60%。若要保持电池工作温度稳定,必须排出 40%～50%的废热。为确保电池各部分工作温度均匀,尤其在大电流密度下防止电池局部过热,采用最多的排热技术是在电池组内设置带排热腔的双极板,即排热板,用循环水或水与乙二醇混合物的流动来实现电池组排热。图 4-11 为美国专利提出的一种排热板流场与结构示意图。

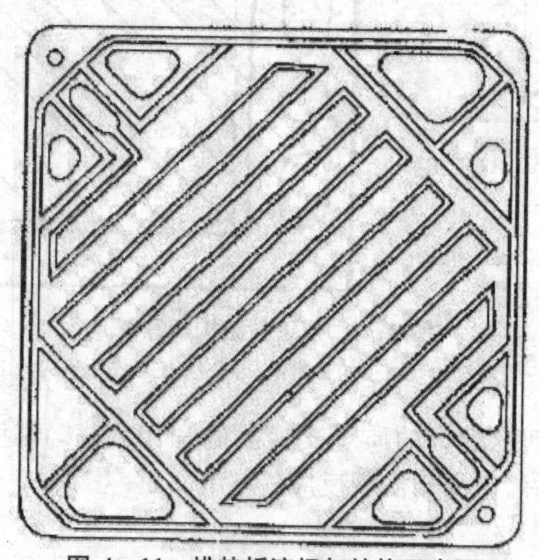

图 4-11　排热板流场与结构示意图

排热板另一面为电池双极板流场，加工完成后需将两块板用导电胶黏合或焊接，以构成带排热腔的双极板。还可采用密封组件，靠组装力的压合将两块双极板密封而构成排热板。不过一定要设计好密封组件的压深，以确保每平方厘米的排热板电阻小于 1 mΩ。电池组内所有双极板最好均采用带有排热腔的双极板，以保证电池组内温度均匀。但是为简化电池组结构，当采用金属双极板的电池组选定的电池工作电流密度不太高时，如 300～500 mA/cm^2，可依据实验结果，每两对单池甚至有时每三对单池设置一个排热腔。依据电池组废热和拟定的电池组冷却液进出口温度，决定冷却剂的流量。一般而言，为提高电池组内温度分布的均匀性，进出电池组的冷却液温差应小于 10 ℃，最好小于 5 ℃。

我国的专利中提出一种利用蒸发排热采排出电池组内废热的方法。电池组结构与前述的冷却剂循环排热类似。主要差别是将带排热腔的双极板冷却剂蛇形流道改为一个流体储腔，依据设定的电池工作温度选定蒸发冷却液。若设定电池工作温度在 78 ℃左右，则可选乙醇作为蒸发剂，靠重力返回电池组内。用这种方法排出电池内废热，不但省去了冷却液循环泵，而且减少了电池系统内耗，控制部分也大为简化。这种排热方法特别适用于中小功率的 PEMFC 电池组。

4. 电池组与性能

我国已研制成功输出功率为 1～1.5 kW 的质子交换燃料电池组。该电池组的主要特点是：工作温度无需严格控制，可在室温至 90 ℃间正常工作；室温启动性能良好，电池无需预热升温；电池双极板采用薄金属板。图 4－12 为该电池组照片。图 4－13、图 4－14 分别是千瓦电池组的电性能和各对均匀性曲线。

图 4－12 1 000 W 电池组照片

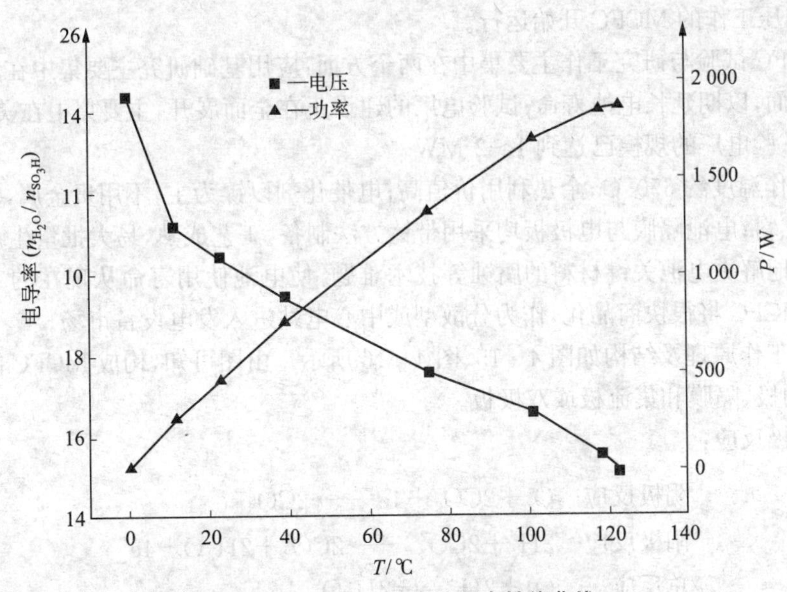

图 4－13 1 000 W 电池组电性能曲线

（电池工作温度 69 ℃；增湿温度 60 ℃；H_2/O_2 操作压力 0.20 MPa/0.22 MPa）

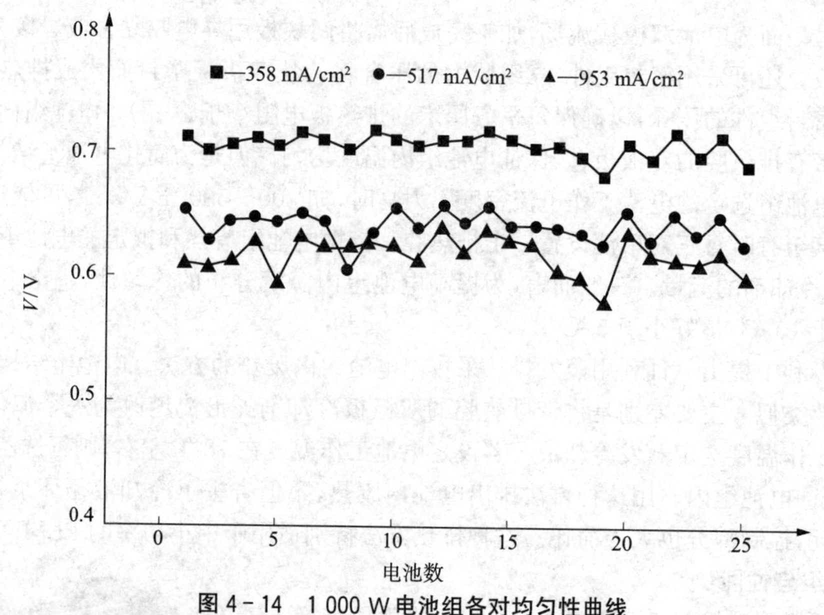

图 4-14　1 000 W 电池组各对均匀性曲线

(电池工作温度 69 ℃;增湿温度 60 ℃;O_2/ H_2 操作压力 0.20 MPa/0.22 MPa)

4.3　熔融碳酸盐燃料电池(MCFC)

4.3.1　MCFC 简介

MCFC 概念最早出现在 20 世纪 40 年代。50 年代 Broes 等演示了世界上第一台 MCFC 电池。80 年代加压工作的 MCFC 开始运行。

目前,MCFC 试验与研究工作主要集中在两个方面:应用基础研究主要集中在解决电池材料抗熔盐腐蚀方面,以期延长电池寿命;试验电厂的建设正在全面展开,主要集中在美国、日本与西欧一些国家,试验电厂的规模已达到 1～2 MW。

MCFC 工作温度约 650 ℃,余热利用价值高;电催化剂以镍为主,不用贵金属,并可用脱硫煤气、天然气为燃料;电池隔膜与电极板均采用带铸方法制备,工艺成熟,易大批量生产。若应用基础研究能成功地解决电池关键材料的腐蚀等技术难题,使电池使用寿命从现在的 1 万小时延长到 4 万小时,MCFC 将很快商品化,作为分散型或中心电站进入发电设备市场。

MCFC 的工作原理及结构如图 4-15、图 4-16 所示。由图可知,构成 MCFC 的关键材料与部件为阳极、阴极、隔膜和集流板或双极板。

MCFC 电极反应:

阴极反应　$O_2+2CO_2+4e^- \longrightarrow 2CO_3^{2-}$

阳极反应　$2H_2+2CO_3^{2-} \longrightarrow 2CO_2+2H_2O+4e^-$

总反应　$O_2+2H_2 = 2H_2O$

由电极反应可知,MCFC 电池的导电离子为 CO_3^{2-}。此电池与其他类型燃料电池的区别是,在阴极 CO_2 为反应物,在阳极 CO_2 为产物。因此,电池工作过程中 CO_2 在循环。为确保电池稳定、连续地工作,必须使阳极产生的 CO_2 返回到阴极。一般做法是:将阳极室排出的尾气燃烧,消除其中的氢和一氧化碳，经分离除水，再将 CO_2 返回到阴极。

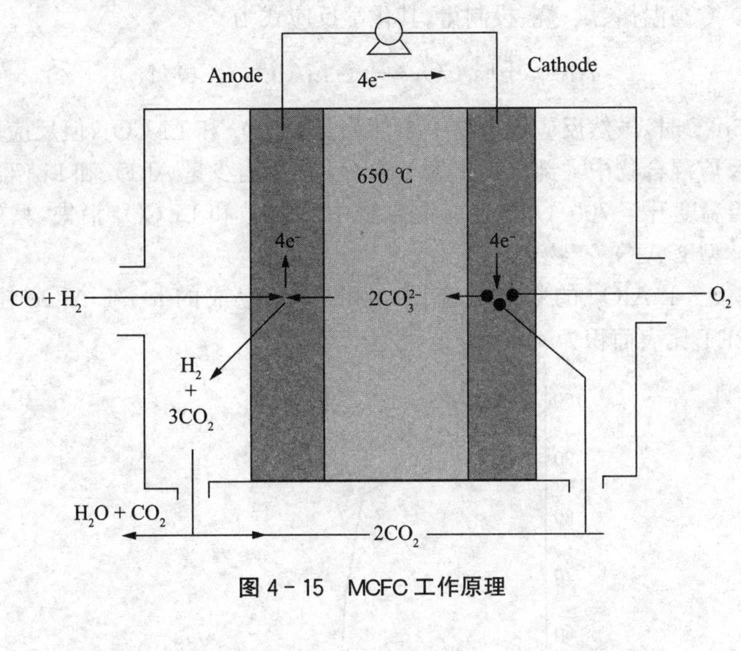

图 4-15 MCFC 工作原理

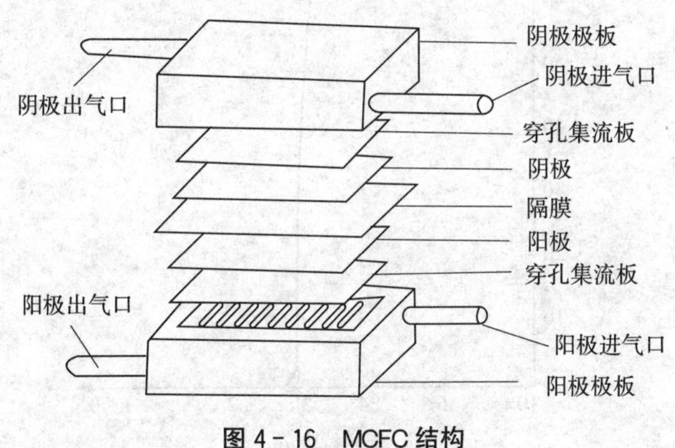

图 4-16 MCFC 结构

4.3.2 MCFC 电极材料

1. 电池隔膜

MCFC 由阴极、阳极和隔膜构成。隔膜是 MCFC 的核心部件，要求强度高、耐高温熔盐腐蚀、浸入熔盐电解质后能阻气并具有良好的离子导电性能。早期的 MCFC 隔膜用 MgO 制备，然而 MgO 在熔盐中有微弱溶解并易开裂。研究结果表明，$LiAlO_2$ 具有很强的抗碳酸熔盐腐蚀的能力，目前普遍采用其制备 MCFC 隔膜。

1）$LiAlO_2$ 粉料的制备

$LiAlO_2$ 有 α、β、γ 三种晶型，分别属于六方、单斜和四方晶系。它们的密度分别为 3.4 g/cm^3、2.610 g/cm^3、2.615 g/cm^3，外形分别为球状、针状和片状。

已知电解质 62%Li_2CO_3+38%K_2CO_3（质量分数，490 ℃）在 $LiAlO_2$ 中完全浸润，$LiAlO_2$ 隔膜要耐 0.1 MPa 的压差，隔膜孔径最大不得超过 3.96 μm。由于在电池工作温度为 650 ℃时，$LiAlO_2$ 粉体不发生烧结，隔膜使用的 $LiAlO_2$ 粉体的粒度应尽量小须严格控制在一定的范围内。

$LiAlO_2$由 Al_2O_3 和 Li_2CO_3 混合(物质的量之比为 1∶1),去离子水为介质,长时间充分球磨后经 600～700 ℃高温焙、烘、烧、投制得,其化学反应式为

$$Al_2O_3+Li_2CO_3 \longrightarrow 2\ LiAlO_2+CO_2\uparrow$$

当温度为 450 ℃时,虽然反应混合物中大部分是 Al_2O_3 和 Li_2CO_3,但反应已经开始。当温度为 600 ℃时,反应混合物中大部分是 α 型 $LiAlO_2$,另外有少量 Al_2O_3 和 Li_2CO_3,还有少量 γ 型 $LiAlO_2$ 产生。当温度升至 700 ℃时,反应混合物中 Al_2O_3 和 Li_2CO_3 消失,只剩下大部分 α 型 $LiAlO_2$ 和少量 γ 型 $LiAlO_2$ 产物。

图 4-17 是 $\alpha-LiAlO_2$ 的粒度分布图,由图可知生成的 $\alpha-LiAlO_2$ 粒度绝大部分为 2.89 μm,实测 BET 比表面积为 4.4 m^2/g。

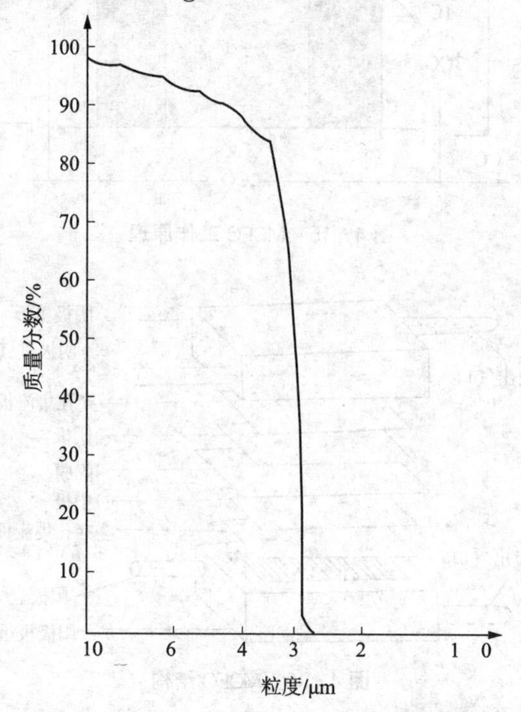

图 4-17 $\alpha-LiAlO_2$ 粗料的粒度分布曲线

上述制备的 $\alpha-LiAlO_2$,经 900 ℃几十个小时的焙烧,中间至少球磨两次,则 $\alpha-LiAlO_2$ 全部转化为 $\gamma-LiAlO_2$。

图 4-18 为 $\gamma-LiAlO_2$ 粒度分布图。由图可知,$\gamma-LiAlO_2$ 平均粒度为 4.0 μm,实测 BET 比表面积为 4.9 m^2/g。

将 Li_2CO_3 和 AlOOH 或 $LiOH\cdot H_2O$ 和 AlOOH 分别按物质的量之比为 1∶2 和 1∶1 混合,再加入大于 50%(质量分数)的氯化物[$n(KCl)∶n(NaCl)=1∶1$],适当加入球磨介质,长时间充分球磨。球磨物料干燥后,在 550 ℃和 650 ℃反应 1 h(反应温度为 450～750 ℃)。用去离子水浸泡、煮沸和洗涤反应过的物料,直到滤液中检查不到氯离子为止。把滤饼烘干粉碎,在 550 ℃焙烧 1 h,自然冷却。将上述制备的 $\gamma-LiAlO_2$ 细料在 900 ℃焙烧,可制备粒度小于 0.18 μm、比表面积为 4.3 m^2/g 的细料。

2) $LiAlO_2$ 隔膜的制备

国内外已经开发出了多种 $LiAlO_2$ 隔膜的制备方法,有热压法、电沉积法、真空铸造法、冷热

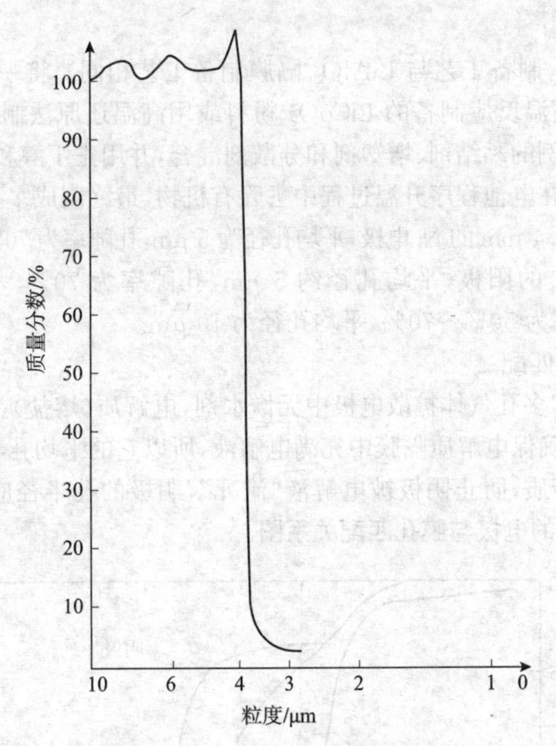

图 4-18 $\gamma-LiAlO_2$ 粒度分布曲线

滚法和带铸法。带铸法制备的 $LiAlO_2$ 隔膜，不但性能、重复性好，而且适于大批量生产。

带铸法制膜过程是：在 $\gamma-LiAlO_2$ 粗料中掺入 5%～15%的 $\gamma-LiAlO_2$ 细料，同时加入一定比例的黏结剂、增塑剂和分散剂；用正丁醇和乙醇的混合物作溶剂，经长时间球磨制备适于带铸的浆料，然后将浆料用带铸机铸膜，在铸膜过程中要控制溶剂挥发速度，使膜快速干燥；将制得的膜数张叠合，热压成厚度为 0.5～0.6 mm、堆密度为 1.75～1.85 g/cm^3 的电池用隔膜。

我国开发了流铸法制膜技术。用该技术制膜时，浆料配方与带铸法类似，但加入溶剂量大，配成浆料具有很大的流动性。将制备好的浆料脱气至无气泡，均匀铺摊于一定面积的水平玻璃板上，在饱和溶剂蒸气中控制膜中溶剂挥发速度，让膜快速干燥。将数张这种膜叠合热压成厚度为 0.5～1.0 nm 的电池用膜。热压压力为 9.0～15.0 MPa，温度为 100～150 ℃，膜的堆密度为 1.75～1.85 g/cm^3。

2. MCFC 的电极

MCFC 的电极是氢气或一氧化碳氧化和氧气还原的场所。为加速电化学反应，必须有抗熔盐腐蚀、电催化性能良好的电催化剂，并由电催化剂制备多孔气体扩散电极。为确保电解液在隔膜、阴极、阳极间良好分配，电极与隔膜必须有适宜的孔匹配。

1）电催化剂

MCFC 最早采用的阳极催化剂为 Ag 和 Pt。为了降低电池成本而使用导电性与电催化性能良好的 Ni；为防止在 MCFC 工作温度与电池组装力作用下镍发生蠕变，又采用 Ni-Cr、Ni-Al 合金阳极电催化剂。

MCFC 阴极电催化剂普遍采用 NiO。它是多孔 Ni 在电池升温过程中氧化而成，而且部分锂化。但 NiO 电极在 MCFC 工作中缓慢溶解，被经电池隔膜渗透过来的氢还原而沉积于隔膜中，严重时导致电池短路。为此正在开发如 $LiCoO_2$、$LiMnO_2$、CuO、CeO_2 等新的阴极电催化剂。

2）电极制备

电极用带铸法制备，制备工艺与 $LiAlO_2$ 隔膜制备工艺相同。将一定粒度分布的电催化剂粉料(如羰基镍粉)、用高温反应制备的 $LiCoO_2$ 粉料或用高温还原法制备的 Ni－Cr(Cr 含量为 8%)合金粉料与一定比例的黏结剂、增塑剂和分散剂混合，并用正丁醇和乙醇的混合物作溶剂酿成浆料，用带铸法制膜，在电池程序升温过程中去除有机物，最终制成多孔气体扩散电极。

用上述方法制备的 0.4 mm 的 Ni 电极，平均孔径为 5 μm，孔隙率为 70%。制备的 0.4～0.5 mm Ni－Cr(Cr 含量为 8%)的阳极，平均孔径约 5 μm，孔隙率为 70%。制备的 $LiCoO_2$ 阴极厚 0.40～0.60 mm，孔隙率为 50%～70%，平均孔径为 10 μm。

3）隔膜与电极的孔匹配

MCFC 属高温电池，多孔气体扩散电极中无憎水剂，电解质(熔盐)在隔膜、电极间分配靠毛细力实现平衡。首先要确保电解质隔膜中充满电解液，所以它的平均孔半径应最小；为减少阴极极化，促进阴极内氧的传质，防止阴极被电解液“淹死”，阴极的孔半径应最大；阳极的孔半径居中。图 4－19 是 MCFC 的电极与膜孔匹配关系图。

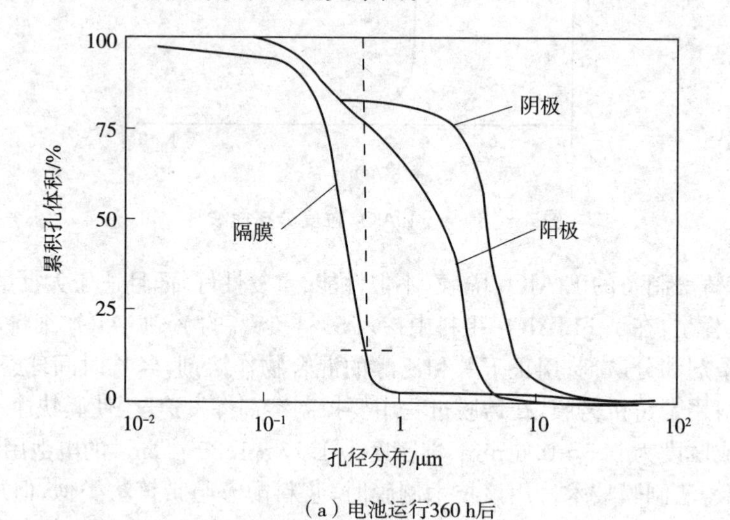

(a) 电池运行360 h后

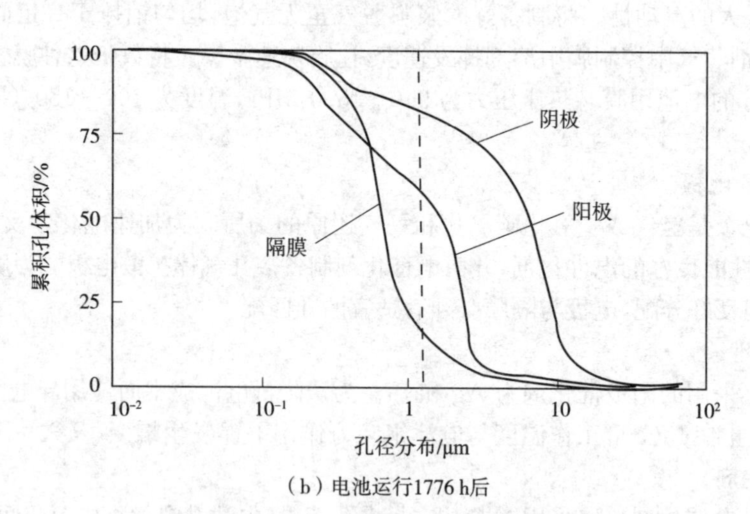

(b) 电池运行1776 h后

图 4－19　MCFC 的电极与膜孔匹配关系

在 MCFC 运行过程中，电解质熔盐会有一定流失。在固定填充电解质的条件下，当熔盐流失太多时，电解质已不能充满隔膜中的大孔，会发生燃料与氧化剂的互串，严重时导致电池失效。因此必须注意减少电池运行中的熔盐流失或研究向电池内补充电解质的方法。

3. 双极板

双极板的作用是：分隔氧化剂（如空气）和还原剂（如重整气），并提供气体流动通道，同时起集流导电作用。双极板通常由不锈钢或各种镍基合金钢制成，至今使用最多的为 310# 或 316# 不锈钢。在 MCFC 工作条件下，310# 或 316# 不锈钢腐蚀的主要产物为 $LiCrO_2$ 和 $LiFeO_2$，在开始 2 000 h，腐蚀速度高达 8 μm/kh，以后降到 2 μm/kh，腐蚀层厚度（γ）与时间（t）的关系一般服从以下方程：

$$\gamma = c\, t^{0.5}$$

上式表明，腐蚀层厚度与时间的 0.5 次方成正比。常数 c 与材料组成及运行条件有关。一般而言，阳极侧的腐蚀速度高于阴极侧。目前，为减缓双极板腐蚀速度，抑制由于腐蚀层增厚而导致接触电阻增加，加大电池的欧姆极化，在双极板阳极侧采用镀镍的措施。MCFC 靠浸入熔盐的 $LiAlO_2$ 隔膜密封，通称湿密封。为防止在湿密封处形成腐蚀电池，双极板的湿密封处一般采用铝涂层保护。在电池工作条件下，生成致密的 $LiAlO_2$ 绝缘层。

对实验用的小电池，双极板可采用机加工，其流场与 PEMFC 类似。而对大功率电池，为降低双极板加工费用和提高电池组比功率，通常采用冲压技术加工双极板。

4.3.3 电池结构与性能

1. 电池结构

MCFC 的电池组是按压滤机方式进行组装的。在隔膜两侧分置阴极和阳极，再置双极板，周而复始进行。氧化气体（如空气）和燃料（如煤气）进入称为气体分布管的各对电池孔道。MCFC 的电池组气体分布管有两种方式：一种为内气体分布管如图 4-20(a)所示；另一种为外气体分布管如图 4-20(b)所示。对外分布管，在电池组装好后，在电池组与进气管间要加入由 $LiAlO_2$ 和 ZrO_2 制成的密封垫。由于电池组运作时发生形变，这种结构会导致漏气，同时电解质在这层密封垫内还能发生迁移，改变各对电池电解质的组成，因此近年国外逐渐偏向采用内气体分布管。但内气体分布管结构会导致极板有效使用面积减小。

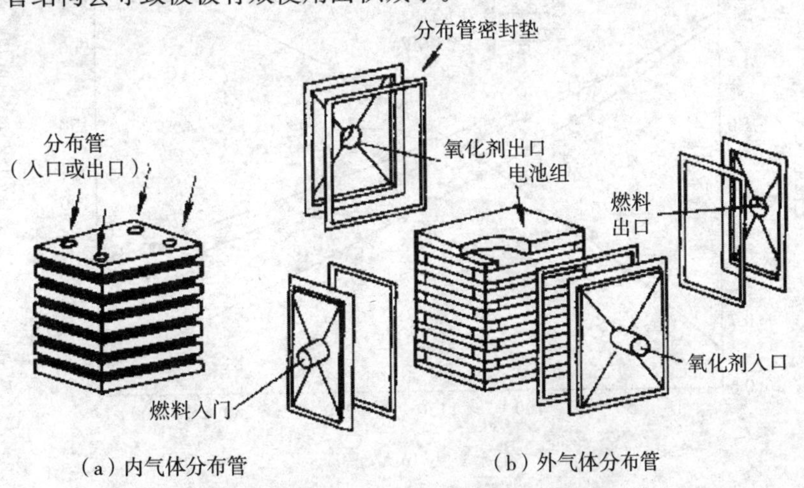

图 4-20 MCFC 的电池组气体分布管结构

氧化与还原气体在电池内相互流动的方式有并流、对流和错流三种。大部分 MCFC 采用错流方式。

2. 电池性能

我国采用带铸法制备的 $LiAlO_2$ 隔膜,组装的电极面积为 28 cm^2、110 cm^2 的 MCFC 单电池,在通氧气条件下,按预定程序升温,除去隔膜、电极中的有机物,当电池温度达到 500 ℃左右时,预置于电池内的碳酸盐(62%Li_2CO_3+38%K_2CO_3)熔化。由于毛细力的作用,碳酸盐浸入隔膜、电极孔内并达到平衡,此时 $LiAlO_2$ 隔膜已成为离子导体并具有阻气功能。当电池温度升到 650 ℃ 左右时,用氮气试串。若无串气,阴极气室通入 O_2、CO_2 混合气(比例为 40∶60),阳极室通入 H_2、CO_2 混合气(比例为 80∶20),当开路电压升到 1.10 V 左右时,即可进行各种电性能测试。

表 4-7 是用各类电极和隔膜组装的 MCFC 的单电池性能。在 200 mA/cm^2 和 300 mA/cm^2 的电流密度下,电池输出电压分别高于 0.85 V 和 0.75 V,功率密度超过 200 mW/cm^2。

表 4-7 用不同电极组装的 MCFC 的单电池性能

实验号	阴极	阳级	输出电压/V	
			200 mA/cm^2	300 mA/cm^2
G010	NiO	Ni	0.918	0.820
G030	NiO	Ni-Cr	0.905①	0.753②
G034	$LiCoO_2$	Ni-Cr	0.944	1.781③

① 第 2 次启动。

② 第 8 次启动。

③ 电流密度为 372 mA/cm^2。

注:反应气压 0.9 MPa;燃料气和氧化剂的利用率均为 20%。

图 4-21 显示了 MCFC 单电池的 $I-V$ 特性曲线。在低于 50 mA/cm^2 放电时,性能下降基本呈非线性,这主要由活化极化引起;电流密度为 50~200 mA/cm^2 放电时,性能下降呈线性,这主要由欧姆极化引起。由于电池隔膜较薄(0.6~0.7 mm),电池的欧姆极化较低,约为 39 mΩ。

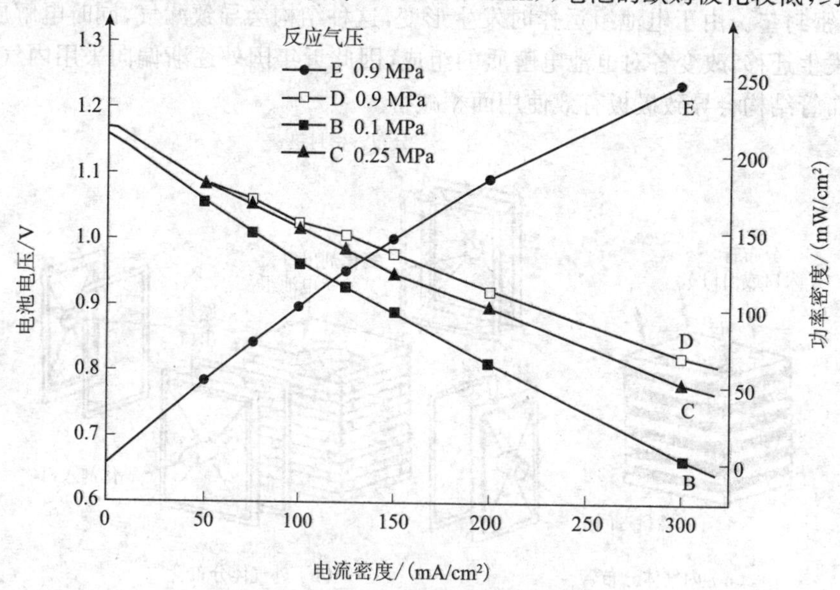

图 4-21 MCFC 的 $I-V$ 特性曲线

(NiO 为阴极;Ni 为阳极;燃料气和氧化剂的利用率均为 20%)

4.3.4 MCFC需解决的关键技术

1. 阴极熔解

MCFC阴极为锂化的NiO。随着电极长期工作运行，阴极在熔盐电解质中将发生熔解，熔解产生的Ni^{2+}扩散进入电池隔膜中，被隔膜阳极一侧渗透的H_2还原成金属Ni，而沉积在隔膜中，严重时导致电池短路。阴极熔解短路机理如下：

$$NiO+CO_2 \longrightarrow Ni^{2+}+CO_3^{2-}$$

$$Ni^{2+}+CO_3^{2-}+H_2 \longrightarrow Ni+CO_2+H_2O$$

研究结果表明，以NiO作电池阴极，电池每工作1 000 h，阴极的质量和厚度损失将达3%。当气体工作压力为0.1 MPa时，阴极寿命为25 000 h；当气体工作压力为0.7 MPa时，阴极寿命仅为3 500 h。

为提高阴极抗熔盐电解质腐蚀能力，国外普遍采用的方法有：

(1) 向电解质盐中加入碱土类金属盐，如$BaCO_3$、$SrCO_3$，以抑制NiO的熔解；

(2) 向阴极中加入Co、Ag或LaO等稀土氧化物；

(3) 以$LiFeO_2$、$LiMnO_3$或$LiCoO_2$等作电池阴极材料；

(4) 以SnO_2、Sb_2O_3、CeO_2、CuO等材料作电池阴极；

(5) 改变熔盐电解质的组分配比，以减缓NiO熔解；

(6) 降低气体工作压力，以降低阴极熔解速度。

在以上几种方法中，比较成功的是以$LiCoO_2$作电池阴极代替NiO。以$LiCoO_2$作电池阴极的阴极熔解机理为：

$$LiCoO_2+\frac{1}{2}CO_2 \longrightarrow CoO+\frac{1}{4}O_2+\frac{1}{2}Li_2CO_3$$

若以p_{O_2}和p_{CO_2}分别代表阴极O_2和CO_2气体的分压，比较阴极熔解机理可知：以NiO作阴极，熔解速度和p_{CO_2}成正比；以$LiCoO_2$作阴极，熔解速度和$p_{CO_2}^{1/2} \cdot p_{O_2}^{1/4}$成正比。显然后者的熔解速度远远低于前者。

据估计，$LiCoO_2$阴极在气体工作压力为0.1 MPa和0.7 MPa时，寿命分别为150 000 h和90 000 h。显然，MCFC要进入工业化生产，阴极最好采用$LiCoO_2$。

2. 阳极蠕变

MCFC阳极最早采用烧结Ni作电极，由于MCFC属高温燃料电池，在高温下还原气氛中的Ni将发生蠕变，从而影响了电池密封和电池性能。

为提高阳极的抗蠕变性能和力学强度，国外采用了以下几种方法：

(1) 向Ni阳极中加入Cr、Al等元素，形成Ni-Cr，Ni-Al合金，以达到弥散强化的目的；

(2) 向Ni阳极中加入非金属氧化物，如$LiAlO_2$和$SrTiO_3$，利用非金属氧化物良好的抗高温蠕变性能对阳极进行强化；

(3) 在超细$LiAlO_2$或$SrTiO_3$表面上化学镀一层Ni或Cu，然后将化学镀后的$LiAlO_2$或$SrTiO_3$热压烧结成电极，由于以非金属氧化物作为“陶瓷核”，这种电极的抗蠕变性能很好。

目前国外普遍采用Ni-Cr或Ni-Al合金作MCFC阳极。

3. 熔盐电解质对电池双极板材料的腐蚀

MCFC双极板通常用的材料是SUS310或SUS316等不锈钢材料，目前工作几千小时是没有问题的,但要实用化就必须能耐受 400 000 h 以上的工作时间。为了提高双极板的抗腐蚀性能,国外采用了以下方法。

(1) 在双极板材料表面包覆一层 Ni 或 Ni - Cr - Fe 耐热合金,或在双极板表面上镀 Al 或 Co。镀 Al 的目的是使 Al 在与熔盐电解质接触时,形成极为稳定的 $LiAlO_2$ 膜,提高抗腐蚀性能。镀 Cr 的目的在于使 Cr 在熔盐电解质中形成稳定的铬酸锂膜。这种膜单独存在时防腐蚀性不太好,但要与 Al 或 Al 合金及 Al 的氧化物共存时耐蚀性较好。镀 Co 的目的是因为 Co 能改善铁系材料与 $LiCrO_2$ 或 $LiAlO_2$ 的附着性能。

(2) 在双极板表面先形成一层 NiO,然后与阳极接触的部分再镀一层镍-铁酸盐-铬合金层。NiO 起导电作用,铁酸盐-铬合金层起抗腐蚀作用。

(3) 以气密性好、强度高的石墨板作电池极板。

目前普遍采用的双极板防腐措施是在双极板导电部分包覆 Ni - Cr - Fe - Al 耐热合金,在非导电部分如密封面和公用管道部分镀 Al。

4. 电解质流失问题

随着 MCFC 运转工作时间加长,熔盐电解质将按以下几种途径发生流失。

(1) 阴极熔解导致流失。阴极在电解质中熔解将导致熔盐电解质中一部分锂盐流失。

(2) 阳极腐蚀导致流失。Ni - Cr 阳极中的 Cr 将在熔盐电解质中发生一定的腐蚀,生成 $LiCrO_2$,从而导致一部分 Li 盐损失。

(3) 双极板腐蚀导致流失。双极板腐蚀将导致一部分熔盐电解质中的锂盐损失。

(4) 熔盐电解质蒸发损失导致流失。熔盐电解质中的钾盐蒸气压低,容易蒸发而流失,导致电池运转中电解质逐渐减少。

(5) 电解质迁移损失导致流失。由于电池公用管道电解,导致电池内部电解质迁移(爬盐),造成电解质流失。一般来讲,对于外公用管道型 MCFC,这种方式的盐流失比较严重;而内公用管道型 MCFC,这种方式的盐流失极少。

为保证 MCFC 内有足够的电解质,国外在电池结构设计上都增加了补盐设计,如在电极或极板上加工制成一部分沟槽,用在沟槽中储存电解质的方法补盐,使盐流失的影响降低到最低。

5. 稳定、可靠、廉价的膜和电极制备工艺

MCFC 的膜和电极制备方法最早采用热压法,目前国外普遍采用带铸法。带铸法制备的膜和电极厚度薄,易于放大,有利于大规模工业生产。存在的问题是工艺过程中要使用有机毒性溶剂,会污染环境。为克服这一问题,国外正在尝试采用水溶剂体系。

6. 电池结构及系统的优化

MCFC 按气体流动方式分为并流失、对流失和错流失;按重整方式分为内重整式和外重整式;按气体进出管路分为外公用管道式和内公用管道式。MCFC 内部进行的是十分复杂的传质、传热和电化学反应过程,其结构与系统的优化与设计十分重要,必须认真研究并优化。

4.4 固体氧化物燃料电池(SOFC)

4.4.1 SOFC 简介

SOFC 以固体氧化物作为电解质。这种氧化物在较高温度下具有传递 O^{2-} 的能力,在电池中起传递 O^{2-} 和分离空气、燃料的作用(图 4 - 22)。在阴极(空气电极)上,氧分子得到电子,被还原成氧离子，即 $O_2+4e^- \longrightarrow 2O^{2-}$。氧离子在电池两侧氧浓度差驱动力的作用下，通过电解质中的氧空位定向跃迁，迁移到阳极（燃料电极）上与燃料进行氧化反应，即

$$2O^{2-}+2H_2 \longrightarrow 2H_2O+4e^-$$

或

$$4O^{2-}+CH_4 \longrightarrow 2H_2O+CO_2+8e^-$$

电池的总反应

$$2H_2+O_2 \longrightarrow 2H_2O$$

或

$$CH_4+2O_2 \longrightarrow 2H_2O+CO_2$$

从原理上讲，固体氧化物燃料电池是最理想的燃料电池类型之一。因为它不仅具有其他燃料电池高效与环境友好的优点，而且还具备如下优点：①SOFC 是全固体的电池结构，避免了因使用液态电解质所带来的腐蚀和电解液流失等问题；②电池在高温（800～1 000 ℃）下工作，电极反应过程相当迅速，无需采用贵金属电极，因而电池成本大大降低，同时，在高的工作温度下，电池排出的高质量余热可充分利用，既能用于取暖也能与蒸汽轮机联用进行低循环发电，能量综合利用效率从 50%提高到 70%以上；③燃料适用范围广，不仅用 H_2、CO 等作为燃料，而且可直接用天然气（甲烷）、煤气、碳氢化合物以及其他可燃烧的物质（如 NH_3、H_2S 等）作为燃料发电。

目前 SOFC 研究开发存在的主要问题是电池组装相对困难，其中因过高工作温度和陶瓷材料脆性引起的技术难题较多。近几年随着 SOFC 材料制备和组装技术的发展，SOFC 最有希望成为集中或分散式发电的新能源。

由图 4-22 可知，SOFC 的关键材料与部件为电解质隔膜、阴阳极材料及双极连接板等。

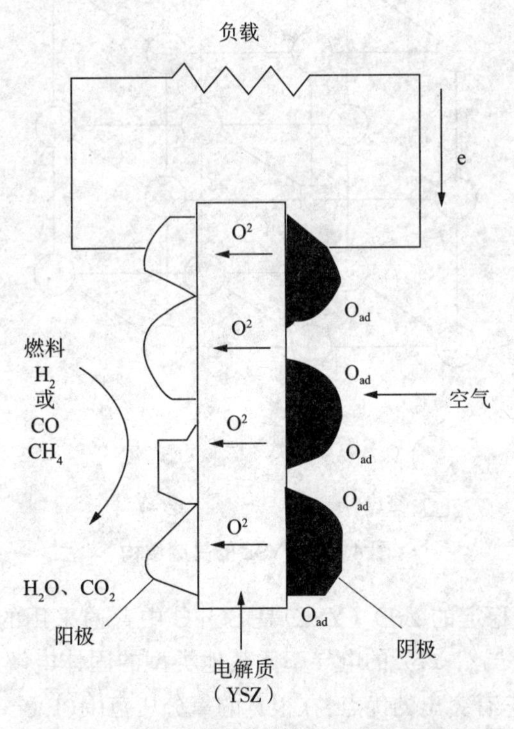

图 4-22　固体氧化物燃料电池的工作原理

4.4.2 SOFC 关键材料

1. 固体氧化物电解质

电解质是 SOFC 的核心部件,主要作用是传导氧离子,隔绝阴极一侧氧气和阳极一侧氢气。作为一种性能优良的电解质材料应当具备以下条件:

(a) 具有足够高的离子电导率,尽可能低的电子电导率;

(b) 在高温、氧化还原气氛中保持稳定;

(c) 与电极材料不发生反应,并且热膨胀系数匹配;

(d) 致密度足够高,防止两极气体的渗透;

(e) 较高的机械强度和韧性,易加工成型和低成本。

固体氧化物电解质通常为萤石结构的氧化物,常用的电解质是 Y_2O_3、CaO 等掺杂的 ZrO_2、ThO_2、CeO_2 或 Bi_2O_3 氧化物形成的固溶体。目前应用最广的氧化物电解质为 6%~10%(摩尔分数)Y_2O_3 掺杂的 ZrO_2。常温下纯 ZrO_2 属单斜晶系,1 150 ℃时不可逆转变为四方结构,到 2 370 ℃时转变为立方萤石结构,并一直保持到熔点(2 680 ℃)。这种相变引起较大的体积变化(3%~5%,即加热收缩、降温膨胀)。Y_2O_3 等异价氧化物的引入可以使立方萤石结构在室温至熔点的范围内稳定,同时在 ZrO_2 晶格内有大量的氧离子空位来保持整体的电中性。每加入两个三价离子,就引入一个氧离子空位。最大电导通常产生于使氧化锆稳定于立方萤石结构所需的最少杂原子数时。过多的杂原子使电导降低,增加电导活化能。原因可能是缺陷的有序化、空位的聚集及静电的作用。图 4-23 为 YSZ 的晶胞结构。

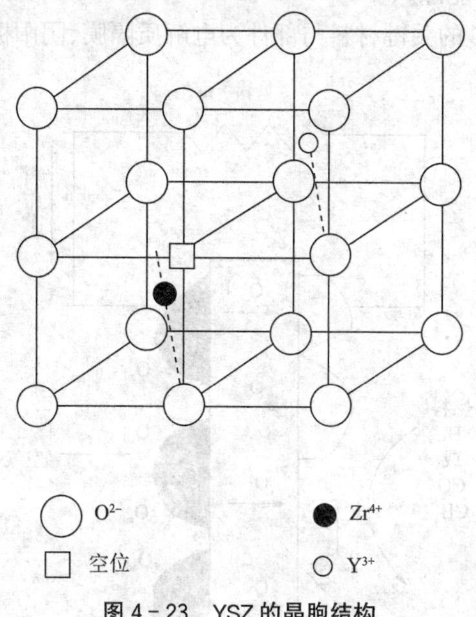

图 4-23 YSZ 的晶胞结构

8%(摩尔分数)Y_2O_3 稳定的 ZrO_2(YSZ)是 SOFC 中普遍采用的电解质材料,其电导率在 950 ℃下约为 0.1 S/cm。虽然 YSZ 的电导率比其他类型的固体电解质(如稳定的 Bi_2O_3、CeO_2 等)小 1~2 个数量级,但它有突出的优点:在很宽的氧分压范围(1.0~1.0×10^{20} Pa)呈纯氧离子导电特性,电子电导和空穴电导只在很低和很高的氧分压下产生。因此,YSZ 是目前少数几种在 SOFC 中具有实用价值的氧化物固体电解质。Sc 和 Yb 掺杂的 ZrO_2 比 YSZ 的电导率高得多,

800 ℃的电导率接近 YSZ 在 950 ℃的值，其他性质与 YSZ 相近，但由于 Sc 和 Yb 的价格比较贵，使用受到限制。

其他萤石及相关结构的氧化物电解质（如掺杂的 Bi_2O_3、CeO_2）虽然电导率高得多，但缺点是在低氧分压下产生电子电导或被还原，从而降低或破坏了电池的性能。降低 Bi_2O_3、CeO_2 等氧化物电子电导的一种途径是，在 Bi_2O_3、CeO_2 等电解质燃料侧再制备一层厚度为 1～5 μm 的 YSZ 致密膜，形成复合电解质。YSZ 致密膜起阻挡电子电导和保护电解质被还原的作用。复合电解质的制备因氧化物材料性质有差异难度相当大。国外许多研究表明，Gd、Sm 等掺杂的 CeO_2 固体电解质，虽然在还原气氛下产生一定的电子电导，但对电池电子电导影响不大，而且在相对较低的温度（600～800 ℃）下使用时电子电导影响更小。因此，这类电解质作为中温（600～800 ℃）SOFC 电解质的前景较好。

YSZ 作为氧离子电解质时，由于电导率较低，必须在 900～1 000 ℃的温度下工作才能使 SOFC 获得较高的功率密度，这样就给双极板、高温密封胶的选材和电池组装带来一系列困难。目前国际上 SOFC 的发展趋势是，适当降低电池的工作温度至 800 ℃左右。中温固体氧化物燃料电池的优点是可以使用价格比较低廉的合金材料做连接板，无须使用昂贵的铬酸镧连接材料或耐高温特种钢，对密封材料的要求也相应降低，使用寿命因此大幅度延长，很容易满足固定电站 4 万小时以上寿命的要求。

降低工作温度的途径之一是寻找高电导率的氧化物固体电解质。在寻找新型氧化物电解质方面，传统观念认为，氧化物固体电解质一般为萤石及相关结构的氧化物，而钙钛矿氧化物，从金属-氧键能分析，作为稳定氧化物电解质的可能性不大。但是日本首先发现 $La_{0.9}$、$Sr_{0.1}$、$Ga_{0.8}$、$Mg_{0.2}O_3$（LSGM）钙钛矿结构氧化物具有较高的氧离子导电性能，且在氧化、还原气氛下稳定，不产生电子导电，是一种纯氧离子导体。这一发现在国际上引起轰动，从此人们认为从钙钛矿氧化物发现良好的氧化物电解质是可能的。目前发现并充分证明 LSGM 钙钛矿氧化物具有优异的离子导电性，被认为是最有希望作为中温氧化物燃料电池的电解质材料之一。在 800 ℃时，用 LSGM 制备的电池功率密度达到 0.44 W/cm^2；在 700 ℃时功率密度可达 0.2 W/cm^2，稳定性也较好。目前正在进一步考察这类新型电解质的长期稳定性及其他性能。其他钙钛矿氧化物电解质有 Gd 掺杂的 $BaCeO_3$ 等。降低电池工作温度的另一途径是减薄 YSZ 厚度，制备负载 YSZ 薄膜。理论计算显示，在 800 ℃的工作温度下，YSZ 厚度若减少至 20 μm 时，电解质比内阻小于 0.15 $\Omega \cdot cm^2$，电池输出功率可达 0.35 W/cm^2 以上。

在平板式 SOFC 中，YSZ 一般为厚 100～200 μm 的平板，用刮膜法制备。由于 YSZ 较脆，YSZ 平板不易做得很大很薄，目前最大的尺寸为 250 mm×250 mm。几十微米厚的负载薄膜一般在阳极或阴极基膜上，采用电化学沉积（EVD）、DC mAgnetron 溅射、等离子喷涂（plasma）、化学喷涂等方法制备。由于 YSZ 材料脆性较大、强度较差，制备韧性电解质陶瓷膜也是今后努力的方向。

2. 阴极材料

SOFC 阴极是发生氧还原反应的场所，主要作用是将 O_2 还原成 O^{2-}，并且为 O^{2-} 扩散以及电子传输提供通道。因此，SOFC 阴极材料必须满足以下条件：

(a) 高电子电导和氧离子传输能力；

(b) 对 O_2 具有高的催化还原活性；

(c) 在电池制备和工作期间，具有足够高的稳定性；

(d) 与相邻电池组元，例如电解质和连接体，化学相容性好并且热膨胀系数匹配；

(e) 具有一定气孔率,便于 O_2 扩散到达阴极-电解质界面。

SOFC中的阴极、阳极可以采用Pt等贵金属材料,但由于Pt价格昂贵,而且高温下易挥发,实际已很少采用。目前发现钙钛矿型复合氧化物 $La_{1-x}A_xMO_3$(La为镧系元素,A为碱土金属,M为过渡金属)是性能较好的一类阴极(空气极)材料。不同过渡金属的钙钛矿型氧化物 $La_{1-x}Sr_xMO_{3-\delta}$(M为Mn、Fe、Co,$0 \leqslant x \leqslant 1$)的阴极电化学活性的顺序为:$La_{1-x}Sr_xCoO_{3-\delta} > La_{1-x}Sr_xMnO_{3-\delta} > La_{1-x}Sr_xFeO_{3-\delta} > La_{1-x}Sr_xCrO_{3-\delta}$。

在以上不同过渡金属的钙钛矿型氧化物上,电极反应的速度控制步骤有很大区别。其中,$La_{1-x}Sr_xCoO_{3-\delta}$ 的速度控制步骤为电荷转移步骤,$La_{1-x}Sr_xFeO_{3-\delta}$ 及 $La_{1-x}Sr_xMnO_{3-\delta}$ 的速度控制步骤为氧的解离,$La_{0.7}Sr_{0.3}CrO_{3-\delta}$ 的速度控制步骤为氧在电极表面的扩散。

在电催化活性方面,Sr掺杂的Co复合物活性最高。但 $La_{1-x}Sr_xCoO_{3-\delta}$ 存在以下缺点:抗还原能力比 $La_{1-x}Sr_xMnO_{3-\delta}$ 差;热膨胀系数大于 $La_{1-x}Sr_xMnO_{3-\delta}$;容易同YSZ发生反应。

$La_{1-x}A_xMO_3$ 中A位离子的不同对阴极性质影响也很大,以 $Pr_{1-x}Sr_xMnO_3$ 复合物的活性最好。A位由不同稀土元素取代的阴极过电位顺序为:Y>Yb>La>Gd>Nd>Sm>Pr。$Pr_{1-x}Sr_xMnO_3$ 电位过低,可能是由于Pr的多价性导致的Redox特性,促进了 $O_2 \rightarrow O^{2-}$ 的反应造成的,$Pr_{1-x}Sr_xMnO_3$ 的活性同相应工作温度高100 ℃的 $La_{1-x}Sr_xMnO_{3-\delta}$ 的活性相当。

燃料电池的电极反应通常在电极和电解质形成的电化学界面进行。在固体氧化物燃料电池中,电化学活性区位于电极-固体电解质-气相三相界面(简称TPB)。因为在三相界面处满足电化学反应进行所需要的条件是反应物、电子和离子的供应和畅通的传递。由于阴极材料一般为电子导体,与固体电解质形成的三相界面非常有限,只局限在与固体电解质表面形成的三相界面,因而大多数与气体直接接触的电极表面属于催化活性区,因无法传递离子,只进行反应物和产物的吸、脱附催化过程。为了得到好的电极活性,在阴极材料中往往加入氧离子导电材料,目的是形成空间化的三相界面,增大电极的三相界面。锶掺杂锰酸镧虽然为电子导体,但电极在极化下能产生氧空位,并扩展到电极表面。氧空位的形成增加了电极的离子导电性,使表面氧空位成为新的电化学活性位,电化学活性区得到扩大。其次通过在锶掺杂的锰酸镧中掺入一定量的YSZ,形成空间化的三相界面。实验发现,有20%~40% YSZ掺杂时,电化学活性最高。

混合导电氧化物是特殊的钙钛矿氧化物和非钙钛矿氧化物材料,同时具有电子和氧离子导电特性,即氧离子可自由地在混合导体材料中移动。用混合材料作阴极,电化学活性区不只局限于电极-电解质-气相三相界面,整个电极表面都可以作为电化学活性区,因此电极性能较好。

目前,SOFC空气电极广泛用锶掺杂的亚锰酸镧(LSM)钙钛矿材料。原因是LSM具有较高的电子导电性、电化学活性和与YSZ相近的热膨胀系数等优良的综合性能。在 $La_{1-x}Sr_xMnO_3$ 中随Sr的掺杂量变化(0~0.5),电导性连续增大,但膨胀系数也不断增大。为了保证和YSZ膨胀系数相匹配,一般Sr量取0.1~0.3。

平板式SOFC,常用丝网印刷(screen printing)、喷涂(spray)和浆料涂布(slurry)等方法将LSM浆料涂覆在YSZ板上,经高温(1 000~1 300 ℃)烧结成电极。电极厚度为50~70 μm。在管状SOFC中,则采用涂布技术将LSM沉积在CaO稳定的 ZrO_2(CSZ)多孔支撑管壁上,烧结成电极。电极厚度约为1.44 mm。现在美国西屋电气公司的管式SOFC直接用LSM阴极作为支撑管,通过挤压成型。

3. 阳极材料

SOFC阳极是燃料气体发生电化学氧化的场所,主要作用是催化燃料氧化,将燃料氧化反应生成的电子输送到外电路,将燃料气体导入以及反应产物导出。因此,SOFC对阳极材料有以下要求：

(1) 在高温还原气氛下，电子电导率高；

(2) 在工作状态下，微观结构和化学组成保持稳定；

(3) 与相邻组元热膨胀系数匹配，并且不发生化学反应；

(4) 对燃料气体具有优良的电催化活性；

(5) 具有足够高的气孔率，便于燃料气体扩散和反应产物排出；

(6) 具有较好的力学性能。

目前，对于 SOFC 阳极材料的研究主要集中于 Ni-YSZ 金属陶瓷阳极、氧化铈基阳极和钙钛矿型阳极等。

1) Ni-YSZ 金属陶瓷电极

阳极材料研究范围较窄，主要集中在 Ni、Co、Ru、Pt 等适合作阳极的金属以及具有混合电导性能的氧化物(如 Y_2O_3-ZrO_2-TiO_2)上。金属 Co 是很好的阳极材料，其电催化活性甚至比 Ni 高，而且耐硫中毒比 Ni 好，但由于 Co 价格较贵，一般很少在 SOFC 使用。由于 Ni 有便宜的价格及优良的催化性能，所以成为 SOFC 广泛采用的阳极材料。Ni 通常与 YSZ 混合后制备金属陶瓷电极。这样一方面可以增加 Ni 电极的多孔性，防止烧结，增加反应活性；另一方面 Ni-YSZ 陶瓷电极中 YSZ 调节 Ni-YSZ 电极热膨胀系数，使之与 YSZ 基底接近，可保证 Ni-YSZ 电极更好地与 YSZ 烧结。更重要的是 YSZ 的加入增大了电极-YSZ 电解质-气体的三相界面区域，即增大了电化学活性区的有效面积，使单位面积的电流密增大。

制备 Ni-YSZ 陶瓷电极时，一般将亚微米的 NiO 和 YSZ 粉充分混合，用 Screen Printing 或 Dipping 等方法将其沉积在 YSZ 电解质上，经高温(1 400 ℃)烧结，形成厚度为 50～100 μm 的 Ni-YSZ 陶瓷电极。Ni-YSZ 的电导大小及性质由混合物中两者的比例决定。Ni 的体积分数低于 30%时，电导与 YSZ 相似，主要表现为离子电导；当 Ni 的含量大于 30%后表现为金属的导电性。Ni-YSZ 的电导还与其微观结构有关。当使用低表面积的 YSZ 时，由于 Ni 主要分布在 YSZ 表面，可以增加电导。采用变价氧化物(如 MnO_x、CeO_2)修饰 YSZ 表面后制备的 Ni-YSZ 陶瓷电极，活性明显提高，功率密度高达 1.0 W/cm^2。电化学活性大幅度提高的原因是变价氧化物起氧化还原偶作用，促进界面的电荷传递。

2) 氧化铈基阳极

掺杂的 CeO_2 基材料作为 YSZ 的替代物，被广泛应用于中低温 SOFC 的电解质。CeO_2 是典型的立方萤石结构材料，铈离子以面心立方密堆，氧离子处于铈离子形成的四面体中心。当以低价的阳离子取代铈离子，为了满足电中性的要求，会出现氧离子空位。CeO_2 基电解质存在的问题是在还原气氛下，四价的铈离子会被还原成三价，从而产生电子电导。然而其产生的电子电导却是阳极材料需要的。此外，由于 CeO_2 基材料中的移动晶格氧能够减缓碳沉积速率，因此 CeO_2 可以用作以甲烷为燃料的 SOFC 阳极材料。

在氧化铈基阳极材料中，Cu-CeO_2-YSZ 阳极被认为最具有应用前景。一般通过双层流延法制备 Cu-CeO_2-YSZ 阳极，首先流延一层致密 YSZ 电解质，然后在其表面再流延一层加入造孔剂的 YSZ，经过高温煅烧之后形成一种致密加多孔的双层结构。通过浸渍法在多孔的 YSZ 层中浸入 Cu 和 CeO_2 的前驱体溶液，再次经过煅烧即得到 Cu-CeO_2-YSZ 阳极。研究结果表明，Cu-CeO_2-YSZ 阳极在 700 ℃和 800 ℃以氢气为燃料时，最大功率密度分别为 0.22 W/cm^2 和 0.31 W/cm^2。而以丁烷为燃料时，最大功率密度分别为 0.12 W/cm^2 和 0.18 W/cm^2，并且经过 48 h 连续运行之后，电池性能几乎不变，没有碳沉积出现。金属 Cu 与 Ni 不同，它对碳氢燃料没有任何催化作用,在阳极中只帮助传输电子。而复合阳极中的 CeO_2 起着双重作用,它既是碳氢燃料电化学氧化的催化剂,同时又提供离子电导和电子电导,扩大三相反应界面。

3) 钙钛矿型阳极

在研究与开发抗碳沉积和耐硫中毒的新型阳极材料过程中,钙钛矿结构的氧化物由于在很宽的氧分压以及高温下都具有良好的稳定性而受到 SOFC 研究者的关注。对于理想的 ABO_3 型钙钛矿氧化物,它的晶体结构为离子半径较小的 B 离子位于氧八面体的中心,具有较大离子半径的 A 离子位于八个氧八面体的中心。未掺杂的钙钛矿型氧化物的电导率和催化活性均不理想,不过其在 A 位和 B 位有很强的掺杂能力。经过掺杂改性的钙钛矿型氧化物不但可以表现出电子-离子混合导电能力,而且催化活性也得到增强。目前,广泛应用于 SOFC 阳极材料的钙钛矿型氧化物主要有以下几大类:$LaCrO_3$ 基阳极、$SrTiO_3$ 基阳极和其他一些具有类钙钛矿结构的阳极材料。

$LaCrO_3$ 基材料之前被广泛应用于 SOFC 连接体材料,主要是因为它在 SOFC 工作温度下的氧化和还原气氛中都具有较高的稳定性和电导率。$LaCrO_3$ 基材料的导电特性主要受到 A 位和 B 位掺杂元素的影响。例如,在 A 位掺杂 Ca 之后,会发生 Cr^{3+} 到 Cr^{4+} 的电荷补偿转变过程,从而显著提高 $LaCrO_3$ 基材料的电子电导。用 Co 掺杂替代部分的 Cr,同样对提高电子电导有积极作用。掺杂 Co 会大幅度提高材料的热膨胀系数,但是掺杂 Ca 之后会削弱其对热膨胀系数的影响。可以通过系统地分析$(LaA)(CrB)O_3$($A=Ca$、Sr,$B=Mg$、Mn、Fe、Co、Ni)体系的热力学稳定性和催化活性,研究其作为 SOFC 新型阳极材料的可能性。在热力学方面,掺杂 Sr 和 Mn 能够维持钙钛矿结构的稳定性,掺杂其他元素则会破坏系统的稳定性。然而,掺杂了过渡金属元素的 $LaCrO_3$ 并不会在还原气氛下分解,表明经过掺杂的 $LaCrO_3$ 基材料的分解反应受到了动力学的阻碍。在 A 位掺杂 Ca 和 Sr 可以提升 $LaCrO_3$ 基材料的催化活性,在 B 位掺杂 Mn、Fe 和 Ni 同样可以提升催化活性,但是掺杂 Co 和 Mg 之后会对催化活性有抑制作用。最近有学者报道了一种非常有希望替代 Ni-YSZ 金属陶瓷阳极的新型 SOFC 阳极材料 $La_{0.75}Sr_{0.25}Cr_{0.5}Mn_{0.5}O_3$(LSCM)。LSCM 属于 p 型半导体,在 900 ℃氧分压高于 10^{-10} atm 时,LSCM 的电导率为 38 S/cm。当以 0.3 mm 厚的 YSZ 为电解质、LSM 为阴极、LSCM 为阳极制成单电池,在 900 ℃以氢气为燃料时可以获得 0.47 W/cm^2 的最大功率密度,这个值已经接近以 Ni-YSZ 金属陶瓷为阳极的单电池性能。

近年来,具有双钙钛矿结构的 Sr_2MMoO_6($M=Mg$、Fe、Co、Ni)开始被应用于 SOFC 阳极材料,其中 $Sr_2Fe_{1.5}Mo_{0.5}O_6$(SFM)阳极由于具有较理想的电化学性能而受到更多的关注。研究发现,SFM 材料在氧化还原气氛下都保持非常出色的稳定性,在 780 ℃空气和氢气中的电导率分别为 550 S/cm 和 310 S/cm。他们以 LSGM 作为电解质,将 SFM 分别用作阳极和阴极,制备出对称单电池,在 900 ℃以氢气为燃料单电池的最大功率密度达到 835 mW/cm^2。然而,当单独使用 SFM 作为阳极材料时,电池性能会受到限制。例如,以 SFM 为阳极、LSGM 为电解质、LSCF 为阴极的单电池,在 800 ℃以氢气为燃料时的最大功率密度只有 291 mW/cm^2。经过 Ni 改性之后的 SFM 阳极性能会得到显著提升,同样以 LSGM 为电解质、LSCF 为阴极、氢气为燃料,在 800 ℃时单电池的最大功率密度提高到 1 166 mW/cm^2。当以甲烷作为燃料时,功率密度也得到了增强。Ni 的加入不但提高了 SFM 阳极的电子电导,同时增强了其催化活性。然而,Ni 的存在导致阳极材料对杂质硫的容忍度下降,当 H_2 中混入 100 μg/g 的 H_2S,单电池运行 20 h 后功率下降了 18 %。不过上述性能衰退是可以恢复的,在除尽 H_2 中的 H_2S 以后,单电池的最大功率密度可恢复到初始值,这个结果与 Ni 改性的 LSCM 阳极相似。

4. 双极连接材料

SOFC 单电池的输出电压约为 1 V。为了获得更高的输出电压和功率，需要通过连接材料将单电池串联起来形成电池堆。连接材料在 SOFC 电池堆中起着至关重要的作用，它不但要连接相邻两个单电池的阳极和阴极，而且还要能够隔离电池堆中的还原气体和氧化气体。所以，对连接材料有严格的要求：

(1) 具有非常高的电子电导率，面积比电阻(ASR)低于 0.1 $\Omega \cdot cm^2$；

(2) 在高温、氧化还原气氛下都具有足够高的稳定性，包括尺寸稳定、微观结构稳定、化学稳定和相稳定等；

(3) 对氧化气体和还原气体有足够高的致密性；

(4) 热膨胀系数与电极、电解质材料相匹配；

(5) 不与相邻电池组元发生反应或者扩散；

(6) 足够高的机械强度和抗蠕变性；

(7) 低成本，易加工成型。

目前 SOFC 最常用的连接材料有两种：一是陶瓷氧化物；二是金属合金。前者以具有钙钛矿结构的 $LaCrO_3$ 基材料为代表。在 A 位掺杂 Mg、Sr 或者 Ca 之后，$LaCrO_3$ 具有非常高的电子电导率，热膨胀系数与 YSZ 电解质接近，并且它在氧化还原气氛下具有很好的稳定性。但是，$LaCrO_3$ 基连接材料也存在着一些缺点：首先，$LaCrO_3$ 是 p 型半导体，电导率随着氧分压的降低而减小；其次，陶瓷材料不易加工成型；最后，也是最致命的缺点，它不易烧结，很难形成致密体。

随着 SOFC 的工作温度降低到 800 ℃以下，金属合金类的连接材料开始被广泛使用，包括 Cr 基合金、Fe-Cr 基合金和 Ni-Cr 基合金等。金属合金连接材料与陶瓷连接材料相比有以下几个优点：高的机械强度；高的热导率；高的电子电导率；易于加工成型，成本低。然而，由于合金中都含有 Cr 元素，Cr 在高温下会以 CrO_3 或者 $Cr(OH)_2O_2$ 形式挥发，对阴极材料产生毒化作用，造成 SOFC 性能下降。

5. 密封材料

在平板式 SOFC 电池堆中，密封材料起着至关重要的作用。它既要阻止氧化剂与燃料气体溢出电池堆，又要阻止氧化剂与燃料气体在电池堆内部混合。所以，SOFC 密封材料应满足以下要求：

(1) 在电池工作条件下热力学稳定；

(2) 与相邻组元之间化学相容性良好，热膨胀系数匹配；

(3) 黏结性好，并且在热循环过程中不被破坏；

(4) 致密度高，防止气体泄漏。

目前使用的密封材料分为刚性密封材料和压缩密封材料两大类。压缩密封最大的优点是密封材料不与电池其他组元刚性接触，因此无需满足热膨胀系数匹配的要求。然而，为了维持气密性的要求，此方法需要在电池工作期间施加压力。反观刚性密封，并不需要施加外力，但是此方法对密封材料的黏结性和热膨胀系数要求严格。

4.4.3 SOFC 结构设计

由于是全固体的结构，固体氧化物燃料电池具有多样性的电池结构，以满足不同要求。主要电池结构有管式、平板式、套管型(bell-spigot)、单块叠层结构(mono-block layer built，MOLB，又称瓦楞式)及热交换一体化的 HEXIS 结构(heat exchange integrated stack)等。不同结构类型的 SOFC 在结构、性能及制备等方面各具优缺点。

1. 管式 SOFC

管式 SOFC 结构如图 4-24 所示，是由许多一端封闭的电池基本单元以串、并联形式组装而成。每个单电池从里到外由多孔的 CSZ 支撑管、锶掺杂的亚锰酸镧(LSM)空气电极、YSZ 固体电解质膜和 Ni-YSZ 陶瓷阳极组成。

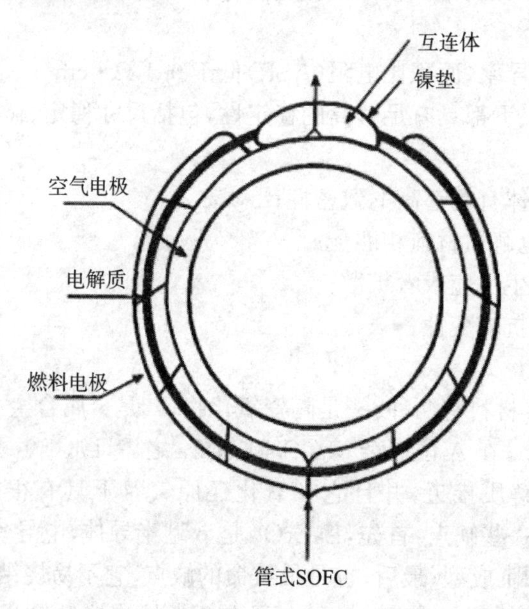

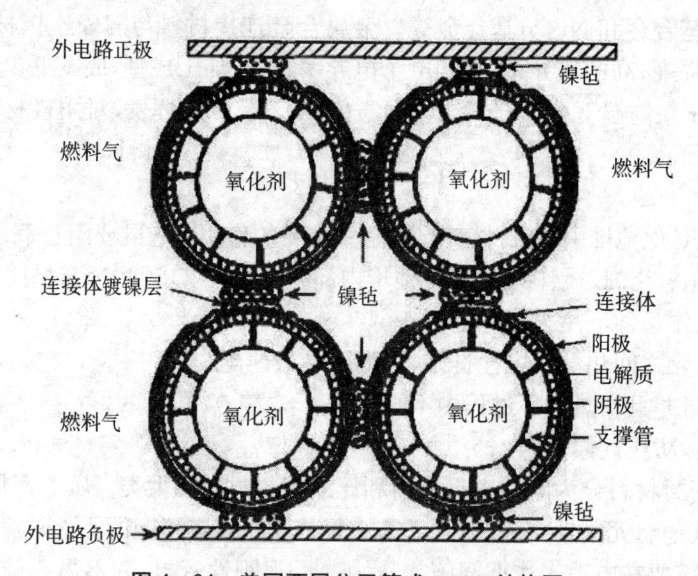

图 4-24　美国西屋公司管式 SOFC 结构图

(1) CSZ 多孔管起支撑作用并允许空气自由通过，到达空气电极。先进的管式 SOFC 电池中，CSZ 多孔管已由空气电极支撑管(air electrode supporter，AES)代替。采用 AES 技术不但简化了单管电池制备工艺，而且使单管电池的功率由原来的 24 W 提高到了 210 W，提高近 9 倍，电池的功率密度也有改善。更重要的是电池的稳定性有很大提高。

(2) LSM 空气电极支撑管、YSZ 电解质膜和 Ni-YSZ 陶瓷阳极通常采用挤压成型、电化学沉积(EVD)、喷涂等方法制备，经高温绕结而成。

管式 SOFC 的主要特点是电池组装相对简单，不涉及高温密封这一技术难题，比较容易通过电池单元之间的并联和串联组合成大规模的电池系统(图 4－24)。但是，管式 SOFC 电池单元制备工艺相当复杂，通常需要采用电化学沉积法制备 YSZ 电解质膜和双极连接膜(interconnector)，原料利用率低，造价很高。目前仅美国西屋电气公司和日本几家公司掌握管式电池制备技术。

2. 平板式 SOFC

平板式 SOFC 电池结构如图 4－25 所示。平板式 SOFC 的空气电极/YSZ 固体电解质/燃料电极被烧结成一体，形成三合一结构(PEN 平板)。PEN 平板间由开有内导气槽的双极连接板连接，使 PEN 平板相互串联，空气和燃料气体分别从导气槽中交叉流过。因为固体电解质性脆，不易做成大面积的 PEN 平板(目前 YSZ 膜最大面积为 25 mm×25 mm)。为了增大单电池面积，往往采用多电池矩阵结构，即将多个单池三合一结构排列在陶瓷或高温金属框架板中密封固定，形成 PEN 矩阵结构。例如在德国西门子公司的 10 kW 级的电池组中，每一层放置 16 个 50 mm×50 mm PEN 三合一结构，每一层总面积为 256 cm^2，共有 80 层叠在一起(共有 1 280 个 PEN)，电极总面积为 2 m^2。PEN 三合一结构或 PEN 矩阵结构与双极连接板之间采用高温无机黏结剂密封，以防止燃料气体和空气混合。

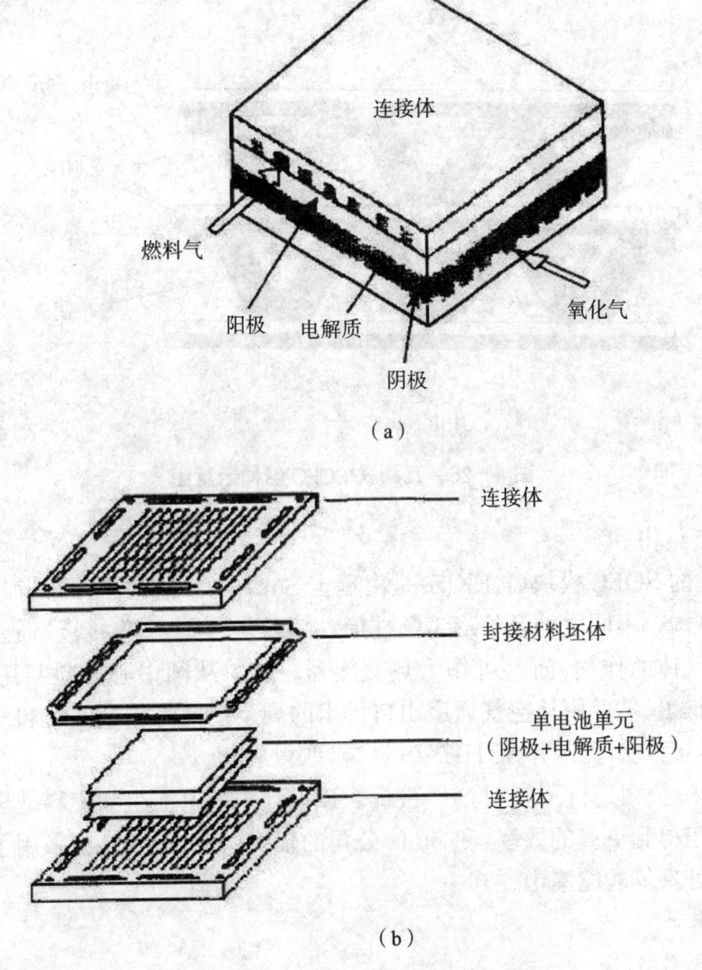

图 4－25 平板式 SOFC 结构示意图

平板式 SOFC 结构的优点是:电池结构简单,平板电解质和电极制备工艺简单,容易控制,造价也比管式低得多;此外夹板式结构电流流程短,采集均匀,电池功率密度也较管式高。平板式 SOFC 的主要缺点是:需要解决高温无机密封的技术难题以及由此带来的热循环性能差的问题;其次,对双极连接板材料也有很高的要求,即要求具备与 YSZ 电解质相近的热膨胀系数、良好的抗高温氧化性能和导电性能。在过去的几年,许多外国公司研制开发出类似玻璃和陶瓷的复合无机黏结材料,基本解决了高温密封问题。由于解决了高温密封问题,近几年平板式 SOFC 发展迅速,电池功率规模也大幅度提高。最近,加拿大又解决了电池的密封和电池热循环问题,从而实现了电池的快速升温启动和降温。这一技术的突破将加快固体氧化物燃料电池商业化的进程。

3. 瓦楞式 SOFC

瓦楞式 SOFC 的基本结构和平板式 SOFC 相同,见图 4-26。两者的主要区别在于 PEN 的形状不同。瓦楞式的 PEN 本身形成气体通道,因而双极连接不需要有导气槽。此外,瓦楞式 SOFC 的有效工作面积比平板式窄,因此单位体积功率密度大。主要缺点是瓦楞式 PEN 制备相对困难。由于 YSZ 电解质本身材料性脆,瓦楞式 PEN 必须经共烧结一次成型,且烧结条件控制十分严格。目前主要是日本 Chubu 电力公司和三菱重工联合开发的 MOLB 结构。

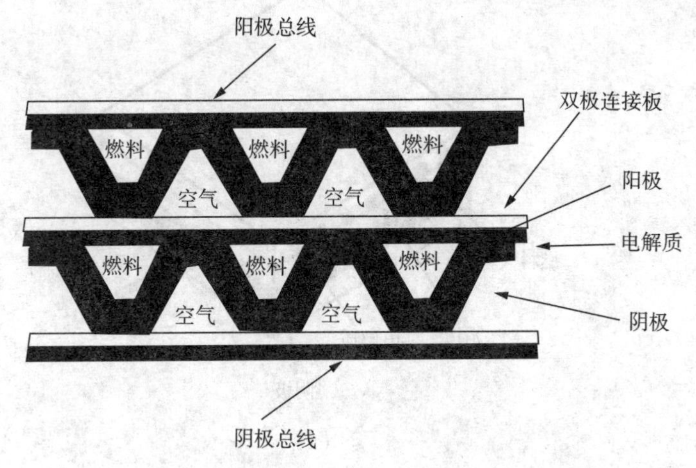

图 4-26　瓦楞式 SOFC 结构示意图

4. 其他 SOFC 结构

热交换一体化的 SOFC 模块(HEXIS)是由瑞士 Sulzer 公司发展出的一种新型结构,实际上也是一种平板式结构。不同之处是外形为圆柱形,由圆形三合一和连接板组成,连接板不但起连接阴、阳极和分配气体的作用,而且可作为热交换器。燃料从圆中心燃料共用管道进入气体通道,从外边缘出口排出,然后用从空气通道出口排出的剩余空气将剩余的燃料气烧掉。Sulzer 公司 1996 年至 1997 年试验了 1kW 级 HEXIS 系统,取得成功。

美国 Ceramatec 公司进行了新型 CP_n^R 设计。该设计中的电池组和燃料处理器以串联形式组合在一起,目的在于得到更高的效率,和 ZteK 公司的辐射型设计相似,也采用了类似于平板式的结构,只是把燃料处理等功能集中在其中。

5. 电池组性能

1) 管式 SOFC 系统

美国西屋公司已经开发出数套 25 kW 级的管式 SOFC 系统,并进行了数千小时运行。试验证明，输出最大功率为 27 kW、运行 1 000 h 的性能衰减率降低到 0.2%以下，多次启动、关机循环试验对电池的性能几乎没有影响。最近，西门子-西屋公司已完成 100 kW 级发电系统 (surecell[R])，并进行了 4 000 多小时的试验运行，电池电效率为 50%，高温余热回收效率为 25%，总能量效率为 75%，热、电总功率为 165 kW。

虽然管式电池功率密度为 0.15 W/cm^2，比平板电池低，但管式电池的衰减率、热循环稳定性比平板电池好得多。单池最长寿命实验达 70 000 h，远远超过固定电站要求的 40 000 h 的目标。管式 SOFC 可带压运行，可以和燃气轮机或蒸汽轮机集成一体，形成联合发电系统，总效率可高达 80%，甚至更高。这种联合发电技术将管式 SOFC 连接在燃气轮机的下游，利用燃气轮机未燃烧完全的尾气进一步发电，然后再用 SOFC 排出的高质量高温热源去推动下游的蒸汽轮机发电。这是一种理想的联合发电方式，效率很高。管式 SOFC 商业化的主要困难是造价太高，目前每千瓦造价是常规火力发电的几倍。

管式 SOFC 造价高的主要原因有：① 需采用多步电化学沉积方法(EVD)制备 YSZ 膜、$LaCrO_3$ 连接层。目前 EVD 过程已减到了一步，即 YSZ 膜的 EVD 制备造价已大幅度降低。西门子-西屋公司仍在努力寻找有效的方法取代唯一的 EVD 步骤——YSZ 薄膜电解质的制备，进一步降低制作成本。② 管式 SOFC 中的空气电极自身支撑管占总重量的 90%以上。西门子-西屋公司已成功地以廉价的含 Nd、Pr、Ce 等杂质的 La_2O_3 为原料代替高纯 La_2O_3，制备的 AES 管性能仅比用纯 La_2O_3 制备的 AES 管降低 8%，完全达到性价比要求。因此空气电极材料费用降低了 70%。该公司经济分析表明，按目前的技术水平，如果 SOFC 年生产规模达到 3 MW，SOFC 系统每千瓦造价可达到 1 000 美元，价格上具有很强的竞争力。

2) 平板式 SOFC 系统

由于平板式 SOFC 制备工艺相对简单以及电池功率密度较高，近几年成为国际 SOFC 研究领域的主流，全球约 70%的 SOFC 研究单位集中在平板式 SOFC 上。最大规模的平板 SOFC 的功率为 10.7 kW，由德国西门子公司开发成功。在 950 ℃以氢、氧为燃料时，功率密度为 0.6 W/cm^2，远远超过管式电池。但电池的性能衰减较快，电池运行 1 400 h 后性能衰减约 19%。衰减率较高的原因是金属连接板中 Cr_2O_3 的挥发造成阳极中毒。针对高温平板式电池对结构材料的苛刻要求以及性能衰减较快的问题，平板式电池发展趋势是降低电池的工作温度。

目前，国际上 YSZ 薄膜型中温(约 800 ℃)SOFC 的研究已取得巨大进展。阳极负载型或阴极负载型的厚度从几微米到几十微米的 YSZ 致密膜制备技术已经得到解决，采用各种制备方法(如用 DC Magnetron Plasma 和其他较便宜的方法)可以制备出致密的 YSZ 膜。YSZ 薄膜型中温 SOFC 电池性能也有很大突破。约十几家研究单位制备的薄膜型电池在 800 ℃时功率密度达到 0.2 W/cm^2 以上，已超过西屋公司管式 SOFC 在 1 000 ℃的功率密度。特别是美国 Allied Signal 公司开发的中温 SOFC，在 800 ℃时功率密度高达 0.54 W/cm^2，电池总功率达 670 W，质量功率密度超过 1 kW/kg。更令人振奋的是，美国加州理工大学 Berkeley 分校及西北大学科研人员采用约 5 μm 的 YSZ 薄膜及通过电极界面修饰优化，使中温(750 ℃)SOFC 的功率密度超过 1.0 W/cm^2。中温 SOFC 将是平板电池的主流，未来具有很大的发展潜力。

MOCB 结构目前的功率规模达到 5 kW。由两组 40 个单电池的电池模块组成，单电池面积 200 mm×200 mm。在 0.77 V 时，电池的电流密度为 0.29 A/cm^2，功率密度为 0.223 W/cm^2。HEXIS 结构 SOFC 已达到了 1 kW 级的规模。电池在 0.8 V 时电流密度达到 0.15 A/cm^2，功率密度为 0.12 W/cm^2。

4.5 碱性燃料电池(AFC)

4.5.1 AFC 简介

碱性燃料电池(AFC)的技术早在 1902 年即被提出,是最早发展的现代燃料电池之一,然而以当时的科技能力而言并无法证实其可行性,一直到了 20 世纪 40～50 年代才由培根(T. F. Bacon)验证完成。碱性燃料电池取得成功的实际应用是在 20 世纪 60～70 年代,在阿波罗宇宙飞船以及在其后的航天飞机上,碱性燃料电池被用来作为电源,同时为宇航员提供饮用水,当时曾掀起了全世界第一波燃料电池研究的高潮。

与酸性燃料电池原理不同的是,在碱性燃料电池里,电解质采用碱性物质,例如 NaOH、KOH,电解质中的载流子是氢氧根离子,比较典型的电解质是 30%的 KOH 溶液。发生的电极反应及总反应为

阳极反应: $H_2+2OH^- \longrightarrow 2H_2O+2e^-$

阴极反应: $1/2O_2+H_2O+2e^- \longrightarrow 2OH^-$

总反应: $1/2O_2+H_2 \longrightarrow H_2O$

电池的总反应式为氢气与氧气反应生成水,并释放出热量。反应生成的产物水以及热量需要带出电池,通常通过循环电解液将水和热量带出,使用冷却剂降温,通过蒸发除去产物水。电池的工作原理如图 4-27 所示。

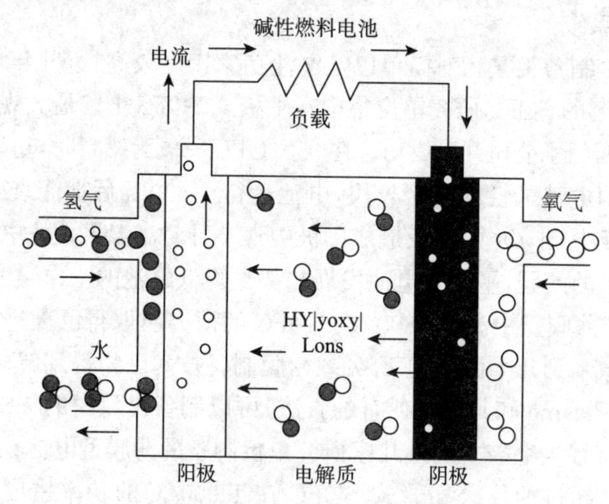

图 4-27　碱性燃料电池工作原理

由于 AFC 采用碱溶液作为电解质,具有如下优点。

(1) 能量转化效率高。当一般碱性燃料电池的工作电压在 0.80～0.95 V 时,其电能转化效率可高达 60%～70%。这是由于在碱性介质中氧的还原反应在相同催化剂(如铂、铂/炭)上的反应速度(交换电流密度)比在其他电池介质中高的缘故。

(2) AFC 可以使用非铂催化剂,如雷尼金属、硼化镍等。如此不但可以降低电池成本,而且也不受铂资源的限制。

(3) AFC 的结构可以使用塑料、石墨,或者非贵重与稀有金属等较为便宜的材料。例如,镍

在碱性燃料电池的工作温度下，面对电池中的碱性电解质具有化学稳定性。因此，可以采用镍板或者镀镍金属板做双极板。

但是，采用碱性电解液使 AFC 也具有一些缺点。

(1) 必须将空气以及燃料气中的二氧化碳清除干净，否则二氧化碳会与碱溶液发生反应生成碳酸盐，严重影响电池性能。

(2) 电化学反应生成的水必须及时排出，以维持电解液的浓度，这使系统变得复杂，并影响电池的温度操作性能。

4.5.2 电催化剂与电极

1. 电催化剂

从元素组成来看，碱性燃料电池的电催化剂主要是贵金属(如铂、钯、金、银等)和过渡金属(如镍、钴、锰等)，也可以是贵金属与贵金属或者贵金属与过渡金属组成的合金，如铂－钯、铂－金、铂－镍、铂－镍－钴、镍－锰等。从结构上看可以分为两类：一类是高比表面的雷尼金属，如雷尼镍、雷尼银；另一类是高分散的担载型催化剂，即将铂类电催化剂高分散地担载到高比表面积、高导电性的担体(如碳)上。

2. 电极

燃料电池中，反应物是气相，电解质是液相，而电催化剂是固相，电极反应在气、液、固三相界面上发生。所以，燃料电池技术的重大突破是由于气体扩散电极的发明及发展。要使电池获得较高的电池性能，需要提高三相反应界面的面积，这可以通过利用具有高比表面积物质来制备电极的方法实现。多孔电极具有比其几何面积大几个数量级的真实表面积。有时在制备多孔电极的过程中，先加入一些填充物，制备完成后将填充物除去就留下了丰富的孔道。根据电极基本结构、黏结剂、材料性质等不同，通常有疏水电极和亲水电极两种。

疏水扩散电极是利用黏结剂黏合的碳粉制备而成。碳粉通常为高比表面积的活性炭或炭黑，带有高活性的催化剂。黏结剂通常采用聚四氟乙烯。这种电极大规模制备比较容易，通常有两层结构：一层高度疏水的气体扩散层和一层充满电解液的润湿层。润湿层提供反应界面，疏水层阻止电解液进入电极，使孔道保持通畅以便气体能顺利扩散到达反应界面。

亲水电极是由烧结的金属粉末制备而成。电极结构由孔径不同的粗孔层和细孔层两层构成。在气体扩散电极一侧为粗孔层，电解液一侧为细孔层，这样电解液就可以依靠毛细力保持在孔径较小的细孔层而不至于进入孔径大的粗孔层而堵塞气体通道。这种金属电极密度较大，但是导电性非常好，可以通过集耳导出电流，非常适合单极结构的电池。通过这种结构，采用具有高比表面积的雷尼金属，可以在低温下有较高的催化活性而不必使用铂催化剂。

4.5.3 AFC 性能影响因素

1. 排水方法

碱性燃料电池的排水方法有以下几种类型。

(1) 反应气体循环法：通过循环一个或两个电极的反应气体，在外部冷凝成液态水排出。这种排水方法也能起到部分排热的作用。

(2) 静态排水法：在氢气室一侧有一多孔排水膜，生成的水通过浓差扩散通过氢气室，进入排水膜，在排水膜外侧冷凝并通过排水腔排出电池。

(3) 冷凝排水法：在氢气室一侧有冷凝板(无孔)，外侧的冷凝腔内流过冷却剂，生成的水在冷凝板上凝结成液态排出。这种情况下,反应气体通道是一端封闭的。

(4) 电解质排水法:通过将电解液循环在外部除水单元里蒸发排水。这种情况下水蒸发所需热量由电堆的废热提供。

循环过量反应气体的排水方法是目前最佳的排水方法,这种方法具有许多优点:电堆设计简单;系统大小没有限制(上述第4种排水方法要求系统至少5 kW,否则电堆的废热不足以用来蒸发水);水的蒸发对电堆冷却也有贡献;反应物气体浓度在电极上分布均匀;可以在高电流密度下工作等。这种排水方法最适合于疏水电极,与电解液循环配合,这样的系统在一定的范围内可以实现自我调节,已经在多家公司的燃料电池系统中得到了应用。

2. CO_2 毒化问题

CO_2 毒化的问题是碱性燃料电池面临的主要技术问题之一,被认为是困扰碱性燃料电池地面应用的关键问题。一般认为二氧化碳的影响是直接与碱溶液发生化学反应

$$CO_2 + 2KOH \longrightarrow K_2CO_3 + H_2O$$

生成的碳酸钾可能会沉淀析出而堵塞雷尼金属催化剂的孔道,或者可能保持液态,但降低了电解液的电导率从而使性能下降。虽然 CO_2 对电池性能的影响原因尚无定论,但实验显示 CO_2 的确有很大影响,大多数情况下这种影响是可逆的。目前可以应用的消除 CO_2 影响的方法是采用氢氧化钠吸收二氧化碳,1 kg NaOH 可以将1 000 m^3 空气中的 CO_2 从0.03%降到0.001%。这种方法在技术上是可行的,然而从经济性的角度讲,却不是很好的方案。能否找到其他更有效更经济的脱除二氧化碳的方法将会对碱性燃料电池能否会重新引起人们的关注起到较为关键的作用。

4.6 磷酸盐燃料电池(PAFC)

4.6.1 PAFC 简介

碱性燃料电池(AFC)在载人太空飞行中的成功应用,证明了以电化学方式将燃料化学能转化为电能的发电方式的可行性,但将这种高效率发电方式移到地面上使用时,首先,会遇到空气中二氧化碳对碱性燃料电池毒化的问题,因此,如果要将 AFC 以空气作为氧化剂时,则必须设法除去空气中所含的二氧化碳;其次,采用各种富氢气体取代纯氢作为燃料气体时,例如重整改质后的天然气,也必须除去燃料气体内所含的二氧化碳,如此,将导致燃料电池系统的复杂化,而且增加发电成本。

1970年以后,世界各国即开始致力于开发以酸为电解质的酸性燃料电池。其中,以磷酸为电解质的磷酸型燃料电池(PAFC)首先获得突破。由于磷酸是唯一同时具有良好的热、化学及电化学稳定性的无机酸,而且它在超过150 ℃的高温下挥发性低,更重要的是它可以容忍燃料气体与氧化剂中所含的二氧化碳,因此 PAFC 适合作为地面应用的燃料电池。

PAFC 是最早商业化的燃料电池技术,因此又被称为第一代燃料电池,目前在全世界总计已经有超过75 MW 的发电容量的 PAFC 发电系统已经或正在示范运行,或者正在装机中。PAFC 属于中温型燃料电池,工作温度在100~200 ℃之间,不但具有发电效率高、清洁、无噪声等特点,而且还可以热水形式回收大部分的反应废热,发电效率可达40%,热电合并系统的效率更可以达到60%~70%。PAFC 发电站主要用以提供饭店、医院、学校、商业中心等场所所需的热与电

力，也可以作为不间断电源应用。

由于 PAFC 激活时间需要几个小时，作为紧急备用电源或交通工具的动力源，不如可以随时激活的质子交换膜燃料电池来得便利；又因为它的工作温度仅为 200 ℃左右，用于静置型发电站时余热回收效率偏低，因此，在热电合并效率方面不如熔融碳酸盐燃料电池与固体氧化物燃料电池等高温型燃料电池，所以近年来各国投入 PAFC 的研发逐渐减少，进展速度也因此而逐渐减缓。

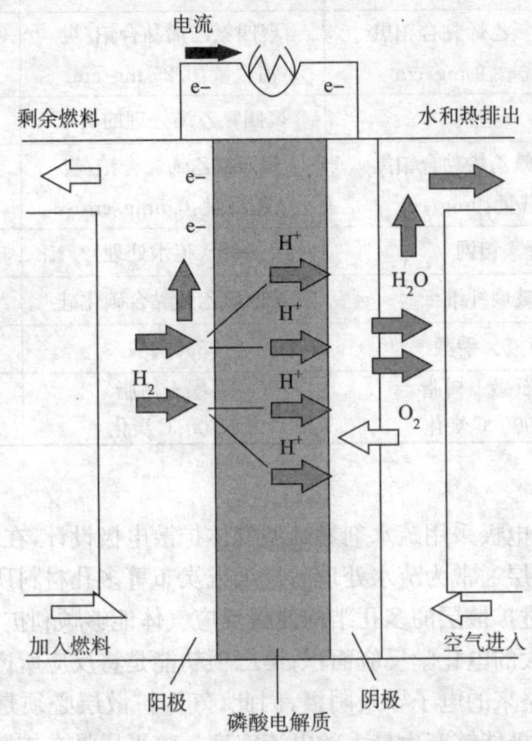

图 4-28　磷酸型燃料电池的工作原理

图 4-28 所示为 PAFC 工作原理示意图。磷酸型燃料电池以磷酸为电解质，磷酸在水溶液中易解离出氢离子，并将阳极反应中生产的氢离子传输至阴极。在阳极，燃料气中的氢气在电极表面反应生成氢离子并释放出电子，其电极反应式为：$H_2 \longrightarrow 2H^+ + 2e^-$。

在阴极，经电解质传输的氢离子及经负载电路流入的电子与外部提供的氧气反应生成水，其电极反应式为：$1/2O_2 + 2H^+ + 2e^- \longrightarrow H_2O$。

PAFC 总反应式为：$1/2O_2 + H_2 \longrightarrow H_2O$。

4.6.2　PAFC 结构材料

1. 电解质于载体

表 4-8 所示为 PAFC 主要组件所使用的材料的发展过程。早期的 PAFC 曾经采用经特殊处理的石棉膜与玻璃纤维纸作为电解质载体。然而，在长时间运转过程中，石棉和玻璃纤维中的碱性氧化物会慢慢与浓磷酸发生化学反应而导致电池性能衰减。所以，目前 PAFC 的设计均采用同时具有化学稳定性与电化学稳定性的碳化硅粉末与聚四氟乙烯来制作电解质载体。PAFC 电解质载体是具有微孔结构的隔膜，一般而言，电解质载体隔膜内的孔径远小于多孔气体扩散电

极的孔径,以确保电解质隔膜内的空隙能够完全充满磷酸电解质。当充满浓磷酸的隔膜与氢氧电极组合在一起的时候,在电池堆组装力作用下,部分磷酸电解液就会渗入氢氧多孔扩散电极内,形成三度空间的三相界面(触媒、磷酸电解质、反应气体),有助于电化学反应。

表 4-8 PAFC 主要组件所使用的材料的发展过程

组件 \ 时间		1965 年前后	1975 年前后	现今
阳极	催化层	聚四氟乙烯黏合铂黑 铂载量:9 mg/cm^2	聚四氟乙烯黏合铂/炭 铂载量:0.25 mg/cm^2	聚四氟乙烯黏合铂/炭 铂载量:0.1 mg/cm^2
	扩散层	钽网	聚四氟乙烯处理的炭纸	聚四氟乙烯处理的炭纸
阴极	催化层	聚四氟乙烯黏合铂黑 铂载量:9mg/cm^2	聚四氟乙烯黏合铂/炭 铂载量:0.5mg/cm^2	聚四氟乙烯黏合铂/炭 铂载量:0.5mg/cm^2
	扩散层	钽网	炭纸(疏水处理)	炭纸(疏水处理)
电解质载体		玻璃纤维纸	聚四氟乙烯黏合碳化硅	聚四氟乙烯黏合碳化硅
电解质		85%磷酸	95%磷酸	100%磷酸
双极板		石墨+树脂 900 ℃炭化	石墨+树脂 2 700 ℃炭化	复合炭板

2. 电极

目前磷酸燃料电池的电极采用疏水剂黏结型气体扩散电极设计,在结构上可分成扩散层、整平层与催化层三层。扩散层通常为疏水处理后炭纸或炭布等多孔材料所制成。扩散层有两项主要功能,第一项功能是通过扩散层的多孔结构使得反应气体能够顺利扩散进入电极,并均匀地分布在催化层上,以提供最大的电化学反应面积;第二项功能是将反应所产生的电子导离阳极以进入外电路,并同时将外电路来的电子导入阴极,因此,气体扩散层必须是电的良导体。这两项功能的设计目标在于使得电极能够产生最大的电流密度。整平层是在扩散层表面上涂覆一层炭粉与疏水剂的混合物,目的是为了使催化层能够平整地被覆在扩散层上。催化层则是发生电化学反应的场所,也是电极的核心,为了使电催化反应能够顺利进行,在电极上的催化层必须具备以下几项特性:

(1) 催化层必须透气,即具有高的气体渗透性;

(2) 催化粒子必须均匀地分布在能接触到气体分子的表面;

(3) 催化必须与电解质接触,以确保反应产生的离子顺利地通过;

(4) 催化载体的导电性要高,以利于电子转移,因为在触媒粒子上,反应所需的或产生的电子必须通过导电性物质与电极沟通;

(5) 催化的稳定性要好,高分散、细颗粒的铂表面自由能大,很不稳定,需要掺入一些催化剂以降低其表面自由能,或者掺入少量含有能与催化剂形成化学键或弱结合力的元素的物质。

早期,PAFC 的触媒层是以聚四氟乙烯黏合铂黑所构成,铂载量高达 9 mg/cm^2 以上,目前则是将铂分布在高导电度、抗腐蚀、高比表面、低密度和廉价的炭黑上而形成高度分散的铂/炭触媒,如此使铂利用率大为提高,进而使铂用量大幅度降低。以目前的技术,阳极的铂载量可以降低到约为 0.10 mg/cm^2,阴极约为 0.50 mg/cm^2。PAFC 电极的制作技术大致叙述如下:

(1) 扩散层的疏水处理:将载好的炭纸称重,多次浸入已稀释好的聚四氟乙烯溶液中,取出阴干后再置入烘箱内烘干,以去除使浸渍在炭纸中的聚四氟乙烯所含的接口活性剂,同时使聚四氟乙烯热熔烧结并均匀分散在炭纸的纤维上，进而达到良好的疏水效果。将烘干冷却后的炭纸称重，可求得疏水处理的程度与孔隙率。一般而言，PAFC 扩散层的厚度在 200～400 μm 之间，内部多孔结构的大结构微孔孔径为 2～50 μm，细孔孔径则为 3～5 nm。

(2) 气体扩散层表面平整处理：由于烘干后的炭纸或炭布表面凹凸不平，会影响催化层的品质，因此，有必要对炭纸表面进行平整处理。整平方法是用水或水与乙醇的混合物作为溶剂，置入适量的炭黑与聚四氟乙烯乳液后以超声波振荡，混合均匀，再使其沉淀，清除上部清液后，将沉淀物涂抹到进行过疏水处理的炭纸或炭布上，并予以整平。整平层的厚度为 1～2 μm。

(3) 催化浆料制作：将聚四氟乙烯、异丙醇作为(分散剂)及水按一定比例混合成水溶液；然后将适量的铂/炭混合粉末连同磁石一并放进混合溶液瓶内，置于磁石加热搅拌器上混合均匀为止。当浆料太稠时，可以加入适量异丙醇予以稀释，倘若太稀则加长搅拌时间。

(4) 气体扩散电极制作：利用浆涂、喷印、网印等方法，将催化浆料均匀涂布至疏水处理后的炭纸上，而成为气体扩散电极。涂布完毕后，置于通风橱内晾干；紧接着再置入高温炉内在常压下烘干并压实处理。冷却称重，可求得电极上单位面积铂载量。一般而言，催化层的厚度约为 50 μm。

3. 双极板

双极板具有输送反应气体，分隔氢气和氧气及传导电流的作用，在其两面加工的流场将反应气体均匀分配至电极各处。由于磷酸具有腐蚀性，双极板不能采用一般的金属材料制作，目前常用的双极板材料是无孔石墨。无孔石墨的制作方式是先将石墨粉与树脂混合，在 900 ℃左右的高温下将树脂部分炭化而成，然而在实际应用中发现，这种方法制作的双极板材料在磷酸电池的工作条件下会发生降解。为了解决这一问题，将热处理温度提高到了 2 700 ℃，从而使石墨粉与树脂的混合物接近完全石墨化，这种方法制作的材料在典型的 PAFC 工作条件下(温度为 190 ℃，浓度为 97%(体积分数)的磷酸电解质，氧气工作压力为 0.48 MPa，电池工作电压为 0.8 V)可以稳定地工作 40 000 h 以上，这个结果显然已经达到了燃料电池的长期运转目标。然而，这种高温处理的无孔石墨双极板的生产成本太高，为降低双极板的制作成本，目前大都采用复合双极板。所谓复合双极板就是以两侧的多孔炭流场板夹住中间一层分隔氢气与氧气的无孔薄板，以构成一套完整的双极板。这种设计除了有效分隔氢气与氧气之外，在 PAFC 中，多孔流场板的内部还可以存贮少许的磷酸电解质，当电池隔膜中的磷酸因蒸发等原因损失时，存贮在多孔炭板中的磷酸就会依靠毛细力的作用迁移到电解质隔膜内，以延长电池的工作寿命。

4.6.3 PAFC 性能

目前 PAFC 无论在材料的选择，结构的设计，以及所使用的工艺技术都已经相当成熟。因此，能够影响 PAFC 性能的因素主要是外在工作参数，例如压力、温度、反应气体组成与利用率等。此外，燃料气体所含的杂质对 PAFC 的性能会有负面的影响。

1. 压力效应

提高 PAFC 反应气体的工作压力可以有效地改善电化学性能。工作压力对燃料电池性能的影响可以从热力学与电极反应动力学两个角度来探讨。

从热力学角度来看，提高反应气体压力可以提高燃料电池的可逆电势。在 T＝900 ℃的典型工作温度下，PAFC 系统工作压力从 p_1 变化至 p_2 时，根据 Nernst 方程式所推导出可逆电势改变量 ΔE_n(mV)与压力的关系为

$$\Delta E_n=\frac{RT}{4F}\ln\left(\frac{p_2}{p_1}\right)=23\lg\left(\frac{p_2}{p_1}\right)$$

换言之,在工作温度 $T=900$ ℃,压力增加为原来的 10 倍时,PAFC 的可逆电势可增加 23 mV。

从电极反应动力学角度来看,(1)增加 PAFC 工作压力可以缓解电极在高电流密度下的浓度极化;(2)工作压力增加可提高阴极反应气体中水的分压而促使磷酸电解质浓度降低,如此,可以增加磷酸电解质的离子导电度,降低 PAFC 的欧姆极化。例如,在 169 ℃的工作温度下,当 PAFC 反应气体压力从 1 atm 增加到 4.4 atm 时,由于水的分压增加会使磷酸电解质的浓度从 100%降低至 97%,磷酸电解质的欧姆电阻会因此降低约 0.001 Ω;(3)工作压力增加有助于提高交换电流密度而进一步降低活化极化。

2. 温度效应

从热力学的角度来看,提高燃料电池的工作温度会降低燃料电池的可逆电势。在标准状态下,氢氧燃料电池的可逆电势随着温度增加的下降率为 0.27 mV/ ℃。然而,从电极动力学的角度来看,当燃料电池温度升高时,有助于增加反应气体质子传导速率并加速电化学反应,而两者均有助于降低电极极化。上述两项因素综合的效果是,PAFC 的性能随着工作温度升高而提高。在电流密度约为 250 mA/cm^2 的中度负载条件下,PAFC 电压增量 ΔV_T(mV)随着氢气与空气温度的提高而增加的关系可以用以下经验式表示:

$$\Delta V_T=1.15(T_2-T_1)$$

式中,T_1 与 T_2 的单位为 ℃或者 K,适用的温度范围在 180～250 ℃。由上式可知燃料电池工作温度每增加 1 ℃时 PAFC 的性能增加 1.15 mV。也有其他研究数据显示上式中的系数介于 0.55～0.75 之间变化,而非定值 1.15。

图 4－29 所示归纳了燃料气体内含有不同成分的杂质时温度对 PAFC 性能的影响。图中四条曲线分别代表氢气、氢气＋一氧化碳(3×10^{-6})(体积分数)、氢气＋硫化氢(200×10^{-6})(体积分数)及模拟煤气四种不同成分的阳极燃料气体的结果,阴极以空气为氧化剂,而输出电流密度则固定在 200 mA/cm^2。结果显示当 PAFC 以纯氢为燃料气体时,由于温度对氢气电极电势影响有限,因此燃料电池输出电压随着温度增加的变化量不大;当燃料气体内含有一氧化碳时,增加 PAFC 工作温度可以改善阳极性能进而提高燃料电池的输出电压,这是因为高温环境下有助于降低一氧化碳在铂催化剂表面上的吸附能力,因此可以提高铂催化剂对一氧化碳的容忍度而减轻一氧化碳对阳极毒化的影响;以模拟煤气作为 PAFC 阳极进气时,工作温度对燃料电池性能的影响也极为明显,当工作温度低于 200 ℃时,燃料电池输出电势明显下降。增加 PAFC 的工作温度固然可以提高燃料电池性能,然而也可以产生触媒烧结、组件腐蚀及电解质降解与蒸发等负面效应。

3. 反应气体组成与利用率效应

增加反应气体的利用率或者降低反应气体进口浓度将会降低燃料电池性能。增加反应气体的利用率会使得反应气体出口分压降低,而降低反应气体进口浓度则意味着降低进口气体的分压。因此,以上两项均会增加电极浓度极化而降低燃料电池性能。

燃料电池的氧化剂组成与利用率是影响阴极性能的重要参数。当电极输出电位固定时,PAFC 阴极极化随着氧化剂的利用率减少而降低。例如,以纯氧取代空气作为 PAFC 的氧化剂时,限制电流密度可以提高达三倍。图 4－29 所示的阴极铂载量 0.52 mg/cm^2 时过电势变化量与氧气利用率的关系显示,经过疏水处理的电极及使用浓度 100% 的磷酸为电解质时,在 191 ℃、1 atm 下,阴极过电势变化量为氧气利用率的函数,可以写成:

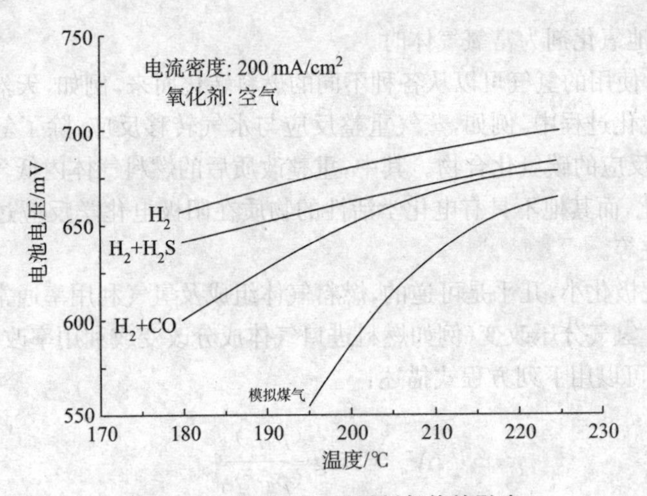

图 4-29 温度对不同燃料气体的影响

$$\Delta\eta=\eta_c-\eta_{c,\infty}$$

式中，η_c 与 $\eta_{c,\infty}$ 分别为有限氧气流量与无限氧气流量下的阴极过电势。

无限氧气流量表示阴极氧气利用率为零，在实际的工作过程中，我们可以将阴极氧气流量增加以获得较低的氧气利用率。当氧气流量非常高时，则氧气的利用率接近零，此时所测得的阴极过电势即为 $\eta_{c,\infty}$。图 4-30 中显示阴极极化随着氧气利用率增加而快速增加，当 PAFC 氧气利用率为 50%时，阴极过电势增加了 19 mV。

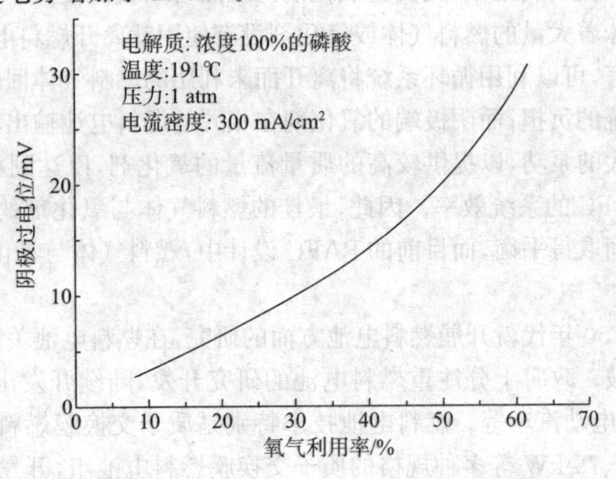

图 4-30 阴极铂载量 0.52 mg/cm² 时过电势变化量与氧气利用率的关系

由于氧化剂利用率改变而造成的阴极过电势损失 ΔV_c(mV)可以用燃料电池内反应气体平均分压的改变来描述

$$\Delta V_c=148\lg\frac{(p_{O_2})_2}{(p_{O_2})_1},0.04\leqslant\frac{p_{O_2}}{p_{\text{total}}}\leqslant 0.2$$

$$\Delta V_c=96\lg\frac{(p_{O_2})_2}{(p_{O_2})_1},0.2\leqslant\frac{p_{O_2}}{p_{\text{total}}}\leqslant 1.0$$

式中，p_{O_2} 为反应过程中 PAFC 内氧气的平均分压，前者适用在燃料电池使用空气为氧化剂时,后者适用燃料电池氧化剂为富氧气体时。

PAFC 发电站所使用的氢气可以从各种不同的燃料转化而来,例如,天然气、石油、液化煤或煤气等。这些燃料转化过程中,例如,蒸气重整反应与水气转移反应,除了氢气之外还包括一氧化碳、二氧化碳及未反应的碳氢化合物。其中,重整改质后的燃料气体内低含量的一氧化碳会造成 PAFC 阳极的毒化,而其他不具有电化学活性的物质在阳极电化学反应过程中仅充当稀释剂用,如二氧化碳、甲烷等。

由于阳极的活化极化小,几乎是可逆的,燃料气体组成及氢气利用率通常不会对燃料电池性能造成明显的影响。氢气分压改变(例如燃料进口气体成分改变或利用率改变)所造成的阳极电势改变量 ΔV_a(mV)可以用下列方程式描述:

$$\Delta V_a = 55\lg\frac{(p_{H_2})_2}{(p_{H_2})_1}$$

式中,p_{H_2} 为 PAFC 阳极内氢气平均分压。

基本上,燃料气体内含有低浓度的稀释剂对 PAFC 阳极性能影响并不大。例如,在工作温度为 190 ℃、电流密度为 100 mA/cm^2 时,氢气内含有 10%(体积分数)的二氧化碳时的阳极电势损失只有 2.5 mV,然而这个极化量相比于阳极全部的计划量 3 mV 而言所占的比例是相当大的。有研究报告显示,以纯氢气为燃料时,在 215 mA/cm^2 的电流密度下,燃料气体利用率小于或等于 90%时,PAFC 的输出电压几乎保持不变;当燃料气体利用率超过 90%时,输出电压会急剧下降。

降低燃料气体或氧化剂利用率(尤其是氧化剂),虽然可以获得较高的性能,然而低的燃料气体或氧化剂利用率意味着大量的燃料气体或氧化剂没有使用就离开燃料电池的阳极与阴极。就阳极端的燃料气体而言,可以利用循环系统将离开而未利用的燃料气体回收使用,低的燃料气体利用率会增加循环系统的负担;而阴极端的氧化剂在相同的燃料电池输出功率之下,低氧化剂利用率表示必须消耗更大的泵功,以提供较高的质量流量的氧化剂,以达到相同的氧化剂使用量。以上两者均会降低 PAFC 的系统效率。因此,最佳的燃料气体与氧化剂的利用率必须在燃料电池性能与系统效率之间取得平衡,而目前的 PAFC 设计中,燃料气体与氧化剂的最佳利用率分别为 85%与 50%。

我国早在 20 世纪 50 年代就开展燃料电池方面的研究,在燃料电池关键材料、关键技术的创新方面取得了许多突破。政府十分注重燃料电池的研究开发,陆续开发出百瓦级- 30 kW 级氢氧燃料电极、燃料电池电动汽车等。燃料电池技术特别是质子交换膜燃料电池技术也得到了迅速发展,开发出 60 kW、75 kW 等多种规格的质子交换膜燃料电池组,开发出电动轿车用净输出 40 kW、城市客车用净输出 100 kW 燃料电池发动机,使中国的燃料电池技术跨入世界先进国家行列。

在当今全球能源紧张、油价高涨的时代,寻找新能源作为化石燃料的替代品是当务之急。因为氢能的优势明显,清洁、高效,因此得到各国政府的大力支持,加上各种能源动力企业对燃料电池的发展信心十足,所以燃料电池未来市场将有巨大的上升空间。

思考题

[1] 说明燃料电池的工作原理及其特点。

[2] 说明质子交换膜燃料电池的特性。
[3] 简述固体氧化物燃料电池的结构与性能。
[4] 简述熔融碳酸盐燃料电池的结构与性能。
[5] 简述碱性燃料电池性能的影响因素。
[6] 简述磷酸型燃料电池性能的影响因素。

参考文献

[1] 雷永泉.新能源材料.天津:天津大学出版社,2002.
[2] 管从胜,杜爱玲,杨玉国.高能化学电源.北京:化学工业出版社,2005.
[3] 陈军,陶占良,苟兴龙.化学电源-原理、技术与应用.北京:化学工业出版社,2006.
[4] 李建保,李敬锋.新能源材料及其应用技术.北京:清华大学出版社,2005.
[5] 樊玉欠,邵海波,王建明,等.非贵金属催化的碱性硫离子燃料电池放电特性.物理化学学报,2012,28(1):90-93.
[6] 庄树新,刘素琴,张金宝,等.钙钛矿型 $La_{1-x}Ca_xCoO_3$ 纳米孔材料在 Al-H_2O_2 半燃料电池中的应用.物理化学学报,2012,28(2):355-360.
[7] 部建全,安胜利,宋希文,等.固体氧化物燃料电池阴极材料研究进展.材料导报,2011,25(12):9-12.
[8] Yamamoto O. Solid Oxide fuel cells:Fundametal aspects and prospects. Electrochim Acta,2000,45:2423.
[9] 朱科,石继仙.燃料电池技术领域中国专利申请状况分析.统计与分析,2012,1:40-43.
[10] 张锐显.燃料电池中催化剂的研究进展.新疆化工,2011,1:15-17.
[11] 张海艳,曹春晖,赵健,等.燃料电池 Pt 基核壳结构电催化剂的最新研究进展.催化学报,2012,33(2):222-229.
[12] Sun C W,Hui R,Roller J. Cathode mAterial for solid fuel cell: A review. J Solid State Electrochem,2010,14:1125-1144.
[13] Atkinson A,Barnett S,Gorte R J,et al. Advanced anodes for high-temperature fuel cells. Nature Materials,2004,3(1):17-27.
[14] Fergus J W. Lanthanum chromite-based materials for solid oxide fuel cell interconnects. Solid State Ionics,2004,171(1-2):1-15.
[15] 毛宗强.燃料电池.北京:化学工业出版社,2006.
[16] 黄镇江.燃料电池及其应用.北京:电子工业出版社,2005.

太阳能电池材料

本章内容提要

太阳能电池是利用可持续的太阳能资源最有效的方法之一，也是解决世界范围内的能源危机和环境问题的一条重要途径。本章介绍目前太阳能电池的发展概况，太阳能电池的工作原理，晶硅太阳能电池的结构与特性，晶硅太阳能电池的标准制备工艺，主要几种薄膜太阳能电池的结构与特性，以及其他几种新型太阳能电池的研究介绍。

5.1 太阳能电池发展概况

太阳能是一种储量极其丰富的可再生能源，有取用不尽、用之不竭、安全环保等优点，引起了人们极大的关注。太阳能的有效利用方式有光—热转换、光—电转换和光—化学转换三种方式，太阳能的光电利用是近些年来发展最快、最具活力的研究领域。太阳能电池是利用太阳光与材料相互作用直接产生电能的器件。由于半导体材料的禁带宽度（0～3.0 eV）与可见光的能量（1.5～3.0 eV）相对应，所以当光照射到半导体上时，能够被部分吸收，产生光伏效应，太阳能电池就是利用这一光伏效应制成的。

太阳能光伏发电的最核心的器件是太阳能电池。而太阳能电池的发展历史已经经过了 160 多年的漫长发展历史。从总的发展来看，基础研究和技术进步都起到了积极推进的作用，至今为止，主要的太阳能电池的基本结构和机理没有发生改变。

1893 年法国实验物理学家 E. Becquerel 发现液体的光生伏特效应，简称为光伏效应。

1877 年 W. G. Adams 和 R. E. Day 研究了硒(Se)的光伏效应，并制作第一片硒太阳能电池。

1883 年美国发明家 Charles Fritts 描述了第一块硒太阳能电池的原理。

1904 年 Hallwachs 发现铜与氧化亚铜(Cu/Cu_2O)结合在一起具有光敏特性；德国物理学家爱因斯坦(Albert Einstein)发表关于光电效应的论文。

1918 年波兰科学家 Czochralski 发展生长单晶硅的提拉法工艺。

1921 年德国物理学家爱因斯坦由于 1904 年提出的解释光电效应的理论获得诺贝尔(Nobel)物理奖。

1930 年 B. Lang 研究氧化亚铜/铜太阳能电池，发表“新型光伏电池”论文；W. Schottky 发表“新型氧化亚铜光电池”论文。

1932 年 Audobert 和 Stora 发现硫化镉(CdS)的光伏现象。

1933 年 L. O. Grondahl 发表“铜—氧化亚铜整流器和光电池”论文。

1951 年生长 p-n 结，实现制备单晶锗电池。

1953 年 Wayne 州立大学 Dan Trivich 博士完成基于太阳光普的具有不同带隙宽度的各类材料光电转换效率的第一个理论计算。

1954 年 RCA 实验室的 P. Rappaport 等报道硫化镉的光伏现象,(RCA:Radio Corporation of America,美国无线电公司)。

贝尔(Bell)实验室研究人员 D. M. Chapin,C. S. Fuller 和 G. L. Pearson 报道 4.5%效率的单晶硅太阳能电池的发现,几个月后效率达到 6%。

1955 年西部电工(Western Electric)开始出售硅光伏技术商业专利,在亚利桑那大学召开国际太阳能会议,Hoffman 电子推出效率为 2%的商业太阳能电池产品,电池为 14 MW/片,25 美元/片,相当于 1 785 USD/W。

1956 年 P. Pappaport,J. J. Loferski 和 E. G. Linder 发表"锗和硅 p-n 结电子电流效应"的文章。

1957 年 Hoffman 电子的单晶硅电池效率达到 8%;D. M. Chapin,C. S. Fuller 和 G. L. Pearson 获得"太阳能转换器件"专利权。

1958 年美国信号部队的 T. Mandelkorn 制成 n/p 型单晶硅光伏电池,这种电池抗辐射能力强,这对太空电池很重要;Hoffman 电子的单晶硅电池效率达到 9%;第一个光伏电池供电的卫星先锋 1 号发射,光伏电池 100 cm^2,0.1 W,为一备用的 5 MW 话筒供电。

1959 年 Hoffman 电子实现可商业化单晶硅电池效率达到 10%,并通过用网栅电极来显著减少光伏电池串联电阻;卫星探险家 6 号发射,共用 9 600 片太阳能电池列阵,每片 2 cm^2,共 20 W。

1960 年 Hoffman 电子实现单晶硅电池效率达到 14%。

1962 年第一个商业通讯卫星 Telstar 发射,所用的太阳能电池功率 14 W。

1963 年 Sharp 公司成功生产光伏电池组件;日本在一个灯塔安装 242 W 光伏电池阵列,在当时是世界最大的光伏电池阵列。

1964 年宇宙飞船"光轮发射",安装 470 W 的光伏阵列。

1965 年 Peter Glaser 和 A. D. Little 提出卫星太阳能电站构思。

1966 年带有 1 000 W 光伏阵列大轨道天文观察站发射。

1972 年法国人在尼日尔一乡村学校安装一个硫化镉光伏系统,用于教育电视供电。

1973 年美国特拉华大学建成世界第一个光伏住宅。

1974 年日本推出光伏发电的"阳光计划";Tyco 实验室生长第一块 EFG 晶体硅带,25 mm 宽,457 mm 长(EFG:Edgedefined Film Fed-Growth,定边喂膜生长)。

1977 年世界光伏电池超过 500 kW;D. E. Carlson 和 C. R. Wronski 在 W. E. Spear 的 1975 年控制 p-n 结的工作基础上制成世界上第一个非晶硅(a-Si)太阳能电池。

1979 年世界太阳能电池安装总量达到 1 MW。

1980 年 ARCO 太阳能公司是世界上第一个年产量达到 1 MW 光伏电池生产厂家;三洋电气公司利用非晶硅电池率先制成手持式袖珍计算器,接着完成了非晶硅组件批量生产并进行了户外测试。

1981 年名为 Solar Challenger 的光伏动力飞机飞行成功。

1982 年世界太阳能电池年产量超过 9.3 MW。

1983 年世界太阳能电池年产量超过 21.3 MW;名为 SolarTrek 的 1 kW 光伏动力汽车穿越澳大利亚,20 天内行程达到 4 000 km。

1984 年面积为 929 cm^2的商品化非晶硅太阳能电池组件问世。

1985 年单晶硅太阳能电池售价 10 $/W;澳大利亚新南威尔士大学 Martin Green 研制单晶

硅的太阳能电池效率达到20%。

1986年6月,ARCOSolar发布G-4 000——世界首例商用薄膜电池"动力组件"。

1987年11月,在3 100 km穿越澳大利亚的Pentax World Solar Challenge PV—动力汽车竞赛上,GM Sunraycer获胜,平均时速约为71 km/h。

1990年世界太阳能电池年产量超过46.5 MW。

1991年世界太阳能电池年产量超过55.3 MW;瑞士Gratzel教授研制的纳米TiO_2染料敏化太阳能电池效率达到7%。

1992年世界太阳能电池年产量超过57.9 MW。

1993年世界太阳能电池年产量超过60.1 MW。

1994年世界太阳能电池年产量超过69.4 MW。

1995年世界太阳能电池年产量超过77.7 MW;光伏电池安装总量达到500 MW。

1996年世界太阳能电池年产量超过88.6 MW。

1997年世界太阳能电池年产量超过125.8 MW。

1998年世界太阳能电池年产量超过151.7 MW;多晶硅太阳能电池产量首次超过单晶硅太阳能电池。

1999年世界太阳能电池年产量超过201.3 MW;美国NREL的M. A. Contreras等报道铜铟锡(CIS)太阳能电池效率达到18.8%;非晶硅太阳能电池占市场份额12.3%。

2000年世界太阳能电池年产量超过399 MW;WuX.,Dhere R. G.,Aibin D. S.等报道碲化镉(CdTe)太阳能电池效率达到16.4%;单晶硅太阳能电池售价约为3$/W。

2002年世界太阳能电池年产量超过540 MW;多晶硅太阳能电池售价约为2.2$/W。

2003年世界太阳能电池年产量超过760 MW;德国Fraunhofer ISE的LFC(Laserfired-contact)晶体硅太阳能电池效率达到20%。

2004年世界太阳能电池年产量超过1 200 MW;德国Fraunhofer ISE多晶硅太阳能电池效率达到20.3%;非晶硅太阳能电池占市场份额4.4%,降为1999年的1/3,CdTe占1.1%;而CIS占0.4%。

1) 我国太阳能发电发展历史。

1958年我国开始研制太阳能电池。

1959年中国科学院半导体研究所研制成功第一片具有实用价值的太阳能电池。

1971年3月在我国发射的第二颗人造卫星——科学实验卫星实践一号上首次应用太阳能电池。

1973年在天津巷的海面航标灯上首次应用14.7 W太阳能电池。

1979年我国开始利用半导体工业废次硅材料生产单晶硅太阳能电池。

1980—1990年期间我国引进国外太阳能电池关键设备、成套生产线和技术。

到20世纪80年代后期,我国太阳能电池生产能力达到4.5 MW/年,初步形成了我国太阳能电池产业。

2004年我国太阳能电池产量超过印度,年产量达到50 MW以上。

2005—2006年,我国的太阳能电池组件产量在10 MW/年以上,我国成为世界重要的光伏工业基地之一,初步形成一个以光伏工业为源头的高科技光伏产业链。

在全球气候变暖、人类生态环境恶化、常规能源资源短缺并造成环境污染的形势下,太阳能光伏发电技术普遍得到各国政府的重视和支持。在技术进步的推动和逐步完善的法规政策的强力驱动下，光伏产业自 90 年代后半期起进入了快速发展时期。

太阳能行业的迅速发展首先是因为制造技术有了很大改进。过去制造太阳能电池常用的半导体材料是 Si、CdS、GaAs 等晶体，其中用 GaAs 做成的太阳能电池，光电转换效率高达 25%以上，但因成本很高，限制了它的应用。20 世纪 70 年代以后，人们开始采用廉价的非晶硅材料制造太阳能电池，探索新的制造技术。经过多年研究，已研制出单晶硅电池、多晶硅电池、非晶硅电池和薄膜电池以及多种化合物电池，电池的转换效率显著提高。到目前为止，商业化单晶硅太阳能电池的转换效率能达到 19.3%，多晶硅能达到 17.8%。

目前，太阳能电池已广泛应用于通信、交通、石油、气象、国防、农村电气化等许多领域，太阳能电池使用量每年以高于 40%的速率增长。随着太阳能电池转换效率和生产技术的不断提高，太阳能电池的应用越来越广泛。

根据前瞻产业研究院数据 2015 年全球累计光伏装机容量为 169 100.00 MW，同比增长 23.25%。图 5-1 为 2005—2015 年全球光伏装机容量统计数据，表 5-1 为世界光伏装机容量及增长率表。

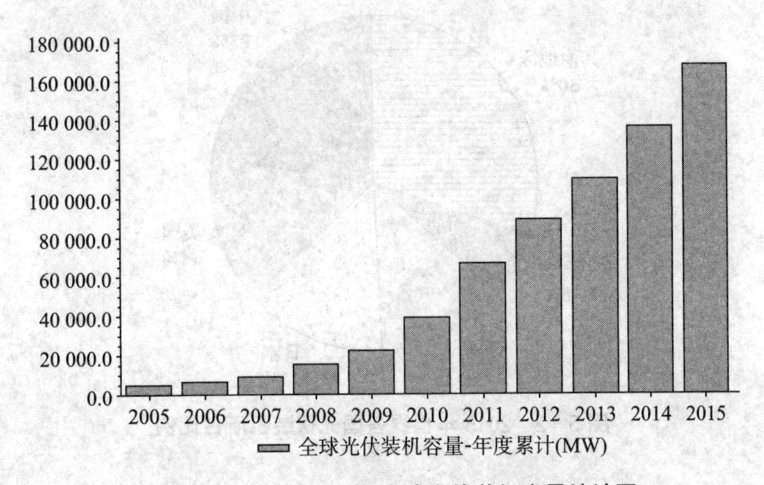

图 5-1　2005—2015 年全球光伏装机容量统计图

表 5-1　世界光伏装机容量及增长率表

日期	年度累计装机容量/MW	同比增长率/%
2015 年	169 100.00	23.25
2014 年	137 200.00	24.28
2013 年	110 400.00	22.8
2012 年	89 900.00	33.48
2011 年	67 350.00	69.31
2010 年	39 778.00	72.63
2009 年	23 043.00	44.92
2008 年	15 901.00	66.12

续 表

日期	年度累计装机容量/MW	同比增长率/%
2007年	9 572.00	36.47
2006年	7 014.00	29.27
2005年	5 426.00	36.02

据 IHS(Imformation Handling Sevices),截至 2016 年底,全球累计光伏安装项目将超过 310 GW,相比于 2010 年底只有 40 GW。中国、美国、日本、德国和意大利占据总量的 70%。德国每年装机量停滞不前,从第二名跌到了第四名,被美国和日本超越。由于财政奖励较弱,欧洲主要光伏市场的持续停滞,导致近年来欧洲市场一直增长缓慢,但全球需求量仍然强劲。图 5-2 显示了 2015 年世界各国光伏装机所占比例。

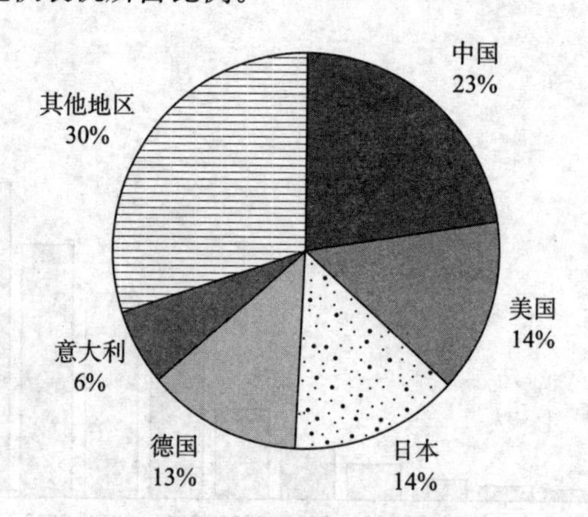

图 5-2　2015 年世界各国光伏装机所占比例

2) 世界光伏发展目标

世界光伏发电市场的增长主要得益于中国、德国、日本和美国的鼓励政策。目前 70%以上的太阳能电池用于并网发电系统。美国、日本和欧洲都制定了各自的光伏发展路线。从长远看,太阳能光伏发电在不远的将来会占据世界能源消费的重要席位,不但要替代部分常规能源,而且将成为世界能源供应的主体。根据欧洲 JRC 的预测,到 2030 年可再生能源在总能源结构中占到 30%以上,太阳能光伏发电在世界总电力的供应中达到 10%以上;2040 年可再生能源占总能耗 50%以上,太阳能光伏发电将占总电力的 20%以上;到 21 世纪末可再生能源在能源结构中占到 80%以上,太阳能发电占到 60%以上,显示出其重要战略地位。

3) 中国光伏产业发展现状

中国光伏产业在世界光伏中占有举足轻重的地位。十几年来,特别是近四五年来中国光伏产业发展迅猛。中国光伏行业在这些年来,既有机遇,也面临过壮士断腕式的阵痛。中国光伏产业能够发展到现在的规模与技术主要得益于国家政策的支持与导向。我们从 20 世纪后十年到现在来对中国光伏产业的发展做一个回顾。

图 5-3 和表 5-2 给出了自 1990 年以来中国光伏年装机和累计装机的现状。中国 2008 年当年光伏发电装机量仅占全球当年装机容量的 0.7%,与光伏电池生产大国的身份极不相符。

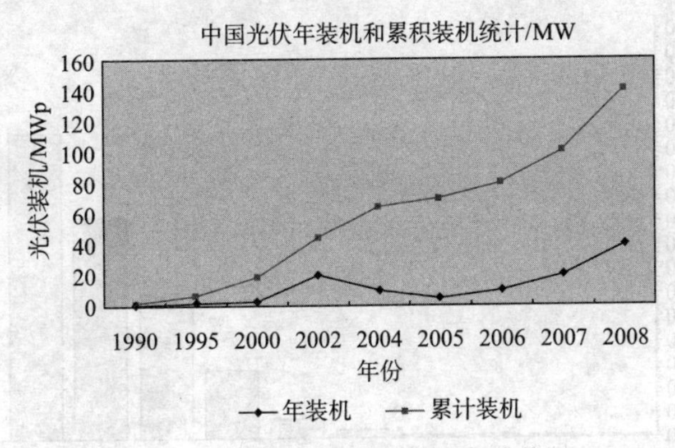

图 5-3 中国的光伏年装机和累计装机

表 5-2 中国光伏年装机和累计装机统计(MW)

年度	1990	1995	2000	2002	2004	2005	2006	2007	2008
年装机	0.5	1.55	3.3	20.3	10	5	10	20	40
累计安装	1.78	6.63	19	45	65	70	80	100	140

从 2009 年开始，中国光伏产业得到迅猛发展，尽管其间受到国际社会“双反”的严重影响，但随之变得更理性地发展起来，直到 2015 年底光伏产量与装机容量均为世界第一，世界十大组件生产企业有 8 家是中国企业，如表 5-3 所示。最近几年我国光伏装机容量与增长率如图 5-4 和表 5-4 所示。

表 5-3 2015 年世界十大光伏组件企业排名

排名	企业名称	2015 年组件出货量
1	天合光能(Trina Solar)	5.5—5.6 GW
2	阿特斯阳光电力(Canadian Solar)	4.6—4.9 GW
3	晶科能源 (Jinko Solar)	4.2—4.5 GW
4	晶澳太阳能(JA Solar)	3.4—3.5 GW
5	韩华 Q CELLS(Hanwha Q CELLS)	3.2—3.4 GW
6	First Solar	2.8—2.9 GW
7	协鑫集成	2.5—2.7 GW
8	英利绿色新能源(YGE)	2.5—2.6 GW
9	无锡尚德	1.8 GW
10	昱辉阳光(Rene Sola)	1.7—1.9 GW

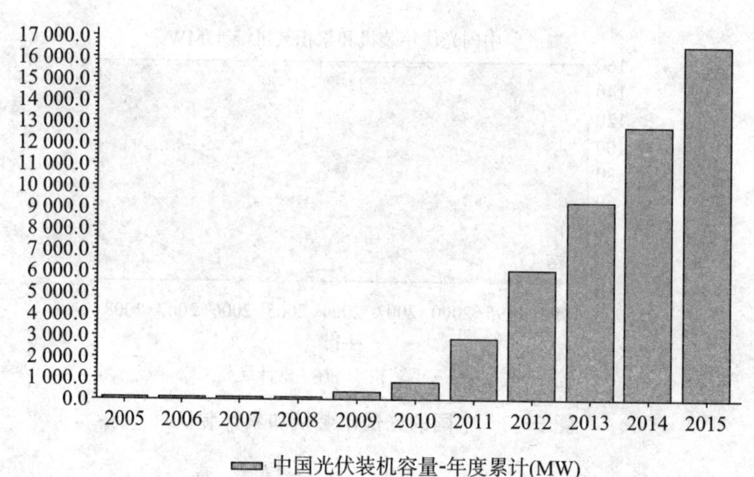

图 5-4 2005—2015 年中国光伏装机容量统计图

表 5-4 2005—2015 年中国光伏装机容量及同比增长率

日期	年度累计装机容量/MW	同比增长率/%
2015 年	16 600.00	29.69
2014 年	12 800.00	37.63
2013 年	9 300.00	52.46
2012 年	6 100.00	110.34
2011 年	2 900.00	224.75
2010 年	893	139.41
2009 年	373	157.24
2008 年	145	45
2007 年	100	25
2006 年	80	17.65
2005 年	68	6.25

目前,全球光伏产业逐渐向少数国家和地区集中。这主要是由制造成本决定的。中国大陆、中国台湾地区、马来西亚、美国是当今全球排在前四位的主要光伏制造产业集中地。其中中国大陆的光伏企业制造成本最低,其次是马来西亚、中国台湾和美国。中国光伏制造商单晶硅太阳电池组件的直接制造成本约 0.50 美元/瓦,多晶硅太阳电池组件成本达 0.48 美元/瓦以下。同样的条件下,美国平均每瓦组件的制造成本为 0.68～0.70 美元。

近几年,太阳能电池与组件规模迅速扩大的同时,中国产业化太阳能电池与组件效率也大幅提升。太阳能电池每年绝对效率提升 0.3%～0.4%,高效多晶太阳能电池产业化平均效率达 18%以上,单晶效率达 19%以上;60 片 156 mm 太阳能电池的标准组件功率每年提升 5 Wp 以上,多晶组件平均功率达 255 Wp,单晶组件平均功率达 265 Wp。

4）单晶硅高效太阳能电池组件研发

2014 年,我国在高效率低成本晶硅太阳能电池研发和产业化方面走在了世界前列。英利集团“PANDA(熊猫)”太阳能电池技术、天合光能“HONEY”太阳能电池技术、尚德电力“PLUTO(冥王星)”太阳能电池技术、晶澳太阳能“PERCIUM(博赛)”太阳能电池技术、阿特斯电力“ELPS”太阳能电池技术、中电光伏“QSAR”太阳能电池技术等高效率低成本的太阳能电池效率均超过了20%。这些技术代表了新一代高效率低成本晶体硅太阳能电池的发展方向。

在普通Cz单晶硅片上156 mm×156 mm大面积“熊猫”太阳能电池,英利实验室效率20.91%,大规模生产平均效率超过20%。已形成了年产600 MW高效率低成本熊猫太阳能电池及组件的产能。

天合光能第二代Honey技术,结合了背面钝化和先进金属化技术。2014年9月,实验室太阳能电池效率达到21.40%,为6英寸面积PERC太阳能电池效率的世界纪录(经第三方机构德国Fraunhofer ISE测试实验室测试)。60片156 mm太阳能电池的标准组件的输出峰值功率达335.2 Wp。天合光能IBC太阳能电池技术也取得了突破,该公司与澳大利亚国立大学合作研发的2×2 cm^2 小面积新型高效晶体硅太阳能电池经德国Fraunhofer实验室独立测试,光电转换效率高达24.4%,大面积磷掺杂Cz衬底上获得了22.9%的转换效率,超过了之前125 mm×125 mm尺寸太阳电池的22%,这已经为其工业化量产打下了良好的基础。

中电光伏的PERC高效太阳能电池,背面钝化采用热氧化工艺与氧化铝工艺,转换效率达20.44%。晶澳Percium单晶太阳能电池使用背钝化和局部铝背场技术(即PERT太阳能电池技术),太阳能电池平均转换效率超过20.3%。

航天机电的第二代Milky Way N型双面发电太阳能电池技术取得了重要突破,采用了独特的低成本双面掺杂和钝化技术并结合先进的金属化技术,2014年4月,实验室太阳能电池最高效率达到21.1%;2014年8月,批产平均效率达到20.4%;2014年12月,基于特种技术的60片156 mm Milky Way N型双面池组件的输出峰值功率达335.6 Wp(经国际权威机构莱茵TUV检测),创造了同类太阳能电池组件的世界纪录。航天机电在IBC太阳能电池技术方面也取得了全新突破,采用特种掺杂技术,使得高效IBC工艺流程缩短至12步以内,拥有了具有自主知识产权的低成本产业化技术路线,太阳能电池最高效率已突破21.5%,为下一步产业化应用打下了坚实的基础。

5) 多晶硅太阳能电池组件研发

多晶高效太阳能电池与组件,2014年12月5日,晶科能源宣布公司Eagle+组件样板在德国TUV莱茵上海测试中心的测试结果中创造60片多晶太阳能电池组件功率新高,在标准测试条件下的组件功率达到306.9瓦。Honey Plus是天合光能第二代Honey技术,结合了背面钝化和先进金属化技术。2014年11月,天合光能研发人员在156 mm×156 mm工业级大面积p型多晶硅衬底上分别实现了太阳能电池效率20.76%的世界纪录(经第三方机构德国Fraun-hofer ISE测试实验室测试),该多晶硅太阳能电池效率被写入由澳洲新南威尔士大学、美国可再生能源国家实验室(NREL)、日本国家先进工业科学和技术研究所、德国Fraunhofer太阳能系统研究所以及欧盟委员会联合研究中心联合发表的《太阳能电池效率》中,刊登在权威杂志光伏学术期刊《光伏进展》。采用该太阳能电池技术的60片156 mm×156 mm多晶组件经TUV第三方测试功率达到324.5 Wp,为多晶硅组件功率新的世界纪录。

6) 中国光伏发电的发展规划

目前中国光伏发电的发展规划主要是根据政府“十三五”规划形成的。发展思路是快速扩大光伏发电规模化利用规模和水平。因地制宜地促进光伏多元化应用:结合电力体制改革,全面推进中东部地区分布式光伏发电;结合送出通道,推进大型光伏基地建设;综合土地和电力市场应用条件,积极打造光优发电综合利用、电价改革等示范基地。依托应用市场发展,提高制造产业技术水平和项目经济性，促进全产业链市场发展，在新形势下不断创新完善光伏行业管理体系。坚持规模利用与成本下降协调发展，建立规模利用与成本下降联动协调机制，探索光伏发电在部分地区参与市场竞争的模式，通过太阳能发电的持续规模化发展，促进发电成本下降。加快光伏产业的技术进步，提升制造水平，提高太阳能电池转换效率，逐步降低太阳能发电成本、提高其市场竞争力，为太阳能发电的进一步规模化发展奠定基础。到“十三五”末，力争太阳能发电规模较2015年翻两番，成本下降30%。

到2020年底，太阳能发电装机容量达到1.6亿千瓦，年发电量达到1 700亿千瓦时:年度总投资额约2 000亿元。其中，光伏发电总装机容量达到1.5亿千瓦，分布式光伏发电规模显著扩大，形成西北部大型集中式电站和中东部分布式光伏发电系统并举的发展格局。太阳能热发电总装机容量达到1 000万千瓦。太阳能热利用集热面积保有量达到8亿平方米，年度总投资额约1 000亿元。到2020年底，太阳能发电装机规模在电力结构中的比重约7%，在新增电力装机结构中的比重约15%，在全国总发电量结构中的比重约2.5%，折合标煤量约5 000万吨，约占能源消费总量比重的1%，为15%非化石能源比重目标的实现提供支撑。到2020年底，在太阳能发电总装机容量中光伏发电占比94%，热发电占比6%;跟西部地区占太阳能发电总装机容量的35%，中东部地区占比65%。

效率指标:单晶硅电池的产业化转换效率达到23%以上，多晶硅电池转换效率达到20以上，新型薄膜太阳能电池实现产业化，热发电效率达到20%左右。成本指标:光伏发电建设和发电成本持续降低，到2020年，在2015年基础上下降30%，中东部地区建设成本7~8元/瓦，发电成本0.8元/千瓦时左右;西部地区建设成本6~7元/瓦，发电成本0.7元/千瓦时左右。太阳能热发电建设成本在20元/瓦以下，发电成本接近1元/千瓦时。

5.2 太阳能电池的工作原理

太阳能电池是通过光伏效应或者光化学效应直接把光能转化成电能的装置。能产生光伏效应的材料有许多种，如单晶硅、多晶硅、非晶硅、砷化镓、硒铟铜等。它们的发电原理基本相同。光化学电池是由光子能量转换成自由电子，电子通过电解质转移到另外的材料，然后向外供电的。以光伏效应工作的薄膜式太阳能电池为主流，而以光化学效应原理工作的太阳能电池则还处于萌芽阶段。本章以硅太阳能电池为例，讨论光伏发电的原理。

5.2.1 半导体的结构

1. 硅半导体的结构

硅的原子序数为14，它的原子核周围有14个电子。每个Si原子各有4个最外层电子，通常称其有4个价电子，它们分别与周围另外4个硅原子的价电子组成共价键，这4个原子的地位是相同的，所以它们以对称的四面体方式排列起来，组成了金刚石晶格结构。硅的结构示意如图5-5所示。由于共价键中的电子同时受两个原子核引力的约束，具有很强的结合力，不但使各自原子在晶体中严格按一定形式排列形成点阵，而且自身没有足够的能量不易脱离公共轨道。

2. 本征半导体

完全不含杂质且无晶格缺陷的纯净半导体称为本征半导体。实际半导体不能绝对的纯净，本征半导体一般是指导电主要由材料的本征激发决定的纯净半导体。硅和锗都是四价元素，其原子核最外层有四个价电子。它们都是由同一种原子构成的“单晶体”，属于本征半导体。

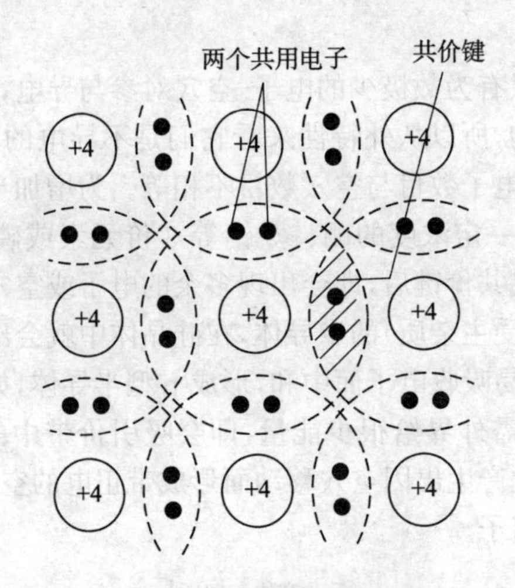

图 5-5 硅的结构示意图

在绝对零度温度下，半导体电子填满价带，导带是空的。因此，这时半导体和绝缘体的情况相同，不能导电。但是，半导体处于绝对零度是一个特例。在一般情况下，由于温度的影响，价电子在热激发下有可能克服原子的束缚跳出来，使共价键断裂。这个电子离开本来的位置在整个晶体内活动，也就是说价电子由价带跳到导带，成为能导电的自由电子；与此同时，在价带中留下一个空位，称为“空穴”，也可以说价带中留下了一个空位，产生了空穴，如图 5-6 所示。

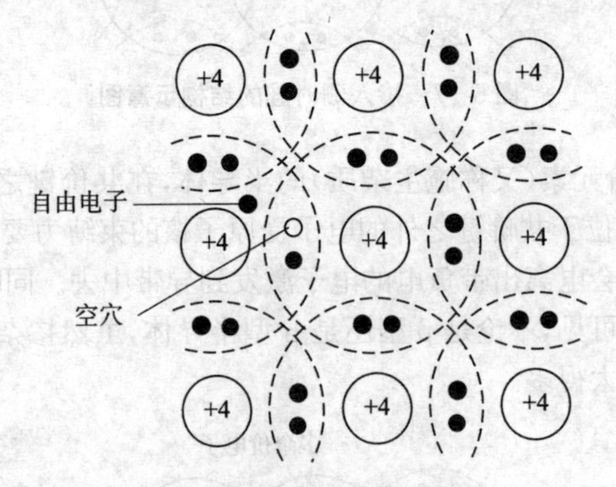

图 5-6 具有断键的硅晶体

空穴可被相邻满键上的电子填充而出现新的空穴，也可以说价带中的空穴可被其相邻的价电子填充而产生新的空穴。这样，空穴不断被电子填充，又不断产生新的空穴，结果形成空穴在晶体内的移动。空穴可以被看成是一个带正电的粒子，它所带的电荷与电子相等，但符号相反。这时自由电子和空穴在晶体内的运动都是无规则的，所以并不产生电流。如果存在电场，自由电子将沿着与电场方向相反的方向运动而产生电流，空穴将沿着与电场方向相同的方向运动而产生电流。因电子产生的导电叫做电子导电；因空穴产生的导电叫做空穴导电。这样的电子和空穴称为载流子。本征半导体的导电就是由于这些载流子（电子和空穴）的运动所以称为本征导电。半导体的本征导电能力很小，硅在 300 K 时的本征电阻率为 $2.3\times10^5\ \Omega\cdot cm$。

半导体中有自由电子和空穴两种载流子传导电流，而金属中只有自由电子一种载流子，这也是两者之间的差别之一。

3. p 型与 n 型半导体

在常温下本征半导体中只有为数极少的电子-空穴对参与导电,部分自由电子遇到空穴会迅速恢复合成为共价键电子结构,所以从外特性来看它们是不导电的。实际使用的半导体都掺有少量的某种杂质,使晶体中的电子数目与空穴数目不相等。为增加半导体的导电能力,一般都在 4 价的本征半导体材料中掺入一定浓度的硼、镓、铝等 3 价元素或磷、砷、锑等 5 价元素,这些杂质元素与周围的 4 价元素组成共价键后,即会出现多余的电子或空穴。

其中掺入 3 价元素(又称受主杂质)的半导体,在硅晶体中就会出现一个空穴,这个空穴因为没有电子而变得很不稳定,容易吸收电子而中和,形成 p 型半导体,如图 5－7 所示。在 p 型半导体中,位于共价键内的空穴只需外界给很少能量,即会吸引价带中的其他电子摆脱束缚过来填充,电离出带正电的空穴,由此产生出因空穴移动而形成带正电的空穴传导电流。同时该 3 价元素的原子即成为带负电的阴离子。

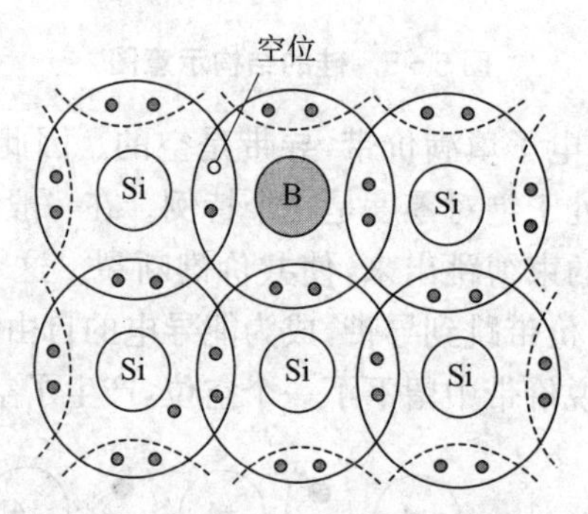

图 5－7　掺入硼时硅的结构示意图

同样,硅掺入少量 5 价元素(又称施主杂质)的半导体,在共价键之外会出现多余的电子,形成 n 型半导体(图 5－8)。位于共价键之外的电子受原子核的束缚力要比组成共价键的电子小得多,只需得到很少能量,即会电离出带负电的电子激发到导带中去。同时该 5 价元素的原子即成为带正电的阳离子。由此可见,不论是 p 型还是 n 型半导体,虽然掺杂浓度极低,它们的半导体导电能力却比本征半导体大得多。

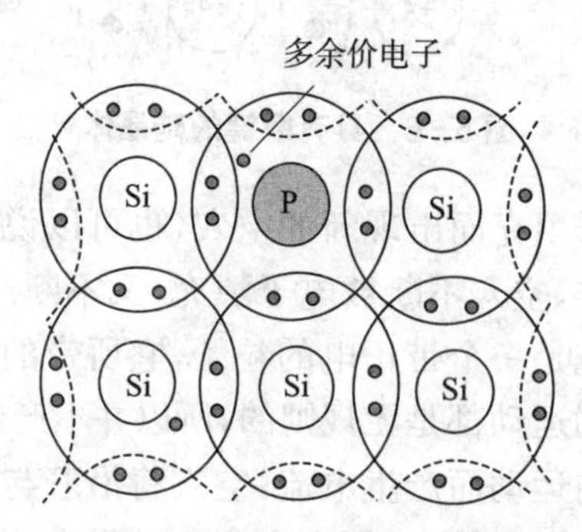

图 5－8　掺入磷时硅的结构示意图

由前述可知,在半导体的导电过程中,运载电流的粒子,可以是带负电的电子,也可以是带正电的空穴,这些电子或空穴就叫"载流子"。每立方厘米中电子或空穴的数目就叫做"载流子浓度",它是决定半导体电导率大小的主要因素。

在本征半导体中,电子的浓度和空穴的浓度是相等的。在含有杂质的和晶格缺陷的半导体中,电子和空穴的浓度不相等。我们把数目较多的载流子叫做“多数载流子”,简称“多子”;把数目较少的载流子叫做“少数载流子”,简称“少子”。例如,n 型半导体中,电子是“多子”,空穴是“少子”;p 型半导体中则相反。

4. p-n 结

在一块完整的硅片上,用不同的掺杂工艺使其一边形成 n 型半导体,另一边形成 p 型半导体,那么在导电类型不同的两种半导体的交界面附近就形成了 p-n 结。p-n 结是构成各种半导体器件的基础。

在 n 型半导体和 p 型半导体结合后[图 5-9(a)],由于 n 型半导体中含有较多的电子,而 p 型半导体中含有较多的空穴,在两种半导体的交界面区域会形成一个特殊的薄层,n 区一侧的电子浓度高,形成一个要向 p 区扩散的正电荷区域;同样,p 区一侧的空穴浓度高,形成一个要向 n 区扩散的负电荷区域。n 区和 p 区交界面两侧的正、负电荷薄层区域,称之为“空间电荷区”,有时又称为“耗尽区”,即 p-n 结,如图 5-9(b)所示。扩散越强,空间电荷区越宽。

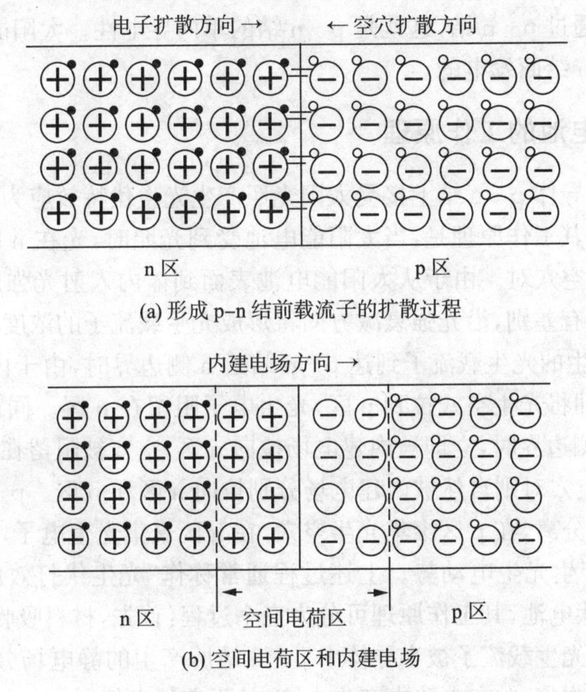

图 5-9 p-n 结示意图

在 p-n 结内,有一个由 p-n 结内部电荷产生的、从 n 区指向 p 区的电场,叫做“内建电场”或“自建电场”。由于存在内建电场,在空间电荷区内将产生载流子的漂移运动,使电子由 p 区拉回 n 区,使空穴由 n 区拉回 p 区,其运动方向正好和扩散运动的方向相反。

开始时,扩散运动占优势,空间电荷区内两侧的正负电荷逐渐增加,空间电荷区增宽,内建电场增强;随着内建电场的增强,漂移运动也随之增强,阻止扩散运动的进行,使其逐步减弱;最后,扩散的载流子数目和漂移的载流子数目相等而运动方向相反,达到动态平衡。此时在内建电场两边,n 区的电势高,p 区的电势低,这个电势差称作 p-n 结势垒,也叫“内建电势差”或“接触电势差”,用符号 V_D 表示。

电子从 n 区流向 p 区,p 区相对于 n 区的电势差为负值。由于 p 区相对于 n 区的电势为 $-V_D$(取 n 区电势为零),所以 p 区中所有电子都具有一个附加电势能:

$$电势能=电荷\times电势=(-q)\times(-V_D)=qV_D$$

通常将 qV_D 称作“势垒高度”。势垒高度取决于 n 区和 p 区的掺杂浓度，掺杂浓度越高，势垒高度就越高。

当 p－n 结加上正向偏压(即 p 区接电源的正极，n 区接负极)，此时外加电压的方向与内建电场的方向相反，使空间电荷区中的电场减弱。这样就打破了扩散运动和漂移运动的相对平衡，有电子源源不断地从 n 区扩散到 p 区，空穴从 p 区扩散到 n 区，使载流子的扩散运动超过漂移运动。由于 n 区电子和 p 区空穴均是多子，通过 p－n 结的电流(称为正向电流)很大。

当 p－n 结加上反向偏压(即 n 区接电源的正极，p 区接负极)，此时外加电压的方向与内建电场的方向相同，增强了空间电荷区中的电场，载流子的漂移运动超过扩散运动。这时 n 区中的空穴一旦到达空间电荷区边界，就要被电场拉向 p 区；p 区的电子一旦到达空间电荷区边界，也要被电场拉向 n 区。它们构成 p－n 结的反向电流，方向是由 n 区流向 p 区。由于 n 区中的空穴和 p 区的电子均为少子，故通过 p－n 结的反向电流很快饱和，而且很小。电流容易从 p 区流向 n 区，不易从相反的方向通过 p－n 结，这就是 p－n 结的单向导电性。太阳能电池正是利用了光激发少数载流子通过 p－n 结而发电的。

5.2.2　太阳能电池的工作原理

太阳能电池是以半导体 p－n 结上接受太阳光照产生光生伏特效应为基础，直接将光能转换成电能的能量转换器。其工作原理是：当太阳能电池受到光照时，光在 n 区、空间电荷区和 p 区被吸收，分别产生电子-空穴对。由于从太阳能电池表面到体内入射光强度成指数衰减，在各处产生光生载流子的数量有差别，沿光强衰减方向将形成光生载流子的浓度梯度，从而产生载流子的扩散运动。n 区中产生的光生载流子到达 p－n 结区 n 侧边界时，由于内建电场的方向是从 n 区指向 p 区，静电力立即将光生空穴拉到 p 区，光生电子阻留在 n 区。同理，从 p 区产生的光生电子到达 p－n 结区 p 侧边界时，立即被内建电场拉向 n 区，空穴被阻留在 p 区。同样，空间电荷区中产生的光生电子-空穴对则自然被内建电场分别拉向 n 区和 p 区。p－n 结及两边产生的光生载流子就被内建电场分离，在 p 区聚集光生空穴，在 n 区聚集光生电子，使 p 区带正电，n 区带负电，在 p－n 结两边产生光生电动势。上述过程通常称作“光生伏打效应”或“光伏效应”。因此，太阳能电池也叫光伏电池，其工作原理可分为三个过程：首先，材料吸收光子后，产生电子-空穴对；然后，电性相反的光生载流子被半导体中 p－n 结所产生的静电场分开；最后，光生载流子被太阳能电池的两极所收集，并在电路中产生电流，从而获得电能。

如果在电池两端接上负载电路，则被结所分开的电子和空穴，通过太阳能电池表面的栅线汇集，在外电路产生光生电流(图 5－10)。从外电路看，p 区为正，n 区为负，一旦接通负载，n 区的电子通过外电路负载流向 p 区形成电子流；电子进入 p 区后与空穴复合，变回呈中性，直到另一个光子再次分离出电子-空穴对为止。人们约定电流的方向与正电荷的流向相同，与负电荷的流向相反，于是太阳能电池与负载接通后，电流是从 p 区流出，通过负载而从 n 区流回电池。

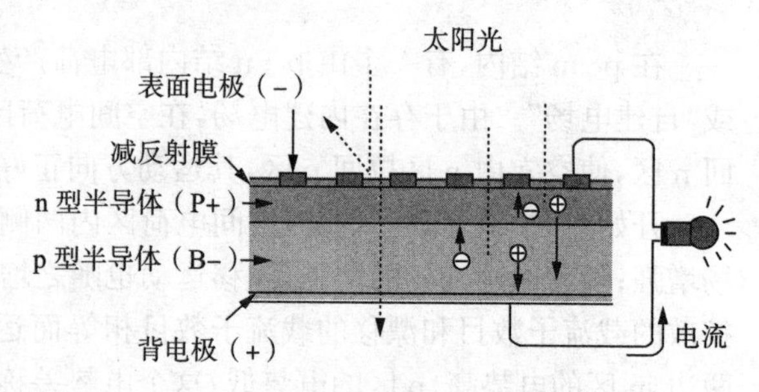

图 5－10　太阳能电池的发电原理图

5.3 太阳能电池的结构与特性

5.3.1 太阳能电池的结构

太阳能电池的构造多种多样，一般的硅太阳能电池的构造如图 5－11 所示。现在多使用由 p 型半导体与 n 型半导体组合而成的 p－n 结型太阳能电池。主要由 p 型/n 型半导体、电极、防反射膜、组件封装材料等构成。

由于半导体不是电的良导体，电子在通过 p－n 结后如果在半导体中流动，电阻非常大，损耗也就非常大。但如果在上层全部涂上金属，阳光就不能通过，电流就不能产生，因此一般用金属网格覆盖 p－n 结（如图 5－12 中的梳状电极），以增加入射光的面积，称为表面电极；由电池底部引出的电极为背电极。

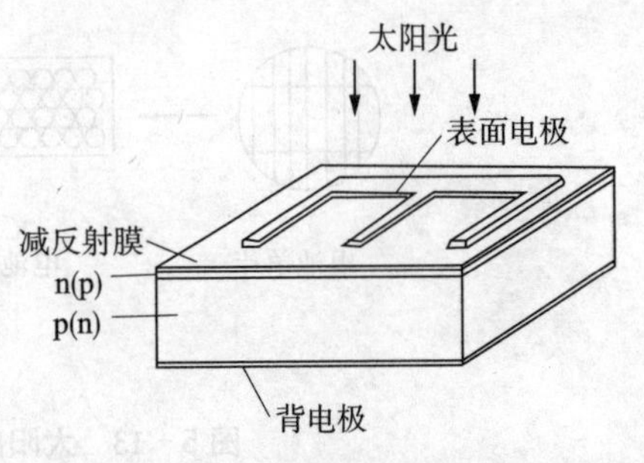

图 5－11 晶体硅太阳能电池结构示意图

硅表面非常光亮，会反射掉大量的太阳光，不能被电池利用。为此，在硅表面涂上了一层反射系数非常小的保护膜（图 5－11），将反射损失减小到 5%，甚至更小。另外，为了提高入射光能的利用率，除了在半导体表面涂上减反射膜外，还可把电池表面做成绒面或 V 形槽，绒面太阳能电池是在〈100〉取向的 Si 表面用择优腐蚀方法制成一个个由〈111〉小平面围成的小四角锥体，如图 5－12 所示。当阳光入射到锥体的一个小面可反射到另一锥体的一个小面上而不致损失掉，表面反射率可降低至约 20%，而平的 Si 表面反射率为 35%，在表面增涂减反射膜可使反射率降至百分之几。反射率的降低增加了 I_{sc} 和 V_{oc}，提高了电池的效率 η，AM0 效率可增至约 15%。V 形槽多结太阳能电池是在〈100〉取向 Si 上通过热生长 SiO_2 择优腐蚀制得许多梯形的 p^+nn^+ 或 p^+pn^+ 结串联构成电池，形成一个个 V 形槽。入射光在一个 V 形槽内作多次反射，相当于提高了光入射的有效厚度。

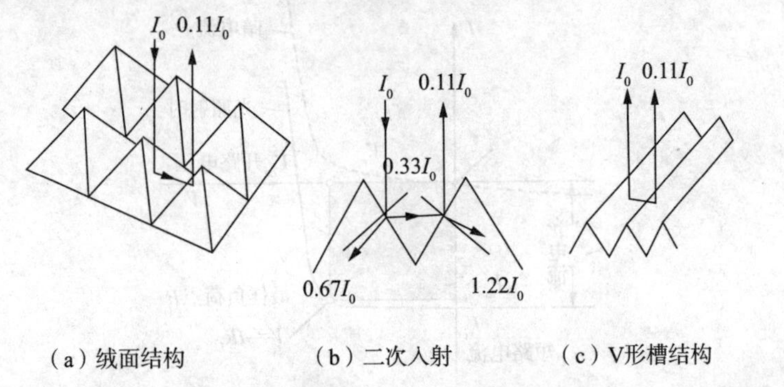

图 5－12 绒面太阳能电池的绒面结构和 V 形槽结构示意图及二次入射原理

太阳能电池一般分为 p^+/n 和 n^+/p 两种结构。其中带有“＋”上标的第一位符号表示电池表面光照层-扩散顶区的半导体材料类型，而第二位符号，则表示电池衬底的半导体材料类型。太阳能电池输出电压的极性，以 p 端为正，以 n 端为负极。当太阳能电池独立作为电源使用时，它应处于正向供电状态工作；当它与其他电源混合供电时，太阳能电池极性的接法不同决定了电池是处于正向偏置还是处于反向偏置的形式。

一个单体太阳能电池只能提供出 0.45～0.50 V 的电压、20～25 mA 的电流,远远低于实际供电电源的需要。所以在应用时,要根据需要将多个单体电池并联或串联起来使用,并封装在透明的外壳内,形成特定的太阳能电池组件。一般一个电池组件由 36 个单体电池组成,大约产生 16 V 的电压。如果需要,还可把多个电池组件再组合成光伏阵列来使用。太阳能电池的单体、组件和阵列的示意如图 5-13 所示。

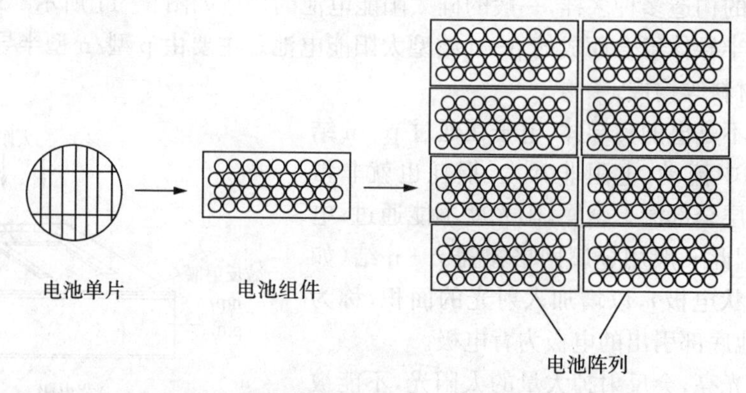

图 5-13　太阳能电池的单体、组件和阵列的示意图

5.3.2　太阳能电池的特性

太阳能电池的特性一般包括太阳能电池的输入-输出特性、分光特性、照度特性以及温度特性。

1. 太阳能电池的输入-输出特性

图 5-14 为太阳能电池的输入-输出特性,也称为电压-电流特性,简称伏安特性。其表征太阳能电池将太阳的光能转换成电能的能力。图中的实线为太阳能电池被光照射时的电压-电流特性,虚线为太阳能电池未被光照射时的电压-电流特性。

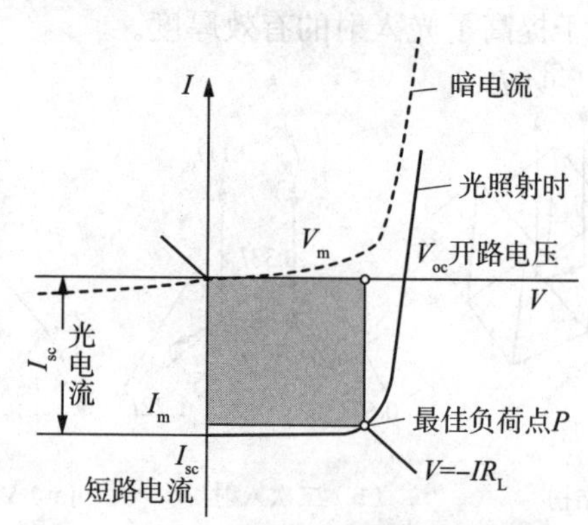

图 5-14　太阳能电池的电压-电流特性

无光照射时的暗电流相当于 p-n 结的扩散电流,其电压-电流特性可用式(5-1)表示:

$$I=I_0\left[\exp\left(\frac{eV}{nkT}\right)-1\right] \tag{5-1}$$

式中　I_0——逆饱和电流的作用,由 p-n 结两端的少数载流子和扩散常量决定的常数;

V——光照射时的太阳能电池的端子电压;

n——二极管因子；

k——玻耳兹曼常数；

T——温度，℃。

p－n 结被光照射时，所产生的载流子的运动方向与式(5－1)中的电流方向相反，用 I_{sc} 表示。光照射时的太阳能电池端子电压 V 与光电流密度 I_{ph} 的关系如下：

$$I_{ph}=I_0\left[\exp\left(\frac{eV}{nkT}\right)-1\right]-I_{sc} \tag{5-2}$$

式中，I_{sc} 与被照射的光的强度有关，相当于太阳能电池端子短路时的电流，称为短路光电流。

由式(5－2)可知，当太阳能电池是开路状态时，将会产生与光电流的大小对应的电压，即开路电压，用 V_{oc} 表示。太阳能电池端子开路时，$I_{ph}=0$，V_{oc} 可用式(5－3)表示：

$$V_{oc}=\frac{nkT}{e}\ln\left[\frac{I_{sc}}{I_0}+1\right] \tag{5-3}$$

当太阳能电池接上最佳负载电阻时，其最佳负荷点 P 为电压-电流特性上的最大电压 V_m 与最大电流 I_m 的交点，图中的阴影部分的面积相当于太阳能电池的输出功率 P_{out}，其式如下：

$$P_{out}=VI=V\left[I_{sc}-I_o\left[\exp\left(\frac{eV}{nkT}\right)-1\right]\right] \tag{5-4}$$

由于最佳负荷点 P 处的输出功率为最大值，因此，由式(5－5)即可得到太阳能电池的最佳工作电压 V_{op} 以及最佳工作电流 I_{op}：

$$\frac{dP_{out}}{dV}=0 \tag{5-5}$$

最佳工作电压 V_{op} 为：

$$\exp\left(\frac{eV_{op}}{nkT}\right)\left(1+\frac{eV_{op}}{nkT}\right)=\frac{I_{sc}}{I_0}+1 \tag{5-6}$$

最佳工作电流 I_{op} 为：

$$I_{op}=\frac{(I_{sc}+I_0)eV_{op}/(nkT)}{1+eV_{op}/(nkT)} \tag{5-7}$$

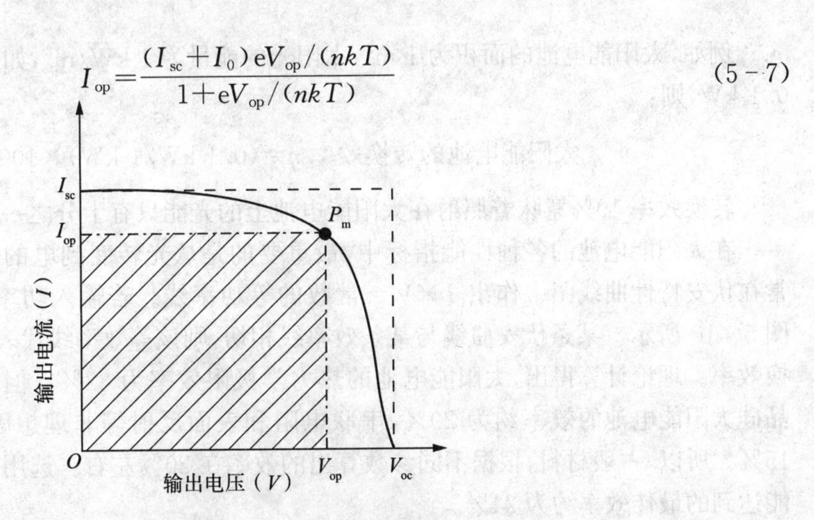

图 5－15 太阳能电池的电压-电流特性

当光照射在太阳能电池上时,太阳能电池的电压与电流的关系可以简单地用图 5-15 所示的特性来表示。如果用 I 表示电流,用 V 表示电压,也可称为 $I-V$ 曲线。图中:V_{oc} 为开路电压;I_{sc} 为短路电流;V_{op} 为最佳工作电压;I_{op} 为最佳工作电流。

(1) 开路电压 V_{oc}

图中横坐标上所示的电压 V_{oc} 称为开路电压,即太阳能电池的正、负极之间未被连接的状态,即开路时的电压。单位用 V(伏特)表示。太阳能电池单元的开路电压一般为 0.5～0.8 V。用串联的方式可以获得较高的电压。

(2) 短路电流 I_{sc}

太阳能电池的正、负极之间用导线连接,正负极之间短路状态时的电流用 I_{sc} 表示,单位为 A(安培)。短路电流值随光的强度变化而变化。

另外,太阳能电池单位面积的电流称为短路电流密度,其单位是 A/m^2 或 mA/cm^2。

(3) 填充因子 F_F

实际太阳能电池的伏安特性曲线偏离矩形,偏离程度用填充因子 F_F 表示,这也是太阳能电池的一个重要参数。填充因子为图中的阴影部分的长方形面积($P_m=V_{op}\times I_{op}$)与虚线部分的长方形面积($V_{oc}\times I_{sc}$)之比:

$$F_F=\frac{V_{op}I_{op}}{V_{oc}I_{sc}} \tag{5-8}$$

填充因子是一个无单位的量,是衡量太阳能电池输出电能能力性能的一个重要指标。F_F 值越大,说明太阳能电池对光的利用率越高。填充因子为 1 时被视为理想的太阳能电池特性。一般地,填充因子的值小于 1.0,为 0.5～0.8。F_F 取决于入射光强、材料的禁带宽度、理想系数、串联电阻和并联电阻等因素。

(4) 太阳能电池的转换效率 η

太阳能电池的转换效率用来表示照射在太阳能电池上的光能量转换成电能的大小。太阳能电池的转换效率定义为太阳能电池的最大输出功率 P_m 与照射到太阳能电池的总辐射能 P_{in}之比,即

$$\eta=\frac{P_m}{P_{in}}\times 100\%=\frac{F_F V_{oc} I_{sc}}{P_{in}}\times 100\% \tag{5-9}$$

例如,太阳能电池的面积为 1 m^2,太阳光的能量为 1 kW/m^2,如果太阳能电池的发电功率为 0.1 kW,则:

$$\text{太阳能电池的转换效率 } \eta=(0.1\ \text{kW}/1\ \text{kW})\times 100\%=10\%$$

转换效率 10%意味着照射在太阳能电池上的光能只有十分之一的能量被转换成电能。

在太阳能电池的各种性能指标中,最重要的是从光转变到电的转换效率。在实际工作中,常在伏安特性曲线图中作出 $I\times V=$常数的等功率线。若输入功率一定,它即为等效率线,如图 5-16 所示。某条伏安曲线与某条效率线相切,则该等效率线代表的即为此 p-n 结的光电转换效率。理论计算得出,太阳能电池的热力学极限效率为 32%。但实际的效率低于此值,如单晶硅太阳能电池的效率约为 29%,串联电阻和表面反射等非理想因素,使效率降低到 10%～15%。所以,一般材料,根据不同参数算出的效率在 20%左右。选用 $E_g\approx 1.6$ eV 的太阳能电池能达到的最佳效率约为 24%。

各种商品太阳能电池的转换效率如表 5-5 所示。

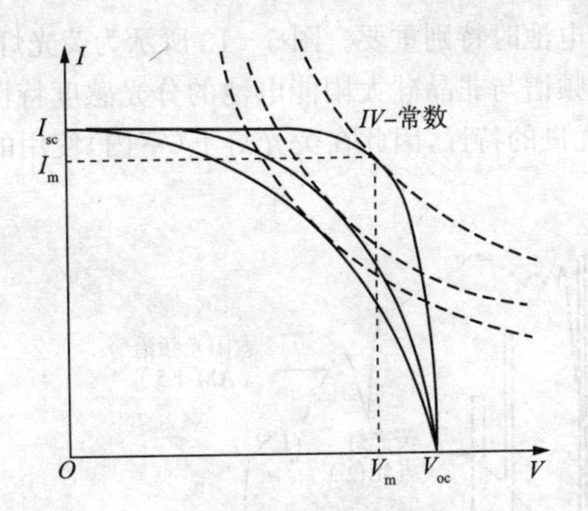

图 5-16 太阳能电池的等效率线($I_{sc}=I_m$)

表 5-5 商品太阳能电池的转换效率

效率/% 年份 太阳能电池	1995	2000	2010
单晶硅	15	18	22
多晶硅	14	16	20
非晶硅	7～9	10	14
薄膜硅	8～10	12	15
CdTe	7～9	12	15
CIS	7～9	12	14

由表 5-5 可以看出，单晶硅、多晶硅以及非晶硅太阳能电池中，单晶硅的转换效率最高，其次是多晶硅，非晶硅转换效率较低。CIS 等化合物薄膜太阳能电池及 Si 系薄膜太阳能电池被认为是继第一代单晶硅太阳能电池和第二代多晶硅、非晶硅等太阳能电池之后的第三代太阳能电池，近年来发展迅速，转换效率提升很大。根据美国再生能源实验室(NREL)公布，其 CIGS(CIS 中掺入 Ga)电池的实验室转换效率可达到 19.9%，进一步逼近多晶硅太阳能电池的 20.3%。

2. 太阳能电池的分光感度特性

对于太阳能电池来说，不同的光照射时所产生的电能是不同的。一般光的颜色(波长)与所转换生成的电能的关系，即用分光感度特性来表示。

太阳能电池的分光感度特性如图 5-17 所示。由图可见，不同的太阳能电池对于光的感度

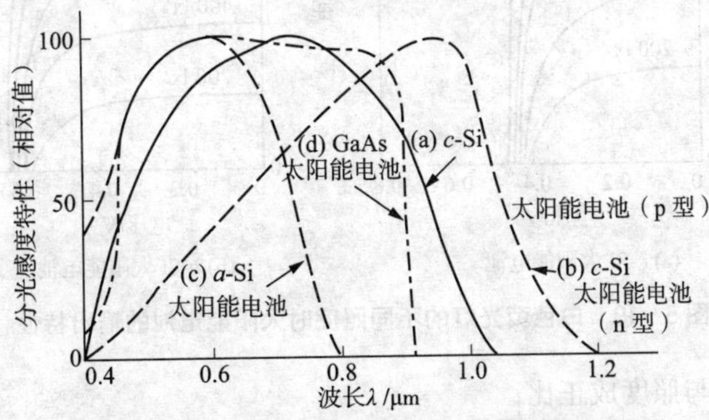

图 5-17 各种太阳能电池的分光感度特性

是不一样的,在使用太阳能电池时特别重要。图5-18所示为荧光灯的放射频谱与AM-1.5的太阳光频谱,荧光灯的放射频谱与非晶硅太阳能电池的分光感度特性非常一致。由于非晶硅太阳能电池在荧光灯下具有优良的特性,因此在荧光灯下(室内)使用的太阳能电池设备采用非晶硅太阳能电池较为合适。

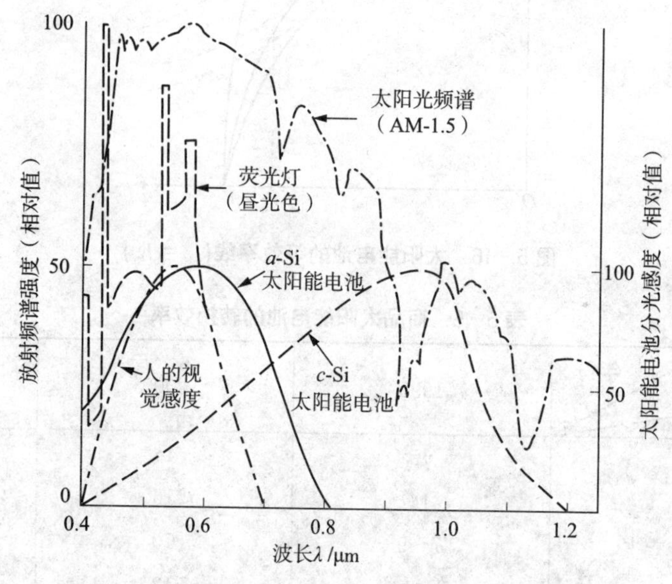

图5-18 光源的放射频谱与太阳能电池的分光感度

3. 太阳能电池的照度特性

太阳能电池的照度特性是指硅型太阳能电池的电气性能与光照强度之间的关系。太阳能电池的功率随照度(光的强度)的变化而变化。图5-19为荧光灯的不同照度时,单晶硅太阳能电池以及非晶硅太阳能电池的电流-电压特性。

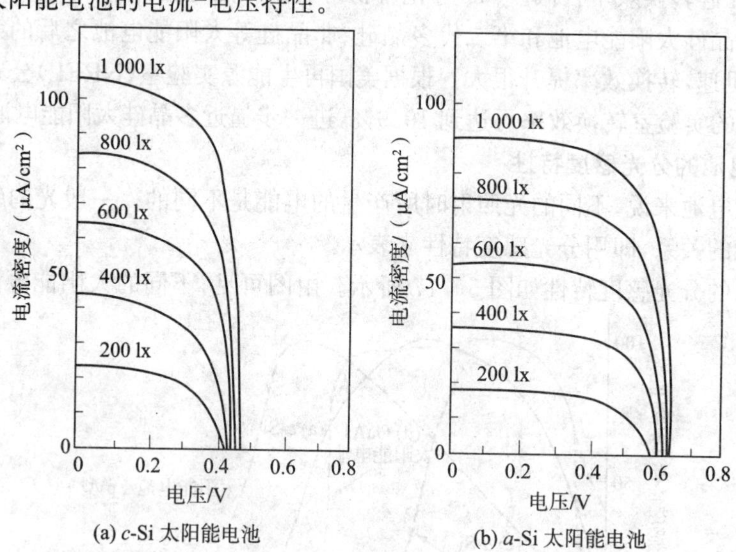

图5-19 白色荧光灯的不同照度时太阳能电池的输出特性

(1) 短路电流 I_{sc} 与照度成正比;

(2) 开路电压 V_{oc} 随照度的增加而缓慢地增加。

另外，光的强度不同，太阳能电池的功率也不同，而填充因子 F_F 几乎不受照度的影响，基本保持一定。

4. 太阳能电池的温度特性

太阳能电池的温度特性指的是太阳能电池的工作环境温度和电池吸收光子后使自身温度升高对电池性能的影响。太阳能电池的功率随温度的变化而变化。如图 5－20 所示，太阳能电池的特性随温度的上升短路电流 I_{sc} 增加，温度再上升时，开路电压 V_{oc} 减小，转换效率（功率）变小。由于温度上升导致太阳能电池的功率下降，因此，有时需要用通风的方法来降低太阳能电池板的温度以便提高太阳能电池的转换效率，使功率增加。

太阳能电池的温度特性一般用温度系数表示。温度系数小说明即使温度较高，功率的变化也较小。

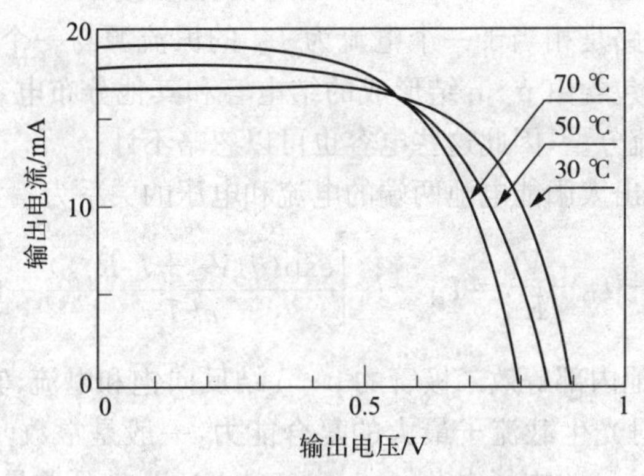

图 5－20　太阳能电池的温度特性

5.3.3　太阳能电池的等效电路

太阳能电池可用 p－n 结二极管 D、恒流源 I_{ph}、太阳能电池的电极等引起的串联电阻 R_s 和相当于 p－n 结泄漏电流的并联电阻 R_{sh} 组成的电路来表示，如图 5－21 所示，该电路为太阳能电池的等效电路。

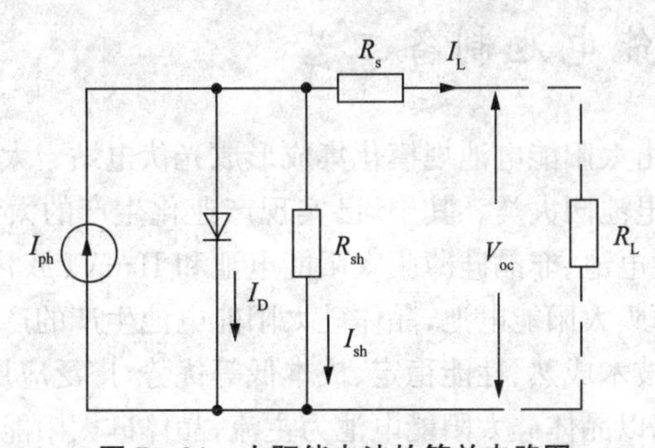

图 5－21　太阳能电池的等效电路图

其中，I_{ph} 为光生电流。I_{ph} 之值正比于太阳能电池的面积和入射光的辐照度。1 cm^2 太阳能电池的 I_{ph} 值均为 16～30 mA。环境温度的升高，I_{ph} 值也会略有上升，一般来讲温度每升高 1 ℃，I_{ph} 值上升 78 μA。I_D 为暗电流。无光照下的硅型太阳能电池的基本行为特性就类似于一个普通二极管。所谓暗电流指的是太阳能电池在无光照时，有外电压作用下 p－n 结内流过的单相电流。它的大小反映出在当前环境温度下，太阳能电池 p－n 结自身所能产生的总扩散电流的变化情况。I_L 为太阳能电池输出的负载电流。V_{oc} 为电池的开路电压。所谓输出电压,是把太阳能电池置于 100 MW/cm^2 光源照射下,且太阳能电池输出两端开路($R_L\to\infty$)时所测得的输出电压值。太阳能电池的开路电压与入射光辐照度的对数成正比,与环境温度成反比,与电池面积的大小无关。温度每上升 1 ℃,V_{oc} 值下降 2～3 mV。该值一般用高内阻的直流毫伏计测量。单晶硅太阳能电池的开路电压一般为 500 mV 左右,最高可达 690 mV。R_L 为电池的外负载电阻。R_s 为串联电阻,一般小于 1 Ω。它主要由电池的体电阻、表面电阻、电极导体电阻、电极与硅表面间接触电阻和金属导体电阻等组成。R_{sh} 为旁路电阻,一般为几千欧姆。它主要是由电池表面污浊和半导体晶体缺陷引起的漏电流所对应的 p－n 结泄漏电阻和电池边缘的泄漏电阻等组成。

R_s 和 R_{sh} 均为硅型太阳能电池本身固有电阻,相当于太阳能电池的内阻。一个理想的太阳能电池,因串联的 R_s 很小、并联的 R_{sh} 很大,所以进行理想电路计算时,它们都可以忽略不计。致使理想的太阳能等效电路是相当于一个电流为 I_{ph} 的恒流源与一个二极管并联。此外,硅型太阳能电池等效电路还应包含由 p－n 结形成的结电容和其他分布电容。由于太阳能电池是直流设备,通常没有高频交流分量,因此这些电容也可以忽略不计。

由等效电路图可以得出太阳能电池两端的电流和电压的关系为:

$$I_L=I_{ph}-I_D-\frac{V_D}{R_{sh}}=I_{ph}-I_0\left[\frac{\exp(q(V_{oc}+I_LR_s))}{nkT}-1\right]-\frac{V_D}{R_{sh}} \tag{5-10}$$

式中,I_0 为太阳能电池内部等效二极管的 p－n 结反向饱和电流,它与该电池材料自身性能有关,反映了太阳能电池对光生载流子最大的复合能力,一般是常数,不会受光照强度的影响。V_D 为等效二极管的端电压;q 为电子电荷,1.6×10^{-19}C;K 为玻耳兹曼常量,0.86×10^{-4} eV/K。T 为绝对温度。n 为 p－n 结的曲线常数。

为了使太阳能电池输出更大的功率,必须尽量减小串联电阻 R_s,增大并联电阻 R_{sh}。理想形式下(设 $R_s\to0$;$R_{sh}\to\infty$)的等效电路的方程为

$$I_L=I_{ph}-I_D-\frac{V_D}{R_{sh}}=I_{ph}-I_D \tag{5-11}$$

5.4 标准硅太阳能电池制备工艺

太阳能光伏发电主要由太阳能电池规模化集成形成光伏电站。太阳能电池主要分为晶体硅太阳能电池和薄膜太阳能电池两大类。其中,已实现产业化生产的太阳能电池主要包括单晶硅太阳能电池、多晶硅太阳能电池、非晶硅薄膜太阳能电池和II－VI族化合物太阳能电池。

经过多年发展,相比薄膜太阳能电池,晶体硅太阳能电池生产的产业链各环节都已形成成熟工艺,且具备转换效率高、技术成熟、性能稳定、成本低等优势,广泛应用于下游的光伏发电领域。目前,国际太阳能电池市场以晶体硅太阳能电池为主流,晶体硅太阳能电池约占太阳能电池市场份额的 90%。

5.4.1 硅材料的基本性质

硅材料是半导体工业中最重要且应用最广泛的元素半导体材料,是微电子工业和太阳能光伏工业的基础材料。它既具有元素含量丰富、化学稳定性好、无环境污染等优点,又具有良好的半导体材料特性。其发展是 20 世纪材料和电子科学领域的里程碑,它的发展和应用直接促进了

20世纪全球科技和工业的高速发展，因而，人类的发展被称为进入了“硅时代”。

硅材料按纯度划分，可分为金属硅和半导体(电子级)硅；按结晶形态划分，可分为非晶硅、多晶硅和单晶硅。其中多晶硅又分为高纯多晶硅、薄膜多晶硅、带状多晶硅和铸造多晶硅，单晶硅分为区熔单晶硅和直拉单晶硅；多晶硅和单晶硅材料又可以统称为晶体硅，标准硅太阳能电池用硅即为晶体硅。金属硅也叫做冶金硅，是低纯度硅，是高纯多晶硅的原料，也是有机硅等硅制品的添加剂；高纯多晶硅则是铸造多晶硅、区熔单晶硅和直拉单晶硅的原料；而非晶硅薄膜和薄膜多晶硅主要是由高纯硅烷气体或其他含硅气体分解或反应得到的。

硅属元素周期表第三周期$Ⅳ_A$族，原子序数14，原子量28.085。硅原子的电子排布为$1s^2 2s^2 2p^6 3s^2 3p^2$，原子价主要为4价，其次为2价，因而硅的化合物有二价化合物和四价化合物，四价化合物比较稳定。地球上硅的丰度为25.8%。硅在自然界的同位素及其所占的比例分别为：^{28}Si为92.23%，^{29}Si为4.67%，^{30}Si为3.10%。硅晶体中原子以共价键结合，并具有正四面体晶体学特征。在常压下，硅晶体具有金刚石型结构，晶格常数a=0.543 0 nm，加压至15 GPa，则变为面心立方型，晶格常数a=0.663 6 nm。

硅是最重要的元素半导体，是电子工业的基础材料，它的许多重要的物理化学性质，如表5-6所示。

表5-6　硅的物理化学性质(300K)

性　质	符号	单位	硅(Si)
原子序数	Z		14
原子量或分子量	M		28.085
原子密度或分子密度		个/cm3①	5.00×10^{22}
晶体结构			金刚石型
晶格常数	a	A	5.43
熔　点	T_m	℃	1420
熔化热	L	kJ/g	1.8
蒸发热		kJ/g	16(熔点)
比热	c_P	J/(g·K)	0.7
热导率(固/液)	K	W/(m·K)	150(300K)/46.84(熔点)
线胀系数		1/K	2.6×10^{-6}
沸点		℃	2355
密度(固/液)	ρ	g/cm3	2.329/2.533
临界温度	T_c	℃	4886
临界压强	P_c	MPa	53.6
硬度(摩氏/努氏)			6.5/950
弹性常数		N/cm	C_{11}:16.704×10^6 C_{12}:6.523×10^6 C_{44}:7.957×10^6
表面张力	γ	mN/m	736(熔点)
延展性			脆性
折射率	n		3.87
体积压缩系数		m^2/N	0.98×10^{-11}

续 表

性 质	符号	单位	硅(Si)
磁化率	χ	厘米—克—秒电磁制	-0.13×10^{-6}
德拜温度	θ_D	K	650
介电常数	ε_0		11.9
本征载流子浓度	n_i	个/cm^3	1.5×10^{10}
本征电阻率	ρ_i	$\Omega\cdot cm$	2.3×10^5
电子迁移率	μ_n	$cm^2/(V\cdot s)$	1350
空穴迁移率	μ_p	$cm^2/(V\cdot s)$	480
电子有效质量	M_{n*}	g	$M_{n*\parallel}=0.92m_0$ $M_{n*\perp}=0.19m_0$ (1.26 K)
空穴有效质量	M_{p*}	g	$M_{h*p}=0.59m_0$ $M_{l*p}=0.16m_0$ (4 K)
电子扩散系数	D_n	cm^2/s	34.6
空穴扩散系数	D_p	cm^2/s	12.3
禁带宽度(25 ℃)	$E_g(\Delta W_e)$	eV	1.11
导带有效态密度	N_c	cm^{-3}	2.8×10^{19}
价带有效态密度	N_v	cm^{-3}	1.04×10^{19}
器件最高工作温度		℃	250

注:ε_0 静电介电常数。

$M_{n*\parallel}$ 电子纵向有效质量(平行于旋转椭球等能面长轴方向)。

$M_{n*\perp}$ 电子横向有效质量(垂直于旋转椭球等能面长轴方向)。

M_{h*p} 重空穴有效质量。

M_{l*p} 轻空穴有效质量。

m_0 真空中自由电子的惯性质量,9.1×10^{-23} g。

1. 硅的电学性质

半导体材料的电学性质有两个十分突出的特点,一是导电性介于导体和绝缘体之间,其电阻率在 $10^{-4}\sim10^{10}$ $\Omega\cdot cm$ 范围内;二是电导率和导电型号对杂质和外界因素(光、热、磁等)高度敏感。无缺陷半导体的导电性很差,称为本征半导体。当掺入极微量的电活性杂质,其电导率将会显著增加,例如,向硅中掺入亿分之一的硼,其电阻率就降为原来的千分之一。当硅中掺杂以施主杂质(v 族元素:磷、砷、锑等)为主时,以电子导电为主,成为 N 型硅;当硅中掺杂以受主杂质(Ⅲ族元素:硼、铝、镓等)为主时,以空穴导电为主,成为 P 型硅。硅中 P 型和 N 型之间的界面形成 PN 结,它是半导体器件的基本结构和工作基础。

硅和锗作为元素半导体,没有化合物半导体那样的化学计量比问题和多组元提纯的复杂性,因此在工艺上比较容易获得高纯度和高完整性的 Si、Ge 单晶。硅的禁带宽度比锗大,所以相对于锗器件而言硅器件的结漏电流比较小,工作温度比较高(250 ℃)(锗器件只能在 150 ℃以下工作)。此外,地球上硅的存量十分丰富,比锗的丰度(4×10^{-4}%)多得多。所以,硅材料的原料供给可以说是取之不尽的。20 世纪 60 年代开始人们对硅做了大量的研究开发,在电子工业中,硅逐渐取代了锗,占据了主要的地位。自 1958 年发明半导体集成电路以来,硅的需求量逐年增大,质量也相应提高。现在，半导体硅已成为生产规模最大、单晶直径最大、生产工艺最完善的半导体材料，它是固态电子学及相关的信息技术的重要基础。

但硅也存在不足之处，硅的电子迁移率比锗小，尤其比 GaAs 小。所以，简单的硅器件在高频下工作时其性能不如锗或 GaAs 高频器件。此外，GaAs 等化合物半导体是直接禁带材料，光发射效率高，是光电子器件的重要材料，而硅是间接禁带材料，由于光发射效率很低，硅不能作为可见光器件材料。如果现在正在进行的量子效应和硅基复合材料等硅能带工程研究成功，加上已经十分成熟的硅集成技术和低廉价格的优势，那么硅将成为重要的光电子材料，并实现光电器件的集成化。

硅的化学性质

硅在自然界以氧化物为主的化合物状态存在。硅晶体在常温下化学性质十分稳定，但在高温下，硅几乎与所有物质发生化学反应。硅容易同氧、氮等物质发生作用，它可以在 400 ℃与氧、在 1000 ℃与氮进行反应。在直拉法制备硅单晶时，要使用超纯石英坩埚（SiO_2）。石英坩埚与硅熔体反应：

$$Si + SiO_2 \xrightarrow{\sim 1\,400\ ^\circ C} 2SiO \qquad (5-12)$$

反应产物 SiO 一部分从硅熔体中蒸发出来，另外一部分溶解在熔硅中，从而增加了熔硅中氧的浓度，是硅中氧的主要来源。在拉制单晶时，单晶炉内须采用真空环境或充以低压高纯惰性气体，这种工艺可以有效防止外界沾污，并且随着 Si0 蒸发量的增大而降低熔硅中氧的含量，同时，在炉腔壁上减缓 SiO 沉积，以避免 SiO 粉末影响无位错单晶生长。硅的一些重要的化学反应式如下：

$$\left.\begin{aligned} & Si + O_2 \xrightarrow{\sim 1\,100\ ^\circ C} SiO_2 \\ & Si + 2H_2O \xrightarrow{\sim 1\,000\ ^\circ C} SiO_2 + 2H_2 \\ & Si + 2Cl_2 \xrightarrow{\sim 300\ ^\circ C} SiCl_4 \\ & Si + 3HCl \xrightarrow{\sim 280\ ^\circ C} SiHCl_3 + H_2 \end{aligned}\right\} \qquad (5-13)$$

式(5-13)前两个反应是硅平面工艺中在硅表面生成氧化层的热氧化反应，后两个反应常用来制造高纯硅的基本材料——$SiCl_4$ 和 $SiHCl_3$。二氧化硅十分稳定，这一特点使得 SiO_2 膜在器件工艺中起着极为重要的作用。PN 结受到 SiO_2 膜的保护提高了器件的可靠性。在平面工艺中，SiO_2 膜是 MOSFET 器件结构的组成部分；在扩散工艺中成为有效的掩蔽层。由于 SiO_2 膜容易热氧化生成以及可以通过化学腐蚀选择性去除，因此，能够使用光刻方法实现器件小型化，使精细结构变成现实。

硅对多数酸是稳定的。硅不溶于 HCl、H_2SO_4、HNO_3、HF 及王水。但硅却很容易被 HF—HNO_3 混合液所溶解。因而，通常使用此类混合酸作为硅的腐蚀液，反应式为

$$Si + 4HNO_3 + 6HF = H_2SiF_6 + 4NO_2 + 4H_2O \qquad (5-14)$$

HNO_3 在反应中起氧化剂作用，没有氧化剂存在，HF 就不易与硅发生反应。

HF 加少量铬酸酐 CrO_3 的溶液是硅单晶缺陷的择优腐蚀显示剂。硅和稀碱溶液作用也能显示硅中缺陷。硅和 NaOH 或 KOH 能直接作用生成相应的硅酸盐而溶于水中：

$$Si + 2NaOH + H_2O = Na_2SiO_3 + 2H_2\uparrow \quad (5-15)$$

硅与金属作用能生成多种硅化物。$TiSi_2$,WSi_2,$MoSi_2$ 等硅化物具有良好的导电、耐高温、抗电迁移等特性,可以用于制备集成电路内部的引线、电阻等元件。

2. 硅的光学和力学性质

1) 硅的光学性质

硅在室温下的禁带宽度为 1.1 eV,光吸收处于红外波段。人们利用超纯硅对 1~7 μm 红外光透过率高达 90%~95%这一特点制作红外聚焦透镜。硅的自由载流子吸收比锗小,所以其热失控现象较锗好。硅单晶在红外波段的折射率为 3.5 左右,其两个表面的反射损耗略小于锗(大于 45%),通常在近红外波段镀 SiO_2 或 Al_2O_3,在中红外波段镀 ZnS 或碱卤化合物膜层作为增透膜。

硅是制作微电子器件和集成电路的主要半导体材料,但作为光电子材料有两个缺点:它是间接带隙材料,不能做激光器和发光管;其次它没有线性电光效应,不能做调制器和开关。但用分子束外延(MBE)、金属有机化学气相沉积(MOCVD)等技术在硅衬底上生长的 SiGe/Si 应变超晶格量子阱材料,可形成准直接带隙材料,并具有线性电光效应。此外,在硅衬底上异质外延 GaAs 或 InP 单晶薄膜,可构成复合发光材料。

2) 硅的力学和热学性质

室温下硅无延展性,属脆性材料。但当温度高于 700 ℃时硅具有热塑性,在应力作用下会呈现塑性形变。硅的抗拉应力远大于抗剪应力,所以硅片容易碎裂。硅片在加工过程中有时会产生弯曲,影响光刻精度。所以,硅片的机械强度问题变得很重要。

抗弯强度是指试样破碎时的最大弯曲应力,表征材料的抗破碎能力。测定抗弯强度可以采用"三点弯"方法测定,也有人采用"圆筒支中心集中载荷法"测定和 "圆片冲击法"测定。可以使用显微硬度计研究硅单晶硬度特性,一般认为目前大体上有下列研究结果:

(1) 硅单晶体内残留应力和表面加工损伤对其机械性能有很大影响,表面损伤越严重,机械性能越差。但热处理后形成的二氧化硅层对损伤能起到愈合"伤口"的作用,可提高材料强度。

(2) 硅中塑性形变是位错滑移的结果,位错滑移面为{111}面。晶体中原生位错和工艺诱生位错及它们的移动对机械性能起着至关重要的作用。在室温下,硅的塑性变形不是热激发机制,而是由于劈开产生晶格失配位错造成的。

(3) 杂质对硅单晶的机械性能有着重要影响,特别是氧、氮等轻元素的原子或通过形成氧团及硅氧氮络合物等结构对位错起到"钉扎"作用,从而改变材料的机械性能使硅片强度增加。

硅在熔化时体积缩小,反过来,从液态凝固时体积膨胀。正是由于这个因素,在拉制硅单晶结束后,剩余硅熔体凝固会导致石英坩埚破裂。熔硅有较大的表面张力(736 mN/m)和较小的密度(2.533 g/cm^3)。这两个特点,使得棒状硅晶体可以采用悬浮区熔技术生长,既可避免石英坩埚沾污,又可多次区熔提纯和拉制低氧高纯区熔单晶。相比之下,锗的表面张力很小(150 mN/m),密度较大(5.323 g/cm^3),所以,通常只能采用水平区熔法。

制造电池的标准工艺可以归纳为以下几个步骤:

(1) 由砂还原成冶金级硅。

(2) 冶金级硅提纯为半导体级硅。

(3) 半导体级硅转变为单晶硅片。

(4) 单晶硅片制成太阳能电池。

(5) 太阳能电池封装为太阳能电池组件。

5.4.2 碳热还原法制备冶金硅

硅是地壳中蕴藏量第二丰富的元素。提炼硅的原材料是 SiO_2，它是砂的主要成分。然而，在目前工业提炼工艺中，采用的是 SiO_2 的结晶态，即石英岩。在电弧中，利用纯度为 99%以上的石英砂和焦炭或木炭在 2 000 ℃左右进行还原反应，可以生成多晶硅，其反应方程式为：

$$SiO_2+3C=SiC+2CO$$

$$2SiC+SiO_2=3Si+2CO \tag{5-16}$$

碳热还原法制备冶金硅所用设备如图 5-22 所示。

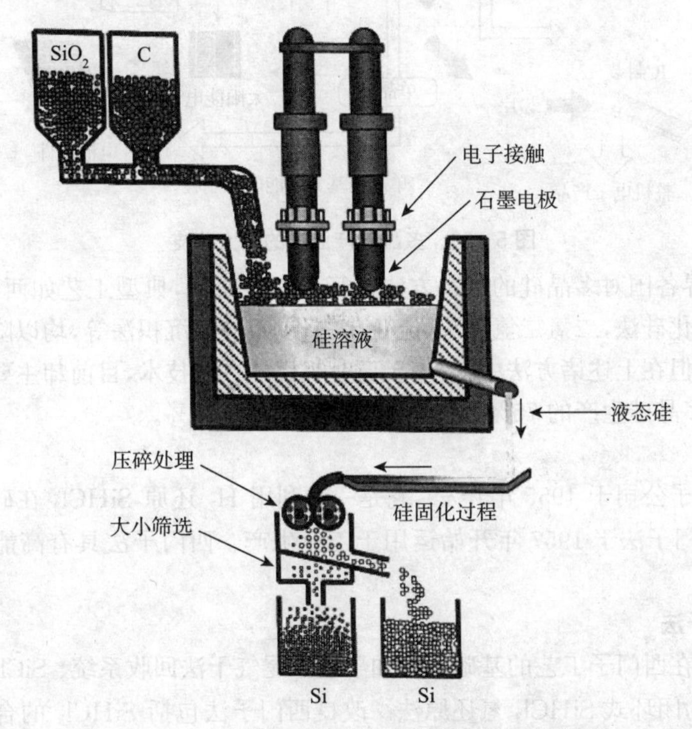

图 5-22 碳热还原法制备冶金硅电弧炉示意图

此时的硅呈多晶状态，纯度为 95%～99%，称为金属硅或冶金硅，又可称为粗硅或工业硅。生产的冶金级硅中，大部分被用于钢铁与铝工业上。这种多晶硅材料对于半导体工业而言，含有过多的杂质，主要为 C、B、P 等非金属杂质和 Fe、Al 等金属杂质，只能作为冶金工业中的添加剂。在半导体工业中应用，必须采用化学或物理的方法对金属硅进行再提纯。

5.4.3 高纯多晶硅制备

半导体器件用半导体材料对其纯度有很高要求，一般要求达到 99.999 999%～99.999 999 9%，太阳能电池用的高纯多晶硅材料虽说较半导体级硅低一些，但目前的太阳能级多晶硅制备方法与半导体级硅是相同的。太阳能硅与半导体硅是多晶硅的产业链的两大分支，如图 5-23 所示。

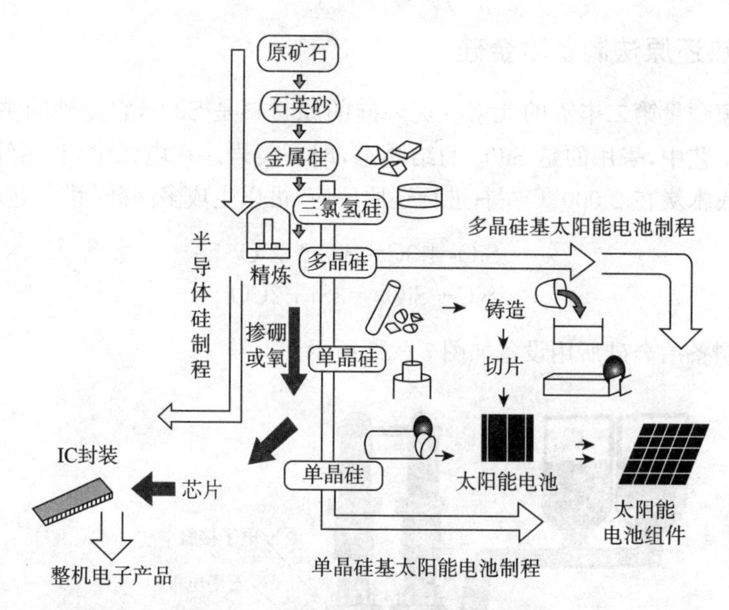

图 5-23 多晶硅产业链的两大分支

长期以来,世界各国对多晶硅的制备方法进行了诸多研究,典型工艺如西门子法,改良西门子法,硅烷法,四氯化硅法,二氯二氢硅法,流化床法,以及液相沉积法等,均以降低生产成本提高产品质量为目的。但在上述诸方法中,应用于商业规模的在线技术,目前却主要是改良西门子法和硅烷法,前者占多晶硅生产的 75%~80%,后者占 20%~25%。

1. 西门子法

该方法由西门子公司于 1955 年开发 ,它是一种利用 H_2 还原 $SiHCl_3$ 在硅芯发热体上沉积硅的工艺技术 ,西门子法于 1957 年开始运用于工业生产。西门子法具有高能耗、低效率、有污染等特点。

2. 改良西门子法

改良西门子法在西门子工艺的基础上增加了还原尾气干法回收系统、$SiCl_4$ 氢化工艺 ,实现了闭路循环,又称为闭环式 $SiHCl_3$ 氢还原法。改良西门子法包括 $SiHCl_3$ 的合成、$SiHCl_3$ 的精馏提纯、$SiHCl_3$ 的氢还原、尾气的回收和 $SiCl_4$ 的氢化分离五个主要环节。利用冶金级工业硅和 HCl 为原料在高温下反应合成 $SiHCl_3$,然后对中间化合物 $SiHCl_3$ 进行分离提纯 ,使其中的杂质含量降到 10^{-7}~10^{-10} 数量级,最后在氢还原炉内将 $SiHCl_3$ 进行还原反应得到高纯多晶硅。目前全世界 70%~80%的晶硅是采用改良西门子工艺生产的,改良西门子法是目前最成熟,投资风险最小的多晶硅生产工艺,工艺流程见图 5-24。

主要化学反应包括以下 2 个步骤:

(1) 三氯氢硅($SiHCl_3$)的合成;$Si + 3HCl \rightarrow SiHCl_3 + H_2$

(2) 高纯硅料的生产:$SiHCl_3 + H_2 \rightarrow Si + 3HCl$

得到高产率和高纯度三氯氢硅($SiHCl_3$)则需要 3 个严格的化学反应条件:

(1) 反应温度在 300~400 ℃之间;

(2) 氯化氢气体(HCl)必须是干燥无水的;

(3) 工业硅(Si)须经过破碎和研磨,达到适合的粒径。

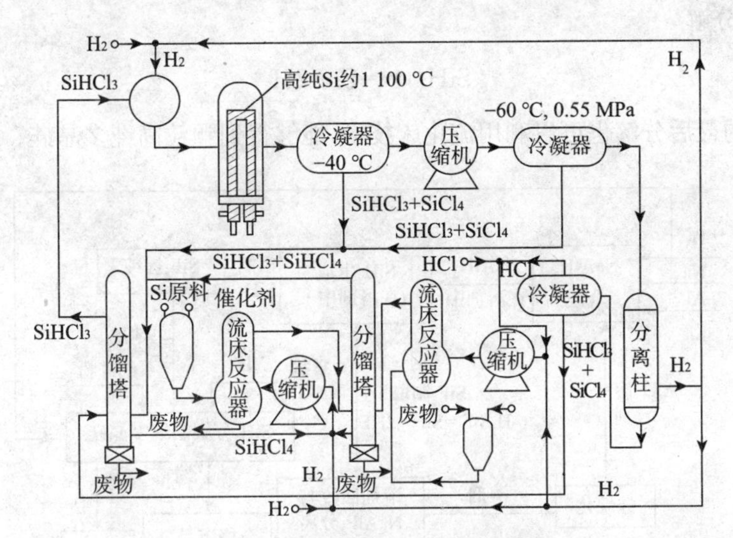

图 5-24 改良西门子法工艺流程图

3. 硅烷热分解法

1956 年英国标准电讯实验所成功研发出了硅烷（SiH_4）热分解制备多晶硅的方法，即通常所说的硅烷法。1959 年日本的石冢研究所也同样成功地开发出了该方法。后来，美国联合碳化物公司（Union Carbide）采用歧化法制备 SiH_4，并综合上述工艺加以改进，诞生了生产多晶硅的新硅烷法。硅烷法与改良西门子法的区别在于中间产物的不同，硅烷法的中间产物是 SiH_4。以氟硅酸、钠、铝、氢气为主要原料制取高纯硅烷，再将硅烷热分解生产多晶硅的工艺。硅烷热分解法的过程包括硅烷的制备、硅烷的提纯以及硅烷的热分解（图 5-25）。

硅的化学提纯主要包括三个步骤：

（1）硅烷合成

制备硅烷有多种方法，一般利用合成的硅化镁和液氨溶剂的氯化铵在 0 ℃以下反应，这是由日本小松电子公司(Komatsu)发明的，具体反应式为：

$$2Mg + Si \xlongequal{} Mg_2Si$$

$$Mg_2Si + 4NH_4Cl \xlongequal{} SiH_4 + 2MgCl_2 + 4NH_3$$

另一种重要的硅烷制备技术是美国联合碳化物公司提出的，利用四氯化硅和金属硅反应生成三氯化硅，然后三氯化硅歧化反应，生成二氯二氢硅，最后二氯二氢硅催化歧化生成硅烷，其主要反应式为：

$$3SiCl_4 + Si + 2H_2 \xlongequal{} 4SiHCl_3$$

$$2SiHCl_3 \xlongequal{} SiH_2Cl_2 + SiCl_4$$

$$3SiH_2Cl_2 \xlongequal{} SiH_4 + 2SiHCl_3$$

（2）硅烷提纯

硅烷在常温下为气态，一般来说气体提纯比液体和固体容易，硅烷的生成温度低，大部分金属杂质在低温下不易形成挥发性的氢化物，即便能生成，也因其沸点较高难以随硅烷挥发出来，所以硅烷在生成过程中就已经过了一次冷化，有效除去了那些不易生成挥发性氢化物的杂质。

(3) 硅烷热分解

$$SiH_4 = Si + 2H_2$$

同样,硅烷的最后分解也可以利用流化床技术,能够得到颗粒高纯多晶硅。

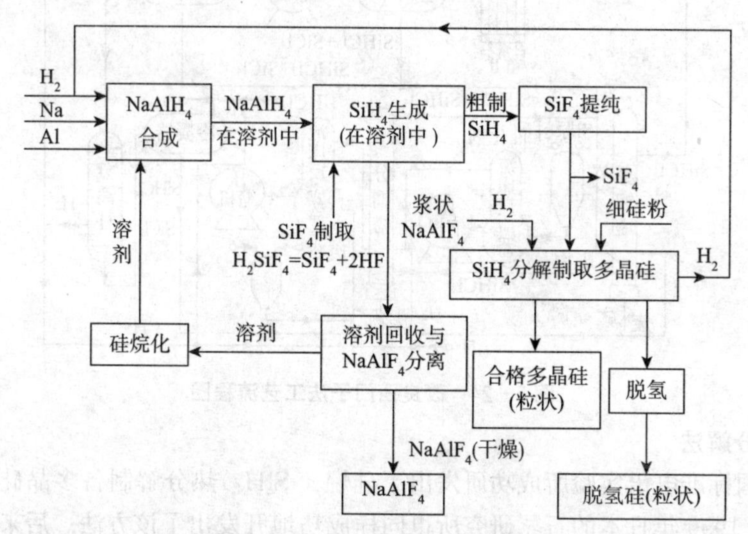

图 5-25 硅烷法的工艺流程

4. 冶金法

1996 年,日本川崎制铁公司 (Kawasaki Steel)开发出了由冶金级硅生产太阳能级多晶硅的方法。该方法采用了电子束和等离子冶金技术并结合了定向凝固方法,以冶金级硅为原料,分两个阶段进行:第一阶段,在电子束炉中,采用真空蒸馏及定向凝固法除磷同时初步除去金属杂质;第二阶段,在等离子体熔炼炉中,采用氧化气氛除去硼和碳杂质,同时结合定向凝固法进一步除去原料中的金属杂质。经过上述两个阶段处理后的产品基本符合太阳能级硅的要求。Elkem 等一些公司先后对冶金法进行了进一步的研究和改进,在一定程度上取得了技术的突破并降低了生产的成本。冶金法被认为是最有可能取得大的技术突破并产业化生产出低成本太阳能级硅材料的技术。

5. 流化床法

又称为沸腾床工艺,早年由美国联合碳化物公司研究开发。其主要工艺过程为将原料 $SiCl_4$、H_2、HCl 和工业硅在高温高压的流化床内反应(沸腾床)生成 $SiHCl_3$,$SiHCl_3$ 进一步歧化加氢生成 SiH_2Cl_2,继而生成硅烷气。将硅烷气通入装有小颗粒硅粉的流化床反应炉内进行连续热分解反应,生成粒状多晶硅产品。采用此法生产的产品基本能满足太阳能电池生产的使用,是一种比较适合大规模生产太阳能多晶硅的方法。流化床法具有生产效率高、电耗低、成本低的优点,但该工艺的危险性较大,生产的产品纯度不高。

6. 碳热还原法

碳热还原法是在电弧炉中用纯度较高的炭黑还原高纯石英砂制备多晶硅的工艺,为了尽量提高反应物的纯度,炭黑通常是用 HCl 浸出过的。炭黑主要来自于天然气的分解,成本太高,目前仍然没有得到很好的应用,此工艺目前需要解决的问题是设法提高碳的纯度。

7. 其他制备太阳能级硅的新工艺

(1) 真空冶金法制备太阳能级硅新技术

采用真空冶金技术结合真空干燥、真空精炼、真空蒸馏、真空脱气、真空定向凝固等新技术直接制备太阳能级硅,目前硅产品纯度超过了 4 个 N。

(2) 利用铝一硅熔体低温凝固精炼制备太阳能级硅

日本东京大学 K. Morita 教授提出了利用 Al—Si 熔体降低精炼温度采用低温凝固法,制备太阳能级硅材料,目前已经取得了阶段性研究结果。

(3) 熔融盐电解法

以废弃石英光纤预制棒废料为原料,利用熔盐电解法直接制备太阳能级硅新工艺路线。

(4) 从废旧石英光纤中提取高纯太阳能级硅

以废旧光纤和光纤次品为原料,利用等离子体制备高纯太阳能级硅。

改良西门子法和硅烷法是世界上两种商业生产高纯多晶硅的在线技术。改良西门子法是最主要的生产工艺,工艺成熟,沉积速度和产品纯度高,氯化物精馏工艺能耗低、效率高,能连续稳定运行,约占四分之三。硅烷法分解温度低,转化率高,能耗低。但前者的软肋是还原产出率低,能耗和生产成本高;后者的不足是硅烷制造成本高,安全要求苛刻。

5.4.4 太阳能电池单晶硅与多晶硅的制备

单晶硅是最重要的晶体硅材料,根据晶体生长方式的不同,可以分为区熔单晶硅和直拉单晶硅两种。区熔单晶硅是利用悬浮区域熔炼(float zone)的方法制备的,所以又称为 FZ 单晶硅。直拉单晶硅是利用切氏法(J. Czochralski)制备的,又称为 CZ 单晶硅。这两种单晶硅具有不同的特性和不同的器件应用顿战区堵单晶硅主要应用于大功率器件方面,只占单晶硅市场很小的一部分,在国际市场上约占 10%;而直拉单晶硅主要应用于微电子集成电路和太阳能电池方面,是单晶硅利用的主体。与区熔单晶硅相比,由于直拉单晶硅的制造成本相对较低、机械强度较高、易制备大直径单晶,所以,太阳能电池领域主要应用直拉单晶硅,而不是区熔单晶硅。

应用于太阳放电池工业领域的硅材料包括直拉单晶硅、薄膜非晶硅、铸造多晶硅、带状多晶硅和薄膜多晶硅,它们具有各自的优点和弱点。前四种硅材料已在太阳能光电池工业中大量应用,占据着 98%以上的市场份额。1970 年以前,直拉单晶硅是唯一大规模工业化生产太阳能电池的光电材料,其电池效率高、工艺稳定成熟,但成本相对较高。1980 年后,薄膜非晶硅得到发展和应用,它可以制备在玻璃等衬底上,制作成本较低,但其光电转换效率也低,而且存在"光致衰退"现象,性能稳定性较差。1990 年以后,相对低成本、高效率的铸造多晶硅和带状多晶硅得到快速发展。2001 年,铸造多晶硅占整个国际太阳能光伏材料市场的 50%以上,成为最主要的太阳能电池材料。但是,由于铸造多晶硅具有的高密度位错、微缺陷和晶界等,影响了其光电转换效率的发挥,工业意义上的太阳能光电转换效率总是比直拉单晶硅低 2%左右。到目前为止,薄膜多晶硅在工业上还未得到大规模应用,存在的问题主要是太阳能电池的效率仍然较低,与其他硅材料相比,缺乏竞争力。但是,由于薄膜多晶硅潜在的低成本和相对的高效率,一直吸引着研究者的注意力,特别是晶粒尺度在纳米级的薄膜多晶硅,一直是研究的焦点和热点。

5.4.4.1 直拉法制备单晶硅

直拉法生长单晶的技术是由波兰的 J. Czochralski 在 1917 年首先发明的,所以又称为切氏法。1950 年 Teal 等将该技术用于生长半导体锗单晶,然后他又利用这种方法生长直拉单晶硅。

在此基础上,Dash 提出了直拉单晶硅生长的“缩颈”技术,G. Ziegler 提出了快速引颈生长细颈的技术,构成了现代制备大直径无位错直拉单晶硅的基本方法。目前,单晶硅的直拉法生长已是单晶硅制备的主要技术,也是太阳能电池用单晶硅的主要制备方法。

直拉单晶硅晶体生长所用单晶炉示意图与实物如图 5-26 所示。由图可知,直拉单晶炉的最外层是保温层,里面是石墨加热器,在炉体下部有一石墨托(又叫石墨坩埚)固定在支架上,可以上下移动和旋转,在石墨托上放置圆柱形的石墨坩埚,在石墨坩埚中置有石英坩埚,在坩埚的上方,悬空放置籽晶轴,同样可以自由上下移动和旋转。所有的石墨件和石英件都是高纯材料,以防止对单晶硅的污染。在晶体生长时,通常通入低压的氩气作为保护气,有时也可以用氮气或氮氩的混合气,作为直拉晶体硅生长的保护气。

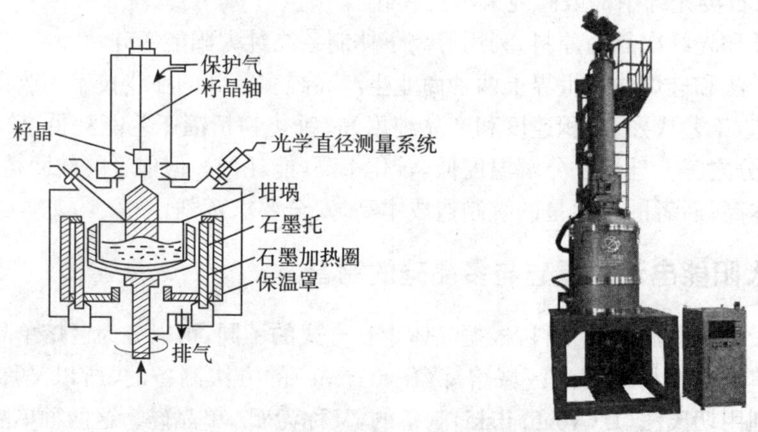

图 5-26　直拉单晶炉示意图与实物

直拉单晶硅的制备工艺一般包括:多晶硅的装料、熔化、种晶、引晶、缩颈、放肩、等径和收尾等,如图 5-27 所示。下面对其主要步骤进行简要介绍。

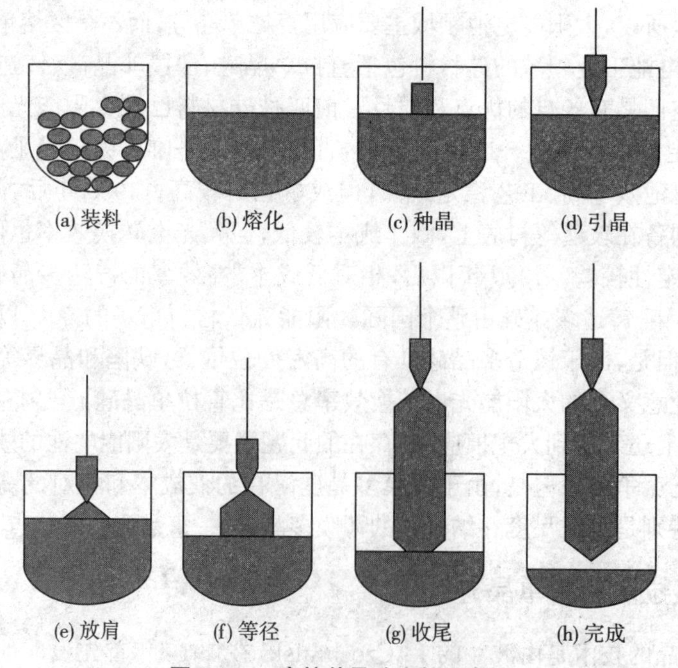

图 5-27　直拉单晶硅生长示意图

(1) 装料和熔化：首先将高纯多晶硅粉碎至适当的大小，并在硝酸和氢氟酸的混合酸液中清洗去除外表面，以除去可能的金属等杂质，然后放入高纯的石英坩埚中。对于高档多晶硅原料，可以不用粉碎和清洗而直接应用。注意，多晶硅放置的位置，不能使石英坩埚底部有过多的空隙。原因：在多晶硅熔化时，底部先熔化，如果在石英坩埚底部有过多空隙，熔化后熔硅液将与上部熔未化的多晶硅有一定空间，使得多晶跌入熔硅中造成熔硅外溅。多晶硅不能碰到石英坩埚的上边沿。原因是熔化时这部分多晶硅会黏结在上边沿，而不能熔化在熔硅中。在装料完成以后，将坩埚放入单晶炉中的石墨坩埚中，然后将单晶炉抽成一定真空，再充入一定流量和压力的保护气，最后将炉体加热升温，加热温度超过硅材料的熔点 1 412 ℃，使其熔化。

(2) 种晶：多晶硅熔化后，需要保温一段时间，使熔硅的温度和流动达到稳定，然后再进行晶体生长。在晶体生长时，首先将单晶籽晶固定在旋转的籽晶轴上，然后将籽晶缓缓下降，距液面数毫米处暂停片刻，使籽晶温度尽量接近熔硅温度，以减少可能的热冲击。接着将籽晶轻轻浸入熔硅，是头部首先少量溶解，然后和熔硅形成一个固液界面。随后籽晶逐步上升，与籽晶相连并离开固液界面的硅温度降低，形成单晶硅，此阶段称为“种晶”。

(3) 缩颈：“缩颈”技术出现的原因——去除了表面机械损伤的无位错籽晶，虽然本身不会再新生长的晶体硅中引入位错，但是在籽晶刚碰到液面时，由于热振动可能在晶体中产生位错，这些位错甚至能够延伸到整个晶体。“缩颈”技术的出现使得可以生长出无位错的单晶硅。“种晶”完成以后，籽晶应快速向上提升，晶体生长速度加快，新结晶的单晶硅的直径将比籽晶的直径小，可达到 3 mm 左右，其长度为此时晶体直径的 6～10 倍，称为“缩颈”阶段。随着晶体硅的直径增大，晶体硅的重量也不断增加，如果晶体硅的直径达到 400 mm，其重量可达到 410 多千克。在这种情况下，籽晶能否承受晶体重量而不断裂称为人们关心的问题。尤其是采用“缩颈”技术以后，其籽晶半径最小处只有 3 mm。最近，有研究者提出利用重掺硼单晶或掺锗的重掺硼单晶作为籽晶，由于重掺硼可以抑制种晶过程中位错的产生和增值，可以采用“无缩颈”技术，同样可以生长位错直拉单晶硅。但这种技术在生产中还未得到证实和应用。

(4) 放肩：在“缩颈”完成之后，晶体硅的生长速度大大放慢，此时晶体硅的直径急速增大，从籽晶的直径增大到所需要的直径，形成一个近 180°的夹角。此阶段称为“放肩”。

(5) 等径：当“放肩”达到预定晶体直径时，晶体生长速度加快，并保持几乎固定的速度，使晶体保持固定的直径生长。此阶段称为“等径”。

单晶硅“等径”生长时，在保持硅晶体直径不变的同时，要注意保持单晶硅的无位错生长。有两个重要因素可能影响晶体硅的无位错生长：一是晶体硅径向的热应力，二是单晶炉内的细小颗粒。在单晶硅生长时，坩埚的边缘和坩埚的中央存在温度差，有一定的温度梯度，使得生长出的单晶硅的边缘和中央也存在温度差。一般而言，该温度梯度随半径增大而呈指数变化，从而导致晶体硅内部存在热应力。同时，晶体硅离开固液界面后冷却时，晶体硅边缘冷却得快，中心冷却得慢，也加剧了热应力的形成。如果热应力超过了位错形成的临界应力，就能形成新的位错，即热应力诱发位错。另一方面，从晶体硅表面挥发出的 SiO_2 气体，会在炉体的壁上冷却，形成 SiO_2 颗粒。如果这些颗粒不能及时排出炉体，就会掉入硅熔体中，最终进入晶体硅，破坏晶格的周期性生长，导致位错的产生。在“等径”生长阶段，一旦生成位错就会导致单晶硅棒外形的变化，俗称“断苞”。通常，单晶硅在生长时，外形上有一定规则的扁平棱线。如果是[111]晶向生长，则有 3 条互成 120°夹角的扁平主棱线；如果是[100]晶向生长，单晶硅棒表面上则有 4 条互成 90°夹角的扁平棱线。在保持单晶硅棒的生长时，这些按线连续不断，一旦产生位错，按线将中断。这个现象可在生产中用来判断单晶硅棒是否正在按照无位错方式生长。

(6) 在单晶硅棒生长结束时,生长速度再次加快,同时升高硅熔体的温度,使得晶体硅的直径不断缩小,形成一个圆锥形 p 最终单晶硅棒离开液面,生长完成。最后的这个阶段称为"收尾"。单晶硅棒生长完成时,如果突然脱离硅熔体液面,其中断处受到很大热应力,超过晶体硅中位错产生的临界应力,导致大量位错在界面处产生,同时位错向上部单晶部分反向延伸,延伸的距离一般能达到一个直径。因此,在单晶硅棒生长结束时,要逐渐缩小晶体硅的直径,直至很小的一点,然后再脱离液面,完成单晶硅生长。

上面简要地叙述了直拉单晶硅的生长过程,图 5-28 所示为直拉单晶硅及其相应部位的示意图。在实际工业生产中,单晶硅棒的生长过程很复杂。除了坩埚的位置、转速和上升速度以及籽晶的转速和上升速度等常规工艺参数外,热场的设计和调整也是至关重要的。

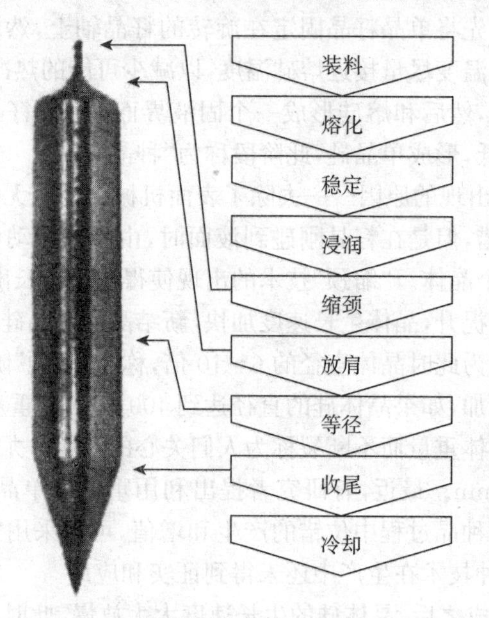

图 5-28 直拉单晶硅生长和相应部位示意图

5.4.4.2 铸造多晶硅

1. 铸造多晶硅及其与直拉单晶硅的比较

利用铸造技术制备多晶硅晶体,称为铸造多晶硅(mc-Si)。铸造多晶硅虽然含有大量的晶粒、晶界、位错和杂质,但由于省去了高费用的晶体拉制过程,所以相对成本较低,而且能耗也较低,在国际上得到了广泛应用。1975 年,德国的瓦克(Wacker)公司在国际上首先利用浇铸法制备多晶硅材料(SILSO),用来制造太阳能电池。几乎同时,其他研究小组也提出了不同的铸造工艺来制备多晶硅材料,如美国 Solarex 公司的结晶法、美国晶体系统公司的热交换法、日本电气公司和大板钛公司的模具释放铸锭法等。

与直拉单晶硅相比,铸造多晶硅的主要优势是材料利用率高、能耗小、制备成本低,而且其晶体生长简便,易于大尺寸生长。但是,铸造多晶硅的缺点是含有晶界、高密度的位错、微缺陷和相对较高的杂质浓度,其晶体的质量明显低于单晶硅,从而降低了太阳能电池的光电转换效率。铸造多晶硅和直拉单晶硅的比较见表 5-7 所示。由表可知,铸造多晶硅太阳能电池的光电转换效率要比直拉单晶硅低 1%~2%。自从铸造多晶硅发明以后,技术不断改进,质量不断提高,应用也不断广泛。在材料制备方面,由于采用了平面固液界面技术和氮化硅涂层等技术,铸造多晶硅的块料尺寸不断加大。在电池应用方面，SiN减反射层技术、氢钝化技术、吸杂技术的开发和应用，使得铸造多晶硅材料的电学性能有了明显的改善，其太阳能电池的光电转换效率也得到了迅速提高，实验室中的效率从1976年的12.5%提高到本世纪初的19.8%，近年来更达到20.3%以上。在实际工业级应用中，铸造多晶硅太阳能电池效率已达到15%～16%。

表5-7 铸造多晶硅和直拉单晶硅的比较

晶体性质	直拉单晶硅(CZ)	铸造多晶硅(mc)
晶体形态	单晶	多晶
晶体质量	无位错	高密度位错
能耗/(kW·h/kg)	＞100	～16
晶体大小/mm	约300	＞700
晶体形状	圆形	方形
电池效率	10%～17%	14%～16%

由于铸造多晶硅的相对优势，世界各发达国家都在努力拓展其工业规模。自20世纪90年代以来，国际上新建的太阳能电池和材料的生产线，大部分是铸造多晶硅生产线，相信在今后会有更多的铸造多晶硅材料和电池生产线投入应用。目前，铸造多晶硅已占太阳能电池材料的53%以上，成为最主要的太阳能电池材料。

2. 铸造多晶硅的制备工艺

利用铸造技术制备多晶硅主要有两种工艺。一种是浇铸法，即在一个坩埚内将硅原材料熔化，然后浇铸在另一个经过预热的坩埚内冷却，通过控制冷却速率，采用定向凝固技术制备大晶粒的铸造多晶硅。另一种是直接熔融定向凝固法，简称为直熔法，又称为布里奇曼法，即在坩埚内直接将多晶硅熔化，然后通过坩埚底部的热交换等方式，使熔体冷却，采用定向凝固技术制造多晶硅。所以，也有人称这种方法为热交换法(Heat Exchange Method，HEM)。前一种技术国际上已很少使用，而后一种技术在国际产业界得到了广泛应用。从本质上讲，两种技术没有根本区别，都是铸造法制备多晶硅，只是采用一只或两只坩埚而已。但是，采用后者生长的铸造多晶硅的质量较好，它可以通过控制垂直方向的温度梯度，使固液界面尽量平直，有利于生长取向性较好的柱状多晶硅晶锭。这种技术所需的人工少，晶体生长过程易控制、易自动化，而且晶体生长完成后，一直保持在高温，对多晶硅晶体进行了“原位”热处理，导致体内热应力的降低，最终使晶体内的位错密度得到降低。

图5-29所示为浇铸法制备铸造多晶硅的示意图。图中上部为预熔坩埚，下部为凝固坩埚。在制备铸造多晶硅时，首先将多晶硅的原料在预熔坩埚内熔化，然后硅熔体逐渐流入到下部的凝固坩埚，通过控制凝固坩埚周围的加热装置，使得凝固坩埚的底部温度最低，从而硅熔体在凝固坩埚底部开始逐渐结晶。结晶时始终控制固液界面的温度梯度，保证固液界面自底部向上部逐渐平行上升，最终达到所有的熔体结晶。

图5-30所示为直熔法制备铸造多晶硅的示意图。由图可知，硅原材料首先在坩埚中熔化，坩埚周围的加热器保持坩埚上部温度的同时，自坩埚的底部开始逐渐降温，从而使坩埚底部的熔体首先结晶。同样，通过保持固液界面在同一水平面上并逐渐上升，使得整个熔体结晶为晶锭。在这种制备方法中，硅原材料的熔化和结晶都在同一个坩埚中进行。

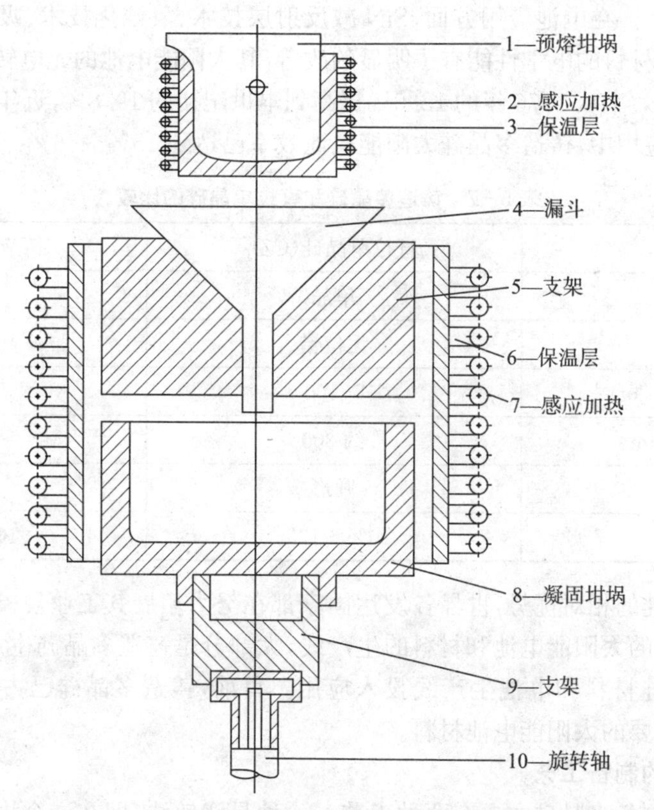

图 5-29　浇铸法制备多晶硅示意图

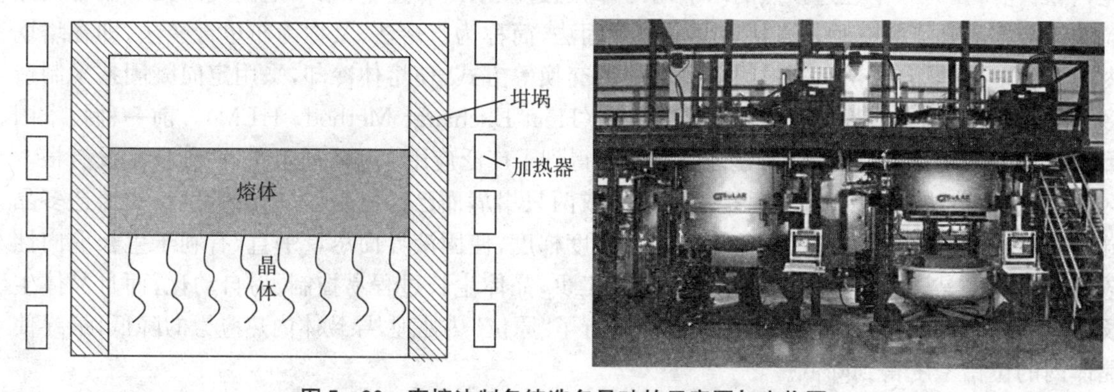

图 5-30　直熔法制备铸造多晶硅的示意图与实物图

实际生产时,浇铸法和直熔法的冷却方式稍有不同。在直熔法中,石英坩埚是逐渐向下移动,缓慢脱离加热区。或者隔热装置上升,使得石英坩埚与周围环境进行热交换,同时,冷却板通水,使熔体的温度自底部开始降低,使固液界面始终基本保持在同一水平面上,晶体结晶的速度约为 1 cm/h,结晶量约为 10 kg/h。在浇铸法中,控制好加热区的加热温度,形成自上部向底部的温度梯度,底部首先低于硅熔点的温度,开始结晶,上部始终保持在硅熔点以上的温度,直到结晶完成。在整个制备过程中,石英坩埚是不动的。在这种结晶工艺中,结晶速度可以稍快些。但是,这种方法不容易控制固液界面的温度梯度,在晶锭的四周和石英坩埚接触部位的温度往往低于晶锭中心的温度。

铸造多晶硅制备完成后是一个方形的铸锭,如图 5-31 所示。目前,铸造多晶硅的重量可以达到 250～300 kg，尺寸达到 700 mm×700 mm×300 mm。由于晶体生长时的热量散发问题，多晶硅的高度很难增加，所以，增加多晶硅的体积和重量的主要方法是增加它的边长。但是，边长尺寸的增加也不是无限的，因为在多晶硅晶锭的加工过程中，目前使用的外圆切割机或带锯对大尺寸晶锭进行处理很困难。其次，石墨加热器及其他石墨件需要周期性的更换，晶锭的尺寸越大，更换的成本越高。

图 5-31 铸造多晶硅铸锭实物图

通常情况下，高质量的铸造多晶硅应该没有裂纹、孔洞等宏观缺陷，晶锭表面平整。

从正面看，铸造多晶硅呈多晶状态，晶界和晶粒清晰可见，其晶粒的大小可以达到 10 mm 左右。从侧面看，晶粒呈柱状生长，其主要晶粒自底部向上部几乎垂直于底面生长，如图 5-32 所示。

(a) 正面

(b) 剖面

图 5-32 铸造多晶硅的正面俯视图和剖面图

在晶锭制备完成后，切成面积为 100 mm×100 mm、150 mm×150 mm 或 210 mm×210 mm 不等的方柱体，如图 5-33 所示。最后利用线切割机切成片状，如图 5-34 所示。

图 5-33 铸造多晶硅晶锭开方柱体

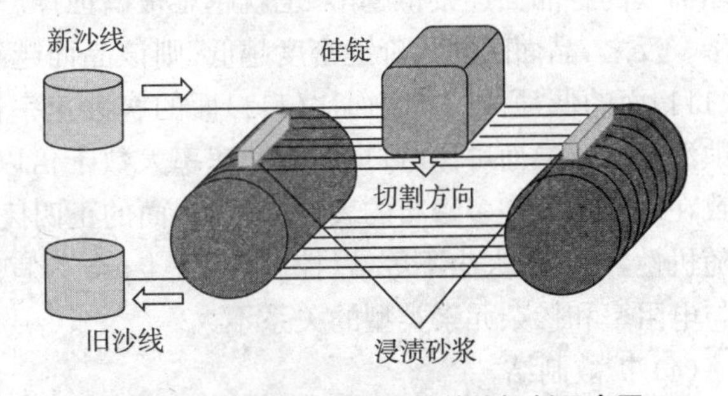

图 5-34 铸造多晶硅晶锭的线切割示意图

5.4.5 硅太阳能电池片的制备

1. 硅太阳能电池制备过程

(1) 硅片切割

制得单晶硅棒或硅锭的原始的形状为圆柱形,用内圆切片机、多线切片机或激光切片机将其切割成0.24～0.44 mm的薄片,目前,随着切片技术的进步,其硅片厚度已达0.2 mm乃至0.1 mm。常用的地面用晶体硅太阳能电池为直径100 mm的圆片或100 mm×100 mm的方片,目前也有125 mm×125 mm或150 mm×150 mm的方片,电阻率为0.5～3 Ω·cm;空间用太阳能电池的尺寸为20 mm×20 mm或20 mm×40 mm,电阻率约为10 Ω·cm。用内圆切片机切片,硅材料的损失接近50%,用线切片机切片,材料损失要小些。空间用太阳能电池基片和地面用太阳能电池基片的导电类型为p型。

(2) 硅片的表面制备

硅片切割完成后,为了去除硅表面的玷污杂质和切割损伤,需要对其进行表面处理。硅片的表面制备包括化学清洗和表面腐蚀。制结前硅表面的性质和状态直接影响结特性,从而影响成品电池的性能,故应予以十分重视。

化学清洗目的是为了除去玷污在硅片上的油脂、金属、各种无机化合物或尘埃等杂质。一般先用有机溶剂(如甲苯等)初步去油,再用热的浓硫酸去除残留的有机物和无机物杂质。硅片经表面腐蚀后,再用热王水或碱性过氧化氢清洗液、酸性过氧化氢清洗液彻底清洗,在每种清洗液清洗后都用去离子水漂洗干净。

表面腐蚀的目的是除去硅片表面的切割损伤,暴露出晶格完整的硅表面,获得符合制结要求的硅表面。一般采用碱或酸腐蚀,常用酸性腐蚀液配方(体积比)有:硝酸∶氢氟酸∶醋酸=5∶3∶3,5∶1∶1或6∶1∶1;碱腐蚀液有氢氧化钠、氢氧化钾等碱性溶液,出于经济上的考虑,通常用较廉价的氢氧化钠溶液,腐蚀的厚度约10μm。碱腐蚀的硅片表观虽然没有酸腐蚀的光亮平整,但制成的成品电池性能完全相同。近几年来,国内外硅太阳能电池生产的实践表明,碱腐蚀的优点是成本较低且相对环境的污染小。碱腐蚀还可以用于硅片的减薄技术,制造厚度约50 μm的薄型硅太阳能电池。

(3) 制绒

制绒是利用硅的各向异性腐蚀,把相对光滑的原材料硅片的表面通过酸或碱腐蚀,使其表面凸凹不平,变得粗糙,形成漫反射,减少直射到硅片表面的太阳能的损失,如图5-35所示。各向异性腐蚀就是腐蚀速率随单晶的不同结晶方向而变化。一般说来,晶面间的共价键密度越高,则该晶面簇的各晶面连接得越牢,也就越难被腐蚀掉。因此,在该晶面簇的垂直方向上腐蚀速率就越慢。反之,晶面间的共价键密度越低,则该晶面越容易被腐蚀掉。由于(100)面的共价键密度比(111)面的低,所以(100)面比(111)面的腐蚀速率快。对于硅而言,如果选择合适的腐蚀液和腐蚀温度,(100)面可比(111)面腐蚀速率大数十倍以上。因此,(100)硅片的各向异性腐蚀最终导致在表面产生许多密布的表面为(111)面的正四棱锥体,形成绒面状的硅表面。由于腐蚀过程的随机性,锥体的大小不等,以控制在2～4 μm为宜。除了高浓度掺硼的硅以外,硅各向异性腐蚀与电阻率和掺杂元素类型的关系不大。

(4) 扩散制结

经过表面处理的硅片即可制作p-n结。制结是单晶硅太阳能电池的关键工艺。制结方法有热扩散、离子注入、外延、激光或高频注入以及在半导体上形成表面异质结势垒等方法。采用

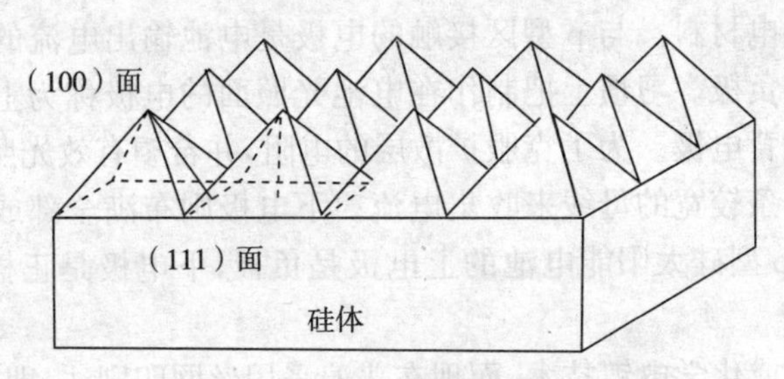

图 5-35 硅片表面的绒面

扩散方法的目的在于利用扩散现象使杂质进入半导体硅，用以改变某一区域的硅表层内的杂质类型，从而形成 p-n 结。目前，有工业生产价值的太阳能电池仍是扩散制结的，而且大多是由 p 型硅扩散磷制成的 n^+/p 型电池。

硅太阳能电池所用的主要扩散方法有 $POCl_3$ 的气相扩散法，TiO_2 或 SiO_2、P_2O_5 的涂覆扩散法等。p 型硅片扩散后，在片子的两面和周边都形成重掺杂的扩散层。硅片光照而形成的 p-n 结称为前结，是实现光电转换必须具备的。对于涂覆扩散法，通常用涂覆面作为前结；对于三氯氧磷及其他气体携带扩散法，可选取表观较好的一面为前结。对前结必须仔细加以保护。硅片扩散后在背面形成的 p-n 结称为背结，光照时背结的存在将产生与前结相反的光生电压。对于常规的非卷包式电池来说，硅片周边表面也形成了扩散层。周边扩散层使电池的上下电极形成短路环。因此，在以后的工序中必须将背结和周边扩散层除去。

(5) 去背结、边缘刻蚀

除去背结常用下面三种方法：化学腐蚀法、磨片（或喷砂）法和蒸铝烧结法。采用哪种方法，根据制作电极的方法和程序而定。

化学腐蚀法除去背结，是在掩蔽前结后用腐蚀液蚀去其余部分的扩散层。这一方法可同时除去背结和周边的扩散层，因此可以省去制作电极后腐蚀周边的工序。腐蚀后，背面平整光亮，适合于制作真空蒸镀的电极。

磨片法是用金刚砂(M10)将背结磨去，也可以用压缩空气携带沙子喷射到硅片背面以除去背结。磨片后在背面形成一个粗糙的表面，因此适用于化学镀镍制造背电极。磨片前应先掩蔽硅片正面，以防损伤前结。为了操作的方便和合理，磨片法去除背结工序应安排在制作上电极和下电极（即背电极）之间。此时电池的制造工艺流程稍有不同。

前两种除去背结的方法，对于 n^+/p 型和 p^+/n 型电池都是适用的。蒸铝烧结除去背结的方法仅适用于 n^+/p 型电池。

蒸铝烧结法是在扩散硅片背面真空蒸镀一层铝。加热到铝-硅共熔点(577 ℃)以上使它们成合金。经过合金化以后，随着降温，液相中的硅将重新凝固出来，形成含有少量铝的再结晶层。实际上，这是一个对硅掺杂的过程，它补偿了背面 n^+ 层中的施主杂质，得到以铝为受主的 p 层，达到消除背结的目的，因此，习惯上称它为“烧穿”。

周边上存在任何微小的局部短路都会使电池并联电阻下降，以致成为废品。目前，工业化生产用等离子干法腐蚀，在辉光放电条件下通过氟和氧交替对硅作用，去除含有扩散层的周边。扩散后清洗的目的是去除扩散过程中形成的磷硅玻璃。

(6) 丝网印刷上下电极

电极的制备是太阳能电池制备过程中一个至关重要的步骤，它不仅决定了发射区的结构，而且也决定了电池的串联电阻和电池表面被金属覆盖的面积。所谓电极就是与电池 p-n 结两端形成紧密欧姆接触的导电材料。与p型区接触的电极是电池输出电流的正极,与n型区接触的电极是电池输出电流的负极。习惯上把制作在电池光照面的电极称为上电极,把制作在电池背面的电极称为下电极或背电极。为了克服扩散层的电阻,并希望有效光照面积较大,上电极通常制成细栅线状并由一两条较宽的母线来收集电流。下电极则布满全部或绝大部分背面,以减小电池的串联电阻。n^+/p 型硅太阳能电池的上电极是负极,下电极是正极,在 p^+/n 型电池中正好相反。

最早采用真空蒸镀或化学电镀技术,而现在普遍采用丝网印刷法,即通过特殊的印刷机和模版将银浆铝浆(银铝浆)印刷在太阳能电池的正背面,以形成正负电极引线。最后用等离子体腐蚀去除周边 p-n结。

(7) 沉积减反射层

沉积减反射层的目的在于减少表面反射,增加折射率。出于光在硅表面上的反射,使光损失约三分之一,即使是绒面的硅表面,也损失掉约11%。如果在硅表面有一层或多层合适的薄膜,利用薄膜干涉的原理,可以使光的反射大为减少,电池的短路电流和输出就能有很大增加,这种膜称为太阳能电池的减反射膜。

直到20世纪70年代初,除个别例外,硅太阳能电池几乎都是使用SiO膜。一氧化硅膜的折射率较低,如果硅太阳能电池不加盖片,它的折射率(约1.8)与理想值(约1.97)接近,还是合适的。但如果电池胶黏盖片或用胶封装,其折射率就远低于理想值(约2.35)。因此,它与硅橡胶不是很匹配,不是理想的减反射膜。为此,人们研究出高折射率、高透过率的新型的减反射膜层材料,有 TiO_2、Ta_2O_5 和 Nb_2O_5 等。有时还沉积双层减反射膜,以进一步降低太阳能电池表面的光反射。

制造减反射膜的方法,主要可分为物理(真空蒸发)镀膜和化学镀膜两类。真空蒸镀法是一种物理气相沉积技术。化学镀膜法包括化学气相沉积和机械沉积技术。化学气相沉积可以在硅表面直接形成所需的减反射膜层;机械沉积技术,则是先在硅表面用旋涂、喷涂、印刷和浸渍等方法形成一层有机物的液态膜,然后用化学方法令其转化成固态的减反射膜。

就单层减反射膜而言,真空蒸镀的 Ta_2O_5 和 Nb_2O_5 膜已接近于理想要求。但地面应用不仅要求膜层性能优良,而且必须能够低成本大规模生产。故常采用机械沉积技术的化学镀膜法。

(8) 共烧形成金属接触

晶体硅太阳能电池要通过三次印刷金属浆料,传统工艺要用二次烧结才能形成良好的带有金属的电极欧姆接触,共烧工艺只需一次烧结,同时形成上下电极的欧姆接触。在太阳能电池丝网印刷电极制作中,通常采用链式烧结炉进行快速烧结。

(9) 电池片测试

经过上述的制作过程,单体太阳能电池还要进行测试分档,完成整个太阳能电池片的制作。

2. 单晶硅太阳能电池的分类

现在,单晶硅太阳能电池的工艺已基本成熟,为了不断提高电池转换效率,已开发出平面单晶硅电池和刻槽埋栅电极单晶硅电池。

(1) 平面单晶硅电池

为了达到高效的目的,在电池制作中采用表面织构化、发射区钝化、分区掺杂等技术。电池结构如图5-36所示。电池表面织构化采用光刻腐蚀工艺,制成倒金字塔结构,表面开口尺寸为10 μm×10 μm,发射区钝化采用含氯氧化。分区掺杂采用两次氧化,经光刻后分别形成轻、重掺杂区,再控制掺杂工艺条件后实现。电池的金属化采用热蒸发 Ti、Pd、Ag,上电极采用光刻腐蚀,剥离形成栅状电极后再脉冲镀银。

(2) 刻槽埋栅电极单晶硅太阳能电池

刻槽埋栅电极单晶硅太阳能电池因其埋栅电极的独特结构，使电极阴影面积由常规电池的10%～15%下降至2%～4%，短路电流可上升12%，同时槽内采用重扩散，使金属-硅界面的面积增大，接触电阻降低，从而使填充因子提高10%。在电池制作中，既保留了高效电池的特点，又省去了高效单晶电池制作中光刻等工艺，使得刻槽埋栅电极电池在保持高转换效率和适合大规模生产方面，成为连接实验室高效单晶硅太阳能电池和常规电池生产之间的纽带。

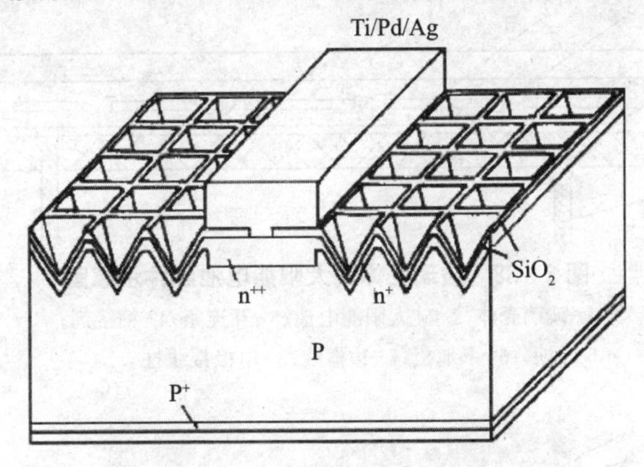

图5-36　平面单晶硅电池结构示意图

刻槽埋栅电池的结构如图5-37所示。该电池表面织构化采用化学腐蚀方法，利用晶体硅的各向异性，将表面腐蚀成大小不同、排列不规则的四面方锥体。分区掺杂采用机械或激光刻槽后进行重扩散的方式实现。电池的金属化通过化学镀镍、镀铜后浸银完成。

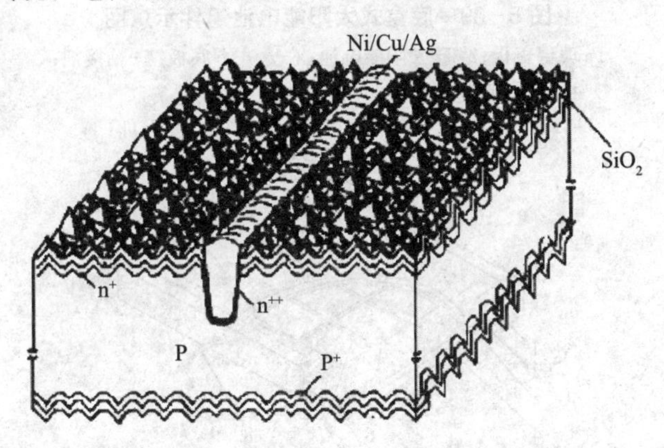

图5-37　刻槽埋栅电极电池结构示意图

5.4.6　太阳能电池组件制备

单体太阳能电池不能直接作为电他使用。作为电源使用必须将若干单体电池并联连接并严密封装成组件。对太阳能电池组件的要求为：

(1) 有一定的标称工作电流输出功率。

(2) 工作寿命长，要求组件能正常工作20～30年，因此要求组件所使用的材料，零部件及结构，在使用寿命上互相一致，避免因一处损坏而使整个组件失效。

(3) 有足够的机械强度，能经受在运输、安装和使用过程中发生的冲突，其他应力。

(4) 组合引起的电性能损失小。

(5) 组合成本低。

1. 太阳能电池组件的常见结构形式

常规的太阳能电池组件结构形式有下列几种，玻璃壳体式结构如图 5-38，底盒式组件如图 5-39，平板式组件如图 5-40，无盖板的全胶密封组件如图 5-41。目前还出现较新的双面钢化玻璃封装组件。

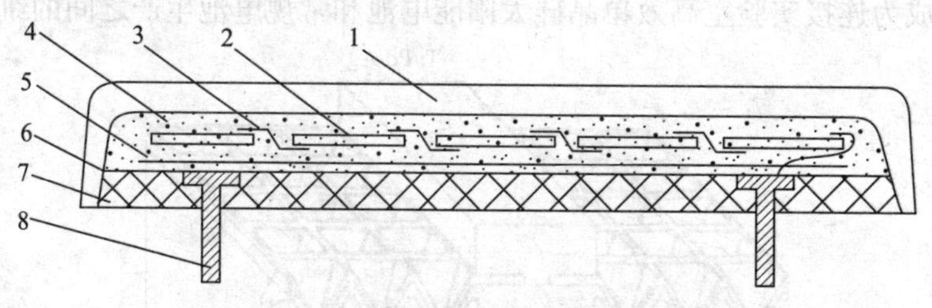

图 5-38 玻璃壳体式太阳能电池组件示意图

1-玻璃壳体；2-硅太阳能电池；3-互连条；4-粘接剂；
5-衬底；6-下地板；7-边框线；8-电极接线柱

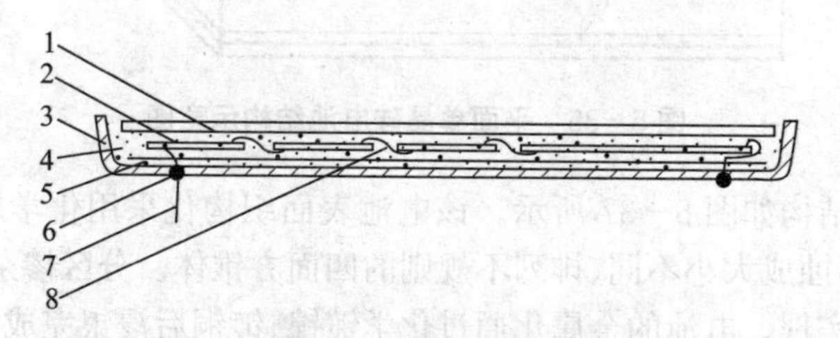

图 5-39 底盒式太阳能电池组件示意图

1-玻璃盖板；2-硅太阳能电池；3-盒式下底板；4-粘接剂；
5-衬底；6-固定绝缘胶；7-电极引线；8-互连条

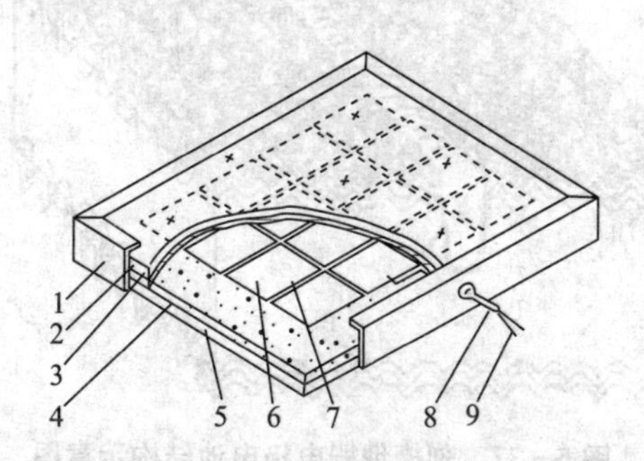

图 5-40 平板式太阳能电池组件示意图

1-边框；2-边框封装胶；3-上玻璃盖板；4-粘接剂；5-下底板；
6-硅太阳能电池；7-互连条；8-引线护套；9-电极引线

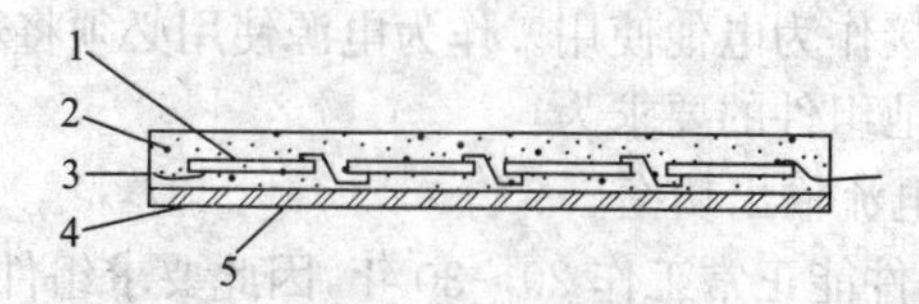

图 5-41 全胶密封太阳能电池组件示意图

1-硅太阳能电池；2-粘接剂；3-电极引线；4-下底板；5-互连条

2. 太阳能电池组件的封装材料

组件工作寿命的氏短和封装材料,封装工艺有很大的关系,它的氏短是决定组件寿命的重要因素之一。在组件中它是一项易被忽视但在实用中是决不能轻视的部件。现对材料分述如下。

上盖板:上盖板覆盖在太阳能电池组件的正面,构成组件的最外层,它既要透光率高,又要坚固,起到长期保护电池的作用。作上盖板的材料有:钢化玻璃、聚丙烯酸类树脂、氰化乙烯丙烯、透明聚酯、聚碳酯等。目前,低铁钢化玻璃为最为普遍的上盖板材料。

黏结剂:室温固化硅橡胶、氮化乙烯丙烯、聚乙烯醇缩丁醛、透明度双氧树脂、聚醋酸已烯等。一般要求其在可见光范围内具有高透光性;具有弹性;具有良好的电绝缘性能;能适用自动化的组件封装。

底板:一般为钢化玻璃、铝合金、有机玻璃、TPF 等。目前较多应用的是 TPF 复合膜,要求:具有良好的耐气候性能;层压温度下不起任何变化;与粘接材料结合牢固。

边框:平板组件必须有边框,以保护组件和组件与方阵的连接固定。边框为黏结剂构成对组件边缘的密封。主要材料有不锈钢,铝合金,橡胶,增强塑料等。

3. 组件制造工艺

太阳能电池组件制造工艺流程为:电池检测—正面焊接—检验—背面串接—检验—敷设(玻璃清洗、材料切割、玻璃预处理、敷设)—层压—去毛边(去边、清洗)—装边框(涂胶、装角键、冲孔、装框、擦洗余胶)—焊接接线盒—高压测试—组件测试—外观检验—包装入库。

目前,大型的组件制造厂商组件制备已实现全自动化,只有少数小型组件制造商部分工艺还采用人工制备。

5.5 薄膜太阳能电池

5.5.1 非晶硅太阳能电池

非晶硅太阳能电池是 20 世纪 70 年代中期才发展起来的一种新型薄膜太阳能电池。该电池最大的特点是在降低成本方面有很大优势。因为采用了低温工艺技术(约 200 ℃),耗材少(电池厚度小于 1 μm),材料与器件同时完成,便于大面积连续生产。因此,普遍受到人们重视,并得到迅速发展。30 多年来,电池效率已从 1976 年的 1%~2%提高到稳定的效率 13%;应用规模从手表、计算器,发展到兆瓦级独立电站,应用范围涉及多种电子消费产品、通信、照明、户用电源、光伏灌溉及中小型并网发电等。

1. 非晶硅材料

非晶硅(α-Si)是近代发展起来的一种新型非晶态半导体材料。从微观原子排列来看,非晶硅是一种“长程无序”而“短程有序”的连续无规则网络结构,其中含有一定量的结构缺陷,如悬挂键、断键、空洞。这些悬挂键、断键等缺陷态有很强的补偿作用,并造成费米能级的钉扎效应,使 α-Si 材料没有杂质敏感效应。因此,尽管对 α-Si 的研究早在 20 世纪 60 年代就已经开始,但在很长时间未付诸应用。1975 年,Spear 等利用硅烷(SiH_4)的直流辉光放电技术制备出 α-Si:H 材料,即用 H 补偿了悬挂键等缺陷态,才实现了对非晶硅基材料的掺杂,开始了非晶硅材料应用的新时代。

2. 非晶硅太阳能电池的工作原理

非晶硅太阳能电池的工作原理与单晶硅太阳能电池类似，都是利用半导体的光伏效应。与单晶硅太阳能电池不同的是，在非晶硅太阳能电池中光生载流子只有漂移运动而无扩散运动。由于非晶硅材料结构上的长程无序性、无规则网络引起的极强散射作用使载流子的扩散长度很短。如果在光生载流子的产生处或附近没有电场存在，则光生载流子由于扩散长度的限制，将会很快复合而不能被收集。为了使光生载流子能有效地收集，就要求在α-Si太阳能电池中光注入所涉及的整个范围内尽量布满电场。因此，电池设计成p-i-n型(p层为入射光面)，其中i层为本征吸收层，处在p层和n层产生的内建电场中。

α-Si电池的工作原理如下：入射光通过p^+层后进入i层产生e-h对，光生载流子一旦产生便被p-n结内建电场分开，空穴漂移到p边，电子偏移到n边，形成光生电流I_L和光生电动势V_L。V_L与内建电势V_b反向。当$V_L=V_b$达到平衡时，$I_L=0$，V_L达到最大值，称之为开路电压V_{oc}；当外电路接通时，则形成最大光电压，称之为断路电压V_{sc}，此时$V_L=0$。当外电路中外加负载时，则维持某一光电压V_L和光电流I_L。非晶硅太阳能电池的转换效率定义为$\eta=J_m V_m/P_i=F_F J_{sc} V_{oc}/P_i$。

α-Si电池也可设计为n-i-p型，即n层为入射光面。实验表明，p-i-n型电池的特征好于n-i-p型，因此实际的电池都做成p-i-n型。

3. 非晶硅太阳能电池的制作工艺

非晶硅薄膜太阳能电池与单晶硅和多晶硅太阳能电池的制作方法完全不同，工艺过程大大简化，硅材料消耗很少，电耗更低，成本低，重量轻，转换效率较高，便于大规模生产。

以玻璃衬底为例，p-i-n集成型α-Si太阳能电池的制造工序是：清洗并烘干玻璃衬底→生长TCO膜→激光切割TCO膜→一次生长p-i-n非晶硅膜→激光切割α-Si膜→蒸发或溅射Al电极→激光切割Al电极或掩膜蒸发Al电极。

TCO膜的种类有铟锡氧化物(ITO)、二氧化锡(SnO_2)和氧化锌(ZnO)。目前，玻璃衬底电池上电极用的TCO膜是SnO_2膜或SnO_2/ZnO复合膜。不锈钢衬底电池上电极用的TCO膜为ITO膜。制备ITO膜和ZnO膜多用磁控溅射法，制备SnO_2膜多用化学气相沉积法。

非晶硅薄膜材料是用气相沉淀法形成的，其中气体的辉光放电分解技术在非晶硅基体半导体材料和器件制备中占有重要地位。将石英容器抽成真空，充入氢气或氩气稀释硅烷(SiH_4)，用等离子体辉光放电加以分解，产生包含带电粒子、中性粒子、活性基团和电子等的等离子体，它们在带有TCO膜的玻璃衬底表面发生化学反应形成α-Si:H膜，故这种技术又被称为等离子体增强型化学气相沉积(PECVD)。如果在原料气体SiH_4中混入硼烷(B_2H_6)，即能生成p型非晶硅(pα-Si:H)；或者混入磷烷(PH_3)，即能生成n型非晶硅(nα-Si:H)。由上可知，仅仅变换原料气体就能依次形成p-i-n结。对于不锈钢衬底型电池，则采用n-i-p结构，即在不锈钢衬底上依次沉积n-i-p，然后生长ITO膜，最后做梳状Ag电极。

为了提高光电效率和改善稳定性，通常在制备的p-i-n单结太阳能电池上再沉积一个或多个p-i-n形成的双结或三结非晶硅薄膜电池，即所谓的叠层太阳能电池。如果制备叠层电池，在生长本征α-Si:H材料时，在SiH_4中分别混入甲烷(CH_4)或锗烷(GeH_4)对SiH_4的流量比可连续改变E_g。目前常规的叠层电池结构为α-Si/α-SiGe、α-Si/α-Si/α-SiGe、α-Si/α-SiGe/α-SiGe、α-SiC/α-Si/α-SiGe等。

4. 非晶硅太阳能电池的结构及性能

非晶硅太阳能电池是以玻璃、不锈钢及特种塑料为衬底的薄膜太阳能电池，结构如图5-42

所示。非晶硅太阳能电池由透明氧化物薄膜(TCO)层、非晶硅薄膜层(p-i-n层)、背电极金属薄膜层组成。每层膜利用激光刻线的方式,刻出线条以形成p-n结和互联的目的。

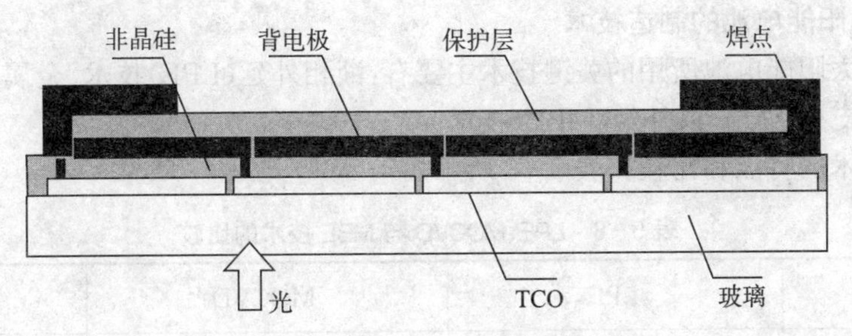

图5-42 α-Si太阳能电池结构示意图

目前非晶硅太阳能电池的实验室效率达15%,稳定效率为13%。商品化非晶硅太阳能电池的效率一般为6%~7.5%。与晶体硅太阳能电池不同,非晶硅太阳能电池温度升高对其效率的影响比晶体硅太阳能电池要小。

5. 非晶硅太阳能电池的特点

(1) 非晶硅具有较高的光吸收系数。特别是在0.3~0.75 μm的可见光波段,它的吸收系数比单晶硅要高出一个数量级。因而它比单晶硅对太阳辐射的吸收效率要高40倍左右,用很薄(约1 μm厚)的非晶硅膜就能吸收90%有用的太阳能。这是非晶硅材料最重要的特点,也是它能够成为低价格太阳能电池的最主要因素。

(2) 非晶硅的禁带宽度比单晶硅大,随制备条件的不同在1.5~2.0 eV的范围内变化,这样制成的非晶硅太阳能电池的开路电压高。

(3) 材料和制造工艺成本低。这是因为衬底材料,如玻璃、不锈钢、塑料等价格低廉。硅薄膜厚度不到1 μm,昂贵的纯硅材料用量很少。制作工艺为低温(100~300 ℃)工艺,生产的耗电量小,能量回收时间短。

(4) 易于形成大规模生产能力。

非晶硅太阳能电池的缺点主要是初始光电转换效率较低,这是因为非晶硅的光学带隙为1.7 eV,使得材料本身对太阳辐射光谱的长波区域不敏感,这样一来就限制了非晶硅太阳能电池的转化效率。此外,其光电效率会随着光照时间的延续而衰减,即所谓的光致衰减S-W效应,使得电池性能不稳定。解决这些问题的途径就是制备叠层太阳能电池。

5.5.2 Ⅲ-Ⅴ族化合物太阳能电池

Ⅲ-Ⅴ族化合物半导体材料是继锗(Ge)和硅(Si)材料之后发展起来的一类重要的太阳能电池材料,这类材料有许多优点,如具有直接带隙的能带结构、光吸收系数大、只需几微米的厚度就能充分吸收太阳光等。

1) 砷化镓(GaAs)太阳能电池

GaAs是一种典型的Ⅲ-Ⅴ族化合物半导体材料,它的禁带宽度为1.43 eV,正好为高吸收率太阳光的值,因此,是很理想的太阳能电池材料。从1958年发射的先锋1号卫星开始到20世纪70年代,高效的单晶硅太阳能电池一直是空间电池的首选材料,但是20世纪80年代苏联、日本、美国的航天飞行器空间主电源尤其是小卫星空间电源系统开始应用GaAs太阳能电池,GaAs组件在空间电源领域应用比例日益增大,目前已超过90%。GaAs太阳能电池已成为太阳能电池领域的应用与研究的热点。此外,从2007年8月开始,砷化镓太阳能电池从卫星上的使用转变为聚光的太阳能发电站的规模应用。砷化镓高效聚光电池在国外正在被证明是低成本规模建造太阳能电站的有效途径。

1. 砷化镓太阳能电池的制造技术

制造砷化稼太阳能电池所用的关键技术主要有:液相外延(LPE)技术、金属有机物化学气相沉积(MOCVD)技术及分子束外延(MBE)技术。

以上 3 项技术的特点和比较如表 5-8 所示。

表 5-8 LPE、MOCVD 与 MBE 技术的比较

技术	LPE	MOCVD	MBE
原理	物理过程	化学过程	物理化学过程
外延参数控制能力	厚度、载流子浓度不易控制,难以实现薄层和多层生长,相邻外延层界面陡峭	能精确控制外延层厚度、浓度和组分,实现薄层、超薄层和多层生长,大面积均匀性好,相邻外延层界面陡峭	能精确控制外延层厚度、浓度和组分,实现亚单原子层精度的生长,外延层的表面界面具有原子级的平整度
异质衬底外延	不能	能	能
可实现的太阳能电池结构	外延层一般只有 1～3 层,电池结构不够完整	外延层可多达几十层,并可引入超晶格结构,电池结构更加完善	外延层层数多,可引入超晶格结构,电池结构更加完善
原理	物理过程	化学过程	物理化学过程
生长速率/($\mu m \cdot min^{-1}$)	0.1～10	0.005～1.5	0～0.05
最小厚度/nm	50	2	0.5
均匀性	好	好	好
表面晶体质量	差	好	好
掺杂范围/cm^{-3}	1 014～1 019	1 014～1 020	1 014～1 019
特点	从衬底上的过饱和溶液进行生长	使用金属有机物作为生长源	在极高真空环境下沉积外延
限制条件	有限的衬底面积,很难控制薄层生长,难以在 Ge 衬底上外延	源材料,特别是Ⅴ族氢化物剧毒	很难生长具有高蒸气压的源材料
太阳能电池领域的应用	适合小规模生产,逐步淘汰	适合大规模生产,占主导地位	工艺产量低,难以产业化

2. 砷化镓太阳能电池的结构

砷化镓太阳能电池的结构经历了由单结向多结的转变。常用的单结砷化镓太阳能电池有 GaAs/GaAs 和 GaAs/Ge 电池。单结 GaAs 电池只能吸收特定光谱的太阳光,其转换效率不高。不同禁带宽度的Ⅲ-Ⅴ族材料制备的多结 GaAs 电池,按禁带宽度大小叠合,分别选择性吸收和转换太阳光谱中不同波长的光,可大幅度提高太阳能电池的光电转换效率。理论计算表明(AM0 光谱和 1 个太阳常数):双结 GaAs 太阳能电池的极限效率为 30%,三结 GaAs 太阳能电池的极限效率为 38%,四结 GaAs 太阳能电池的极限效率为 41%。多结太阳能电池的光谱吸收原理如图 5-43 所示。

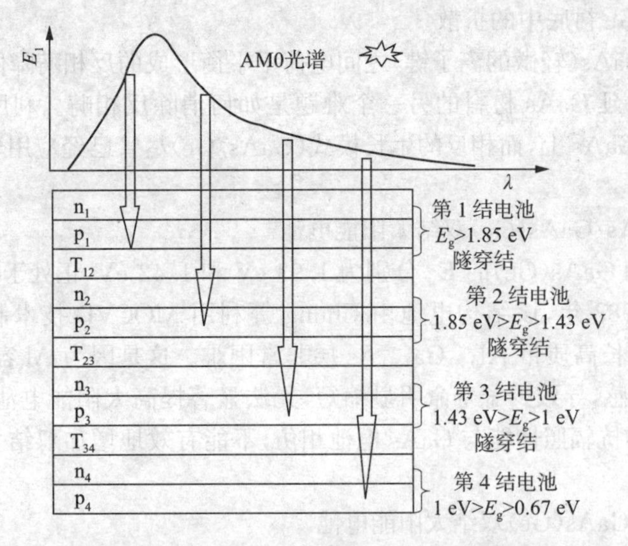

图 5-43　多结叠层太阳能电池的光谱吸收原理

(1) 单结 GaAs/GaAs 太阳能电池

20 世纪七八十年代，以 GaAs 单晶为衬底的单结 GaAs/GaAs 太阳能电池的研制基本采用 LPE 技术生长，最高效率达到 21%。80 年代中期，已能大批量生产面积为 2 cm×2 cm 或 2 cm×4 cm 的 GaAs/GaAs 电池，如美国休斯公司采用多片 LPE 设备，年产 3 万多片 2 cm×2 cm 电池，最高效率达 19%，平均效率为 17%(AM0)；日本三菱公司采用垂直分离三室 LPE 技术，一个外延流程可生产 200 片 2 cm×2 cm GaAs 电池，最高效率达 19.3%，平均效率为 17.5%(AM0)。此外，国外也用 MOCVD 技术研制 GaAs/GaAs 太阳能电池，美国生产的 GaAs/GaAs 太阳能电池，批产的平均效率达到了 17.5%(AM0)。

(2) 单结 GaAs/Ge 太阳能电池

为克服 GaAs/GaAs 太阳能电池单晶材料成本高、机械强度较差，不符合空间电源低成本、高可靠要求等缺点，1983 年起逐步采用 Ge 单晶替代 GaAs 制备单结 GaAs 电池。GaAs/Ge 太阳能电池的特点是：保持 GaAs/GaAs 电池的高效率、抗辐照和耐高温等优点，同时由于 Ge 单晶机械强度高不易破碎，可制备大面积薄型电池，且 Ge 单晶价格约为 GaAs 的 30%，大大降低了 GaAs 太阳能电池的成本。单结 GaAs/Ge 电池结构如图 5-44 所示。到了 20 世纪 90 年代，Ge 衬底上异质外延的技术得以进一步发展成熟，很快便替代了 GaAs/GaAs 太阳能电池。而其商品化的结果是 GaAs 电池得以真正开始大量应用于空间电源。

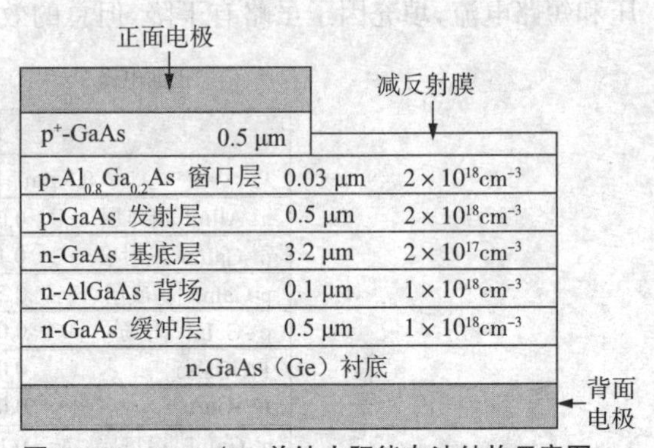

图 5-44　GaAs/Ge 单结太阳能电池结构示意图

提高电池性能和可靠性的关键所在是抑制 GaAs/Ge 活性结以及消除作为极性与非极性外延特征的反相畴(APDs)。

研究表明在 GaAs/Ge 太阳能电池中，Ge 衬底必须是非活性的，没有光电转换效率的贡献，仅仅作为外延的衬底。所以，对于 GaAs/Ge 太阳能电池，应该尽可能降低 GaAs/Ge 界面处的扩散,特别是 Ga 向 n^+ Ge 衬底中的扩散。

Ge(共价键)和 GaAs(轻微的离子键)之间电荷不平衡形成的反相畴降低了 GaAs 的电特性,因此,在 Ge 衬底上外延 GaAs 材料的另一个难题是如何消除反相畴。利用先进的 MBE 技术,Ge 可成功地生长在 GaAs 上,而相反的生长模式(GaAs/Ge)尽管已经应用于器件,但消除 APDs 却非常困难。

(3) $Al_{0.37}Ga_{0.63}As$/GaAs(Ge)双结太阳能电池

$Al_{0.37}Ga_{0.63}As$ 和 GaAs(Ge)的 E_g 分别为 1.93 eV 和 1.42 eV,正处于叠层太阳能电池所需的最佳匹配范围。1988 年,该结构电池由 Chung 等利用 MOCVD 技术制成,AM0 效率达到 23%。研究中发现生长高质量 $Al_{0.37}Ga_{0.63}As$ 层非常困难。这是因为 Al 容易氧化,对气源和系统中的残留氧非常敏感,导致少子寿命明显缩短,无法显著提高太阳能电池的电流密度。此外,$Al_{0.37}Ga_{0.63}As$ 电池的抗辐照性能与 GaAs 电池相仿,不能有效地增加双结太阳能电池的空间应用寿命。

(4) $Ga_{0.5}In_{0.5}P$/GaAs(Ge)双结太阳能电池

$Ga_{0.5}In_{0.5}P$ 是另一个带宽与 GaAs 晶格相匹配的系统。与 $Al_{0.37}Ga_{0.63}As$ 体系相比,其界面复合速率低(约为 1.5 cm/s),且 $Ga_{0.5}In_{0.5}P$ 电池具有与 InP 电池相似的抗辐照性能,所以 $Ga_{0.5}In_{0.5}P$/GaAs(Ge)双结电池具有更好的性能和更长的使用寿命。其 AM0 效率最高达到 26.9%。1990 年 Olson 等报道在 GaAs(p 型)衬底上生长了小面积(0.25 cm^2) $Ga_{0.5}In_{0.5}P$/GaAs 双结叠层电池,AM1.5 效率达 27.3%。1994 年,Olson 等进一步改进了电池结构。同样 0.25 cm^2 面积的 $Ga_{0.5}In_{0.5}P$/GaAs 双结叠层电池,其 AM1.5 和 AM0 效率分别达到 29.5%和 25.7%。日本能源公司 Takamoto 等在 1997 年曾报道,他们在 p^+-GaAs 衬底上研制了大面积(4 cm^2)InGaP/GaAs 双结叠层电池,AM1.5 效率达到 30.28%,电池结构如图 5-45 所示。同 Olson 等的电池结构相比较,主要的改进之点是用 InGaP 隧道取代了 GaAs 隧道结;并且隧道结处在高掺杂的 AlInP 层之间,对下电池起窗口层作用,对上电池起背场作用,结果提高了开路电压和短路电流,填充因子虽略有下降,但总的效率有所提高。

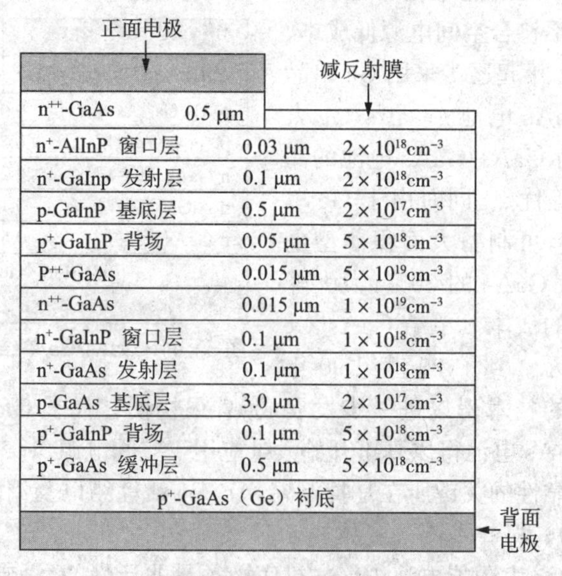

图 5-45 $Ga_{0.5}In_{0.5}P$/GaAs(Ge)双结太阳能电池结构示意图

（5）三结 GaAs 太阳能电池

三结 GaAs 太阳能电池有很好的高温特性（工作温度每升高 1 ℃性能仅下降 0.2%，可在 200 ℃情况下正常工作），通过聚光将显著提高电池电流输出，特别是在实现高倍聚光后，可获得更高的功率输出（聚光倍数可达 500 倍以上）。目前，空间用高效三结 GaInP/GaAs/Ge 电池的平均效率已经达到 28%，最高效率已经达到 40.8%，已经达到了理论数值水平。地面用聚光三结砷化镓太阳能电池芯片产品在 500～1 000 倍聚光条件下实现的光电转化效率达到 35%～39%。三结 GaAs 太阳能电池的结构如图 5－46 所示。

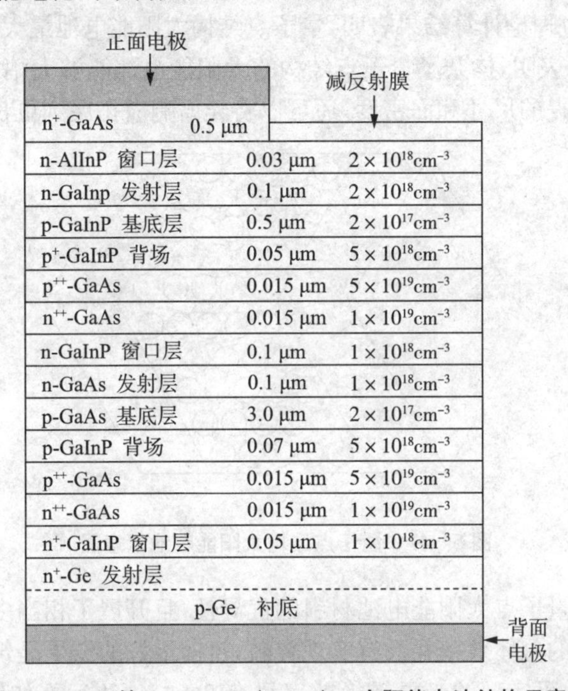

图 5－46　三结 $Ga_{0.5}In_{0.5}P$/GaAs/Ge 太阳能电池结构示意图

（6）四结 GaAs 太阳能电池

Olson 等发现，Ge 的带隙偏低（0.67 eV），使 $Ga_{0.5}In_{0.5}P$（1.85 eV）、GaAs（1.43 eV）、Ge（0.67 eV）不能构成理想的三结电池，但 Ge 可以构成四结电池的底电池。四结电池的关键是寻找晶体匹配的第三结叠层电池材料，当其直接带隙为 0.95～1.05 eV（AM0 光谱）时，四结电池将获得大于 40%的理论转换效率。InGaAsN、BInGaAs 材料是目前研究较多、禁带宽度符合 0.95～1.05 eV 并有望实现效率突破的材料。自 1997 年开始了 InGaAsN 材料作为多结级联太阳能电池材料的研究，但经过多年的研究，进展依旧缓慢，主要是 N 源材料特性差，导致外延生长的 InGaAsN 性能差，少子寿命短，达不到器件的要求。BInGaAs 是最近开始研究的新材料，也远未达到器件的要求。

研究发现，太阳能电池的结数越多，转化效率也就越高，因此四结、五结甚至更多结的太阳能电池研制成为太阳能电池研究领域的热点。理论计算结果表明，GaInP/GaAs/GaInNAs/Ge 四结太阳能电池的光电效率可达 41%，但是由于技术条件的限制，目前仍没有实现理论预测的高转换率。其研究仍是一个非常有挑战性的课题，对于多结级联 GaAs 基太阳能电池的进一步发展将有重要意义。

(7) GaAs 基量子点太阳能电池

量子点是另外一类可以用于高效Ⅲ-Ⅴ太阳能电池的新材料,是第三代太阳能电池,也是目前最新、最尖端的太阳能电池之一。量子点的尺度介于宏观固体与微观原子、分子之间,量子点材料生长形成一个个尺寸为1～10 nm 的纳米级颗粒,纳米尺度的小尺寸效应决定了量子点有许多独特优异的重要特性,如具有可变化的带隙、可调节的光谱吸收性等。这些特性使太阳能电池可大大提高光电转换率,并降低昂贵的材料费用,有望最终降低太阳能发电的成本。具有量子点结构的太阳能电池示意图如图 5-47 所示。近几年,Luque 等相继报道了这种具有量子点结构的太阳能电池,并通过理论计算结果表明,量子点结构太阳能电池最大的光电转换效率可以达到 63%。也有实验结果表明,掺杂了量子点结构的太阳能电池能够大幅拓展材料的红外光谱响应范围。通过调整量子点的尺寸和面密度,还可以将光谱响应拓展到更长的波长范围。

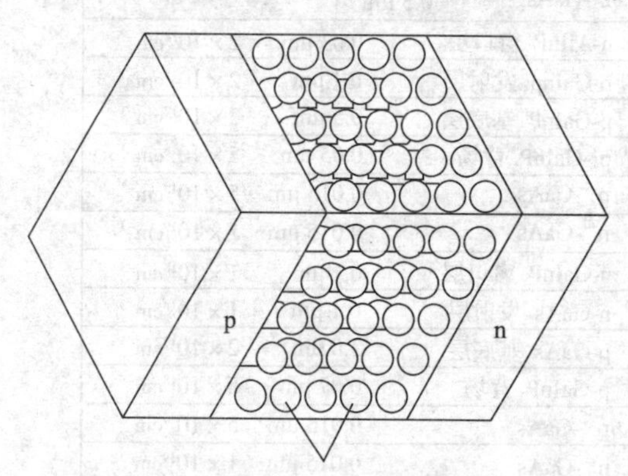

图 5-47 量子点结构太阳能电池示意图

尽管人们已经看到量子点太阳能电池材料的优异性,且开展了相当多的研究,然而其在实验上的量子点太阳能电池的总体效率并没有实现突破,目前最好的结果是筑波大学利用 InAs 量子点制备太阳能电池单元,可实现的光电转换效率只有 8.54%,还远不如体材料太阳能电池的结果。这是由于在量子点材料生长过程中所产生的应变积累而导致的缺陷一直是材料外延技术上的一个难题,仍需要进一步的理论和实验研究。

量子点材料也可以作为多结太阳能电池的一个结,整合到多结太阳能电池中。相当于人为地在宽禁带半导体材料中引入中间能带,使量子点可以作为中间能带合并到多结太阳能电池之中,进而增加电流或光电转换效率,如图 5-48 所示。多结太阳能电池在宽太阳光谱吸收方面存在的一个主要难题就是寻找有效带隙能量的子电池材料,常用的几种材料已覆盖了大部分光谱范围,如 GaInP(1.85 eV)、GaAs(1.43 eV)、Ge(0.67 eV)。寻找理想的中间带隙(1.1 eV 左右)能量材料仍是一个难点,主要原因是可选择性较少,而外延技术又很难生长较好的半导体材料,这使其成为限制高效率多结太阳能电池发展的瓶颈。最近研究发现,通过控制量子点结构的 InGaAs 材料尺寸,调节其能带大小在 1.1 eV 附近,能够作为多结太阳能电池中间带隙能量的子电池材料,这为研制高效率多结太阳能电池提供了重要思路。

3. 砷化镓太阳能电池的特点

(1) 光电转换效率高。砷化镓的禁带宽度(1.425 eV)较硅的(1.12 eV)宽,其光谱响应特性和太阳光谱匹配能力亦比硅好,因此,砷化镓太阳能电池的光电转换效率高。

(2) 砷化镓的吸收系数大。砷化镓是直接跃迁型半导体,而硅是间接跃迁型半导体。在可见光范围内,砷化镓的光吸收系数远高于硅。同样吸收 95%的太阳光,砷化镓太阳能电池的厚度只需 5～10 μm，而硅太阳能电池则需大于 150 μm。因此，砷化镓太阳能电池可做得很薄。

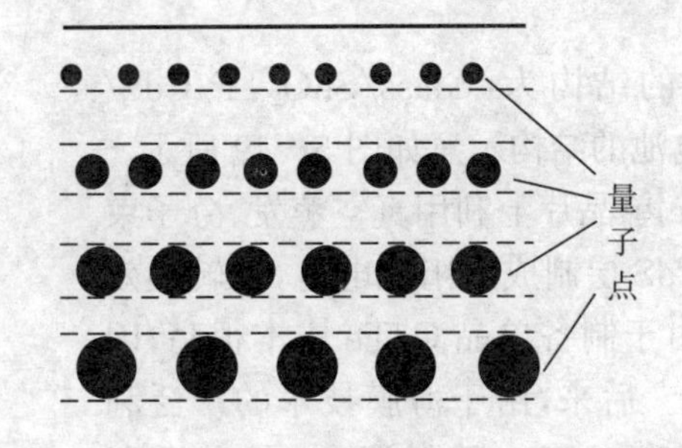

图 5-48 不同尺寸的叠层量子点结构示意图

(3) 耐高温性能好。砷化镓的本征载流子浓度低，砷化镓太阳能电池的最大功率温度系数为 -2.3×10^{-3}℃$^{-1}$，比硅太阳能电池的 -4.4×10^{-3}℃$^{-1}$ 小很多。200 ℃高温时，硅太阳能电池已不能工作，而砷化镓太阳能电池的效率仍有约 10%。

(4) 抗辐射性能好。砷化镓是直接跃迁型半导体，少数载流子的寿命短，所以，由高能射线引起的衰减较小。在电子能量为 1 MeV，通量为 1×10^{15} 个/厘米^2 辐照条件下，辐照后与辐照前的太阳能电池输出功率比，砷化镓单结太阳能电池大于 0.76，砷化镓多结太阳能电池大于 0.81，而高效空间硅太阳能电池仅为 0.70。

(5) 在获得同样转换效率的情况下，砷化镓开路电压大，短路电流小，不容易受串联电阻影响。这种特征在大倍数聚光和流过大电流的情况下尤为优越。

砷化镓太阳能电池的缺点是砷化镓单晶晶片价格比较昂贵；硅的密度为 2.329 g/cm^3(298 K)，而砷化镓密度为 5.318 g/cm^3(298 K)，质量大，不利于在空间应用；砷化镓比较脆，易损坏。

5.5.3 Ⅱ-Ⅵ族化合物太阳能电池

Ⅱ-Ⅵ族化合物半导体材料主要有硫化镉(CdS)、碲化镉(CdTe)、磷化锌(Zn_3P_2)等。硫化镉是一种宽带隙半导体材料，室温下它的禁带宽度是 2.42 eV。因此，CdS 薄膜在异质结太阳能电池中是一种重要的 n 型窗口材料，具有较好的光电导率和光的通透性。作为窗口层的硫化镉薄膜的厚度大约在 50～100 nm，可使波长小于 500 nm 的光通过。在使用硫化镉薄膜作为窗口层的器件中，使用 CdTe 和 $CuInSe_2$ 作为吸收层，与 CdS 复合组成异质结太阳能电池的研究比较多，并且 CdS 薄膜在提高异质结太阳能电池光电转换效率方面起到了明显的作用，比如目前人们已经成功制备了转化效率达到 17%的 CdS/$CuInSe_2$ 结构的太阳能电池和转换效率为 16.5%的 CdS/CdTe 结构的太阳能电池。

Ⅱ-Ⅵ族化合物 CdTe 是一种理想的光电转换太阳能电池材料，在室温下其禁带宽度是 1.47 eV，与太阳光谱匹配良好，易于形成 n 型和 p 型半导体薄膜，它的理论转换效率高达 28%。

CdS/CdTe 薄膜太阳能电池，就是利用 CdS 的优良窗口效应和 CdTe 良好的光电转换而做成的一种层叠的异质结薄膜太阳能电池。这种异质结太阳能电池具有晶格失配度小、热膨胀失配率低、能隙大、稳定性好等优点，其理论转换效率是 17%。CdS/CdTe 太阳能电池价格与非晶硅太阳能电池的价格相当，但它的转换效率比非晶硅高，且稳定性好，是一种非常廉价的太阳能电池，所以被公认为是非晶硅太阳能电池的一个强有力的竞争者，是未来理想的太阳能电池。近来研究发现 CdTe 和 CdS 膜很容易获得纳米晶粒结构，有望成为纳米太阳能电池的材料。目前，CdS/CdTe 太阳能电池在国外已商业化生产，大面积组件转换效率约为 9%。我国已由四川大学太阳能材料与器件研究所建成了第一条中试生产线,制作的大面积(300 mm×400 mm)电池组件效率超过 8%。

CdS/CdTe 太阳能电池的结构为:Glass/SnO_2:F/CdS/CdTe/ZnTe/ZnTe:Cu/Ni,电池的结构示意如图 5-49 所示。

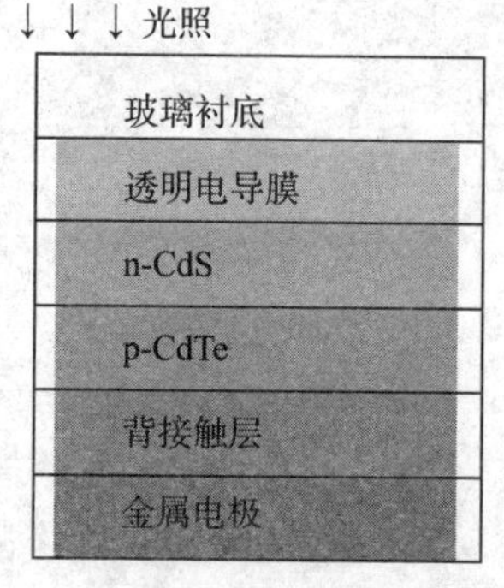

图 5-49 CdS/CdTe 薄膜太阳能电池的结构示意图

早期研究主要是在 CdTe 单晶片上利用真空蒸发、分子束外延、MOCVD 等方法沉积 CdS 层制成太阳能电池,其转换效率较高,可达 12%以上。但由于制备单晶 CdTe 成本很高,因此该电池一直处于研究阶段。后来,由于薄膜技术的广泛利用,目前较多的是用真空蒸发(VE)、溅射沉积、化学沉积(CBD)、化学喷涂(CS)、近空间升华(CSS)、电沉积(ED)、化学气相沉积(CVD)、丝网印刷(SP)等方法来制作多晶薄膜 CdS/CdTe 太阳能电池,使成本大大降低,同时还使转化效率和太阳能电池的性能得到提高。在 CdS/CdTe 太阳能电池的各种制备方法中,丝网印刷工艺是最简单、成本最低的工艺,并且最容易实现大规模生产。如表 5-9 所示为几种典型的制备方法和制备的薄膜 Cds/CdTe 太阳能电池的特性。

表 5-9 薄膜 CdS/CdTe 太阳能电池的特性

沉积方法	面积/cm^2	效率/%	短路电流/($mA \cdot cm^{-2}$)	开路电压/mV	F_F
CSS	1.05	15.8	25.09	843	0.745
电沉积	0.02	14.2	23.5	819	0.74
喷涂	0.30	12.7	26.21	799	0.605
丝网印刷	1.02	11.3	21.1	797	0.67
PVD	0.191	11.0	20.09	789	0.692

5.5.4 多元系化合物太阳能电池

多元系化合物铜铟硒($CuInSe_2$,CIS)或铜铟镓硒($CuInGaSe_2$,CIGS)是光学吸收系数极高的半导体材料。以 CIS、CIGS 为吸收层的薄膜电池适合光电转换,不存在光致衰退问题,转换效率和多晶硅一样。由于它具有价格低廉、性能良好和工艺简单等优点,而成为最具潜力的第三代太阳能电池材料。

1. CIGS 电池的结构

CIGS 薄膜太阳能电池的基本结构为:Glass/Mo/CIGS/CdS/i-ZnO/Al:ZnO/Ni-Al,其结构如图 5-50 所示。衬底一般采用玻璃,也可以采用柔性薄膜。一般采用真空溅射、蒸发或者其他非真空的方法,分别沉积多层薄膜,形成 p-n 结构而构成光电转换器件。从光入射层开始,各层分别为:金属栅状电极、减反射膜、窗口层(ZnO)、过渡层(CdS)、光吸收层(CIGS)、金属背电极(Mo)、玻璃衬底。经过 30 多年的研究,CIGS 太阳能电池发展了很多不同结构。最主要差别在于窗口材料的不同选择。最早是用 n 型半导体 CdS 作窗口层,其禁带宽度为 2.42 eV,一般通过掺入少量的 ZnS,成为 CdZnS 材料,主要目的是增加带隙。但是,镉是重金属元素,对环境有害,而且材料本身带隙偏窄。近年来的研究发现,窗口层改用 ZnO 效果更好,ZnO 带宽可达到 3.3 eV,CdS 的厚度降到只有约 50 nm,只作为过渡层。为了增加光的入射率,最后在电池表面蒸发一层减反膜(一般采用 MgF_2),电池的效率会得到 1%~2%的提高。

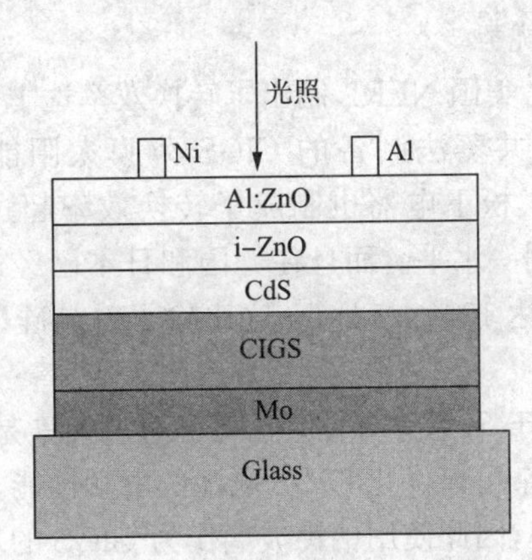

图 5-50 CIGS 薄膜太阳能电池的结构示意图

现在的研究表明，衬底一般采用碱性钠钙玻璃（碱石灰玻璃），主要是这种玻璃含有金属钠离子。Na 通过扩散可以进入电池的吸收层，这有助于薄膜晶粒的生长。Mo 作为电池的底电极要求具有比较好的结晶度和低的表面电阻，制备过程中要考虑的另外一个主要方面是电池的层间附着力，一般要求 Mo 层具有鱼鳞状结构，以增加上下层之间的接触面积；CIGS 层作为光吸收层是电池的最关键部分，要求制备出的半导体薄膜是 p 型的，且具有很好的黄铜矿结构，晶粒大、缺陷少是制备高效率电池的关键；CdS 作为缓冲层，不但能降低 i-ZnO 与 p-CIGS 之间带隙的不连续性，而且可以解决 CIGS 和 ZnO 晶格不匹配的问题；n-ZnO(AZO)作为电池的上电极，要求具有低的表面电阻，好的可见光透过率，与 Al 电极构成欧姆接触；防反射层 MgF_2 可以降低光在接收面的反射，提高电池的效率。i-ZnO 和 CdS 层作为电池的 n 型层，同 p 型 CIGS 半导体薄膜构成 p-n 结。

2. CIGS 薄膜的制备方法

CIGS 薄膜太阳能电池的底电极 Mo 和上电极 n-ZnO 一般采用磁控溅射的方法，工艺路线比较成熟。最关键的吸收层的制备有许多不同的方法，包括：蒸发法、溅射后硒化法、电化学沉积法、喷涂热解法和丝网印刷法等。现在研究最广泛、制备出电池效率比较高的是共蒸发和溅射后硒化法，被产业界广泛采用。后几种属于非真空方法，实际利用还有很多技术问题要克服。

3. CIGS 系太阳能电池的特点

CIGS 组成可表示成 $Cu(In_{1-x}Ga_x)Se_2$ 的形式，具有黄铜矿结构，是 $CuInSe_2$ 和 $CuGaSe_2$ 的混晶半导体。CIGS 是由Ⅱ-Ⅵ族化合物衍生而来，其中Ⅱ族化合物由Ⅰ族(Cu)与Ⅲ族(In)取代而形成三元化合物，Cu、In 原子规则地填入原来Ⅱ族原子位置。这种电池的优势体现在以下几个方面。

(1) CIS 是一种直接带隙的半导体材料，其能隙为 1.04 eV(77 K)，对温度的变化不敏感。光吸收系数高达 $10^5\ cm^{-1}$，是已知的半导体材料中光吸收系数最高的，对于太阳能电池基区光子的吸收、少数载流子的收集（即对光电流的收集）是非常有利的条件。这就是 $CdS/CuInSe_2$ 太阳能电池($39\ mA/cm^2$)具有这样高的短路电流密度的原因。电池吸收层的厚度可以降低到 2～3 μm，这样可以大大降低原材料的消耗。

(2) 掺入适量 Ga 取代 In 制成 CIGS 四元固溶半导体，可以通过调整 Ga 的含量使半导体的禁带宽度在 1.04～1.70 eV 变化，非常适合于调整和优化禁带宽度。如在膜厚方面调整 Ga 的含量，形成梯度带隙半导体，会产生背表面场效应，可获得更多的电流输出。据日本科学家小长井诚的预测，这种电池的光电转换效率将超过 50%。能进行这种带隙裁剪是 CIGS 系电池相对于

Si 系和 CdTe 系电池的最大的优势。

(3) 转换效率高。1996 年,美国 NERL 制出了转换效率达 17.7%的 CIGS 电池,2007 年,美国可再生能源实验室,用三步共蒸法制备的 CIGS 薄膜太阳能电池,光电转化效率达到了 19.9%。日本的青山学院大学、松下电器也制成了转换效率超过 18%的 CIGS 电池。德国在 CIGS 的研究方面也几乎处于同一水平。而且在德国和日本已经进行了一定规模的民用的产业化生产。电池模块的转换效率达 13%～14%。这比除了单晶硅以外的其他太阳能电池模块的转换效率都高。

(4) CIGS 的 Na 效应。对于 Si 系半导体,Na 等碱金属元素是避之唯恐不及的半导体杀手,而在 CIGS 系中,微量的 Na 掺杂可以优化 CIGS 电池的电学性能,尤其能提高 p 型 CIGS 的传导率,也会提高转换效率和成品率,因此使用钠钙玻璃作为 CIGS 的基板,除了成本低、膨胀系数相近以外,还有 Na 掺杂的考虑。

(5) CIGS 可以在玻璃基板上形成缺陷很少的、晶粒巨大的高品质结晶。而这种晶粒尺寸是其他的多晶薄膜无法达到的。

(6) 电池的稳定性好。CIS 具有非常优良的抗干扰、抗辐射能力,没有光致衰退效应(SWE),该类太阳能电池的工作寿命长。有实验结果说明比寿命长的单晶硅电池的寿命(一般为 40 年)还长。

(7) 制造成本较低。价格低廉,电池制造成本和能量偿还时间(电池发电量等于制造该电池的能耗所需时间)均低于晶体硅太阳能电池。

5.6 其他新型太阳能电池

5.6.1 有机半导体太阳能电池

通常情况下,高分子聚合物由许多排列无序的大分子组成,通电后,当电流增大时,高分子聚合物内部会形成凌乱的网状物,并马上停止导电。1977 年,Alan J Heeger、Alan G mAcDiarmid 和 Hideki Shirakawa 三位科学家发现,掺杂碘或五氟化砷的聚乙炔具有半导体特性,也能传输电流,可以达到 10^3 S/cm,从此改变了聚合物是绝缘体的观念。1990 年,英国剑桥大学研究小组发现共轭聚合物聚苯乙烯撑具有电致发光的性能,导电聚合物的半导体性质开始引起人们的关注并迅速地发展起来。1992 年,N. S. Sariciftci 等发现导电聚合物和富勒烯 C_{60} 之间存在着光致电荷瞬态转移现象。他们结合光诱导吸收、光诱导电子自旋共振等实验,证实共轭导电聚合物 MEH－PPV 被光激发后,与 C_{60} 之间存在瞬态电荷转移,时间约为 45 fs。1995 年,G. Yu 等用 MEH－PPV 与 C_{60} 的衍生物 PCBM 的混合物作为有源层制备了聚合物体异质结太阳能电池,在 20 MW/cm^2、430 nm 的单色光照射下,能量转换效率为 2.9%。2001 年,Shaheen 等用 MDMO－PPV 与 PCBM 的混合物作为有源层,通过对有源层溶剂的选择,控制有源层的形貌。实验证明,与甲苯相比,氯苯作为有机溶剂形成的有源层形貌具有更细化的分相。器件在 80 MW/cm^2、AM1.5G 的模拟太阳光照射下,能量转换效率达到 2.5%。2009 年,Hsiang－Yu Chen 等通过分子设计降低聚合物的 HOMO 能级,从而提高了器件的开路电压和能量转换效率。基于 PBDTTT 系列衍生物和 PCBM 体系的聚合物太阳能电池,经过美国国家能源实验室校正后,短路电流为 13.364 mA/cm^2,开路电压为 0.76 V,填充因子为 66.39%,能量转换效率为 6.77%。2010 年,Yongye Liang 等设计了一种新的窄禁带聚合物——PTB7。基于 PTB7 和

PC70BM 的聚合物太阳能电池，在 100 MW/cm^2、AM1.5G 模拟太阳光照射下，短路电流为 14.5 mA/cm^2，开路电压为 0.74 V，填充因子为 68.97%，能量转换效率为 7.4%。这些发现为导电高分子聚合物日后取代硅晶体成为新一代半导体材料奠定了基础。

1. 有机半导体太阳能电池的工作原理

由于材料的不同，电流的产生过程也会有所不同。目前无机半导体的理论研究比较成熟，而有机半导体体系的电流产生过程仍有许多值得探讨的地方，也是目前的研究热点。有机半导体吸收光子产生电子空穴对（激子），激子的结合能为 0.2～1.0 eV，高于相应的无机半导体激发产生的电子空穴对的结合能，所以电子空穴对不会自动解离形成自由移动的电子和空穴，需要电场驱动电子空穴对进行解离。两种具有不同电子亲和能和电离势的材料相接触，接触界面处产生接触电势差，可以驱动电子空穴对解离。单纯由一种纯有机化合物夹在两层金属电极之间制成的肖特基电池效率很低，后来将 p 型半导体材料（电子给体，donor）和 n 型半导体材料（电子受体，acceptor）复合，发现两种材料的界面电子空穴对的解离非常有效，光激发单元的发光复合退火过程有效地得到抑制，导致高效的电荷分离，也就是通常所说的 p－n 异质结型太阳能电池。

2. 有机半导体太阳能电池材料

（1）有机小分子化合物

最早期的有机太阳能电池为肖特基电池，是在真空条件下把有机半导体染料如酞菁等蒸镀在基板上形成夹心式结构。这类电池对于研究光电转换机理很有帮助，但是蒸镀薄膜的加工工艺比较复杂，有时候薄膜容易脱落。因此又发展了将有机染料半导体分散在聚碳酸酯（PC）、聚醋酸乙烯酯（PVAC）、聚乙烯咔唑（PVK）等聚合物中的技术。然而这些技术虽然能提高涂层的柔韧性，但半导体的含量相对较低，使光生载流子减少，短路电流下降。

酞菁类化合物是典型的 p 型有机半导体，具有离域的平面大 π 键，在 600～800 nm 的光谱区域有较大吸收。同时苝类化合物是典型的 n 型半导体材料，具有较高的电荷传输能力，在 400～600 nm 光谱区域内有较强吸收。

（2）有机大分子化合物

1998 年，Friend 研究小组在聚合物光诱导电荷转移光电池的研究中获得了重大的发展，他们用聚噻吩衍生物 POPT 作为电子给体，用聚亚苯基乙烯基 MEH－CN－PPV 取代 C60 利用层压技术制成了光电池器件。由于要获得稳定高迁移率的状态，POPT 必须经过热处理或溶剂处理，可以有效地减少单层共混 POPT：MEH－CN－PPV，从而使其效率大致只与纯 MEH－CN－PPV 器件相当。为此利用层压技术制得的双层器件结构 ITO/POPT：MEH－CN－PPV（19：1）/Al，能量转换效率在模拟太阳光下为 1.9%。

Padinger 等将热稳定性较好、玻璃化转变温度（T_g）较高的聚 3－己基噻吩（P3HT）：PCBM 共混体系在高于其 T_g 的温度下经过退火处理，迫使聚合物链沿着电场定向排列，结构有序度大大提高，载流子的传输能力提高，使得器件的效率 η 由 0.4%提高到 3.5%。聚噻吩衍生物越来越受到人们的重视，它们不仅共轭程度高，具有较高的电导率、易于合成，并且具有较好的环境稳定性和热稳定性。

2003 年，Takahashi 等将聚噻吩衍生物 PTh 与光敏剂卟啉 H_2PC 共混后与苝衍生物 PV 制成双层膜器件，在 430 nm 处的能量转换效率最高达到了 2.91%。

（3）模拟叶绿素材料

植物的叶绿素可将太阳能转化为化学能的关键一步是叶绿素分子受到光激发后产生电荷分离态，且电荷分离态寿命长达 1s。电荷分离态存在时间越长越有利于电荷的输出。美国阿尔贡国家实验室的工作人员合成了具有如下结构的化合物 C-P-Q。卟啉环吸收太阳光,将电子转移到受体苯醌环上,胡萝卜素也可以吸收太阳光,将电子注入卟啉环,最后正电荷集中在胡萝卜素分子上,负电荷集中在苯醌环上,电荷分离态的存在时间高达 4 ms。卟啉环对太阳光的吸收远大于胡萝卜素。如果将该分子制成极化膜附着在导电高分子膜上,就可以将太阳能转化为电能。

(4) 有机无机杂化体系

2002 年,Alivisatos 发现在红外光区有较好吸收且载流子迁移率较高的棒状无机纳米粒子 CdSe 与聚 3-己基噻吩 P3HT 直接从吡啶氯仿溶液中旋转涂膜,制成如下器件(图 5-51)。在 AM1.5G 模拟太阳光条件下,能量转换效率达到 1.7%。在共轭聚合物中,P3HT 的场效应迁移率是最高的,达到 0.1 $cm^2 \cdot V^{-1} \cdot s^{-1}$,这些体系大大拓宽了人们对此类材料结构设计的思路,从而使得有机太阳能电池各种材料的性能得到不断的改善。根据量子阱效应,改变纳米粒子的大小可以调节它的吸收光谱。

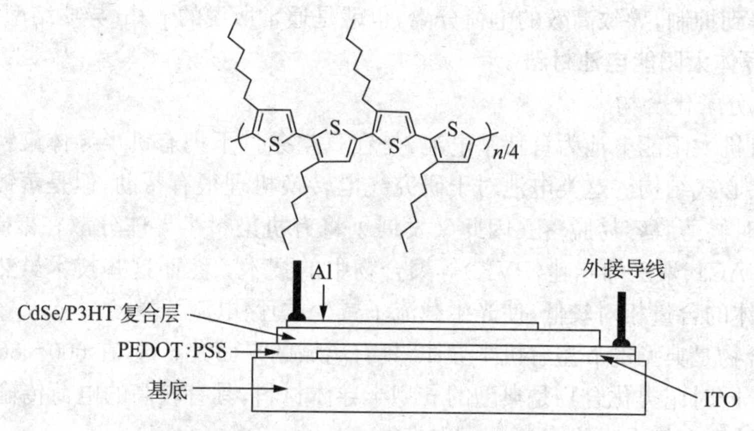

图 5-51　电池结构示意图及 P3HT 结构式

3. 有机半导体太阳能电池的优点

(1) 化学可变性大,原料来源广泛;

(2) 有多种途径可改变和提高材料光谱吸收能力,扩展光谱吸收范围,并提高载流子的传送能力;

(3) 加工容易,可采用旋转法、流延法大面积成膜,还可进行拉伸取向使极性分子规整排列,采用 L. B 膜技术在分子生长方向控制膜的厚度;

(4) 容易进行物理改性,如采用高能离子注入掺杂或辐照处理可提高载流子的传导能力,减小电阻损耗提高短路电流;

(5) 电池制作的结构多样化;

(6) 价格便宜,有机高分子半导体材料的合成工艺比较简单,如酞菁类染料早已实现工业化生产,因而成本低廉,这是有机太阳能电池实用化最具有竞争能力的因素。

有机半导体太阳能电池与传统的化合物半导体电池、普通硅太阳能电池相比,其优势在于更轻薄灵活,而且成本低廉。但其转化效率不高,使用寿命偏短,一直是阻碍有机半导体太阳能电池技术市场化发展的瓶颈。

4. 应用及前景

与传统硅电池相比,有机太阳能电池更轻薄,在同等体积的情况下,展开后的受光面积会大大增加。因此,可将有机太阳能电池应用于通信卫星中,提高光电利用率。而且,由于其轻薄、柔软、易携带的特性，有机太阳能电池不久将能给微型电脑、数码音乐播放器、无线鼠标等小型电子设备提供能源。

在有机太阳能电池上可体现各种颜色和图案，更加精美的设计使它们能够很好地融合于建筑设计等领域。用廉价的有机太阳能电池作某些办公楼的外墙装饰可以吸收太阳能发电供楼内使用(如取暖、照明、工作用电)，充分利用了能源。在衣服表层嵌入轻薄柔软的有机太阳能电池与有机发光材料，能将太阳能转化为电能并储存，冬天可发热保暖，衣服在夜间也会发出各种颜色的可见光，使人们的衣服更加绚丽。

5.6.2 染料敏化纳米晶太阳能电池

1991 年，瑞士洛桑联邦理工学院的 Gratzel 教授研制出用羧酸联吡啶钌(Ⅱ)染料敏化的 TiO_2 纳米晶多孔膜作为光电阳极的化学太阳能电池，称为染料敏化纳米晶太阳能电池(dye-sensitized solar cell，DSSC)。其光电转换效率在 AM1.5 模拟日光照射下可达 7.1%～7.9%，接近了多晶硅电池的能量转换效率，成本仅为硅光电池的 1/10～1/5，使用寿命可达 15 年以上，该类电池与传统的晶体硅太阳能电池相比，具有结构简单、成本低廉、易于制造的优点，光稳定性好，对光强度和温度变化不敏感，对环境无污染，因此自其问世以来就得到人们的广泛关注，近年来随着电池性能的不断优化，在 AM1.0 的光照条件下，光电转换效率已经达到 11.18%。

1998 年，Gratzel 等进一步研制出全固态纳米晶太阳能电池，利用固体有机空穴传输材料替代液体电解质，单色光光电转换效率(IPCE)达到 33%，引起了全世界的关注。2003 年 Gratzel 等又将准固态电解质成功地用于纳米晶太阳能电池，并取得了 7%的电池转换效率，从而很好地解决了电池的封装和运输问题。因此，Gratzel 收获了“染料敏化太阳能电池之父”的美称。

染料敏化太阳能电池主要由宽带隙的多孔 n 型半导体(如 TiO_2、ZnO 等)、敏化层(有机染料敏化剂)及电解质或 p 型半导体组成。由于采用了成本更低的多孔的 n 型 TiO_2 或 ZnO 半导体薄膜及有机染料分子，不仅大大提高了对光的吸收效率，还大规模地降低了电池的制造成本，所以具有很好的开发应用前景。

1. DSSC 电池的工作原理

在常规的 p－n 结光伏电池(如硅太阳能电池)中，半导体起两个作用，其一为吸收入射光，捕获光子激发产生电子和空穴；其二为传导光生载流子，通过结效应，电子和空穴分开。但是，对于 DSSC 而言，这两种作用是分别执行的。首先光的捕获由光敏染料完成，而传导和收集光生载流子的作用则由纳米半导体来完成。在该类太阳能电池中，TiO_2 是一种宽禁带的 n 型半导体，其禁带宽为 3.2 eV，只能吸收波长小于 375 nm 的紫外光，可见光不能将它激发，需要对它进行一定的敏化处理，即在 TiO_2 表面吸附染料光敏剂，从而实现有效的光电转化。吸附在纳米 TiO_2 表面的光敏染料吸收太阳光跃迁至激发态，激发态电子迅速注入紧邻的较低能级的 TiO_2 导带中，实现电荷分离，发生电子的迁移，这是产生光电流的关键。

2. DSSC 电池的结构

DSSC 电池是由透明导电玻璃、纳米晶氧化物半导体膜、敏化染料、电解质溶液以及对电极构成的三明治式结构，如图 5－52 所示。

(1) 导电玻璃

透明的导电玻璃(TCO)是染料敏化太阳能电池 TiO_2 薄膜的载体，同时也是光阳极上电子的传导器和对电极上电子的收集器。导电玻璃是在厚度为 1～3 mm 的普通玻璃表面上，使用溅射、化学沉积等方法镀上一层 0.5～0.7 μm 厚的掺 F 的 SnO_2 膜或氧化铟锡(ITO)膜。一般要求方块电阻在 1.0～2.0 Ω·cm，透光率在 85%以上，它起着传输和收集正、负电极电子的作用。为使电极达到更好的光和电子收集效率，有时需经特殊处理，如在氧化铟锡膜和玻璃之间扩散一层约 0.1 μm 厚的 SiO_2，以防止普通玻璃中的 Na^+、K^+ 等在高温烧结过程中扩散到 SnO_2 膜中。

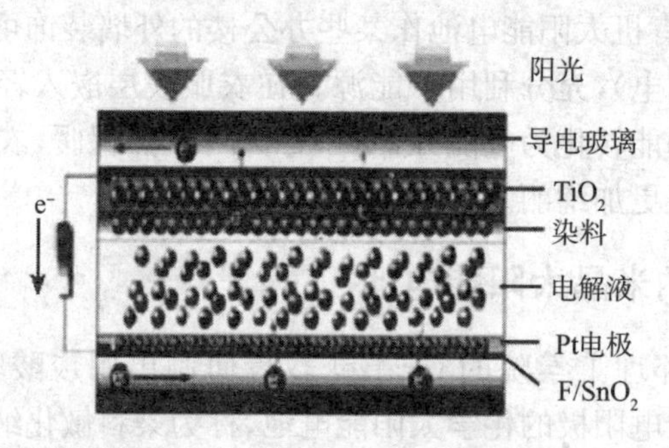

图 5-52 DSSC 电池的结构示意图

除了采用导电玻璃作为导电层基底外，还可以采用柔性材料，如塑料来制备电极。这样的电池具有缩放容易、易于运输等优点，拓展了染料敏化太阳能电池的应用领域。2006 年，Gratzel 研究小组组装了一种用金属钛代替导电玻璃，而对电极则为 ITO/PEN(ITO/polyethylenenaphthalate)的染料敏化太阳能电池。用染料 N719 敏化后，与导电玻璃作为工作电极的染料敏化太阳能电池相比，由于电解液与对电极对光的吸收和界面电阻的增加，J_{sc} 和 F_F 都有所降低，总的光电转换效率为 7.2%。

(2) 纳米晶多孔氧化物半导体薄膜

纳米晶多孔的半导体光阳极是整个染料敏化太阳能电池的核心组成部分。氧化物半导体的纳米晶通过镀膜均匀沉积到导电玻璃衬底上，形成彼此连接的纳米晶的网格，它的结构和性能直接关系到与光敏染料分子的匹配和电子注入效率。目前常用氧化物半导体是纳米晶 TiO_2，其他如 ZnO、SnO_2、Nb_2O_5、$SrTiO_3$ 等也被广泛研究。与其他的半导体材料相比，纳米 TiO_2 多孔薄膜拥有巨大的内比表面积(80～200 m^2/g)，其总表面积为几何表面积的 1 000 倍，其粒径集中在 15～20 nm，TiO_2 薄膜的厚度通常在 5～20 μm，对染料的吸附能力超强，光电转换效率高。

(3) 光敏染料

染料光敏化剂也是 DSSC 电池的核心部分，在电池中主要起吸收太阳光产生电子的作用，将直接影响电池的光电转换效率。一个好的光敏染料应该具有高的化学稳定性和光稳定性，在自然光下可以持续地被氧化还原 108 次，相当于电池正常运行 20 年的时间。可见光范围内有较强的、较宽的吸收光谱；理想的氧化还原电位和较长的激发态寿命；它的基态能级应位于半导体的禁带中，激发态能级应高于半导体导带底并与半导体有良好的能级匹配，使得电子由激发态染料分子向半导体导带中的注入符合热力学规律。另外，为了更好地捕获可见光，还应该具有较大的摩尔消光系数。

目前研究报道的染料光敏化剂主要有无机染料和有机染料两种。无机染料主要包括联吡啶金属配合物、卟啉和酞菁金属配合物。有机染料种类繁多，主要有天然染料和合成染料。

(4) 电解质

在染料敏化太阳能电池中，电解质的关键作用是将电子传输给氧化态的染料分子，并将空穴传输到对电极。电解质中必须要有氧化还原电对，其中应用最为广泛、研究最为透彻的是 I^-/I_3^-。

电解液主要分为四大类，分别是液态电解液、离子液态电解液、准固态电解液和固态电解液。传统的有机溶剂液态电解质存在易挥发的缺点，近些年来发展起来的离子液态电解质克服了这个缺点，它具有非常小的饱和蒸气压、不挥发、无色、无臭；较大的稳定温度范围，较好的化学稳定性及较宽的电化学稳定电位窗口等优点。2008年，Wang等合成了5种新型的1-醋酸乙烯-3-烷基咪唑碘化物离子液态电解质。虽然离子液态电解质性能优于有机溶剂电解质，但仍然存在着诸如封装困难、易泄漏等问题，从而给染料敏化纳米晶 TiO_2 太阳能电池的实际应用带来困难。为解决这些问题，人们已经逐渐开始关注固态和准固态电解质，并取得了一定的进展。其中，高分子聚合物作为固态或准固态电解质是主要的研究方向之一，包括高分子聚合物凝胶电解质和导电高分子聚合物固态电解质两类。

(5) 对电极

对电极也称光阴极，通常是由导电玻璃和附着在其上的铂薄膜构成。在电池中对电极有以下几方面的作用：将从外电路获得的电子转移给电解液中氧化还原电对的 I_3^-；Pt作为催化剂，催化还原 I_3^-；导电玻璃上的铂层可以充当反光镜，将没有被染料吸收的光（特别是红外光）反射回去，使染料再次吸收。纳米粒子的光散射结合反光镜的光反射可以使入射光在纳米网络中无规则穿行，使红外光区的吸收增加 $4n^2$（n 为染料敏化纳米晶膜在相应长波区域内的折射率），显著改善红外光区的光电转化效率。

但是铂价格昂贵，制备工艺复杂。近年来人们尝试利用多孔碳电极代替Pt作为对电极，也可以达到较为理想的效果。2007年，Ramasamy等采用碳纳米颗粒作为对电极得到了6.7%（AM1.5，100 MW/cm^2）的光电转换效率，并表现出良好的稳定性。2008年，Wu等将聚吡咯纳米颗粒附着于导电玻璃上作为对电极，光敏染料采用N719，DSSC的光电转换效率高达7.7%。

3. DSSC电池的应用

经过20年的技术更新，如今，染料敏化太阳能电池已投入了大规模工业生产，并在欧美市场上获得成功，成为索尼等公司电子阅读器的指定电源。而一系列安装着染料敏化太阳能电薄膜的高尔夫球包、网球包、登山包等户外装备也登陆各大商场。索尼公司已经开发出一种DSSC供电灯，而Corus和Konarka公司都在屋顶集成光伏（RIPV）中试验其产品应用。已有几家开发商正在利用DSSCs能力的优势，为各种非并网式照明应用提供电力。

《纽约时报》预言，未来几年，“敏感”的染料敏化太阳能电池将会“踢走”硅系太阳能电池，占据电池界的主流地位。

5.6.3 钙钛矿太阳能电池

在众多的新型太阳能电池中，ABX_3 结构（X为阴离子，A、B为离子半径不同的阳离子，通常A>B，属于立方晶系）的钙钛矿太阳能电池以其惊人的发展速度脱颖而出，其光电转化效率夜短短的6年时间内从起初的3.8%跃升到了20.2%。钙钛矿太阳能电池如此之快的发展速度目前还没有其他太阳能电池能与之相比，被science评选为2013年十大科学突破之一。某些科学家认为，将来单节钙钛矿太阳能电池的转换效率有望突破25%。

钙钛矿太阳能电池之所以具有优异的性能，与电池高功能层的制备工艺及性能密切相关。因此在钙钛矿太阳能电池研究领域，高功能层的制备工艺及性能的掌握尤为重要，可为研究低能耗、制备工艺简单、稳定性高和性能良好的钙钛矿太阳能电池提供帮助。

1. 钙钛矿太阳能电池结构

典型钙钛矿太阳能电池结构如图5-53所示，从下到上依次是：透明导电玻璃（光阳极）、n型半导体材料（电子传输层）、钙钛矿型材料（光吸收层）、p型半导体材料（空穴传输层）、对电极（光阴极）。

其中,钙钛矿吸收材料捕获光子产生光生载流子,光生载流子在钙钛矿与n型和p型材料的交界处被选择性分离,电子进入n型电子传辅层,空穴进入p型空穴传输层.最后被备电极收集,实现光到电的转换。

2. 光阳极

光阳极多以透明导电玻璃ITO、FTO、AZO为主,一般要求其方块电阻越小越好,透过率在85%以上,既可有效收集载流子又可充分采光,目前已成熟应用于太阳能电池领域。就钙钛矿太阳能电池而言,可用聚乙烯亚胺(PEIE)进行修正,以减小其功函数,可有效地促进电子在光阳极与电子传输层间的运输,从而提高电池的转换效率。

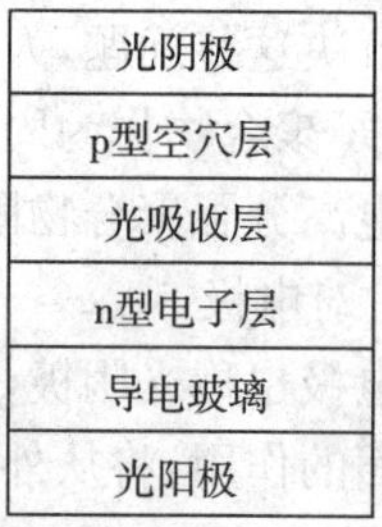

光阴极
p型空穴层
光吸收层
n型电子层
导电玻璃
光阳极

图5-53 钙钛矿太阳能电池结构

3. 电子传输层

电子传输层要具有较高的电子迁移率,其导带最小值低于钙钛矿材料的导带最小值,便于接收由钙钛矿层传输的电子,并将其传输到光阳极中。其形态结构决定了电池的性能,不仅决定电子的传输还影响钙钛矿薄膜的生长,在电池结构中起到关键性的作用。

(1) 多孔态电子传输层

钙钛矿材料作为染料敏化太阳能电池纳米多孔TiO_2层的染料敏化剂而引入太阳能电池领域。在染料敏化电池中,染料敏化剂是一个单分子层或极薄的量子点层,它一面附着于多孔纳米TiO_2的表面,另一面与I_3^-/I^-电解液接触。光照下染料中激发的光生电子和空穴在有效力场的作用下有选择性地在界面处被分离,分别传输给TiO_2和电解液,TiO_2作为电子传输层将电子传输至光阳极,电解液作为空穴传输介质将空穴传输至金属背电极。

2012年,有机分子螺二芴(spiro-MeOTAD)被作为空穴传输层材料,替代了染料敏化电池中的I_3^-/I^-电解液,钙钛矿太阳能电池从染料敏化太阳电池中脱离出来。实现全固态钙钛矿太阳能电池,并保留了染料敏化太阳能电池电子传输层的多孔纳米TiO2结构。但相对多孔纳米TiO2,作为电子传输层的钙钛矿太阳能电池,其效率并没有明显的提高。

(2) 介孔态电子传输层

为了提高电池转换效率,并基于多孔纳米TiO_2的研究,介孔态TiO_2替代了多孔纳米TiO_2。该介孔态TiO_2支架起到结构导向的作用,负责接收和运输电子到电极表面。此外,介孔态TiO_2缩短了电子的传输距离,无需很厚的TiO_2电子传输层,与传统染料敏化太阳能电池的多孔TiO_2电子传输层(350 nm~10μm)相比,其厚度薄了很多,并且提高了电池的转换效率。

但与反向太阳能电池的电子传输层厚度(40nm)相比,介孔TiO_2的厚度还是很大,并且介孔态TiO_2需要经过500 ℃以上的高温烧结才能形成,这使得电池衬底的选择受到了限制,很大程度上影响了电池的发展。

(3) 平面态电子传输层

介孔态电子传输层在电池结构中具有独特的优点,但其制备工艺复杂,能耗较高,限制了其应用范围。因此人们把紧密无孔的n型TiO_2和ZnO作为电子传输层,电池形成了典型的p-i-n平面异质结构,效率也提高到了15%以上。这表明钙钛矿型太阳能电池可以在没有介孔基质的条件下获得较高的电池效率。电子传输层从介孔态到平面态的变化,无需复杂的制备工艺和高温烧结,与此同时,紧密无孔平面态电子传输层对上层钙钛矿晶体的生长没有约束,为钙钛矿吸收层和空穴传输层性能的提升创造了空间。

4. 钙钛矿吸收层

有机金属卤化物钙钛矿是钙钛矿太阳能电池的核心，其晶胞由一个面心立方和一个体心立方套构而成，区别于金刚石结构和闪锌矿结构而具有独特的钙钛矿结构，其晶体结构如图 5-54 所示。原子 A 占据立方体的 8 个顶角，原子 B 占据体心位置，原子 X 占据 6 个面心位置。目前在高效钙钛矿型(ABX_3)太阳能电池中，钙钛矿材料以 $CH_3NH_3PbX_3$ 为主，对应的 A 为甲胺基(CH_3NH_3)，B 为金属铅原子，X 为氯、溴、碘等卤素原子。此外，$CH_3NH_3PbI_3$ 的衍生杂化卤化物 $CH_3NH_3PbI_{3-x}Cl_x$ 或 $CH_3NH_3PbI_{3-x}Br_x$ 因独特的光电性质而显得尤为重要。

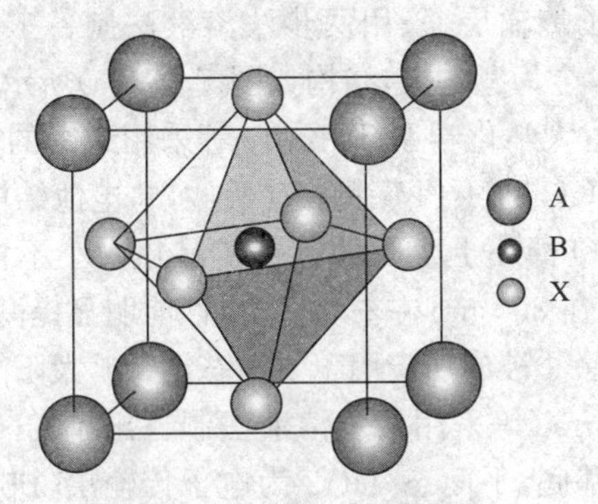

图 5-54 钙钛矿晶体结构

1) 光学性能

有机金属卤化物钙钛矿吸收材料属于直接带隙半导体，具有高效的光吸收性能，吸收系数约为 10^5，是传统染料敏化电池中染料的 10 倍左右，其禁带宽度可以通过金属阳离子、无机阴离子和有机配位基的选择来调控. 一般约为 1.55 eV，正好处在太阳能电池的最佳光学带隙范围内，消光系数较高，几百纳米厚薄膜就可以充分吸收 800 nm 以内的太阳光。且对蓝光和绿光的吸收明显要强于硅电池。

2) 电学性能

由"Meso-superstructured"太阳电泄和无空穴传输层太阳能电池可知，有机金属卤化物钙钛矿本身能充分维持电荷传输、确保电荷的高效收集。而且其独特的缺陷特性使钙钛矿晶体材料既可呈现 n 型半导体的性质，也可呈现 P 型半导体的性质，故而其应用更加多样化。此外，众多的有机太阳能电池或染料敏化纳米晶太阳能电池都受分离束缚激子或电子转移过程所需的驱动力损耗的限制，而钙钛矿材料具有很好的双极性电荷迁移率(激子扩散程度可达 10～1 000 nm，是吸收深度的 5～10 倍)和较低的激子结合能(大约 20 meV)，其电导率为 10^3S/m，载流子迁移率为 50 $cm^2/(V\cdot s)$，这些特性使钙钛矿太阳能电池表现出优异的性能。

3) 薄膜生长

钙钛矿薄膜具有优异的光电性能，钙钛矿薄膜的生长至关重要。目前钙钛矿薄膜的生长主要包括溶液法(一步溶液法和两步溶液法)和双源共蒸发。

(1) 溶液法

① 一步溶液法：PbX_2 与 CH_3NH_3I 以一定的物质的量比混合溶于二甲基甲酰胺(DMF)溶液中，搅拌溶液至澄清，以旋涂或滴涂的方式将溶液沉积到电子传输层上。随后对薄膜进行热处理，即可形成钙钛矿薄膜材料。但一步法很难控制钙钛矿晶体的生长。会产生很大的形态变化，导致光学性能在很大范围内变动，这种性能的变动阻碍了钙钛矿材料在太阳能电池领域的实际应用。

② 两步溶液法:为能更好地控制钙钛矿晶体的生长,瑞士联邦理工学院采用两步溶液法(即连续沉积法)制备钙钛矿薄膜。2013 年 Gratzel 第一次将两步法引入到钙钛矿晶体的制备中,先将 PbI_2 粉末溶于 DMF 溶液中;70 ℃加热搅拌至溶液后旋涂到介孔 TiO_2 上,晾干后,将衬底浸入含 CH_3NH_3I 的异丙团溶液(10mg/mL)中,随后热处理即可制得钙钛矿薄膜。

与一步溶液法相比,两步溶液法可以更好地控制钙钛矿晶体的生长,其中采用的 TiO_2 介孔结构为 PbI_2 生长起到了诱导作用,其大小被介孔严格控制在大约 20 nm,实验证明被限制的小颗粒 PbI_2 加速了钙钛矿晶体的生长,生成的钙钛矿晶体形态类似于前驱体 PbI_2。以 FTO 导电玻璃为基底,介孔 TiO_2 为电子传输层,采用两步法溶液法制备工艺制备钙钛矿吸收层,spiro-MeOTAD 作为空穴传输层,以金为背电极,结构如图 5-55(a)所示,获得了 15%的电池效率。

2013 年 12 月,加拿大萨省大学化学系 T. Kelly 等采用致密的 n 型 ZnO(25 nm 厚)为电子传输层,采用两步溶液法制备 $CH_3NH_3PbI_3$ 钙钛矿吸收层,电池结构如图 5-55(b)所示,效率高达 15.7%。此时在致密的 ZnO 薄膜上生长的钙钛矿晶粗大小不再受到基质的限制,从 100—1 000 nm 不等,薄膜平均厚度在 300 nm 左右,其光电性能明显提高,获得高达 20.4 mA/cm^2 的短路电流(J_{SC})。两步溶液旋涂法被成功应用于平面态钙钛矿太阳能电池领域。

2014 年 2 月,Pablo Docampo 等采用两步溶液法制备出了 $CH_3NH_3PbI_{3-x}Cl_x$ 钙钛矿吸收层。他们以 ITO 导电玻璃为基底,平面态 TiO2 为电子传输层,PbI_2、CH_3NH_3I 和 CH_3NH_3C1 为反应源制备杂化 $CH_3NH_3PbI_{3-x}Cl_x$ 钙钛矿吸收层,spiro-MeOTAD 作为空穴传输层,以金为背电极,结构如图 5-55(c)所示,获得了 15%的电池效率。$CH_3NH_3PbI_{3-x}Cl_x$ 钙钛矿吸收层的制备工艺独特之处在于温度的控制,当衬底和前驱溶液的温度控制在 60 ℃左右时,平面薄膜 PbI_2 在加热的 mAI 和 mACl 混合溶液(5%(质量分数) mACl 可获得最大性能)中 5 min 即可完全转变。此外氯化物的添加提高了电池短路电流。拓宽了整个吸收光谱,减小了器件的串联电阻。

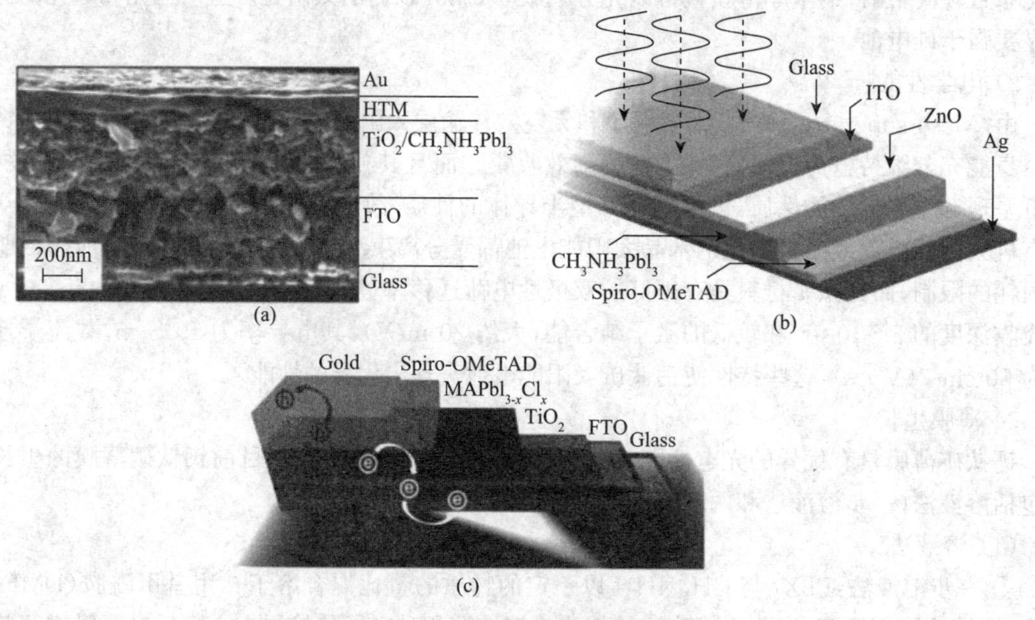

图 5-55 钙钛矿太阳能电池结构

目前广泛以平面态 ZnO 和 TiO_2 为钙钛矿吸收层的生长基质,并且溶液法可调的实验因素众多(如前驱物组分、界面生长动力能、溶剂的选择、溶液浓度和沉积温度等),为钙钛矿的生长技术开拓了很广的研究空间。

(2) 双源共蒸发

2013年。英国牛津大学物理系 M. Liu 等采用双源共蒸发技术(图 5-56)制备出了 $CH_3NH_3PbI_{3-x}Cl_x$ 钙钛矿吸收层。该方法与两步溶液法制备的钙钛矿薄膜截面对比如图 5-57 所示。从图中可以看出,双源共蒸发制备的钙钛矿薄膜的均匀性较好,其平均厚度为 330 nm,远远小于电子和空穴在 $CH_3NH_3PbI_{3-x}Cl_x$ 中的扩散长度。而溶液法制备的钙钛矿层厚度在 0~465 nm 范围波动。钙钛矿膜太薄的地方可能引起 n 层或 p 层短路,进而影响电池的填充因子和开路电压,而太厚的地方可能超过载流子的扩散长度,光生载流子不能被很好地收集。

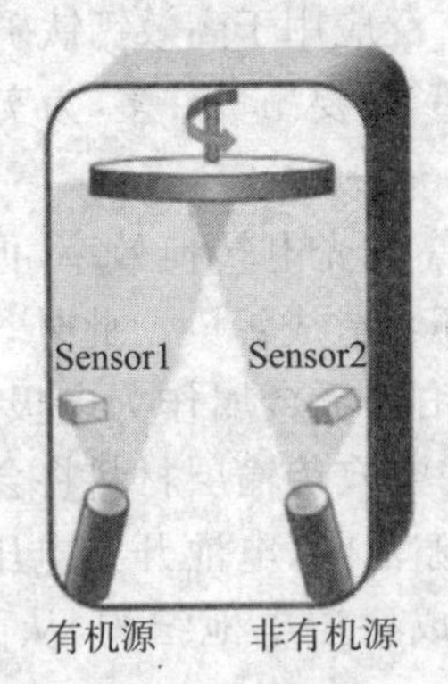

图 5-56 双源共蒸发系统

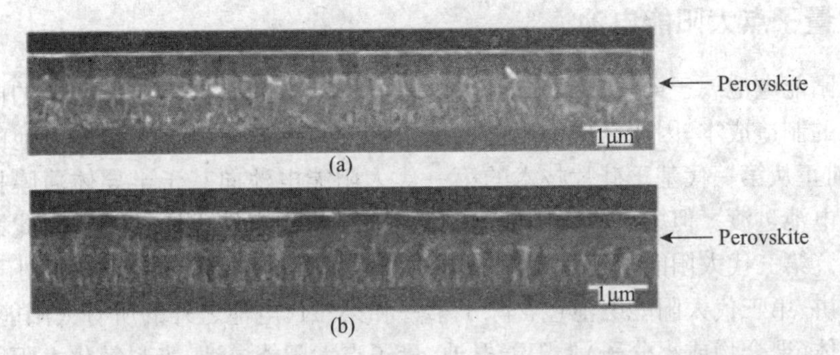

图 5-57 共蒸发(a)与两步溶液法(b)制备的钙钛矿截面对比图

与溶液法相比,双源共蒸发制备技术里有明显的优势,除了能制备出较为均匀的薄膜以外,其在工业生产上已经很成熟,能更好地控制多层薄膜的大规模生长。此外,钙钛矿薄膜的共蒸发制备技术与传统的第一代、第二代太阳能电池的制备技术是兼容的,凭借共蒸发独特的技术和钙钛矿电池特有的性质,可以开创钙钛矿太阳能电池与硅或铜铟镓硒电池叠层时代。但两步溶液法的独特优势也不容忽视,其制备工艺简单,能耗较低,可获得高效太阳能电池。

5. 空穴传输层(HTM)

2012年,有机分子螺二芴(spiro-MeoTAD)被作为空穴传输忌而引入钙钛矿太阳能电池,全固态 $CH_3NH_3PbI_3$ 钙钛矿太阳能电池结构面世。目前,空穴传输层材料也是以 spiro-MeOTAD 小分子结构为主,它与钙钛矿层能保持良好的接触,能够更好地实现空穴的传输。除了 spiro-MeOTAD 以外,PTAA 和 PCDTBT 等也被作为空穴传输材料,但研究发现,PTAA 和 PCDTBT 等空穴传输材料的引入反而限制了填充因子的提高。此为,Christians 等发现无机空穴导电材料 CuI 可以替代 spiro-MeOTAD,其空穴迁移率要比 spiro-MeOTAD 高 2 个数量级,所得电池串联电阻变小,但是电池的开压较小(仅有 0.62 V),电池效率仅为 8.3%。2012 年

Gratzel 等直接在 $CH_3NH_3PbI_3$ 钙钛矿吸收层上淀积 Au 作为电极，舍去了空穴传输层，制备了 $TiO_2/CH_3NH_3PbI_3/Au$ 电池。他们希望 $CH_3NH_3PbI_3$ 层不仅作为光吸收层，同时也起到空穴传输层的作用，但电池效率只有 5.5%。2014 年，中国科学院物理所孟庆波小组也制备了无空穴传输层的钙钛矿电池 $TiO_2/CH_3NH_3PbI_3/Au$，对界面进行了调控处理，获得了 10.49%的电池效率，但与高效钙钛矿太阳能电池的效率相比仍然很低。可见对于高效钙钛矿太阳能电池，空穴传输材料是必不可少的，其也将成为钙钛矿太阳能电池领域的一大研究重点。

6. 光阴极

由于空穴传输材料的限制，目前广泛应用于高效钙钛矿太阳能电池对电极的是金和铂，相比传统太阳能电池电极材料(铝、银、石墨等)要昂贵许多，为实现钙钛矿太阳能电池的市场化，亦是一巨大技术难点。

总之，钙钛矿太阳能电池具有较高的光电转换效率，但其稳定性差，在大气中效率衰减严重，吸收层中含有的重金属 Pb 易对环境造成污染。此外，虽然钙钛矿材料相对便宜，但 spiro-MeOTAD 价格昂贵，同时还需要金、铂等贵金属作为电极，大大提高电池的成本。因此，改善电池的稳定性，寻找低成本、高性能的空穴传输层材料将会成为未来的主要研究内容。与此同时，钙钛矿材料处于最佳光学匹配带隙范围，电池开路电压高于 1 V，短路电流在 20 mA/cm^2 以上，因此可与硅电池、CIGS 电池形成叠层电池结构，从而扩大钙钛矿太阳能电池的应用范围。

5.6.4 量子点太阳能电池

量子点太阳能电池属于第三代太阳能电池，优异的特性使其保持器件性能的同时能大幅降低太阳能电池的制造成本，因而已成为当前的前沿和热点课题之一。太阳能电池的研发经历了三个阶段，目前正从第一代基于硅片技术的第一代太阳能电池向基于半导体薄膜技术的第二代半导体太阳能电池过渡。但第二代太阳能电池效率较低，稳定性也比较差。因此第三代太阳能电池应运而生。第三代太阳能电池是太阳能电池技术发展的前沿领域，现在仍处于研究发展阶段。大体上来讲，第三代太阳能电池包含除了第一和第二代电池之外的所有太阳能电池技术，主要有有机半导体(聚合物或小分子)太阳能电池、量子点太阳能电池、染料敏化太阳能电池、有机/无机杂化太阳能电池、双结/多结太阳能电池、中间带太阳能电池和热载流子太阳能电池等，这些电池分类之间既彼此独立又互有重叠。第三代太阳能电池有望实现光电转换效率比第一代太阳能电池高的同时，保持第二代太阳能电池的低成本优势。

1. 量子点太阳能电池基本原理

半导体量子点是一种准零维的纳米材料，一般由少量的原子构成，又称为半导体纳米超微粒。半导体量子点是一种典型的小量子体系，常被称为“人造原子”、“超晶格”。由于量子点三个维度的尺寸一般都在 1～100 nm 之间，其内部电子在各方向上的运动都受到局限，因而表现出不同于半导体材料的特性，如量子限域效应、表面效应、量子尺寸效应等。使其作为新型发光材料、光催化材料、光敏传感器等方面具有特殊的潜在应用前景。与太阳能电池联系紧密的是量子尺寸效应、表面效应、多激子产生效应。

对于半导体材料来说，当其粒径尺寸下降到与其激子波尔半径相当时，将存在不连续的最高被占据分子轨道和最低未被占据分子轨道能级，而且其能隙随粒径减小而不断变宽，这种现象被称之为量子尺寸效应。量子尺寸效应可以使量子点在其吸收光谱中出现一个或多个明显的激子吸收峰并且随着量子点尺寸的减小而不断蓝移，因此可以通过改变量子点的尺寸来调控其光学吸收波长，从而使得胶体量子点在太阳能电池中的应用中具有了独特的优势。表面效应，纳米材料所具有的另一个显著特点是比表面积大，纳米晶的尺寸越小，其比表面积越大，表面原子数占全部原子数的比例越高。随着表面原子数的增多，表面原子配位不足，不饱和键和悬挂键增多，使表面能迅速增加。其表面原子由于具有很高的活性，非常不稳定，很容易与其他原子结合。胶体量子点表面大量的表面态缺陷会影响其光学及电学性能，而且其巨大的表面能给量子点及其太阳能电池的制备、保存和使用带来了挑战。因此研究评价并提高量子点太阳能电池的稳定性成为该领域的一项重要课题。多激子产生效应是指单个入射光子可以产生两个甚至多个电子—空穴对（激子）的现象。一个高能量入射光子（能量至少是材料禁带宽度的两倍）产生了一对高能激子，高能量的导带电子以碰撞电离的形式释放部分能量并回落到导带底，所释放的能量则引起一个甚至更多新激子的产生，从而一个入射光子最终产生了两个甚至多个激子。可以说，多激子产生过程也是碰撞电离的过程，它是俄歇复合的逆过程。

2. 量子点发展历史研究现状

2005 年，sargent 小组首次在胶体量子点中发现光伏效应，之后由 PbS 或 PbSe 量子点作为有源层的太阳能电池迅速发展。不同的太阳能电池结构也逐渐得到开发，包括 metal/CQD 薄膜，oxide/CQD 薄膜，organic layer/CQD 薄膜和 CQD/CQD 薄膜。2009 年之前，简单三明治结构的肖特基太阳能电池被广泛研究，TCO 或 ITO 作为衬底并与量子点形成欧姆接触，Ca，Mg 和 Al 作为电极。2008 年，sargent 小组报道了能量转化效率超过 1%的 PbS 量子点/A1 肖特基结太阳能电池，其短路电流密度、开路电压、填充因子和能量转化效率分别为 12.3 mA/cm^2、0.33 V、44.4%和 1.8%。2009 年，Alivisatos 小组利用 PbS_xS_{1-x} 合金量子点制备了 ITO/PbSe/Al 结构的肖特基结电池，其能量转化效率为 3.3%。2011 年，Alivisatos 小组又利用直径为 2.3 nm 的超小 PbSe 量子点制备了 ITO/PEDOT/PbSe/Al 结构的肖特基结电池，电池的能量转化效率达到了 4.57%。尽管肖特基太阳能电池结构简单，容易制备，但是其自身存在一些缺点。肖特基结位于电池的背电极，光从顶电极入射要穿过很厚的有源层才能达到金属背电极从而被收集，在此过程中，这些光生载流子特别是蓝光光生载流子非常容易复合损失掉。若要提高蓝光波段的效率，有源层需要做得很薄，但这又限制了光吸收。另外，肖特基电池的电压也普遍较低，其所使用的背电极为具有低功函数的金属，致使其稳定性一般较差。与肖特基结太阳能电池相比，异质结电池由于结区处于器件中部，从而更有利于光生载流子分离和收集效率的提高，并且具有较高的开路电压和填充因子。因此，异质结太阳能电池得到了迅速发展。2010 年，Carter 小组和 Nozik 小组分别报道了利用 Tio_2 和 ZnO 量子点作为 n 型材料与 p 型 PbS 量子点所形成的异质结电池，其室温能量转化效率分别达到 3.13 %和 2.94 %，前者还首次在该类电池中得到了高于 80%的峰值外部量子效率。同年，Sargent 小组报道了基于 PbS 量子点和 TiO_2 半导体的耗尽异质结胶体量子点太阳能电池，电池效率达到 5.1%。2011 年，该小组又利用原子配体（单价卤素阴离子）对 PbS 量子点进行处理以提高其电导性并成功修饰其表面缺陷态，从而进一步将效率提高到了 6%，2012 年，该小组用 Cl^- 和 MPA 对 FTO/(ZnO/TiO_2)/PbS CQD/MoOX/Au/Ag 结构的异质结电池进行钝化，得到了效率为 7%的电池，这也是迄今为止红外量子点电池的最高能量转化效率。量子点太阳能电池效率已经从 2010 年的 5%提高到了 2012 年的 7%，并且有望每年提高 1%的效率。2013 年，Anna Loiudice，Aurora Rizzo 等人将 PbS 量子点和 TiO_2 半导体异质结分别做在了导电玻璃和 PET 柔性衬底上，效率分别达到了 3.6%和 1.8%，迄今是柔性衬底上效率最高的电池。

3. 量子点太阳能电池发展概况

(1) 体相异质结结构

吸收更多光子和收集光生载流子对提高太阳能电池的效率起着举足轻重的作用,较厚的有源层能够吸收更多的光子从而激发更多的光生载流子,但是这样载流子需要传输更长的距离才能被电极收集,在这个过程中会有大量载流子复合。体相异质结结构有望平衡这两个方面。体相异质结结构在有机太阳能电池里面被广泛采用,即将给、受体材料共混形成光电转换活性层,极大地增加了给、受体的接触面积,有利于激子的分离,同时减小了激子扩散的距离,使更多的激子可以到达界面进行分离,所以能有效提高能量转换效率。多伦多大学的 Barkhouse et al. 在 TiO_2 层上面堆垛大量的 TiO_2 纳米颗粒,从而形成多孔纳米 TiO_2 结构,然后旋转涂膜一层 PbS 量子点,做出来的电池效率达到了 5.5%。Rath et al. 将 n 型的 Bi_2S_3 量子点和 p 型的 PbS 量子点混合溶液旋转涂膜,形成了量子点混合膜,做成的太阳能电池结构为 ITO/PbS CQDs/PbS and Bi_2S_3 CQDs/Bi2S3 CQDs/Ag,效率达到了 4.87%。

(2) 电极接触

为了更好地收集载流子,p 型 PbS 或 PbSe 量子点薄膜与高功函数金属 Au 和 Ag 应该是欧姆接触,以减小界面势垒。Gao et al. 在研究 ITO/ZnO/PbS CQD/metal 结构器件的 J-V 特性时,发现了 roll-over 和 crossover 效应,他们认为这是因为 PbS CQD/metal 界面产生了肖特基势垒,势垒高度取决于量子点的尺寸和金属的功函数。基于这些发现,Gao et al. 将由 MoOX 和 V_2O_x 构成的 n 型过渡金属氧化物(TMO)作为空穴收集层,做成了 ITO/ZnO/PbS CQD/TMO/Au 结构的太阳能电池,电池效率为 4.4%,开路电压 VOC 为 0.524V,短路电流 JSC 为 17.9 mA/cm^2,填充因子 FF 为 48.7%。同期,Brown et al. 也报道了在 PbS CQDs 薄膜和电极之间加一层 MoO_3 可以明显提高电池各个方面的性能,包括 VOC,JSC 和 FF。

(3) 表面钝化

量子点间的量子力学电子耦合强度很大程度上依赖于量子点间的距离和量子点间互联、填充材料的性质。利用短链有机配体置换长碳链配体来缩小量子点间距可以减小势垒宽度,提高载流子在量子点间的跳跃速率从而增加电子耦合能,进而提高电子迁移率。并且可以钝化材料表面缺陷,从而减小缺陷的密度和深度,提高太阳能电池的效率,因此选择合适的配体进行配体置换对太阳能电池性能的提高起着很大的作用。EDT,BDT 和 MPA 是传统的短链有机配体,被广泛应用。最近又有一些新的配体被发现:原子配体和混合钝化。

Tang et al. 采用 $CdCl_2$-tetradecylphosphonic acid(TDPA)-oleylamine(OLA)混合体处理预合成的 PbS 量子点,以钝化量子点表面的硫阴离子,然后用 cetyltrimethylammonium bromide (CTAB)的甲醇溶液来钝化表面的阳离子。利用时间分辨红外光谱法和场效应晶体管测量发现,缺陷密度减为原来的十分之一,载流子迁移率增为原来的一百倍,做成的 FTO/TiO_2/PbS CQD/Au 结构的异质结太阳能电池,其效率为 5.1%,VOC 为 0.544V,JSC 为 14.6 mA/cm^2,填充因子 FF 为 0.62。Ip et al. 既采用原子配体又采用有机配机对 PbS 量子点进行钝化,即混合钝化,进一步降低了表面缺陷,制成的太阳能电池结构为 FTO/(ZnO/TiO_2)/PbS CQD/MoO_X/Au/Ag,并用 Cl^- 和 MPA 对其进行钝化,得到的电池效率为 7%,VOC 为 0.605V,JSC 为 20.1 mA/cm^2,填充因子 FF 为 0.58。

(4) 稳定性

太阳能电池要投入商业化,其良好的稳定性与高效率同样重要,由于量子点太阳能电池具有较高的表面体积比,所以表面能很高,对其所处的环境非常敏感,如何提高其稳定性是研究人员不得不考虑的问题。研究表明，表面氧化，老化时间以及烧结都会对太阳能电池的稳定性产生影响。研究人员分别研究了 PbS 量子点电池在空气、氮气暴露以及热处理等不同条件下电池性能的变化。结果显示，短时间的空气暴露会使 VOC 和 FF 增加进而使电池性能得到了提高，然而空气暴露也导致了 ISC 的不断下降，并且该变化是可逆的，这可能是由于氧气在 PbS 表面的可逆物理吸附引起的。随着在空气中暴露时间的增长，物理吸附的氧分子分解并与 PbS 表面形成化学键的可能性增大，电池的性能会有一定程度的下降。PbS 量子点电池在氮气气氛中其 VOC，FF 以及 ISC 都有所提高，并且性能能保持几个月不降低。当采用原子层沉积法将一薄层 Al_2O_3 沉积到 PbS 量子点薄膜上，在 PbS 量子点之间形成了扩散区势垒，一定程度上阻止了量子点的氧化，结果显示，电池在空气中暴露一个月后性能依然为原来的 95%，而未加 Al_2O_3 薄层的电池性能下降了 30%。这种处理方法还有效地提高了电池的 VOC，FF 以及 ISC，电池的效率也提高了一倍。

近年来，随着半导体纳米材料合成技术及其性能研究的不断发展，基于胶体量子点的太阳能电池因具有可溶液工艺制备、吸收光谱范围可调以及潜在的高能量转化效率等优势逐渐成为量子点应用研究的热点之一。然而目前所制备的量子点电池的能量转化效率还较低，远未达到实际利用的最低效率。在下一个研究阶段，应该更加深入理解量子点太阳能电池中载流子的产生，分离，输运以及湮灭的机理，从而探索新的太阳能电池结构，提高薄膜的质量，选择更加合适的钝化材料。另外不断探索新方法制备量子点，一方面需要提高量子点敏化剂的尺寸分布单一性，另一方面必须保证量子点与宽禁带氧化物薄膜的电接触。

思考题

[1] 说明太阳能发电系统的构成。
[2] 晶硅太阳能电池的工作原理是什么？
[3] 简述制备高纯多晶硅工艺过程。
[4] 晶硅太阳能电池标准制备工艺是什么？
[5] 试述太阳能电池片的制备过程。
[6] 试述 CIGS 太阳能电池的结构与原理。

参考文献

[1] 赵争鸣，刘建政，孙晓瑛，等. 太阳能光伏发电及其应用. 北京：科学出版社，2005.
[2] 李建保，李敬. 新能源材料及其应用技术. 北京：清华大学出版社，2005.
[3] 雷永泉. 新能源材料. 天津：天津大学出版社，2002.
[4] Chen C，Chen J，Wu S，et al. Multifunctionalized Ruthenium-Based Supersensitizers for Highly Efficient Dye-Sensitized Solar Cells. Angew Chem Int Ed，2008，47 (38)：7342－7345.
[5] Eu S，Hayashi S，Umeyama T，et al. Quinoxaline-Fused Porphyrins for Dye-Sensitized Solar Cells. J Phys Chem C，2008，112 (11)：4396－4405.
[6] Reddy P，Giribabu L，Lyness C，et al. Efficient Sensitization of Nanoerystalline TiO_2 Film by a Near-IR-Absorbing Unsymmetrical Zinc Phthalocyanine. Angew Chem Int Ed，

2007，46(3):373－376.

[7] Wang Z，Cui Y，Hara K，et al. A High-Light-Harvesting-Efficiency Coumarin Dye for Stable Dye-Sensitized Solar Cells. Ady Mater，2007，19 (8):1138－1141.

[8] Choi H，Baik C，Kang S，et al. Highly Efficient and Thermally Stable Organic Sensitizers for Solvent-Free Dye-Sensitized Solar Cells. Angew Chem Int Ed，2008，47(2):327－330.

半导体照明发光材料

本章内容提要

半导体照明是一种基于半导体发光二极管新型光源的固态照明，是21世纪最具发展前景的高技术领域之一，已经成为人类照明史上继白炽灯、荧光灯之后的又一次飞跃。白光LED和OLED的发展，使发光材料的研究与应用进入了一个新的研究阶段。本章将介绍半导体照明、半导体材料及照明发光材料，并着重介绍几种半导体照明发光材料，例如铈掺杂钇铝石榴石、硅酸盐基质及氮化物基质白光LED发光材料。

半导体照明是指用全固态发光器件即发射白光的发光二极管——白光LED(light emitting diode)作为光源的照明技术。它利用固体半导体芯片作为发光材料，具有高效、节能、环保、寿命长、易维护、可靠性高等优点。白光LED的发展，使发光材料的研究与应用进入了一个新的研究阶段。由于激发源是短波紫外、长波紫外或蓝光发射的半导体，且输出功率高，因此对发光材料性能会提出特定的要求，而针对这些特定要求开展白光LED专用发光材料的研究成为新的研究课题。OLED全称是有机发光二极管(Organic Light－Emitting Diode)，顾名思义OLED是基于有机半导体材料制作的器件，OLED显示技术具有自发光的特性，采用非常薄的有机材料涂层和玻璃基板，当有电流通过时，这些有机材料就会发光，而且OLED显示屏幕可视角度大，并且具有节省电能的特性。

6.1 发光与发光材料

6.1.1 光致发光与电致发光

物质将从外界吸收的能量以光的形式释放出来的过程被称为物质的发光。发光过程，是指当某种物质受到激发(射线、高能粒子、电子束、外电场等)后，物质将处于激发态，激发态的能量会通过光的形式释放出来，这种发射过程具有一定的持续时间。能够实现发光过程的物质叫做发光材料。

发光材料的发光方式是多种多样的，主要类型有：光致发光、阴极射线发光、电致发光、热释发光、辐射发光等。其中光致发光又可以分为有机光致发光、无机光致发光等。

光致发光(Photo Luminescence)，简写为PL，指物体依赖外界光源进行照射，从而获得能量，产生激发导致发光的现象。它大致经过吸收、能量传递及光发射三个主要阶段，光的吸收及发射都发生于能级之间的跃迁，都经过激发态。而能量传递则是由于激发态的运动。紫外辐射、可见光及红外辐射均可引起光致发光，如磷光与荧光。

它的最广泛而又重要的两种应用是固体激光器和日光灯，也就是作为光源。使用紫外直至红外这一宽广光频范围内的各种波长来激发，可以研究物质的结构和它接受光能量后内部发生的各种变化过程,包括固体中的杂质和缺陷以及它们的结构、能量状态的变化,激发能量的转移和传递,以至化学反应中的激发态过程,光生物过程,等等。如果激发光是相干的,即激光,则还能够研究物质的微区中有关基元受激发后的相位变化等。总之,发光的应用是极其广泛的,并且在不断地发展。

电致发光(Electro Luminescent),又可称电场发光,简称 EL,是通过加在两电极的电压产生电场,被电场激发的电子碰击发光中心,而引致电子解级的跃进、变化、复合导致发光的一种物理现象。

发光二极管(Light Emitting Diode, LED)发射的光就是半导体的电致发光,它利用电流通过 PN 结而发光。另一种还不大常见的,但在某些场合已有所应用的电致发光,这是夹在两个平行板电极之间的薄层材料所产生的发光。交流电致发光粉末屏已可用于计算机液晶显示屏的背照明。现在有的薄膜虽能直接用作计算机平板显示屏,但因为还没有能够发出亮度较高、寿命较长、颜色又较好的白光器件,并未能大量生产。

几乎所有的无机固体发光材料都是由两部分组成的,即主体化合物,在发光学的术语中称为基质(host),和活性掺杂剂,也称为激活剂(activator)。激活剂对发光的性能有重要的作用,能够影响甚至决定发光的亮度和颜色以及其他性能。有时还要掺入另一种杂质,用以传递能量成为发光敏化剂。有些基质自己就可以发光,但极少实用的无机发光材料是不含激活剂的。

至于有机材料,它们是通过分子而发光。分子相互之间的作用很弱,因此每个分子基本是孤立的。它们无论在什么状态下(在液态,固态或作为杂质掺入其他基质中)发光,其特征都不会有很大差别。

6.1.2 发光材料的主要性能表征

1. 发射光谱

发光能量按波长或频率的分布称为发射(或发光)光谱。发光材料的发射光谱通常有两种,一种是谱带,即在一定波长范围内(几百埃甚至上千埃)发射能量的分布是连续变化的;另一种是谱线,即光谱由许多强弱不同的谱线组成。说是谱线,实际上并非几何意义上的线,而是有一定的宽度。

发射光谱的纵轴有时也用发射的光子数目为单位。也有人用相对的量子效率为单位。显然,光谱的形状决定于发射体,这通常称为发光中心。稀土离子、过渡金属(Ti, Cr, Mn 等)离子和一些其他的重金属的离子(Sb, Tl, Bi 等)以及 WO_4^{2-}之类的离子团,都可以是发光中心。它们的发光光谱常为宽的谱带,随着基质以至晶体结构的变化而有很大的变化。稀土离子是另一类重要的发光中心。三价稀土离子的发射多数来自 4f 电子在组态内的跃迁(即 4f →4f 跃迁)。由于外层$^{5}p_{6}$ $^{6}s_{2}$ 电子的屏蔽作用,晶格场对 4f 电子的能态影响较小,光谱仍保持线谱的状况,而且在不同基质中基本没有大的变化。

由于稀土离子 4f 电子能级受晶格场的影响很小,所以从每条谱线的能量值就能确定它所对应的能级跃迁。并且从谱线波长的微小变化及分裂程度可以了解到晶格的作用,进而确定离子所处格位的情况。这就是说,发光的线谱能够提供发光中心结构的相当详细的信息。

不过,在半导体的情况,发射体可能是电子空穴对,即激子,或者是施主束缚的电子和受主束缚的空穴组成的对,等等。这类发光反映晶格的能态以及缺陷和杂质所产生的局域能级结构,是和前面讲的在晶体中分散的孤立离子或离子团的发光(称为分立中心发光)完全不同的另一种发光(称为复合发光),对其发射光谱的分析需要和上面完全不同的理论,即固体的能谱理论。

2. 激发光谱

激发光谱是指发光材料在不同的波长激发下，该材料的某一波长的发光谱线的强度与激发波长的关系。激发光谱反映了不同波长的光激发材料的效果。根据激发光谱可以确定使该材料发光所需的激发光的波长范围，并可以确定某发射谱线强度最大时的最佳激发波长。激发光谱对分析材料的发光过程也具有重要意义。

3. 反射光谱

反射光谱是指反射率随激发光波长的变化规律。反射率即是反射光的总量和入射光总量之比。如果材料对某一波长的光无吸收，则最后经反射后离开材料的光的强度比入射时略小，即反射率很大，吸收很小；相反，材料对该波长的光有很大吸收时，不等光折回粉末表面，强度就大幅度的减弱，这就表现为反射率很小，吸收很大。因此可以用反射率来反映材料对光的吸收能力。材料对某个波长的光反射率低，则吸收就越强；反之，反射率高则吸收就弱。

4. 发光衰减

发光体在激发停止后会持续发光一段时间，这就是发光的衰减，它是发光现象的最重要特征之一，是区分发光现象和其他光发射现象的一个关键的标志。日常生活中不乏发光衰减的现象，例如日光灯在关闭以后会继续有微弱的发光持续相当长的时间。发光的持续反映物质在激发态的滞留。持续时间对应着激发态的寿命。

5. 发光效率

发光效率是发光材料和器件的另一个重要参量。效率有以下几种表示方法：功率效率或能量效率；量子效率；光度或流明效率。发光效率无论在应用上或理论上都有极其重要的意义。显然，实用上总是希望得到效率高的材料。而且越高越好。就基础研究而言，效率能反映能量在物质中的转换机制，如离子和环境的作用，离子间的相互作用，电子和声子的相互作用等等。效率说明激发光能量有多少仍然变成光而发射，又有多少通过别的途径而消耗成热。量子效率 η 和发光寿命 τ 之间有密切的联系。

6. 光色特性

光色特性主要通过显色性、色坐标以及色温等与光度学和色度学有关的某些参数来表征，这些特性往往与发光材料的光谱、效率等有密切关系。

光就其物理本质而言，并不具有颜色，由于人眼对不同波长的光反应不一样，传入大脑后对视觉信号“处理”后形成“颜色”影像，即为光源的颜色，简称为光色。在照明光源中，荧光灯有四种光色：日光色(记为 D)、冷白光色(记为 CW)、白光色(记为 W)和暖白色光。

为了从基色出发定义一种与设备无关的颜色模型，1931 年 9 月国际照明委员会在英国的剑桥市召开了具有历史意义的大会。CIE 的颜色科学家们企图在 RGB 模型基础上，用数学的方法从真实的基色推导出理论的三基色，创建一个新的颜色系统，使颜料、染料和印刷等工业能够明确指定产品的颜色。

根据人眼对照明光源各波长的感光能力，对不同光色以数学量化的方式，通过坐标系变换，在一个直角坐标系中绘制出一幅马蹄形区域图，用数值表示出光的颜色，即光色，此图称为 CIE 色度图。

从色度图上可以获得如下许多光色的主要信息：

(1) 光色，马蹄形曲线称为光谱轨迹，曲线上任意一点都可以表示出该光源的一波长位置，即是一种光的颜色。

(2) 连接 380～780 nm 的直线，称为非光谱轨迹，也称为纯紫轨迹。

(3) 色坐标,在马蹄形与光谱轨迹封闭的马蹄形区域内任意一点都表示一种不饱和的光颜色,确定该点的纵横坐标(x,y)值,即确定了该点在色度图上所处位置。通过与标准照明光源光源所在色度图上的位置作直线,就可求得被测光颜色的纯度和主波长,进而可知互补主波长。

(4) 发光率,即是色谱图上反映出来的发光强度,换而言之,色坐标的纵坐标 y 值可体现出视觉上的亮度大小。

(5) 显色性,光源能使被照射物体呈现出其真实颜色的程度称为该光源显色性,太阳光照射下物体才能显现出最真实颜色。显色性定量化表示称为显色指数,而显色指数求得需由 CIE 色度图上算出色差值。

7. 余晖衰减

规定当激发停止时,其发光亮度 L 衰减到初始亮度 L_0 的 10%时所经历的时间为余晖时间,简称余晖。余晖衰减按照余晖时间的长短分为荧光与磷光。荧光是吸收了近紫外线或可见光再自发辐射出波长较长的光,激发停止,发光也随之停止;磷光是指激发停止后持续较长时间的发光现象,它是发生在两个不同多重度电子态间的自发辐射过程。发光材料在激发停止后,仍可持续发光,但发光强度逐渐减弱,直到完全消失,这一过程就是发光衰减。从物理意义上讲,余晖发光是停止激发后,电子从陷阱能级被热释放并和离化中心复合,直到陷阱中的电子不再放出的一个过程。

极短余晖:余晖时间$<1\mu s$ 的发光;

短余晖:余晖时间 $1\sim10\mu s$ 的发光;

中短余晖:余晖时间 $10^{-2}\sim1ms$ 的发光;

中余晖:余晖时间 $1\sim100ms$ 的发光;

长余晖:余晖时间 $10^{-1}\sim1s$ 的发光;

极长余晖:余晖时间$>1s$ 的发光。

8. 光通量

光通量是指光源在单位时间内向周围空间辐射的能引起视觉反应能量,即可见光的能量。它描述的是光源的有效辐射值,其国际单位是 lm(流明)。同样功率的灯具的光通量肯完全不同,这是因为它们的光效不同的缘故。比如:普通照明灯泡只有 10 lm/W,而金属卤素灯可达到 80 lm/W。

9. 发光强度

通常把光源在某方向单位立体角内发出的光通量定义为光源在该方向上的发光强度,用符号 I 表示。由于发光强度是随激发强度而变的,通常用发光效率来表征材料的发光本领。目前一般的仪器都采用发光强度来表示发光的相对强弱。所用的单位为 cd(坎德拉)。

10. 发光与淬灭

如果激发的离子处于高能态,它们是不稳定的,随时可能回到基态。在回到基态的过程中,有三种方式释放出能量:发光跃迁或辐射跃迁;能量传递;晶格振动,这就称为淬灭。激发的离子究竟是以何种方式释放能量,决定于离子周围的情况,如邻近离子的种类、位置等。对于激发而产生的电子和空穴也不是稳定的,最终将会复合;在复合以前有可能经历复杂的过程。一般而言,电子和空穴总是通过具有某种特点的中心实现复合的。如果复合后发射出光子,这种中心就是发光中心。有些复合中心将电子和空穴的能量转变为热而不发射光子,这样的中心就叫猝灭中心。发光和猝灭是相互对立相互竞争的两种过程。猝灭占优势时,发光就弱,效率也低。反之,发光就强,效率也高。

6.2 LED 发光材料

6.2.1 LED 的发展概况

半导体 p-n 结发光现象的发现可追溯到 20 世纪 20 年代。德国科学家 O. W. Lossow 在研究 SiC 检波器时，首先观察到了这种发光现象。由于当时受材料制备、器件工艺技术的限制，这一重要发现没有被迅速利用。直至四十年后，随着Ⅲ-Ⅴ族材料与器件工艺的进步，人们终于研制成功了具有实用价值的发射红光的 GaAsP 发光二极管，并被 GE 公司大量生产用作仪器仪表指示。此后，由于 GaAs、GaP 等材料研究与器件工艺的进一步发展，除深红色的 LED 外，包括橙、黄、黄绿等各种色光的 LED 器件也大量涌现于市场。

出于多种原因，GaP、GaAsP 等 LED 器件的发光效率很低，发光强度通常在 10 mcd 以下，只能用作室内显示之用。随着半导体材料及器件工艺的进步，特别是 MOCVD 等外延工艺的日益成熟，至 20 世纪 90 年代初，日本东芝公司与美国 HP 公司先后研制成功双异质结与多量子阱结构的橙色与黄色的 InGaAlP 发光二极管。与 GaP 和 GaAsP 器件相比，其光强获得了数十倍的提高。不久，日本的日亚化学公司(Nichia)与美国的克雷(Cree)公司通过 MOCVD 技术分别在蓝宝石与 SiC 衬底上成功生长了具有器件结构的 GaN 基 LED 外延片，并制造了亮度很高的蓝、绿及紫光 LED 器件。

超高亮度 LED 器件的出现，为 LED 应用领域的拓展开辟了极为绚丽的前景。首先是亮度提高使 LED 器件的应用从室内走向室外。即使在很强的阳光下，这类 cd 级的 LED 管仍能熠熠发亮，色彩斑斓。目前已大量应用于室外大屏幕显示、汽车状态指示、交通信号灯、LCD 背光与通用照明等领域。超高亮 LED 的第二个特征是发光波长的扩展，InGaAlP 器件的出现使发光波段向短波扩展到 570 nm 的黄绿光区域，而 GaN 基器件更使发光波长扩至绿、蓝、紫色波段。如此，LED 器件不但使世界变得多彩，更有意义的是使固态白色照明光源的制造成为可能。与常规光源相比，LED 器件是冷光源，具有很长的寿命与很小的功耗。其次，LED 器件还具有体积小、坚固耐用、工作电压低、响应快、便于与计算机相连等优点。统计表明，在 20 世纪的最后五年内，高亮 LED 产品的应用市场一直保持着 40%以上的增长率。随着世界经济的复苏以及白色照明光源项目的启动，相信 LED 的生产与应用会迎来一个更大的高潮。

6.2.2 LED 的结构及工作原理

图 6-1 为 LED 的结构截面图。要使 LED 发光，有源层的半导体材料必须是直接带隙材料，越过带隙的电子和空穴能够直接复合发射出光子。为了使器件有好的光和载流子限制，大多采用双异质结(DH)结构。

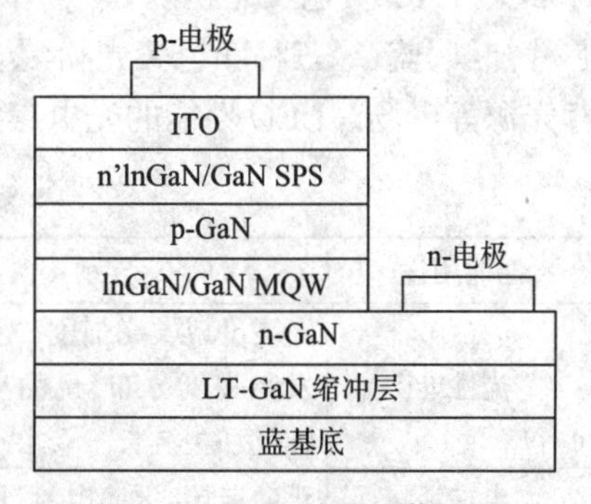

图 6-1 LED 的结构截面图

LED 的核心部分是由 p 型半导体和 n 型半导体组成的晶片，在 p 型半导体和 n 型半导体之间有一个过渡层，称为 p-n 结。其基本的工作机理是一个电光转换过程。当一个正向偏压施加于 p-n 结两端时，由于 p-n 结势垒的降低，p 区的正电荷将向 n 区扩散，n 区的电子也向 p 区扩散，同时在两个区域形成非平衡电荷的积累。对于一个真实的 p-n 结型器件，通常 p 区的载流子浓度远大于 n 区,致使 n 区非平衡空穴的积累远大于 p 区的电子积累(对于 n－p 结,情况正好相反)。由于电流注入产生的少数载流子是不稳定的,对于 n－p 结系统,注入价带中的非平衡空穴要与导带中的电子复合,其中多余的能量将以光的形式向外辐射,这就是 LED 发光的基本原理。通常,禁带宽度越大,辐射出的能量越大,对应的光子具有较短的波长;反之,禁带宽度越小,辐射出的能量越小,对应的光子具有较长的波长。对于 GaAsP、GaInAlP、InGaN、GaAlAs 等半导体材料,其禁带宽度对应的发光波长恰好处于 380～780 nm 的可见光区域,从而为 LED 的发展与应用提供了广阔的空间。

6.2.3 LED 光源特点

LED 作为一个发光器件,之所以备受人们的关注,是因为它具有较其他发光器件优越的特点。

(1) 工作寿命长。LED 作为一种半导体固体发光器件,较之其他发光器件有更长的工作寿命,其亮度半衰期通常可达到 10 万小时。如用 LED 替代传统的汽车用灯,那么,它的寿命将与汽车的寿命相当,具有终身不用修理与更换的特点。

(2) 耗电低。LED 是一种高效光电器件,因此在同等亮度下,耗电较少,可大幅度降低能耗。随着未来工艺和材料的发展,LED 将具有更高的发光效率。

(3) 响应时间快。LED 一般可在几十纳秒内响应,因此是一种高速器件,这也是其他光源望尘莫及的。采用 LED 制作汽车的高位刹车灯,在高速状态下,大大提高了汽车的安全性。

(4) 体积小、质量轻、耐冲击。这是半导体固体器件的固有特点。

(5) 易于调光、调色,可控性大。LED 作为一种发光器件,可以通过流过电流的变化控制亮度,也可通过不同波长 LED 的配置实现色彩的变化与调节。因此用 LED 组成的光源或显示屏,易于通过电子控制来达到各种应用的需要,与 IC 电脑在兼容性上无丝毫困难。另外,LED 光源的应用,原则上不受空间的限制,可塑性极强,可以任意延伸,实现积木式拼装。目前超大屏幕的彩色显示屏非 LED 莫属。

(6) 绿色、环保。用 LED 制作的光源不存在诸如水银、铅等环境污染物,不会污染环境。因此,人们将 LED 光源称为“绿色”光源是毫不为过的。

6.2.4 照明用 LED 特性

LED 照明光源的主流将是高亮度的白光 LED。目前,已商品化的白光 LED 多以蓝光单芯片加上 YAG 黄色荧光粉混合产生白光。未来较被看好的是三波长白光 LED,即以无机紫外光芯片加红、蓝、绿三种颜色荧光粉混合产生白光,它将取代荧光灯、紧凑型节能荧光灯泡及 LCD 背光源等市场。LED 性能的光电参数如表 6－1 所示。

表 6－1 LED 性能的光电参数

性能用途	显示	照明	功能辐射
光性能	亮度或发光强度、光束角和发光强度分布、色品坐标、色纯度和主波长	光通量(有效光通量)、发光效率(lm/W)、中心强度分布、色品坐标、色温、显色指数	有效辐射功率、有效辐射照度、辐射强度分布、中心波长、峰值波长、带宽
电性能	正向电压、正向电流、反向击穿电压、反向漏电流		
光生物安全性能	视网膜蓝光危害曝幅值,眼睛的近紫外危害曝幅值,视网膜热危害曝幅值		

通用照明领域对白光 LED 的光电性能的基本要求如下:

(1) 发光效率:约 100 lm/W(I_F=350 mA);

(2) 光通量:约 500 lm(=发光效率×正向电压×350 mA);

(3) 色温:3 000～8 000 K;

(4) 显色指数:大于 80;

(5) 寿命:1 万～5 万小时。

6.2.5　LED 产业链构成

LED 产业链大致分为原材料(衬底)、外延片、芯片、封装及模块应用五个部分。

衬底作为半导体照明产业技术发展的基石,具有举足轻重的地位。衬底材料的选用直接决定了 LED 芯片的制造路线。当前用于 GaN 基 LED 的衬底材料比较多,但能用于商品化的衬底目前只有两种,即蓝宝石和碳化硅衬底。其他诸如 GaN、Si、ZnO 衬底还处于研发阶段,离产业化还有一段距离。

LED 外延片和芯片是 LED 产业技术的核心。外延片指的是在衬底上生长出的半导体薄膜,薄膜主要由 p 型、量子阱、n 型三个部分构成。芯片是 LED 的核心组件,也就是 p－n 结,其原理已在前面讲述,主要功能是把电能转化为光能。当前用于生产各种亮度 LED 的外延方法主要有金属有机物化学气相沉积(MOCVD)、液相外延(LPE)、气相外延(VPE)。外延材料的测试仪器主要有 X 射线双晶衍射仪、荧光谱仪、卢瑟福背散射沟道谱仪等。芯片制造主要是作正负电极和完成分割检测。其制作工艺有镀金属膜、光刻、化学腐蚀或离子刻蚀、划片等。测试仪器主要有 LED 光电特性测试仪、光谱分析仪等。

LED 封装是指发光芯片的封装,要求能够保护灯芯且还要能够透光,其作用是完成输出电信号、保护灯芯正常工作。LED 封装工艺一般采用银浆固晶、焊线、环氧树脂灌胶、烘箱烘干、切筋、测试分档、包装等工艺。目前各工序都有半自动及全自动设备,工效和成品率都非常高,这些都保证了 LED 发光器件性能和寿命的优化。

LED 应用主要包括 LED 显示、照明器件、交通信号灯、航标灯光源、警示灯饰、车灯及通用照明等产业。

6.3　半导体发光材料

半导体发光材料是发光器件的基础。在半导体的发展历史上,1990 年代之前,作为第一代的半导体材料以硅(包括锗)材料为主元素的半导体占统治地位。但随着信息时代的来临,以砷化镓(GaAs)为代表的第二代化合物半导体材料显示了其巨大的优越性。而以氮化物(包括 SiC、ZnO 等宽禁带半导体)为代表的第三代半导体材料,由于其优越的发光特征正成为最重要的半导体材料之一。如果没有这些材料的研究进展,发光器件也绝不可能取得今天这样大的发展,今后器件性能的提高也很大程度取决于材料的进展。

成为半导体发光材料的条件包括:

(1) 半导体带隙宽度与可见光和紫外光光子能量相匹配;

(2) 只有直接带隙半导体才有较高的辐射复合概率;

(3) 要求有好的晶体完整性、可以用合金方法调节带隙、有可用的 p 型和 n 型材料以及可以制备能带形状预先设计的异质结构和量子阱结构。

6.3.1 砷化镓(GaAs)

砷化镓是黑灰色固体,属闪锌矿结构,晶格常数为 5.65×10^{-10} m,熔点为 1 237 ℃,禁带宽度 1.4 eV,是典型的直接跃迁型材料,发射的波长在 900 nm 左右,属于近红外区。它是许多发光器件的基础材料,外延生长用的衬底材料。其发光二极管采用普通封装结构时发光效率为 4%,采用半球形结构时发光效率可达 20%以上。它们被大量应用于遥控器和光电耦合器件。

砷化镓是半导体材料中兼具多方面优点的材料,但用它制作的晶体二极管的放大倍数小,导热性差,不适宜制作大功率器件。虽然砷化镓具有优越的性能,但由于它在高温下分解,故要生长理想化学配比的高纯单晶材料,技术上要求比较高。

6.3.2 氮化镓(GaN)

GaN 在大气压下一般是六方纤锌矿结构。它的一个原胞中有 4 个原子,原子体积大约为 GaAs 的一半。GaN 是极稳定的化合物,又是坚硬的高熔点材料,熔点约为 1 700 ℃。它是一种宽禁带半导体(E_g=3.4 eV),自由激子束缚能为 25 meV,具有宽的直接带隙,GaN 是优良的光电子材料,可以实现从红外到紫外全可见光范围的光发射和红、黄、蓝三原色具备的全光固体显示。

作为一种宽禁带半导体材料,GaN 能够激发蓝光的独特物理和光电属性使其成为化合物半导体领域最热的研究领域,近年来在研发和商用器件方面的快速发展更使得 GaN 基相关产业充满活力。当前,GaN 基的近紫外、蓝光、绿光发光二极管已经产业化,激光器和光探测器的研究也方兴未艾。

6.3.3 磷化镓(GaP)

GaP 是人工合成的化合物半导体材料,是一种橙红色透明晶体。磷化镓的晶体结构为闪锌矿型,晶格常数为(5.447±0.06)Å①,化学键是以共价键为主的混合键,其离子键成分约为 20%,300 K 时能隙为 2.26 eV,属间接跃迁型半导体。

磷化镓分为单晶材料和外延材料。工业生产的衬底单晶均为掺入硫、硅杂质的 n 型半导体。磷化镓外延材料是在磷化镓单晶衬底上通过液相外延或气相外延加扩散生长的方法制得,多用于制造发光二极管。液相外延材料可制造红色、黄绿色、纯绿色光的发光二极管,气相外延加扩散生长的材料,可制造黄色、黄绿色光的发光二极管。

6.3.4 氧化锌(ZnO)

ZnO 具有铅锌矿结构,a=0.325 33 nm,c=0.520 73 nm,z=2,空间群为 $C46v-P63mc$。作为一种宽带隙半导体材料,其室温禁带宽度为 3.37 eV,自由激子束缚能为 60 meV。ZnO 与 GaN 的晶体结构、晶格常量都很相似,晶格失配度只有 2.2 %(沿〈001〉方向)、热膨胀系数差异小,可以解决目前 GaN 生长困难的难题。

随着光电技术的进步,ZnO 作为第三代半导体以及新一代蓝、紫光材料,引起了人们的广泛关注,特别是 p 型掺杂技术的突破,凸显了 ZnO 在半导体照明工程中的重要地位。尤其与 GaN 相比,ZnO 具有很高的激子结合能(60 meV),远大于 GaN(21 meV)的激子结合能,具有较低的光致发光和受激辐射阈值。本征 ZnO 是一种 n 型半导体,必须通过受主掺杂才能实现 p 型转

① 1Å=10^{-10}m。

变，但是由于氧化锌中存在较多本征施主缺陷，对受主掺杂产生自补偿作用，并且受主杂质固溶度很低，因此，p 型 ZnO 的研究已成为国际上的研究热点。

6.3.5 碳化硅(SiC)

SiC 的晶体结构可以包括立方(3C)、六方（2H、4H、6H…）以及菱方(15R、21R…）等。它们在能量上很接近，结构上由六角双层的不同堆积形成。最常见的形式是 3C(闪锌矿结构 ZB)。目前器件上用得最多的是 3C－SiC、4H－SiC 和 6H－SiC。通过对具有相对最小带隙的 3C－SiC(2.4 eV)直至具有最大带隙的 2H－SiC（3.35 eV）的能带结构的研究发现，它们所有的价带-导带跃迁都有声子参与，也就是说这些类型的 SiC 半导体都是间接带隙半导体。

SiC 是目前发展最为成熟的宽禁带半导体材料。它有效的发光来源于通过杂质能级的间接复合过程。因此，掺入不同的杂质，可改变发光波长，其范围覆盖了从红到紫的各种色光。而 SiC 蓝光 LED 是唯一商品化的 SiC 器件，各种 SiC 多型体的 LED 覆盖整个可见光和近紫外光区域。6H－SiC 纯绿光(530 nm)的 LED 通过注入 Al 或液相外延得到，蓝光二极管是 n－Al 杂质对复合发光，4H－SiC 蓝光二极管是 n－B 杂质对复合发光。SiC 作为第三代宽禁带半导体的典型代表，无论是单晶衬底质量、导电的外延层还是高质量的介质绝缘膜和器件工艺等方面都比较成熟，或有可以借鉴的 SiC 器件工艺作参考，由此可以预测在未来的宽禁带半导体器件中，SiC 将担任主角，独霸功率和微电子器件市场。

6.4 LED 用荧光粉

实现白光 LED 有多种方案，而光转换白光 LED 是当今国内外的主流方案。白光 LED 的关键材料——高性能光转换荧光体的研发成为热点，因为它决定白光 LED 的光电重要特性和参数。目前实现半导体照明有以下三种主要方法：

(1) 采用蓝色 LED 激发黄光荧光粉，实现二元混色白光；

(2) 利用 UVLED 激发三基色荧光粉，由荧光粉发出的光合成白光；

(3) 基于三基色原理，利用红、绿、蓝三基色 LED 芯片合成白光。

被广泛用于制作白光 LED 中的荧光体是 YAG:Ce 体系石榴石黄色发光材料，除此之外，一些为白光 LED 需求的新硅酸盐、钨钼酸盐、铝酸盐及氮(氧)化物荧光体等被陆续地研发出来。激活离子主要集中在 Eu^{2+} 及 Ce^{3+}，而 Mn^{2+}、Mn^{4+}、Eu^{3+} 等用作白光 LED 发光材料的红光发射组分离子也有很多报道。

6.4.1 铈掺杂钇铝石榴石

1993 年，日本日亚化学公司(Nichia Chemical)的 Nakamura 首次成功研制出氮化物 LED，实现了蓝色半导体发光，并于 1996 年以发黄光系列的钇铝石榴石荧光粉配合蓝光发光二极管，实现了白光 LED。由此开始，白光 LED 得到了快速发展和广泛的应用，尤其是作为新一代无污染的绿色固体节能照明光源，引起了各国科研机构的高度重视，我国也将此列入 863 计划资助项目。

1. YAG 的晶体结构及性能

钇铝石榴石($Y_3Al_5O_{12}$)空间群为 Oh(10)-$Ia3d$，属于立方晶系，晶格常数约为 1.200 2 nm。其结构为相互连接的四面体和八面体，这些四面体和八面体的角都是 O^{2-}，中心都是 Al^{3+}，四面体和八面体连接起来形成一个较大的不规则十二面体，其中心由 Y^{3+} 占据。单位晶胞中共有 8

个 $Y_3A_{15}O_{12}$ 分子,一共有 24 个 Y^{3+}、40 个 Al^{3+}、96 个 O^{2-},可分为三角、十二面体、八面体和四面体,立方晶体结构,是各向同性的晶体。其中 16 个 Al^{3+} 处于由 6 个 O^{2-} 配位的八面体的中心,另外 24 个 Al^{3+} 则处于由 4 个 O^{2-} 配位的四面体的中心。八面体的 Al^{3+} 形成体心立方结构,四面体的 Al^{3+} 和十二面体的 Y^{3+} 处于立方体的面等分线上,八面体和四面体都是变形的,其结构模型如图 6-2 所示。石榴石的晶胞可看作是十二面体、八面体和四面体的连接网。

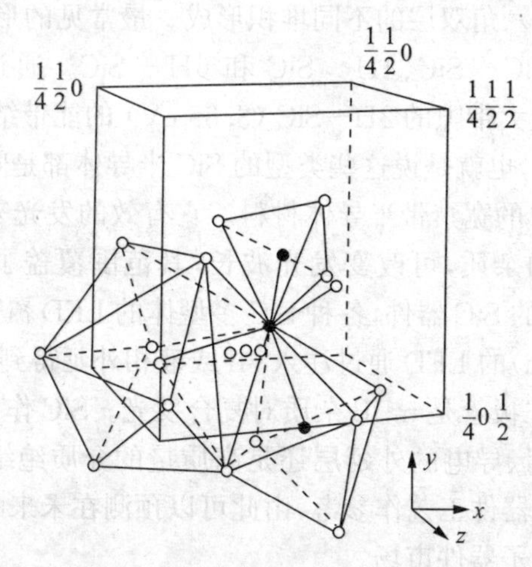

图 6-2 钇铝石榴石晶体单胞的八分之一结构模型

由于 YAG 具有特定的结构和组成,因此具有一系列优良的物理和化学性能,是典型的高光输出、衰减快、高温无机闪烁晶体。表 6-2 列出了 YAG 单晶的一些重要的物理性质。从表中可以看出,YAG 晶体具有良好的机械强度、透明度、导热性及化学稳定性。同时 YAG 在高温条件下表现出很低的蠕变速度率,是目前已知抗高温蠕变性能最好的氧化物,并且与 $A1_2O_3$ 有着接近的线膨胀系数,因此可替代 $A1_2O_3$ 作为高温复合材料的增强材料。另一个突出特点是被广泛用作基质材料。由于 Y^{3+} 的半径与稀土离子的半径比较接近,通过 Nd^{3+}、Cr^{3+}、Ce^{3+}、Tb^{3+}、Eu^{3+} 等三价稀土离子取代 YAG 中的 Y^{3+},从而在钇铝石榴石中掺入一定数量的激活离子,使其具有特殊的光学性能。掺杂稀土元素的钇铝石榴石(YAG)荧光粉体被广泛地应用于固态照明光源、交通信号灯、汽车状态指示、液晶显示(LCD)的背光源和大屏幕显示等领域。

表 6-2 YAG 单晶的一些重要的物理性质

空间群	熔点 / ℃	体积密度 /(g/cm³)	莫氏硬度 GPa	维氏硬度 GPa	导热系数(20 ℃) /[J/(cm·℃·s)]	折射率
Ia3d	1 970	4.55	8.5	12.6	0.107	1.82

2. YAG:Ce^{3+} 发光机理

YAG:Ce^{3+} 发光机理来自基态 $4f^1$ 和激发态 $5d^1$ 带间允许的电子跃迁。位于 460 nm 的最低吸收带来自最低的 $^2F_{5/2}$ 子能级到激发的 ^2D 带的跃迁。发射光谱来自斯托克斯位移了的 ^2D 带到 $^2F_{5/2}$(520 nm)和 $^2F_{7/2}$(580 nm)子能级的跃迁。在室温下,两组发射线交叠,产生了一个宽带,能级如图 6-3 所示。由于 460 nm 附近的激发峰与蓝光发光二极管的峰值波长一致,同时这个波长也接近效率最高的二基色体现短波部分的波长(445 nm),而且其发射光谱与补色相符合(570~590 nm),从而复合产生白光。

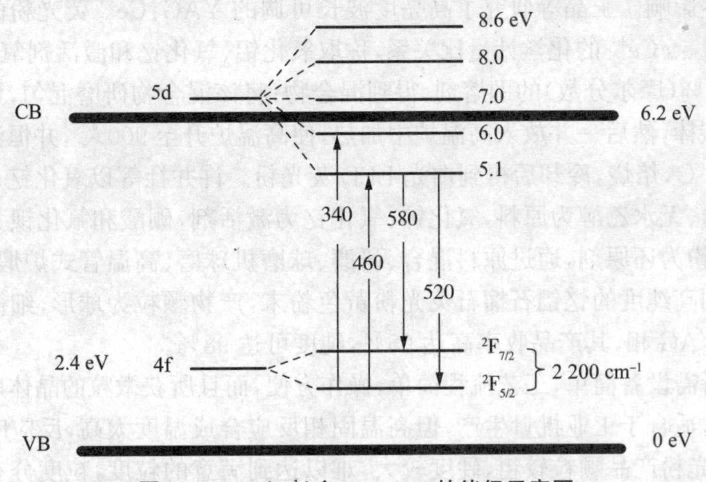

图 6-3 Ce($4f^1$)在 $Y_3Al_5O_{12}$ 的能级示意图

3. YAG:Ce^{3+} 制备方法

荧光粉的制备技术到目前为止发展得已经相当成熟，但随着对荧光粉性能要求的不断提高，新的合成方法不断被研究开发。目前，国内外制备 YAG 荧光粉的主要方法有高温固相反应法、化学沉淀法、溶胶-凝胶法、气相法、水热法和溶剂热法等。工业生产使用的主要以高温固相反应法为主。

1）高温固相反应法

高温固相反应法是合成 $Y_3A_{15}O_{12}$:Ce^{3+} 荧光粉的传统方法。它是将符合纯度要求的原料[如 $Y_2(CO_3)_3$ 或 Y_2O_3、Al_2O_3、CeO_2、H_3BO_3 等]与一定量的助熔剂(如 BaF_2、AlF_3、YF_3 等)充分混合、研磨均匀，先在 1 000～1 400 ℃氧化气氛中预烧，然后在 1 400～1 630 ℃弱还原气氛下进行焙烧，烧成后物料在稀盐酸溶液中洗涤，除去剩余助熔剂，干燥后得到高发光效率的 YAG:Ce^{3+} 黄色荧光粉。

1984 年，G. de. With 等采用化学纯级 $A1_2O_3$ 和 Y_2O_3 粉末为原料，添加少量 SiO_2，经球磨混合后在 1 500 ℃保温 12 h 的条件下合成了 YAG 粉料。K. Ohno 和 T. Abe 在固相反应过程中引入 BaF_2(或 $A1F_3$、CeF_3)作为烧结助剂在 1 500 ℃的条件下热处理 2 h，得到 Ce^{3+} 掺杂的单相 $Y_3A1_5O_{12}$ 粉体。BaF_2 在反应过程中起催化剂的作用，在粉体形成的中间过程中参加反应。与不使用烧结助剂的固相反应法相比，该方法可以降低 YAG 的形成温度。A. Ikesue 研究以纳米级且无团聚的粉体为原料，可以在一定程度上降低固相反应的煅烧温度。Q. W. Zhang 和 F. Saito 采用借助于机械力化学的固相反应法合成 YAG 粉体。将 $Al(OH)_3$ 在 400 ℃煅烧 120 min 得到的过渡型氧化铝与 Y_2O_3 混合，在行星式球磨机上研磨 360 min，研磨后的粉末在 700 ℃煅烧，得到单相的 YAG 粉体。丁建红、李许波等以高纯 Y_2O_3、Al_2O_3、Ce_2O_3 为原料，加入一定量的助熔剂，于大气气氛中高温煅烧 3 h，将所得中间产物粉碎后，再于 1 300 ℃还原气氛下烧结 3 h，制得了高发光效率的 YAG:Ce^{3+} 黄色荧光粉。张书生、庄卫东等深入研究了助熔剂在高温固相法制备荧光粉过程中的作用及对荧光粉性能的影响。结果表明：助熔剂 BaF_2 和 H_3BO_3 的加入不但有利于荧光粉的晶化，增强 YAG:Ce^{3+} 的激发和发射光谱强度，而且能有效降低荧光粉的颗粒粒径。采用高能球磨和反应烧结相结合的方法，获取荧光性能好的荧光粉。王介强、郑少华等研究了制备条件对固相反应法制取 YAG 多晶体透光性的影响。刘如熹等采用固相法合成了荧光粉，研究了不同 Ce^{3+} 掺杂量荧光粉的晶体结构和发光光谱，以及用 Gd、Ga 离子取代 Ce^{3+}

来对荧光性能产生影响。王晶等研究了高亮度波长可调的 YAG:Ce^{3+} 荧光粉的制备方法,按照化学式 $Y_{3-x}Al_5O_{12}:xCe^{3+}$ 的化学计量比关系,称取氧化铝、氧化钇和激活剂氧化铈,$x=0.01$~0.05;加入 1%~5%(摩尔分数)的助熔剂,得到混合物;将该混合物研磨混匀,置于焙烧容器中;在该容器外放入碳棒,然后一并放入高温炉中加热,使高温炉升至 900 ℃,并恒温 30 min,然后使高温炉升至 1 550 ℃,焙烧,冷却后得到白光 LED 荧光粉。许并社等以氧化钇、氧化铝、氧化铈、硼酸、氟化钡、碳粉、无水乙醇为原料,氧化铈、氧化钇为激活剂,硼酸和氟化钡为助熔剂,无水乙醇为球磨介质,碳粉为还原剂,通过原料混合、研磨、球磨机球磨、高温管式炉煅烧、冷却、精细球磨、过筛,最终得到高纯度的钇铝石榴石荧光粉黄色粉末,产物颗粒为球形,细微均匀,形成了单一的钇铝石榴石 YAG 相,其产品收率高达 95%,纯度可达 98%。

高温固相法所需设备简单,工艺流程简单,操作方便,而且所获微粒的晶体质量优良、表面缺陷少、发光效率高,适合于工业批量生产,但高温固相反应合成温度太高,反应时间长,生产设备易于损坏,而且荧光粉产品颗粒较粗,硬度较大,难以达到满意的粒度,粒度分布较宽,且不易得到单相的立方石榴石结构。但是这些缺点可以通过添加助熔剂,反复的研磨以及借助机械力的方法来克服,因此高温固相法还是很有发展前景的。

2) 溶胶-凝胶法

溶胶-凝胶法是 20 世纪 60 年代发展起来的制备无机材料的新工艺,用这种方法来制备 YAG:Ce^{3+} 荧光粉是一种具有广阔应用前景的软化学合成方法。其基本原理是:稀土元素的硝酸盐或醇盐溶于溶剂(水或有机溶剂)形成均质溶液,溶剂发生水解或醇解反应,反应产物为纳米级微小粒子并形成溶胶,溶胶经干燥转变为凝胶,凝胶再经干燥、煅烧,转化为最终产物。

D. D. Jia 等用 $Y(NO_3)_3$ 和 $Ce(NO_3)_3$ 以及 $Al(OC_4H_9)_3$ 作原料用溶胶-凝胶法在 800 ℃制得单相 YAG,在 1 350 ℃达到最好的晶相,粒径大小在 30~100 nm。T. Tachiwaki 等采用 $YCl_3 \cdot 6H_2O$、$AlCl_3 \cdot 6H_2O$ 和 $(NH_2)_2 \cdot H_2O$ 为原料,所形成的凝胶为非晶态,该产物在 880~935 ℃煅烧形成六方晶系的 $YA1O_3$,$YA1O_3$ 在 1 005~1 075 ℃的温度下转变为 YAG 相。M. Stein mAnn 等采用不同的原料,研究了用溶胶-凝胶法合成 YAG 粉体的过程,均在较低的温度下制备出了单相的 YAG 粉体。A. Katelnikovas 等采用 Y_2O_3、$[NH_4]_2[Ce(NO_3)_6]$ 和 $Al(NO_3)_3 \cdot 9H_2O$ 为原料,利用溶胶-凝胶技术制备了 YAG:Ce 荧光粉,并讨论 Ce 的加入量对荧光性能的影响,得出当 Ce 的含量超过 4%(摩尔分数)时,发生浓度猝灭。D. Ravichandran 等应用溶胶-凝胶过程使用有机金属前驱体制备 YAG:Eu 荧光粉体。杨隽、闫卫平等以硝酸盐为原料、柠檬酸为配合剂,采用溶胶-凝胶法,在 1 000 ℃低温下合成了 YAG:Ce^{3+} 纳米荧光粉。结果表明:烧结温度越高,样品结晶度越好,颗粒尺寸也越大;Ce^{3+} 掺杂浓度并不影响光谱的位置,但影响光谱强度。严星煌等以硝酸铈、硝酸铝为原料,柠檬酸为配合剂,采用溶胶-凝胶法,在 800 ℃低温下合成了 YAG:Ce^{3+} 纳米荧光粉,并从光致发光谱中发现发光峰大约位于 530 nm,激发光谱有两个明显的宽带,峰位分别位于 340 nm 和 460 nm。以高分子网络作为胶凝剂的溶胶-凝胶法近年来也被研究者用来制备了 YAG:Ce 荧光粉。

C. Zhang 等在配制的铝、铈和钇的硝酸溶液中加入了柠檬酸作为稳定剂,又加入了丙烯酰胺单体、N、N'-亚甲基双丙烯酰胺及 $(NH_4)_2S_2O_8$ 在 80 ℃下加热 3 h,即可获得透明凝胶。将溶胶转移到可编程的升温炉中,以 2 ℃/min 的速率升温,直到预设温度,并在此温度下保持 2 h,即可获得产品。其结果表明,在 900 ℃下烧结就可以完全形成无杂质相的 YAG,其平均尺寸在 200 nm 左右,激发和发射光谱都有一定程度的蓝移。S. H. Zhou 等在无机金属混合盐溶液中加入柠檬酸、聚乙烯醇,得到凝胶,再经过热处理后得到纳米 YAG:Ce^{3+} 荧光粉。

与传统的高温固相法相比，溶胶-凝胶法具有得到化学成分完全均匀分布的前驱物，合成的产品均匀性好、粒径小、纯度高、煅烧温度低且带状发射峰窄化，可提高荧光体的相对量子效率等优点。缺点是生产流程过长，由溶胶转化为干凝胶的过程中，水分包裹在胶体中不易失去，原料成本高；且以金属醇盐作原料，成本较高、有较大毒性，对人体健康和环境都有害，很难产业化，不符合现在绿色环保的要求。

3）水热合成法

水热合成法是指在高压釜中以稀土硝酸盐水溶液作为反应体系，通过将反应体系加热到（或接近）临界温度产生高压环境，利用反应物在高压下能溶于水，而在液相或气相中进行制备发光材料的一种方法。在水热条件下 YAG:Ce 晶体的生长是基于晶体生长理论。

R. Kasuya 发展了一种新的水热合成技术并用来制备了 YAG:Ce 荧光粉。首先将异丙醇铝、醋酸钇和醋酸铈溶解于 1,4-丁二醇中，然后再将混合液转移至高压反应釜中，在 300 ℃、5.5 MPa 的条件下反应 1 h，即可获得纯净的 YAG 相。其制备的荧光粉粒径在 10 nm 左右，1,4-丁二醇和醋酸在一定程度上提高了其发光强度。T. Takamori 和 L. D. David 报道了水热合成 YAG:Tb 发光粉体，反应条件是在 400～700 ℃、100 MPa 超临界水中反应 20 h。由于水热需要较高的合成温度和压力，采用有机溶剂代替水作溶剂的方法相继产生。X. Li 等用溶剂热法在 300 ℃的低温及 10 MPa 下合成了 YAG:Ce 粉体。宋伟朋等在水中 450 ℃下保温 8 h 和乙醇-水环境中 350 ℃保温 4 h 合成了纯相的 YAG:Ce 荧光粉，粉体呈球形，大小一致，直径大约为 200 nm，而且分散性好，没有团聚现象。M. Inoue 等采用有机溶剂热法在 300 ℃合成了粒径为 30 nm 的 YAG 微粒。H. Yukiya 和 H. Tsukasa 等按化学计量比混合 $Y(NO_3)_3$、$Al(NO_3)_3$、$Tb(OH)_3$ 和 KOH 合成凝胶，然后在超临界条件下（400 ℃、30 MPa），水热合成了 YAG:Tb 纳米颗粒。房明浩等选择廉价的水作为溶剂，在加入 K_2CO_3 矿化剂的情况下，505 ℃便合成了纯相的 YAG，粉体颗粒较大。

此法既可制备单组分微小晶体，又可制备多组分的晶体；同时，粉体晶相、形貌、晶粒尺寸等与水热反应条件有很大的关系，如金属盐反应物浓度、反应温度、时间、加热速率等。由于克服了某些高温制备不可克服的晶型转变、分解、挥发等缺点，且粉末可达到纳米级，因此具有纯度高、分散性好、分布窄、无团聚等优点。然而水热合成时多采用有机溶剂生产成本高，而且又不环保，很难应用于生产，而合成的粉体由于团聚而形成不规则的形状。

4）沉淀法

沉淀法是合成 YAG:Ce^{3+} 荧光粉的一种液相方法，包含 Y、Al、Ce 离子的可溶性盐溶液，当加入沉淀剂后，于一定温度下使溶液发生水解，形成不溶性的氢氧化物从溶液中析出，将溶剂和溶液中原有的阴离子洗去，经干燥、高温灼烧得到所需的荧光粉。沉淀法可分为共沉淀法和均匀沉淀法两种。

（1）共沉淀法

共沉淀法是在混合的金属盐溶液（含有两种或两种以上金属离子）中加入适当的沉淀剂（OH^-、CO_3^{2-}、$C_2O_4^{2-}$、$NH_3 \cdot H_2O$ 等），在一定的温度等条件下使 Y^{3+} 和 Al^{3+} 完全沉淀并混合均匀的方法，然后加热分解得到复合金属氧化物粉末，可以通过对溶液中金属离子浓度的控制来达到最终产物的金属离子比。

C. C. Chiand 等以 NH_4HCO_3 为沉淀剂，分别采用正滴和反滴两种沉淀方法制备 YAG:Ce 荧光粉。Y. T. Nien 等用共沉淀法制备出 YAG:Ce 荧光粉，并用六甲基二硅胺烷（hexamethyldisilazane，HMDS）进行处理，发现其发光强度比没有加 HMDS 的共沉淀法制备出的荧光粉发光强度要高。他们还将 $Y(NO_3)_3 \cdot 6H_2O$、$Ce(NO_3)_3 \cdot 6H_2O$、$A1(NO_3)_3 \cdot 9H_2O$ 按化学计量比混合,以 $(C_2H_5)_3N$ 为沉淀剂,在搅拌条件下充分反应后洗涤、过滤,90 ℃烘箱内干燥。用 $(CH_3)_3SiNHSi(CH_3)_3$ 对颗粒表面处理来去除多余的 OH^-,然后置于密闭容器中在 150 ℃下加热 1 h 以除去过量的 $(CH_3)_3SiNHSi(CH_3)_3$。结果表明,经 $(CH_3)_3SiNHSi(CH_3)_3$ 处理后的粉体在 900 ℃下煅烧便可得到纳米尺寸的单相 YAG:Ce 晶粒,其发光性能优于未经 $(CH_3)_3SiNHSi(CH_3)_3$ 处理的 YAG:Ce 晶粒。C. Russell 等用 2.5 mol·L^{-1} 氨水沉淀硝酸钇溶液,得到的沉淀物为 $Y_2(OH)_5(NO_3) \cdot 3H_2O$。王宏志等为获得组分更加均匀的粉体,以 $A1(NO_3)_3 \cdot 9H_2O$ 和 $Y(NO_3)_3 \cdot 6H_2O$ 为原料,$NH_3 \cdot H_2O$ 为沉淀剂,采用共滴(指将母盐溶液和沉淀剂共同滴加到一定 pH 值的溶液中)的方式制备了具有包裹型结构的前驱体,经 900 ℃煅烧得到分散性较好的纯 YAG 相。徐国栋等报道,当氨水作为沉淀剂时,Y^{3+} 通常以 $Y_2(OH)_5X \cdot nH_2O$ 的形式沉淀,根据金属盐种类的不同,X 分别为 NO_3^- 或 Cl^-。王介强等用氨水共沉淀硝酸铝和硝酸钇溶液,沉淀物的组成为 $Al(OH)_3 \cdot 0.3[Y_2(OH)_5(NO_3) \cdot 3H_2O]$。该沉淀物在 1 000 ℃ 煅烧后,由中间相 YAP 转变为 YAG。李江等用碳酸氢铵作为沉淀剂,采用反滴的方式制备出了单分散、无团聚、颗粒呈球形的 YAG 纳米粉体,平均粒径为 40 nm。

共沉淀法所用原料均为无机物,成本低,可在分子水平上进行物质控制,操作简单方便、省时、易于控制且合成温度低。控制好反应物的浓度、反应温度、反应溶液的 pH 值、水解速率、沉淀剂滴加的方式、反应时间、干燥方式等因素,可以制备化学组成均一、粒度适当的荧光粉,但难以控制粉体的形貌。

(2) 均匀沉淀法

均匀沉淀法是不外加沉淀剂而使沉淀剂在溶液内部生成的方法。在金属盐溶液和沉淀剂溶液混合时,很容易使局部有较高浓度的沉淀剂,且生成的沉淀也易混进杂质成分。均匀沉淀法则可避免这些缺点,它是使溶液内慢慢生成沉淀剂,这样就不会产生局部的不均匀。缺点是合成时间长,消耗能量大,不适合工业上的生产。

I. mAtsubara 等采用硫酸铝和硫酸钇为原料,用均匀沉淀法在尿素溶液中制备了 YAG 粉体,煅烧温度为 1 300 ℃。石士考等用过量尿素作为均匀沉淀剂,用均匀沉淀法合成了 YAG:Ce^{3+} 和 YAG:Ce^{3+}:Tb。Y. Wang 等用过量尿素作为均匀沉淀剂,用均匀沉淀法合成了 YAG:Ce 和 YAG:Ce,Tb。按一定化学计量准确称取 $Y_2(SO_4)_3$、$Tb_2(SO_4)_3$ 及 $Ce_2(SO_4)_3$ 溶液,置于同一反应器中,加入过量尿素,在恒温磁力搅拌器上加热至 82 ℃左右使溶液保持恒温,当溶液 pH 值接近 5.5 时,加入适量 $Al(OH)_3$,此时溶液 Ce^{3+}、Tb^{3+} 的氢氧化物沉淀迅速析出,与 $Al(OH)_3$ 一起生成同质共沉淀。沉淀经离心、洗涤、过滤、烘干后成为 YAG 前驱粉末。将 YAG 前驱粉末在一定温度下灼烧,反应 1 h,冷却后即为产品。该方法制备工艺流程过长,所得荧光粉体的粒度分布范围宽,从而影响了荧光粉的发光效率。

5) 喷雾热解法

喷雾热解法是近年来新兴的合成 YAG:Ce 荧光粉的一种方法。此法先以水、乙醇或其他溶剂将原料配成溶液,再通过喷雾装置将反应液雾化并导入反应器中,将前驱体溶液雾流干燥,使溶剂迅速挥发,反应物发生热分解或燃烧等化学反应,生成与初始物完全不同的具有全新化学组成的超微粒产物。但是,对于喷雾热解法在荧光粉体制备中的应用的相关报道较少。最近,研究人员使用喷雾热解法制备 $CaTiO_3$:Pr 和 Y_2SiO_5:Tb 细颗粒。主要研究了球形荧光粉细颗粒的超声喷雾热解法制备过程,并对制备粉体与商用粉体的发光性能作了对比研究。国内外已有研究者用此法合成 YAG:Ce 荧光粉。

Y. C. Kang 等利用喷雾热解法合成了 YAG:Ce 荧光粉，获得的产品确实为球形态，平均粒径在微米级，而且在 1 300 ℃下烧结时也没有结块现象。他们还研究了粒子的平均大小、表面形态、Ce 的掺入浓度和烧结温度对荧光粉的发光性能的影响。这种方法制备的发光材料一般具有均匀的球状形貌，粒子的粒度分布窄，这不仅有利于提高材料的发光强度，还可以改善发光粉的涂敷性能并提高发光显示的分辨率。同时他们发现可以通过改变前驱体溶液的浓度来控制颗粒尺寸。F. X. Qi 等合成的 YAG:Ce 中，研究了载气流速和前驱体溶液对前驱体产量的影响。其制备的荧光粉呈现实心球体，粒度在微米级，发光强度高、形貌好、粒径分布窄。A. Purwanto 采用火焰助燃喷雾热解法制备出的 YAG:Ce 荧光粉形貌为球形且不团聚，其发光性能与固相反应制备的荧光粉相当。同时还研究了荧光粉的发光强度与结晶度的关系，进一步验证了喷雾热解的一个液滴一个颗粒(ODOP)的颗粒形成机理。

喷雾热解法制备的发光材料一般具有均匀的球状形貌，粒子的粒度分布窄，这不仅有利于提高材料的发光强度，还可以改善荧光粉的涂敷性能，并提高发光显示的分辨率，同时也可以通过改变前驱体溶液的浓度来控制颗粒尺寸。但该法存在的缺点是能耗高，生成的超细粒子中有许多是空心的，导致产物颗粒强度低，而且组分不均匀。

6) 燃烧合成法

燃烧法是指通过前驱体材料的燃烧而获得材料的方法。其具体工艺是将相应金属硝酸盐和尿素的混合物放入一定温度的环境下，或者利用有机燃料和氧化剂(如金属盐溶液)之间的放热反应使之发生燃烧反应，合成氧化物或其他发光材料。燃烧法产生了大量的气体，使产物变得疏松多孔，呈泡沫状，并且非常容易研成粉末，但活性炭的不充分燃烧而产生的 CO 气体将导致 Ce^{3+} 的发射光谱红移。

最近中国台湾的 Y. P. Fu 用微波引燃的方法(microwave-induced combustion)合成出了物理性质和发光性能均有较大改善的 YAG:Ce^{3+} 荧光粉。与高温固相法相比，用微波引燃的燃烧法制得的粉体形成 YAG 晶相的温度有了大幅度下降，达到 1 150 ℃。M. B. Kakade 等分别采用尿素和碳酰肼作燃料，通过与金属硝酸盐的燃烧反应合成了 YAG 粉体。D. Haranath 等把钇、铝和铈的硝酸盐溶解于乙醇和水的混合溶液(2∶1)，再加入尿素，加热浓缩，然后加热到 600 ℃发生燃烧，制备出了晶相较好、发光强度较高的 YAG:Ce 荧光粉。Y. X. Pan 等研究发现，荧光粉的发光强度与使用尿素的量有关，如果尿素的使用量不够，Ce 离子就不能被充分地还原为正三价，然而当加入尿素的量较多时，发光强度也会降低，最佳的尿素加入量是 Y^{3+} 的 2.5 倍。D. Haranath 将按化学计量比的硝酸盐溶解在乙醇/水溶液中并加热浓缩，再加入尿素、液氨后，将其转入 600 ℃预热的反应炉中反应 2～5 min，即可获得分散性好、非团聚的优质荧光粉。Z. P. Yang 将化学计量的硝酸盐溶液溶解在坩埚内并在 500 ℃下燃烧至产品呈不透明的泡沫状物体后，再在 1 000 ℃下烧结以提高其发光性能。N. J. Hess 研究了以金属硝酸盐和糖胶为原料合成 YAG 的燃烧反应过程。结果表明，燃料比例对相的形成过程有很大的影响。在金属硝酸盐和燃料比值为化学计量和富燃料的条件下，合成的粉体中含有少量的 YAP 相，而贫燃料的条件有利于单相 YAG 的形成。

燃烧合成法的优点包括：反应时间短、合成温度低，制得的产物相对发光亮度高、粒径小、分布均匀、纯度高、粉体结晶性好、材料损耗少、节省能源及节约成本等，而且反应产生的气体提供了还原气氛，能够防止低价金属离子被氧化，省去了额外的还原阶段。但存在反应过程剧烈而难以控制，不易工业化大规模生产等缺点。

尽管不同的制备方法各自都有不同的特点，但是发光材料的制备属于高纯物制备的范畴，它们的共同特点是对原料纯度的要求很高。因为含量极低的杂质严重损害发光性能,所以整个制备过程对器皿的清洁程度、溶剂的纯度和操作环境都有较高的要求。此外,荧光粉的制备方法还有微波法、高网络凝胶法、LHPG(激光加热基底生长)等新方法。

铈掺杂钇铝石榴石除了制备方法对发光性能有很大的影响外,还有很多因素影响发光材料的性能,比如原料配比、纯度、Ce 掺杂浓度、烧结温度及酸碱处理等,因此需要对白光 LED 用发光材料进行深入研究。

6.4.2 白光 LED 发光材料的深入研究与新体系探索

1996 年,日本日亚公司推出的白光 LED 使照明技术的发展开始了一个新的进程。白光 LED 权衡了技术、工艺、生产成本和照明质量等多种因素,被认为是一种综合性能适中、短期内有望实现产业化的固体光源。光转换材料的研究也是当今发光材料研究领域中的前沿课题。

1. 白光 LED 发光材料的深入研究

白光 LED 发光材料的制备当中存在一系列的化学问题,无论从提高质量和改进工艺方面,还是从探索新体系材料方面,化学问题都十分重要。

作为一种发光材料,荧光粉的发光性能与晶体结构、电子结构及相应的晶体场理论和能带理论有着微妙的关系,特别是荧光发光不可缺少的激活剂离子与其周围的晶体场环境、电子环境和晶格环境有着微妙的关系,导致了或好或坏的荧光发光性能。白光 LED 用荧光粉作为一种高技术新型发光材料,对其所用的原料有极其严格的要求,外来的无益杂质的引入往往在微观尺度起着干扰作用,使得材料的荧光性能下降或劣化,因此选择合适的原材料是头等重要的问题。例如作为固相法合成 YAG 荧光粉的主要原料的氧化铝,其物理性能不仅直接影响荧光粉的颗粒和形貌,而且还对荧光粉的光学性能、稳定性能和光衰等特性影响很大。除了要求其纯度外,还要求其具有结晶良好、颗粒较小且分布均匀、颗粒形貌较好、比表面积小等特点。因此选择纯度高、粒径均匀、形貌好的氧化铝,对制备性能优良的 YAG 荧光粉具有重要的意义。

同时原料的配比组成的均匀性和活性对荧光粉的性能也有重要的影响。荧光粉的发光效率主要取决于基质,一般根据基质的组成确定所需原料的配比和类型,但原料及前驱物的反应活性也决定着最终荧光粉的质量。某些原料在高温下挥发、在空气中吸潮等因素往往不能按照实际的化学理论计量比来配料,一般根据工艺的实际情况和原料的类型,对某些原料适当地过量才能保证得到纯相的荧光粉。在荧光粉的合成当中,各组分配比原料的充分混合也是烧结工艺前应达到的一个重要条件。在固定了原料和配比的条件下,为了促进高温固相反应,加快其反应速率,降低反应温度,在荧光粉的合成中都要添加少量熔点较低、对产物发光性能没有影响的碱金属或碱土金属卤化物、硼酸等作为助熔剂。由于助熔剂本身具有较低的熔点,在高温下熔融后又可以提供一个半流动态的环境,有利于反应物离子间的扩散及产物的结晶。

除了原料的纯度及原料配比组成的均匀性和活性对荧光粉的性能有影响外,烧结工艺及后处理也是影响荧光粉性能的主要因素。烧结工艺对荧光粉的影响最重要。在合成反应过程中,反应温度和合成温度共同决定了产物的粒径和晶型。荧光粉的后处理包括选粉、破碎、分级、洗粉、筛选等工艺。为了保证合成荧光粉的质量,除去合成过程中的杂质、过量的成分,特别是要保持合适的荧光粉粒度,往往要洗粉和分级,这些处理工艺对荧光粉的粒度和晶型有破坏。当荧光粉经破碎分级达到一定细小粒度后,其荧光强度往往会下降。因此在荧光粉合成中,通过精细地控制合成条件,尽量减少后处理环节,获得粒度细小且结晶完好的荧光体是最佳的结果。

2. 白光 LED 新体系探索

由于被广泛用于制作白光 LED 中的荧光体 YAG:Ce 体系石榴石黄色发光材料在其发射光谱中红成分相对少，难以制作高显色指数、低色温高水平白光 LED，因此，人们在 YAG:Ce 中加入 (Ca,Sr)S:Eu^{2+} 红色荧光体可以实现高显色性、低色温白光 LED，但是，由于这类碱土硫化物的物理化学性能很不稳定，在空气中易潮解，若制作白光 LED 工艺不当，将产生诸多严重问题。此外，目前只有一种 YAG:Ce 黄色荧光体供使用，也不能满足需求。近几年来，一些为白光 LED 需求的新的硅酸盐体系及含氮体系发光材料被陆续地研发出来。硅酸盐体系主要包括以二价铕激活的焦硅酸盐、含镁的正硅酸盐及碱土正硅酸盐为主的发光材料；含氮体系包括以 Si_3N_4 为基本单元，它可以与 M'_3N、M_3N_2、ReN 和 AlN 反应，生成一系列的纯氮化物基质发光材料，如：$M'Si_2N_3$、$MSiN_2$、$M_2Si_5N_8$、MSi_2N_5、$ReSi_3N_5$（Si_3N_4·ReN）、$Re_2Si_3N_6$（Si_3N_4·2ReN）、$Re_3Si_3N_7$(Si_3N_4 · 3ReN)、$Y_6Si_3N_{12}$(Si_3N_4 · 6YN)、$CaAlSiN_3$ 等；以 SiO_2、Si_2N_2O、Si_3N_4 为基本反应单元，它可以与 M'_2O(M'＝碱金属)、MO(M＝碱土金属及 Zn 等)、Re_2O_3(Re＝稀土)、Al_2O_3 等氧化物反应，也可以与 M'_3N、M_3N_2、ReN 和 AlN(含 BN)等氮化物反应，生成一系列的硅氮氧化物基质发光材料，如：$MSi_2N_2O_2$（Si_2N_2O · MO）、$M_3Si_2N_2O_4$（Si_2N_2O · 3MO）、$Y_2Si_2N_2O_4$(Si_2N_2O · Y_2O_3)、$M_2Si_3O_2N_4$（Si_3N_4 · 2MO）、$Y_2Si_3O_3N_4$（Si_3N_4 · Y_2O_3）、$ReSiO_2N$(SiO_2 · ReN)等；除此之外，还包括 sialon 基质发光材料，由于发光性能更好，颗粒形貌更佳，对发光性能的研究则主要集中于 α - sialon，β - sialon 基质发光材料也有不少研究。下面几节将详细介绍硅酸盐体系、含氮体系及 sialon 基质发光材料。

6.4.3 硅酸盐发光材料

以硅酸盐为基质的发光材料由于具有良好的化学稳定性和热稳定性，已经成为一类应用广泛的重要的光致发光材料和阴极射线发光材料。同时硅酸盐发光材料具有较宽的激发光谱，可以被紫外线、近紫外线、蓝光激发而发出各种颜色的光，成为白光 LED 荧光粉的重要组成部分，其中以二价铕激活的焦硅酸盐、含镁正硅酸盐及碱土正硅酸盐为主要的发光材料。本节重点讨论这两个体系的硅酸盐发光材料及硅酸盐基质白光 LED 用发光材料的进展。

1. 硅酸盐发光材料简介

硅酸盐体系发光材料主要包括碱土正硅酸盐、含镁正硅酸盐及焦硅酸盐等。图 6 - 4 为硅酸盐体系发光材料的相图。

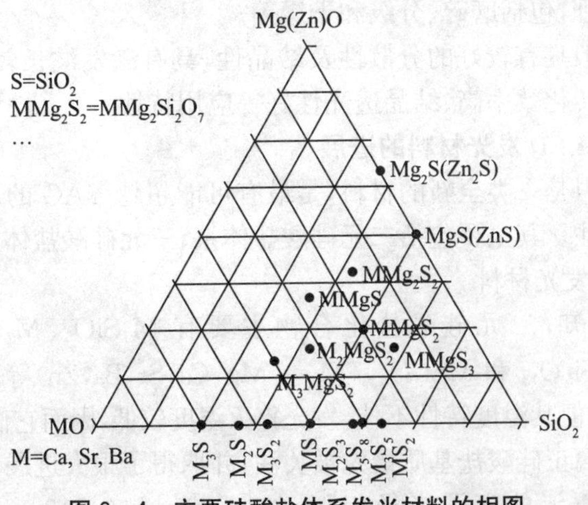

图 6 - 4 主要硅酸盐体系发光材料的相图

碱土二元正硅酸盐体系可以写为 M_2SiO_4(M=Ca,Sr,Ba),图 6-5 为 M_2SiO_4:Eu 中不同碱土金属离子的含量对发光体发射峰位置的影响。由图 6-5 中可知,M 为单一碱土金属 Ca、Sr、Ba 时,对应正硅酸盐的发射峰值分别是 515 nm、575 nm 和 505 nm,按 Ca、Sr、Ba 顺序,发射峰值呈先红移后蓝移趋势。M 为两种碱土金属混合时,发射峰值也呈现一定规律性。当 M 为 Ca、Sr 时,随 Sr 含量的增加,发射峰由 515 nm 逐渐红移至 595 nm(此时达最大值),之后再增加 Sr 的含量,发射峰蓝移;当 M 为 Ca、Ba 时,峰值的规律性较差,部分 Ca/Ba 组成比对应发光体的发射峰值的数据有待于进一步研究。

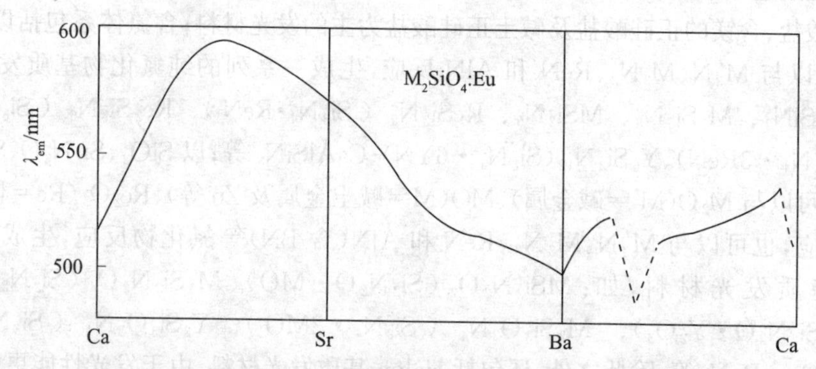

图 6-5 M_2SiO_4:Eu 中不同碱土金属离子的含量与发光体发射峰之间的位置关系(M=Ca,Sr,Ba)

三元硅酸盐体系可统一写成 $MO-MgO-SiO_2$(M=Ca,Sr,Ba),随着 Ca、Sr、Ba 半径的增大,体系形成的三元化合物出现不规则变化。作为发光材料的三元硅酸盐体系主要集中在焦硅酸盐和含镁正硅酸盐。焦硅酸盐属于黄长石类,分子式可统一写成 $MO_2(Mg,Zn)Si_2O_7$(M=Ca,Sr,Ba),其作为白光 LED 发光材料的研究较多。

掺杂稀土离子的荧光材料发光的原因主要是由于化合物中稀土离子的存在。稀土离子的发光来源于 $4f^7(6P_1)\rightarrow 4f^7(^8S_{7/2})$ 同一组态内的禁戒跃迁(f→f 跃迁)、$4f^6 5d$ 组态到基态 $4f^7(^8S_{7/2})$ 之间的跃迁(5d→4f 跃迁)以及电荷迁移(CTS)跃迁,即电子从配体(氧和卤素等)充满的分子轨道迁移到稀土离子内部部分填充的 4f 壳层时,在光谱中产生较宽的电荷迁移。

硅酸盐发光材料的制备方法与其他荧光材料制备方法大体一样,如固相合成法、溶胶-凝胶法、燃烧法等。具体的制备工艺及优缺点在前面 YAG:Ce 制备方法中已经详细介绍,此处就不重复介绍。但实际应用中多采用的是固相法,主要的制备步骤为混合原材料、灼烧,之后对灼烧的材料进行各种工艺处理,包括磨碎、分级和干燥等。

硅酸盐发光材料一般具有较好的分散性及结晶性,具有激发波长较宽、发光颜色极为丰富、物理化学性能稳定及光转化效率高、结晶透光性好等应用特性。

2. 硅酸盐基质白光 LED 发光材料的进展

硅酸盐基质发光材料是一类全新的材料,是最有可能超越 YAG 的新发光材料的体系,这已经引起国内外的广泛关注。其主要包括二元硅酸盐体系、三元硅酸盐体系及其他硅酸盐体系。

1) 二元硅酸盐体系发光材料

从图 6-6 相图可知,二元硅酸盐化合物主要有 M_3SiO_5、M_2SiO_4、$M_3Si_2O_7$、$MSiO_3$、$M_2Si_3O_8$、$M_5Si_8O_{21}$、$M_3Si_5O_{13}$ 和 MSi_2O_5,(M = Mg,Ca,Sr,Ba,Zn)等。偏硅酸盐 $MSiO_3:Eu^{2+}$ 虽然具有较宽的激发带,但其温度特性不佳,发光猝灭温度较低,因而它们不适合作为 pcW-LED 发光材料,因此,碱土金属正硅酸盐基质最先被关注,并取得了很大进展。

碱土金属离子与 Eu^{2+} 的离子半径相似,如$[Eu^{2+}]$=0.112 nm、$[Ca^{2+}]$=0.099 nm、

$[Sr^{2+}]=0.112$ nm、$[Ba^{2+}]=0.134$ nm，从而使 Eu^{2+} 在碱土硅酸盐基质中更加稳定，也更容易进入晶体格位。Tho mAs L. Barry 仔细研究了 Eu^{2+} 激活的碱土金属正硅酸盐组成和发射光谱的关系，并得出如下研究成果。$Sr_2SiO_4:Eu^{2+}$ 和 $Ba_2SiO_4:Eu^{2+}$ 体系中，$Ba_2SiO_4:Eu^{2+}$ 的化学稳定性不如 $Sr_2SiO_4:Eu^{2+}$，水洗过程能导致 $Ba_2SiO_4:Eu^{2+}$ 基本不发光，而 $Sr_2SiO_4:Eu^{2+}$ 的发光基本不受水洗的影响。$Sr_xBa_{2-x}SiO_4:Eu^{2+}$ 的发光光谱峰值可在 505～575 nm 之间连续变化，其激发光谱是宽带，$Sr_2SiO_4:Eu^{2+}$ 和 $Ca_2SiO_4:Eu^{2+}$ 体系中，$\beta-Ca_2SiO_4$ 和 Sr_2SiO_4 在 1 200 ℃能形成无限固溶体，其发光光谱峰值可在 510～598 nm 变化，发射光谱比 $Sr_2SiO_4:Eu^{2+}-Ba_2SiO_4:Eu^{2+}$ 体系更宽，光谱的对称性也更差，其发光效率比不上 $Sr_2SiO_4:Eu^{2+}-Ba_2SiO_4:Eu^{2+}$ 体系；$Ca_2SiO_4:Eu^{2+}$ 和 $Ba_2SiO_4:Eu^{2+}$ 体系中，Eu^{2+} 在该基质中的发光效率也很低，其发光光谱峰值可在 508～546 nm 变化，值得注意的是在组成为 30% Ca_2SiO_4 - 70% Ba_2SiO_4 附近，发光谱峰值有一个急剧减少，它对应的中间相为 $Ba_5Ca_3Si_4O_{16}$。

Eu^{2+} 的吸收光谱和发射光谱通常是宽带，这是由 $4f^65d$ 的激发态到基态 $^8S_{7/2}(4f^7)$ 的跃迁。其发射可由紫外线变化到红色光，这主要取决于基质晶格，如共价键、阳离子尺寸及晶体场强度等。S. H. M. Poort 等研究了 Eu^{2+} 在 Ba_2SiO_4、$Sr_{1.95}Ba_{0.05}SiO_4$ 的发光性能。详细数据见表 6-3。$Ba_2SiO_4:Eu^{2+}$ 的发射光谱为宽带，在 4.2 K 时，发光光谱峰值为 505 nm，室温为 500 K。但其发光光谱不对称，可以分解为两个高斯峰（4.2 K），峰值分别为 19 800 cm^{-1} 和 19 200 cm^{-1}，其强度基本相等。与 4.2 K 时的发光强度相比，发光强度下降一半的温度为 430 K，而在 550 K 时，其发光亮度下降 90%。其发光光谱与激发波长无关。$Sr_{1.95}Ba_{0.05}SiO_4:0.01Eu^{2+}$ 的发光光谱（4.2 K）与激发波长紧密相关。其发光光谱有两个发射带，用较短的波长激发时，发光光谱峰值位于 493 nm；而用较长的波长激发时，发光光谱峰值位于 570 nm。$Sr_{2-x}Ba_xSiO_4:Eu^{2+}$ 中 Sr 含量增加，使发射光谱波长红移（从 $Ba_2SiO_4:Eu^{2+}$ 的 500 nm 红移到 $Sr_2SiO_4:Eu^{2+}$ 的 570 nm），而且发光带的宽度也增加。因此 Eu^{2+} 激活的硅酸盐发光材料具有很宽的激发光谱，在紫外区至蓝区有很强的激发性能，其发射光谱峰值也可以在很大范围内调节。它们应用于蓝光 LED 芯片已经实现白光的输出，性能已经达到实用水平。

表 6-3 Eu^{2+} 在 Ba_2SiO_4、$Sr_{1.95}Ba_{0.05}SiO_4$ 的发光性能

组成	发射峰波长（4.2 K）/nm	$T_{1/2}$/K	T_q/K	斯托克斯位移/cm^{-1}
$Ba_2SiO_4:Eu^{2+}$	505	430	>550	5 000
	520	430	>550	5 500
$Sr_{1.95}Ba_{0.05}SiO_4:Eu^{2+}$	495	520	>550	5 500
	570	420	>550	6 000

J. K. Park 等研究发现，$Sr_2SiO_4:Eu^{2+}$ 与 400 nm GaN 的芯片封装后呈现白色发光，其发光效率比 460 nm 的 InGaN 芯片和商业 YAG:Ce 封装后的白光 LED 更高。他们采用的合成方法是柠檬酸和乙二醇的高分子配合法。$Sr(NO_3)_2$、$Eu(NO_3)_2$ 和 TEOS 溶于水中，然后加入柠檬酸和乙二醇的混合溶液，加热到 120 ℃变成透明溶胶，再加热到 200 ℃开始缩聚反应，得到黏性聚合物，于 350 ℃再次热处理，得到多孔泡沫，研磨后于 1 350 ℃灼烧 3 h，气氛 80% N_2/20% H_2，产物为单一的 $\alpha'-Sr_2SiO_4$。所得到的 $Sr_{2-x}SiO_4:Eu_x$ 的发射光谱为宽发射带，最佳 Eu^{2+} 离子浓度为 0.03 mol，发射光谱峰值为 531 nm，并随 Eu^{2+} 离子浓度增加而红移，例如 $[Eu^{2+}]=0.005$ mol，$\lambda_{em}=531$ nm、$[Eu^{2+}]=0.05$ mol，$\lambda_{em}=536$ nm、$[Eu^{2+}]=0.1$ mol，$\lambda_{em}=543$ nm。根据文献，随着 Eu^{2+} 离子浓度的增加，Eu^{2+} 离子之间的距离缩短，Eu^{2+} 离子之间的能量传递概率

增大。Eu^{2+}离子之间的非辐射能量传递方式有交换作用、辐射再吸收或多极-多极作用。对Eu^{2+}来说,$4f^7 \rightarrow 4f^6 5d$跃迁是允许跃迁,而交换作用仅对禁带跃迁起作用,临界距离大约为5 Å。这说明交换作用对Eu^{2+}离子之间的能量传递不起作用。说明该体系中,Eu^{2+}离子之间的能量传递方式只可能是电子多极作用。也就是说,Eu^{2+}位于5d较高能级的概率会随着Eu^{2+}离子浓度增加而增加,从而使发射光谱随Eu^{2+}离子浓度增加而红移。

采用其他方法也可以提高$Sr_2SiO_4:Eu^{2+}$的激发性能,使其能应用于蓝光LED芯片。J. K. Park等采用固相反应法合成了Ba和Mg共掺杂的$Sr_2SiO_4:Eu^{2+}$。随着Eu^{2+}含量的增加,$Sr_2SiO_4:Eu^{2+}$的发射波长峰值由520 nm移向长波,这可能是由于晶体场变化引起的。尽管Eu^{2+}的4f电子由于有外层保护,对晶格环境不敏感,但5d组态能被晶体场劈裂。另外,共掺杂的碱土金属离子半径增大,会使发射波长蓝移(图6-6),添加适量的Ba、Mg能增加$Sr_2SiO_4:Eu^{2+}$在450～470 nm波长的激发效率,从而增加发光效率。在Eu^{2+}含量为0.05 mol时,在460 nm蓝光激发下,通过计算发射光谱积分强度,其发射效率达到商业YAG:Ce的95%。Ba和Mg共掺杂的$Sr_2SiO_4:Eu^{2+}$的斯托克斯位移为3 404 cm^{-1},Ba掺杂的$Sr_2SiO_4:Eu^{2+}$的斯托克斯位移为3 984 cm^{-1},而纯$Sr_2SiO_4:Eu^{2+}$的斯托克斯位移为5 639 cm^{-1},这可能是导致发光效率提高的原因。

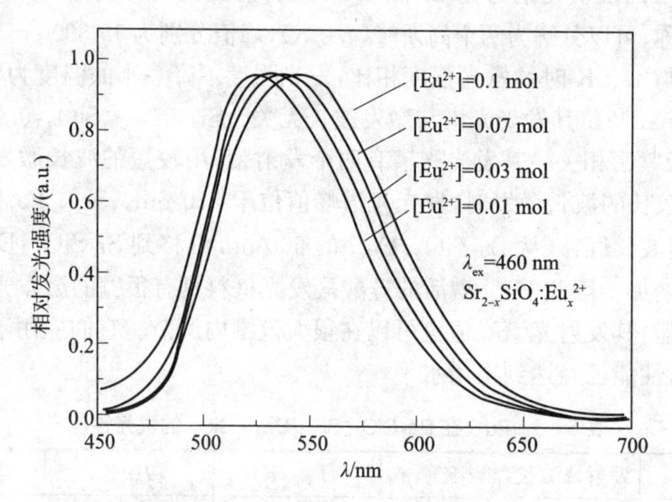

图6-6　波长460 nm激发$Sr_{2-x}SiO_4:Eu_x^{2+}$所得的发射光谱

J. K. Park等采用组合化学法对硅酸盐基质LED发光材料进行了研究,发现了数种在450～470 nm蓝光激发下有较高发光效率的材料,可应用于白光LED照明。研究表明,$(Sr,Ba,Mg,Ca)_2SiO_4:0.03Eu^{2+}$中,富Sr相的发光效率更高些(405 nm激发),而且与纯Sr_2SiO_4相比,共掺杂其他碱土金属激发效率就急剧下降,对450～470 nm蓝光吸收很差。适量共掺杂其他碱土金属离子能使$Sr_2SiO_4:0.03Eu^{2+}$对450～470 nm蓝光吸收很强,从而提高在450～470 nm蓝光激发下的发光效率。

J. S. Kim等研究了$M_2SiO_4:0.01Eu^{2+}$(M = Ba,Sr,Ca)发射光谱的温度依赖特性。随着温度升高,$Sr_2SiO_4:Eu^{2+}$的两个发射带表现出正常的发射峰红移、发射光谱变化及发光强度下降;而$Ca_2SiO_4:Eu^{2+}$和$Ba_2SiO_4:Eu^{2+}$则表现出反常的发射峰蓝移。前期研究工作表明,$Ca_2SiO_4:Eu^{2+}$、$Sr_2SiO_4:Eu^{2+}$和$Ba_2SiO_4:Eu^{2+}$的结构相同,晶格常数按Ca、Sr、Ba的顺序增大,EPR研究表明,基质晶格中存在Eu^{2+}两个离子格位,其最强的激发峰位于370 nm。图6-7给

出了 $Ca_2SiO_4:Eu^{2+}$、$Sr_2SiO_4:Eu^{2+}$ 和 $Ba_2SiO_4:Eu^{2+}$ 的发射光谱。在 $M_2SiO_4:Eu^{2+}$ 中，Eu^{2+} 由于存在两种格位，因而有 Eu(Ⅰ)和 Eu(Ⅱ)两个发光带。在 $Sr_2SiO_4:Eu^{2+}$ 中，Eu(Ⅰ)发光带位于短波区(蓝区)，Eu(Ⅱ)发光带位于长波区(绿区)；而对于 $Ca_2SiO_4:Eu^{2+}$ 和 $Ba_2SiO_4:Eu^{2+}$ 来说，这两个发光峰在 500 nm 左右重叠。从 $Sr_2SiO_4:Eu^{2+}$ 到 $Ca_2SiO_4:Eu^{2+}$ 发射带蓝移，而从 $Ba_2SiO_4:Eu^{2+}$ 到 $Sr_2SiO_4:Eu^{2+}$ 发射带红移，可用晶体场和共价键来解释。

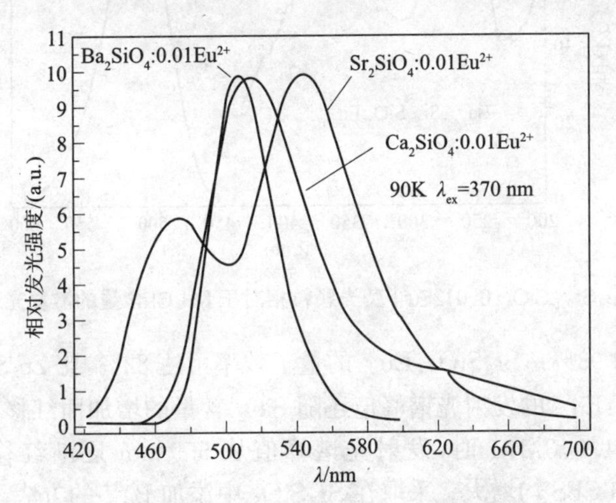

图 6-7 $Ca_2SiO_4:Eu^{2+}$、$Sr_2SiO_4:Eu^{2+}$ 和 $Ba_2SiO_4:Eu^{2+}$ 的发射光谱

J. S. Yoo 等在 2003 年曾报道了一种在 400 nm 波长激发下的高效蓝色硅酸盐发光材料，其激发波长还不够长，随后，他们又研究了硅酸盐基质中碱土金属离子的变化对激发光谱和发射光谱的影响。研究发现在 380～465 nm 波长，$Sr_2SiO_4:Eu^{2+}$-$Ba_2SiO_4:Eu^{2+}$ 是一种优秀的白光 LED 发光材料。特别是 $(Sr, Ba)_2SiO_4:Eu^{2+}$，用 465 nm 波长蓝光激发，其黄色发光效率可与 YAG:Ce 相媲美，通过改变基质中 Sr/Ba 比例，调整激发光谱峰值波长。另外，还发现 $(Sr, Mg)_2SiO_4:Eu^{2+}$ 在 405 nm 激发下，具有很高的蓝色发光效率。

H. S. Kang 等采用喷雾热解法合成 $(Sr, Ba)_2SiO_4:Eu^{2+}$ 发光材料。研究发现添加 5% 的 NH_4Cl，会使 $Ba_{1.488}Sr_{0.5}SiO_4:Eu_{0.012}$ 在长波(410 nm)紫外光激发下的发光亮度提高 50% 以上。NH_4Cl 的加入，通过降低热处理温度影响颗粒形貌，使 $Ba_{1.488}Sr_{0.5}SiO_4:Eu_{0.012}$ 的粒径增大，平均粒径不大于 5 μm，还促进了 $Ba_{1.488}Sr_{0.5}SiO_4:Eu_{0.012}$ 的晶化，同时使 $Ba_{1.488}Sr_{0.5}SiO_4:Eu_{0.012}$ 的最佳晶化温度降低。加入 5% 的 NH_4Cl，最佳晶化温度为 1 100 ℃。图 6-8 给出了 $Ba_{1.488}Sr_{0.5}SiO_4:0.012Eu^{2+}$ 荧光颗粒相对于 NH_4Cl 含量的激发光谱和发射光谱。在 410 nm 激发下，发射光谱范围为 460～560 nm，峰值 508 nm，激发光谱范围为 220～430 nm。

另一种受重视的基质是 M_3SiO_5，Ba_3SiO_5 和 Sr_3SiO_5 的结构为四方相，M 离子存在两种格位且数量相等。由于 Eu^{2+} 在 Ba_3SiO_5 晶格中占据两个不同的格位，$Ba_3SiO_5:Eu^{2+}$ 发光材料有两个发射带，分别位于 504 nm 和 566 nm，且 566 nm 的发射峰强得多。与 $Ba_2SiO_4:Eu^{2+}$ 相反，随着 Eu^{2+} 离子浓度增加，$Ba_3SiO_5:Eu^{2+}$ 呈现不同的发光特性，$Ba_3SiO_5:0.01Eu^{2+}$ 为一个主峰位于 568 nm 的宽峰；随着 Eu^{2+} 离子浓度增加，$Ba_3SiO_5:0.15Eu^{2+}$ 的发射带劈裂为主峰为 504 nm 及次峰为 568 nm 的两个峰。$Sr_3SiO_5:Eu^{2+}$ 是一种在 450～470 nm 波长范围内能被激发的黄色发光材料，其激发光谱比 $Sr_2SiO_4:Eu^{2+}$ 更宽，激发效率更高。当 Eu^{2+} 离子浓度不高于 0.15 mol 时，$Sr_3SiO_5:Eu^{2+}$ 的发射光谱为宽带，峰值为 570 nm。$Sr_3SiO_5:Eu_{0.07}$ 在 460 nm 的激发效率达

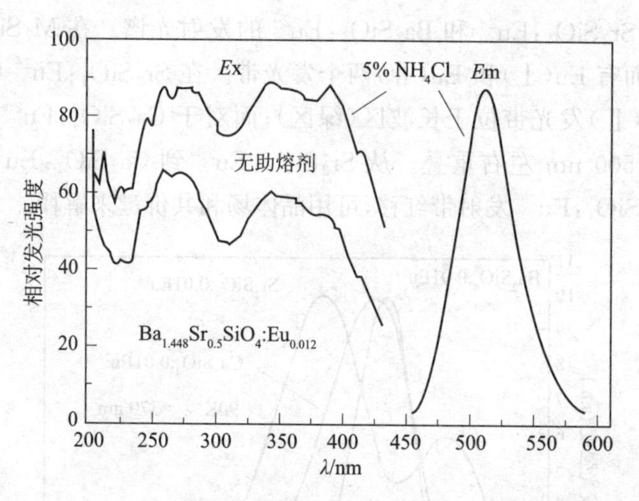

图 6-8 $Ba_{1.488}Sr_{0.5}SiO_4$:0.012Eu^{2+}荧光颗粒相对于 NH_4Cl 含量的激发光谱和发射光谱

到 365 nm 激发效率的 93%。Sr_3SiO_5:Eu^{2+}的量子效率可达 82%,比 Zn_2SiO_4:Mn^{2+} 70%的量子效量高。同样,Sr_3SiO_5:Eu^{2+}的发射光谱峰值还随 SiO_2 含量的增加而红移。当 Sr/Si 比从 3/0.8 依次改变为 3/0.9、3/1.0、3/1.1 时,发射光谱峰值从 559 nm 逐渐红移到 564 nm、568nm、570 nm,Stokes 位移和 CFS 均增大。采取在 Sr_3SiO_5 中添加 Ba^{2+} 的方法,可使 Sr_3SiO_5:Eu^{2+}在 450~470 nm 蓝光激发下的发射光谱红移,随 Ba^{2+} 含量从 0 增加到 0.2 mol,发射光谱峰值由 570 nm 红移到 585 nm(与 Sr_2SiO_4:Eu^{2+}相反)。在 $Sr_{2.93-x}Ba_xSiO_5$:0.07Eu^{2+}中,Ba^{2+}和 Sr^{2+}的离子半径不同,Ba^{2+}含量增加时其晶格常数增大,Ba^{2+}取代部分 Sr^{2+}会导致 c 轴变长,Eu^{2+}的 d 轨道的优先取向效应减少,同时,Ba^{2+}含量增加也会导致 Sr^{2+}周围的八面体对称性降低,因此,Eu^{2+}的发射光谱红移。Ba^{2+}含量超过 0.5 mol 时,会形成 $BaSi_4O_9$ 杂相。Eu^{2+}在 Sr_3SiO_5 中的大致固熔限度因此能被确定。同时,Ba^{2+}含量增加也会导致晶体对称性降低,光谱测试表明,Ba^{2+}含量超过 0.5 mol 后不会对发射光谱产生大的影响,而发光强度则逐步下降。图 6-9 为不同 Ba^{2+}含量的 $Sr_{2.93}SiO_5$:$Eu_{0.07}$ 的发射光谱。

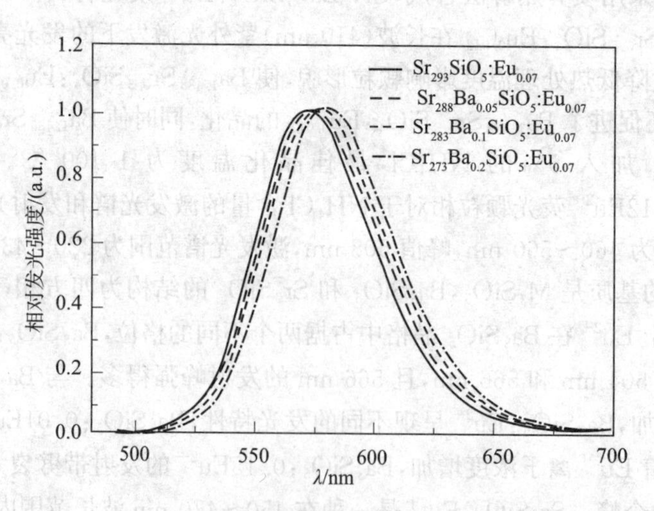

图 6-9 不同 Ba^{2+}含量的 $Sr_{2.93}SiO_5$:$Eu_{0.07}$ 的发射光谱

$Sr_{3-x}Ba_xSiO_5$:Eu^{2+}的另一个优势是在 $Sr_{2-x}Ba_xSiO_4$:Eu^{2+}组成中,发光效率最高时,其发

射光谱峰值约为 530 nm，位于绿区，显色性能并不好(R_a: 70～76)。而在 $Sr_{3-x}Ba_xSiO_5:Eu^{2+}$ 组成中，发光效率最高时，其发射光谱峰值约为 570 nm，这对提高显色性尤其有好处。采取单一的 $Sr_2SiO_4:Eu^{2+}$(缺少橙红色)和 $(BaSr)_3SiO_5:Eu^{2+}$(缺少绿色)发光材料能得到高效的白光 LED，但显色指数不高。采用黄色发光材料 $Sr_2SiO_4:Eu^{2+}$ 和橙黄色发光材料 $(BaSr)_3SiO_5:Eu^{2+}$ 双组分发光材料，使光谱中的红色成分增强，得到了显色指数大于 85 的白光 LED，发光颜色为暖白色，色温为 2 500～5 000 K(图 6-10)。而对比样品 InGaN 芯片与 YAG:Ce 封装后白光 LED 的色温为 6 500 K。

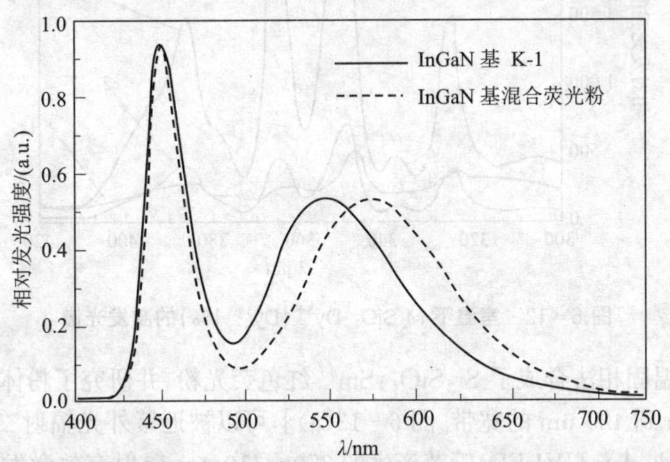

图 6-10 20 mA 驱动下，InGaN 基 K-1(Sr_2SiO_4:Eu)与 InGaN 基混合荧光粉 (Sr_2SiO_4:Eu 与 Ba^{2+} 掺杂 Sr_3SiO_5:Eu)白光 LED 的发射光谱

除了 Eu^{2+} 激活的碱土金属正硅酸盐外，李盼来等通过 Bi^{3+} 激活 Sr_2SiO_4 基质，获得用于白光 LED 的蓝色荧光粉，为白光 LED 的发展提供帮助。同时采用高温固相法制备了 $Sr_2SiO_4:Dy^{3+}$ 发光材料。结果表明：在 365 nm 紫外光激发下，测得 $Sr_2SiO_4:Dy^{3+}$ 材料的发射光谱为一个多峰宽谱，主峰分别为 486 nm、575 nm 和 665 nm[图 6-11(a)]；监测 575 nm 的发射峰，所得材料的激发光谱为一个多峰宽谱，主峰分别为 331 nm、361 nm、371 nm、397 nm、435 nm、461 nm 和 478 nm[图 6-11(b)]。

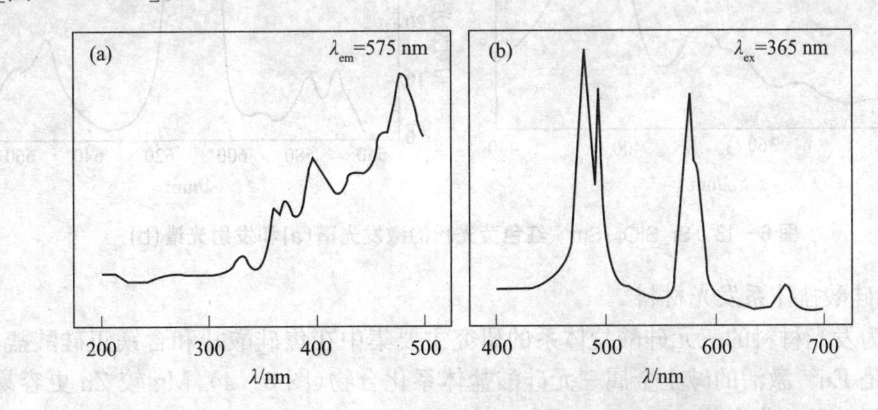

图 6-11 $Sr_2SiO_4:Dy^{3+}$ 材料的激发光谱(a)及发射光谱(b)

周鑫荣等研究 $M_2SiO_4:Dy^{3+}$(M = Ca, Sr, Ba)样品的结构和发光特性。结果表明：$M_2SiO_4:Dy^{3+}$ 在 325 nm、350 nm、365 nm 和 386nm 附近有比较强烈的吸收峰，分别对应 Dy^{3+}

的$^6H_{15/2}$→$^6P_{3/2}$、$^6H_{15/2}$→$^6P_{7/2}$、$^6H_{15/2}$→$^6P_{5/2}$、$^6H_{15/2}$→$^4M_{21/2}$ 的跃迁(图 6-12)。在 386 nm 光激发下,样品在 480 nm、492 nm 及 574 nm 处有较强的发射峰。

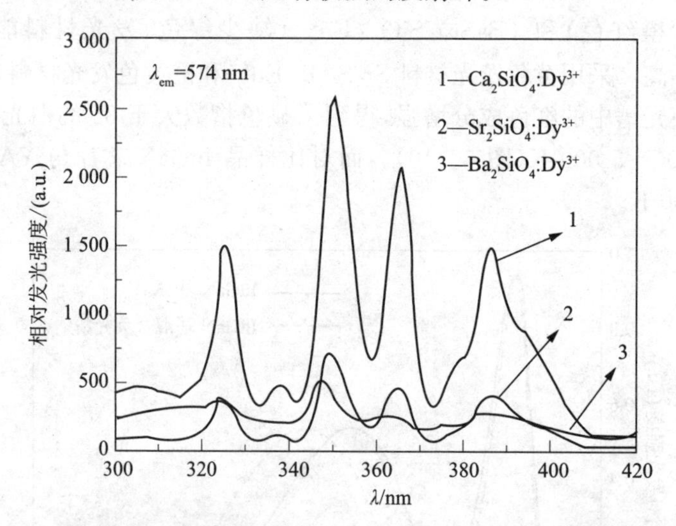

图 6-12 室温下 $M_2SiO_4:Dy^{3+}$ (Dy^{3+} 1%)的激发光谱

杨志平等用高温固相法合成了 $Sr_2SiO_4:Sm^{3+}$ 红色荧光粉,并研究了粉体的发光性质。激发光谱表现从 350 nm 到 420 nm 的宽带[图 6-13(a)],可以被近紫外光辐射二极管(near-ultraviolet light-emitting diodes,UVLED)管芯产生的 350~410 nm 辐射有效激发。而发射光谱由位于红橙区的 3 个主要荧光发射峰组成[图 6-13(b)],峰值分别位于 570 nm、606 nm 和 653 nm,对应了 Sm^{3+} 的$^4G_{5/2}$→$^6H_{5/2}$,$^4G_{5/2}$→$^6H_{7/2}$ 和$^4G_{5/2}$→$^6H_{9/2}$ 特征跃迁发射,606 nm 的发射最强,是一种适用于白光 LED 的红色荧光粉。

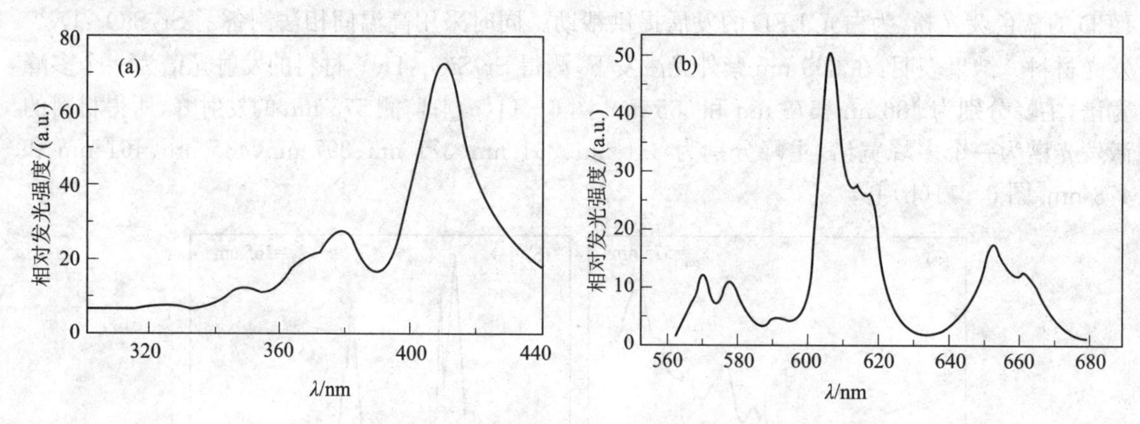

图 6-13 $Sr_2SiO_4:Sm^{3+}$ 红色荧光粉的激发光谱(a)和发射光谱(b)

2) 三元硅酸盐体系发光材料

总体作为发光材料的三元硅酸盐体系的研究主要集中在焦硅酸盐和含镁正硅酸盐,许多高效发光材料是 Eu^{2+} 激活的碱土金属三元硅酸盐体系化合物(图 6-4),Mg 较 Zn 更容易与碱土金属形成三元硅酸盐化合物。

$BaMgSiO_4:0.001Eu^{2+}$ 在 4.2 K 的发光光谱由位于 440 nm 的窄带和 560 nm 的宽带组成。在室温下,位于 560 nm 的宽带减弱为 440 nm 发射带的尾峰。激发光谱和发射光谱如图 6-14 所示。$CaMgSiO_4$ 属于一个橄榄石结构家族,只有一个 6 氧配位的 Ca^{2+} 位置。$CaMgSiO_4$:

0.001Eu^{2+}在4.2 K的激发光谱和发射光谱如图6-15所示，发光光谱峰值为470 nm，在550 nm处有一尾峰，其发光强度随温度升高减弱不明显。其550 nm发射的激发光谱很宽，是一种潜在的WLED用发光材料。

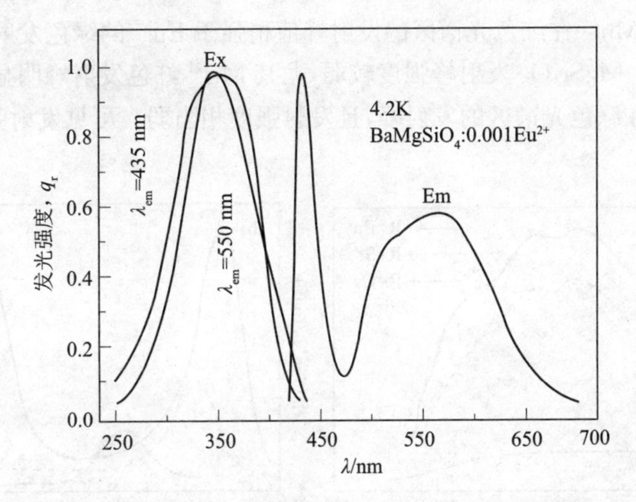

图6-14 $BaMgSiO_4$:0.001Eu^{2+}在4.2 K的激发光谱和发射光谱

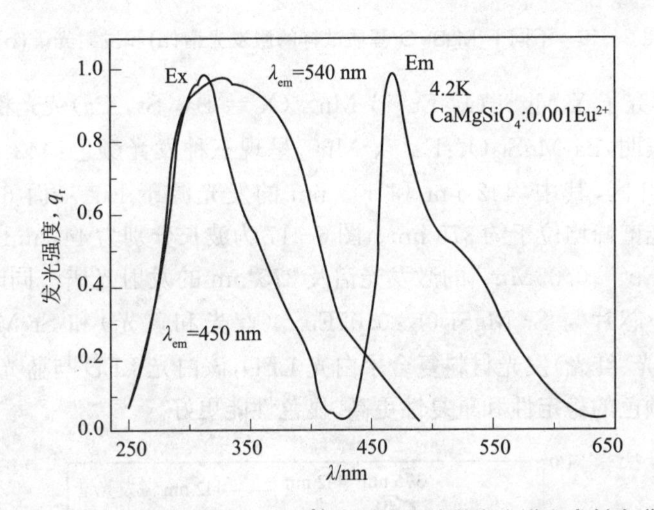

图6-15 $CaMgSiO_4$:0.001Eu^{2+}在4.2 K的激发光谱和发射光谱

S. H. M. Poort等研究表明，Eu^{2+}在$(Ca, Sr)_2MgSi_2O_7$，$BaMgSiO_4$，$CaMgSiO_4$等基质材料中存在碱土金属离子链，由于d轨道的优先取向，在该链中的Eu^{2+}呈现长波发射特性。因而可以利用该特点将其应用于pcW-LED。$Ca_2MgSi_2O_7$:Eu^{2+}和$Sr_2MgSi_2O_7$:Eu^{2+}的发射光谱峰值分别为535 nm和470 nm。其激发光谱为一宽带，已经延伸到了蓝绿光区(≤480 nm)。而在$(Ca,Sr)_2MgSi_2O_7$:Eu^{2+}中，用部分Sr取代Ca时，晶格常数增加，在该链方向d轨道的优先取向效应削弱，使Eu^{2+}的发射蓝移。因而，它们可以作为pcW-LED用发光材料。

乔彬等研究了以碱土镁硅酸盐($R_3MgSi_2O_8$，R = Ba,Sr,Ca)为基质，以一定量的Eu、Mn为激活剂的硅酸盐发光材料。由于晶体场环境不同，发光强度、发射峰产生相应变化。研究了以$(Ba, Sr)_3MgSi_2O_8$为基质的荧光粉中Ba、Sr相对量，以及Eu^{2+}、Mn^{2+}浓度对发光性质的影响，并探讨了Eu^{2+}、Mn^{2+}在基质中所处的格位。结果表明，红光是由基质中处于九配位的Eu^{2+}将能量传递给八面体六配位的Mn^{2+}，而由Mn^{2+}所发射的。图6-16(a)为不同$R_3MgSi_2O_8$基质试样的激发光谱。按照$Ba_3MgSi_2O_8$、$Sr_3MgSi_2O_8$及$Ca_3MgSi_2O_8$的顺序,激发强度逐渐下降。图6-16(b)为不同$R_3MgSi_2O_8$基质试样的发射光谱,从图中可知,$Ba_3MgSi_2O_8$、$Sr_3MgSi_2O_8$存在两个发射峰,430~500 nm的为Eu^{2+}发射峰,630~700 nm的为Mn^{2+}发射峰。$Ba_3MgSi_2O_8$发射峰强度较大,且Mn^{2+}在红色光谱区的发射峰值稍强于Eu^{2+}的绿色发射峰,两峰叠加后的亮度及色度都较好。$Sr_3MgSi_2O_8$发射峰强度较弱,尤其Mn^{2+}红色发射峰明显减弱。$Ca_3MgSi_2O_8$中只观察到了Eu^{2+}在绿色光谱区的发射峰,且发射强度相当弱。可见发射强度与激发强度的变化规律相一致。

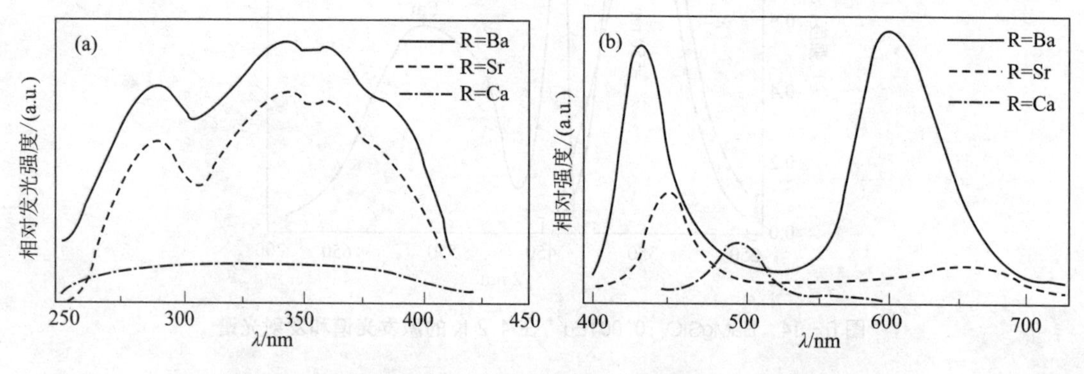

图6-16 不同$R_3MgSi_2O_8$基质试样的激发光谱(a)和发射光谱(b)

J. S. Kim等研究了$X_3MgSi_2O_8$:Eu^{2+},Mn^{2+}(X=Ba,Sr,Ca)荧光粉的发光性能及热学性能等。研究结果表明,$Ba_3MgSi_2O_8$:Eu^{2+},Mn^{2+}呈现三种发光颜色:442 nm的蓝区、505 nm的绿区、620 nm的红区,其中,442 nm和505 nm的发光源于Eu^{2+},而620 nm的发光源于Mn^{2+};三者的激发光谱峰均位于约375 nm。图6-17为波长分别为442 nm、505 nm、620 nm时$Ba_3MgSi_2O_8$:0.075Eu^{2+},0.05Mn^{2+}的激发光谱及375 nm的发射光谱。同时研究还表明,采用375 nm InGaN紫外芯片与$Sr_3MgSi_2O_8$:0.02Eu^{2+}(蓝光和黄光)和$Sr_3MgSi_2O_8$:0.02Eu^{2+},0.05Mn^{2+}(蓝光、黄光、红光)发光材料复合了白光LED,该白光LED与蓝光芯片+YAG:Ce白光LED比,其发光颜色的稳定性和重复性更高,显色性能更好。

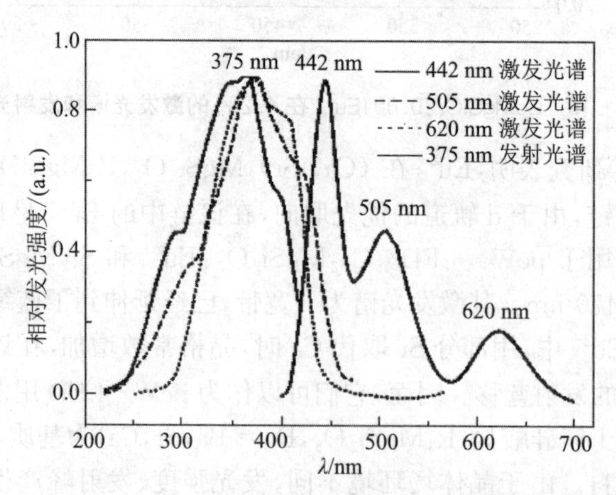

图6-17 442 nm、505 nm、620 nm时$Ba_3MgSi_2O_8$:0.075Eu^{2+},0.05Mn^{2+}的激发光谱及375 nm的发射光谱

Sr_2MgSiO_5:Eu^{2+}是一种性能良好的适于近紫外光激发的单一白光荧光粉材料。位于470 nm、570 nm处的发射带来自Eu^{2+}的5d→4f跃迁,源于不同的格位,它们混合成白光。它

们的寿命差别不大，说明蓝光中心向黄光中心的能量传递不发生或无效。这两个发射带所对应的激发光谱均分布在 250～450 nm 的紫外区。利用该荧光粉和具有 400 nm 近紫外光发射的 InGaN 管芯制成了白光 LED，正向驱动电流为 20 mA 时，色温为 5 664 K；色坐标为 $x=0.33$，$y=0.34$；显色指数为 85%；光强达 8 100 cd/m^2。器件的色坐标和显色指数等参数随正向驱动电流的变化起伏变化很小，颜色稳定，这种白光荧光粉在新一代白色 LED 照明领域具有广阔应用前景。研究表明，利用 UV 管芯和白光荧光粉可获得暖白色、高显色指数和高颜色稳定性的白光。

3）其他硅酸盐基质发光材料

山田健一找到一种含有 Eu^{3+} 的 $CaEu_4Si_3O_{13}$ 红色发光材料。研究中发现一些以 La^{3+} 代替 $CaEu_4Si_3O_{13}$ 中的 Eu^{3+} 作为催化剂而得到的新的红色荧光粉 $Ca(Eu_{1-x}La_x)Si_3O_{13}$ 能有很好的性能。而且在三基色白光 LED 中，用 $Ca(Eu_{1-x}La_x)Si_3O_{13}$ 作为红色荧光粉将会比 $Y_2O_2S:Eu^{2+}$ 红色荧光粉有更高的转换效率，在理论计算上得到更高的平均显色指数 R_a，因此 $Ca(Eu_{1-x}La_x)Si_3O_{13}$ 红色荧光粉在三基色白光 LED 应用中有更大的应用优势。

H. He 等采用 Pechini 溶胶-凝胶法和固相反应法制备出 Eu^{2+} 掺杂 Li_2SrSiO_4 的荧光粉，并研究了产物的相结构及发光性能。图 6-18 为 $Li_2SrSiO_4:Eu^{2+}$ 的荧光粉的激发光谱和发射光谱，$Li_2SrSiO_4:Eu^{2+}$ 的荧光粉的激发光谱为一宽带，光谱分布在 390～480 nm，而发射光谱分布在 500～700 nm 黄橙色光谱区（图 6-19）。利用 Pechini 溶胶-凝胶法制备荧光粉的发光效率优于使用固相反应法所制备的荧光粉，并且研究了掺杂 $Li_2SrSiO_4:Eu^{2+}$ 的荧光粉在白光 LED 中的应用。

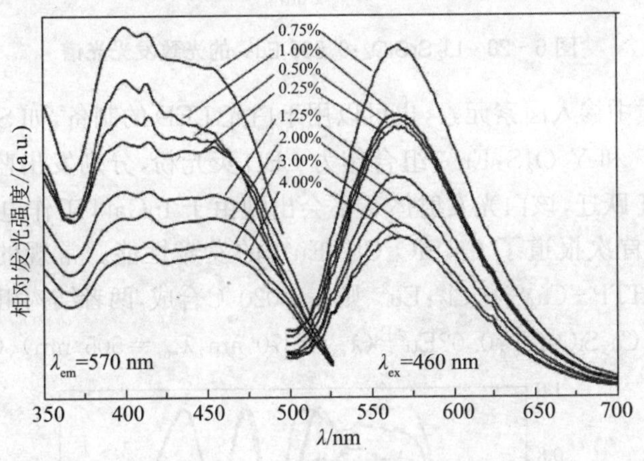

图 6-18 $Li_2SrSiO_4:Eu^{2+}$ 的荧光粉的激发光谱和发射光谱

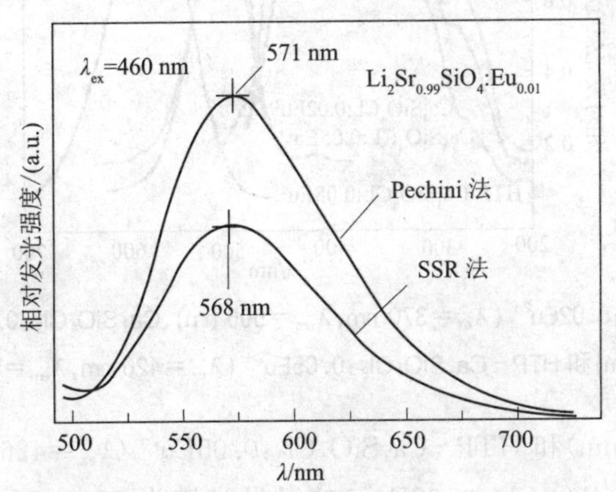

图 6-19 Pechini 溶胶-凝胶法和固相反应法制备 $Li_2Sr_{0.99}SiO_4:Eu_{0.01}$ 荧光粉的激发光谱

另外,除了正硅酸盐体系外,想从基质材料上进行一些改进,以提高发光性能的研究还在许多方面开展。J. Liu 等采用高温固相反应法合成了 $Li_2Ca_{0.99}SiO_4:0.01Eu^{2+}$,其激发光谱是 220~470 nm 的宽带,这是 Eu^{2+} 的 5d 能级的晶体场劈裂所致。

M. P. Saradhi 等采用固相反应法和燃烧法合成了 $Li_2SrSiO_4:0.005\ Eu^{2+}$,在 400~470 nm 激发下呈现橙黄色发光,发射光谱峰值为 562 nm(图 6-20)。在 400 nm、420 nm、450 nm 激发下发光强度基本相同,而在 473 nm 激发下,发光强度则下降。Eu^{2+} 最佳掺入量为 0.005 mol,临界能量传递距离为 3.4 nm。与 420 nm InGaN 芯片封装后,呈现白色发光,发光效率为 35 lm/W,比 450 nm InGaN 芯片+YAG:Ce 要强,具有很好的显色性能。

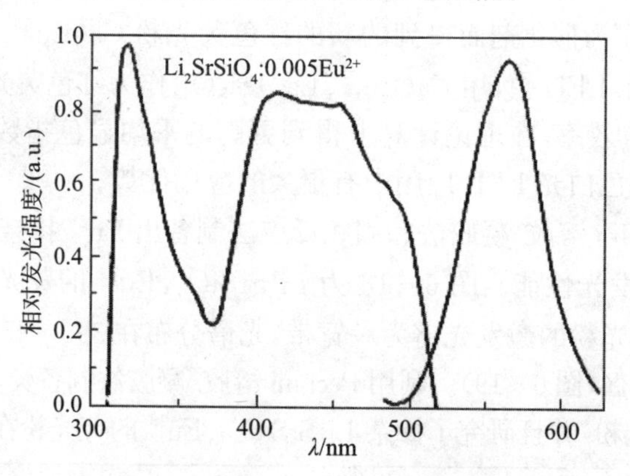

图 6-20 $Li_2SrSiO_4:0.005\ Eu^{2+}$ 的光致发光光谱

另外,硅酸盐基质中掺入卤素元素,也可以用于白光 LED 的制备,如 $Sr_4Si_3O_8Cl_4:Eu^{2+}$ 可以与 $Y_2SiO_5:Ce^{3+}$,Tb^{3+} 和 $Y_2O_2S:Eu^{3+}$ 组合作为 LED 荧光粉,分别发出蓝光、绿光、红光,Tb^{3+} 和 Eu^{3+} 的发射为 f→f 跃迁,该白光发射体系不会出现由于 InGaN 工作电流改变白光发射不稳定的现象。J. Liu 等首次报道了 $Ca_3SiO_4Cl_2:Eu^{2+}$ 的发光性能。常规的 $Ca_3SiO_4Cl_2:Eu^{2+}$ 在 850 ℃ 合成,高温相 HTP-$Ca_3SiO_4Cl_2:Eu^{2+}$ 则在 1 020 ℃合成,两者结构相似,但其发光性能有很大不同。图 6-21 为 $Ca_3SiO_4Cl_2:0.02Eu^{2+}$ ($\lambda_{ex}=370$ nm,$\lambda_{em}=505$ nm)、$Ca_3SiO_4Cl_2:0.05Eu^{2+}$

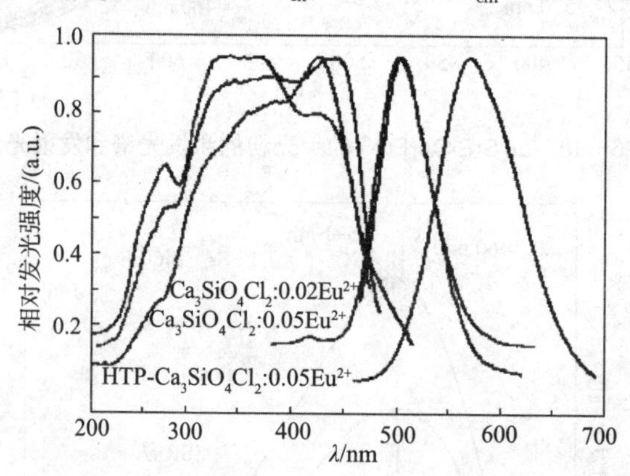

图 6-21 $Ca_3SiO_4Cl_2:0.02Eu^{2+}$ ($\lambda_{ex}=370$ nm, $\lambda_{em}=505$ nm)、$Ca_3SiO_4Cl_2:0.05Eu^{2+}$ ($\lambda_{ex}=448$ nm, $\lambda_{em}=506$ nm)和 HTP-$Ca_3SiO_4Cl_2:0.05Eu^{2+}$ ($\lambda_{ex}=426$ nm, $\lambda_{em}=572$ nm)的光致发光光谱

($\lambda_{ex}=448$ nm,$\lambda_{em}=506$ nm)和 HTP-$Ca_3SiO_4Cl_2:0.05Eu^{2+}$($\lambda_{ex}=426$ nm,$\lambda_{em}=572$ nm)的光致发光光谱。常规的 $Ca_3SiO_4Cl_2:0.02Eu^{2+}$ 的激发光谱为 250~510 nm 的宽带,峰值位于

270 nm、330 nm、370 nm、440 nm；发射光谱峰位于 505 nm，FWHM 为 59 nm。在 370 nm 的激发下，其量子效率为 60%，最佳[Eu^{2+}]为 0.02 mol。HTP - $Ca_3SiO_4Cl_2$：0.05Eu^{2+} 的激发光谱为 250～510 nm 的宽带，峰值位于 328 nm、374 nm、426 nm，其 426 nm 的激发峰明显要强一些；发射光谱峰值位于 572 nm，FWHM 为 93 nm，斯托克斯位移为 2 558 cm^{-1}，说明其共价性更高。最佳 [Eu^{2+}]为 0.05 mol，随着 Eu^{2+} 浓度的提高发射光谱峰值红移。该材料在橙红区的显色性能比 YAG:Ce 要好，但蓝区的发光效率比不上 YAG:Ce。

6.4.4 氮化物发光材料

氮化物材料化学和热稳定性高，且在可见光区范围内有较强的吸收光谱，表现出优异的光致发光性质，已发展成为很有前景的发光材料。它们是制备白光 LED 较适合的基质材料，吸引了越来越多的关注。

1. 氮化物简介

氮化物一般以 Me_xN_y(Me=金属元素)表示氮的化合物。氮化物陶瓷在某些方面弥补了氧化物陶瓷的弱点，因而成为备受关注的特殊陶瓷材料。氮化物种类繁多，但都不是天然矿物，而是人工合成材料。以共价键结合的高强度氮化物陶瓷材料作为工程陶瓷材料十分引人瞩目。氮化硅陶瓷晶体结构通常有 α 和 β 两种晶型，其中 α 为颗粒状晶体，β 为针状或长柱状晶体。高温烧结后 α 相通常向 β 相转变，β 相是热力学稳定相，存在液相时，α 相通过固溶-析出过程可转变为 β 相，从而制备出高性能的氮化硅陶瓷。1999 年，德国研究者 Zerr 等首次发现氮化硅的第三种晶型——c - Si_3N_4，它具有立方尖晶石结构，理论上计算，此相的硬度比另外两相(α 相和 β 相)要高出许多。由于氮化硅是强共价键化合物，其自扩散系数很小，难以纯固相烧结，因此要使烧结氮化硅具有实际的工业意义，必须加入合适的添加剂(如 MgO、Al_2O_3、Y_2O_3、Lu_2O_3、La_2O_3 等)使之发生液相烧结。氮化硅陶瓷的电学、热学和机械性能十分优良。它具有坚硬、耐热、耐磨、耐腐蚀的优点，又具备了抗热震性好、耐高温蠕变、自润滑性好、化学稳定性高等特性，广泛应用于化工、环保、生物等行业。

20 世纪 70 年代初，日本的 Oya mA 等和英国的 Jack 等报道了在 Si - Al - O - N 体系中，z 个 Al—O 键同时代替 z 个 Si—N 键，这样既保证价态平衡又没有任何外在的缺陷形成。这样的固溶体通常被认为是 β - sialon，它的结构是以 β - Si_3N_4 为基础的，其通式为：$Si_{6-z}Al_zO_zN_{8-z}$，z 值对应于 Al—O 键溶入 Si_3N_4 结构中的量，一般 $0 \leqslant z \leqslant 4.2$。以 Al—O 键取代氧氮化硅中的部分 Si—N 键，则可形成 O′- sialon 固溶体。在 β - sialon 发现不久，Jack 和 Wilson 就报道了关于 α - Si_3N_4 的固溶体 α - sialon 的形成，它的结构是以 α - Si_3N_4 为基础的。α - sialon 的形成需要两种机制同时起作用，一种机制是 n(Al—O)键代替 n(Si—N)键，这种替代将不会引起任何价态的不平衡；另一种机制是 m(Al—N)键替代 m(Si—N)键，这种替代引起的价态不平衡则由金属离子固溶进入 α - Si_3N_4 的大间隙位置得到补偿，而且这种金属离子的填隙同时起到了稳定 α - sialon 结构的作用。α - sialon 的通式为 $M_xSi_{12-(m+n)}Al_{m+n}O_nN_{16-n}$，其中 $x=m/v$，v 是金属阳离子的化合价。sialon 具有显著的力学性能和稳定性，且发光性能好，颗粒形貌佳，而对于发光性能的研究主要集中于 α - sialon。

氧氮化硅(Si_2N_2O)是 SiO_2 - Si_3N_4 系统中仅有的一个化合物，Washburn 在 1967 年首先用反应烧结法合成 Si_2N_2O，随后对 Si_2N_2O 材料进行了一系列的研究。作为工程陶瓷材料，由于它具有优良的抗热震性、抗氧化性和高温强度，因此具有很大的应用前景。氧氮化硅一般由氧化硅和氮化硅反应合成。Eu^{2+} 等激活离子往往在这些硅氮氧化物中具有宽激发性能。

2. 氮化物基质白光 LED 用发光材料研究进展

氮化物基质白光 LED 用发光材料包括纯硅氮化物基质发光材料、硅氮氧化物基质发光材料及 sialon 基质发光材料。

1）纯硅氮化物基质发光材料

以 Si_3N_4 为基本单元，它可以与 M'_3N、M_3N_2、ReN 和 AlN 反应，生成一系列的纯氮化物基质发光材料，如：$M'Si_2N_3$、$MSiN_2$、$M_2Si_5N_8$、MSi_2N_5、$ReSi_3N_5$（Si_3N_4 · ReN）、$Re_2Si_3N_6$（Si_3N_4 · 2ReN）等。相对来说，$M_2Si_5N_8$：Eu^{2+}（M＝Ca，Sr，Ba）是比较成熟的红色 pcW－LED 发光材料。

V. Krevel 报道了 $M_2Si_5N_8$：Eu^{2+}（M ＝ Ca，Sr，Ba）在可见光范围内有一个不寻常的 Eu^{2+} 长波发射（620～660 nm），且吸收带位于可见光区。由于存在氮配位，导致共价键增强和晶体场劈裂效应，影响 Eu^{2+} 5d 能级，从而产生长波发射。随后，HÖppe 等研究了 $Ba_2Eu_xSi_5N_8$ 系列化合物的发光特性，证实在 600 nm 处存在两个发射峰，这对应于 $Ba_2Si_5N_8$ 基质晶格中两个 Ba(Eu)格点，由于 Eu^{2+} 的再吸收过程，随着 Eu 浓度的增加，发射峰值波长向长波长方向移动。

X. Q. Piao 等利用一种新的合成方法制备了 $Sr_2Si_5N_8$：Eu^{2+} 荧光粉，其利用醋酸锶作为还原剂及锶源。图 6－22 为 $Sr_2Si_5N_8$：Eu^{2+}［2%（原子百分数）］激发光谱和发射光谱 YAG:Ce^{3+}，插图中为 $Sr_2Si_5N_8$:Eu^{2+}［2%（原子百分数）］的漫反射光谱。从图中可知，激发光谱中呈现一个宽的 300～500 nm 的发光带，正好与蓝光发光二极管的峰值波长一致（400 nm/460 nm）。发射光谱（峰值 619 nm）的强度为 YAG 强度的 155%。

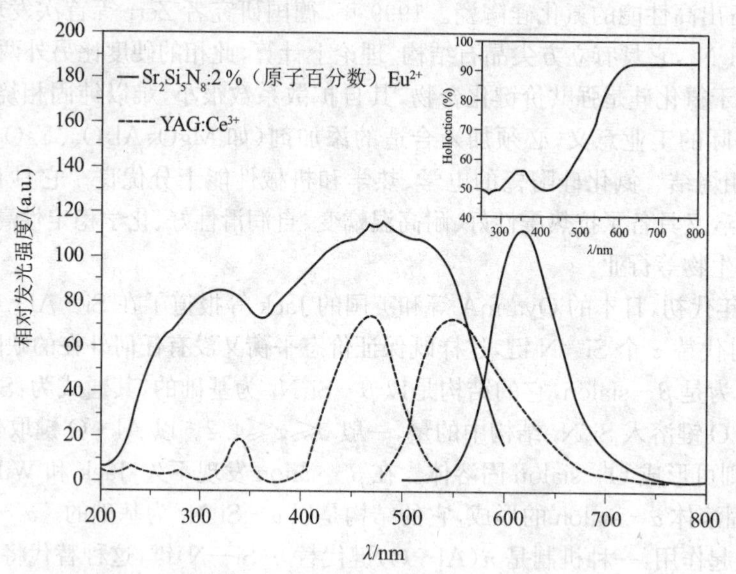

图 6－22　$Sr_2Si_5N_8$：Eu^{2+}［2%（原子百分数）］激发和发射光谱 YAG:Ce^{3+}
［插入图中为 $Sr_2Si_5N_8$：Eu^{2+}（2%原子百分数）的漫反射光谱］

Y. Q. Li 等通过高温固相反应制备了 $M_{2-x}Eu_xSi_5N_8$ 多晶粉末，研究了碱土金属离子的类型和 Eu^{2+} 浓度对 $M_2Si_5N_8$:Eu^{2+}（M＝Ca，Sr，Ba）的发光性能的影响。$Ca_2Si_5N_8$:Eu^{2+} 为单斜结构，形成最大溶解度为 7%（摩尔分数）的有限固溶体，而 Eu^{2+} 掺杂 $Sr_2Si_5N_8$、$Ba_2Si_5N_8$ 为斜方晶系，能形成无限固溶体。图 6－23 为不同 Eu^{2+} 浓度时，$M_{2-x}Eu_xSi_5N_8$ 的发射光谱和激发光谱。$M_2Si_5N_8$:Eu^{2+}（M＝Ca，Sr，Ba）荧光体可以有效地被 NUV－蓝绿光激发，高效发射黄－橙－红光，其宽的发射光谱覆盖 550～750 nm，这取决于 M 离子的类型和 Eu 离子浓度。随着 Eu^{2+} 浓度的增加，$Ba_2Si_5N_8:Eu^{2+}$ 的发射峰从 580 nm 增加到 680 nm，发光颜色从黄色变到红色。长波波长的激发和发射是由于在 N_2 下，高的共价性和大的晶体场劈裂对 Eu^{2+} 的 5d 能级的影响所致。随着 Eu^{2+} 浓度的增加，由于 Eu^{2+} 改变了斯托克斯位移和再吸收，所有 $M_2Si_5N_8$ 发射光谱和发射峰值都随 Eu^{2+} 浓度的增加而逐步向长波移动，发生红移。$Sr_2Si_5N_8:Eu^{2+}$ 氮化物是一种性能优良的红色荧光体。$M_2Si_5N_8:Eu$ 氮化物在 465 nm 激发下的量子效率 HQ 按 Ca—Ba—Sr 顺序增加。$Sr_2Si_5N_8:Eu$ 的 HQ 达到 75%～80%，且温度猝灭特性良好，在 150 ℃ 仅有百分之几，是应用于白光 LED 合适的红光发光材料。而 $Ca_2Si_5N_8:Eu$ 的 HQ 则下降到室温的 40%。$Ca_2Si_5N_8:Eu^{2+}$ 较强的热猝灭是由于它的斯托克斯位移比 $M_2Si_5N_8:Eu^{2+}$（M=Sr，Ba）稍大，这与 Blasse 报道的高的热猝灭温度与大的碱土离子的关系是一致的。$Sr_2Si_5N_8:Eu^{2+}$ 在应用 LED 器件红光发射转换发光材料方面已经得到了证实。

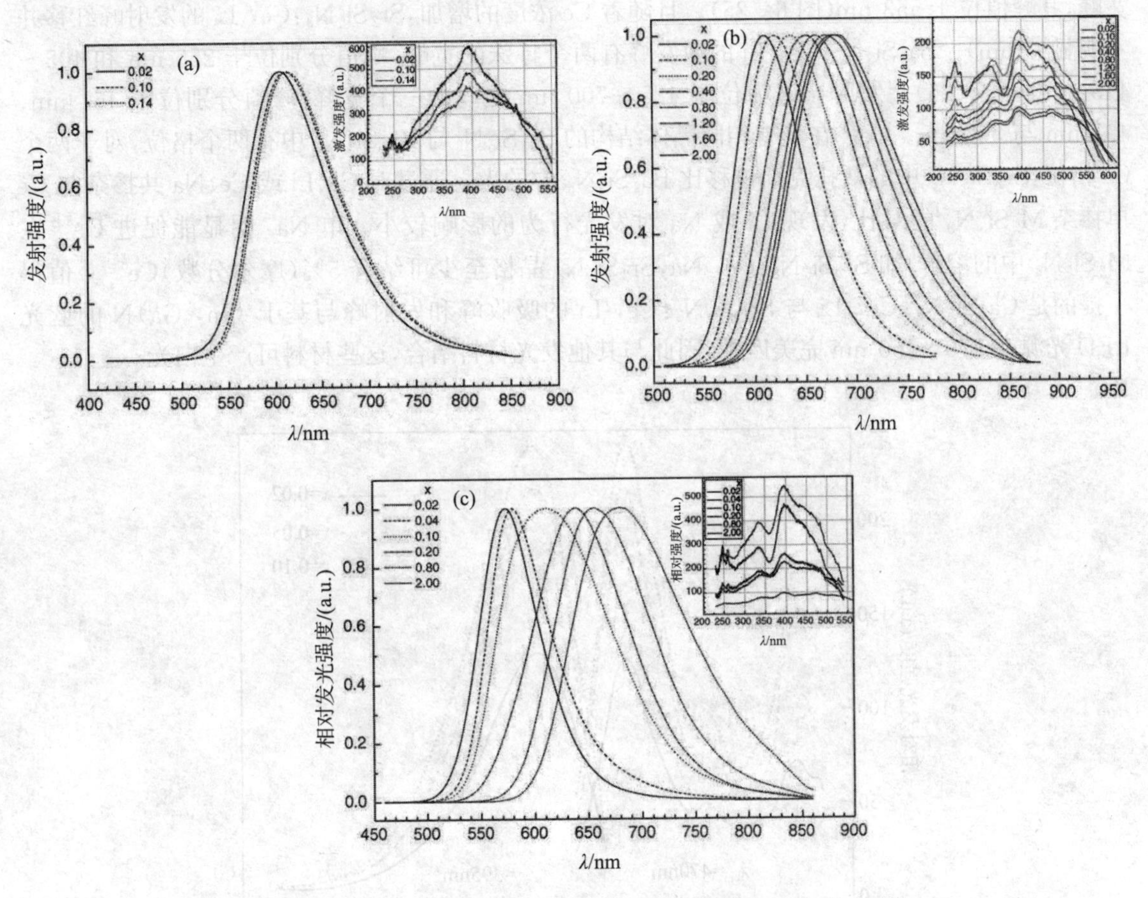

图 6-23　不同 Eu^{2+} 浓度时，$M_{2-x}Eu_xSi_5N_8$ 的发射光谱和激发光谱

(a) M=Ca；(b) M=Sr；(c) M=Ba

Y. Q. Li 等研究了 M 型阳离子对 Ce^{3+} 在 $M_2Si_5N_8$（M = Ca，Sr，Ba）中溶解性的影响以及室温下 Ce^{3+}、Li^+ 或 Na^+ 共掺杂的 $M_2Si_5N_8$（M=Ca，Sr，Ba，$M_{2-2x}Ce_xLi_xSi_5N_8$）的发光特性。Ce^{3+} 在 $Ca_2Si_5N_8$ 与 $Sr_2Si_5N_8$ 中的最大溶解度都是 2.5%（摩尔分数）（$x\approx0.05$），对 $Ba_2Si_5N_8$ 为 1.0%（摩尔分数）（$x\leqslant0.02$）。由于 Ce^{3+} 的 5d→4f 跃迁，M=Ca，Sr，Ba 时，Ce^{3+} 激活 $M_2Si_5N_8$ 的发光材料分别在 470 nm、553 nm 与 451 nm 呈现出宽发射峰，另外，$M_2Si_5N_8:Ce^{3+}$，Li^+（M = Sr，Ba）呈现双 Ce^{3+} 发光中心，这是由于 Ce^{3+} 占据两个 M 格位。随着 Ce^{3+} 浓度的增加，吸收与

发射强度增加而且发射带的位置产生了轻微的红移(<10 nm)。用 Na^+ 代替 Li^+ 作为电荷补偿剂对发射或激发特性的影响虽然小,但由于 Ce^{3+} 在 $M_2Si_5N_8$(M=Ca,Sr)中的溶解度较大,Na^+ 使发射强度得以增强。$M_2Si_5N_8$:Ce, Li(Na)(M=Ca,Sr)在蓝光范围(370~450 nm)内的强的吸收带与激发带表明它们是白光 LED 合适的光转换发光材料。图 6-24 为 Ce^{3+} 激活 $M_2Si_5N_8$(M=Ca)的激发光谱与发射光谱,其中 x=0.02、0.05、0.1 时 $Ca_{2-2x}Ce_xLi_xSi_5N_8$ 在 250 nm、329 nm 与 397 nm 附近有三个不同的激发峰,一个为位于 288 nm 的弱峰,以及分别位于 261nm 与 370 nm 的两个肩峰。很明显,在 250 nm 最短的激发峰由基质晶激发产生,其余的激发峰是 Ce^{3+} 的 4f→5d 跃迁。发射光谱为一个 400~640 nm 的宽峰(EWHM=95 nm,x=0.05),峰值位于 470 nm,且与激发波长无关。Ce^{3+} 和 Li^+ 共掺杂的 $Sr_2Si_5N_8$ 的激发峰光谱值位于 260 nm、325 nm 与 397 nm,在 266 nm 处有一弱峰且在 435 nm 处有一肩峰,发射光谱为 420~700 nm 的宽峰,其峰值位于 553 nm(图 6-25)。且随着 Ce 浓度的增加,$Sr_2Si_5N_8$:Ce, Li 的发射峰红移并不明显(6 nm)。$Ba_2Si_5N_8$:Ce, Li 的激发峰有两个特殊的宽峰,峰值分别位于 250 nm 和 405~415 nm(图 6-26)。发射光谱为位于 425~700 nm 之间的三个宽峰,峰值分别位于 451 nm、497 nm 与 560 nm。Ce^{3+} 在具有相同晶体结构的 $Sr_2Si_5N_8$ 与 $Ba_2Si_5N_8$ 中有两个格位,对于两个 Ce 格位,$Sr_2Si_5N_8$ 中的斯托克斯位移比 $Ba_2Si_5N_8$ 中的大。通过对 Ce、Li 或 Ce、Na 共掺杂与 Ce 单掺杂 $M_2Si_5N_8$ 的对比,发现 Li 或 Na 对发光行为的影响较小。单 Na^+ 明显能促进 Ce^{3+} 在 $M_2Si_5N_8$ 中的溶解,如 $Sr_2Si_5N_8$:Ce, Na,$Sr_2Si_5N_8$ 晶格至少可结合 5%(摩尔分数)Ce^{3+}。值得一提的是 $Ca_2Si_5N_8$:Ce, Li 与 $Sr_2Si_5N_8$:Ce, Li 的吸收峰和发射峰与基于(In, Ga)N 的蓝光 LED 光源在 370~450 nm 完美匹配,因此与其他发光材料结合,这些材料可产生白光。

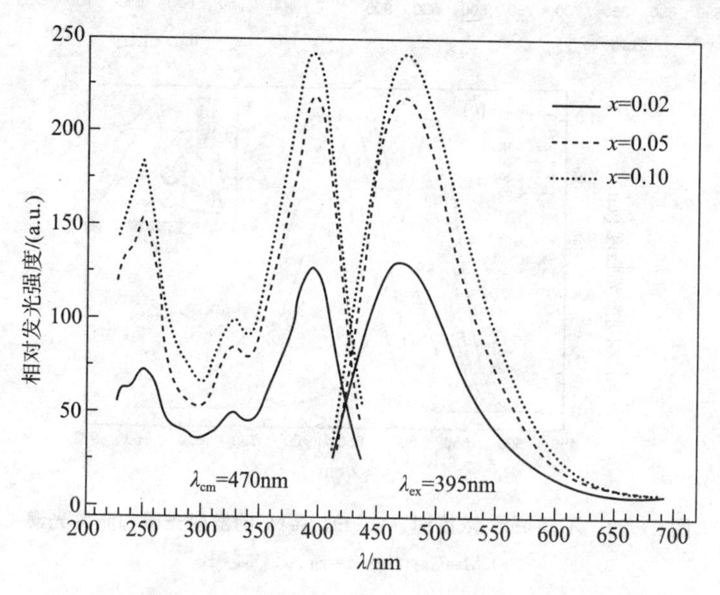

图 6-24 $Ca_{2-2x}Ce_xLi_xSi_5N_8$ 的激发光谱与发射光谱(x=0.02,0.05,0.10)

除了 Eu^{2+}、Ce^{3+} 掺杂 $M_2Si_5N_8$(M = Ca,Sr,Ba)外,C. J. Duan 等通过固相反应法制备出 Mn^{2+} 掺杂 $M_2Si_5N_8$(M=Ca,Sr,Ba)的荧光粉,并研究了在室温下 Mn^{2+} 掺杂 $M_2Si_5N_8$(M=Ca,Sr,Ba)的荧光粉的发光特性。图 6-27 给出了 $M_2Si_5N_8$:Eu^{2+} 的发射光谱(λ_{em}=250 nm)。从图中可以看出,$M_2Si_5N_8$:Eu^{2+} 存在 500~700 nm 的窄带发射。M=Ca,Sr,Ba 时,峰值分别位于

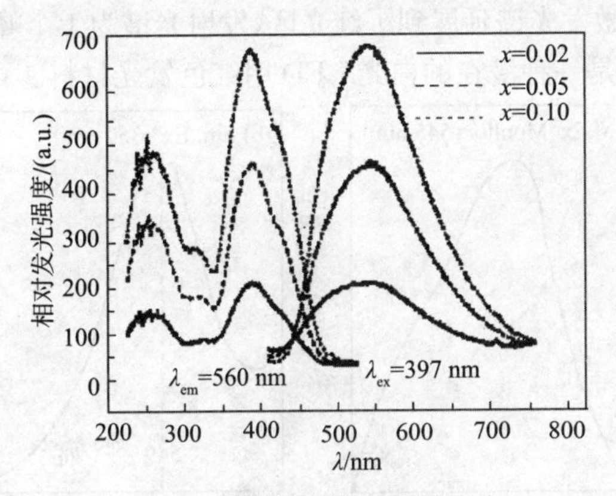

图 6-25　$Sr_{2-2x}Ce_xLi_xSi_5N_8$ 的激发光谱与发射光谱($x=0.02,0.05,0.10$)

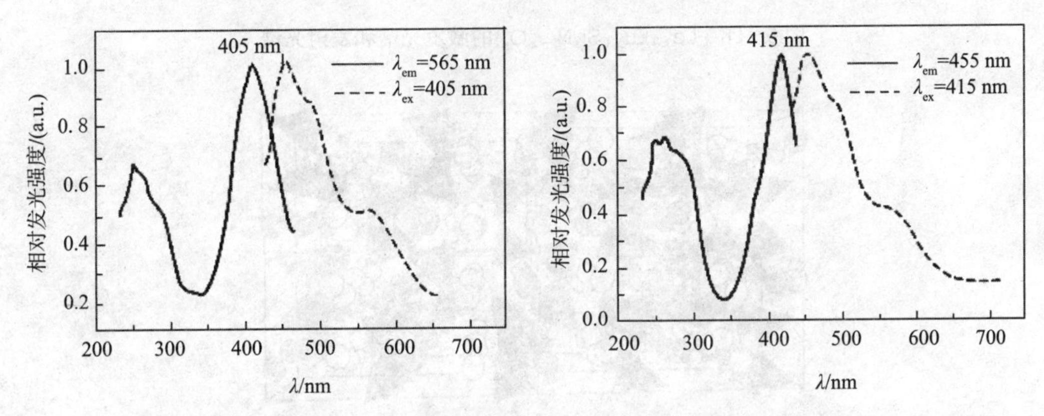

图 6-26　$Ba_{2-2x}Ce_xLi_xSi_5N_8$ 的激发光谱与发射光谱($x=0.02$)

599 nm、606 nm 及 567 nm，这主要是由于$^4T_1(^4G)\rightarrow{}^6A_1(^6S)$的跃迁。$Mn^{2+}$的长波长激发是由于在 N_2 下，强的晶体场对 Mn^{2+} 的影响所致。

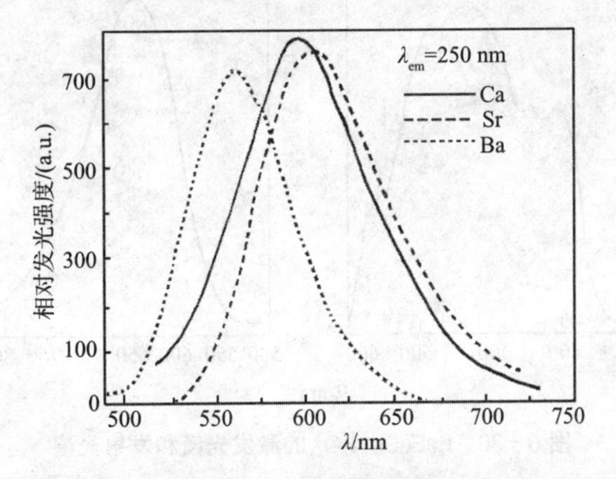

图 6-27　$M_2Si_5N_8:Eu^{2+}$ 的发射光谱($\lambda_{em}=250$ nm)

K. Uheda 等采用 LaN、Eu_2O_3 及 Si_3N_4 为原料，在 1.01×10^6 N·m^{-2}氮气压力下，1 900 ℃烧结 2 h 制备出 $LaSi_3N_5$、$La_{0.9}Eu_{0.1}Si_3N_{5-x}O_x$ 和 $LaEuSi_2N_3O_2$。结果表明：对于 $La_{0.9}Si_3N_{5-x}O_x$：0.1Eu，在 443 nm 处观察到 Eu^{2+} 的 1 个宽的吸收带，发射光谱为 1 个峰值波长位于 549 nm 处的宽发射带(图 6-28)。$LaSi_3N_5$ 和 Eu_2O_3 还可以形成 $LaEuSi_2N_3O$ 固溶体相，为斜方晶系，其

结构如图 6-29 所示。其激发光谱延展到了红光区，发射光谱为 1 个峰值波长为 650 nm 处的深红色宽发射峰(图 6-30)，是一种潜在的白光 LED 用红色发光材料。

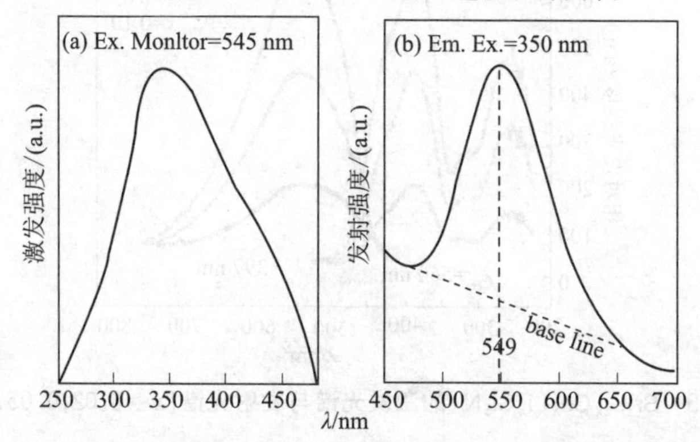

图 6-28　$La_{0.9}Eu_{0.1}Si_3N_{5-x}O_x$ 的激发光谱和发射光谱

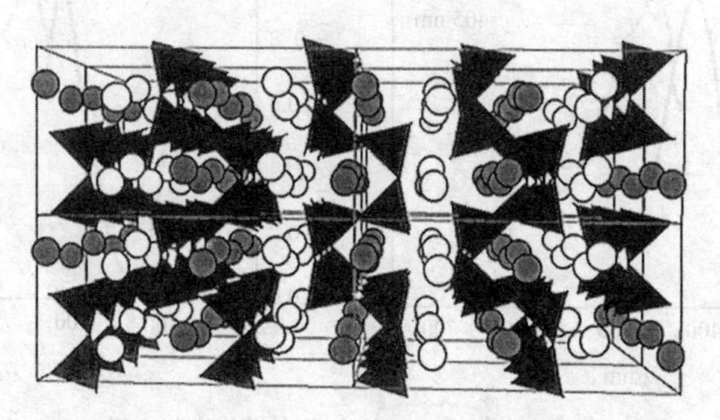

图 6-29　$LaEuSi_2N_3O$ 固溶体相的晶体结构

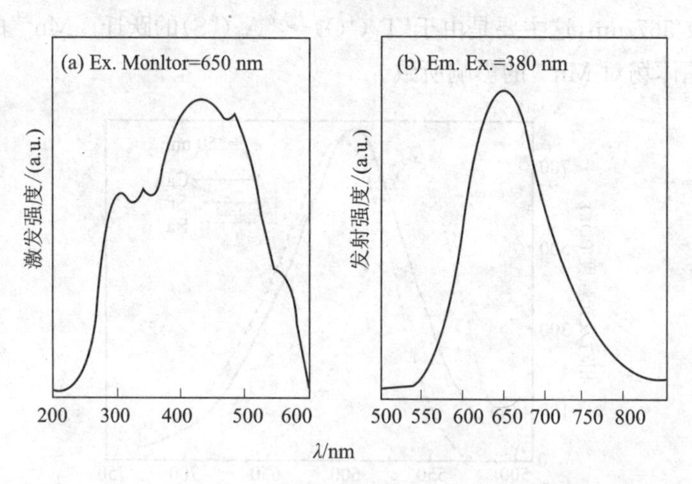

图 6-30　$LaEuSi_2N_3O_2$ 的激发光谱和发射光谱

K. Uheda 等还以 Ca_3N_2、$\alpha-Si_3N_4$、AlN 和 EuN 为原料，在 1 MPa 氮气压力下，先在 1 600 ℃烧结 2 h，之后在 1 800 ℃烧结 2 h 制备出 $CaAlSiN_3$: Eu 荧光粉。图 6-31 为 $CaAlSiN_3$ 及 $CaAlSiN_3$: $0.008Eu^{2+}$ 的漫反射光谱，未掺杂的 $CaAlSiN_3$ 样品的吸收边位于 320 nm，而 Eu^{2+} 掺杂 $CaAlSiN_3$ 基质中呈现红色发光导致反射率明显增加，宽的吸收带从 UV 延伸到可见光范围，主要由于 Eu^{2+} 的 $4f^65d\rightarrow4f^7$ 特征跃迁产生。图 6-32 为 $CaAlSiN_3$: $0.008Eu^{2+}$ 的激发光谱和发射

光谱。在激发光谱中，低于 300 nm 出现一个小的吸收峰，对于漫反射光谱，很明显这个吸收峰是由于基质晶格的吸收引起的。激发光谱宽的吸收带从 UV 延伸到绿光区（≈600 nm），适合于蓝光和紫外芯片。最佳 Eu^{2+} 含量为 1.6%，随着 Eu^{2+} 含量的增加，发射光谱红移。在 460 nm 蓝光激发下，如果以 YAG:Ce 为 100% 计，$Ca_2Si_5N_8:0.008Eu^{2+}$ 的量子效率达到 102%，而 $CaAlSiN_3:0.008Eu^{2+}$ 则可达到 155%。特别是其温度特性优良，$Ca_2Si_5N_8:0.008Eu^{2+}$ 在 150 ℃ 的发光效率只有室温的 66%，$CaSiN_2:0.003Eu^{2+}$ 的发光效率只有室温的 26%，而 $CaAlSiN_3:0.008Eu^{2+}$ 则可达到室温的 83%。

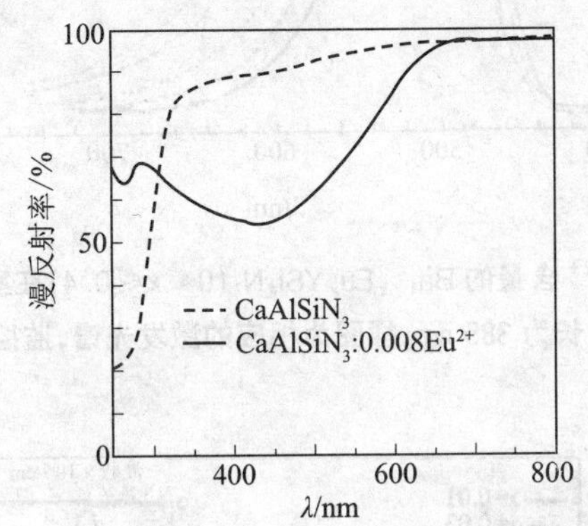

图 6-31 $CaAlSiN_3$ 及 $CaAlSiN_3:0.008Eu^{2+}$ 的漫反射光谱

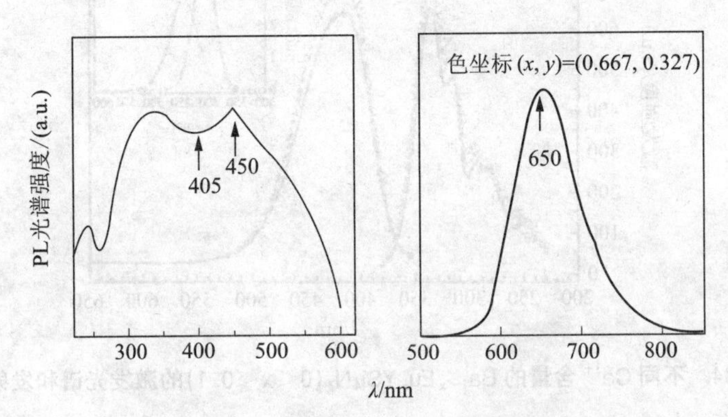

图 6-32 $CaAlSiN_3:0.008Eu^{2+}$ 激发光谱和发射光谱

Y. Q. Li 等除研究 Eu^{2+}、Ce^{3+} 激活 $M_2Si_5N_8$ 发光材料外，还研究 Eu^{2+}、Ce^{3+} 激活 $BaYSi_4N_7$ 发光材料。图 6-33 给出不同 Eu^{2+} 含量的 $Ba_{1-x}Eu_xYSi_4N_7$（$0<x\leqslant 0.4$）在室温下的发射光谱。$Ba_{1-x}Eu_xYSi_4N_7$（$0<x\leqslant 0.4$）的激发光谱表现出两个明显的宽激发带，峰值波长位于 342 nm 和 386 nm，同时伴有 283 nm 附近的弱基质激发带。Eu^{2+} 掺杂 $BaYSi_4N_7$ 呈现宽的绿光发射带，峰值波长在 503～527 nm，这取决于 Eu^{2+} 的浓度。由于晶体场强度和斯托克斯位移的变化，随着 Eu^{2+} 浓度的增加，Eu^{2+} 发射带表现为红移。Eu^{2+} 的猝灭浓度为 $x=0.05$，Eu^{2+} 离子间的临界作用距离为 20 Å。Ce^{3+} 激活 $BaYSi_4N_7$ 显示明亮的蓝色发光，峰值波长位置在 417 nm（图 6-34），由于 Ce^{3+} 在 $BaYSi_4N_7$ 晶格中溶解度很低，发射波长的峰值与 Ce^{3+} 浓度无关。

Y. Q. Li 等利用固相反应法在 1 400～1 600 ℃，N_2/H_2 气氛下合成了 $SrYSi_4N_7$、Eu^{2+} 或 Ce^{3+} 掺杂的 $SrYSi_4N_7$ 发光材料，并研究了 $Sr_{1-x}Eu_xYSi_4N_7$（$x=0$～1）和 $SrY_{1-x}Ce_xSi_4N_7$（$x=0$～0.03）的发光特性。图 6-35 为 $Sr_{1-x}Eu_xYSi_4N_7$（$x=0$～1）的激发光谱（$\lambda_{ex}=390$ nm）和发射光谱（$\lambda_{em}=550$ nm）。其中 Eu^{2+} 掺杂 $SrYSi_4N_7$ 的发射为黄光宽带发射，峰值波长在 548～

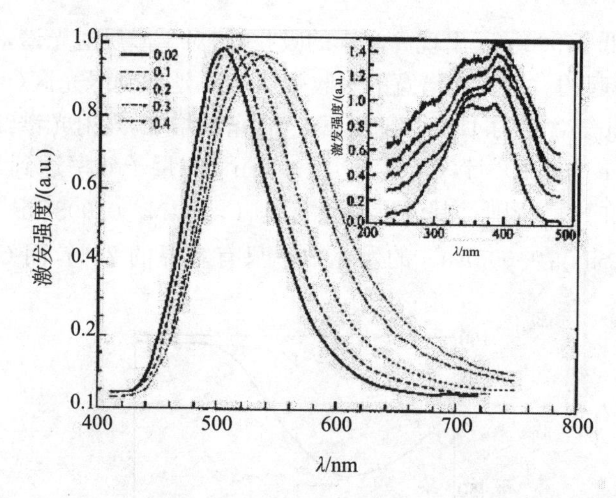

图 6-33 不同 Eu^{2+} 含量的 $Ba_{1-x}Eu_xYSi_4N_7$ (0<x≤0.4)在室温下的发射光谱
(激发波长为 385 nm,插图为相应的激发光谱,监控 510 nm 发射)

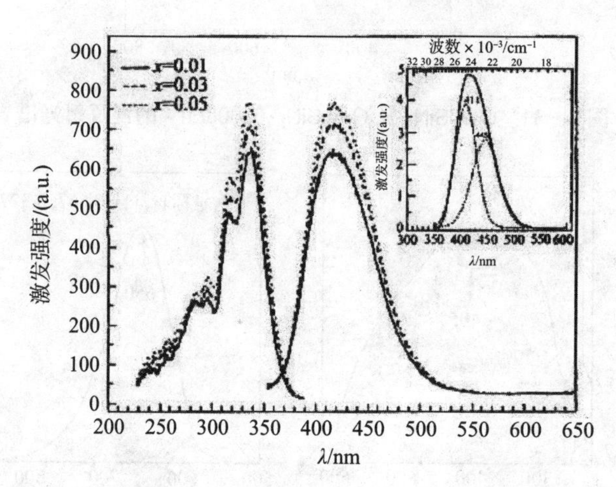

图 6-34 不同 Ce^{3+} 含量的 $Ba_{1-x}Eu_xYSi_4N_7$ (0<x<0.1)的激发光谱和发射光谱

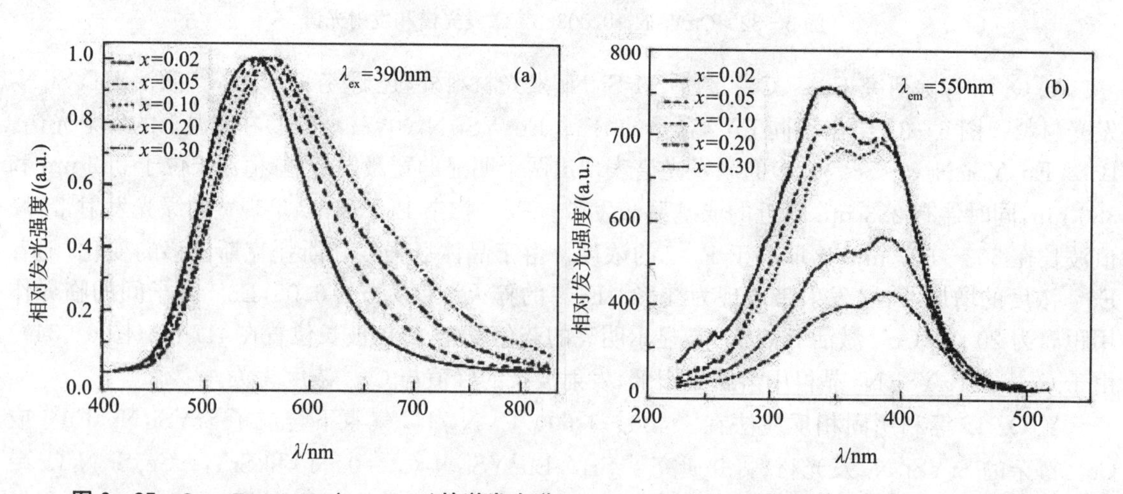

图 6-35 Sr_{1-x}EuxYSi4N7 (x=0～1)的激发光谱 (a)(λ_{ex}=390 nm)和发射光谱(b)(λ_{em}=550 nm)

570 nm；而 Ce^{3+} 掺杂的 $SrYSi_4N_7$ 的发射为蓝光发射，峰值波长在 450 nm 处。该发射带能被拟合成两个高斯中心，分别在 435 nm 和 473 nm 处，其激发光谱在 280 nm、320 nm 和 340 nm 处分别有三个强带(图 6-36)。因为 Eu^{2+} 掺杂 $SrYSi_4N_7$ 能在 390 nm 下被很好地激发，所以它是一种很好的 WLED 发光材料。

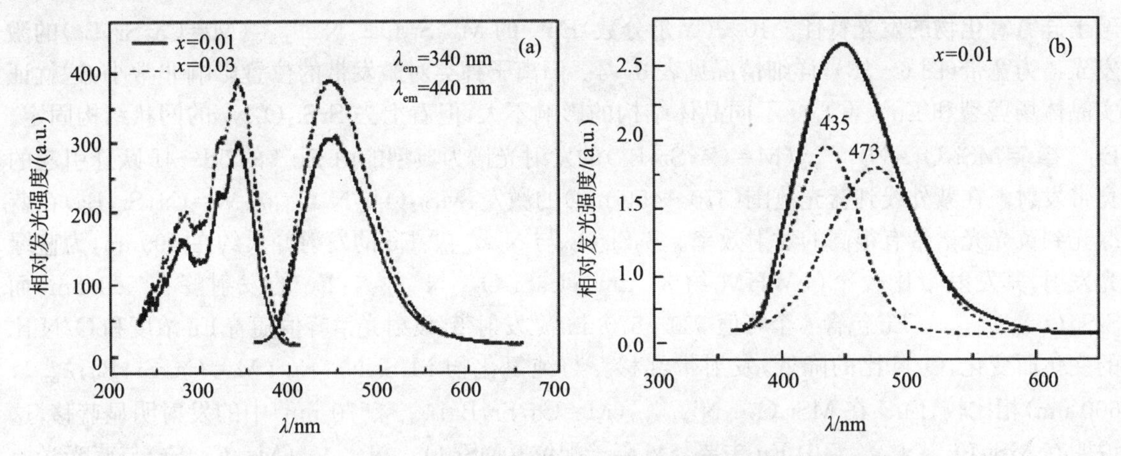

图 6-36　$SrY_{1-x}Ce_xSi_4N_7$ (x=0～0.03)的激发光谱和发射光谱

在纯氮化物基质中也可以添加一部分碳化物，研究稀土碳氮硅化合物的发光性质。Zhang 等利用碳热还原氮化法制备 $Y_2Si_4N_6C$ 和 $Y_2Si_4N_6C{:}M^{3+}$ (M = Ce, Tb)，并研究了 $Y_2Si_4N_6C{:}Ce^{3+}$ 和 $Y_2Si_4N_6C{:}Tb^{3+}$ 的光致发光性能。$Y_2Si_4N_6C{:}Ce^{3+}$ 的发射光谱为峰值波长位于约 560 nm 的宽发射带，Ce^{3+} 的加入量为 x=0.06 时，其光致发光最强(图 6-37)。在 455 nm 波长激发下，$Y_{1.94}Ce_{0.06}Si_4N_6C$ 的发光强度约为商用 YAG:Ce 发光材料的 25%。

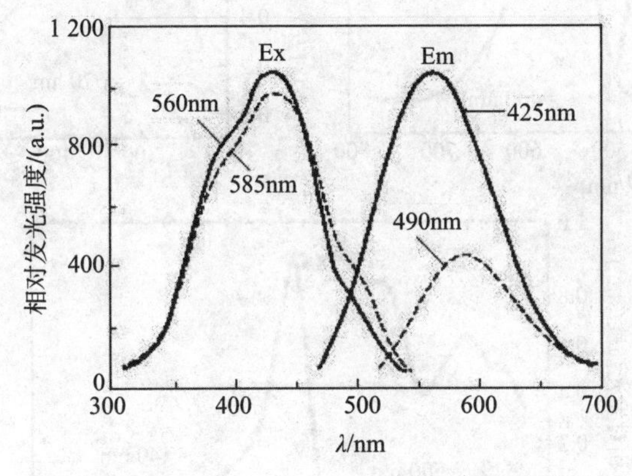

图 6-37　$Y_{1.94}Ce_{0.06}Si_4N_6C$ 的激发光谱和发射光谱

2) 硅氮氧化物基质发光材料

以 SiO_2、Si_2N_2O、Si_3N_4 为基本反应单元，它可以与 M'_2O(M'=碱金属)、MO(M=碱土金属及 Zn 等)、Re_2O_3(Re=稀土)、Al_2O_3 等氧化物反应，也可以与 M'_3N、M_3N_2、ReN 和 AlN(含 BN)等氮化物反应，生成一系列的硅氮氧化物基质发光材料，如：$MSi_2N_2O_2$ ($Si_2N_2O \cdot MO$)、$M_3Si_2N_2O_4$ ($Si_2N_2O \cdot 3MO$)、$Y_2Si_2N_2O_4$ ($Si_2N_2O \cdot Y_2O_3$)、$M_2Si_3O_2N_4$ ($Si_3N_4 \cdot 2MO$)、$Y_2Si_3O_3N_4$ ($Si_3N_4 \cdot Y_2O_3$)、$ReSiO_2N$ ($SiO_2 \cdot ReN$)等。当然 Si 还可以被 Ge 取代，它们可作为发光材料基质，Eu^{2+} 等激活离子往往在这些硅氮氧化物中具有宽激发性能。

$MSi_2O_2N_2$ 是一种单层硅氮氧化物，亚结构$[Si_2O_2N_2]^{2-}$中的物质的量之比 $n(Si):n(O/N)$=

1∶2。Eu^{2+}掺杂样品的吸收带延伸到了可见光范围,如:$MSi_2O_{2-\delta}N_{2+(2/3)\delta}$∶$Eu^{2+}$(M=Ca,Sr,Ba;δ为N取代O的摩尔分数,δ=0~1),可以被蓝紫光(370~460 nm)有效激发,阳离子种类(M=Ca,Sr,Ba)对激发带的位置的影响不大。

Y. Q. Li等通过固相反应合成了$MSi_2O_{2-\delta}N_{2+(2/3)\delta}$(M=Ca,Sr,Ba),并研究了$Eu^{2+}$激活的碱土硅氮氧化物的发光特性。10%(摩尔分数)Eu^{2+}的$M_{0.9}Si_2O_{2-\delta}N_{2+(2/3)\delta}$(M=Ca,Sr,Ba)的激发光谱为宽带(图6-38),详细情况见表6-4。阳离子种类对激发带的位置影响非常小,这就证实晶体场劈裂和Eu^{2+}重心受不同晶体结构的影响不大,但看上去$SrSi_2O_2N_2$的网状结构固定。Eu^{2+}掺杂$MSi_2O_{2-\delta}N_{2+(2/3)\delta}$(M=Ca,Sr,Ba)的发射光谱为典型的由$Eu^{2+}$的5d→4f跃迁引起的宽带发射。在紫外线到蓝光范围(370~450 nm)的激发,$MSi_2O_{2-\delta}N_{2+(2/3)\delta}$(M=Ca,Sr,Ba)在蓝绿光到黄光光谱带有很高的发射效率。$BaSi_2O_2$与$N_{2+(2/3)\delta}$∶Eu的发射峰大约在499nm,为蓝绿光发射,其发射带比较窄(FWHM约35 nm);$CaSi_2O_{2-\delta}N_{2+(2/3)\delta}$∶Eu的发射峰在560 nm,而$SrSi_2O_{2-\delta}N_{2+(2/3)\delta}$∶Eu包含一个峰值530~570 nm宽发射带,发射光谱峰值随着Eu浓度和O/N比的变化而变化,O/N比的降低,发射带红移。与纯氮化物$M_2Si_5N_8$∶Eu(M=Ca,Sr,Ba;λ_{em}>600 nm)相比较,Eu^{2+}在$MSi_2O_{2-\delta}N_{2+(2/3)\delta}$(M=Ca,Sr,Ba;$\lambda_{em}$<570 nm)中的发射明显蓝移,这说明在$MSi_2O_{2-\delta}N_{2+(2/3)\delta}$中Eu主要与氧离子配位。$MSi_2O_{2-\delta}N_{2+(2/3)\delta}$(M=Ca,Sr)与蓝光光源可以产生白光,而$BaSi_2O_2N_2$∶$Eu^{2+}$(蓝-绿)和$Sr_2Si_5N_8$∶$Eu^{2+}$(橘红-红)与蓝光光源的结合在RGB(红-绿-蓝)模式下也可产生白光,并且其显色指数更高,颜色范围更广,颜色更稳定。

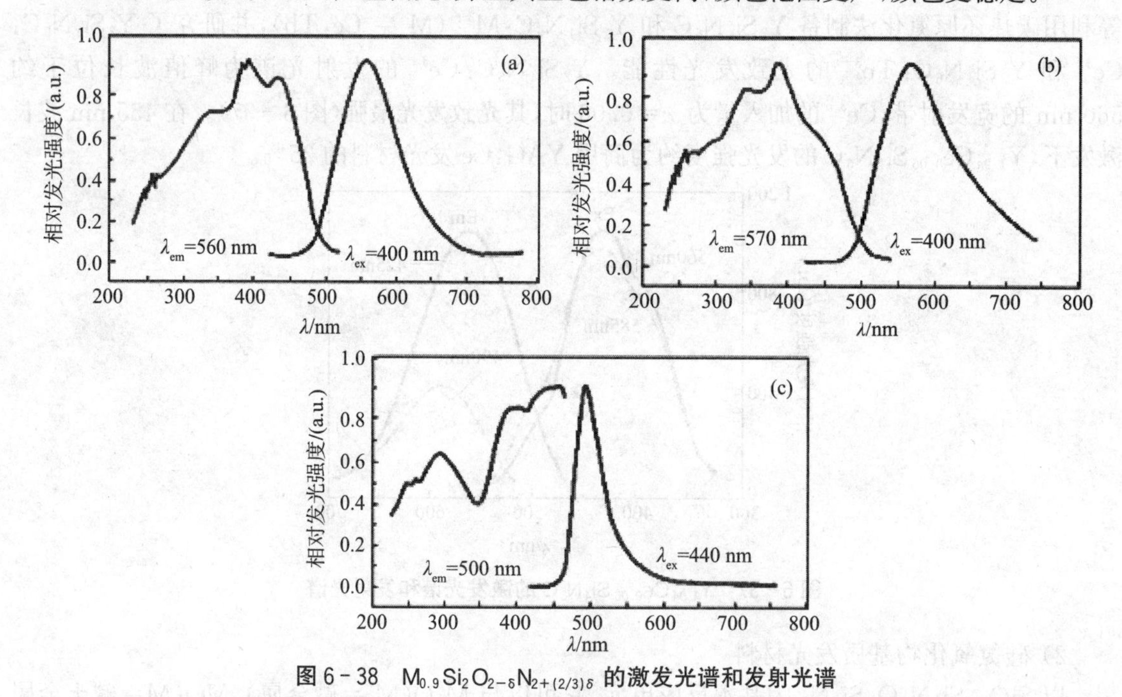

图6-38 $M_{0.9}Si_2O_{2-\delta}N_{2+(2/3)\delta}$的激发光谱和发射光谱

(a) M=Ca; (b) M=Sr; (c) M=Ba

表6-4 $M_{0.9}Si_2O_{2-\delta}N_{2+(2/3)\delta}$的激发带和发射带、晶体劈裂、能级重心和斯托克斯位移$MSi_2O_{2-\delta}N_{2+(2/3)\delta}$(M=Ca,Sr,Ba)的吸收边

M	激发带/nm	发射带/nm	吸收边/nm	晶体场劈裂/cm^{-1}	能级重心/cm^{-1}	斯托克斯位移/cm^{-1}
Ca	259,341,395,436	560	280	15 700	29 000	5 100
Sr	260,341,387,440	530~570	270	15 700	29 100	3 900~5 200
Ba	264,327,406,460	499	240	16 100	28 700	1 700

$mAl_2O_4:Eu^{2+}$(M=Ca,Sr,Ba)是一种具有较宽激发带的绿色发光材料，通过$(SiN)^+$取代$(AlO)^+$，将氮掺入mAl_2O_4，可以改变$mAl_{2-x}Si_xO_{4-x}N_x:Eu^{2+}$的光谱特性，特别是Eu掺杂的$BaAl_{2-x}Si_xO_{4-x}N_x$，掺入氮后，$Eu^{2+}$的激发带和发射带发生红移。随着$(SiN)^+$含量的增加，会出现1个额外的激发带($\lambda_{max}$=425～440 nm)，在390～440 nm的辐射下能被有效激发，相应的发射带也从498 nm红移到527 nm(x=0.6)，光谱峰值取决于$(SiN)^+$和Eu^{2+}的含量(图6-39)。$BaAl_{2-x}Si_xO_{4-x}N_x:Eu^{2+}$在激发波长为460 nm时，量子效率大约是54%。因此，$BaAl_{2-x}Si_xO_{4-x}N_x:Eu^{2+}$作为pcW-LED发光材料是十分吸引人的，且这种方法能有效降低氮化物的合成温度(1 300～1 400 ℃)。

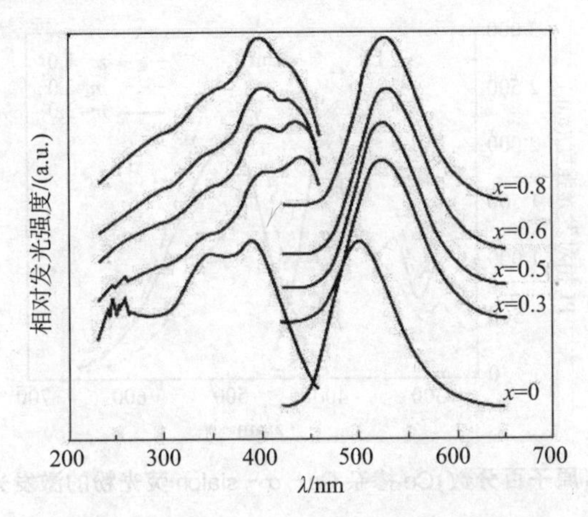

图6-39 $BaAl_{2-x}Si_xO_{4-x}N_x:0.1Eu^{2+}$的激发光谱和发射光谱

(x=0，λ_{exc}=390 nm，λ_{em}=500 nm；x=0.3～0.8，λ_{exc}=440 nm，λ_{em}=530 nm

3) sialon基质发光材料

(1) Ca-α-sialon基质

近年来，人们将sialon结构陶瓷改进为先进的功能陶瓷荧光体。Karunaratne等和Shen等首先报道了RE α-sialon的吸收光谱，开启了将α-sialon材料用于发光的先河。目前，人们已经对Ce、Tb及Eu等离子在sialon中的发光特性进行了研究。Krevel于2002年制备了掺杂Ce、Tb或Eu的α-sialon发光材料，并研究了其发光特性。Tb掺杂Y-α-sialon对紫外区有强吸收(<290 nm)，激发光谱峰值为260 nm，254 nm激发下，掺杂Tb(原子百分数10%)的样品发黄绿光，发光源于4f→4f的跃迁，是典型的Tb^{3+}($^5D_4$→^7F_J)跃迁。虽然$(Y_{0.9}Tb_{0.1})$-α-sialon对254 nm的吸收效率高(约90%，基质晶格吸收)，但是$(Y_{0.9}Tb_{0.1})$-α-sialon的发光效率很低，量子效率低于20%，因此Tb掺杂的Y-α-sialon不适合应用于白光LED。而Ca-α-sialon优势明显：能允许较大的其他离子进入其晶格；热稳定性更好，热处理时不会发生α→β的相变；发光效率更高。未掺杂的Ca-α-sialon为白色粉末，Ce在Ca-α-sialon基质中的固溶度比较大(摩尔分数为25%)，体色为黄色。Ca-α-sialon:Ce的激发光谱为UV～450 nm的宽峰($\lambda_{ex1}\approx$275 nm，$\lambda_{ex2}\approx$385 nm)，根据激发波长的不同，发射带位于515～540 nm(图6-40)，具有很高的量子效率。与常规氧化物相比，Ce^{3+}在Ca-α-sialon的发射带和吸收带都出现红移，Stokes位移较大(大约在6 500～7 500 cm^{-1})。Eu的离子半径比较大，不能单独形成Eu-α-sialon物相，在Ca-α-sialon中，Eu^{2+}的固溶极限约为0.20。使用纯氮化物制备的α-sialon作为基质材料，如$Ca_{0.625}Si_{10.75}Al_{1.25}N_{16}$，可以提高α-sialon中$Eu^{2+}$的溶解度以及使其生成单相的组成范围更宽。

Ca－α－sialon:Eu 发光材料的体色随 Eu 含量增加从浅黄到橙色变化，Eu 的加入使其对紫外-可见光(280～470 nm)的吸收大大增强，其激发光谱为宽的双峰(λ_{em1}≈297 nm，λ_{em2}≈425 nm)，且在 550～605 nm 有 1 个宽的橙黄光发射(图 6－40)，斯托克斯位移较大(7 000～8 000 cm^{-1})。最佳的 Eu 加入量大致为 0.03～0.08，与组成关系并不密切。随着 Eu 含量的增加，发射光谱红移且变窄，且斯托克斯位移随 Eu 含量的增加而减小，色坐标也相应发生变化(图 6－41)。但组成对发射强度有较大影响，在 m＝2.95 时发光强度最强。Ca 含量(即 m 值)增加，会导致发射波长红移，这说明通过改变组成，可以调节发光特性。Ca－α－sialon:Eu^{2+} 中的发射波长比常规材料中的 350～500 nm 要长得多。

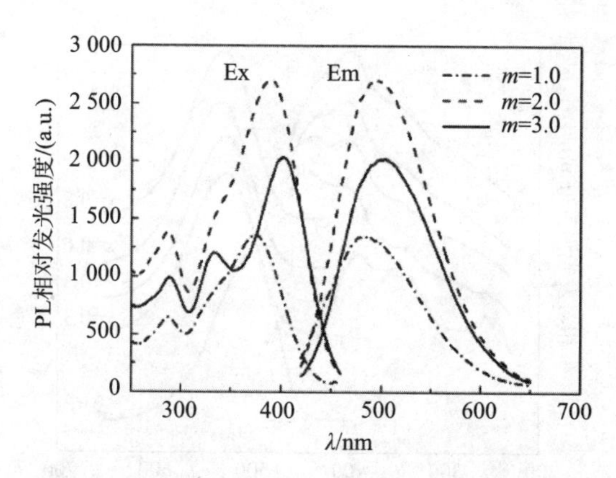

图 6－40　10%(原子百分数)Ce 掺杂 Ca－α－sialon 荧光粉的激发光谱和发射光谱

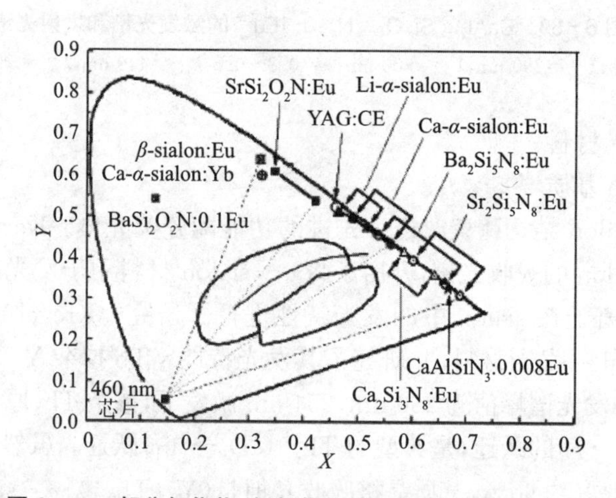

图 6－41　部分氮化物/氮氧化物的国际照明委员会色坐标

R. J. Xie 等首先制备了 Yb^{2+} 掺杂浓度的 Ca－α－sialon。图 6－42 为 Yb^{2+} 激活的 Ca－α－sialon 的激发光谱和发射光谱。激发带峰值分别位于 219 nm、254 nm、283 nm、307 nm、342 nm 和 445 nm。Yb^{2+} 在 Ca－α－sialon 呈现强的绿光发射(λ_{em}＝549 nm)，发射光谱为单一宽带，这可以归因于 Yb^{2+} 允许的 $4f^{13}5d$ 和 $4f^{14}$ 组态的跃迁。斯托克斯位移大约为 4 300 cm^{-1}。组成变化会造成 α－sialon 的结晶度、物相纯度、颗粒形貌的变化，从而影响发光效率。m＝2.0 时发射效率最高，而此时 Yb^{2+} 最佳摩尔分数约为 0.005%。Ca－α－sialon:Yb^{2+} 在蓝光 LED 的 450～470 nm 激发波长范围内发射很有效，其 CIE 色坐标与 ZnS:Cu,Al 相当，具有很好的颜色饱和度，因此可应用于生产白光 LED。

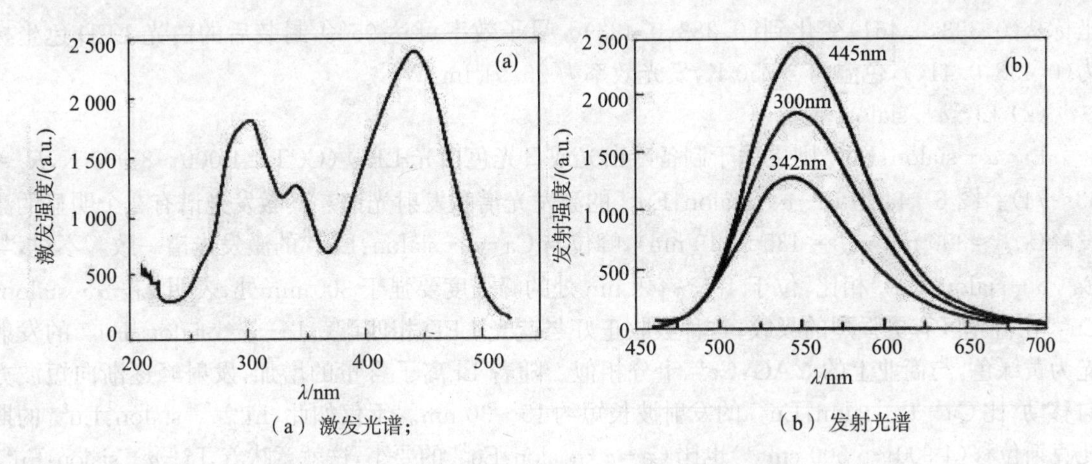

（a）激发光谱；　　（b）发射光谱

图 6-42　Yb^{2+}激活的 Ca-α-sialon 的激发光谱（λ_{em}=549 nm）和发射光谱（λ_{ex}=342 nm,300 nm,445 nm）

R.J. Xie 等通过气压烧结灼烧法（0.925 MPa，N_2，1 800 ℃，2 h）制备了化学式为 $Ca_{0.625}Eu_xSi_{10.75-3x}Al_{1.25+3x}O_xN_{16-x}$（Ca-α-sialon:Eu，$x$=0～0.25）的 Eu^{2+} 掺杂 Ca-α-sialon 的黄色氮氧化物发光材料。图 6-43 为 Ca-α-sialon:Eu 的激发光谱和发射光谱。Ca-α-sialon:Eu 的激发光谱为从紫外区到可见区的宽谱，这与反射光谱一致。在激发光谱中分别观察到最大值为 300 nm 与 400 nm 的两个宽带，300 nm 峰是基质吸收（α-sialon），而 400 nm 峰是对应于 Eu^{2+} 的 $4f^7 \rightarrow 4f^65d$ 跃迁。Eu^{2+} 掺杂 Ca-α-sialon 的发射光谱在 583～603 nm 处，表现为强的宽发射带，随着 Eu^{2+} 浓度的增加，宽发射带产生红移。发射带是由于 Eu^{2+} 的 $4f^7 \rightarrow 4f^65d$ 允许跃迁产生的，Eu^{2+} 在 α-sialon 中的长波长激发发射带表明，富氮配位能降低能级重心及加剧晶体场劈裂。由于它们能有效吸收紫外-可见区的光，并在 583～603 nm 呈现出去强的单一宽带发射，可应用于 WLED。

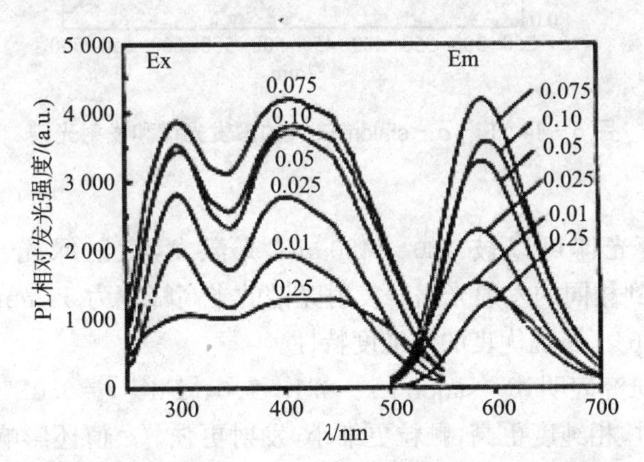

图 6-43　Ca-α-sialon 的激发光谱和发射光谱

最近，R.J. Xie 等利用橙黄色 Ca-α-sialon:Eu^{2+}（$Ca_{0.875}Si_{9.06}Al_{2.94}O_{0.98}N_{15.02}$:0.07 Eu^{2+}，λ_{ex}=449 nm，λ_{em}=583～603 nm）发光材料和红色 $CaAlSiN_3$:Eu^{2+} 发光材料再加上蓝光 LED 合成出了一种暖白色白光 LED，制备出的 pc-LED 的色度要比由 YAG:Ce^{3+} 制成的 pc-LED 的色度要稳定得多。例如，在温度从 25 ℃上升到 200 ℃的过程中，由 Ca-α-sialon:Eu^{2+} 制成的 pc-LED 的色坐标从（0.503，0.463）变化到（0.509，0.464），而 YAG:Ce^{3+} 制成的 pc-LED 的色

坐标从(0.393,0.461)变化到(0.383,0.433)。量子效率可达95%,封装后的白光LED色坐标为(0.458,0.414),色温为2 750 K,发光效率为25.91 lm/W。

(2) Li－α－sialon基质

Li－α－sialon:Eu^{2+}则更适于制备冷白光或日光色白光LED(CCT=4 000~8 000 K,R_a=63~74)。图6－44为Li－α－sialon:Eu^{2+}的激发光谱和发射光谱。其激发光谱有2个明显的激发峰($\lambda_{ex1}\approx$300 nm,λ_{ex2}=435~449 nm),峰位与Ca－α－sialon:Eu^{2+}的激发光谱一致。不过,与Ca－α－sialon:Eu^{2+}相比,位于435~449 nm处的峰强度要强于300 nm处,表明Li－α－sialon:Eu^{2+}在蓝光区有更强烈的吸收,这种吸收正好与蓝光LED相匹配。Li－α－sialon:Eu^{2+}的发射光为黄绿色,与商业上的YAG:Ce^{3+}十分相似。随着Li离子含量的增加,发射峰逐渐向短波方向移动,比Ca－α－sialon:Eu^{2+}的发射波长短约15~30 nm。不仅如此,Li－α－sialon:Eu^{2+}的斯托克斯位移(4 900~5 500 cm^{-1})也比Ca－α－sialon:Eu^{2+}的要小,这就意味着,Li－α－sialon:Eu^{2+}有着更高的转化率以及更好的热猝灭性能。除此之外,Li－α－sialon:Eu^{2+}的发射强度也随m值的变化而变化,在m=2.0时,发光强度(λ_{em}=573 nm)最大。选取Li－α－sialon:Eu^{2+}($Li_{1.74}Si_9Al_3ON_{15}$:$Eu_{0.13}$),与460 nm InGaN基蓝光LED芯片制备pc－LED。通过控制Li－α－SiAlON:Eu^{2+}发光材料的浓度,可以得到宽色度范围的白光,制备出高效日光发射的LED。

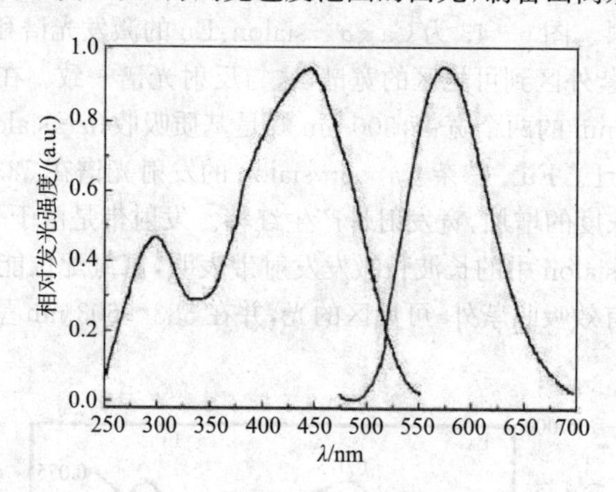

图6－44 Li－α－sialon:Eu^{2+}的激发光谱和发射光谱

(3) β－sialon

β－sialon:Eu^{2+}荧光体可以被280~480 nm光激发,发射绿光。在303nm、405nm及450 nm处分别激发得到相同的发射光谱。发射光谱的半高峰宽为55 nm,发射峰为535 nm,色坐标为x=0.32,y=0.64,展现优良的色纯度特性。

M. Mitomo等的研究表明,β－sialon[z=0.1~2.0,[Eu^{2+}]=0.02%~1.5%(摩尔分数)]在z值较小($z\leqslant$1.0)时,相纯度更高,颗粒更细小,发射更强。z值还影响颗粒形貌,z值较小时为长柱状,烧结体松散,易破碎,随着z值的增大逐渐变为等轴状,同时,颗粒变粗。β－sialon:Eu的激发光谱为250~500 nm的宽峰,峰值波长为304 nm、337 nm、406 nm和480 nm;在350~410 nm的紫外线或450~470 nm的蓝光激发下,发射光谱峰值为528~550 nm(图6－45)。在303 nm紫外线激发下,内量子效率为61%,外量子效率为70%。其发射光谱的半高峰宽只有YAG:Ce的一半,色纯度更高。斯托克斯位移约2 600 cm^{-1},只有α－sialon(7 000~8 000 cm^{-1})的1/3。z值和Eu含量的增加,还会导致发射带红移。由于Al—O键(0.175 nm)和Al—N键(0.187 nm)比Si—N键(0.174 nm)长,z值增大导致晶格膨胀,斯托克斯位移增大,使发射带红移(斯托克斯位移效应);另一方面,z 值增大也会导致 O/N 比值增大,共价性减弱,这会导致发射带蓝移(电子云扩展效应)。发光的热猝灭小,在 150 ℃的发光强度达到室温的 84%～87%,与 Li－α－sialon 相当。Eu^{2+} 在 β－sialon 基质的发光猝灭浓度相当低,z=0.1 时为 0.7%(摩尔分数),z=0.5 时为 0.5%(摩尔分数),z=1.0～2.0 时为 0.3%(摩尔分数)。综合各种因素,z=0.1～0.5 是比较合适的。

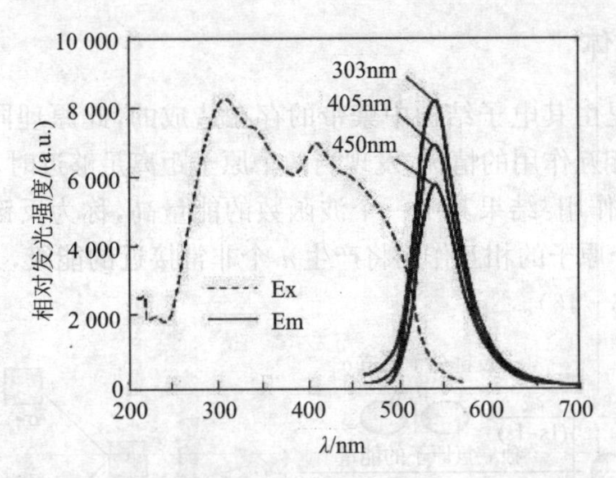

图 6－45　β－sialon:Eu^{2+} 的激发光谱和发射光谱(λ_{em}=535 nm,λ_{ex}=303 nm、405 nm、450 nm)

6.5　OLED 发光材料

1947 年出生于香港的美籍华裔教授邓青云在实验室中发现了有机发光二极体,也就是 OLED,由此展开了对 OLED 的研究。1987 年,邓青云教授和 Vanslyke 采用了超薄膜技术,用透明导电膜作阳极,AlQ_3 作发光层,三芳胺作空穴传输层,Mg/Ag 合金作阴极,制成了双层有机电致发光器件。1990 年,Burroughes 等人发现了以共轭高分子 PPV 为发光层的 OLED,从此在全世界范围内掀起了 OLED 研究的热潮。邓教授也因此被称为"OLED 之父"。

OLED 全称是有机发光二极管(Organic Light-Emitting Diode),顾名思义,OLED 是基于有机半导体材料制作的器件。部分国外又称 OLED 为有机电激发光显示(Organic Electroluminesence Display,OELD)。OLED 使用的材料分为小分子和高分子,目前产业化的 OLED 主要以小分子有机材料为主。小分子 OLED 使用成本较低的玻璃作为基板,以大面积真空热蒸镀成膜工艺制造,所以 OLED 是先天的面光源技术。OLED 制程工艺无需 LED 制程工艺的超高真空和高温环境,成本竞争力高出许多。

OLED 一般发光均匀柔和,接近朗泊辐射分布,因此 OLED 本身几乎就是一个灯具,无需搭配灯罩使用。目前,白光 OLED 主要以发红绿(黄)蓝三种基本颜色的有机材料依次叠加混合而成。另外,有机材料发光光谱的特点是其半波峰宽度很宽,因此白光 OLED 的光谱中没有较大的缺口,这使得 OLED 光源的显色指数非常优异,特别适合于室内通用照明,甚至是专业摄影等应用。而且,通过调节每种颜色材料的发光比例,可以产生出任意色调的光,以适应不同的应用场合。

OLED 具有自发光性、广视角(达 175°以上)、短反应时间(1μs)、高对比、低耗电、高反应速率、全彩化、制程简单等优点,OLED 显示器的种类可分单色、多彩及全彩等种类,而其中以全彩制作技术最为困难,OLED 显示器依驱动方式的不同又可分为被动式(Passive mAtrix,

PMOLED)与主动式(active mAtrix,AMOLED)。

有机发光二极管可简单分为OLED(organic light-emitting diodes)和聚合物发光二极管(polymer light-emitting diodes,PLED)两种类型,目前均已开发出成熟产品。PLED主要优势相对于OLED是其柔性大面积显示。但由于产品寿命问题,目前市面上的产品仍以OLED为主要应用。

6.5.1 有机半导体

材料的半导体特性是由其电子结构中禁带的存在造成的,此原理同样适用于有机半导体。研究少量金属原子发生相互作用的情况,发现当两个原子距离足够近时,它们的轨道发生相互作用,两者的波函数也相互作用:结果其中一个波函数的能量高,称为反键;另一个波函数的能量低,称为成键。结果,n 个原子的相互作用将产生 n 个非常接近的能级,其中一些是成键,另一些为反键,统称为能带(图 6-46)。

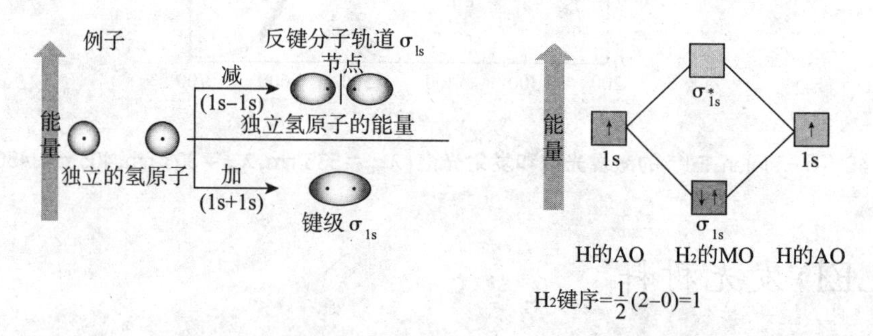

图 6-46 两个原子键的形成及对电子能级的影响

与无机固体相比,有机固体的一个显著区别是分子之间因范德瓦尔斯力束缚在一起,但分子内键更强。所以分子间的相互作用力较弱且平均自由程约等于分子间的距离。因此,有机材料的能带结构是定域的,整个结构上不是非定域的。

总之,由于分子间相互作用较弱,有机固体结构和单分子有许多相同的特性。对于单分子,要获得更高的能量,各原子核结合在一起形成势阱,并构成一个更大的阱。深级原子轨道被限制在原子核势阱内,而能量较高的原子轨道相互作用形成非定域原子轨道,但轨道仅在分子内。对应于无机半导体的价带和导带,有机半导体内存在两个能级:HOMO能级(最高被占用分子轨道)和LUMO能级(最低未占用分子轨道),但仅限于分子这一级。

6.5.2 OLED的发光原理与结构

OLED的基本结构是由薄而透明并具半导体特性的铟锡氧化物(ITO),与正极相连,再加上另一个金属阴极,包成如三明治的结构。整个结构层中包括了:空穴传输层(HTL)、发光层(EL)与电子传输层(ETL)。当电力供应至适当电压时,正极空穴与阴极电子便会在发光层中结合产生光子,依其材料特性不同,产生红、绿和蓝RGB三原色,构成基本色彩。OLED的特性是自发光,因此可视度和亮度均高,且无视角问题;其次是驱动电压低且省电效率高,加上反应快、重量轻、厚度薄,构造简单,成本低等,被视为21世纪最具前途的产品之一(图 6-47)。

典型的OLED由阴极、电子传输层、发光层、空穴输运层和阳极组成。电子从阴极注入到电子输运层,同样,空穴由阳极注入到空穴输运层,它们在发光层重新结合而发出光子。与无机半导体不同,有机半导体(小分子和聚合物)没有能带,因此电荷载流子输运没有广延态。受激分子的能态是不连续的，电荷主要通过载流子在分子间的跃迁来输运。因此，在有机半导体中，载流子的移动能力比在硅、砷化镓甚至无定形硅的无机半导体中要低几个数量级。

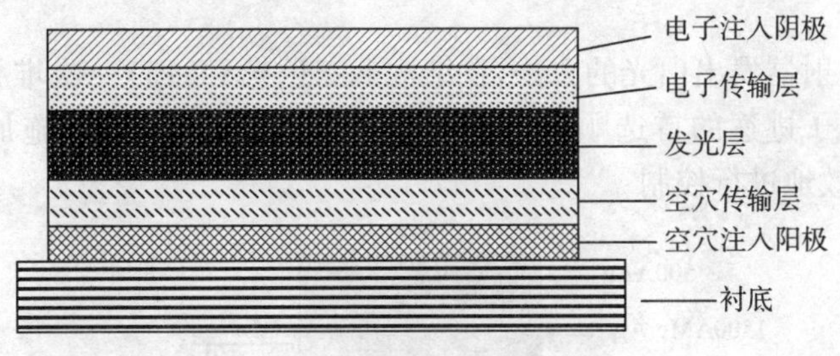

图 6-47 OLED 结构示意图

所以 OLED 发光的整个过程如下：

(1) 电子和空穴在发光层中相遇时，会产生复合效应；

(2) 复合的过程中产生激子，激子在电场的作用下迁移，将能量转移给发光层中的掺杂材料；

(3) 掺杂材料中的电子吸收能量后，从基态跃迁到激发态；

(4) 因为激发态是不稳定的，电子会从激发态再次跃迁回基态，同时释放出能量，产生光子。

OLED 的最外层是衬底，而堆叠层可以从阳极或阴极开始，从而可以据此分为直接二极管和反向二极管，这两种堆叠的 OLED 具有不同的载流子注入方式。

OLED 还可以具有不同的光发射方向，光子可通过衬底发射，此时衬底必须是透明的。反之，光可以从堆叠的顶层发射。发射方向不同，电极的类型也不同，底层发射二极管的阳极通常由 TCO 构成。而顶层发射则解除了对衬底性质的限制，因此可以将寻址图案置于 OLED 的堆叠下方，构成有源矩阵显示器。只是，此时必须使用反射性基电极优化腔结构。

6.5.3 OLED 照明

为了获得可模拟太阳光谱的照明器件，OLED 的照明原件设计通常有两种形式，即单发光层结构和双发光层结构。

1. 单发光层结构

单发光层结构需要两种或多种发光材料在同一种有机材料内聚集，构成单层结构。而两种以上的材料共蒸(co-evaporation)是一种难以控制和复制的工艺，尤其是掺杂能级低的时候。实际上，每种发光材料的浓度控制会因聚合物的性质而变得较为简单，然后各成分在使用薄层沉积工艺之前混合在一起。

在同一分子上引入若干发射中心，根据能隙可对各种弛豫方法进行有效的控制，而事实上，一个分子只能承受一个电子空穴对。另外，仅几种发光体的共存就会使最低能隙的材料能级被填满，所以二极管的色度坐标会随着注入载流子的数量而变化。

这种简单的结构通常会获得最高的效率，然而在发光品质方面，CRI(显色指数)却比较低。

2. 双发光层结构

双发光层简化了二极管的制造，并且同时可以使用更多数量的发光材料。但是其中空穴输运层通常在接近发光层的厚度上被部分掺杂，所以这一技术明显地限制了这种多发光层结构中因厚度增加而产生的欧姆损耗。

采用结构更复杂发射区的优点在于控制各层中复合率的可能性，方法有两种：合理选择基质的 HOMO 和 LUMO 能级；插入载流子阻挡层。

厚度的增加和感应出的载流子势垒通常会引起效率的降低和驱动电压的增加,但另一方面,数量更多的发光体则会实现更佳的 CRI。

3. 堆叠式 OLED

这是一种使顶发射器发出白光的方法,在结构上三色光 OLED 一次堆叠在衬底上,如图 6-48。这是组织短波光子逃逸的首选顺序。利用这种结构可以通过调节施加于每个二极管的电流,将每种光发射有效地进行控制。

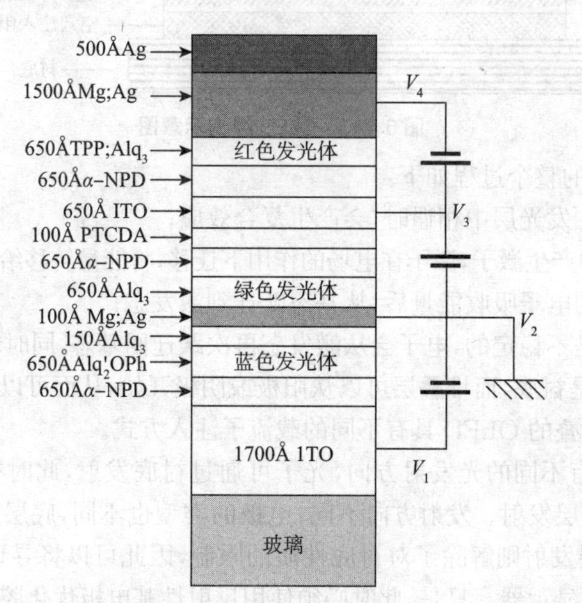

图 6-48　OLED 堆叠结构

4. 叠层结构

叠层 OLED 是由两种或多种相同结构二极管的堆叠构成,并且用电荷产生材料隔离(见图 6-49)。无论多少二极管堆叠在一起,这种结构只有两个电极,因此 OLED 的电流效率得到提高。使用这种结构的主要困难在于顶端 OLED 的阳极和底端 OLED 的阴极同时使用透明电极。

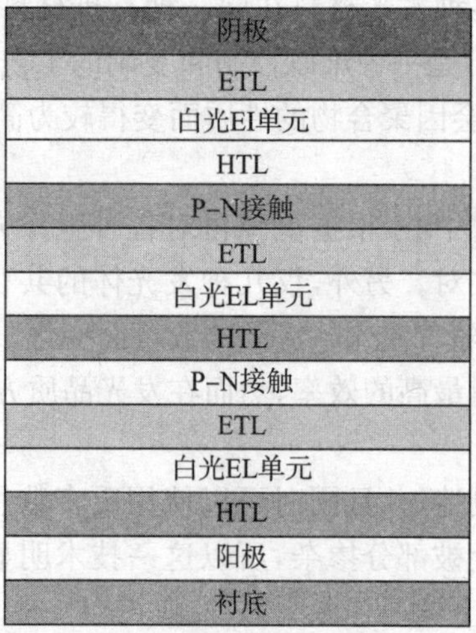

阴极
ETL
白光EI单元
HTL
P-N接触
ETL
白光EL单元
HTL
P-N接触
ETL
白光EL单元
HTL
阳极
衬底

图 6-49　三层白光 OLED 叠层结构

思考题

[1] LED的结构与工作原理是什么?
[2] LED光源有哪些优势?
[3] LED的发展经历了哪几个阶段?
[4] 简述几种新型半导体发光材料的研究进展。
[5] 钇铝石榴石的发光机理是什么?其制备方法有哪些?
[6] 白光LED用发光材料制备中的化学问题是什么?如何解决?
[7] 简述几种硅酸盐基质白光LED发光材料的研究进展。
[8] 简述几种氮化物基质白光LED发光材料的研究进展。
[9] 简述OLED的优点及工作原理。

参考文献

[1] 国家半导体照明工程研发及产业联盟. 半导体照明. 辽宁:辽宁科学技术出版社,2006.
[2] 肖志国,石春山,罗希贤. 半导体照明发光材料及应用. 北京:化学工业出版社,2008.
[3] 史兴国. 半导体发光二极管及固体照明. 北京:科学出版社,2005.
[4] 方志烈. 半导体照明技术. 北京:电子工业出版社,2009.
[5] 杨清德,康娅. LED及其工程应用. 北京:人民邮电出版社,2008.
[6] Geller S, Gilleo M A. Struture and ferri magnetism of yttrium and rare-earth-iron garnets. Acta Crystallographica, 1957, 10: 239.
[7] 余昭蓉. 掺杂稀土元素铝酸钇荧光体之合成与特性鉴定. 台北:台湾交通大学应用化学研究所,1997.
[8] Bhattacharjee T, Basu S K , Chandi Charan Dey, et al. Comparative studies of YAG(Ce) and CsI(TI) scintillators, Nuclear Instruments and Methods in Physics Research Section A: Accelerators, Spectrometers, Detectors and Associated Equipment. [出版者不详], 2002, 484(1-3):364-368.
[9] Li J, Lee J, Mori T. Crystal phase and sinterability of wet-chemically derived YAG powders. J. Jpn. Ceram. Soc., 2000, 108(5):439-444.
[10] 王海波,朱宪忠,任巨光. 荧光粉涂敷法制白光LED前景广阔. 中国照明电器,2004(5):1-4.
[11] 吴作贵,张旭东,何文,等. 白光LED用YAG:Ce^{3+}荧光粉制备技术的研究进展. 山东陶瓷,2007,30(1):28-30.
[12] 宋伟朋. 水热法合成YAG:Ce荧光粉. 保定:河北大学,2006.
[13] PanY X, Wu M M, Su Q. Comparative investigation on synthesis and photoluminescence of YAG:Ce phosphor. Materials Science and Engineering: B, 2004, 106(3):251-256.
[14] Lo J R, Tseng T Y. Effect of LiCl on the crystallization behavior and luminescence of $Y_3Al_5O_{12}$:Tb. Mater. Chem. Phys, 1998, 57(1):95-98.

[15] Ikesue A, Frusta I, Kamata K. Fabrication of polycrystalline transparent YAG ceramics by a solid-state reaction method. Journal of the American Ceramic Society, 1995, 78(1): 225 - 228.

[16] G. de, H J A, vanDijk. Translucent $Y_3Al_5O_{12}$ ceramics. Materials research bulletin, 1984, 19(12):1669 - 1674.

[17] Ohno K, Mckittrick J, T Abe, et al. The influence of processing parameters on luminescent oxides produced by combustion synthesis. Neuroscience Research, 1995, 22 (2):219 - 229.

[18] Zhang Q W, Fumio S. Mechanochemical solid reaction of yttrium oxide with alumina leading to the synthesis of yttrium aluminum garnet. Powder Technology, 2003, 129 (1 - 3):86 - 91.

[19] 丁建红,李许波,倪海勇,等. 白光 LED 用 YAG:Ce^{3+}荧光粉的性能研究. 广东有色金属学报,2006,16(1):1 - 8.

[20] 张书生,庄卫东,赵春雷. 助熔剂对 $Y_3Al_5O_{12}$:Ce 荧光粉性能的影响. 中国稀土学报,2002,20(6):605 - 607.

[21] 王介强,郑少华,陶珍东,等. 制备条件对固相反应法制取 YAG 多晶体透光性的影响. 中国有色金属学报,2003,13(2):432 - 436.

[22] 刘如熹,石景仁. 白光发光二极管用钇铝石榴石荧光粉配方与机制研究. 中国稀土学报,2002,20(6):495.

[23] 王晶,郑荣儿,苗洪利,等. 高亮度波长可调的白光发光二极管荧光粉的制备方法:中国,CN03152709.4,2005 - 11 - 9.

[24] 许并社,郝海涛,周禾丰,等. 一种铈、钆激活的石榴石荧光粉及制取方法:中国,CN200510012788.9,2007 - 1 - 31.

[25] 贾乃涛. YAG:Ce 荧光粉的制备. 山东轻工业学院,2009.

[26] 林君,苏锵. 溶胶凝胶法及其在稀土发光材料合成中的应用. 稀土,1994,15(1):42 - 46.

[27] Jia D D,Wang Y,Guo X, et al. Synthesis and Characterization of YAG:Ce^{3+} LED Nanophosphors. Journal of the Electrochemical Society, 2007, 154(1): 1 - 4.

[28] Steinmann M. YAG powder synthesis fromAlkoxides. Euro-ceramics, 1989, 1: 109 - 113.

[29] Katelnikovas A, Vitta P, Pobedinskas P, et al. Photoluminescence in sol-gel-derived YAG:Ce phosphors. 2007,304(2):361 - 368.

[30] Tokumatsu T, Masaru Y, Ken H,et al. Novel synthesis of $Y_3Al_5O_{12}$(YAG) leading to transparent ceramics. Solied State Communications, 2001, 119(10～11): 603 - 606.

[31] Ravichandran Rustum Roy D, Chakhovskoi A G, Hunt C E, et al. Fabrication of $Y_3Al_5O_{12}$:Eu thin films and powders for field emission display applications. Journal of Luminescence 71 (1997) 291 - 297.

[32] 杨隽,闫卫平,等. 溶胶-凝胶法合成 YAG:Ce^{3+}荧光粉及其发光性能研究. 稀土,2005,23(增刊):27 - 29.

[33] Xing-Huang Yan(严星煌),Song-Sheng Zheng(郑淞生),Rui-Min Yu(于瑞敏),et al. Preparation of YAG:Ce(superscript 3+)phosphor by sol-gel low temperature combus-

tion method and its luminescent properties Trans. Nonferrous Met. Soc. China，2008，18:648－653.

[34] Cheng Zhang，Qiang Li，Danyu Jiang. A new preparation route of YAG:Ce via polmer gel precursor. Key Engineering materials，2007，336－338:2058－2059.

[35] Zhou S H，Fu Z L，Zhang J J，et al. Spectral properties of rare-earth ions innanocrystalline. Journal of luminescence，2006，118:179－185.

[36] 付婧芳. 纳米 YAG:Ce^{3+} 荧光粉的液相法制备及性能研究. 天津:天津大学，2008.

[37] 李建宇. 稀土发光材料及其应用. 北京:化学工业出版社，2003.

[38] Inoue M，Otsu H，Kominaml H，et a1. Synthesis of yttrium aluminum garnet by the glycothermal method. J Am Ceram Soc，1991，74(6)：1452－1454.

[39] R Kasuya，T Isobe，H Ku mA. Glycothermal synthesis and photoluminescence of YAG:Ce^{3+} nanophosphors. Journal of Alloys and Compounds，2006，408 － 412：820－823.

[40] T. Takamori，L D David. Controlled Nucleation for Hydrothermal Growth of Yttrium-Aluminum Garnet Powders. Am. Ceram. Soc. Bull.，65 (9) (1986) 1282 － 1286.

[41] Xia Li，Hong Liu，Jiyang Wang，et al. YAG:Ce nano-sized phosphor particles prepared by a solvothermal method. Materials Research Bulletin，2004，39(12)：1923－1930.

[42] Inoue M，Otsu H，Kominaml H，et a1. Synthesis of yttrium aluminum garnet by the glycothermal method. J Am Ceram Soc，1991，74(6)：1452－1454.

[43] Hakuta Y，Haganuma T，Sue K，et al. Continuous production of phosphors YAG:Tb nanoparticles by hydrothermal synthesis in supercritical water. mAter. Res. Bull.，2003，38(7):1257－1265.

[44] 房明浩，等. 水热法合成 YAG 粉体的制备工艺. 第十一届全国高技术陶瓷学术年会论文集.[出版者不详]，2000，10.

[45] C C Chiang，M S Tsai. Synthesis of YAG:Ce phosphor via different aluminum sources and precipitation processes. Journal of Alloys and Compounds，2006，416：265－269.

[46] Yung-TangNien，Yu-Lin Chen. Synthesis of nanoscaled yttrium aluminum garnet，phosphor by coprecipitation method with HMDS treatment. Materials Chemistry and Physics，93(2005)：79－83.

[47] 徐国栋，张旭东，李红. 钇铝石榴石粉体制备技术的研究进展. 山东陶瓷，2005(05)：14－19.

[48] Crawford Russell，Mainwwaring David E，Harding Ian H. Adsorption and coprecipitation of heavy metals from ammoniacal solutions using hydrous metal oxides. Colloids and Surfaces A，1997，126(2－3)：167－179.

[49] 王介强，郑少华，岳云龙，等. 低温法制取 Y_2O_3 透明陶瓷的研究. 无机材料学报，2003(06)：21－25.

[50] 王宏志，高濂. 共沉淀法制备纳米 YAG 粉体. 无机材料学报，2001(04)：630－634.

[51] 李江，潘裕柏，张俊计，等. 共沉淀法制备钇铝石榴石(YAG)纳米粉体. 硅酸盐学报，2003，31(5)：490－449.

[52] Matsubara I，Patanthaman M，Allison S W，et al. Preparation of Cr-doped $Y_3Al_5O_{12}$

phosphors by heterogeneous precipitation methods and their luminescent properties. Mateials Research Bulletin，2000，35(2):217－224.

[53] 石士考，李林书，刘行仁.. YAG:Ce^{3+}、Tb 材料的软化学合成及其性能研究. 中国稀土学报，1998，16:1055－1057.

[54] Wang Y，Yuan P，Xu H Y，et al. Synthesis of Ce:YAG phosphor via Homogeneous Precipitation under Microwave Irradiation. J. Rare Earths，2006，24(1):183－186.

[55] Yun Chan Kang，I Wuled Lenggoro，Seung Bin Park，et al. YAG:Ce phosphor particles prepared by ultrasonic spray pyrolysis. Materials Research Bulletin，2000，35: 789－798.

[56] Qi Faxin，Wang Haibo，Zhu Xianzhong. Spherical YAG:Ce^{3+} phosphor particles prepared byspray pyrolysis. Journal of Rare Earths，2005，23(4): 397－400.

[57] Purwanto A，Wang Wei-Ning，Lenggoro IW，et al. For mAtion and luminescence enhancement of agglomerate-free YAG:Ce^{3+} submicrometer particles by flame-assisted spray pyrolysis. Journal of the Electrochemical Society，2007，154(3): 91－96.

[58] 杨隽. YAG:Ce^{3+}荧光粉的制备及其性能研究. 大连:大连理工大学，2006.

[59] Fu Yen-Pei. Preparation of $Y_3A_{15}O_{12}$:Ce powders by microwave-induced combustion process and their luminescent properties. Journal of Alloys and Compounds，2006，414: 181－185.

[60] D Haranath，Harish Chander，Pooja Sharma，et al. Enhanced luminescence of $Y_3Al_5O_{12}$:Ce^{3+} nanophosphor for white light-emitting diodes. Applied Physics Letters，2006，89: 173118.

[61] PanYuexiao，Wu Mingmei，Su Qiang. Tailored photoluminescence of YAG:Ce phosphor through various methods. Journal of Physics and Solids，2004，65(5): 845－850.

[62] D. Haranath，Harish Chander，Pooja Sharma，et al. Enhanced luminescence of $Y_3Al_5O_{12}$:Ce^{3+} nanophosphor for white light-emitting diodes. Applied Physics Letters，2006，89:173118.

[63] Zhiping Yang，Xu Li，Yong Yang，et al. The influence of different conditions on theluminescent properties of YAG:Ce phosphor formed by combustion. Journal of Luminescence，2007，122－123:707－709.

[64] Kakade M B，Ramanathan S，Ravindran P V. Yttrium aluminum garnet powders by nitrate decomposition and nitrate － urea solution combustion reactions—a comparative study. Journal of Alloys and Compounds. 2003，350(1－2): 123－129.

[65] N J Hess，Exarhos G J. Pressure-temperature sensors: Solution deposition of rare-earth-doped garnet films. Journal of Non-Crystalline Solids，1994，178: 91－97.

[66] 何南玲. YAG 黄色荧光粉的合成与性能研究. 重庆:重庆大学，2006.

[67] 罗昔贤. 含硅氮/氧化物基质白光发光二极管发光材料的研究进展. 硅酸盐学报，2008，36(9):1335－1342.

[68] A. Ellens，G Huber，F Kummer. Illumination unit having at least one led as light source. United States Patent No. 6,657，379.

[69] HUPPERTZ H，SCHNICK W. Synthese. Kristallstruktur und eigens-chaften der nitri-

dosilicate $SrYbSi_4N_7$ and $BaYbSi_4N_7$. Z Anorg Allg Chem，1997，623：212 - 217.

[70] Barry Thomas L. Fluorescence of Eu^{2+} activated phase in binary alkaline earth orthosilicate systems. J. Electrochem. Soc.，1997，58(9)：1451 - 1456.

[71] Poort S H M，Mererink A，Blasse G. Lifetime measuremems in Eu^{2+}-doped host lattices. J. Phys. Chem. Solicis. 1997. 58 (9)：1451 - 1456.

[72] Poort S H M，Blokpoel W P，Blasse G. Luminescence of Eu^{2+} in barium and strontium aluminate and gallate. Chem. mater，1995，7 (8)：1547 - 1551.

[73] Poort S H M，Reijnhoudt H M，vari de，et al. Luminesence of. Eu^{2+} in sili cate host lattices whh alkaline earth ions in a row. J. Ailoys & Comp.，1996，241：75 - 81.

[74] Poort S H M，van Kreel J W H，Stomphorst R，et al. Luminesence of Eu^{2+} in host lattices wirh three alkaiine earth ions in a row. J. Solid State Chem. 1996. 122：432 - 435.

[75] Park J K，Choi K J，Kim C H，et al. Optical properties of Eu^{2+}-activateci $Sr_2Si_5O_8$，phosphor for light-emittmg diodes. Electrochem. Solid State Lett. 2004. 7 (5)：15 - 17.

[76] Park J K，Choi K J，Yeon J H，et al. Embodiment of the warm white-light-emitting diodes by using a Ba^{2+} codoped Sr_3SiO_5：Eu phosphor. Appl. Phys. Lett.，2006，88：43511.

[77] Kim J S，Jeon P E，Choi J C，et al. Warm white light emitting diode utilizing a single-phase full color $Ba_3MgSi_2O_8$：Eu：$^{2+}$，Mn^{2+} phosphor. AppL Phy，Lett.，2004，84：2931.

[78] Kim J S，Jeon P E，Park Y H，et al. Whitelight generation through ultraviolet-emitting diode and white-emitting phosphor. Appl. Phys. Lett.，2004，85(17)：3696 - 3698.

[79] Kim J S Pa，k Y H，Choi j C，et al. Temperature-dependent emission spectrum of $Ba_3MgSi_2O_8$：Eu：$^{2+}$，Mn^{2+} phosphor for white-light-emitting diode. Electrochem. Solid Strate Lett.，2005，8(8)：65 - 67.

[80] Yoo JS，KimSH，Yoo WT，et al. Control of spectral properties of strontium-alkaline earth-silicate-europium phosphors for LED applications. J. Electrochem Soc.，2005，152(5)：382 - 385.

[81] Kang H S，Kang Y C，Jung K Y，et al. Eu-doped barium strontium silicate phosphor particles prepared from spray soulution containing NH_4Cl flux by spray pyrolysis. Mater. Sci. Eng. B，20085，121：81 - 85.

[82] 罗昔贤. 白光 LED 用新型硅酸盐基质发光材料. 第十届全国 LED 产业研讨与学术会议论文集，大连：[出版者不详]，2006.

[83] Park J K，Lim M，Choi K J，et al. Luminescence characteristics of yellow emitting Ba_3SiO_5：Eu^{2+} phosphor. J Mater Sci，2005，40：2069 - 2071.

[84] Park J K，Kim C H，Park S H，et al. Application of strontium silicate yellow phosphor for white light-emitting diodes. Appl Phys Lett，2004，84：1647 - 1649.

[85] Park J K，Choi K J，Kim K N，et al. Investigation of strontium silicate yellow phosphors for white light emitting diodes from a combinatorial chemistry. Appl Phys Lett，2005，87(3)：031108.

[86] 李盼来，杨志平，王志军，等. 用于白光 LED 的 Sr_3SiO_5：Eu^{2+} 材料制备及发光特性研究.

科学通报,2007,52(13):1495-1498.

[87] Park J K, Choi K J,Yeon J H, et al. Embodiment of the warm white-light-emitting diodes by using a Ba^{2+} codoped Sr_3SiO_5:Eu phosphor. Appl Phys Lett, 2006, 88: 43511.

[88] 周鑫荣,何大伟,王永生. Dy^{3+} 掺杂的硅酸盐荧光粉发光光谱的研究. 人工晶体学报,2009,38:28-31.

[89] 李盼来,王志军,杨志平,等. 电荷补偿对 $Sr_2SiO_4:Dy^{3+}$ 材料发射光谱的影响. 2009,29(1):244-245.

[90] 杨志平,王少丽,杨广伟,等. $Sr_2SiO_4:Sm^{3+}$ 红色荧光粉的发光特性. 硅酸盐学报. 2007,35(12):1587-1589.

[91] Poort S H M, Blokpoel P W, Blasse G. Luminescence of Eu^{2+} in barium and strontium aluminate and gallate. Chem Mater, 1995, 7(8):1547-1551.

[92] Poort S H M, Reijnhoudt H M, van der Kuip H O T, et al. Luminescence of Eu^{2+} in silicate host lattices with alkaline earth ions in a row. J Alloys Comp, 1996, 241: 75-81.

[93] 乔彬,张中太,唐子龙,等. Eu^{2+},Mn^{2+}共激活碱土镁硅酸盐基红色荧光粉的发光性能. 中国稀土学报,2003,21(2):192-195.

[94] Kim J S,Jeon P E, Choi J C, et al. Warm-white-light emitting diode utilizing a single-phase full-color $Ba_3MgSi_2O_8:Eu^{2+}$, Mn^{2+} phosphor. Appl Phys Lett, 2004, 84: 2931.

[95] Kim J S, Lim K T,Jeong Y S, et al. Full-color $Ba_3MgSi_2O_8:Eu^{2+}$, Mn^{2+} phosphors for white-light-emitting diodes. Solid State Comm, 2005, 135(1-2): 21-24.

[96] Kim J S, Park Y H, Choi J C, et al. Temperature-dependent emission spectrum of $Ba_3MgSi_2O_8:Eu^{2+}$, Mn^{2+} phosphor for white-light-emitting diode. Electrochem Solid State Lett, 2005, 8(8): 65-67.

[97] 杨志平,刘玉峰,熊志军,等. $Sr_2MgSiO_5:(Eu^{2+},Mn^{2+})$单一基质白光荧光粉的发光性质. 硅酸盐学报,2006, 34(10):1195-1198.

[98] Yamada K,Ohta M, Taguchi T. $Ca(Eu_{1-x}La_x)Si_3O_{13}$ red phosphor and its application to tri-chro mAtic white LED. J. Light& Vis Env., 28 (2):73-80.

[99] Hong He,Renli Fu, Hai Wang, et al. $Li_2SrSiO_4:Eu^{2+}$ phosphor prepared by the Pechini method and its application in white light emitting diode J. mAter. Res., 23(12): 3288-3294.

[100] Liu J, Sun JY , Shi CS. A new luminescent material: $Li_2CaSiO_4:Eu^{2+}$. Materials Letters, 2006, 60:2830-2833.

[101] Haferkorn B, Meyer G Z. Li_2EuSiO_4 an europium(II) Lithium-silicate: $Eu(Li_2Si)O_4$. Anorg Allg Chem, 1998, 624(7): 1079-1081.

[102] Liu J,Lian H Z, Shi C S, et al. Eu^{2+}-doped high-temperature phase $Ca_3SiO_4Cl_2:Eu^{2+}$ yellowish orange phosphor for white light-emitting diodes. J. Electrochem. Soc., 2005, 152 (11): 880-884.

[103] Liu j,Jian H Z. Sun J Y, et al. Characterization and properties of green emitting $Ca_3SiO_4Cl_2:Eu^{2+}$ powder phosphor for while light-emitting diodes. Chem Lett., 2005, 349(10):1340-1341.

[104] 李世普.特种陶瓷工艺学.武汉:武汉工业大学出版社,1990.

[105] 金志浩,高积强,乔冠军.工程陶瓷材料.西安:西安交通大学出版社,2000.

[106] Priest HF, Burns FC, Priest GL, et al. Oxygen content of alpha siliconnitride. J Am Ceram Soc, 1973, 7: 395-399.

[107] Zerr A, Miehe G, Serghiou G, et al. Synthesis of cubic silicone nitride. Nature, 1999, 400 (6742): 340-342.

[108] 张长瑞,郝元恺.陶瓷基复合材料—原理、工艺、性能与设计.长沙:国防科技大学出版社,2001.

[109] Guge E, Woetting G. Materials selection for ceramic components in automobiles. Ind Ceram, 1999, 19 (3): 196-199.

[110] 董文麟.氮化硅陶瓷.北京:中国建筑工业出版社,1987.

[111] 葛伟萍,赵昆渝,李智东.氮化硅多孔陶瓷.云南冶金,2004,33 (1):47-52.

[112] Oya mA Y, Yogyo K. Solid solution in the Si_3N_4-AlN-Al_2O_3 system. J. Ceram. Jpn., 1974,82(9):351-357.

[113] Jack K H. Review: sialons andrealted nitrogen ceramincs, J. mAter. Sci., 1976, 11: 1135-1158.

[114] Hampshire S, Park H K, Thompson D P, et al. α′-SiAlON ceramics. Nature, 1978, 274(31):880-882.

[115] J W H vanKrevel. Ph. D. Thesis. Eindhoven University of Technology, 2000.

[116] Piao Xianqing, Horikawa, Takashi Hanzawa, et al. Characterization and luminescence properties of $Sr_2Si_5N_8:Eu^{2+}$ phosphor for white light-emitting-diode illumination. Applied Physics Letters, 2006, 88(16):161908.

[117] Li Y Q, Van Steen JEJ, van Krevel JWH, et al. Luminescence properties of red-emitting $M_2Si_5N_8:Eu^{2+}$ (M=Ca, Sr, Ba) LED conversion phosphors. J. Alloys &Comp., 2006, 417:273-279.

[118] Li Y Q, With G de, Hintzen HT. Luminece properties of Ce^{3+} activated alkaline earth silicon nitride $M_2Si_5N_8:Eu^{2+}$ (M=Ca, Sr, Ba) mAterials. J. Lumin. 2006, 116:107-116.

[119] Li Y Q, With G de, Hintzen HT. synthesis structure and luminescence properties of Eu^{2+} and Ce^{3+} activated $BaYSi_4N_7$. J. Alloys Comp., 2004, 385:1-11.

[120] Li Y Q, Fang C M, With G de, et al. Preparation, structure and photoluminescence properties of Eu^{2+} and Ce^{3+} doped $SrYSi_4N_7$. J. Solid state chem., 2004, 177:4687-4694.

[121] Duan C J, Otten W M, Delsing A C A, et al. Preparation and photoluminescence properties of Mn^{2+}-activated $M_2Si_5N_8$ (M=Ca, Sr, Ba) phosphors. Journal of Solid State Chemistry, 181(4):751-757.

[122] Uheda K, Hirosaki N, Yamamoto H. Host lattice mAterials in the system Ca_3N_3-AlN-Si_3N_4 for white light emitting diode. Phys. Stat. SOL., 2006, 203(11):2712-2717.

[123] Uheda K, Hirosaki N, Ya mAmoto H, et al. Luminescence properties of a red phosphor $CaAlSiN_3:Eu^{2+}$ for white light-emitting diodes. Electrochem. Solid State Lett. 2006, 9(4):22-25.

[124] Zhang H C, Horikawa T, mAchida K. Preparation, structure, and luminescence properties of $Y_2Si_4N_6C:Ce^{3+}$ and $Y_2Si_4N_6C:Tb^{3+}$. Journal of the Electrochemical Society, 153(7), 151-154, 2006.

[125] Li Y Q,Delsing C A, With G de, et al. Luminescence properties of Eu^{2+}-acticated alkaline-earth silicon-oxynitride $MSi_2O_{2-\delta}N_{2+2/3\delta}$ (M=Ca, Sr, Ba) a promising class of nivel LED conversion phosphors. Chem. mAter., 2005, 17:3242-3248.

[126] LiuYingliang, Feng Dexiong, Yang Peihui. Preparation of Phosphors $mAl_2O_4:Eu^{2+}$ (M=Ca,Sr,Ba) by Microwave Heating Technique and Their Phosphorescence. [出版物不详],2000, 19(4):297-300.

[127] Shen Z, Nygren M, Halenius U. Absorption spectra of rare-earth-doped α-SiAlON ceramics. J. Mater. Sci. Lett., 1997, 16:263-266.

[128] Karunaratne BSB, Lumby R J, Lewis M H. Rare-earth-dopedα-SiAlON ceramics with novel optical peoperties. J. Meter. Res. 1996, 11:2790-2794.

[129] J W H vanKrevel, J W T van Rutten, H mAndal, et al. Luminescence Properties of Terbium-, Cerium-, or Europium-Doped α-Sialon mAterials. Journal of Solid State Chemistry, 2002, 165(1): 19-24.

[130] Xie R J, Hirosaki N, Mitomo M, et al. Photoluminescence of Cerium-doped α-SiAlON mAterials. J. Am. Ceram. Soc., 2004, 87:1368-1370.

[131] Xie R J, Hirosaki N, Mitomo M, et al. Optical properties of Eu^{2+} in α-SiAlON. J. Phys. Chem. B, 2004, 108:12027-12031.

[132] Xie R J, Hirosaki N, Mitomo M, et al. Photoluminescence of rare-earth-doped Ca-α-SiAlON phosphors composition and concentration dependence. J. Am. Ceram. Soc., 2005, 88(10):2883-2888.

[133] Xie R J, Hirosaki N, Sakuma K, et al. Eu^{2+} doped Ca-α-SiAlON a yellow phosphor for white light emitting diodes. Appl. Phyl. Lett., 2004, 84(26):5404-5406.

[134] Xie R J, Mitomo M, Xu F F, et al. Preparation of Ca-α-SiAlON ceramics with compositions along the $Si_3N_4-1/2Ca_3N_2:3AlN$ line. [出版物不详], 2001, 92(8): 921-936.

[135] Xie R J, Hirosaki N, Mitomo M, et al. Highly efficient white-light-emitting diodes fabricated with short-wavelength yellow oxynitride phosphors. Appl. Phys. Lett., 2006, 88:101104.

[136] Xie R J, Hirosaki N, Mitomo M. Wavelength-tunable and ther mAlly stable Li-α-SiAlON:Eu^{2+} oxynitride phosphors for white light emitting diodes. Appl. Phys. Lett., 2006, 89:241103.

[137] Hirosaki N, Omichi K, Kimura N, et al. Characterization and properties of green emitting β- SiAlON: Eu^{2+} powder phosphors for white light emitting diodes. Appl. Phys. Lett., 2005, 86:211905.

[138] Motomo M, Xie R J, Hirosaki N, et al. Syntheis and photoluminescence properties of β-SiAlON:Eu^{2+} ($Si_{6-z}Al_zO_zN_{8-z}$: Eu^{2+}). J. Electronchem. Soc., 2007, 154 (10): J314.
[139] Mottier P, 王晓刚. LED照明应用技术. 北京:机械工业出版社, 2011.
[140] 陈金鑫,黄孝文. 有机电激发光材料与元件. 台湾:五南图书出版股份有限公司,2005.

相变储能材料

本章内容提要

本章论述了材料相变的原理，全面介绍了各种无机、有机、金属和其他复合相变储能材料的成分、物理和化学性质，并介绍了相变材料在建筑工程及新能源工程中的应用。

相变材料(phase change material，PCM)是指随温度变化而发生状态转变、过程中吸收或释放大量的潜热的物质。该类材料在相变过程中温度恒定并且储能能力强，可以作为能量的储存器，近些年在建筑、电池热管理、太阳能等领域都得到了广泛应用。

7.1 相变储能的基本原理

物质从一种状态变到另一种状态叫相变。物质的相变通常存在以下几种相变形式：固-气、液-气、固-液、固-固，而第四种固-固则是从一种结晶形式转变为另一种结晶形式的相转变。相变过程一般是等温或近等温过程。相变过程中伴随能量的吸收或释放，这部分能量称为相变潜热。相变潜热一般较大，不同物质其相变潜热差别较大，无机水合盐和有机酸的相变潜热在100～300 kJ/kg，无机盐 LiF 可高达 1 044 kJ/kg，金属在 400～510 kJ/kg。利用这个特点，我们可以将物质升温过程吸收的相变潜热和吸收的显热一起储存起来加以利用。

因此，相变储能技术的基本原理是：物质在物态转变(相变)过程中，等温释放的相变潜热通过盛装相变材料的元件将能量储存起来，待需要时再把热(冷)能通过一定的方式释放出来供用户使用。

使用相变材料作介质的潜热存储系统的储热能力可以通过下式计算：

$$Q=\int_{T_i}^{T_m} mc_p\,dT + mA_m\Delta h_m + \int_{T_m}^{T_f} mc_p\,dT$$

$$Q=m\left[c_{sp}(T_m-T_i)+a_m\Delta h_m+c_{lp}(T_f-T_m)\right]$$

式中，Q 为储热量，J；m 为储热介质质量，kg；c_p 为比热容，J/(kg·K)；c_{sp} 为平均比热容[T_i-T_m]之间，kJ/(kg·K)；c_{lp} 为平均比热容[T_m-T_f]之间，kJ/(kg·K)；T_m 为熔点，℃；T_i 为初始温度，℃；T_f 为最终温度，℃；a_m 为熔融百分比；Δh_m 为单位熔融热，J/kg。

7.2 相变材料的分类

相变材料按其相变方式可以分为四类：固-液相变材料、固-固相变材料、固-气相变材料和液-气相变材料，见表 7－1。美国 Dow 化学公司对可用于建筑墙体中的相变材料做了研究，按照材料类型分主要是无机相变储能材料和有机相变储能材料。无机相变储能材料主要包括结晶水合盐类、熔融盐类、金属或合金类。由于相变温度的限制，在墙体材料中用得最多的是结晶水合盐。有机相变储能材料主要有石蜡、多元醇类、脂肪酸类。

表 7-1 相变材料按照相变方式的分类比较

相变材料分类	优点	缺点	解决方法
固-液相变材料	高储存密度	出现过冷和相分离现象，易泄漏	添加成核剂，增稠剂(甲基纤维素)；微胶囊封装
固-固相变材料	相变可逆性好 不存在过冷和相分离现象	相变潜热较低，导热系数低，价格较高	将两种多元醇按不同比例混合，降低相变温度
固-气相变材料 液-气相变材料	相变潜热大	有气体存在，体积变化大	控制体积变化

由于固-液相变材料、固-固相变材料具有更大的应用价值，以下将介绍这两种相变材料。

7.2.1 固-液相变储能材料

固-液相变储能材料的研究起步较早，是现行研究中相对成熟的一类相变材料。其原理是，固-液相变储能材料在温度高于材料的相变温度时，吸收热量，物相由固态变为液态；当温度下降到低于相变温度时，物相由液态变成固态，放出热量。该过程是可逆过程，因此材料可重复多次使用，且它具有成本低、相变潜热大、相变温度范围较宽等优点。目前国内外研制的固-液相变储能材料主要包括无机类和有机类两种。

1. 无机类相变材料

无机相变材料包括结晶水合盐、熔融盐、金属合金和其他无机物。其中应用最广泛的是结晶水合盐，其可供选择的熔点范围较宽，从几摄氏度到一百多摄氏度，是中温相变材料中最重要的一类。应用较多的主要是碱及碱土金属的卤化物、硫酸盐、硝酸盐、磷酸盐、碳酸盐及醋酸盐等。

结晶水合盐是通过融化与凝固过程中放出和吸收结晶水来储热和放热的，用通式 $AB \cdot xH_2O$ 表示结晶水合盐，其相变机理可表示为

$$AB \cdot xH_2O \rightleftharpoons AB + xH_2O - Q$$
$$AB \cdot xH_2O \rightleftharpoons AB \cdot yH_2O + (x-y)H_2O - Q$$

式中，x，y 是结晶水的个数；Q 是水合盐的反应热。

结晶水合盐储能材料的优点是使用范围广、价格便宜、导热系数较大、溶解热大、体积储热密度大、一般呈中性。但其存在两方面的不足：一是过冷现象，即物质冷凝到“冷凝点”时并不结晶，而需到“冷凝点”以下的一定温度时才开始结晶，同时使温度迅速上升到冷凝点，导致物质不能及时发生相变，从而影响热量的及时释放和利用；二是出现相分离现象，即当温度上升时，它释放出来的结晶水的数量不足以溶解所有的非晶态固体脱水盐(或底水合物盐)，由于密度的差异，这些未溶脱水盐沉降到容器的底部，在逆相变过程中，即温度下降时，沉降到底部的脱水盐无法和结晶水结合而不能重新结晶，使得相变过程不可逆，形成相分层，导致溶解的不均匀性，从而造成该储能材料的储能能力逐渐下降。

2. 有机类相变材料

有机类相变储能材料常用的有石蜡、烷烃、脂肪酸或盐类、醇类等。一般说来，同系有机物的相变温度和相变焓会随着其碳链的增长而增大，这样可以得到具有一系列相变温度的储能材料，

但随着碳链的增长,相变温度的增加值会逐渐减少,其熔点最终将趋于一定值。为了得到相变温度适当、性能优越的相变材料,常常需要将几种有机相变材料复合以形成二元或多元相相变材料。有时也将有机相变材料与无机相变材料复合,以弥补两者的不足,得到性能更好的相变材料,以使其得到更好的应用。

有机类相变材料具有的优点是:固体状态时成型性较好,一般不容易出现过冷和相分离现象,材料的腐蚀性较小,性能比较稳定,毒性小,低成本等。同时该材料也存在缺点:导热系数小,密度较小,单位体积的储能能力较小,相变过程中体积变化大,并且有机物一般熔点较低,不适于高温场合中应用,且易挥发、易燃烧甚至爆炸或被空气中的氧气缓慢氧化而老化等。

7.2.2 固-固相变储能材料

固-固相变储能材料是由于相变发生前后固体的晶体结构的改变而吸收或者释放热量的,因此,在相变过程中无液相产生,相变前后体积变化小,无毒、无腐蚀,对容器的材料和制作技术要求不高,过冷度小,使用寿命长,是一类很有应用前景的储能材料。目前研究的固-固相变储能材料主要是无机盐类、多元醇类和交联高密度聚乙烯。

1. 无机盐类

该类相变储能材料主要利用固体状态下不同种晶型的转变进行吸热和放热,通常它们的相变温度较高,适合于高温范围内的储能和控温,目前实际应用的主要是层状钙钛矿、Li_2SO_4、KHF_2 等物质。

2. 多元醇类

此类材料是目前我国研究较多的一类固-固相变储能材料,其作为一种新型理想的太阳能材料而日益受到重视。多元醇类相变储能材料主要有季戊四醇(PE)、新戊二醇(NPG)、2-氨基-2-甲基-1,3-丙二醇(AMP)、三羟甲基乙烷、三羟甲基氨基甲烷等,种类不多,但通过两两结合可以配制出二元体系或多元体系来满足不同相变体系的需要。该相变材料的相变温度较高(40~200 ℃),适合于中、高温的储能应用。其相变焓较大,且相变热与该多元醇每一分子所含的羟基数目有关,即多元醇每一分子所含的羟基数目越多,相变焓越大。这种相变焓来自于氢键全部断裂而放出的氢键能。

多元醇类相变材料的优点是:可操作性强、性能稳定、使用寿命长,反复使用也不会出现分解和分层现象,过冷现象不严重。但也存在不足:多元醇价格高;升华因素,即将其加热到固-固相变温度以上,由晶态固体变成塑性晶体时,塑晶有很大的蒸气压,易挥发损失,使用时仍需要容器封装,体现不出固-固相变储能材料的优越性;多元醇传热能力差,在储热时需要较高的传热温差作为驱动力同时也增加了储热、取热所需要的时间;长期运行后性能会发生变化,稳定性不能保证;应用时有潜在的可燃性。

3. 交联高密度聚乙烯

高密度聚乙烯的熔点虽然一般都在 125 ℃以上,但通常在 100 ℃以上使用时会软化。经过辐射交联或化学交联之后,其软化点可提高到 150 ℃以上,而晶体的转变却发生在 120~135 ℃。而且,这种材料的使用寿命长、性能稳定、无过冷和层析现象,材料的力学性能较好,便于加工成各种形状,是真正意义上的固-固相变材料,具有较大的实际应用价值。但是交联会使高密度聚乙烯的相变潜热有较大降低,普通高密度聚乙烯的相变潜热为 210~220 J/g,而交联聚乙烯只有 180 J/g。在氦气气氛下,采用等离子体轰击使高密度聚乙烯表面产生交联的方法,可以基本上避免因交联而导致相变潜热的降低,但因技术原因,这种方法目前还没有大规模使用。

7.2.3 复合相变储能材料

复合相变材料不仅包含由两种或者两种以上的相变材料复合而成的储能材料，也包含定型相变材料。第一种类别的相变材料有其自身的优点，但是仍然存在易于发生泄漏的问题，不仅需要封装，而且有可能会产生安全问题。第二类别的定型相变材料是由高分子材料和相变材料组成的。一般选用石蜡有机酸等作为相变材料，高密度聚乙烯型的高分子材料与之复合。与普通单一相变材料相比，它不需封装器具就能防止材料泄漏，增加了使用的安全性，减少了封装成本和封装难度，也减小了容器的传热阻力，有利于相变材料与环境的换热效率的提高。这种相变材料的优点是：相变材料本身易于定型，不容易发生泄漏，也不需要封装，自身的支撑物可以发挥其作用，而且制备工艺简单，生产费用较低。

目前，相变储能材料的复合方法主要集中在以下三个方面。

1. 胶囊型相变材料

为了解决相变材料在发生固/液相变后液相的流动泄漏问题，特别是对于无机水合盐类相变材料还存在的腐蚀性问题，人们设想将相变材料封闭在球形的胶囊中，制成胶囊型复合相变材料来改善其应用性能。如用界面聚合法、原位聚合法等微胶囊技术将石蜡类、结晶水合盐类等固-液相变材料制备为微囊型相变材料；Stark 研究了将 PCM 封装在聚合物容器中的方法，通过熔融交换技术将石蜡和高密度聚乙烯成功地渗入聚合物膜中，形成含 40%PCM 的化合物。或者在有机类储能材料中加入高分子树脂类（载体基质），使它们熔融在一起或采用物理共混法和化学反应法将工作物质灌注于载体内制备而得，并对相变储热材料的热物理性能进行了详尽的研究。

2. 定形相变储能材料

定形相变储能材料由相变材料和支撑材料组成，在发生相变时定形相变材料能够保持一定的形状，且不会有相变材料泄漏。肖敏等研究了石蜡/热塑弹性体 S BS，石蜡/高密度聚乙烯定型相变材料，石蜡含量可达 75%（质量分数）左右。I. Krupa 研究了以聚丙烯为支撑材料，石蜡为相变物质制备的定形相变材料（Shape－stabilized PCM ）。定形相变材料研制中多以高密度聚乙烯、S BS、石墨，高压聚乙烯、低压聚乙烯、聚丙烯及橡胶为支撑材料，石蜡为相变材料，石蜡所占比例最高达到 90wt%。

3. 纳米复合相变储能材料

有机-无机纳米复合储能材料是将有机相变储能材料与无机物进行纳米尺度上的复合，利用无机物具有高导热系数来提高有机相变储能材料的导热性能，利用纳米材料具有巨大比表面积和界面效应，使有机相变储能材料在发生相变时不会从无机物的三维纳米网络中析出。纳米复合相变储能材料制备方法有：溶胶凝胶法、聚合物网眼限域复合法和插层原位复合法等。张正国等人采用“液相插层法”，将硬酯酸嵌入膨润土的纳米层间，制备出硬酯酸/膨润土复合相变储热材料，经 500 次连续循环储热/放热实验表明，该材料的结构与性能稳定性较好。

在复合相变储能材料的设计阶段，体系的选取及合适的组分的确定都可以直接根据相图加以确定。由于一些纯化合物具有较高的相变焓，是很好的相变储能材料，但其中大部分纯化合物的熔点高于实际应用要求的相变温度，并不能直接应用。如果能把这些物质进行混合，通过调节物质的比例来调节混合物相变温度，使其相变温度范围落在具体应用领域的舒适度范围内，并且具有较高的相变焓，就获得了高品质的相变储能材料，所以只有将它们进行复合，才能制备出符合要求的相变储能材料，即通过互相混合以降低相变材料的相变温度。

将两种纯化合物混合成理想溶液模型，两组分体系混合能达到最低的熔点，称为低共熔点。

将纯化合物混合而成的溶液冷却,则获得的低共熔点温度为混合后相变材料的计算相变温度。通过施罗德(Schroder)公式计算可得到两种单体不同混合比例对应的不变温度。低共熔温度时呈三相平衡:

$$A(s) \longleftrightarrow AB_2 \longleftrightarrow 溶液\ L$$

通过有机相变材料混合制成的二元复合相变材料,属于新的混合有机相变材料,其相变特性与原材料相比会发生很大改变,相变温度区间一般相对较大。借鉴无机相变材料减小过冷度的方法,在二元复合相变材料中添加成核剂,加速相态转化,可以减小材料相变温度区间。

7.2.4 相变储能材料的筛选原则

图 7-1 列出了储能装置的性能和相变储能材料特性之间的关系,根据这种关系,我们可以给出相变储能材料的筛选原则。一些重要的筛选原则如下:

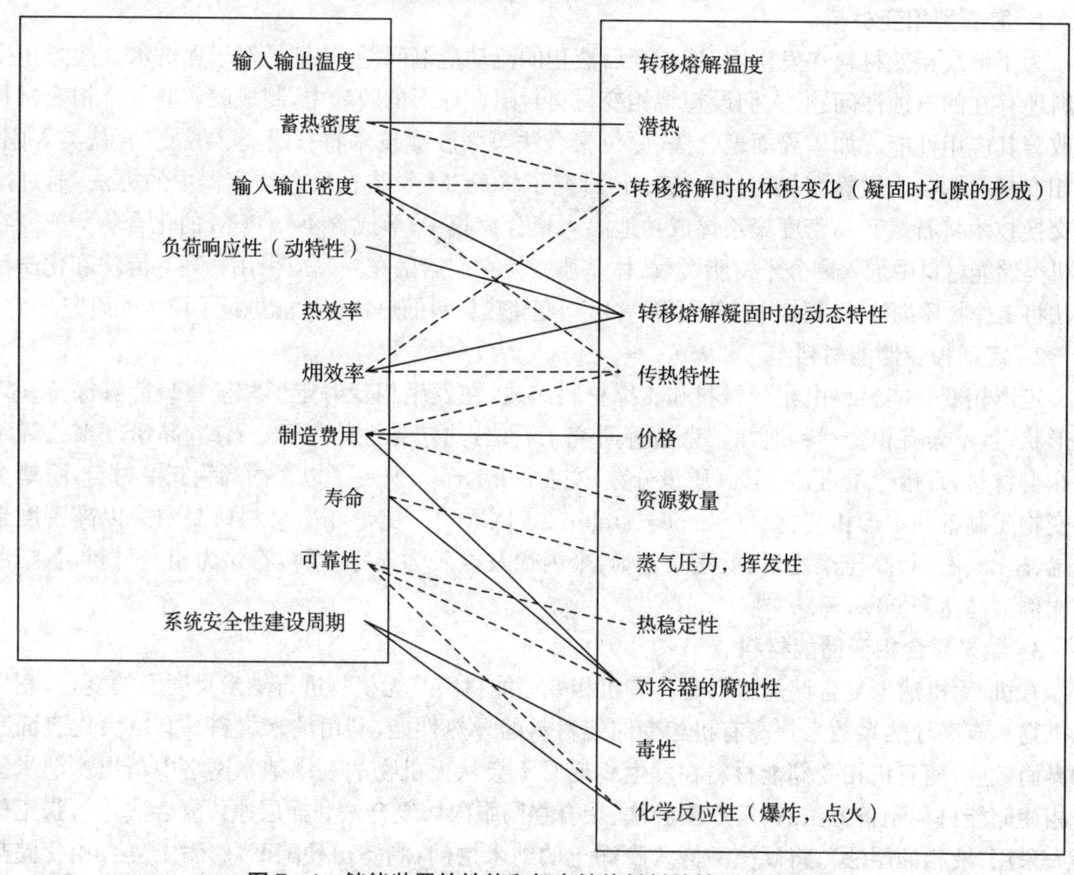

图 7-1 储能装置的性能和相变储能材料特性之间的关系

(1) 高储能密度,相变材料应具有较高的单位体积,单位质量的潜热和较大的比热容。
(2) 相变温度,熔点应满足应用要求。
(3) 相变过程,相变过程应完全可逆并只与温度有关。
(4) 导热性,大的导热系数,有利于储热和提热。
(5) 稳定性,反复相变后,储热性能衰减小。
(6) 密度,相变材料两相的密度应尽量大,这样能降低容器成本。
(7) 压力,相变材料工作温度下对应蒸气压力应低。

(8) 化学性能，应具有稳定的化学性能，无腐蚀、无害无毒、不可燃。

(9) 体积变化，相变时，体积变化小。

(10) 过冷度，小过冷度和高晶体生长率。

但是，在实际研制过程中，要找到满足这些理想条件的相变材料非常困难。因此人们往往先考虑有合适的相变温度和较大的相变热，而后再考虑各种影响研究和应用的综合性因素。

7.3 几种相变储能材料

7.3.1 无机水合盐

含有结晶水的晶体称为水合晶体，如水合盐相变储能材料。水合晶体中的结晶水的排列和取向比在水溶液中更紧密，更有规律，与离子之间以化学键结合，是晶体结构的组成部分。因此水合晶体具有固定比例的结晶水和较高的热效应。

水合盐晶体结构中的水分有配位水和结构水两种。配位在阳离子周围的水称为配位水，而填充在结构空隙中的水分子称为结构水。有些晶体结构仅有配位水，没有结构水。图 7-2 中的 $NiSO_4 \cdot 7H_2O$ 晶体结构中，有八面体的水合离子 $Ni(H_2O)^{6+}$，这六个水分子为配位水，而第七个水分子并不与 Ni^{2+} 直接结合而是填充在结构空隙中，称为结构水。

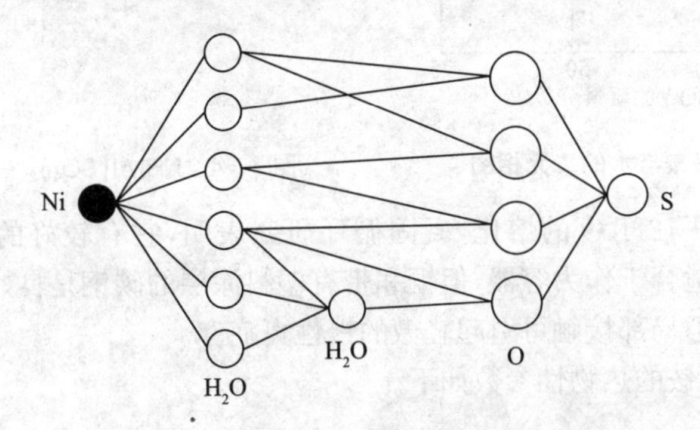

图 7-2 $NiSO_4 \cdot 7H_2O$ 晶体中的价键结构

一般说来，不同浓度的溶液被降温凝固时，可能出现三类主要的结果：

(1) 形成低共熔混合物(eutectic mixture)，属于此类的有 $NaCl-H_2O$、$KCl-H_2O$、$CaCl_2$ 和 NH_4Cl-H_2O 等。

(2) 形成稳定的化合物，形成的化合物只有一个熔点，在此熔点上固液有相同的成分，这个熔点称为同元(成分)熔点或称为调和熔点(congruent melting point)。

(3) 形成不稳定的化合物，这种化合物在其熔点以下就分解为熔化物和一种固体，所以在此熔点处，液相的组成和固态化合物的组成是不同的，熔化的分解反应可以表示为

$$C_2(s) \longleftrightarrow C_1(s)+\text{熔化物}$$

此分解反应所对应的温度称为异(元)成分熔点或称为非调和熔点(incongruent melting point)。

下面分别列举几种比较实用的结晶水合盐来加以讨论。

(1) 十二结晶水硫酸铝铵[$NH_4Al(SO_4)_2 \cdot 12H_2O$]。

十二结晶水硫酸铝铵属同元熔点结晶水合盐相变材料,原材料是丰富和价廉的。它的二元相图和晶体结构如图 7-3 和图 7-4 所示。

从硫酸铝铵[$NH_4Al(SO_4)_2$]与水的二元相图中,我们可以看出,十二水合物中,含有 52.31%的硫酸铝铵盐,同元熔点为 95 ℃。十二水合物和较低的不确定的水合作用,形成一个含 53.7%盐的共晶熔点 94.5 ℃。晶体尺寸 $a=12.240$ Å,它分配到 $Pa3$ 空间组,并且 $Z=4$。

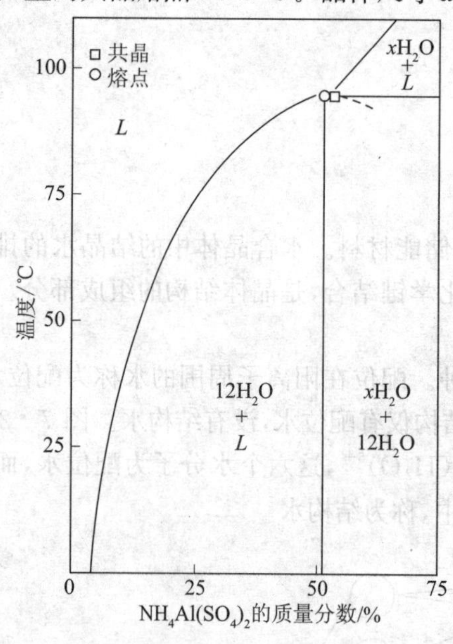

图 7-3　硫酸铝铵与水的二元相图

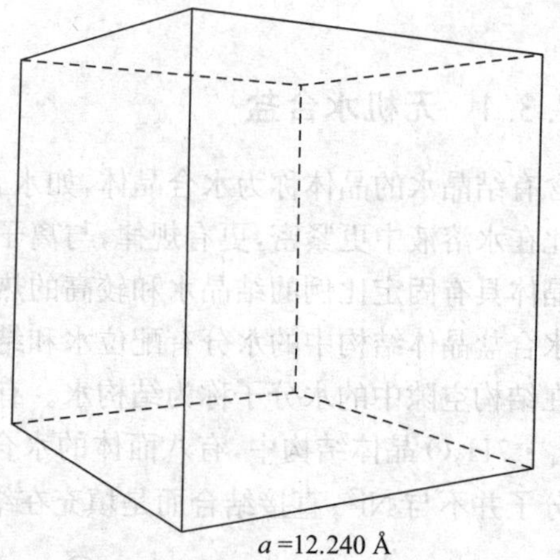

a=12.240 Å

图 7-4　$NH_4Al(SO_4)_2 \cdot 12H_2O$ 的晶体结构

对 $NH_4Al(SO_4)_2 \cdot 12H_2O$ 的熔化-凝固循环研究表明,它有较好的循环性能。带有弱酸性,塑料和中碳钢不太适合于作为容器,但铜和带有塑料涂层的碳钢是良好的容器材料。它可作为一般的食品添加剂,但局部接触可引起轻微的慢性炎症。

十二结晶水硫酸铝铵的热物性参数如下。

熔点:93.95 ℃

沸点:120 ℃

相变潜热:269 kJ/kg

比热容:固体,82.3 ℃—1.706 kJ/(kg·K);液体,95.9 ℃—3.05 kJ/(kg·K)

密度(固体):1 650 kg/m^3

盐的含量:47.69%

水的含量:52.31%

导热系数(固体):0.55 W/(m·K)

十二结晶水硫酸铝铵在 94 ℃时具有同元熔点,熔液带有微酸性,而且有过冷度。日本在"阳光计划"有关太阳能供暖制冷和供热水系统中,为了蓄热槽小型化,而且要求 R114 蒸气的参数为 92 ℃、114.60 N,因而采用它作为相变材料。过冷的对策是在槽上方装设成核机构。

(2) 十水硫酸钠($Na_2SO_4 \cdot 10H_2O$)

十水硫酸钠是蓄冷空调的重复相变材料,也是研究和应用较多的属于异元成分熔点的结晶水合盐相变材料,它的熔点是 32.35 ℃。根据文献报道,目前使用的熔点在 4~8 ℃的相变材料,大多由十水硫酸钠化合物溶液并添加其他盐类组成,图 7-5 和图 7-6 是 $Na_2SO_4 \cdot 10H_2O$ 的相图与晶体结构。

图7-5中的实线显示出了在32.38 ℃异元熔点(转熔温度),高于此温度为无水Na_2SO_4,而低于此温度为$Na_2SO_4 \cdot 10H_2O$。其低共熔点温度(点B)约为−1.29 ℃;而其转熔点(异成分不相合熔点),对应于组分33.2% Na_2SO_4为32.38 ℃。若此系统在此状况下被加热就会发生转熔反应,产生无水Na_2SO_4溶液。这种Na_2SO_4具有逆向的溶解特性,即在冷却时,在平衡情况下,无水Na_2SO_4再逐渐溶解于溶液中,直至降至转熔温度。在温度低于转熔温度时,无水Na_2SO_4被水化合恢复生成$Na_2SO_4 \cdot 10H_2O$。在实际冷却情况下,不可能完全平衡,如果没有结晶核心,温度降低到低于转熔温度后仍未结晶,如降至24.4 ℃(这是$Na_2SO_4 \cdot 7H_2O$和H_2O系统的转熔温度)或更低才结晶,那就可能生成$Na_2SO_4 \cdot 7H_2O$。即使此时能很好地结晶,但由于沉淀离析,也会使相变材料失效。同时,在熔化过程中会产生相分离是十水硫酸钠用作相变材料时需要克服的问题。

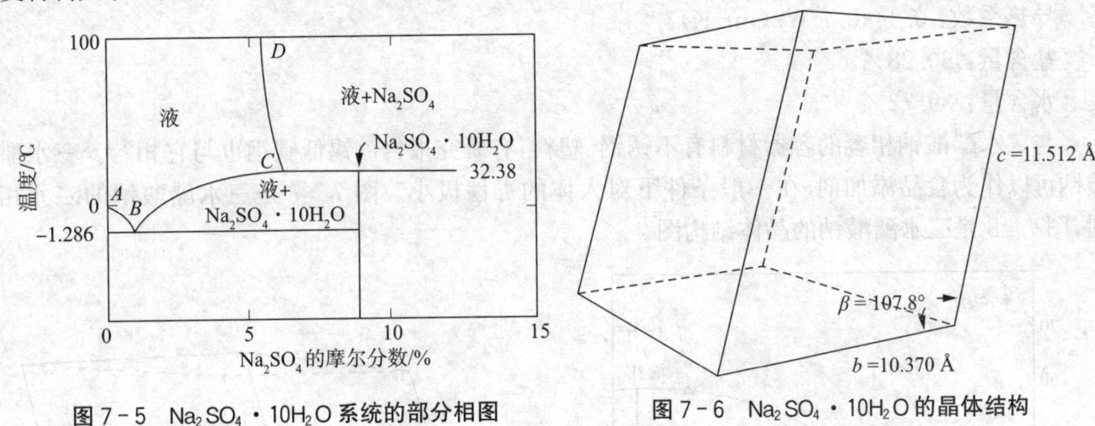

图7-5　$Na_2SO_4 \cdot 10H_2O$系统的部分相图　　图7-6　$Na_2SO_4 \cdot 10H_2O$的晶体结构

从图7-6可以看出,$Na_2SO_4 \cdot 10H_2O$是单斜晶系(monoclinic),晶体是短柱状,集合体呈致密块状或皮壳状,a=12.847 Å,b=10.370 Å,c=11.512 Å,β=107.8°,硬度为1.5~2,密度为1.4~1.5 kg/m^3。$Na_2SO_4 \cdot 10H_2O$内含5.91%的H_2O和44.09%的Na_2SO_4。

1979年,特拉华州大学将Telkes发展的溶液加了若干其他盐类,改进后形成13 ℃的蓄冷材料。根据文献报道,目前使用的熔点在4~8 ℃范围内的相变材料大多由十水硫酸钠溶液并添加其他盐类组成。为了降低$Na_2SO_4 \cdot 10H_2O$的转熔温度,以便较好地用于空调蓄冷目的,人们探索用添加KCl、NaCl和NH_4Cl的办法。而用$Na_2B_4O_7 \cdot 10H_2O$(硼砂)、$Li_2B_4O_7 \cdot 10H_2O$或$(NH_4)_2B_4O \cdot 10H_2O$来作为成核剂。

十水硫酸钠的热物性参数如下。

熔点:32.35 ℃

潜热:251.2 kJ/kg

比热容(固体):1.93 kJ/(kg・K)

导热系数:0.544 W/(m・K)

密度(固体):1 485 kg/m^3

分子量:322.195 2 g/mol

盐含量:44.09%

水含量:55.91%

(3) 三水醋酸钠($NaCH_3COO \cdot 3H_2O$)

三水醋酸钠属于非调和熔点的无机水合盐。国内、国外学者对这种PCM的过冷、成核、抗凝、长期性能衰减都进行了大量的研究和应用。例如加入 10% 的 $NaBr \cdot 2H_2O$ 或 15% $NaHCOO \cdot 3H_2O$ 形成混合物后,在 30~60 ℃的 1 000 次热循环中还具有稳定的储热性能。此外,有效的成核剂有无水 $NaCH_3COO$ 和 Na_2HPO_4;作为长期能量储存用的抗凝剂为羧甲基纤维素。澳大利亚进口我国的储能式电热水器采用的基料就是三水醋酸钠。

三水醋酸钠的性能如下。

相变温度:58 ℃

最大工作温度:80 ℃

潜热:226 kJ/kg

比热容(固体):2.79 kJ/(kg·K)

密度:液态 1 280 kg/m^3;固态 1 450 kg/m^3

导热系数:0.4~0.7 W/(m·K)

盐含量:60.28%

水含量:39.72%

与三水醋酸钠相容的容器材料有不锈钢、塑料,有研究报告镀锡低碳钢也与它相容。三水醋酸钠可以作为食品添加剂,在一般条件下对人体的毒性极小。图 7-7 是三水醋酸钠的二元相图,图 7-8 是三水醋酸钠的晶体结构图。

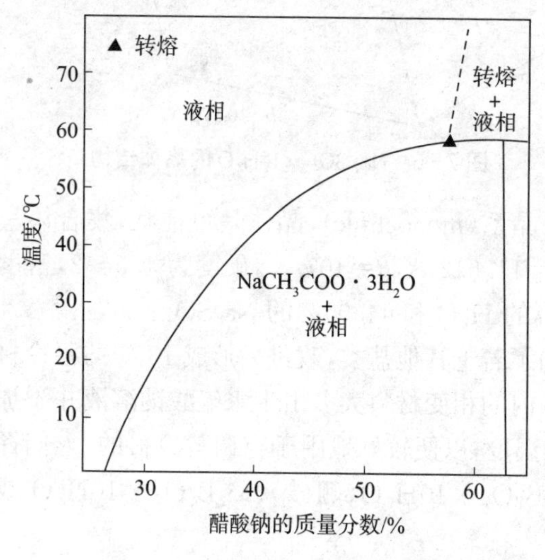

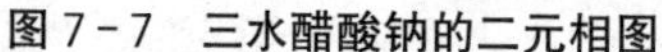
图 7-7　三水醋酸钠的二元相图

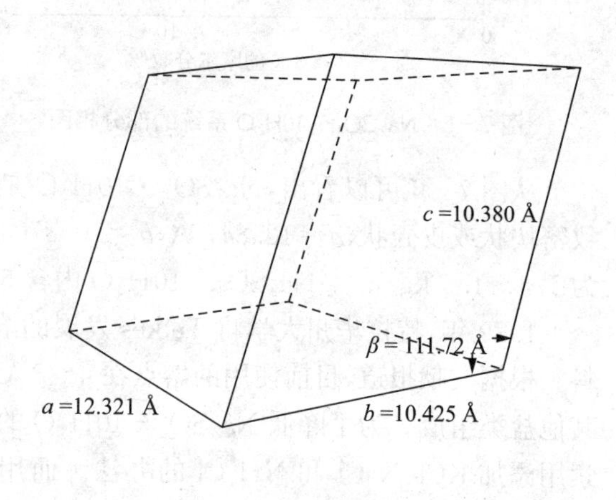

图 7-8　三水醋酸钠的晶体结构图

无机盐分为单成分和多成分无机化合物(盐)。无机盐一般均具有较高的相变温度和较大的相变潜热,但传热性能不好,对容器腐蚀或对人体有害,这在无机盐中显得尤为突出。表 7-2 列出了单成分无机盐的热物理性能数据。综合考虑,NaCl、NaF 和 $MgCl_2$ 是最优越的相变材料,$CaCl_2$、KCl、$KMgCl_3$、Na_2CO_3、$FeCl_3$、Na_2SiO_3、Na_2SO_4、NaOH、KOH、尿素是优越的相变材料,LiF 储能密度大,但经济上较差;其余材料还有待进一步研究。

表 7-2　若干无机水合盐的热物理性质

物质	熔点/ ℃	溶解热/(kJ/kg)	导热系数/[W/(m·K)]	密度/(kg/m^3)
H_2O	0	333/334	0.612/0.61	998(液,20 ℃) 917(固,0 ℃)

续 表

物质	熔点/ ℃	溶解热/(kJ/kg)	导热系数/[W/(m·K)]	密度/(kg/m³)
$LiClO_3 \cdot 3H_2O$	8.1	253		1 720
$ZnCl_2 \cdot 3H_2O$	10			
$K_2HPO_4 \cdot 6H_2O$	13			
$NaOH \cdot (7/2)H_2O$	15/15.4			
$Na_2CrO_4 \cdot 10H_2O$	18			
$KF \cdot 4H_2O$	18.5	231		1 447(液,20 ℃) 1 455(固,18 ℃)
$Mn(NO_3)_2 \cdot 6H_2O$	25.8	125.9		1 728(液,40 ℃) 1 795(固,5 ℃)
$CaCl_2 \cdot 6H_2O$	28/29.2/ 29.6/29.7/30	171/174.4 /190.8/192	0.540(38.7 ℃) 1.088(23 ℃)	1 562(32 ℃) 1 802(24 ℃)
$LiNO_3 \cdot 3H_2O$	30	296		
$Na_2SO_4 \cdot 10H_2O$	32.4/32	254/251.1	0.544	1 485/1 458
$Na_2CO_3 \cdot 10H_2O$	33	246.5/247		1 442
$CaBr_2 \cdot 6H_2O$	34	115.5		1 956(液,35 ℃) 2 194(固,24 ℃)
$Na_2HPO_4 \cdot 10H_2O$	35/35.2/35.5/36	265/280/281		1 522
$Zn(NO_3)_2 \cdot 6H_2O$	36/36.4	146.9/147	0.464/0.469	1 828(液,36 ℃) 1 937(固,24 ℃)
$KF \cdot 6H_2O$	41.4			
$K(CH_3COO) \cdot (3/2)H_2O$	42			
$K_2PO_4 \cdot 7H_2O$	45			
$Zn(NO_3)_2 \cdot 4H_2O$	45.5			
$Ca(NO_3)_2 \cdot 4H_2O$	42.7/47			
$Na_2HPO_4 \cdot 7H_2O$	48			
$Na_2S_2O_3 \cdot 5H_2O$	48	187/201/209.3		1 600/1 666
$Zn(NO_3)_2 \cdot 2H_2O$	54			
$NaOH \cdot H_2O$	58			

7.3.2 有机相变材料

1. 石蜡

石蜡是精制石油的副产品,通常从原油的蜡馏分中分离而得,需要经过常压蒸馏、减压蒸馏、溶剂精制、溶剂脱蜡脱油、加氢精制等工艺过程从石油中提炼出来。石蜡主要由直链烷烃混合而成,可用通式 C_nH_{2n+2} 表示。短链烷烃熔点较低,链增长时,熔点开始增长较快,而后逐渐减慢,如 $C_{30}H_{62}$ 熔点是 65.4 ℃、$C_{40}H_{82}$ 熔点是 81.5 ℃,链再增长熔点将趋于一定值。随着链的增长,烷烃的溶解热也增大。由于空间的影响,奇数和偶数碳原子的烷烃有所不同,偶数碳原子烷烃的同系物有较高的溶解热,链更长时溶解热趋于相等。在 C_7H_{16} 以上的奇数烷烃和在 $C_{20}H_{42}$ 以上的偶数烷烃在 7~22 ℃范围内都会产生两次相变,在低温时发生固-固相变,它是围绕长轴旋转形成的,温度略高时发生固-液相变,又由于石蜡是一种固-液相变材料,这些烷烃从固体到液体的相变过程的总潜热接近于固-液相变时的熔解热,它被看做储热中可利用的热能。

表 7-3 中列出了一系列石蜡的热物理性质。石蜡和水合盐相比,石蜡有很理想的熔解热。选择不同碳原子个数的石蜡类物质,可获得不同相变温度,相变潜热大约在 160~270 kJ/kg。表 7-4 列出了有机共熔相变材料的热物理性能。

表 7-3 有机相变材料的热物理性质

物质	熔点/℃	熔解热/(kJ/kg)	导热系数/[W/(m·K)]	密度/(kg/m³)
石蜡 C14	4.5	165		
石蜡 C15~C16	8	153		
聚丙三醇 E400	8	99.6	0.185/0.187	1 125(液,25 ℃) 1 228(固,3 ℃)
二甲基亚砜	16.5	85.7		1 009
石蜡 C16~C18	20~22	152		
聚丙三醇 E600	22	127.2	0.187/0.189	1 126(液,25 ℃) 1 232(固,4 ℃)
石蜡 C13~C24	22~24	189	0.21	760(液,70 ℃) 900(固,20 ℃)
1-十二醇	26	200		
石蜡 C18	27.5/28	243.5/244	0.148(40 ℃) 0.358(25 ℃)	0.774(液,70 ℃) 0.814(固,20 ℃)
1-十四醇	38	205		
石蜡 C16~C28	42~44	189	0.21	0.765(液,70 ℃) 0.910(固,20 ℃)
石蜡 C20~C33	48~50	189	0.21	0.769(液,70 ℃) 0.912(固,20 ℃)

续 表

物质	熔点/℃	熔解热/(kJ/kg)	导热系数/[W/(m·K)]	密度/(kg/m³)
石蜡 C22～C45	58～60	189	0.21	0.795(液,70℃) 0.920(固,20℃)
切片石蜡	64	173.6/266	0.167(63.5℃) 0.346(33.6℃)	790(液,65℃) 916(固,24℃)
聚丙三醇 E6000	66	190.0		1 085(液,70℃) 1 212(固,25℃)
石蜡 C21～C50	66～68	189	0.21	830(液,70℃) 930(固,20℃)
联二苯	71	119.2		991(液,73℃) 1 166(固,24℃)
丙酰胺	79	168.2		
萘	80	147.7	0.132(83.8℃) 0.341(49.9℃)	976(液,84℃) 1 145(固,20℃)
丁四醇	118.0	339.8	0.326(140℃) 0.733(20℃)	1 300(液,140℃) 1 480(固,20℃)
HDPE	100～150	200		
四苯基联苯二胺	145	144		

表 7-4 有机共熔相变材料的热物理性质

物质	熔点/℃	熔解热/(kJ/kg)	导热系数/[W/(m·K)]	密度/(kg/m³)
37.5%尿素+63.5%乙酰胺	53			
67.1%萘+32.9%苯甲酸	67	123.4	0.130(100℃) 0.282(38℃)	

2. 脂肪酸

脂肪酸有适合于蓄热应用的熔点,其通式可以用 $CH_3(CH_2)_{2n}COOH$ 表示,熔化热与石蜡相当,过冷度小,有可逆的熔化和凝固性能,是很好的相变储热材料。癸酸、月桂酸、肉豆蔻酸、棕榈酸、硬脂酸及其他的混合物或共晶物是应用比较多的相变材料。脂肪酸的化学性质取决于它所含的官能团的种类、数量和位置。脂肪酸都含有羧基(—COOH),所以羧基的化学性质是脂肪酸化学性质的重要方面。

脂肪酸相变材料在长期的热循环过程中其熔化温度、熔化潜热的变化很小,具有很好的热稳定性。这可以从脂肪酸的结构方面得到解释:脂肪酸分子内部由结构不同的烷基[$CH_3(CH_2)_n$—]和羧基(—COOH)两部分组成,由于氢键的作用,脂肪酸各分子羧基间成对地结合,生成缔合分子对。在结晶状态下的分子对层中,脂肪酸的羧基和甲基的两末端基分别存在于平行的平面内,这样的结晶在分子间的引力中,甲基间的引力最小,亚甲基间的引力最大。升温过程中，脂肪酸晶体沿着甲基间的面断开，在熔化液中，脂肪酸以分子对的形式缔合在一起，这种缔合是十分牢固的，甚至在很高的温度下也是如此。由于甲基间的作用力是一确定值，并且不受热循环次数的影响，因此脂肪酸相变材料的熔化温度和熔化潜势的变化很小。

1）棕榈酸

棕榈酸，分子式为 $C_{16}H_{32}O_2$，结构式为 $CH_3(CH_2)_{14}COOH$，分子量为 256.42，学名为十六烷酸，熔点为 63～64 ℃，沸点为 271.5 ℃，密度为 0.853 g/cm^3。棕榈酸熔点适宜、价廉、原料易得、不易挥发，被广泛地用作相变材料。

选择相变潜热大、无毒无腐蚀、不挥发且价格较便宜的棕榈酸作为主储热材料，采用溶胶-凝胶法，制备了以棕榈酸为基质的硅系纳米复合相变材料。这种复合相变材料棕榈酸的储热能力相对比纯棕榈酸强，储热量大，这说明棕榈酸与二氧化硅复合后提高了其单位储热能力。而且由于二氧化硅的导热系数较大，相应的复合材料的导热系数比纯有机酸的导热系数大，提高了相变储热材料的储放热速度，从而提高了相变储热材料对热能储存的利用效率。

由于饱和一元脂肪醇类物质具有合适的相变温度、高熔化热、过冷度小、无毒、无腐蚀性等优点，而脂肪酸类物质则具有原料易得、成本低廉、相变潜热大及长期稳定好的优势，有研究者选取十四醇和棕榈酸两种相变材料按不同的比例，通过熔融混合的方法组合成复合相变材料。

2）硬脂酸

脂肪酸，学名十八烷酸，化学分子式为 $CH_3(CH_2)_{16}COOH$，是一种以甘油酯形式存在于动物脂肪中的饱和脂肪酸。其密度为 0.940 8 kg/m^3(25 ℃，熔化后自然凝固)，熔点为 70～71 ℃，沸点为 383 ℃，在 80～100 ℃时慢慢挥发。硬脂酸熔点适宜，熔化焓较高，原料易得，对人体无任何毒害作用，且价格便宜，是一种有较好应用前景的相变储能材料。

硬脂酸除了单纯地用作相变材料外，还可以和无机材料结合，形成复合相变材料。有文献显示，采用溶胶-凝胶法将硬脂酸融入二氧化硅溶胶中，可形成以硅酸盐为核、周围吸附着脂肪酸分子的稳定结构。表 7-5 列出了硬脂酸/二氧化硅复合相变储热材料的相变温度和相变潜热。从表 7-5 看出，随着复合相变储热材料中硬脂酸质量分数的不断增大，复合材料的相变潜热也是不断增大的，复合相变储热材料的相变潜热大小与对应的硬脂酸质量分数相当。同时还看到，复合相变储热材料的相变温度也随硬脂酸质量分数的增大而增大，但比纯硬脂酸的相变温度小。表 7-6 列出了脂肪酸相变材料的热物理性质。

表 7-5　硬脂酸/二氧化硅复合相变储热材料的相变温度和相变潜热

热物理性质	硬脂酸质量分数/%				
	10	15	35	45	75
相变温度/ ℃	46.93	49.61	52.23	59.9	62.7
相变潜热/(J/g)	25.68	70.68	88.33	151.7	196.8

表 7-6　脂肪酸相变材料的热物理性质

物质	熔点/ ℃	熔解热/(kJ/kg)	导热系数/[W/(m·K)]	密度/(kg/m^3)
棕榈酸丙酯	10	186		
棕榈酸异丙酯	11	95～100		
(癸酸-月桂酸)+十五烷酸(90：10)	13.3	142.2		

续 表

物质	熔点/℃	熔解热/(kJ/kg)	导热系数/[W/(m·K)]	密度/(kg/m³)
硬脂酸异丙酯	14～18	140～142		
辛酸	16/16.3	148.5～149	0.145/0.148	862(液,80 ℃) 1 033(固,10 ℃)
癸酸-月桂酸 65%～35%(摩尔分数)	18	148		
硬脂酸丁酯	19	140		
癸酸-月桂酸 45%～55%(摩尔分数)	21	143		
二甲基沙巴盐	21	120～135		
乙烯丁酯	27～29	155		
癸酸	31.5/32	152.7/153	0.152/0.153	878(液,45 ℃) 1 004(固,24 ℃)
12-羟基-十八烷酸甲酯	42～43	120～126		
月桂酸	42～44	177.4/178	0.147	862(液,60 ℃) 1 007(固,24 ℃)
肉豆蔻酸	49～51	186.6/187/204.5		861(液,55 ℃) 990(固,24 ℃)
棕榈酸	61/63/64	185.4/187/203.4	0.159/0.162/0.165	850(液,65 ℃) 989(固,24 ℃)
硬脂酸	69/70	202.5/203	0.172	848(液,70 ℃) 965(固,24 ℃)

3) 多元醇

固-固相变材料具有如相变体积变化小、无相分离、无泄漏、腐蚀性小等特点。而多元醇是目前研究和使用较多的固-固储热材料，如新戊二醇(neopentyl - glycol,NPG)、季戊四醇(pentaerythritol,PER)和三羟甲基氨基甲烷(Tri - hydroxy methyl - Amino - Methane,TAM)。多元醇的相变储能原理与无机盐类似，也是通过晶型之间的转变来吸收或放出能量，即通过晶体有序-无序转变而可逆放热、吸热的，它们的一元体系固-固相变温度较高，适用于中高温储能领域，为使多元醇能够应用于低温储能领域，可把不同多元醇以不同比例组成二元或三元体系，降低它们的相转变温度，从而得到相变温度范围较宽的储能材料，以适应对相变温度有不同要求的领域，表 7-7 列出了一些多元醇的热物理性质。

表 7-7　多元醇的热物理性质

多元醇	加热时相变温度/℃	相变热/(J/g)
NPG	44.1	116.5
AMP	57.0	114.1
PG	81.8	172.6
TAM	133.8	270.3
PER	185.5	209.5

注：PG 三羟甲基乙烷，AMP 2-氨基-2-甲基-1,3-丙二醇。

4）高分子类

这类相变材料主要是指一些高分子交联树脂。如交联聚烯烃类、交联聚缩醛类和一些接枝共聚物。如纤维素接枝共聚物、聚醋类接枝共聚物、聚苯乙烯接枝共聚物、硅烷接枝共聚物。目前使用较多的是聚乙烯。聚乙烯价廉，易于加工成各种形状，表面光滑，易于与发热体表面紧密结合，导热率高，且结晶度越高其导热率也越高。尤其是结构规整性较高的聚乙烯，如高密度聚乙烯、线性低密度聚乙烯等，具有较高的结晶度，因而单位重量的熔化热值较大。

5）层状钙钛矿

层状钙钛矿是一种有机金属化合物。它被称为层状钙钛矿是因为其晶体结构是层状的，与矿物钙钛矿的结构相似。纯的层状钙钛矿以及它们的混合物在固—固转变时有较高的相变焓（42～146 kJ/kg），转变时体积变化较小（5%～10%），适合于高温范围内的储能和控温使用。由于其相变温度高、价格较贵，较少使用。

7.3.3 金属及合金

从 20 世纪 80 年代初起，美国特拉华大学著名的金属学教授 Birchenall 和苏联科学院的 maltainov 等研究了合金的储热性能，认为金属相变材料在相变储能技术中作为储能介质有许多优势，同时 Birchenall 等对共晶合金的热物理参数进行了较为深入的研究，提出了三种典型状态平衡图的二元合金的熔化熵和熔化潜热的计算方法。之后，美国俄亥俄州立大学的 Mobley 教授则进行了过共晶合金储热球的研究。这些工作均为金属作为储能介质提供了新的概念和途径。

对富含 Al、Cu、Mg、Si 和 Zn 的二元和三元合金的示差扫描量热计（DSC）测量结果表明，Si 或 Al 元素含量大的合金有大的相变潜热，因而具有较好的质量或体积热存储密度，在这几种金属相变材料中，相变温度在 780～850 K 范围内储能密度最大，Mg_2Si - Si 共晶合金高储能密度相变温度是 1 219 K。表 7 - 8 是 12 种较好的合金相变材料的计算值和测量值的比较。

表 7 - 8　共晶成分、温度及熔化热的测量值与计算值

合金	温度/K			摩尔分数/%			熔化热/(kJ/kg)		
	测量值	计算值	常规值	测量值	计算值	常规值	测量值	计算值	常规值
Si - Mg(Mg_2Si - Si)	1 219	1 183	1 289	47.1	52	53	757	1 071	
Al - Si	852	933	834	12	0	7	519	573	
Al - Mg - Si	833						545	573	448
Al - Cu(Al - Al_2Cu)	821	654	790	17.5	15	17	351		381
Al - Cu - Si	844						422	410	
Mg - Ca(Mg - Mg_2Ca)	790						264		
Al - Cu - Mg	779	546	541	Cu17	18	17	360	376	402
Al - Al_2Cu - Al_2MgCu				Mg16.2	12	11			
Mg - Cu - Zn	725						254	410	
Al - Mg(Al - Al_3Mg_2)	725	555	676	37.5	36	40	310	402	
Al - Mg - Zn	716						310	376	477
Mg - Zn(Mg - Mg_2Zn)	613	592	655	29	32	33	180	230	464

金属及其合金作为相变材料的优点很多，例如，相变潜热大，导热系数是其他相变储能材料的几十倍和几百倍，相应的储能换热设备的体积小等。以单位体积（或质量）储能密度计的性价比也是相当理想的。表7－9列出了常用相变储能材料的热物理性质。

表7－9 常用相变储能材料的热物理性质

	相变储能材料	质量分数比	导热系数 λ_s/λ_l /[W/(m·K)]	熔点 T/℃	相变潜热 r /(kJ/kg)	固态比热容 c_s /[kJ/(kg·K)]	液态比热容 c_l /[kJ/(kg·K)]	密度 ρ_s /(kg/m³)	单位体积储热量 /(MJ/m³)
1	$Na_2SO_4\cdot 10H_2O$	44.09/55.91	0.544/—	32.35	251.2	1.76	3.30	1.485	373
2	$NaCH_3COO\cdot 3H_2O$	60.28/39.72		58	265	1.97	3.22	1.45	384
3	石蜡			61	184.6	2.51	2.21	0.775	143.1
4	$NH_4Al(SO_4)_2\cdot 12H_2O$	47.69/52.31	0.55/—	93.95	269	3.05	1.706	1.65	444
5	$NaNO_3/NaOH$	43.4/56.6	0.489/0.18	240	244.3			1.82	445
6	$LiNO_3$			251	389				
7	$NaCl/NaNO_3/Na_2SO_4$	20.5/29.8/49.7		286.5	177.7			1.936	344
8	$NaNO_3/NaCl$	95.4/4.6		297	191			2.26	430
9	$NaNO_3$		0.56/0.61	310	189	10.76(287)		2.261	701
10	LiOH			471	876			1.43	1 253
11	Al/Si/Fe		180/—	577	515	0.939	1.17	2.6	1 339
12	NaOH		—/0.92	612	301			2.13	641
13	LiH		10.54/—	688	3 264	6.02(644)	6.26(704)	0.82	267 635
14	Li_2CO_3			720	608			2.11	1 279
15	NaCl		1.6/—	804	486	8.4(267.5)		2.16	1 050
16	Na_2CO_3			852	290	14.41(800)	15.82(900)	2.53	734
17	Na_2SO_4			880	202	9.18(313)		2.69	543
18	NaF		151.7/—	995	789	11.2(300)		2.8	2 209

注：固态比热容和液态比热容栏中（ ）内数值为对应温度（℃）。

7.4 相变储能材料的工程应用

7.4.1 相变储能材料在建筑节能中的应用

墙体相变储能材料的实质是在特定温度下，墙体材料中的相变材料发生了状态的转变，同时伴随着吸热或放热现象，起到调节室内温度的作用。随着人们对建筑物的热舒适性的需求日益高涨，能量的消耗也逐步增加。将相变材料掺入建筑结构中，可以弥补大多数现代建筑中低能量储存的缺点，起到良好的蓄热性能。我国关于相变材料应用于墙体的理论和应用还比较薄弱，仅仅在微胶囊技术上有所改进，但是微胶囊法制作工艺复杂限制了其进一步的发展，要真正达到建筑节能尚且太早。国外在相变材料和建筑材料的兼容性和稳定性方面做了很多探索性研究，选择合适的无机相变材料、有机相变材料或无机有机复合相变材料体系应用于建筑围护结构，对建筑物热性能有较大的影响，可以明显降低室内温度波动，提高舒适度，达到节约能源的目的。目前把握相变材料在墙体储热中的研究现状,开展相变储能理论及其在建筑节能中的应用研究不仅具有学术价值,而且对节约能源有重大现实意义。

如图 7-9 所示,由于太阳能辐射强度高、外部环境的冷却或者内部热量的变化,使得室内温度会有大的温度波动,尤其在日平均温差在 1~3 ℃以上的地区,在建筑墙体中利用相变材料蓄热可以减小温度波动。墙体相变储能材料的热量传输的储能机理有两个过程:(1)外界环境温度高时混凝土墙体开始吸收太阳辐射热量,掺入的相变材料达到相变点开始熔化,吸收并储存热量;(2)随着外界温度降低时墙体中的相变材料冷却,储存的潜热量散发到环境中保持室内舒适度。

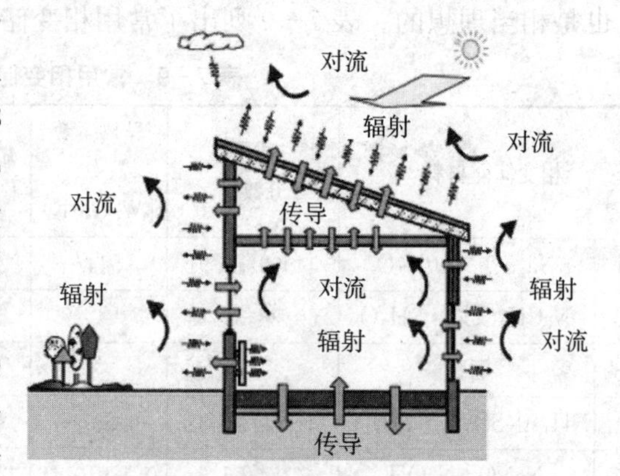

图 7-9　建筑物内热量传输示意图

图 7-10 显示了相变材料掺入墙体后温度随时间变化,从室外通过墙体相变材料传向室内的热流滞后小于无相变材料的围护结构,室内热流的波动减小,从而可以减小建筑物的负荷,具有可观的社会效益和经济效益。

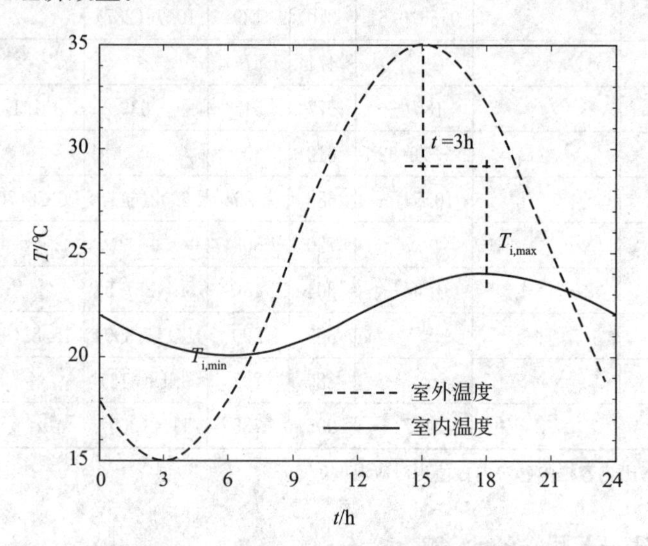

图 7-10　相变材料对室内温度波动的影响

1. 无机相变材料在建筑墙体中的应用

1940 年,美国人 Telkes 就研究出 $Na_2SO_4 \cdot 10H_2O$ 储存太阳能,在夜间和阴雨天使用它为室内保温,20 世纪 70 年代初,他建造了第一个相变材料用于建筑墙体的实验室。由于夏季电力需求的不平衡,冷却系统的需求在许多国家是一个亟待解决的问题。早前日本的 K. Nagano 等报道了 $Mn(NO_3)_2 \cdot 6H_2O$ 作为冷却系统的特性,$MnCl_2 \cdot 4H_2O$ 可以用来调节 $Mn(NO_3)_2 \cdot 6H_2O$ 的熔化温度和熔化热,使其性能稳定,他们还将这种 $HNO_3 \cdot 6H_2O$ 相变材料用于墙体中的安全性和价格进行了评述。

从热力学的角度来说,过冷是液相变为固相的推动力,而过冷现象对于相变储热非常不利,针对水合盐存在过冷和相分离现象,M. Hadjieva 等利用具有良好的热导性能并且有较高相变焓(大约 210 kJ/kg,是石蜡的 1.5 倍)的 $Na_2S_2O_3 \cdot 5H_2O$,将混凝土浸渍到 $Na_2S_2O_3 \cdot 5H_2O$ 相变材料中，制得 25.5 mm×41.5 mm 的圆柱形蓄热砖，储热量为 100 kJ/kg，并且基本无过冷现象。近年来适用于建筑墙体的无机相变材料研究日趋完善，表 7-10 为一些材料在 22～28 ℃的热物理性质。

表 7-10 适用于墙体中的无机相变材料的热物理性质(22～28 ℃)

材料	熔融温度/ ℃	熔化热/(kJ/kg)	密度/(kg/m^3)
$FeBr_3 \cdot 6H_2O$	21	105	
55～65% $LiNO_3 \cdot 3H_2O$+ 35～45% $Ni(NO_3)_2$	24.2	230	
45%$Ca(NO_3)_2 \cdot 6H_2O$+55% $Zn(NO_3)_2 \cdot 6H_2O$	25	130	1 930
66.6%$CaCl_2 \cdot 6H_2O$+33.3%$MgCl_2 \cdot 6H_2O$	25	127	1 590
$Mn(NO_3)_2 \cdot 6H_2O$	25.5	125.9	1 738(液，20 ℃)
4.3%NaCl+0.4%KCl+48%$CaCl_2$+47.3%H_2O	27	188	

2. 有机相变材料在建筑墙体中的应用

Shar mA A 等研究了石蜡、硬脂酸和乙酰胺的相变过程中储能/释能循环次数对相变参数的影响，三种材料的相变潜热都会随着循环次数的增加而下降。石蜡的低热导性和相变过程中较大的体积变化限制了它的应用。目前 Colas Hasse 等将石蜡填入马蜂窝式墙板中，如图 7-11 所示，不但防止了相变材料的泄漏，还提高了相变材料的热导性，实现了墙体储能的效果。

图 7-11 将相变材料石蜡加入马蜂窝式的墙板墙体中图示

Hui Li 等 制备了热稳定性良好的十九烷和水泥的混合物，十九烷分散在多孔水泥中，防止了十九烷熔融后的泄漏，提高了水泥的导热性能。Ahmet Sari 等以正十七烷为芯材，聚甲基丙烯酸甲酯(PM mA)为壳材制备出一种平均粒径为 0.26 μm 的相变微胶囊填入混凝土中，提高了轻型建筑的舒适度。为了保持室内温度并提高舒适度，对 22～28 ℃的有机相变材料作了探索性研究，如表 7-11 所示。

表 7-11 适用于墙体中的有机相变材料(22～28 ℃)

材料	熔融温度/ ℃	熔化热/(kJ/kg)	热导性/[W/(m·K)]	密度/(kg/m^3)
正十七烷	19	240	0.21	760(液)
61.5%癸酸+38.5%月桂酸	19.1	132		
硬脂酸丁酯	19	140	0.21	760(液)

续 表

材料	熔融温度/ ℃	熔化热/(kJ/kg)	热导性/[W/(m·K)]	密度/(kg/m³)
石蜡 C16～C18	20～22	152		
聚乙二醇 E600	22	127	0.189 7(液,38.6 ℃)	1 126(液,25 ℃)
石蜡 C13～C14	22～24	189	0.21	0.760(液) 0.900(固)
34%$C_{14}H_{28}O_2$+66%$C_{10}H_{20}O_2$	24	147.7		
60%石蜡+40%硬脂酸丁酯	25.09	112.59		
50%月桂酸+50%癸酸	25.24	109.7		
乳酸	26	184		

3. 有机/无机复合相变材料在建筑墙体中的应用

由于具有较低过冷性、高储存能力和在建筑材料中比较好的融合性能,有机潜热储能材料成为建筑材料中微胶囊化发展最快的一类材料。有机相变材料和有机聚合物材料具有易燃性,所以它们都不能广泛应用于储热系统。但有机/无机复合相变储热材料具有温度恒定、相变潜热大、性能稳定的特点。P. Zhang 等通过溶胶-凝胶法制备石蜡和二氧化硅的复合相变储能材料的微胶囊,减缓了热降解过程中产生的挥发性产物的泄漏,提高了微胶囊石蜡复合材料的热稳定性和可燃性。因此,微胶囊石蜡和二氧化硅的复合材料可以用于太阳能采暖和建筑墙体节能系统的储热材料。目前 Nihal Sariera 等成功将正十六烷在表面活性剂十二烷基苯磺酸(SDS)的处理下插入层状硅酸盐蒙脱土中,如图 7-12 所示,使得蒙脱土吸收了正十六烷的高储热能力,提高了稳定性和导电能力。他们还将月桂酸和硬脂酸混合物插入钠基蒙脱土层间,形成复合储能材料有效地在墙体中储热。嵌入在蒙脱土夹层的有机相变材料分子的运动受到阻滞,不易被解嵌出来,使其整体热性能和稳定性得到提高。二元体系的脂肪酸会得到比纯相较低的相变温度,选择适用于空调建筑中的最佳组合不仅可以满足室内舒适度,而且能够提高太阳辐射利用率。

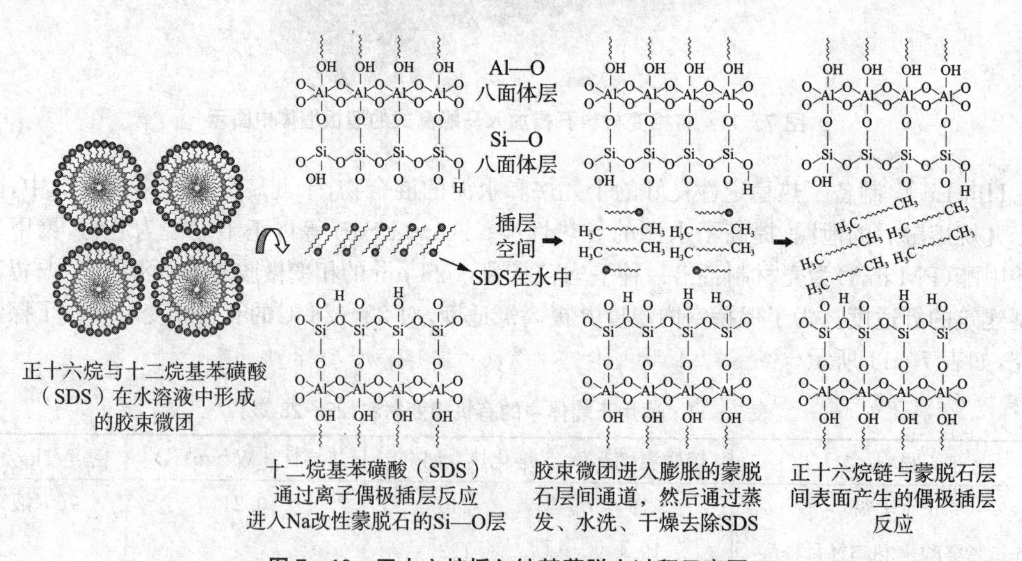

图 7-12　正十六烷插入钠基蒙脱土过程示意图

4. 相变材料应用于墙体中的技术方法

目前在建筑墙体材料中应用最多的主要有混凝土、石膏板、水泥等，这些建筑材料内含大量微孔，可以作为复合相变储热材料的载体材料。将相变材料和墙体材料融合是一个关键技术，Khudhair 和 Farid 论述了将 PCM 掺入建筑材料或建筑构件中的常用方法。

1）直接浸渍法

直接浸渍法是直接将相变材料浸泡在墙体材料中，这种方法的优点是便于控制加入量，制作工艺简单，但缺点是相变材料的泄漏对混凝土基体有腐蚀作用。丁四醇四硬脂酸酯与水泥、石膏的复合相变材料就可以用直接浸渍法。Cabeza 等报道了 PCM 和它要掺入的基体材料之间的相互作用。这种相互作用的反应可能腐蚀墙体材料的机械特性。目前，Ana M. Borreguero 等基于一维傅里叶热传导方程的数学模型开发，研究了墙板中浸渍不同相变材料的热行为，研究结果表明，PCM 的含量越高，墙板就越具有较高的储能容量和较低的墙壁温度变化。这些材料可以用来提高舒适度，节约建筑物的能源，甚至减少墙板质量。对相变材料和基体材料的相容性问题仍需要进一步研究。

2）微胶囊技术

利用微胶囊技术将特定相变温度范围的相变材料，通过物理或者化学方法用高聚物封装形成直径为 0.1～100 μm 的颗粒，作为热的传递介质，应用于建筑材料，如图 7－13 所示。相变过程中，封装膜内的相变材料发生固-液相变，外层的高分子膜始终保持固态，因此用高分子膜封装的相变材料在宏观上始终为固态。作为壁材的胶囊壳体不能和墙体材料发生化学反应，胶囊化的相变材料避免了作为芯材的相变材料的外泄。但这种技术将大大增加材料的成本，制约了相变混凝土的推广应用。

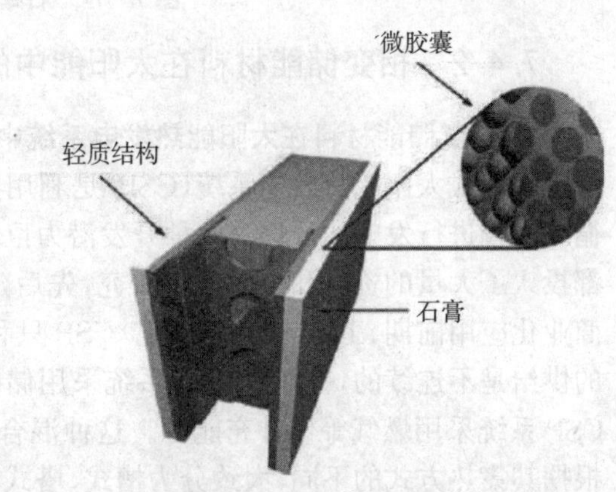

图 7－13 微胶囊相变材料封装在轻型建筑中图解

Sari 等研究了用 PM mA 包裹相变材料二十八烷的微胶囊化过程及其储能应用，通过热重分析发现具有高效的抗高温降解力、稳定性好及良好的储热能力。Castellón 等将制备好的微胶囊相变材料夹层在商业建筑石膏墙板中间，在温差大的地区可以广泛使用，达到降低建筑物内部温度、减少建筑物空调制冷系统容量的目的。将相变材料封装到建筑结构材料中的方法取决于气候、结构设计和应用取向，所以这些影响因素还有待进一步研究。

3）定型相变材料的制备

定型相变材料的制备是面向室外、室内选用的材料均为混凝土，中间层夹层使用不同厚度的定型相变储能材料。定型相变材料越厚，墙体内表面温度随外界温度变化幅度越小，能够有效降低室内空调设备的能耗；定型相变材料厚度一定时，不同的定型相变材料结构和布局对墙体内表面温度波动情况影响较小，能耗差别不大。Sari 等将固-液相变材料石蜡与支撑材料如高密度聚乙烯组合密封后形成定型相变材料应用于墙体中，如图 7－14 所示，没有发现石蜡泄漏的现象，通过调节石蜡的混合比，从而调节相变温度，以满足不同地区建筑物的储能要求。清华大学的肖伟等模拟研究了定型相变墙板的最佳相变温度和相变板厚度，但是定型相变材料的热导率不高，Zhang 等在定型相变材料中加入膨胀石墨来提高它的热导性。S. B. Sentürk 等在聚合物领域制备了聚乙二醇/纤维素定形 PCM，混合物具有合适的相变温度、潜热，良好的热稳定性和化学稳定性。

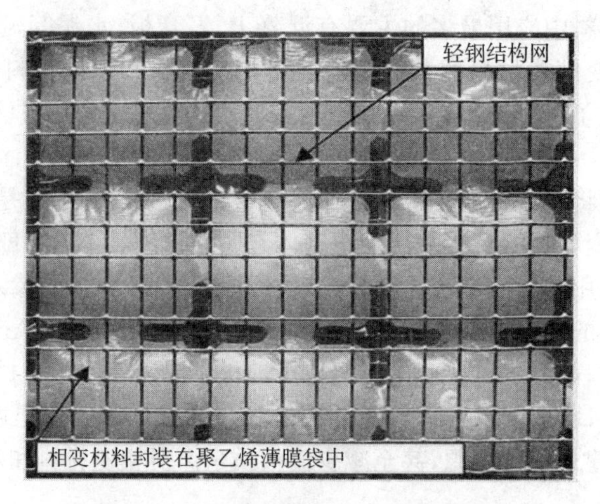

图 7-14 石蜡封装在高密度聚乙烯中

7.4.2 相变储能材料在太阳能中的应用

1. 相变储能材料在太阳能热发电系统中的应用

聚焦式太阳能热发电系统(CSP)是利用集热器将太阳辐射能转换成高温热能,再通过热力循环过程进行发电的。作为一种开发潜力巨大的新能源和可再生能源的开发技术,美国等国家都投入了大量的资金和人力进行研究,先后建立了数座 CSP 示范工程,目前该项技术已经处于商业化应用前期、工业化应用初期。CSP 只利用太阳直射能量,不接受天空漫辐射。由于太阳能的供给是不连续的,一部分 CSP 系统采用储能技术来保障有效使用和提供时间延迟,另一部分 CSP 系统采用燃气等作补充能源。这种混合动力技术可提供高价值、可调度的电力 CSP 系统,根据其集热方式的不同,大致分为槽式、塔式、碟式 3 种。槽式系统是利用抛物柱面槽式反射镜将阳光聚焦到管状的接收器上,并将管内传热工质加热,直接或间接产生蒸气,推动常规汽轮机发电。塔式系统是利用独立跟踪太阳的定日镜,将阳光聚焦到一个固定在塔顶部的接收器上,以产生很高的温度。碟式系统是由许多镜子组成的抛物面反射镜,接收器在抛物面的焦点上,接收器内的传热工质被加热到高温,从而驱动发动机进行发电。

槽式系统是目前均化成本(LEC)最低的 CSP 系统,其技术已经成熟,正处于商业拓展阶段。虽然相变储能材料(PCM)具有相变潜热大、相变温区较窄等特点,但选择合适的相变材料及换热器设计比较困难。因此,聚焦式太阳能热发电系统(CSP)中的相变储能技术还处于试验研究或测试阶段,其使用有两种情形:(1)在采用合成油作为换热流体(HTF)的槽式系统中,合成油 HTF 的温度变化范围为 250～400 ℃,水/蒸气 HTF 的温度变化范围为 200～400 ℃,这就要求 PCM 在换热过程中,温度变化也比较大,而相变材料(PCM)相变温区较窄,因此,此时单一的 PCM 无法满足要求。于是,1989 年,美国 LUZ 公司就提出了级联相变储能的设计方案;1993 年 DLR 与 ZSW(德国太阳能及氢能研究中心)共同提出了 PCM/显热储能材料/PCM 混合储能方法。1996 年 Michels 等用 3 个竖立的壳管换热器串联,壳内分别放置了 KNO_3、KNO_3/KCl、$NaNO_3$ 三种 PCM,试验证实了级联相变储能的可行性预测。(2)在直接蒸汽发电(DSG)槽式系统中,则采用了单一 PCM 的蓄热方式。因为该系统只有水/蒸气作为 HTF,在 HTF 与 PCM 的换热过程中,其蒸气 HTF 压力基本保持恒定,温度也保持稳定,因此要求 PCM 相变时温度变化范围也小。德国等 13 个国家从 2004 年开始共同实施的 DISTOR 项目圈,就是为 DSG 槽式系统设计完善的相变储能系统，主要任务是研究 230～330 ℃加膨胀石墨的复合相变材料（EG-PCM），应用微胶囊技术以及设计逆流相变储能换热器，以达到降低成本的目的。

2. 相变储能材料在太阳能热水器系统中的应用

相变储能式太阳能热水器使用了一种新型真空集热管，它的主要作用是接收太阳辐射并加热载热工质。载热工质的种类很多，其中最常见的是水，但这种新型真空集热管摒弃了传统的设计，其内部设有专用储热单元，使真空管具有吸热、储热的双重功能。它不依赖于传统太阳能热水系统的储热水箱，也不需要与外部设备进行自然对流换热或机械循环换热，可独立进行太阳能的采集与储存。这一特点能够大大简化新一代太阳能热水系统的结构，降低设备成本，提高系统的可靠性。

新型相变储能式太阳能热水器的原理：新型太阳能热水器的真空管（以 ϕ150 mm×2 000 mm 真空管为例）内部装有专用储热体，其部件组成为带涂层的金属筒、筒内装有一种相变材料（以石蜡 n-hexacosane 为例）、内附盘管式换热器。太阳辐射的热量经过管壳、真空层之后被太阳能吸收涂层所吸收，吸收的热量使储热体内的石蜡被加热，而石蜡是一种相变材料，其相变点为 56 ℃，即温度达到 56 ℃后，石蜡开始其固-液相变过程，即开始融化，储存热量，并使其自身温度保持在 56 ℃，当外界用水经换热器流过储热体时，水即被加热，而且它能连续吸收、储存太阳热能，并将温度保持在 56 ℃（这是由相变特性所决定的）。由于这些热量只在该专用储热体中逐渐蓄积，所以不会烧坏其他部件。

相变储能式太阳能热水器利用相变材料吸收太阳能，其主要优点可概括为：(1)无需储水箱，成本低廉，结构紧凑，外形美观，安装方便；(2)不用提前储水，随时用随时上水，水温稳定，操作简便；(3)储热体由金属材料制作，有很强的承压能力和抗热冲击能力；(4)性能优良，安全可靠，非常适用于北方寒冷地区。

3. 相变储能材料在太阳能热泵系统中的应用

相变储热技术在太阳能热泵中的应用，既可大大减小储热设备体积，又可以弥补太阳能受到气候和地理位置影响的缺陷，使系统结构更紧凑，布置灵活，运行费用降低。在太阳能热泵系统中使用相变储热技术，储热设备的热效率高低直接影响到太阳能热泵系统的供热性能。

根据储热器在太阳能热泵供热系统中的位置，可以将其分为低温储热器和高温储热器。与集热器直接相连的为低温储热器。因储热温度较低、热损失较小，故对于隔热措施的要求不高，结构也比较简单。与房间供热设备直接相连的为高温储热器，为了使所储存的热量在整个储热时间内能保持所需的热级，就必须采用良好的隔热措施，造价也相应提高。

在太阳能热泵中，由于成本问题，很少使用高温储热器，一般通过变频技术和电子膨胀阀控制压缩机的制冷剂的循环量和进入室内换热器制冷剂的流量来调节热泵对房间的供热量。在热泵供热不能满足房间负荷要求时，使用电加热补充。所以这里重点介绍只有低温储热器的太阳能热泵储热工作流程，如图 7-15 所示。为了保证供暖系统运行的稳定性和连续性，综合考虑各种气候条件、太阳辐射情况、电网电价等情况，主要有以下三种工作模式。

(1) 冬季晴朗白天。载热介质在集热器中获取太阳辐射能后，流入储热器，通过箱内的换热盘管将部分热量传递给储热介质；然后进入蒸发器与制冷剂换热，并通过热泵循环系统进行供热，降温后的集热介质在管道泵的作用下又流回太阳能集热器，由此完成一次循环。

(2) 夜间（或阴雨天）。从蒸发器流出的载热介质不流经太阳能集热器，而是通过三通阀直接流入储热器，从储热介质中吸取热量后流回蒸发器，再通过热泵循环进行供热。

(3) 当无太阳能可利用，且储热器中的储热量不充足，不能使热泵满足供热需要时，使系统

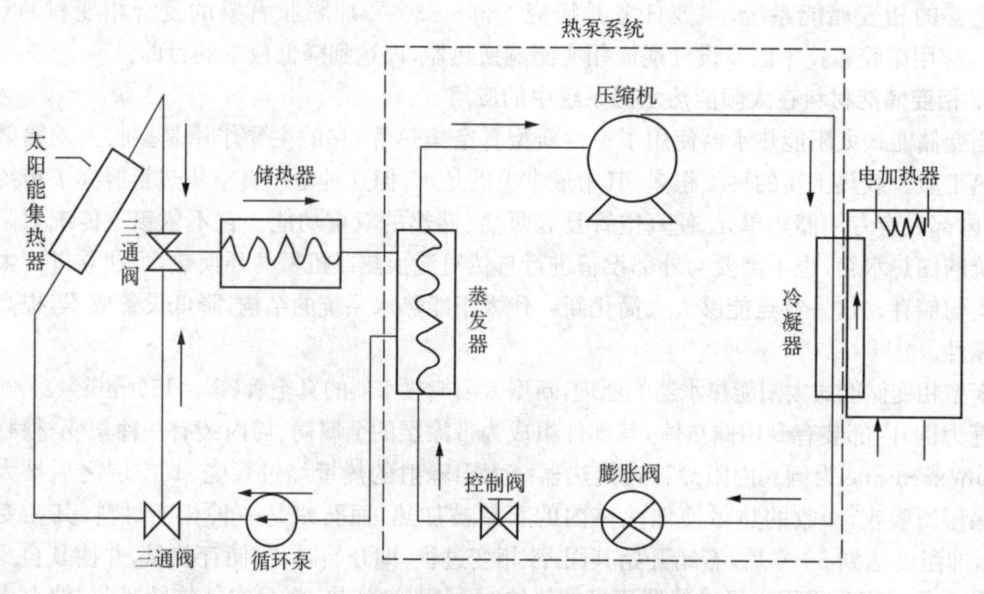

图 7-15　相变储热系统的太阳能热泵供暖流程

按储热器及电加热模式供热，即从冷凝器出来的热水经电加热至供热温度后供给热用户。

相变储能式太阳能热泵利用相变材料吸收太阳能，其主要优点可概括为：(1)无需储水箱，成本低廉，结构紧凑，外形美观，安装方便；(2)不用提前储水，随时用随时上水，水温稳定，操作简便；(3)储热体由金属材料制作，有很强的承压能力和抗热冲击能力；(4)性能优良，安全可靠，非常适用于北方寒冷地区。

7.4.3　相变储能材料在其他方面的应用

1. 相变储能材料在工业加热过程中的应用

在工业加热设备的余热利用系统中，传统的储热器通常是采用耐火材料作为吸收余热的储热材料，由于热量的吸收仅仅是依靠耐火材料的显热容变化，这种储热室具有体积大、造价昂贵、热惯性大、输出功率逐渐下降等缺点，在工业加热领域难以普遍应用。相变储热系统是一种可以替代传统储热器的新型余热利用系统，它主要利用物质在固液两态变化过程中潜热的吸收和释放来实现热能的贮存和输出，潜热与显热容相比较不仅包含有更大的能量，而且潜热的释放是在恒定温度下进行。与常规的储热室相比，相变储热系统体积可以减少 30％～50％，因此，利用相变储热系统替代传统的储热器，不仅可以克服原有蓄热器的缺点，使加热系统在采用节能设备后仍能稳定地运行，而且有利于余热利用技术在工业加热过程的广泛应用。

2. 相变储能材料在医药工业中的应用

许多医疗电子治疗仪要求在恒温条件下使用，这样就需要利用温控储热材料来调节，使仪器在允许的温度内工作。日本有专利报道用 $Na_2SO_4 \cdot 10H_2O$ 和 $MgSO_4 \cdot 7H_2O$ 的混合物作为相变材料用于仪器室的控温，可使室温保持在 25 ℃左右。也可将特种仪器埋包在用相变材料制成的热包中，来维持仪器使用的温度。近年来国内市场有种热袋，相变材料是水合盐，相变温度 55 ℃左右，利用一块金属片作为成核晶种材料，当用手挤压金属片时，使它的表而成为晶体生长中心，从而结晶放热，再配备某些具有活血作用的中药袋，从而达到理疗的作用，对于治疗类风湿等疾病具有一定的疗效。

3. 相变储能材料在现代农业中的应用

温室在现代农业中举足轻重，它在克服恶劣的自然气候、拓展农产品品种、提高农业生产效率等方面具有重要的价值。温室的核心是控制适宜农作物生长的温、湿度环境，在这方面相变材料大有用武之地。将相变材料用于农业中温室的研究开始于 20 世纪的 80 年代。最先采用的相变材料为 $CaCl_2 \cdot 6H_2O$，随后又先后尝试了 $Na_2SO_4 \cdot 10H_2O$、石蜡等。研究结果表明：相变材料不仅能为温室储藏能量，还具有自动调节温室内湿度的功能，能够有效节约温室的运行费用和能耗。

4. 相变储能材料在纺织行业中的应用

在纺织服装中加入相变材料可以增强服装的保暖功能，甚至使其具有智能化的内部温度调节功能，可以极大地改变人们的生活质量，不使用任何能源，可以让普通衣服变成微空调。根据使用要求可以生产具有不同的相变温度的产品，如用于严寒气候的 41 级纤维的相变温度在 65～85℉(18.3～29.4℃)，用于运动服装的 43 级纤维的相变温度在 90～110℉(32.2～43.3℃)。相变储能纤维的智能调温机理是：当人体处于剧烈活动阶段会产生较多的热量，利用相变材料将这些热量储藏起来，当人体处于静止时期，相变材料储藏的热量又会缓慢地释放出来，用于维持服装内的温度恒定。

在航天服装中，由于外太空温度属于极寒或极热环境，对宇航员、航天器的保护要求非常严格，普通材料无法适应恶劣条件，因此，需要特殊材料进行保护。美国和苏联科学家首先研制出相变材料，使得宇航员的服装、返回舱外壳等得以应用。该技术美俄一直处于垄断地位。我国在进入 21 世纪以来，经过科学家的不断努力，已经克服了关键技术部分，开始进行实际运用。

5. 相变储能材料在电子行业中的应用

近年来随着电子设备向高速、小型、高功率等方向发展，集成电路的集成度、运算速度和功率迅速提高，导致集成块内产生的热量大幅度增加。如果集成块产生的热量不能及时扩散，将使集成块的温度急剧上升，影响其正常运行，严重的还可能造成集成块烧坏。而如果在集成块上应用相变材料，可以有效缓解其过热问题。因为相变材料在其发生相变过程中，在很小的温升范围内，吸收大量热量，从而降低其温度上升幅度。在通讯、电力等设备箱(间)降温方面，相变材料可以节省设备成本 75%以上。在通讯领域，已经广泛应用于通讯基站的机房、电池组间，使传统的一年寿命的设备可以延长到 4 年或更多。

6. 相变储能材料在军事中的应用

一旦装备部队，将是相变材料一个重大贡献。军车、军人服装、舰船、飞机、坦克、潜艇等军事各个方面，均是相变材料运用的重要领域，可以极大地提高战斗力和防护持久能力。在实际研制过程中，要找到满足这些理想条件的相变材料非常困难。因此，人们往往先考虑有合适的相变温度和有较大相变潜热的相变材料，而后再考虑各种影响研究和应用的综合性因素。

7.5 总结与展望

(1) 绝大多数无机水合盐类相变材料具有腐蚀性，在相变过程中还存在过冷和相分离的缺点；有机相变材料如石蜡，在固液相变时会发生泄露等问题，限制了它的实际应用，为克服以上的缺点，复合相变材料的研究将是一个主要方向。

(2) 目前相变材料的制备方法一般有加热共熔法、多孔介质法、微胶囊法和高分子聚合法等，微胶囊法制备相变材料，其微胶囊化效率较低，而熔融共混法制得的相变材料，应对其在导热和阻燃性的提高方面进行研究。

(3)相变材料在建筑中应用,具有的储热功能可以调节室内温度,但也会降低建筑材料的强度等,因此研究相变材料对建筑的强度,耐久性等方面的影响也是一个重要方向。

思考题

［1］ 叙述相变材料的储能机理与分类。

［2］ $NaSO_4 \cdot 10H_2O$ 相变材料的特点是什么?

［3］ 试述相变材料在建筑工程中的应用。

［4］ 试述相变材料在新能源工程中的应用。

参考文献

［1］ 张仁元. 相变材料与相变储能技术. 北京:科学出版社,2009.

［2］ Cabeza L F, Castell A, Barreneche C, et al. Materials used as PCM in thermal energy storage in buildings: A review. Renewable and Sustainable Energy Reviews, 2011, 15(2): 1675－1695.

［3］ Dark Wa K,O Callaghan P W. Si mAlation of phase change dry walls in a passive solar building. Applied Thermal Engineering, 2006, 26(8/9): 853－858.

［4］ Kuznik F, David D, Johannes K, et al. A review on phase change materials integrated in building walls. Renewable and Sustainable Energy Reviews, 2011, 15(10): 379－391.

［5］ David D, Kuznik F, Roux J－J. Numerical study of the influence of the convective heat transfer on the dynamical behaviour of a phase change mAterial wall. Applied Thermal Engineering, 2011: 1－8.

［6］ Nagano K, Mochida T, Takeda S, et al. Thermal characteristics of manganese(Ⅱ) nitrate hexahydrate as a phase change material for cooling systems. Applied Thermal Engineering, 2003, 23(2): 229－241.

［7］ Hadijeva M, Stojkov R, Filipova Tz. Composite salt－hydrate concrete system for building energy storage. Renewable Energy, 2000, 19(1－2): 111－115.

［8］ Sharma A, Sharma S D, Buddhi D. Accelerated thermal cycle test of acetamide, stearic acid and paraffin wax for solar thermal latent heat storage applications. Energy Conversion and management, 2002, 43(14): 1923－1930.

［9］ Colas Hassea, Manuel Grenet, et al. Realization, test and modelling of honeycomb wallboards containing a Phase. Energy and Buildings, 2011, 43(1): 232－238.

［10］ Li H, Liu X, Fang G. Preparation and characteristics of *n*－nonadecane/cement composites as thermal energy storage materials in buildings. Energy and Buildings, 2010, 42(10): 1661－1665.

［11］ Sari A, Alkan C, Karaipekli A. Preparation characterization and thermal properties of PMMA/n－heptadecane microcapsules as novel solid－liquid microPCM for thermal energy storage. Applied Energy, 2010, 87: 1529－1534.

[12] Zhang P, Hua Y, Song L, et al. Synergistic effect of iron and intumescent flame retardant on shape-stabilized phase change material. Thermochemical Acta, 2009, 487(1-2): 74-79.

[13] Sarier N, Onder E, et al. Preparation of phase change mAterial - montmorillonite composites suitable for thermal energy storage. Thermochemical Acta, 2011, 524(1-2): 39-46.

[14] Sariera N, Onderb E, Ersoyb S. The modification of Na-montmorillonite by salts of fatty acids: An easy intercalation process. Colloids and Surfaces A: Physicochem Eng Aspects, 2010, 371(1-3): 40-49.

[15] Khudhair A M, Farid M M. A review on energy conservation in building application with thermal storage by latent heat using phase change materials. Energy Conversion and Management, 2004, 45(2): 263-275.

[16] Fang X, Zhang Z, Chen Z. Study on preparation of montmorillonite - based composite phase change materials and their applications in thermal storage building mAterials. Energy Conversion and management, 2008, 49(4): 718-723.

[17] Cabeza L F, Castellon C, Nogus M, et al. Use of microencapsulated PCM in concrete walls for energy savings. Energy and Buildings, 2007, 39(2): 113-119.

[18] Borregueroana M, mAnuel Carmona, Juan F R. Thermal testing and numerical simulation of gypsum wallboards incorporated with different PCMs content. Applied Energy, 2011, 88(3): 930-937.

[19] Sharma A, Tyagi V V, Chen CR, et al. Reviewon thermal energy storage with phase change materials and applications. Renewable and Sustainable Energy Reviews, 2009, 13: 318-345.

[20] Sari A, Alkan C, Ali K, et al. Microencapsulated n-octacosane as phase change material for thermal energy storage. Solar Energy, 2009, 83: 1757-1763.

[21] Castellon C, Medrano M, Roca J, et al. Effect of microencapsulated phase change material in sandwich panels. Renewable Energy, 2010, 35(10): 2370-2374.

[22] Sari A. Form - stable paraffin/high density polyethylene composites as a solid-liquid phase change mAterial for thermal energy storage: preparation and thermal properties. Energy Conversion and management, 2004, 45: 2033-2042.

[23] Tyagi V V, Kaushika S C. Development of phase change materials based microencapsulated technology for buildings: A review. Renewable and Sustainable Energy Reviews, 2011, 15(2): 1373-1391.

[24] 肖伟，王馨，张寅平. 定形相变墙板改善轻质墙体夏季隔热性能研究. 工程热物理学报，2009，30(9)：1561-1563.

[25] Zhang Y, Ding J, Wang X, et al. Influence of additives on thermal conductivity of shape-stabilized phase change material. Solar Energy materials and Solar Cells, 2006, 90: 1692-1702.

[26] Sentürk S B, Kahraman D, et al. Biodegradable PEG/cellulose, PEG/agarose and PEG/chitosan blends as shape stabilized phase change materials for latent heat energy

storage. Carbohydrate Polymers，2011，84(1)：141－144.
[27] 孙志林，屈宗长. 相变储热技术在太阳能热泵中的应用. 制冷与空调，2006，6(6)：44－48.
[28] 杨灵艳，姚杨，姜益强，等. 太阳能热泵蓄能技术研究进展. 流体机械，2008，36(12)：65－69.
[29] 白艳萍，张玉忠. 相变材料的分类及其应用研究. 科技风，2015，4.
[30] 吕学文，考宏涛，李敏. 基于相变储能材料的研究进展. 材料科学与工程学报，2011，127(5)：797－800.
[31] 王蓬，王月详，张伟伟. 复合相变储能材料的研究. 工业技术，2014，21(7)：92－94.
[32] 王志强，曹明礼，等. 相变储热材料的种类、应用及展望. 安徽化工，2005，2(2)：8－11.
[33] 何小芳，吴永豪，等. 相变储能材料的研究进展. 化工新型材料，2014，42(12)：27－29.

超级电容器材料

本章内容提要

超级电容器是一种介于电池和传统电容器之间的新型绿色储能装置，具有功率密度大、能量密度高、充放电速率快、寿命长等优点，目前是我国“十三五”发展规划中重点发展的课题之一，有望成为下一代最主要的储能设备。本章介绍了超级电容器的工作原理、电极材料、电解质和隔膜材料的最新制备方法及超级电容器器件的组装方法和原理。

8.1 超级电容器的概述

8.1.1 超级电容器的基本介绍

随着经济的快速发展和人口的急剧增长，资源和能源的日渐短缺，全球气候变暖，生态环境日益恶化，人类将更加关注太阳能、风能、潮汐能等清洁和可再生的新能源.但是，可再生能源（主要包括风能、太阳能、潮汐能等）的本身特性决定了上述发电方式和电能输出受到季节、气象和地域条件的影响，具有明显的不连续性和不稳定性。例如太阳能可以在晴天发电，而在阴天和晚上就无法工作。风能发电也同样受到时间和气象的影响。也就是说，可再生能源发出的电能波动较大，稳定性差，从而为可再生能源的大规模利用带来了诸多问题。如果接入电网，电网的稳定性将受到影响。要解决这一问题，必须发展相应的高效储能装置来解决发电与用电的时差矛盾以及间歇式可再生能源发电直接并网时对电网的冲击。因此，开发合适的储能技术显得至关重要。目前高效储能技术被认为是支撑可再生能源普及的战略性技术，得到各国政府和企业界的高度关注。

超级电容器（supercapacitors 或 ultracapactitors），又称电化学电容器（electrochemical capacitors），它是一种介于常规电容器与二次电池之间的新型储能器件（图 8-1）。其功率密度是锂离子电池的 10 倍，能量密度为传统电容器的 10～100 倍。同时，超级电容器还具有对环境无污染、效率高、循环寿命长、使用温度范围宽、安全性高等特点。目前，超级电容器在新能源发电、电动汽车、信息技术、航空航天、国防科技等领域中具有广泛的应用前景。例如超级电容器用于可再生能源分布式电网的储能单元，可以有效提高电网的稳定性。单独运行时，超级电容器可作为太阳能或风能发电装置的辅助电源，可将发电装置所产生的能量以较快的速度储存起来，并按照设计要求释放，如太阳能路灯在白天由太阳能提供电源并对超级电容器充电，晚上则由超级电容器提供电力。此外，超级电容器还可以与充电电池组成复合电源系统，既可满足电动车启动、加速和爬坡时的高功率要求，又可延长蓄电池的循环使用寿命，实现电动车动力系统性能的最优化。

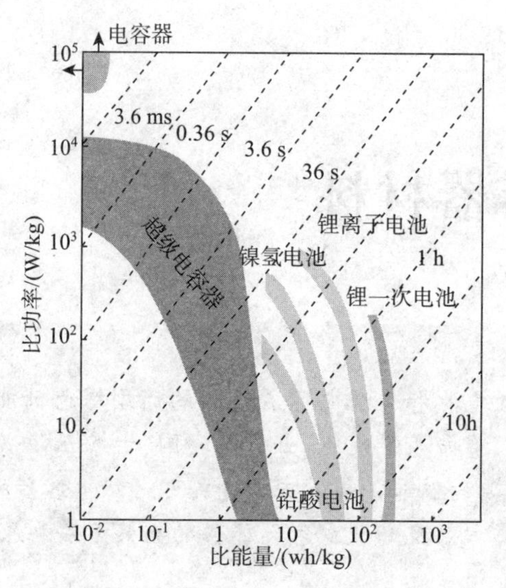

图 8-1　各种电能贮存器件的功率密度与能量密度的关系图

当前,国内外已实现了超级电容器的商品化生产,但还存在着价格较高、能量密度低等问题,极大地限制了超级电容器的大规模应用。超级电容器主要由集流体、电极、电解质和隔膜等 4 部分组成。其中电极材料是影响超级电容器性能和生产成本的关键因素之一,而电解液则决定着超级电容器的工作电压窗口。

8.1.2　超级电容器的一般结构

超级电容器的结构简单,主要由电极、电解液、隔膜三部分组成。图 8-2 为超级电容器的结构示意图。其中,电极包括集流体和电极材料。集流体主要起收集电流的作用,常用的集流体有泡沫镍、铝箔、不锈钢网、碳布等。电极材料通常由活性物质、导电剂、黏合剂组成。活性物质是超级电容器最重要的组成部分,常用的活性物质有三类:碳材料、金属氧化物、导电聚合物。常用的导电剂是乙炔黑、石墨粉和碳纳米管等。黏合剂方面,聚偏氟乙烯(PVDF)、聚四氟乙烯(PTFE)、聚全氟磺酸(Nafion)表现出比较优异的特性。

电解液的作用是提供电化学过程中所需要的阴阳离子。电解液要求具备高电导率、高分解电压、较宽的工作温度范围、安全无毒性以及良好的化学稳定性,不与电极材料发生反应等优点。超级电容器使用的电解液根据其物理状态可以分为两大类:固态电解液和液态电解液。其中液态电解液可细分为水系电解质和有机电解质。

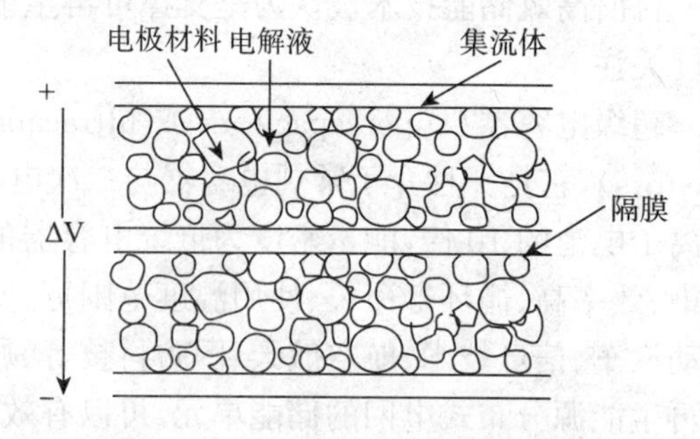

图 8-2　超级电容器的结构示意图

水系电解液是使用最早的电解液,因具有较高电导率、易于浸润电极材料且价格便宜等优点而一直沿用至今。根据其酸碱性,水系电解液可以分为酸性电解液、碱性电解液和中性电解液。酸性电解液中最常用的是 H_2SO_4 溶液。H_2SO_4 溶液具有电导率高、内阻小等优点,但是其腐蚀性大,不能用金属作为集电体。碱性电解液中最常用的是 KOH 溶液。相对于酸性电解液,碱性电解液的腐蚀性较小,但是碱性电解液存在爬碱现象,这使得密封比较困难。中性电解液主要包括钾盐、钠盐以及部分锂盐的水溶液,其腐蚀性在水系电解液中是最小的。水系电解液的分解电压只有 1.23 V,不利于获得较高的能量密度,而且其凝固点较高,沸点较低,可使用温度范围有限。

有机电解液常采用的溶剂有 N, N-二甲基甲酰胺、碳酸丙烯酯、碳酸乙二酯、γ-丁内酯等,常采用的电解质阳离子主要是季铵盐、锂盐等,而阴离子有高氯酸根、四氟硼酸根、六氟磷酸根等。有机电解液一般具有较高的分解电压(2~4 V),而且其使用温度范围较宽,电化学性质稳定。但是,有机电解液也具有离子传输能力较差、成本高等缺点。

隔膜是多孔绝缘体薄膜,其作用是防止正负极之间直接接触而发生短路,但允许电解液离子自由通过。作为隔膜材料,不仅需要具有稳定的化学性质,而且本身不能具有导电性,对于电解液离子的通过不产生任何阻碍作用。目前使用最多的隔膜是聚合物多孔薄膜,如聚丙烯膜、琼脂膜等。

8.1.3 超级电容器的应用

超级电容器作为大功率物理二次电源用途十分广泛。各发达国家都把超级电容的研究列为国家重点战略研究项目。1996 年欧共体制定了超级电容器的发展计划,日本“新阳光计划”中列出了超级电容器的研制,美国能源部及国防部也制定了发展超级电容器的研究计划。我国从 20 世纪 80 年代开始研究超级电容器,北京有色金属研究总院、锦州电力电容器有限责任公司、北京科技大学、北京化工大学、北京理工大学等也陆续开展超级电容器相关研究工作。2005 年,中国科学院电工所完成了用于光伏发电系统的 300 W·h L 超级电容器储能系统的研究开发工作。2006 年 8 月,上海奥威与申沃集团合作研制的基于超级电容为动力系统的公交车实现商业化运营(图 8-3)。这是世界上首次将超级电容器公交车投用于商业化的公众领域。超级电容公交车真正实现了无噪声、低污染,其满载电容可以保证 6 公里的行驶里程,充电时间仅需 2 分钟。而且将经停站台改造成充电站后,在上下客的时候即能补充足够的能量。2008 年 8 月,北京理工大学具有自主知识产权的纯电动动力系统应用到北京奥运用电动客车中。

图 8-3　上海运营的超级电容器公交车

目前超级电容器正逐渐步入成熟期,市场越来越大,有越来越多的公司聚焦到超级电容器生产上。根据应用电流等级的不同,超级电容器主要应用于以下几个方面:

(1) 应用在 100 μA 以下的,主要作为记忆体的后备电源,可以作为 CMOS、RAM、IC 的时钟电源。在医疗器械、微波炉、手持终端、校准仪等中得到应用。

(2) 应用在 500 μA 以下的,主要作为主供电的后备电源。在数字调频音响系统、可编程消费电子产品、洗衣机中作为 CMOS、RAM、IC 的时钟电源。

(3) 应用在最高 50 mA 的,主要用作电压补偿。在汽车引擎启动时,主电压突降,它可以作为汽车音响的后备电源,进行电压补偿。同样也用在磁带机、影碟机电机以及计量表的启动时刻。

(4) 应用在最高 1 A 的，主要作为小型设备主电源。在玩具，智能电表、水表、煤气表，热水器，报警装置，太阳能道路灯等作为主电源。还在激发器和点火器中起激励作用，在短时间内供给大电流。

(5) 应用在最高 50 A 的，主要提供大电流瞬时放电。主要用于不间断电源、GPS、电动自行车、风能太阳能的能量储备等。

(6) 应用在 50 A 以上的，主要提供超大电流放电。主要用于汽车、坦克等内燃发动机的电启动系统，以解决怠速启动问题。其他直流屏、电动汽车、储能焊机、电焊机、大型通信设备、抗电网瞬态波动系统等也有使用。

8.1.4 超级电容器使用注意事项

(1) 电容器在使用前，应确认极性。它不可应用于高频率充放电的电路中，且应在标称电压下使用，若超过将会导致电解液分解、电容器发热、容量下降、内阻增大、寿命缩短，某些情况下，可导致电容器性能崩溃。

(2) 电容器由于内阻较大，放电瞬间存在电压降。

(3) 电容器不能置于高温、高湿的或含有有毒气体的环境中，应在温度－30～＋50 ℃、相对湿度小于 60％的环境下储存，应避免温度的骤升骤降。

(4) 电容器用于双面电路板，需注意连接处不可经过电容器可触及的地方。电容器串联使用时，存在单体间的电压均衡问题。单纯的串联会导致某个或几个单体电容器因过压而损坏，从而影响其整体性能。

(5) 将电容器焊接到线路板上时，勿使壳体与线路板接触，且在焊接过程中避免使电容器过热。焊接完成后，不可强行倾斜或扭动电容器，而且电容器及线路板需进行清洗。

8.2 超级电容器的工作原理

一般，超级电容器依据以下几种方式进行分类：

(1) 根据电解液可分为水系电解液电容器、有机电解液电容器以及固态电解液电容器；

(2) 根据电化学电容器的结构可分为对称型电容器和非对称型电容器。对称型电容器的正负极采用相同的材料，一般为碳材料；非对称型电容器的负极采用碳材料，正极采用金属化合物、导电聚合物或者是上述材料与碳材料的复合材料。

(3) 根据电极材料及储能机理可分为两类：一类是基于高比表面积碳材料与溶液间界面双电层原理的双电层电容器(Electric double layer capacitor，EDLC)；另一类是在电极材料表面或体相的二维或准二维空间上，电活性物质进行欠电位沉积，发生高度可逆的化学吸附/脱附或氧化/还原反应，产生与电极充电电位有关的法拉第准电容(Faraday Pseudo-capacitor)，又称赝电容。实际上各种超级电容器的电容同时包含双电层电容和法拉第准电容两个分量，只是所占的比例不同而已。

8.2.1 双电层电容存储机理

双电层电容器通过静电吸附产生电容，在原理上与传统静电电容器类似。静电电容器基本模型如图 8－4。电容器两极被介电材料隔开，当外部提供电压时两极板存储电性相反的两种电荷，静电电容器电容量很小，通常只有皮法或微法。

电容的计算公式为：

$$C=\frac{Q}{V}=\varepsilon\frac{S}{d} \tag{8-1}$$

式中，C 为电容，Q 为电量，V 为施加电压，ε 为介电常数，S 为电极极板的面积，d 为介电层厚度。

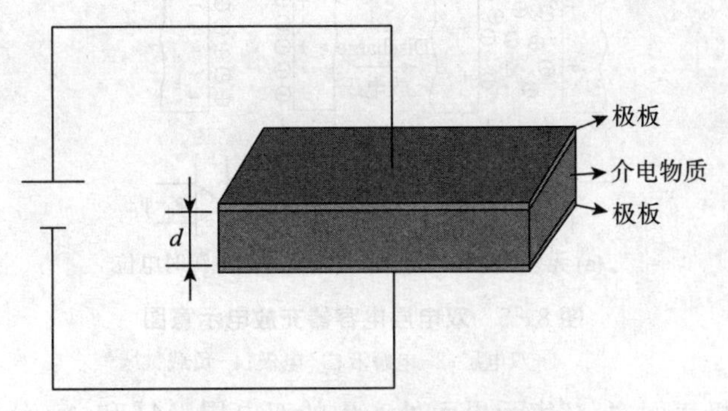

图 8-4 静电电容器基本模型

双电层电容器双电层理论最早是由德国物理学家 Helmholtz 于 1879 年提出，后又经过许多研究者不断完善，才形成如今的完整理论。即在两相界面上，如电极材料和电解液、电解液和气体界面上常常存在着正负电荷的吸附和脱离，当正负电荷在界面附近分离形成层带时，这些层带即为通常所称的双电层。

在 Helmholtz 提出的经典双电层模型中，双电层被认为是一个平板式电容器，一极是电极物质，另一极为双电层的电解质离子层。对于一个双电层电容器来说，式(8-1)中的 d 值仅为几个埃，使得电容器的比电容有了数量级上的提升。此后，Gouy 和 Chapman 等人引入扩散层的概念，他们认为溶液中的反离子并非平行地被束缚在与质点表面相邻的液相中，而是扩散分布在质点周围的空间内，其浓度随与质点的距离增大而减小，即将双电层从极板附近延伸到电解质区域。1924 年，Stern 提出将原有的双电层分为内外两层，内层是紧靠质点表面的紧密层，该层中电势变化情况与 Helmholtz 模型中类似；外层则类似 Gouy-Chapman 模型中的扩散层，该层包含了电泳时固-液相的滑动面。1947 年，Grahame 在 Stern 双电层理论基础上进一步深入，将内层再分为 Helmholtz 内层和 Helmholtz 外层，分别由未溶剂化的离子和溶剂化的离子组成，紧靠界面的吸附层。

双电层电容器结构示意图如图 8-5，在负荷状态下，电容器内电极材料表面的电荷呈现为无序状态排列。充电时，正负电荷分别在电极和电解液两相界面有序排列，进行电荷的储存。反之放电时，电极上的电子通过负载流动形成电流，电极表面的正负离子也回到电解液中。

单位面积的双电层电容 C_d 为：

$$C_d=\frac{\varepsilon s}{4\pi d} \tag{8-2}$$

式中 ε 为介电系数，s 为双电层面积，d 为双电层厚度。双层电容器器件由正负电极、电解液、电极之间的隔膜组成。一个电容器器件相当于两个电极表面双电层电容的串联。正负极的工作原理如下：

正极：$E_s+A^- \leftrightarrow A^-//E_s+e^-$

负极：$E_s+M^++e^- \leftrightarrow M^+//E_s^-$

总反应：$E_s+E_s+M^++A^- \leftrightarrow M^+//E_s^-+A^-//E_s$

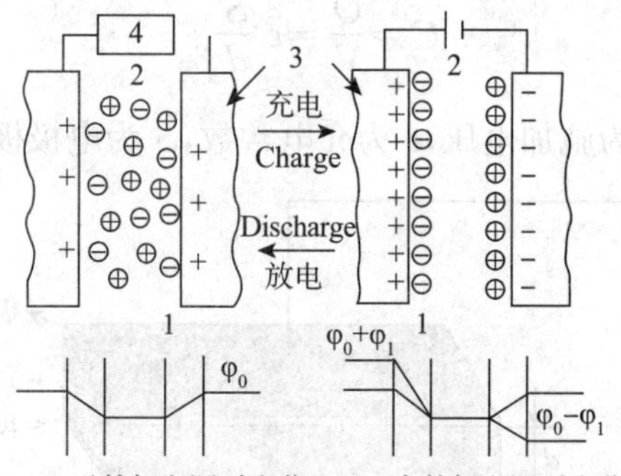

(a) 无外加电源时电位　(b) 有外加电源时电位

图 8-5　双电层电容器充放电示意图

1-双电层；2-电解液；3-电极；4-负载

式中，E_S 表示电极表面，“//”表示界面处产生的双电层，M^+ 和 A^- 分别表示电解质的正负离子，整个过程为电荷吸脱附过程。

在强电解质中，双电层理论厚度大约为 0.1nm，故电容值主要与电极材料的比表面积有关。而根据电容器的储能公式，能量 $E=0.5CU^2$，其中 C 为电容值，U 为工作电压。据此可知，双电层电容器的储能值与电极材料的电容值 C 和工作电压 U 有关，因此可以通过提高工作电压和增大电极材料的比表面积来提高双电层电容器的能量储存。一般地，为了形成稳定的双电层，在实际中多采用导电性好的多孔碳材料作为电极材料，它们形成双电层电容电荷的吸/脱附过程极快，所以双电层电容器具有高度的可逆性和很高的功率密度。

8.2.2　法拉第准(赝)电容存储机理

与双电层电容同时发展的是由 Conway 提出的法拉第准电容理论，也称为赝电容理论。法拉第准电容是在电极材料表面、近表面或体相中，电活性物质发生高度可逆的化学吸附/脱附或氧化还原反应而产生的电容。法拉第准电容主要有以下三类：

(1) 电化学吸附，如氢离子或金属离子在 Pt 或 Au 上发生单分子层水平的电化学吸附。

(2) 当以金属氧化物作为电活性材料时，其充放电机理为：充电时，电解液中的离子从溶液中往电极材料/溶液界面扩散，再通过界面的氧化还原反应进入到电活性材料体相中。若电活性材料具有较大的比表面积，则有许多同样的电化学反应同时发生，使得大量电荷同时被存储在电活性材料中；放电时，进入到电活性材料体相中的离子会通过上述反应的逆反应重新扩散到电解液中，并通过外电路将之前储存的电荷释放出来。

(3) 当以导电聚合物作为电活性材料时，在导电聚合物上通过发生快速可逆的 n 型或 p 型掺杂和去掺杂反应来达到电荷的存储或者释放。

不可忽略的是，实际上，法拉第准电容器的电容还包括在电极材料表面与电解质之间的双电层电容，因此法拉第准电容器具有高的比容量和能量密度。

8.2.3　超级电容器的特点

根据上述储能机理可知，超级电容器主要通过双电层，或电极界面上快速可逆的吸脱附或氧化还原反应来储存能量，作为一种新型储能器件，它具有其他储能器件不可比拟的优势：

(1) 高比容量。目前单体超级电容器的电容量可达上千法拉。

(2) 电路结构简单。无需像二次电池那样设置特殊的充电电路，不会受过充过放的影响。

(3) 循环寿命长。超级电容器或通过吸脱附,或通过快速可逆的电化学反应进行存储和释放电荷,其循环寿命可达上万次。

(4) 充放电速度快。超级电容器的内阻小,在大电流充放电制度下,能在几十秒内完成充电过程。

(5) 功率密度高。超级电容器高比容量、低等效电阻和快速充电性能,使得其具有高比功率。

(6) 温度范围宽。超级电容器的电荷转移过程一般在电极表面进行,其正常使用受环境温度影响不大,温度范围一般为$-40\sim70$ ℃。

(7) 环境友好。超级电容器的包装材料中不涉及重金属,所用电极材料安全性能良好且环境友好,为一种绿色储能元件。

但是,目前超级电容器还有一些需要改进的地方,如能量密度较低,体积能量密度较差,和电介质电容器相比,工作电压较低,一般水系电解液的单体工作电压为0～1.4V,且电解液腐蚀性强;非水系可以高达4.5 V,实际使用的一般为3.5 V,作为非水系电解液要求高纯度、无水,价格较高,并且非水系要求苛刻的装配环境。

8.3 超级电容器电极材料

电极材料是超级电容器中最重要的组成部分,决定超级电容器的能量存储行为和性能。早期的超级电容器电极材料使用具有高比表面积的活性炭材料,而随着法拉第准电容理论的发展,具有高赝电容值的过渡金属化合物和导电聚合物等得到了快速的开发利用。目前常用的电极材料主要是基于碳材料、过渡金属化合物和导电聚合物。

8.3.1 碳材料

碳材料是最早使用的超级电容器电极材料,早在1957年Beck就申请了用于双电层电容器的活性炭电极材料的专利。即便是在今天,碳材料仍然占有非常重要的地位,这是因为碳材料具有如下优点:高比表面积、丰富的孔道结构、优良的导电性、强化学耐蚀性以及低廉的价格。基于碳材料的超级电容器主要利用碳材料与电解液之间形成的双电层进行能量的存储,其电容的主要影响因素为碳材料的比表面积和孔径。比表面积越大,碳电极产生的双电层电容就越大。而孔径分布会影响到电极被电解液浸润的程度。一般认为,孔径在2～50 nm之间的介孔有利于电极材料的浸润和双电层的形成。

常见的用于超级电容器的碳材料主要有:活性炭、碳纤维、碳气凝胶、碳纳米管、石墨烯、杂原子掺杂碳材料等。目前对碳电极材料的研究主要集中在:(1) 利用不同的方法合成高比表面积、合适孔径的纳米碳材料;(2) 在碳材料表面负载其他电极材料形成复合材料;(3) 杂原子如氮、氧、磷、硫等掺杂的碳材料。

1. 活性炭

活性炭材料一般以含有碳源的前驱体(葡萄糖、木材、果壳、兽骨等)为原料,经过高温炭化后活化制得。炭化过程实质是碳的富集过程,形成初步的孔隙结构。超级电容器用活性炭电极材料的性质取决于前驱体和特定的活化工艺,所制备活性炭的孔隙、比表面积、表面活性官能团等因素都会影响材料的电化学性能,其中高比表面积和发达的孔径结构是产生具有高比容量和快速电荷传递双电层结构的关键。

制备活性炭的原料来源非常丰富,石油、煤、木材、坚果壳、树脂等都可用来制备活性炭粉。

原料经调制后进行活化,活化方法分物理活化和化学活化两种。物理活化通常是指在水蒸气、二氧化碳和空气等氧化性气氛中,在 700～1 200 ℃的高温下,对碳材料前体(即原料)进行处理。化学活化是在 400～700 ℃的温度下,以 H_3PO_4、$ZnCl_2$、KOH、K_2CO_3 等为活化剂。采用活化工艺制备的活性炭孔结构通常具有分级的多孔结构。包括微孔(＜2 nm)、介孔(2～50 nm)和大孔(＞ 50 nm)。Barbieri 等认为,当活性炭的比表面积达到 1200 m^2/g 后,材料的质量比电容出现稳定值,电容值不再随比表面积的增大而增大。这表明并非所有的孔结构都具备有效的电荷积累。虽然比表面积是双电层电容器性能的一个重要参数,但孔分布、孔的形状和结构、导电率和表面官能化修饰等也会影响活性炭材料的电化学性能。过度活化会导致大的孔隙率,同时也会降低材料的堆积密度和导电性,从而减小活性炭材料的体积能量密度。另外,活性炭表面残存的一些活性基团和悬挂键会使其同电解液之间的反应活性增加,也会造成电极材料性能的衰减。因此,设计具有窄的孔分布和相互交联的孔道结构、短的离子传输距离以及可控的表面化学性质的活性炭材料,将有助于提高超级电容器的能量密度,同时又不影响功率密度和循环寿命。

Li 等将鸡蛋壳膜进行炭化得到一种含约 10%氧和 8%氮的三维多孔碳纤维网状薄膜,发现富含氮和氧元素的特殊结构活性炭的比表面积为 221 m^2/g,并具有 297 F /g 的高比电容,同时,所得多孔碳纤维网状薄膜具有良好的循环稳定性,在电流密度 4A/g 时,经 10 000 次充放电循环后仅有 3% 的电容衰减。

在碳材料中引入杂原子,利用杂原子的赝电容效应来提高碳材料的比电容是制备高比电容碳电极材料的一个新途径。由于改变了碳石墨层的电子给予和接受性能,碳材料中的杂原子在充放电过程中可发生法拉第反应,产生赝电容。另外,表面杂原子形成的官能团还能改善碳材料的亲水性。Pietrzak 等认为,碳材料独特的物理化学性能不仅取决于其比表面积,还与其表面存在的杂原子的种类、数量和键合方式有关,并提出氮是重要的碳材料表面改性元素。Chen 等制备了一种由聚吡咯包裹、氮掺杂多孔碳纳米纤维构建的超级电容器,该复合材料在电流密度为 1.0 A/g 时,比电容为 202 F/g,同时具有非常好的电容持续能力,最大功率密度达 89.57 kW/kg,是一种非常有潜力的超级电容器材料。Zhang 等在 800 ℃高温下,利用乙烷作碳源,吡啶作氮源,在氩气气氛中热解制备了氮掺杂的竹节形多壁碳纳米管,发现氮掺杂后,材料的比电容由 19.9 F/g 增至 44.3 F/g。

氮掺杂可以抑制氧含量,降低自放电行为和电子接触电阻,改善碳表面湿润性。同时,含氮基团可以发生法拉第反应,贡献部分赝电容。虽然氮掺杂能有效提高碳材料的电容值,但是过多的氮会导致材料本身电阻变大,含氮官能团阻塞孔道,从而降低材料的电容保持率。Kleinsorge 等研究氮掺杂四面体碳材料,发现当掺氮量在 0.01%～10%时,碳材料的导电率随氮含量增加而增加,当氮含量大于 10%时体系开始形成不导电相。氮掺杂对材料电导率的影响还取决于氮是位于石墨微晶的边缘还是微晶结构内。

除掺杂氮外,也可通过掺杂硼、磷等对碳材料进行改性。在有序介孔碳中掺 B 和 P,会在材料表面形成 B—O—P、B—O—C 和 P—O—C 等结构的复合物。B、P 共掺杂后,材料表面含氧量增加,形成额外的表面含氧官能团,这些官能团间发生化学反应并产生赝电容,从而增加了材料的电容值。

活性炭在超级电容器中的应用越来越广泛,进一步研究探讨活性炭活化过程的机理,通过控制活化过程形成的孔隙大小及孔数,以及增大活性炭材料的比表面积尤为重要。另外,通过比较不同元素掺杂活性炭对材料比电容和导电率等性能的影响也是将来研究关注的重点。

2. 碳纳米管(CNT)

碳纳米管是 20 世纪 90 年代初发现的一种纳米尺寸管状结构的炭材料，是由单层或多层石墨烯片卷曲而成的无缝一维中空管(图 8-6)，具有良好的导电性、大的比表面积、好的化学稳定性、适合电解质离子迁移的孔隙，以及交互缠绕可形成纳米尺度的网状结构，因而曾被认为是高功率超级电容器理想的电极材料。

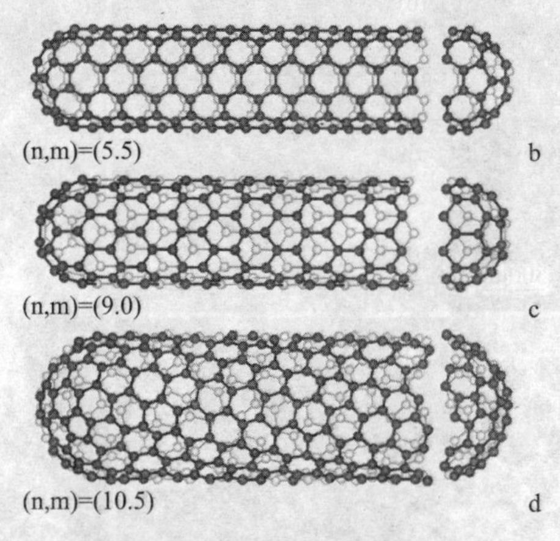

图 8-6 碳纳米管的结构图

1997 年，Niu 等人首次报道了采用碳纳米管作为超级电容器的研究工作。他们将烃类催化热解法获得的多壁碳纳米管制成薄膜电极，在质量分数为 38% 的 H_2SO_4 电解液中以及在 0.001～100 kHz 的频率下，其比电容达到 49～113 F/g，功率密度超过了 8 kW/kg。但是，自由生长的碳纳米管取向杂乱，形态各异，甚至与非晶态碳夹杂伴生，难以纯化，这就极大地影响了其实际应用。

研究表明提高 CNT 的分散性，能够充分发挥 CNT 比表面积大的优势，从而提高电极材料的电容性质。Frackowiak 等和 Kimizuka 等制备的高密度“SWCNT 固体”即通过范德华力“紧缩”ACNT 阵列形成大量的中孔结构，这些中孔有助于电解液的离子扩散到几乎每一根 SWCNT 表面从而提高电极的双电层电容特性。

Pan 等尝试在不同孔径的氧化铝模板中生长 CNT 后再次通过乙烯化学气相沉积法在已生长的 ACNT 中再次生长出 CNT，形成“管中管 CNT 结构”。Pan 等使用孔径 50 和 300 nm 的 2 种氧化铝模板生长进行试验，分别对制备的孔径 50 nm 模板中单次生长后的 CNT(AM50)、孔径 50 nm 模板中两次生长后的 CNT(ATM50)、孔径 300 nm 模板中单次生长后的 CNT(AM300)、孔径 300 nm 模板中两次生长后 CNT(ATM300) 和商品化 MWCNT (CM20) 做比较。通过试验可以得出结论：使用 ATM50 方法制备的产物比其他方式制备的产物有更小的平均孔径，因此能获得更高的比电容，如表 8-1 所示。

表 8-1 碳纳米材料的比表面积、平均孔径和比电容

碳材料	比表面积(m^2/g)	平均孔进(nm)	比容量(F/g)
CM20	136	8.8	17
AM50	649	3.9	91
AM300	264	7.4	23
ATM50	500	5.2	203
ATM300	390	9.1	53

Liu 等通过浮动催化化学气相沉积法制备了多层纸状 CNT 材料。如图 8-7 中(a)(b)(c)所

示,这种多层纸状 CNT 呈书页状整齐排列。因此,作者将这种材料称之为“buckybook”。buckybook 的每一页由 CNT 互相纠结连接组成(如图 8-7 中(d)(e)(f)所示),且 buckybook 的层数和每层的厚度可通过改变气相沉积反应条件进行控制。测得其 SWCNT buckybook 的比电容约 100 F/g,电阻约 4.3 Ω/m^2。

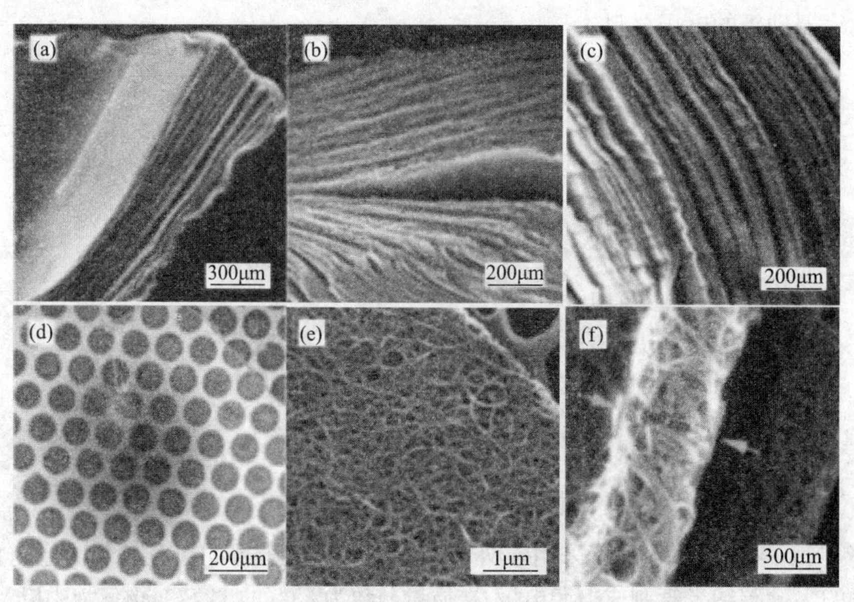

图 8-7　Buckybook 多层纸状 SWCNT 材料的扫描电子显微镜图

3. 石墨烯

碳材料是纳米材料的一个重要分支,因其良好的物理化学性能和广泛的来源一直是研究的热点。长久以来,物理学家一直认为完美的二维结构无法在非绝对零度时稳定存在。2004 年,两位科学家 Andre Geim 和 Konstantin Novoselev 在 Science 上首次报道了一种新型碳材料—石墨烯,这一发现颠覆了传统理论,目前理论界普遍认为石墨烯通过内部原子的涨落而稳定存在。由于在石墨烯材料方面的卓越贡献,有两位科学家分享了 2010 年的诺贝尔物理学奖。自此,世界范围内的科学家对石墨烯材料及石墨烯复合材料开展了广泛的研究,并不断得到了令人振奋的成果,石墨烯材料正在展现着非凡的魅力。

石墨烯是由 sp^2 杂化的碳原子相互连接形成的具有二维蜂窝状晶格结构的碳质材料。石墨烯独特的结构赋予其独特的性能:碳原子以六元环形式周期性排列于石墨烯平面内,具有 120°的键角,赋予石墨烯极高的力学性能;p 轨道上剩余的电子形成大 π 键,离域的 π 电子赋予了石墨烯良好的导电性。石墨烯作为基本单元可以形成各种维度的碳材料,例如:石墨烯翘曲可形成零维的 C_{60},卷绕即可形成零维的碳纳米管,堆叠可以形成三维的石墨(图 8-8)等。

石墨烯具有较高的比表面积,如果制备得到的石墨烯基材料能够避免堆积,有效释放表面,将获得远高于多孔碳的比电容。同时,石墨烯基材料由于其良好的导电性和独特的电子传导机制,非常有利于电解质的扩散和电子的传输,使其具有很好的功率特性。再者,通过表面改性、与其他材料复合等手段可以对石墨烯进行二次构建,优化结构,获得更好的储能性能。更重要的是,石墨烯可以通过化学氧化还原法很容易地制备得到,低廉的价格和丰富的储藏使石墨烯有望成为潜力巨大的储能材料。

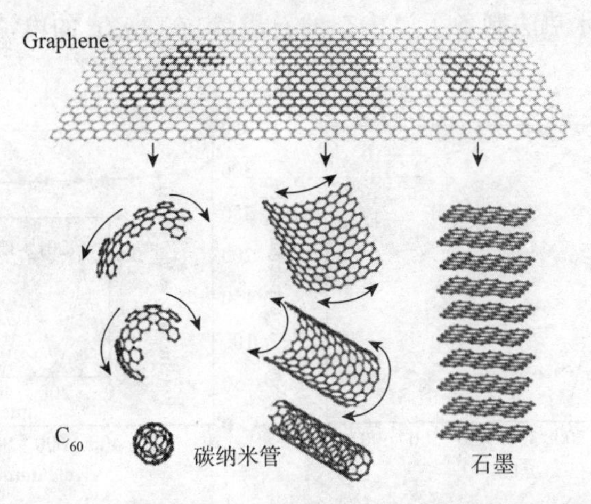

图 8-8 以二维石墨烯作为基本单元构建其他维度的碳材料

Ruoff 课题组率先将化学改性法制备的石墨烯(CMG) 用作超级电容器电极材料,其表现出良好的电容性能,但是该材料团聚严重[图 8-9(a)],大大制衡了电解质离子的传质动力学,并降低了 CMG 的有效比表面积,削弱了其电化学性能。除化学法外,快速高温还原法也是制备石墨烯粉体材料的有效方法,但该法一般要求还原温度高达 1 000 ℃以上,所得石墨烯粉体材料团聚严重,使其高理论比表面积不能得到充分发挥。杨全红课题组利用类似爆米花的制作原理,采用一种新型低温负压解离法来瞬间增强氧化石墨内外部的压力差,以实现片层的剥离,并宏量制备了以单层为主的石墨烯[图 8-9(d)],该方法可将解离温度降至 200 ℃,大大节约了制备成本。所制备的石墨烯具备开放的孔隙结构和良好的导电性,保证了石墨烯的高比表面积得以充分利用,该材料在水系电解液中的电容值可达 264 F/g,倍率性能优异,循环性能良好。

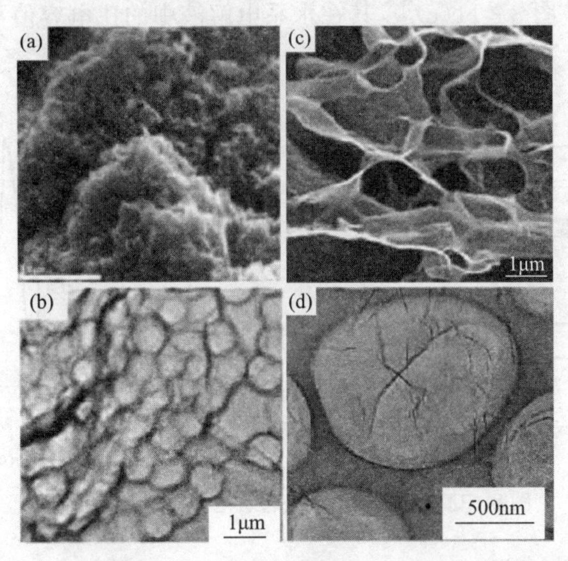

图 8-9 几种碳基电极材料扫描电镜图(a)—(c)和透射电镜图(d)

Stouer 等研究组报道了以石墨烯为电极的超级电容器,其在水系中的比电容可以达到 135 F/g,这一数值已高于碳纳米管电极材料的比电容。Wang 等研究组报道了用肼还原的氧化石墨烯电极材料,其比电容达到 205 F/g,能量密度达 28.5 Wh/kg。Biswas 等研究组成功制备了由纳米级、尺寸可调的石墨烯片层组成的石墨烯薄膜电极,在大电流充放电测试下比电容仍达到 80 F/g。Guo 等采用水热法制备了氮掺杂的石墨烯,在 3A/g 的电流密度下,其比容量高达 308 F/g(图 8-10)。

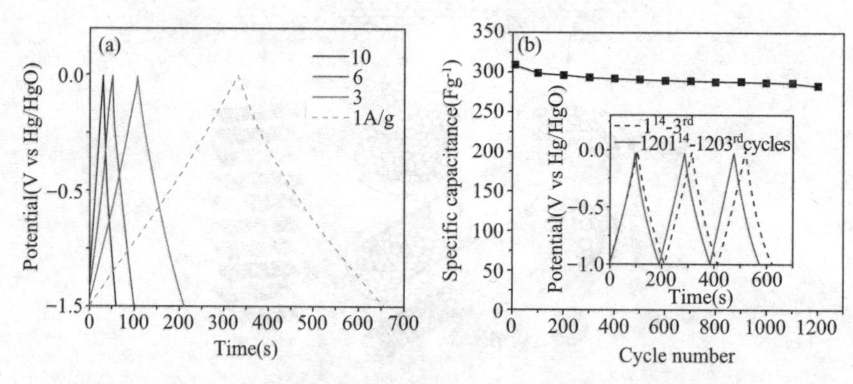

图 8-10 氮掺杂的石墨烯的(a)恒电流充放电曲线和(b)循环寿命

尽管石墨烯粉体材料已在储能领域显示了巨大的应用前景,如何实现石墨烯的宏量制备却是一大难点,以石墨烯作为基元单位构建特定结构和功能导向的宏观材料如膜材料或三维宏观体,是一种比较理想的解决方案,这些宏观材料不仅具备石墨烯的优异特性,还可有效克服石墨烯层间因范德华力所引发的团聚和堆叠。Li 以水作为"soft spacer",通过真空过滤法制备了溶剂化石墨烯薄膜(SSG),开放的孔结构有效防止了石墨烯层间堆叠,可为离子扩散提供畅通的通道,作为超级电容器电极材料时,SSG 具有高的功率密度和能量密度。Chen 等以聚甲基丙烯酸甲酯作为硬模板,通过真空过滤法自组装制得了三维大孔石墨烯薄膜(MGF),如图 8-11(a) 所示,该薄膜电极材料具有优异的倍率性能。石高全课题组采用一步水热自组装法制备了三维网络结构的石墨烯水凝胶[图 8-11(c)],其在水系电解液中的比电容值可达 175 F/g[图 8-11(b)]。

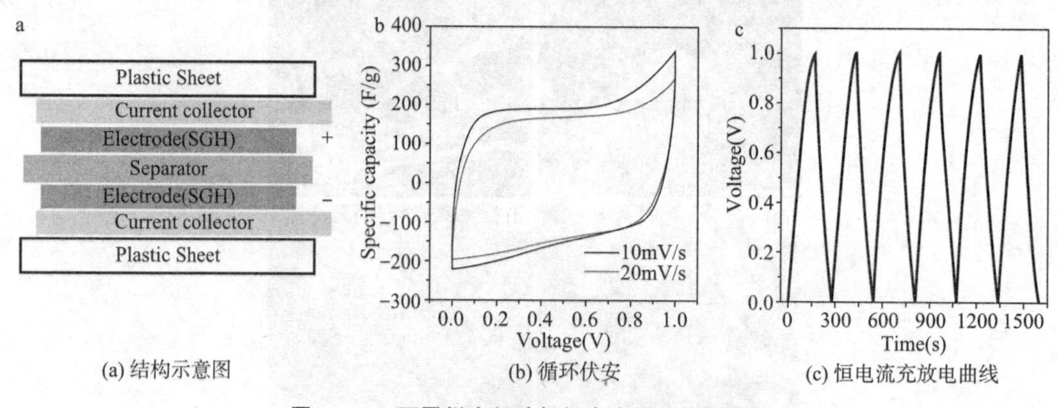

(a) 结构示意图 (b) 循环伏安 (c) 恒电流充放电曲线

图 8-11 石墨烯水凝胶超级电容器结构与性能

尽管石墨烯以及由其构建的碳基材料为超级电容器的储能带来了新的机遇,然而,与传统炭材料一样,这些新型碳质材料充当超级电容器的电极材料时,其电化学性能仍然受制于多个因素,一般包括比表面积、孔径分布、表面化学、导电特性、润湿性等。

(1) 比表面积：由于石墨烯层间范德华力和 $\pi-\pi$ 强作用力的存在,使得不同方法制备的石墨烯材料的比表面积和比电容均低于理论值。为了解决这个问题,大量工作者一方面通过引入

“spacer”来防止石墨烯的堆叠，另一方面通过化学法制备多孔石墨烯基材料，以提高其比表面积。杨全红课题组以纳米颗粒为 space，使得琼脂炭化后能够均匀负载在石墨烯片层两侧。这一结构保持了石墨烯的二维结构，得到了一种具有高比表面积的完全外表面碳材料，确保了石墨烯高的外比表面积被充分用来构建双电层，缩短了电解质离子的扩散距离，将其用作超级电容器电极材料时，表现出优异的倍率性能。石墨烯作为添加组分加入琼脂溶液中，经过高温热处理得到高外比表面积的碳质材料 HESAC，如图 8-12 所示。在材料的制备过程中，琼脂的凝胶性质可以有效确保氧化石墨烯的单分散状态，而氧化石墨烯的引入避免了琼脂在炭化过程中的团聚。Fan 等采用 MnO_2 刻蚀碳原子方法在石墨烯表面造孔，所得多孔石墨烯的比表面积高达 1 374 m^2/g，为原始石墨烯比表面积的 5 倍之多，但其比电容只由 195 F/g 升至 241 F/g。尽管从双电层电容的理论计算公式可知，碳基电极材料的比电容理论上正比于其比表面积，但由上述数据可知，这一结论只在一定范围内适用。Barbieri 和 Raymundo-Pinero 以活性炭作为研究对象，通过实验证明，在活性炭电极材料电容值与其比表面积关系图中，初始阶段比电容先随着比表面积的提高而线性增大，当比表面积达到某一值时，比电容会出现一个饱和值。

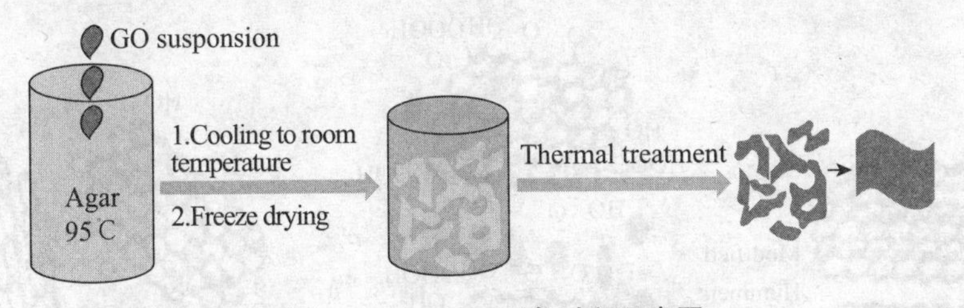

图 8-12 HESAC 制备过程示意图

(2) 孔结构：对多孔碳质材料而言，孔结构的合理设计非常重要，首先合适的孔径，可保证电解质离子顺利从体相电解液中进入到孔道中而形成双电层。Salitra 等发现，当孔与离子的匹配性较差时，会出现非常明显的离子“筛分效应”。孔径过小时，离子无法进入到孔内，CV 曲线表现为一条直线；孔径过大时，又会造成电荷相对存储密度过低。只有孔径合适时，电极材料的电容特性才能得以充分发挥。2006 年 Gogotsi 等发现孔径小于 1 nm 的 CDC 电极材料的电容出现了增大现象，当孔径在 0.7 nm 时，比电容可达最大值，他们认为这可能是由于溶剂化离子进入孔径较小的孔道中时，首先会进行去溶剂化，而后可顺利进入材料的孔道之中。为解释这一异常现象，Huang 等人建立相关模型进行了解释，他们认为不同尺度孔中，离子在电极表面的排列以及距离都存在差异，相应地用来计算电极材料电容的公式也会有所不同(图 8-13)。研究表

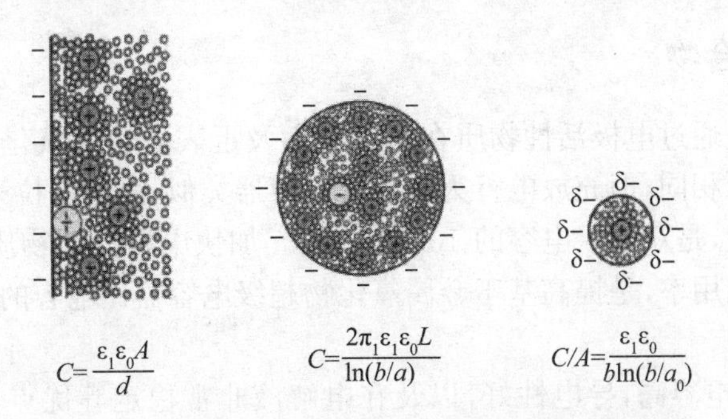

δ−
$C=\frac{\varepsilon_1\varepsilon_0 A}{d}$
$C=\frac{2\pi_1\varepsilon_1\varepsilon_0 L}{\ln(b/a)}$
$C/A=\frac{\varepsilon_1\varepsilon_0}{b\ln(b/a_0)}$

图 8-13 不同孔径碳质材料的双电层电容器模型图

明，不同尺度的孔对超级电容器电化学性能所起的作用差别较大，一般认为微米级大孔内的电解液为一种准体相电解液，可降低电解液离子在材料内部的扩散距离，中孔可降低电解质离子在电

极材料中的转移阻力,微孔内的强电势主要吸附离子,可提高电极材料表面电荷密度和电容。此外,通畅的孔道结构能提高离子的转移速率和有效比表面积,孔的形状过于复杂,或孔道结构中存在缺陷时,大容量保持率会降低。尽管目前已经逐步建立了孔结构对电容性能的影响机制,然而其是一个十分复杂的难题,这是由于在材料制备过程中,很难对其孔结构进行精细调控,且孔道比较复杂,因此要完全阐明两者之间的关系仍需更多努力。除此以外,电极材料的表面化学特性、浸润性、导电能力等因素也制衡其电化学性能。

(3) 表面化学:碳质材料极易发生氧的不可逆吸附而形成表面含氧官能团,它们可通过与电解质离子发生法拉第反应贡献赝电容,近年来,研究者们为进一步提高石墨烯的电容性能,采用多种方法在石墨烯表面引入含氧官能团,既可以有效缓解石墨烯层间自发堆叠,又可以通过贡献赝电容提高电极材料的电容值。Fang 等采用一种新型酸辅助快速热解技术制备了功能化石墨烯(a—FG),通过引入大量含氧官能团如 C—O,C ═O 和 O ═C—O(图 8-14),可将电极材料的电容值提高到 505 F/g。在材料的制备过程中,还可采用化学改性、掺杂等方法引入其他杂原子如 N、B 等,以提高电极材料的浸润性或电子密度,优化其电容性能。

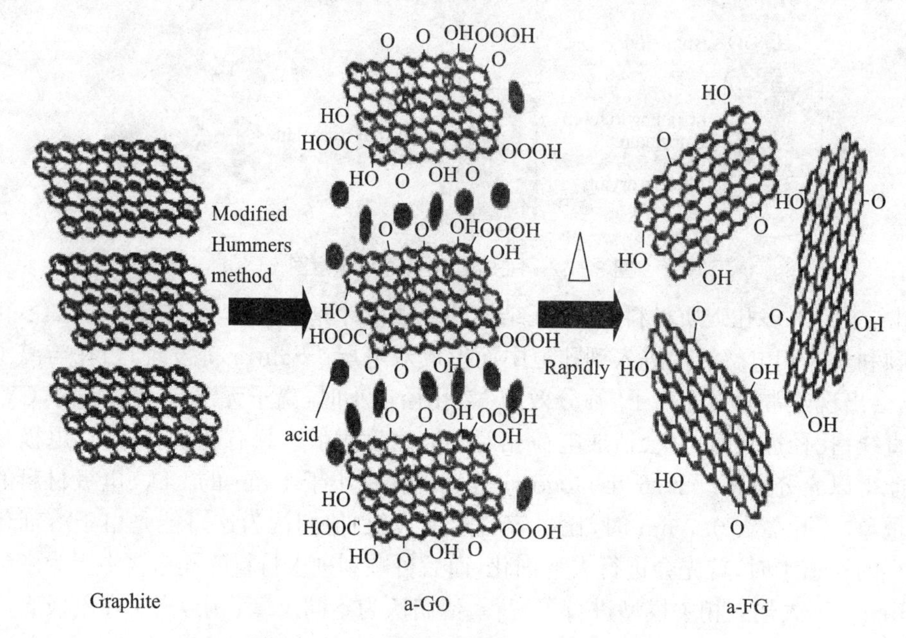

图 8-14 酸辅助石墨烯制备过程示意图

8.3.2 金属化合物

金属化合物主要是通过电极活性物质在电极表面及近表面快速氧化还原反应来储存能量,其工作原理与化学电源相同,但充放电行为与常规电容器类似,故称法拉第赝电容。法拉第赝电容具有相对较高的容量,是双电层电容的 10～100 倍。加快电极活性物质的电化学反应速率和增大电极活性物质的利用率,是提高基于金属氧化物超级电容器比电容的有效途径。

1. RuO_2

RuO_2 材料具有比电容高,导电性好,以及在电解液非常稳定等优点,是目前性能最好的超级电容器电极材料。早在 1995 年,美国陆军研究实验室就报道了无定形水合氧化钌比电容高达 768 F/g,基于电极材料的能量密度为 26.7 W·h/kg。用热分解氧化法制得的 RuO_2 薄膜电极,其单电极比容量 380 F/g。Zheng 等运用溶胶－凝胶法,在低温下退火制备出无定形 RuO_2·

xH_2O 电极材料，在其体相中 H^+ 亦很容易传输，因此氧化-还原反应不仅能在其表面进行，而且可以在其体相中进行，此种电极材料的利用率较高，其比电容为 768 F/g，能量密度为 96 J/g。分析认为在 RuO_2 变为 $Ru(OH)_2$ 时，如果反应在所用的电位范围 0～1.4 V 内，一个 Ru^{4+} 和两个 H^+ 反应，则 RuO_2 的比容量大约为 1 000 F/g。用热分解氧化法制得的 RuO_2 不含结晶水，仅有颗粒外层的 Ru^{4+} 和 H^+ 作用，因此，电极的比表面积的大小对电容的影响较大，所得电极比容量比理论值小得多；而用溶胶凝胶法制得的无定形的 $RuO_2 \cdot xH_2O$，H^+ 很容易在体相中传输，其体相中的 Ru^{4+} 也能起作用，因此，其比容量比用热分解氧化法制的要大。表 8-2 为不同方法制得的 RuO_2 电极材料的比容量和能量密度数据。尽管如此，但是 RuO_2 价格昂贵并且在制备过程中污染严重，因而不适合大规模工业生产。为了进一步提高性能和降低成本，国内外均在积极寻找其他价格较为低廉的金属氧化物电极材料，如 MnO_2、Co_3O_4、NiO、V_2O_5，其中 MnO_2 的研究最为广泛。

表 8-2 各种 RuO_2 电极材料的性能比较

电极材料	电解液	工作电压	比容量(F/g)	能量密度(W·h/kg)
RuO_2 晶膜	H_2SO_4	1.4	380	13.2
RuO_2/碳气凝胶	H_2SO_4	1.0	250	8.9
RuO_2/碳干凝胶	H_2SO_4	1.0	256	8.9
$RuO_2 \cdot xH_2O$/Ti	H_2SO_4	1.13	103.5	3.6
$RuO_2 \cdot xH_2O$	H_2SO_4	1.0	768	26.4

2. MnO_2

MnO_2 的化学结构较复杂，化学配比并不一定恰好由一个 Mn^{4+} 和两个 O^{2-} 相结合，其化学式应表示为 MnO_x，x 表示氧含量，数值小于 2。在化学组成上，一般还含有低价锰离子和 K^+、Na^+、Li^+、NH_4^+ 等金属离子。晶格常有缺陷，包含隧道和空穴，有的为微晶状态。目前，公认的 MnO_2 微结构是 Mn^{4+} 与氧配位成八面体[MnO_6]而形成立方密堆积，氧原子位于八面体顶上，锰原子在八面体中心，形成空隙或隧道结构。其结构示意图如图 8-15 所示：

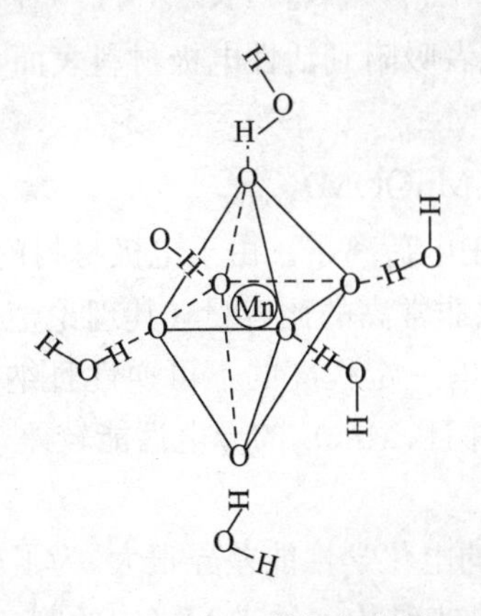

图 8-15 MnO_2 的骨架结构。

MnO_2 晶体以[MnO_6]八面体为基础，形成各种晶体结构，常见的有 α、β、γ、λ、δ、ε 型。α-MnO_2[图 8-16(a)]的结构是以斜方锰矿结构为基础，每个锰离子与 6 个氧离子相结合成八面体，[MnO_6]八面体的共用棱沿 c 轴方向形成双链，且与相邻的双链公用顶角，形成[2×2]的大隧道。由于[2×2]隧道具有较大的孔道间距(0.46 nm)，电解质离子能够方便地在 α-MnO_2 里迁移，提高了电极材料的利用率，增加了电极材料的比电容值。因此此种晶体结构是超级电容器的理想电极材料。β-MnO_2[图 8-16(b)]具有金红石结构，是以锰原子为中心的畸变了的八面体，角顶由 6 个氧原子占据；[MnO_6]八面体共用棱形成八面体单链，沿着 C 晶轴伸展；所有八面体都是等同的，平均 Mn—O 原子间距是 0.186 纳米。γ-MnO_2 是由[1×1]和[2×2]隧道交错生长而成的一种密排六方结构，其晶体结构如图 8-17 所示。虽然不同晶体结构的 MnO_2 的化学组成基本相同，但是由于晶胞结构不同，即几何形状、尺寸和隧道结构不同，导致其电化学性质差别很大。

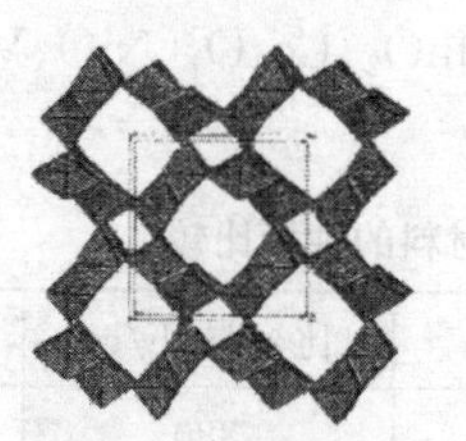
(a) α-MnO_2晶体结构图

(b) β-MnO_2晶体结构图

图 8-16　MnO_2 晶体结构

图 8-17　γ-MnO_2 晶体结构图

MnO_2 电极材料的储能机理主要是基于法拉第赝电容，同时还包括一定量的双电层电容，但由于法拉第电容是双电层电容的 10～100 倍，所以一般主要考虑法拉第电容的贡献。在水溶液电解液中进行充放电时，电解液离子(H^+、Na^+、K^+、OH^-)在电场作用下迁移到电极－电解液界面，然后通过电化学反应嵌入或者吸附到活性电极材料表面，其反应机理如下：

$$MnO_2 + M^+ + e^- = MnOOM$$

$$(MnO_2)_{surface} + M^+ + e^- = (MnOOM)_{surface}$$

其中 M^+ 为 H^+、Na^+、K^+ 等正电荷离子。由于电极材料的充放电过程实际上是其氧化还原反应，所以 MnO_2 在理论上可提供非常高的比容量（其理论值为 1 370 F/g）。但是在实际应用过程中，电极材料的氧化还原反应有一定程度的不可逆性且纳米材料很容易在充放电过程中发生团聚，因此缺乏循环稳定性能；并且，MnO_2 的导电性能较差，一般只有 10^{-5}～10^{-7} S/cm，导致电极材料的倍率性能较差。

不同形貌的 MnO_2 纳米材料的电化学性能差异很大，为了得到性质优良的电极材料，就必须通过严格的实验条件来调控其微纳米结构。纳米 MnO_2 的制备方法主要有以下几种：水热法、共沉淀法、电化学法、溶胶凝胶法等。

水热法是指在密闭的反应器中，采用有机溶剂或水为反应体系，并对反应体系进行加热，使其内部形成高温高压的环境来进行纳米材料制备的一种方法。在高压下，绝大多数反应物能够部分或完全溶解，使反应在接近均相的情况下进行，所制备的纳米粒子具有纯度高、分散性好、形貌可控等优点。通过水热法可以方便地制备 MnO_2 的零维或一维纳米材料以及一维纳米阵列。

零维纳米材料指的是三个维度都在纳米尺度内的纳米材料，可以是实心球、空心球、纳米颗粒等。Xu 等以 $KMnO_4$ 和硫酸溶液为原料，通过水热反应制备了 α-MnO_2 微球(图 8-18)，材料在 1 M Na_2SO_4 中的放电电容为 167 F/g。以 SiO_2 微球为模板，$KMnO_4$ 水溶液为原料，可以得到 SiO_2@MnO_2 复合微球；然后采用强碱除去 SiO_2 模板后得到具有分级结构的水钠锰矿型 MnO_2 空心球。当循环伏安扫描速率为 5 mV/s 时，电极材料的比电容为 299 F/g，并且具有优良的循环稳定性能。

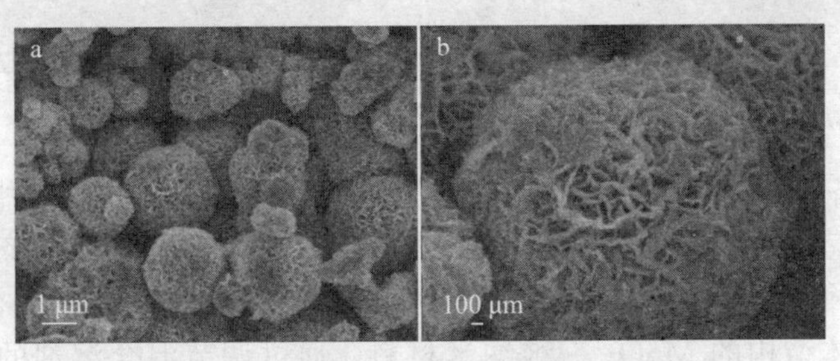

图 8-18　水热法制备的 α-MnO_2 微球

一维纳米材料是指有两个维度的尺寸处于纳米级别，通常为纳米线、纳米棒及纳米管。2002 年，Wang 等通过水热法，以 $MnSO_4$ 为锰源，$(NH_4)_2S_2O_8$ 为氧化剂，$(NH_4)_2SO_4$ 为离子模板，首次制备了不同晶体结构的 MnO_2 纳米线和纳米棒。随后，通过改变原料和反应条件，人们制备了不同精细结构的 MnO_2 一维材料。Li 等以 $KMnO_4$ 和聚乙烯吡咯烷酮为原料，通过水热法制备了长度为 40 μm，直径为 15 nm(长径比>2 500)的超长 α-MnO_2 纳米线(图 8-19)。所制备的电极材料具有超高的质量电容和优良的倍率性能(在 1 A/g 的电流下，质量电容为 345 F/g；充电电流增加 10 倍，电容保持率为 54.7%)及良好的循环稳定性(2 000 圈不衰减)。

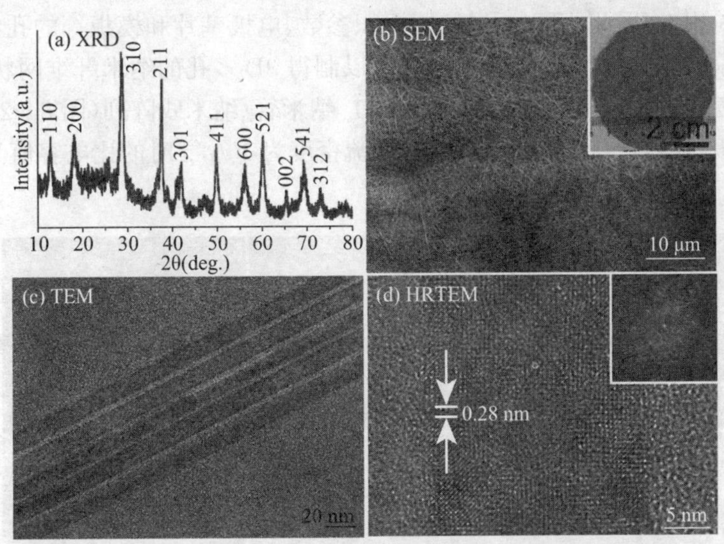

图 8-19　超长 α-MnO_2 纳米线

由于在高温高压条件下，盐酸对 MnO_2 具有一定的刻蚀作用。以盐酸和 $KMnO_4$ 为原料，利用盐酸对 MnO_2 的刻蚀作用，通过水热法制备了 MnO_2 纳米管和 MnO_2 纳米管阵列(图 8-20)。

所制备的 MnO_2 纳米管在 5 mV/s 时的比电容值为 220 F/g;且具有超强的倍率性能。这可能是因为纳米管有利于电解质的迁移,从而提高了材料的倍率性能。

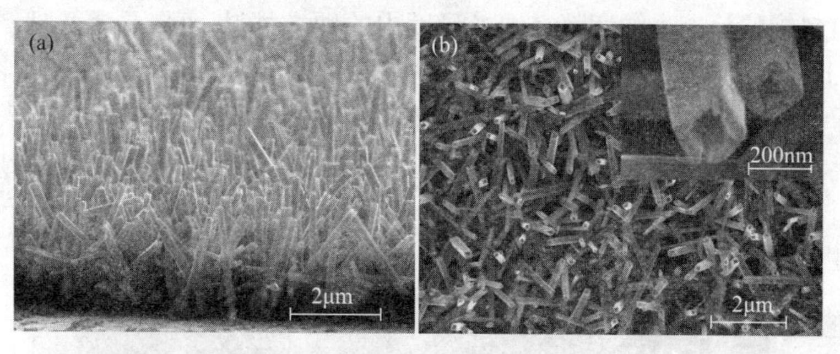

图 8－20　α-MnO_2 纳米管和纳米管阵列

共沉淀法是制备 MnO_2 纳米材料最简单的方法。将 $KMnO_4$ 和二价锰盐按照一定比例溶解在溶剂中,然后把两者混合搅拌就可以得到 MnO_2 纳米粉体。共沉淀法具有工艺简单、条件温和等优点,但是不容易得到形貌均一的纳米材料。Chen 等在异丙醇－水的混合溶剂中,采用共沉淀法制备了各种晶体结构的 MnO_2 一维纳米材料。通过调节混合溶剂的配比,可以得到 α-MnO_2 的纳米针、纳米棒以及纺锤形的 γ-MnO_2。电化学测试表明,所制备的 α-MnO_2 纳米针具有很好的电化学性质,比电容值为 233.5 F/g,循环 500 圈后的比电容值为初始值的 75.2%。

电化学法是指在外加电场的作用下,通过控制电势使 Mn^{2+} 被氧化并且最终沉积在阳极表面形成 MnO_2 纳米材料,其反应方程式如下:

$$Mn^{2+} + 2H_2O \rightarrow MnO_2 + 4H^+ + 2e^-$$

自从 Pang 等首次报道采用电化学法制备 MnO_2 薄膜电极以来,人们开始广泛采用电化学氧化法制备 MnO_2 薄膜电极。在这一时期,主要是通过制备不同氧化态、比表面积(BET)和水含量的 MnO_2 材料来提高比电容值、增加倍率性能以及循环寿命。由于纳米材料的微结构对材料的电化学性质影响很大,因此,可以通过控制沉积参数、电极基片和模板等的孔结构来实现微纳米结构的调控。最初,通过电流/电势的控制,可以制得 3D 多孔的纳米纤维网状结构。后来,采用阳极氧化铝为模板,通过电化学法制得了 MnO_2 纳米管/纳米线阵列(图 8－21)。基于 MnO_2 纳米管阵列的电极材料具有超大的比电容值(电流密度为 1 A/g 时的比电容值为 350 F/g)和很好的倍率性能,适合大电流充放电场合。

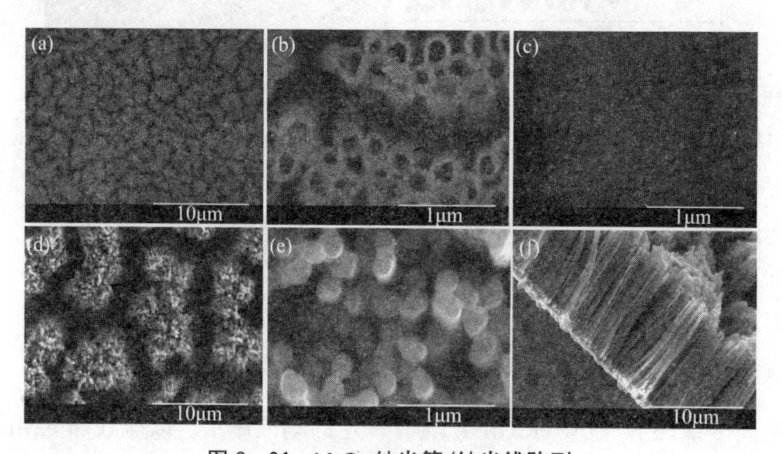

图 8－21　MnO_2 纳米管/纳米线阵列

溶胶凝胶法通常是采用 $KMnO_4$ 或 $NaMnO_4$ 为氧化剂，与还原剂在溶液中反应形成稳定的透明溶胶体系，溶胶经陈化、胶粒间缓慢聚合，形成三维空间网络结构的凝胶，且其网络间充满了失去流动性的溶剂。凝胶经过干燥、烧结固化得到 MnO_2 纳米材料。还原剂通常为 Mn(II)、葡糖糖等。烧结温度对产物的形貌、比表面积有十分重大的影响。通常情况下，在 200～300 ℃下煅烧所得的纳米 MnO_2 的比表面积最大。这可能是因为在合适的温度下煅烧，溶剂的蒸发速率可以得到控制，从而产生较高的气孔和均匀的孔径分布，使得具有较大的比表面积。但是进一步增加煅烧温度，会导致气孔塌陷，比表面积减少。

3. Co_3O_4

Co_3O_4 外观为灰黑色或黑色粉末，具有正常的尖晶石结构，与磁性氧化铁为异质同晶，具有好的赝电容性能、低的价格，是一种具有发展潜力的超级电容器电极材料。

各种形貌和结构的纳米 Co_3O_4 用作超级电容器的电极材料，并表现出了极好的超电容特性。Lin 等用溶胶凝胶法合成的 CoO_x 干凝胶在 150 ℃时所测得的比容量为 291 F/g，非常接近其理论值 355 F/g。此外，这种材料具有很好的稳定性能，这是由于低温下获得的无定型 $Co(OH)_2$ 具有较大的比表面积和合适的孔隙，在转变成氧化物的过程中，非晶结构变为晶体结构，活性表面减少，稳定性增加。叶等以四元微乳液为介质，在水热环境下制备了具有蒲公英状、剑麻状及捆绑式结构的 Co_3O_4 前驱物，然后在 300 ℃下焙烧前驱物得到 Co_3O_4，所制备的 Co_3O_4 电极材料的比容量为 340 F/g。

孔状 Co_3O_4 用作超级电容器已成为人们研究的热点，因为它们有利于电解液和反应物进入整个电极。郑明波等通过简单的水热法制备了纳米结构的 $Co(OH)_2$，低温热处理得到了无序的介孔结构及高比表面积的 Co_3O_4，电化学测试结果表明介孔 Co_3O_4 在 5 mA/ cm^2 的电流密度下的比电容为 298 F/g。刘冬梅等采用溶剂热—热分解法制备了具有斜方六面体结构的面心立方纳米孔 Co_3O_4，此合成方法采用尿素作沉淀剂，沉淀、煅烧过程无残留副产物，因而具有成本低廉，合成工序简单易行等优点。将制备的纳米孔作为超级电容器电极材料，在 5、10 和 20 mA/cm^2 的电流密度下，Co_3O_4 的放电比容量分别为 223、198 和 166 F/g。葛鑫等人利用 $CoCl_2$ 和 KOH 的反应制得前驱体 $Co(OH)_2$，再经煅烧，得到立方相 Co_3O_4 电极材料。Co_3O_4 电极在 5 mol/L 的 KOH 溶液中，0～0.4 V 的电位范围内，5 mA/cm^2的电流密度下，放电比电容可达 300.59 F/g。王兴磊等人以 P123 为模板采用水热法制备层状结构的 $Co_2(OH)_2CO_3$ 前驱体，经 200 ℃热处理制得的 Co_3O_4 电极材料，单电极比电容可达 505 F/g。

8.3.3 导电聚合物

根据电导率(σ)的不同，材料可以分为绝缘体(电导率 $\sigma \leqslant 10^{-10}$ S/cm)、半导体($\sigma = 10^{-10} \sim 10^2$ S/cm)、导体($\sigma = 10^2 \sim 10^6$ S/cm)以及超导体($\sigma \rightarrow \infty$)四大类。在过去的很长一段时间内，有机聚合物通常被认为是绝缘体。随着科学的不断发展，一类导电性堪比金属的高分子被逐渐开发出来，于是彻底打破了上述传统的观点。1975 年，首例具有类似金属导电能力的聚合物——聚硫氮$(SN)_n$被发现，其电导率高达 10^3 S/cm，并且在 0.3 K 时成为超导体。1977 年日本科学家白川英树、美国化学家 A. G. mAcDiannid 及物理学家 A. J. Heeger 共同发现：具有简单共轭结构的聚乙炔经碘掺杂后室温电导率上升了 12 个数量级，其电性质从绝缘体 (10^{-9} S/cm) 转变成导体 (10^3 S/cm)。这一发现标志着有机导电聚合物材料的诞生，至此，“聚合物”=“绝缘体”的观念被彻底打破。由于此项开创性的工作，上述三位科学家分享了 2000 年诺贝尔化学奖。表 8-3 总结了典型导电聚合物的结构式、发现时间以及室温电导率。

表 8-3 典型导电聚合物的结构式、发现时间以及室温电导率

名称	结构式	发现时间	最高室温电导率(S/cm)
聚乙炔	—CH→CH—	1977	10^3
聚吡咯(PPy)	N H	1978	10^3
聚对苯撑		1979	10^3
聚对苯乙烯撑	—CH═CH—	1979	10^3
聚苯胺(PANi)	—NH—	1980	10^2
聚噻吩(PTh)	S	1981	10^3

虽然导电聚合物具有离域的π电子,但由于其具有较大的禁带宽度(>1.5 eV),π电子无法从价带跃迁到导带来实现电子迁移,因此,本征态的导电聚合物一般是绝缘体或者准半导体。但是,与饱和聚合物相比(如聚乙烯的禁带宽度为8.8 eV),导电聚合物的禁带宽度要小得多,说明其离子化电位较低,电子亲和力较大,易与适当的电子受体或电子给体发生电子转移,即进行化学或电化学掺杂,产生载流子而导电。导电聚合物的掺杂方式分为P型(空穴)掺杂和n型(电子)掺杂两种。p型掺杂是指通过化学或电化学方法使导电聚合物被部分氧化所致,需提供一个对阴离子A^-;n型掺杂是指导电聚合物被部分还原所致,需提供一个对阳离子M^+。n掺杂需要很强的还原剂,如碱金属钾、钠等,且所制备的导电聚合物还原电位极低,在空气中不稳定,实用价值不大。常见的掺杂剂分为电子给体类(I_2、Br_2、Cl_2)、电子受体类(K、Li、Na)、路易斯酸、质子酸(AsF_5、PF_5、BF_2、BCl_3、HCl、HF、H_2SO_4)、过渡金属盐($AgBF_4$、$AgClO_4$)和一些有机物。通过掺杂后,在导电聚合物骨架上会产生载流子(由孤子、极化子和双极化子组成)(图8-22)。这些载流子在外加电场作用下会在导电高分子的共轭双键间发生跃迁(图8-23),从而使体系导电。

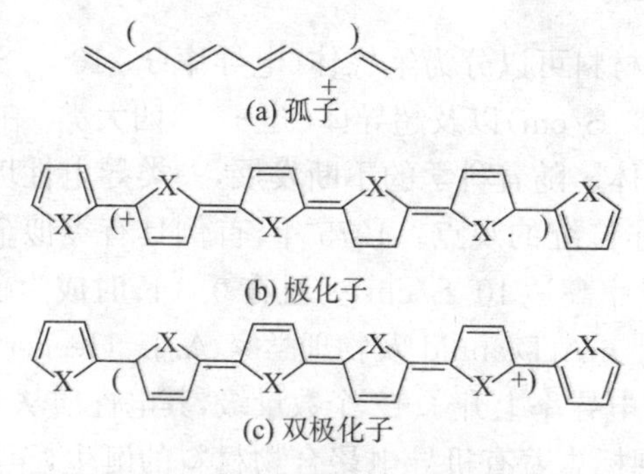

(a) 孤子

(b) 极化子

(c) 双极化子

图 8-22 导电聚合物骨架结构

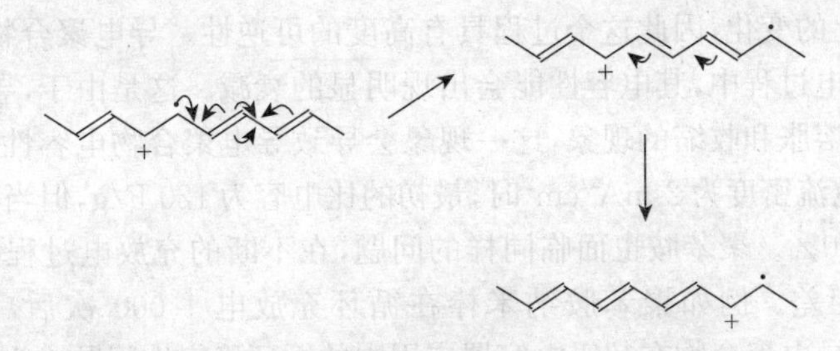

图 8-23 极化子在高分子共轭双键间跃迁示意图

导电聚合物独特的掺杂脱掺杂的性能可以提供电容性能。导电聚合物在充放电过程中，一般认为聚合物共轭链上会进行快速可逆的 n 型或者 p 型掺杂和脱掺杂的氧化还原反应，从而使聚合物具有较高的电荷密度而产生很高的法拉第准电容，实现电能的储存。导电聚合物的 p 型掺杂即指：共轭聚合物链失去电子，而电解液中的阴离子就会聚集在聚合物链中来实现电荷平衡，具体过程如图 8-24(a)所示。而 n 型掺杂是指聚合物链中富裕的负电荷通过电解液中的阳离子实现电荷平衡，从而使电解液中的阳离子聚集在聚合物链中，具体过程如图 8-24(b)所示。

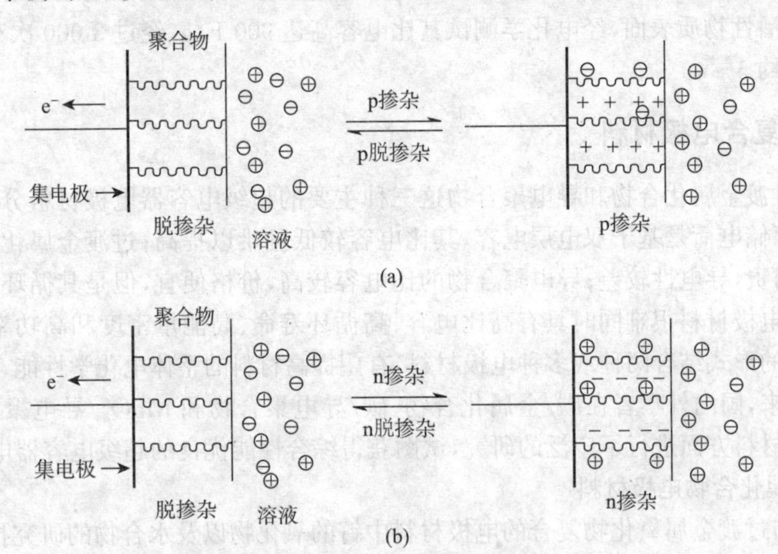

图 8-24 导电聚合物掺杂/脱掺杂示意图

导电聚合物主要依靠法拉第准电容进行电荷储存，在充放电过程中，电解液正离子或负离子会嵌入聚合物阵列，平衡聚合物本身电荷从而实现电荷存储。因此，该过程较双电层电极材料仅仅依靠电极材料表面吸附电解液离子有更高的电荷储存能力，表现出更大的比电容。在相同比表面积下，法拉第准电容电极材料容量比双电层电极材料容量要大 10～100 倍。在近期的研究中，Li 等报道纯聚苯胺修饰电极的比电容可以达到 815 F/g。Roberts 等通过电化学沉积法，在金电极表面制备得到了联噻吩—三芳胺基导电聚合物，研究结果表明，该聚合物在有机电解液中当扫描速率为 50 mV/s 时，其比电容高达 990 F/g，这一研究结果远远高于通常的活性炭基材料比电容。

此外，在导电聚合物的氧化还原过程中，当氧化作用发生时，电解液中的离子进入聚合物骨架；当还原作用发生时，这些进入聚合物骨架的离子又被释放进入电解液，从而产生电流。这种氧化还原反应不仅发生在聚合物的表面，更贯穿于聚合物整个体积。由于这种充放电过程不涉及任何聚合物结构上的变化,因此这个过程具有高度的可逆性。导电聚合物电极材料最大的不足之处在于,在充放电过程中,其电容性能会出现明显的衰减。这是由于,导电聚合物在充放电过程中,经常会发生溶胀和收缩的现象,这一现象会导致导电聚合物电容性能衰退。例如,聚吡咯基超级电容器在电流密度为 2 mA/cm^2时,最初的比电容为 120 F/g,但当其循环 1 000 次后其比电容就会下降约 50%。聚苯胺也面临同样的问题,在不断的充放电过程中,由于其体积的变化,使其电容性能变差。例如聚苯胺纳米棒在循环充放电 1 000 次后,其比电容会下降约 29.5%。因此,解决导电聚合物在超级电容器应用中的循环稳定性问题成为目前研究的热点。

许多研究表明,当导电聚合物呈纳米纤维、纳米棒、纳米线或者纳米管时,可以有效地抑制聚合物在循环使用中的电容性能衰减并表现出更好的电容性能。这是由于这些形态的导电聚合物一般都具有较小的纳米尺寸,能够有效减小离子扩散路径,提高电极活性物质利用率。此外,有序的导电聚合物与传统的随机的导电聚合物相比较,具有更好的电化学性能。例如,Gupta 等采用电化学沉积法制备得到了 PANI 纳米线,该纳米线比电容可达 742 F/g,并且经循环充放电测试,前 500 圈比电容衰减 7%,随后的 1 000 圈比电容仅衰减 1%。而 Wang 等却利用介孔碳为模板,制备得到具有空间有序 V 形通道的电极材料,这种空间有序的 V 形通道能够促进电解液很快扩散到电极活性物质表面,经电化学测试其比电容高达 900 F/g,经过 3 000 次充放电测试,其比电容仅下降约 5%。

8.3.4 复合电极材料

碳材料、过渡金属化合物和导电聚合物这三种主要的超级电容器电极材料分别存在各自的问题:碳材料存储电荷是基于双电层电容,其比电容较低且难以提高;过渡金属化合物的比电容高,但是价格昂贵,导电性较差;导电聚合物的比电容较高,价格便宜,但是其循环寿命和稳定性较差。单一的电极材料很难同时具有高比电容、高循环寿命、高能量密度和高功率密度等优点,而通过以复合的形式结合两种或多种电极材料,有望提高材料的整体电化学性能,获得上述优秀的特点。近年来,国内外学者在碳/金属化合物、碳/导电聚合物和 MnO_2/导电聚合物复合材料等复合型电极材料方面进行了广泛的研究,试图获得综合性能优良的超级电容器电极材料。

1. 碳/金属化合物电极材料

在 CNT 与过渡金属氧化物复合的电极材料中钌的氧化物以及水合物的研究报道比较多,而且性能也比较好。Ye 等利用磁溅射的方法在 ACNT 阵列上溅射钌制备了 RuO_2/ACNT 复合材料并研究其超级电容性质。Fang 等则在氮掺杂有序碳纳米管阵列(ACN_xNT)上射频溅射 RuO_2 得到 RuO_2/ACN_xNT,测得比电容为 1 380 F/g。Yu 等在研究纳米 $RuO_2 \cdot xH_2O$/CNT 复合材料对苯甲醇的催化氧化时发现此复合材料具有高达 1 500 F/g 的比电容。王晓峰等在 210 ℃下烧结制备超细 RuO_2/CNT 复合材料,当 CNT 质量分数为 20%时复合电极的比容量可以达到 860 F /g,大电流放电条件下材料比容量也几乎没有衰减,25 mA/cm^2 放电时材料比容量仍然达到 742 F/g,体现出优良的高功率放电特性。除了烧结之外,Yan 等则尝试利用微波加热的方法在 CNT 表面制备更均匀的 RuO_2 纳米颗粒以提高电容性能。虽然 CNT 与 RuO_2 的电极材料有很好的超级电容特性,但是 RuO_2 作为贵金属氧化物,成本较高,并且有毒性,对环境有污染,不利于工业化大规模生产。因此,人们希望寻找到其他廉价的金属材料来代替钌。

锰的氧化物是另一种研究较多又很有潜力的超级电容器电极的候选材料。氧化锰资源广泛,价格低廉,具有多种氧化价态,而且对环境无污染,在电池电极材料和氧化催化材料上可以得到很好的应用。邓梅根等将 CNT 用 KOH 活化并沉积 MnO_2 制成 MnO_2/CNT 复合材料以提高

CNT 超级电容器的性能使比电容达到 150 F/g。Jin 等研究发现，CNT 和 $KMnO_4$ 室温下可以发生 $MnO_4 + 3\,C + H_2O \rightarrow 4\,MnO_2 + CO_3^{2-} + 2\,HCO_3^{-}$ 反应，以此制备 MnO_2/CNT 复合材料。正是由于 $KMnO_4$ 反应时对碳纳米管管壁发生了刻蚀现象，因此 MnO_2 不但可以沉积在碳纳米管表面，而且可以深入到碳纳米管管壁间，增大负载量从而达到提高比电容的目的，而其负载量可以通过控制反应时间来确定。当 MnO_2 质量分数为 65%时 MnO_2/CNT 的比电容为 144 F/g。另外，Yan 等在微波下还原 $KMnO_4$ 制备的 MnO_2/CNT 复合材料，其比电容可达 944 F/g。当 MnO_2 质量分数为 75%时复合材料表现出最大功率密度，为 45.4 kW/kg。An 等利用 $Mn(CH_3COO)_2$ 溶液热分解制备的 Mn_3O_4/CNT 复合材料比电容可达到 293F/g。Cao 等在钽片上利用化学气相沉积法制备 ACNT 阵列后在 $MnSO_4$ 溶液中电沉积上花朵状 MnO_2 纳米粒子制备的超级电容器比电容达到 199 F/g，相比单纯的 ACNT 和单纯簇状 MnO_2 纳米粒子，在 CNT 上沉积纳米尺寸的 MnO_2 簇也能有效提高电极的电容性能。

Reddy 等和 Shaijumon 等利用氧化铝模板依次沉积 Au、MnO_2 管，再利用化学气相沉积法在 MnO_2 管中生长出 CNT，制备出了多段 Au-MnO_2/CNT 同轴阵列(如图 8-25 所示)。依次沉积制备的 Au-MnO_2/CNT 材料与没有沉积 Au 的 MnO_2/CNT 材料相比，其比电容从 44 F/g 提升至 68 F/g，功率密度从 11 kW/kg 提高至 33 kW/kg。Au-MnO_2/CNT 材料经过 1 000 次充放电过程后依然保持了良好的性质。

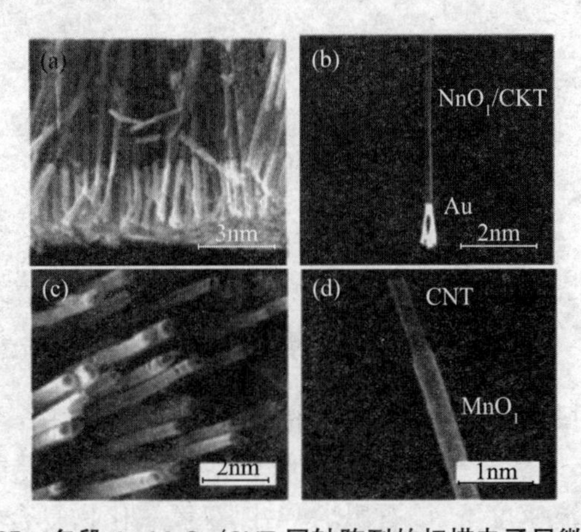

图 8-25　多段 Au-MnO_2/CNT 同轴阵列的扫描电子显微镜图像

氧化镍价格低廉且电化学性能优良，理论电容特性堪比 RuO_2 因此制备氧化镍/CNT 复合材料作为超级电容器的电极材料也倍受关注。Gao 等向 $NiCl_2 \cdot 6H_2O$ 和 MWCNT 混合溶液中滴加 NaOH，然后产物再在 300 ℃煅烧 2 h 制备了 NiO/MWCNT 复合材料，控制 NaOH 的滴加量可得到 NiO/MWCNT 不同质量比的 NiO/MWCNT 复合电极。当 NiO 比例过高时电极电阻过大而 NiO 比例过低又不能完全覆盖 CNT 表面，只有当两者比例为 50∶50 时复合材料的电容性质才能达到最优。此外，Gao 等制备了 NiO/苯磺酸修饰的 CNT 复合材料，发现苯磺酸修饰后的 CNT 在水中分散性能更好，且更有利于 NiO 化学沉积到 CNT 表面，此复合电极的比电容可达到 384 F/g。

Wang 等人采用水热晶化法在石墨烯上制备出 $Ni(OH)_2$ 纳米片。在 1 mol/L 的 KOH 电解液中，当电流密度为 2.8 A/g 时，基于整个复合材料质量的比电容可达 935 F/g，而基于 $Ni(OH)_2$ 质量的比电容则高达 1 335 F/g，电位窗口为−0.05～0.45 V。此外，他们还研究了不同制备条件和石墨烯前驱体含量氧的差异对复合材料比电容的影响，当扫描速度为 40 mV/s 时，采用在石墨烯表面原位生长 $Ni(OH)_2$、石墨烯与 $Ni(OH)_2$ 机械混合以及在氧化石墨烯表面上生长 $Ni(OH)_2$ 等方法，制备出的复合材料的比电容分别为 877，339 和 297 F/g. 上述结果表明，高导电性的石墨烯有助于宏观团聚状 $Ni(OH)_2$ 与集流体之间实现快速而有效的电荷输运，同时伴随着能量的快速存储和释放。

Nethravathi 等采用复分解法合成了氧化石墨烯(GO)/钴镍双氢氧化物复合物。他们分别先制备十六烷基三甲基铵(CTA)内插的氧化石墨烯和十二烷基磺酸钠(DS)内插的钴镍双氢氧化物，然后将两者混合及超声分散并在 70 ℃下搅拌 3 天使得复分解反应充分进行，最终得到了氧化石墨烯/钴镍双氢氧化物的复合物(图 8－26)。

He 等在六亚甲基四胺溶液存在的条件下采用水热法合成了石墨烯/钴镍双氢氧化物。他们首先将氧化石墨烯固体通过超声分散到乙醇中形成氧化石墨烯分散液，然后将氧化石墨烯分散液与硝酸钴和硝酸镍的水溶液相混合，在搅拌 30 min 后加入六亚甲基四胺溶液。最后将溶液转移到内衬聚四氟乙烯的水热反应釜中在 180 ℃下反应 12 h 得到石墨烯/钴镍双氢氧化物。Xiao 等向氯化镍、氯化钴和碳酸氢钠的混合溶液中通入二氧化碳，使得钴镍氢氧化物沉淀溶解，然后再加入氧化石墨烯溶液，搅拌 24h 使钴镍盐与氧化石墨烯充分混合后，在 100 ℃下水热处理 12h，然后再加入水合肼在 100 ℃下回流制备了表面为颗粒的石墨烯/钴镍双氢氧化物纳米片复合物。

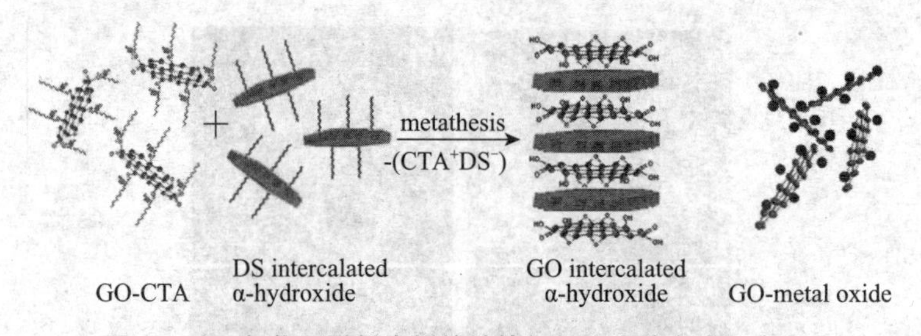

图 8－26　氧化石墨烯内插的钴镍氢氧化物的合成示意图

牛玉莲等采用微波辐射与高温裂解相结合的二步还原法制备了具有褶皱结构的石墨烯，此石墨烯具有良好的导电性。以此石墨烯作为原料，与钴镍盐一起水热制备得到石墨烯/钴镍双氢氧化物。在 0.25 A/g 的电流密度下，该石墨烯/钴镍双氢氧化物复合物的比电容为 800 F/g；当电流密度增加到 10 A/g，比电容值仍为 387 F/g，恒电流充放电 500 次后仍能保持 99%以上。Cheng 等以水合肼还原得到的石墨烯为原料，通过在其上化学沉积氢氧化物得到了石墨烯/钴镍双氢氧化物。首先在石墨烯的分散液中加入硝酸钴和硝酸镍，通过滴加氨水使得溶液的 pH 达到 9，此时氢氧化钴和氢氧化镍沉积到石墨烯表面得到复合物。为了测试其电化学性能，将石墨烯/钴镍双氢氧化物与功能化的碳纳米管同时分散到溶液中并过滤成膜得到石墨烯/钴镍双氢氧化物一碳纳米管自支撑复合膜。此膜可以直接压在镍筛上进行电化学测试。该膜在电流密度为 0.5 A/g 的情况下，最大比电容可以达到 2360 F/g，当电流密度增大到 20 A/g 时，电容保留值约为 86%。

2. 碳/导电聚合物电极材料

Liu 等将 MWCNT 制成的 buckybook 放入 0.2 mol /L 苯胺的 1 mol /LHCl 溶液中，然后逐滴加入等体积 0.2 mol/L 过硫酸铵溶液，在 0～5 ℃下保持 12h 完成反应，取出清洗烘干制备了 PANI /CNT 复合薄膜材料。整个材料柔软、轻薄和紧凑。测得 PANI/CNT 复合电极比电容为 424 F/g。将此 PANI/CNT 复合薄膜表面再覆盖 PVA/H_2SO_4 凝胶电解质，然后将两片薄膜经压力黏合可制备柔软、固态和纸状超级电容器。同时，Qin 等制备的 PANI/CNT 复合材料，其比电容为 560 F/g。Gupta 等制备的 PANI/SWCNT 复合材料比电容为 485 F/g。

Cao 等利用循环伏安法在含有 0.05 mol/L 苯胺的 1mol/LH_2SO_4 溶液中对 ACNT 阵列电极电聚合，制备得 PANI/ACNT 复合电极，发现此复合材料在电聚合 100 个循环时电极的比电容可以达到 1 030F/g。通过 SEM 表征证明 PANI 均匀地包裹在 ACNT 表面，同时 ACNT 阵列间依然保留有较大的空隙，这些空隙为离子迁移提供了充分的空间。Xie 等也利用循环伏安法制备 PANI/SWCNT 电极材料，其比电容为 848. 7 F/g。

Oh 等将不同质量比的 SWCNT 和聚吡咯粉末放入甲醇中超声分散均匀后通过真空抽滤法得到纳米 PPy/SWCNT 复合薄膜，其比电容可达 131 F/g。Wang 等通过电聚合制得的 PPy/SWCNT 复合电极，其比电容为 144F/g。Peng 等利用电沉积法同时制备了 PANI/CNT、PPy/CNT 和 PEDOT/CNT 复合物，相比纯导电聚合物来说 3 种复合物的力学和导电性能均有所提高。除了 PANI/CNT 外，PPy/CNT 和 PEDOT/CNT 的电容性质均较纯聚合物大大提高，其中比电容最大的为 PPy/CNT，可达到约 200 F/g，为酸化的 CNT 电容器的 4 倍。但在经过连续扫描后，PANI/CNT 显示更好的稳定性。

原位聚合法是应用广泛的制备导电聚合物/石墨烯材料的方法，利用导电聚合物单体与石墨烯或氧化石墨烯之间 $\pi-\pi$ 作用、氢键作用、正负电荷作用，可以使单体在其表面聚合，从而得到复合材料。Wu 研究组首先报道了在氧化石墨烯表面原位反应生成聚苯胺纤维，并用肼还原的到石墨烯/聚苯胺的工作。Wang 研究组制备了表面均匀生长着聚苯胺纳米颗粒的石墨烯/聚苯胺的纳米复合物，其比电容值经过 1 000 次循环充放电后仍能够达到 946 F/g，是一种较为理想的超级电容器电极材料。Lee 和 Han 等研究组利用表面活性剂、离子液体等对石墨烯表面进行非共价键修饰，改善其在水中分散性，避免密堆积，再在其表面原位生长导电聚合物，得到了电化学性能良好的复合材料。Chen 和 Baek 等研究组等分别借助共价键改性也是降低石墨烯基片之间的相互作用力提高石墨烯分散性和稳定性从而制备石墨烯/导电聚合物复合材料。近年来，在氧化石墨烯的水分散液中电化学聚合导电聚合物单体，可以得到石墨烯/导电聚合物纳米阵列结构的研究也有报道。此外，一些研究组借助导电聚合物与氧化石墨烯电性上的差异，采用 LBL 自组装的方法得到了两者的复合薄膜，并通过调节沉积的层数实现了对复合薄膜透光率、电导率及厚度的有效调控。

共混法制备石墨烯/导电聚合物复合材料，Shi 研究组将石墨烯与聚苯胺纳米纤维的分散液共混后，通过聚四氟乙烯微孔膜进行抽滤，最终得到了层状结构的复合薄膜(图 8 - 27)，薄膜表现出了良好的柔韧性和较好的电化学性能。Nandi 研究组使用对苯二胺对石墨烯进行表面修饰，所得到的石墨烯与苯胺的低聚体结合产生一种囊泡结构，并随着石墨烯纳米片的聚集以及聚苯胺分子链的生长最终得到一种矩形端口结构的纳米管。Wang 研究组通过氧化石墨烯与聚苯胺纳米纤维表面所带电性的差异，利用静电相互作用成功制备了被石墨烯纳米片包裹的聚苯胺纤维。

3. MnO_2/导电聚合物电极材料

由于 MnO_2 具有价格低廉、丰度高、环境友好、理论电容高等优点，被广泛地应用于超级电容器电极材料，但是其较差的导电性能使得所制备的电极材料的功率密度和倍率性能较差。导电聚合物具有优良的导电性能和较高的比电容值，但是其循环稳定性能较差。通过 MnO_2 与导电聚合物的复合有望提高复合材料的电导率，增加复合电极材料的比电容值和倍率性能以及循环寿命。

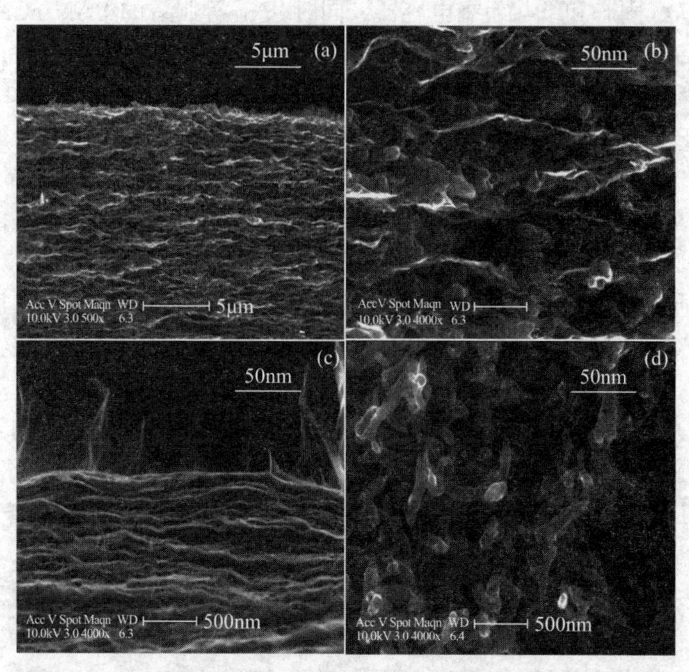

图 8-27 层状结构的共混薄膜

最早采用两步电化学法制备了 MnO_2/PANi 的复合材料:首先通过电化学方法在电极表面沉积 PANi 基体,然后通过电化学法沉积 MnO_2 制得 MnO_2/PANi 的复合材料。在最优的 MnO_2/PANi 配比下,所制备的电极材料的比电容值为 715 F/g,能量密度为 200 W·h/kg(充放电电流为 5 mA/cm)。此外,也可以在 MnO_2 纳米粒子的表面通过电化学法生成 PANi 来制备 MnO_2/PANi 复合材料。为了增强 MnO_2 和 PANi 的相互作用,首先采用硅烷偶联剂对 MnO_2 进行了修饰,然后在其表面聚合苯胺。与采用相同方法制备的 MnO_2@PANi 相比,所制备的 PANI-ND-MnO_2 复合材料的比电容值明显增加。这一现象表明相互作用可以改善 MnO_2/PANi 复合材料的电化学性质。

除了上述两步电化学方法外,也可以采用电化学共沉积法制备 MnO_2/PANi 复合电极。在苯胺和 $MnSO_4$ 的溶液中,通过电化学(电势区间为-0.2 到 1.45 V)共沉积得到复合材料。所制备的电极材料的比电容值为 532 F/g,库伦效率为 97.5%,循环 1 200 圈后的比电容值为初始值的 76%(电解液为 pH=1 的硝酸钠溶液)。

化学氧化法是另一种制备 MnO_2/PANi 复合材料的方法。Zhou 等在多孔的碳电极上,用 $KMnO_4$ 氧化苯胺得到 MnO_2/PANi 复合材料。当扫描速率为 50 mV/s,碳/MnO_2/PANi 和 MnO_2/PANi 的比电容值分别高达 250 和 500 F/g。由于在充放电过程中,MnO_2 发生了部分溶解,导致其循环稳定性降低,循环 1 200 圈后的比电容值为初始值的 61%。Yuan 等采用 $(NH_4)_2S_2O_8$ 为氧化剂氧化聚合苯胺单体制备了 PANi/MnO_2/MCNTs 的复合电极。在此复合材料中,PANi 不仅能够减缓 MnO_2 的溶解,并且可以作为活性物质提高材料的电容值。因此,复合材料的比电容值高达 384 F/g,循环 1 000 圈后比电容值仍具备初始值的 79.9%。

由于部分晶体结构的 MnO_2 具有层状结构,因此,可以通过分子交换法制备 PANi 插入层状 MnO_2 的纳米复合材料。其反应机理图见图 8-28。在电流密度为 1 A/g 时,复合电极材料的比电容值为 330 F/g。由于 PANi 的引入,复合材料的电导率迅速增加;因此所制备的复合材料的电容值大大高于纯的 MnO_2(208 F/g)和 PANi(187 F/g)。

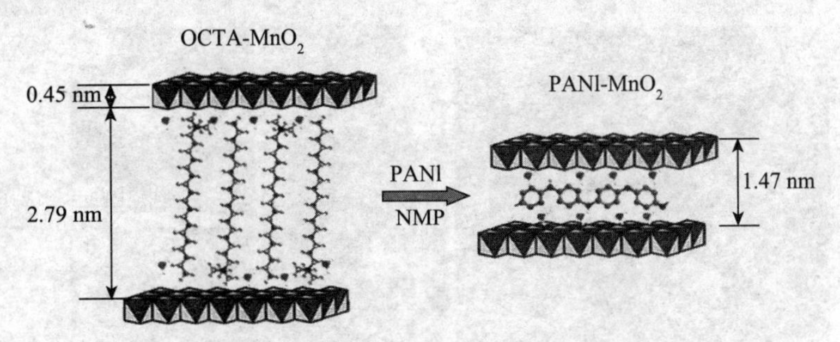

图 8－28　PANi 插入 MnO_2 复合材料的机理图

Sivakkumar 等以碳纳米管(MCNTs)为骨架,用 $KMnO_4$ 原位氧化吡咯单体的聚合制备了 MCNTs/PPy/MnO_2 复合材料。当扫描速率为 20 mV/s 时,所制备的 MCNTs/PPy/MnO_2、MCNTs/MnO_2、PPy/MnO_2 的比电容值分别为 281,150, 32 F/g。Sharma 等采用电化学法制备了 MnO_2 嵌入 PPy 薄膜的复合电极,其比电容值高达 620 F/g,远大于单一组分的 MnO_2(225 F/g)和 PPy(250 F/g)。由此可见,复合材料的电化学性能受到制备方法和技术的影响。采用分子交换方法,可以方便地使 PPy 插入层状 MnO_2,从而实现分子水平的复合。引入 PPy 后,复合材料的电导率提高了 4～5 个数量级,达到 0.13 S/cm。由于电导率的增加以及 MnO_2 和 PPy 的协同作用,与单一的纳米 MnO_2 电极材料相比(220 F/g),MnO_2/PPy 复合材料的比电容值增加了 70 F/g,达到 290 F/g。

PTh 和其衍生物具有良好的导电性能、化学稳定性和力学柔性,但是其能量密度较低。通过 MnO_2 和 PTh 及其衍生物的复合,可以制得能量密度高、倍率性能好以及循环使用寿命长的超级电容器电极材料。以阳极氧化铝为模板,采用电化学共沉积的方法,Liu 等制备得到了 MnO_2/PEDOT 的同轴纳米线。导电的多孔 PEDOT 壳有利于电子和电解质离子迁移到 MnO_2 核,减少了 MnO_2 核在充放电过程中的溶解,从而提高了材料的电化学性质。图 8－29 给出了同轴纳米线的形貌和所用电势间的关系。通过采用不用的电势,可以控制 PEDOT 壳层厚度及纳米线的长度。制备所得的 MnO_2/PEDOT 的同轴纳米线复合材料具有良好的机械性能和能量存储能力。

除了电化学方法以外,也可以采用化学方法制备 MnO_2/PEDOT 的复合材料。Sharma 等以 PSS 修饰的碳纳米管(MCNTs)为骨架,采用 $KMnO_4$ 氧化 EDOT 制备了 PEDOT/MnO_2/MCNTs 复合材料,其比电容值为 375 F/g,远高于 MCNTs@MnO_2(175 F/g)和 MCNTs(25 F/g)的比电容值。实验结构表明:MCNTs、MnO_2 及 PEDOT 的协同作用有利于提高复合材料的电容值。

8.4　超级电容器电解液

8.4.1　水系电解质

水溶液体系电解液是最早应用于超级电容器的电解液,水溶液电解质的优点是电导率高,电容器内部电阻低,电解质分子直径较小,容易与微孔充分浸渍。目前水溶液电解质主要用于一些涉及电化学反应的赝电容以及双电层电容器中,但缺点是容易挥发,电化学窗口窄。水系电解液的研究主要是对酸性、中性、碱性水溶液的研究,其中最常用的是 H_2SO_4 和 KOH 水溶液。

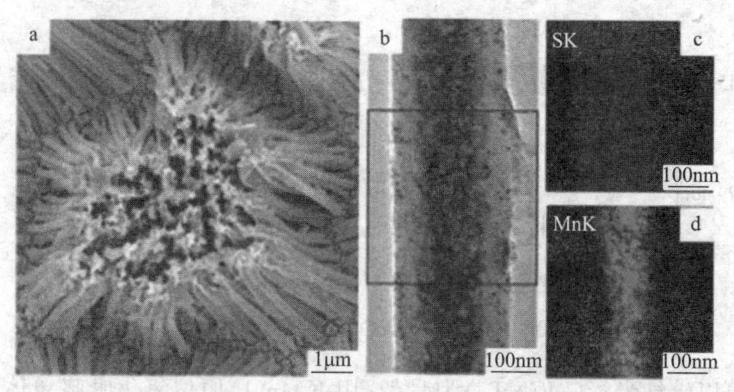

(a) MnO_2@PEDOT的同轴纳米线(0.75V)的扫描电镜图。(b) 单根同轴纳米线的透射电镜图(0.75V)。(c和d) b图中S和Mn的元素电镜图。

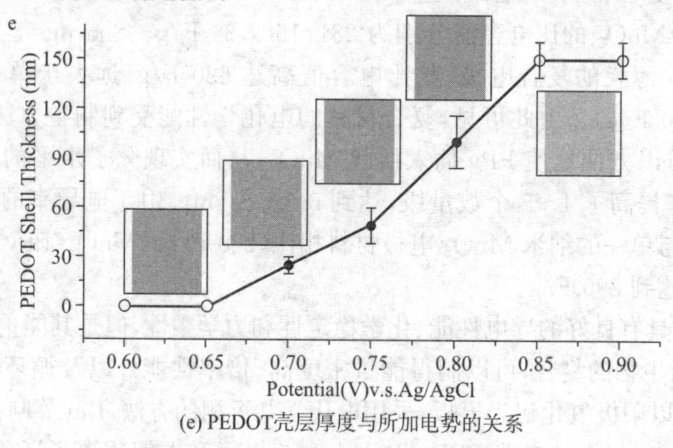

(e) PEDOT壳层厚度与所加电势的关系

图 8-29 同轴纳米线形貌及电势关系

1. 酸性水体系电解质

在酸性水溶液中最常用的是 H_2SO_4 水溶液,因为它具有电导率及离子浓度高、内阻低的优点。但是以 H_2SO_4 水溶液为电解液,腐蚀性大,集流体不能用金属材料,电容器受到挤压破坏后,会导致硫酸的泄漏,造成更大的腐蚀,而且工作电压低,如果使用更高的电压需要串联更多的单电容器。此外也有人尝试着用 HBF_4、HCl、HNO_3、H_3PO_4、CH_3SO_3H(甲烷磺酸)等作为超级电容器电解液,但这些电解液都不太理想。

2. 碱性水体系电解质

对于碱性电解液,最常用的是 KOH 水溶液,其中以炭材料为电容器电极材料时用高浓度的 KOH 电解液(如 6 mol/L),以金属氧化物为电容器电极材料时用低浓度的 KOH 电解液(如 1 mol/L)。除了用 KOH 水溶液外,Stepniak 等研究了以 LiOH 水溶液作电解液的电容器的性能,相对于 KOH 水溶液电解液,使用 LiOH 水溶液作为电容器电解液,电容器的比电容、能量密度和功率密度都得到了一定的提升,但没有本质上的改变。另外,碱性电解液的一个严重缺点就是爬碱现象,这使得密封成为难题,因此碱性电解液的发展方向应是固态化。

3. 中性水体系电解质

中性电解液的突出优点是对电极材料不会造成太大的腐蚀,目前中性电解液中主要是锂、钠、钾盐的水溶液,其中 KCl 水溶液是最早研究的一种中性电解液,如 Lee 等报道了用 2 mol/L

KCl 水溶液取代硫酸水溶液，以 MnO_2 等过渡金属氧化物电极为电极材料得到了 200 F/g 以上的比电容，但缺点是如果电容器过充后，KCl 水溶液电解容易产生有毒的氯气。目前中性电解液中研究较多的是锂盐水溶液，尤其在以过渡金属氧化物为电极材料的赝电容体系中，除了充当电解液的支持电解质以外，由于锂离子离子半径小，可以“插入”氧化物中，从而增大了电容器的容量。

与酸性和碱性电解液相比，中性电解液在安全性能方面有一定的优势，但是其毕竟是水溶液电解液，受水的分解电压的影响大。然而最近 Fic 等以比表面积 1 400 m^2/g 的活性炭为电极材料，1 mol/L 的 Li_2SO_4 水溶液为电解液，工作电压几乎可以达到 2.2 V，这改变了人们对水溶液电解液工作电压低的看法。图 8－30 为活性炭电极在 1 mol/L Li_2SO_4 溶液中的循环伏安图，工作电压可以达到 2.2 V，而且循环 15 000 次后容量值没有显著下降。由于水的理论分解电压是 1.23 V，这表明在 Li_2SO_4 电解液中，在炭材料电解质溶液表面能够形成比较大的超电位。因此 Li_2SO_4 电解液是目前中性体系中效果最好的电解液。

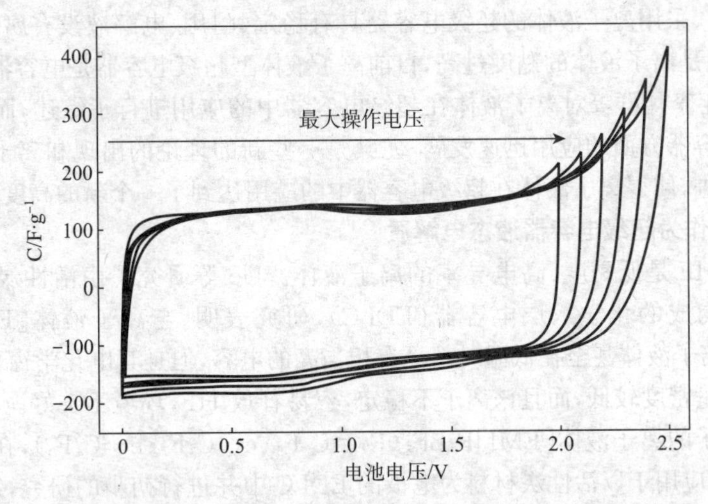

图 8－30 活性炭电极在 1 mol/L Li_2SO_4 溶液中的循环伏安图(扫描速率 10 mV/s)

8.4.2 有机电解质体系

超级电容器的工作电压受限于电解液在高电位下在电极表面的分解。因此，电解液的工作电压范围越宽，超级电容器的工作电压也越宽。用有机电解液取代水系电解液，电容器工作电压可以从 0.9V 提高到 2.5～2.7 V。目前商用的超级电容器较为普遍的工作电压为 2.7 V，由于超级电容器的能量密度与工作电压的平方成正比，工作电压越高，电容器的能量密度越大，因此，大量的研究工作正致力于高电导率、化学和热稳定性好、宽电化学窗口的电解液的开发。超级电容器有机电解质体系主要由有机溶剂和电解质构成，有机溶剂主要包括碳酸丙烯酯(PC)、碳酸乙烯酯(EC)、γ-丁内酯(GBL)、甲乙基碳酸酯(EMC)、碳酸二甲酯(DMC)等酯类化合物以及乙腈(AN)、环丁砜(SL)、N，N－二甲基甲酰胺(DMF)，其主要特点是低挥发、电化学稳定性好、介电常数较大。电解质中阳离子主要包括季铵盐系列、锂盐系列，此外季磷盐也有报道，而阴离子主要是 PF_6^-、BF_4^-、ClO_4^-等。四氟硼酸锂($LiBF_4$)、六氟磷酸锂($LiPF_6$)、四氟硼酸四乙基铵($TEABF_4$)、四氟硼酸三乙基铵($TEMABF_4$)等盐类是比较常用的电解质，最近也有报道 TMABOB 季铵盐，其特点主要是电化学稳定性高，在上述酯类溶剂中溶解性好。

由于乙腈和碳酸丙烯酯具有较低的闪点、较好的电化学和化学稳定性以及对有机季铵盐类有较好的溶解性，被广泛应用于超级电容器的电解液体系中。AN 虽然比 PC 在内阻上要低好多,但 AN 有毒,如今在日本机动车上已禁止使用,而使用碳酸丙烯酯作为超级电容器电解液成为主流。目前应用最多的有机电解液是浓度为 0.5～1.0mol/L 的 Et_4NBF_4/PC 溶液。有机电解液中的水在应用中应尽量避免,水含量尽量控制在 20μg/g 以下。水的存在会导致电容器性能的下降,自放电加剧。如 Wang 等研究表明,含水量为 2 000μg/g 的有机电解液组装成的电容器经过多次充放电,活性炭电极的储电能力显著降低。此外,电容器的过充会导致有毒的挥发性物质产生,同时也会使电容器的储电能力显著下降甚至丧失。总之,通过对各种有机溶剂的混合优化并与支持电解质和电极材料适配,以达到最优的配比,是当前有机电解液研究的发展方向。

8.4.3 离子液体体系电解质

近年来,离子液体作为一种新型的绿色电解液,以其相当宽的电化学窗口、相对较高的电导率和离子迁移率、宽液程、几乎不挥发、低毒性等优点,在超级电容器,尤其是双层电容器领域得到了广泛的应用。采用离子液体的超级电容器具有稳定、耐用、电解液没有腐蚀性、工作电压高等特点,但缺点就是离子液体的黏度过高,目前离子液体型超级电容器是电容器研究最为活跃的领域之一,2008 年李凡群等对离子液体在超级电容器中的应用进行了综述,而 2008 年以来,离子液体在超级电容器方面的应用迅速发展,尤其是一些新的理论的出现和离子液体型超级电容器产业的迅速推进,使得离子液体在超级电容器中的应用达到了一个新的高度。

1. 离子液体作为超级电容器液态电解质

[EMIF]2.3HF 是低黏度、高电导率的离子液体。Uo 等研究了由活性炭电极和离子液体[EMIF]2.3HF 构成的化学双层电容器(EDLC),研究表明,与离子液体[EMIm]BF_4 相比,[EMIF]2.3HF 离子液体甚至在低温时都具有相当高的电容,但是其电化学窗口只有 3 V 左右,导致电容器的能量密度较低,而且该离子不稳定,容易释放 HF,环境不友好。Zhou 等发展了一种新的全氟负离子的离子液体[EMI]R_fBF_3(Rf=C_2F_5、n－C_3F_7、n－C_4F_9),在低温时展现了较高的电导率,将其应用于以活性炭材料为电极的 EDLC 中并进行初步的研究,结果表明,其工作电压可以达到 3 V,活性炭比电容为 13 F/g,其缺点是电容器的电容随时间变化有很大损失(两天后损失 50%以上),表明该离子液体不稳定。虽然普通的二烷基咪唑类离子液体作为电化学电容器电解质具有相当好的电化学性质,但它们在高比表面积的炭电极上容易分解,极大地影响了电容器的性能。另一方面,脂肪族胺类离子液体是对炭电极是稳定的,但四级铵阳离子(C1～C4)体积相对较小,氮原子上的电荷比较集中,室温下难以形成液体。Sato 等研究了以[DEME]BF_4(N,N-二甲基-N-乙基-N-2-甲氧基乙基铵四氟硼酸盐)离子液体为电解质的电化学双层电容。该 EDLC 的工作电压为 2.5 V,在 70 ℃下的比电容为 26 F/g。

虽然离子液体电解质作为碳基超级电容器的电解质显示了很多的优点,但是其比电容还是比水系的电解质体系低很多,其原因就在于离子液体电解液不能和活性炭很好地浸润,一些学者也在积极地寻求这方面解决的方案,如 Simon 等就发现离子液体本身离子的尺寸和活性炭的孔隙尺寸相差不多时,电容器的比电容最大,见图 8-31。一般来说,离子的阴阳离子的尺寸大都在 10Å(1 Å=0.1nm)以下,因此活性炭的孔隙要在微孔时才能达到其最大的电容。Shim 等对碳纳米管(CNT)和电解液[EMIm]BF_4 组成的超级电容器模型进行了模拟,发现微孔尺寸的大小会极大地影响离子液体离子在微孔中的分布,碳纳米管的微孔尺寸大小为 0.77 nm 时,碳纳米管的比电容达到最大。

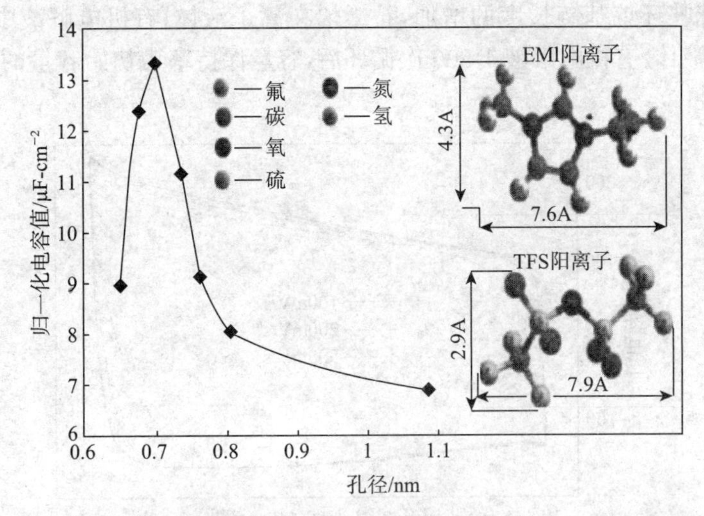

图 8-31　由不同温度制备出的不同孔径的活性炭与电容之间的关系

另一方面，由于温度对离子液体的电导率、黏度等参数产生了比较大的影响，因此温度对液态离子液体型超级电容器的性能会产生较大的影响。如 Balducci 等研究了含哌啶结构的 $PYR_{14}FSI$(阴离子为三氟甲烷磺酰胺负离子)离子液体在 60 ℃下超级电容器的电容行为。而最近，Simon 等使用含四氢吡咯和哌啶结构的离子液体 $(PIP_{13}FSI)_{0.5}(PYR_{14}FSI)_{0.5}$ 的混合电解液，并以洋葱状炭和炭垂直纳米管阵列为电极材料，可以将超级电容器的工作温度区间拓展到－50～100 ℃，从而大大拓宽了超级电容器的应用领域，尤其是在一些极端环境中。

离子液体电解液用于超级电容器主要针对的是双电层电容器或者电极材料为聚合物(电极表面存在电极反应)的电容器，而固体氧化物作为超级电容器电极材料的电容器称为赝电容。这一类型电容器的电解液主要是水系电解液，然而近年来，这种分类定势似乎要被彻底颠覆，有不少工作使用固体金属氧化物和离子液体分别作为超级电容器的电极材料和电解液并取得了一定的进展。最先是 Rochefort 等利用一种含质子的离子液体(Brønsted 离子液体)研究了 RuO_2 的赝电容行为，离子液体中的质子参与了电极反应，RuO_2 的比电容达到 83F/g。Chang 等使用常规的非质子[EMIm]DCA、[EMIm]BF_4、[BMIm]PF_6、[EMIm]SCN 等离子液体发现了 MnO_2 的赝电容行为，MnO_2 在上述离子液体中扫描速率为 5 mV/s 时，MnO_2 的比电容分别达到了 72 F/g、28 F/g、20 F/g、55 F/g，相比于水系的电容器，比电容有很大降低。而当在一个不对称或者"杂化"电容器中使用黏度更低的有机电解液时，电容器的比电容得到了很大的提高，而相应的能量密度也得到提高。如在一个中孔炭//MnO_2 的不对称电容器中，使用 1 mol/L Et_4NBF_4 乙腈作为电解液，比电容达到 228 F/g，能量密度达到 128 W·h/kg。

2. 离子液体有机溶剂混合电解质

目前离子液体型超级电容器是电容器研究最为活跃的领域之一，但其缺点是黏度大、电导率相对较低。2011 年 Zhu 等以离子液体[BMIm]BF_4/乙腈为电解液，以高比表面积氧化石墨烯为电极活性材料组装成高性能电容器，发表在了 Science 上。由图 8-32 可见，级电容器的工作电压可以达到 3.5 V，高比表面积 GO 的比电容可以达到 160 F/g，电解液电导率的升高也大幅降低了电容器的内阻，但有机溶剂的加入也会导致电容器安全性能降低。闫兴斌等研究了石墨烯材料在离子液体/有机电解液中的电化学性能，研究表明，石墨烯作为电极材料在离子液体/有机电解液中的电位窗口可达 1.9V，远高于水系电解液的 1.0 V，同时其还具有高的能量密度；随着离子液体阳离子咪唑环烷基链长度的增加,石墨烯在离子液体/有机电解液中的电化学性能变差;石墨烯在离子液体/有机电解液 1 500 次循环后,容量保持率为初始容量的 1.2 倍,并表现出优异的循环稳定性。

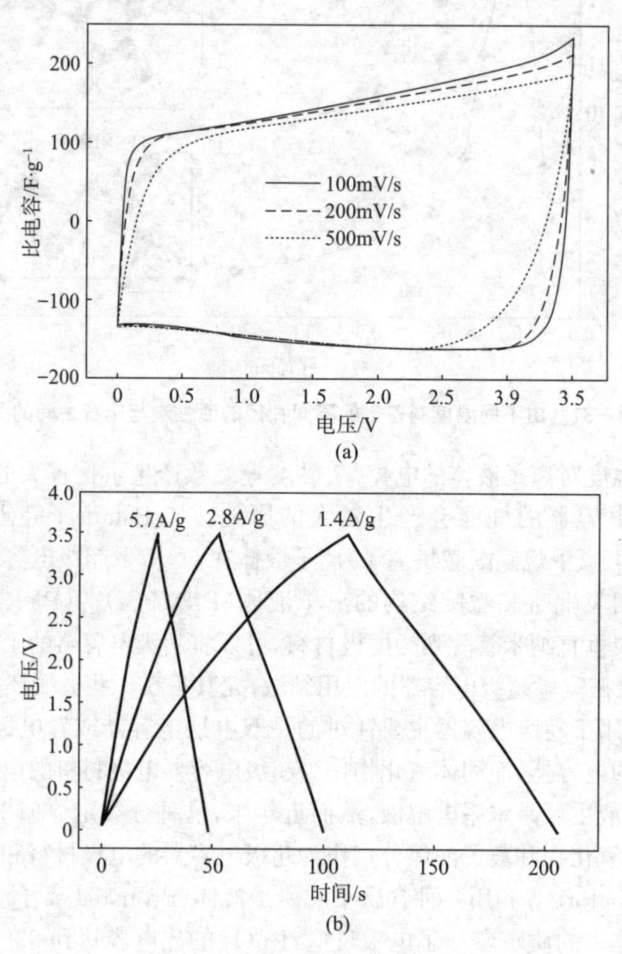

图 8-32 以离子液体[BMIm]BF_4/乙腈为电解液组装成的电容器的循环伏安和恒流充放电曲线

一般来说,以活性炭作为电极材料,离子液体与水溶液、有机电解质对比如下所述。

(1) 使用离子液体作为电解质,工作电压可以达到 3.5 V;使用离子液体的 AN 或者 PC 溶液作为电解质,工作电压可以达到 3 V;使用经典的有机电解液体系电解质,工作电压可以达到 2.5 V;而水溶液电解质的超级电容器工作电压只有 1 V。

(2) 能量密度最高的是使用离子液体电解质的超级电容器,而水溶液电解质的超级电容器的功率密度最高,但能量密度要比离子液体电解质低一个数量级。

(3) 在能量密度和功率密度比较协调统一时,使用离子液体的 AN 或者 PC 溶液作为电解质是比较合理的选择,能量密度很高且功率密度也可以接受。

以离子液体为电解液的超级电容器产业化方面也有很大进展。2005 年,日清纺与日本无线宣布从 2005 年 9 月开始以月产 1 万个的量产规模投产能量密度为 10.7 W·h/L(7.5 W·h/kg)、功率密度为 10.8 kW/L(7.6 kW/kg)的超级电容器,而该电容器中所用的电解液就是含醚功能化的离子液体,即 N,N-二甲基-N-乙基-N-(2-甲氧基乙基)铵四氟硼酸盐,醚键的引入主要是降低了离子液体的黏度以及拓宽了离子液体的电化学窗口。与此同时,两公司还计划销售合作开发的电容器模块，该模块是由日清纺开发的电容器单元和日本无线开发的用于均衡各单元间电压的控制电路组成，其中都用到了离子液体电解质。目前，我国还未见有以离子液体为电解液的商品化超级电容器，但在新宙邦已经可以提供商品级的超级电容器离子液体电解液，不过要配合特殊的有机溶剂使用，尤其适合电容器单体电压 2.7 V 以上的体系应用。

3. 离子液体固态聚合物电解质

Lewandowski 等研究了基于高比表面积炭材料的以[EMIm]BF_4、[BMIm]NTF_2、[BMIm]PF_6 等一系列离子液体－聚合物作为电解质的电容器，电容器的比电容量最高达到了 200 F/g。PAN(聚丙烯腈)－[EMIm]BF_4－TMS(Sulpholane)的电导率达到了 15 mS/cm，比纯的[EMIm]BF_4 的电导率还要大(13.8 mS/cm)。虽然离子液体作为超级电容器电解质取得了相当大的发展，已经有了商品化的离子液体型超级电容器出现，但还存在一些问题，如价格昂贵、电导率有待进一步提升(内电阻相对较高)等，然而这丝毫不会影响人们对离子液体电解质的青睐。随着研究的深入，相信在不久的将来，离子液体型超级电容器在一些特殊或极端领域如高温、真空、航天等方面可以大显身手。

8.4.4 聚合物电解质

液体电解质电容器存在容易漏液、溶剂挥发及适用温度范围窄等缺点，使用凝胶聚合物电解质和固态聚合物电解质来提高电容器的稳定性、避免漏液的研究越来越多。用于超级电容器的聚合物电解质的基体材料主要有：聚氧化乙烯(PEO)、聚偏氟乙烯(VDF)－六氟丙烯(HFP)[P(VDF－HFP)]、聚甲基丙烯酸甲酯(PM mA)、聚丙烯腈(PAN)和聚吡咯(PPy)等。

1. PEO 基聚合物电解质

Liu 等以 PAN、PMMA 和 PEO 为基体，碳酸乙烯酯(EC)和碳酸丙烯酯(PC)为增塑剂，$LiClO_4$ 为电解质盐制备的凝胶电解质，具有较高的离子电导率。在室温下，离子电导率为：PAN 基凝胶电解质＞PEO 基凝胶电解质＞PMMA 基凝胶电解质＞10^{-4} S/cm。采用各向同性的高密度石墨作电极，PMMA 基凝胶电解质电容器的循环稳定性良好。Hashmi 等对 PEO－$LiCF_3SO_3$/聚乙二醇(PEG)全固态氧化还原超级电容器的性能进行了研究。不对称的Ⅱ型 PPy|PEO－$LiCF_3SO_3$/PEG|聚 3-甲基噻吩(PMeT)电容器的电容密度为 2mF/cm^2(相当于电极中的活性物质而言，比电容为 18 F/g)，充电最高电压为 1.7 V。对称的Ⅰ型电容器 PPy|PEO－$LiCF_3SO_3$/PEG|PPy 和 PMeT|PEO－$LiCF_3SO_3$/PEG|PMeT，电容也较高，但工作电压低于 1.0 V。

Shinji 等以 PEO－KOH－H_2O 碱性聚合物电解质和活性炭粉末为电极材料，制备了全固态双电层电容器。该电容器的 3 层结构(电极－电解液－电极)仅有 1.5～2.0 mm 厚，直径为 1.8 cm，面积为 2.5 cm^2，质量为 300～500 mg。在 1 V 电压范围内，电容为 1.7～3.0 F。D. Kalpana 等将聚乙烯醇(PVA)＋PEO 溶于 20 %的 KOH 中，制成碱性聚合物凝胶电解质，厚度为 3mm，室温导电率为 10^{-2} S/cm，比电容为 9 F/g，循环寿命大于 8 000 次。

2. P(VDF－HFP)基聚合物电解质

T. Osaka 等将制备的 P(VDF－HFP)/PC ＋ EC/四氟硼酸四乙胺($TEABF_4$)凝胶电解质与活性炭电极组装成电化学电容器。当 m [P(VDF-HFP)]∶m (PC)∶m (EC)∶m ($TEABF_4$)＝23∶31∶35∶11 时，离子电导率为 5×10^{-3} S/cm，机械强度高，比容量大。活性炭电极以凝胶电解质为黏结剂时，比以 P(VDF-HFP)为黏结剂时具有更高的比容量和更低的电极内部的离子扩散电阻。用比表面积为 2 500 m^2/g 的活性炭作电极，电容器的比电容可达 123 F/g。组装成扣式电容器，在1.0～2.5 V以1.66 mA/cm^2恒流充放电10 000次后，充放电效率仍接近100%。Chojnacka等对PAN和P(VDF-HHP)/$LiCF_3SO_3$/EC-γ-丁内酯(γ-BL)凝胶聚合物电解质的热性能、离子电导率和电化学稳定性能进行了研究。PAN基凝胶聚合物电解质的电化学稳定窗口约为4.7V；P(VDF-HHP)基凝胶聚合物电解质电化学稳定窗口为4.5 V(vs. Li/Li^+)。

3. PMMA基聚合物电解质

Hashmi等研究了由PVA-H_3PO_4/PMMA/EC + PC/高氯酸四乙基胺($TEAClO_4$)组成的体系，制备了全固态氧化还原超级电容器用超分子低聚1,5-氨基蒽醌(DAAQ)基固体聚合物电解质。当聚合物凝胶膜的组分为35%PMMA/ EC + PC(体积比1:1)/1.0 mol/L $TEAClO_4$/50% PVA-50%H_3PO_4时，室温离子电导率为10^{-4}～10^{-3}S/cm，机械强度高，电容密度达3.7～5.4 mF/cm^2，能满足比能量为92～135 W·h/kg体系的需要。由质子传导PVA-H_3PO_4共混聚合物组成的体系，电容密度为1.1～4.0 mF/cm^2。Shinji等研究发现，以交联PMMA为水凝胶聚合物电解质的双电层电容器(EDLC)，比单纯以KOH为电解液的EDLC的性能好，比容量更高，高倍率性能更好。毛立彩等制备了用于活性炭电极双电层电容器，介于水凝胶和全固态聚合物电解质之间的一种交联聚丙烯酸(PAA)/聚丙烯酸酯(PA)－KOH复合固体聚合物电解质膜。使用该聚合物电解质膜的双电层电容器的容量为2.15 mA·h，与KOH水溶液电容器相当，并有良好的循环稳定性。

4. PAN基聚合物电解质

P. Sivaraman等将聚苯胺(PANI)和聚氧化乙醚酮磺酸盐(SPEEK)组装成全固体超级电容器。电极由PANI、SPEEK、导电炭黑和聚四氟乙烯(PTFE)制成。SPEEK既是电解质，又起隔膜的作用。两个电极都由p型掺杂的PANI制成，因此这种电容器是第Ⅰ类(p-p)型电容器，单体电容为0.6 F，相当于活性聚合材料的比电容为27 F/g。Ryu等研究了组成为PANI-$LiPF_6$|PVDF-HPF|PANI-HCl的PANI基氧化还原超级电容器的性能，初始比电容约为115F/g，5 000次循环后，还有90 F/g。以0.5 mol/ L四氟硼酸四乙基铵(TEATFB)/EC/碳酸二乙酯(DEC)增塑的PAN/EVA共混膜，电导率为7.35×10^{-4}S/cm，电化学稳定窗口≥4.5 V，放电比电容可达27.3 F/g。由该膜组成的双电层电容器，循环伏安特性呈现不对称性，原因是离子在聚合物扩散过程中所受的黏滞性阻力。张宝宏等以活性炭为电极材料，丙烯腈为聚合物单体，分别以PC + EC、DMC + EC和EMC + EC作增塑剂，$LiClO_4$为电解质盐，采用内聚合法制备了PAN基凝胶聚合物电解质双电层电容器(GPE-EDLC)。PAN基凝胶聚合物电解质的电导率在室温下为6.51～8.94 mS/cm，PAN基GPE-EDLC的工作电压为2.5 V，电容器的比电容为43.9～47.4 F/g ($J = 0.5$ mA/cm^2)，能量密度为128.8～148.1 J/g。

5. PPy基聚合物电解质

Jude等发现，PPy和聚酰亚胺(PI)的复合膜比纯PPy具有更高的电荷存储能力，可能是PI作为分子相对质量大的掺杂剂，保护了PPy不受氧化破坏。电化学阻抗谱法研究发现，PI和PPy/PI复合物的涂层性质，主要与施加的电压和聚合物的量有关，随着负极电位的增加，PPy/PI复合物的电容显著增加。Hashmi等用质子型PVA-H_3PO_4和锂离子型PEO-$LiFSO_3$(聚乙二醇为增塑剂)分别为聚合物电解质，研究了聚吡咯基固态氧化还原超级电容器的性能。这两种聚合物电解质都表现出很高的电容密度(为1.5～5.0 mF/cm^2，相当于单个聚吡咯电极的比电容为40～84 F/g)，在0～1.0 V电压范围内，可稳定地循环1 000次。

6. 其他聚合物电解质

Lufrano等将用于燃料电池质子交换膜的Nafion膜用作超级电容器的聚合物电解质。用

Nafion115 膜作隔膜和电解质的超级电容器，比传统的用硫酸作电解质的电容器的性能好。以电极中活性炭的质量计算，活性炭的比表面积为 1 000 m^2/g 时，比电容为 90 F/g；活性炭的比表面积为 1500 m^2/g 时，比电容为 130 F/g。Latham 等研究了用聚氨酯(PU)/EC-PC/$LiClO_4$ 聚合物电解质[n(PU)∶n(EC)∶n(PC)∶n(Li+)=1∶2∶2∶0.1]的双层超级电容器的性能。以高比表面积碳布和碳复合材料作电极，电容器的比电容高达 35 F/g，1 000 次循环后，电容保持率为 80%。离子液体在室温下由阴阳离子构成，具有导电性高、电化学窗口宽、在较宽的温度范围内不挥发和不易燃等优点，可制成离子液体/聚合物电解质，作为双电层电容器和电池的电解质。

8.5 超级电容器的展望

超级电容器具有较高的功率密度、较长的循环使用寿命、充放电速度快、环境友好和安全性高等优势，作为一种绿色环保、性能优异的新型储能器件具有广阔的市场前景。电极材料作为决定超级电容器性能的最关键因素备受关注。碳材料以其微观结构多样、比表面积大、孔隙大小可控以及高电导率等优点成为当前超级电容器研究最热门的电极材料。碳基超级电容器当前的发展方向是进一步提高其能量密度和功率密度并降低其制造成本，探索电解液离子在碳材料孔隙中的迁移、输运及储存规律，在微观层面上实现碳材料结构调控与优化，使其孔隙结构与电解液的离子尺寸相匹配。另外，应用不对称混合型超级电容器体系，开发具有高比电容量、高工作电压、大比功率以及长循环寿命的复合电极材料以提高混合型超级电容器的能量密度和功率密度也是今后工作的重点。

思考题

[1] 比较超级电容器各电极材料的优缺点。
[2] 水系电解液和有机电解液的区别有哪些？
[3] 结合便携式电子产品的发展趋势，谈谈超级电容器在便携式电子产品中的应用前景。
[4] 分析如何有效地提高超级电容器的能量密度？
[5] 分析比较超级电容器与二次电池的区别。

参考文献

[1] 雷永泉. 新能源材料. 天津：天津大学出版社，2002.
[2] 管从胜，杜爱玲，杨玉国. 高能化学电源. 北京：化学工业出版社，2005.
[3] 陈军，陶占良，苟兴龙. 化学电源-原理、技术与应用. 北京：化学工业出版社，2006.
[4] 李建保，李敬锋. 新能源材料及其应用技术. 北京：清华大学出版社，2005.
[5] Simon P, Gogotsi Y. Materials for electrochemical capacitors. Nat. Mater., 2008, 7, 845-854.
[6] Li W Y, Liu Q, Sun Y G, et al. MnO_2 ultralong nanowires with better electrical conductivity and enhanced supercapacitor perfor mAnces. J. Mater. Chem., 2012, 22, 14864-14867.
[7] Zhang L L, Zhou R, Zhao X S. Graphene-based materials as supercapacitor electrodes.

J. Mater. Chem.，2010，20，5983－5992.

[8] Cong H P，Ren X C，Wang P，et al. Flexible graphene-polyaniline composite paper for high-performance supercapacitor. Energy Environ. Sci.，2013，6，1185－1191.

非锂金属离子电池材料

本章内容提要

本章主要介绍以钠、镁、铝等金属离子作为充放电工作介质的新型"摇椅式"二次电池。阐述了这些二次电池的研究进程、基本原理、储能特点及最新发展趋势。

9.1 引言

能源是支撑整个人类文明进步的物质基础。随着社会经济的高速发展，人类社会对能源的依存度不断提高。目前，传统化石能源如煤、石油、天然气等为人类社会提供主要的能源。化石能源的消费不仅使其日趋枯竭，且对环境影响显著。因此改变现有不合理的能源结构已成为人类社会可持续发展面临的首要问题。目前，大力发展的风能、太阳能、潮汐能、地热能等均属于可再生清洁能源，由于其随机性、间歇性等特点，如果将其所产生的电能直接输入电网，会对电网产生很大的冲击。在这种形势下，发展高效便捷的储能技术以满足人类的能源需求成为世界范围内的研究热点。

目前，储能方式主要分为机械储能、电化学储能、电磁储能和相变储能这四类。与其他储能方式相比，电化学储能技术具有效率高、投资少、使用安全、应用灵活等特点，最符合当今能源的发展方向。电化学储能历史悠久，钠硫电池、液流电池、镍氢电池和锂离子电池是发展较为成熟的四类储能电池。由第3章可知，锂离子电池具有能量密度大、循环寿命长、工作电压高、无记忆效应、自放电小、工作温度范围宽等优点，目前已成为移动设备和电动汽车的主要电源。但是，目前锂离子电池仍然面对严峻的挑战，如资源有限、电池安全和容量不足等问题。[2]首先随着锂离子电池逐渐应用于电动汽车，锂的需求量将大大增加，而锂的储量有限，且分布不均，锂矿物的价格逐年增长。其次在锂离子电池的负极石墨上容易形成锂的枝晶，而枝晶可穿破隔膜，造成电池短路，并进而导致局部过热甚至爆炸。近年来屡屡有锂电池爆炸的事件发生。最后较低的容量则限制了以锂电池为电源的电动汽车的发展，电动汽车较低的续航里程使得其暂时还无法替代传统的燃料汽车。因此，亟须发展下一代综合效能优异的储能电池新体系。非锂金属离子电池则正是在这一背景下发展起来，成为目前最有前景之一的新型二次储能电池。

9.1.1 非锂金属离子电池的工作原理

类似于锂离子电池，非锂金属离子电池也是一种二次电池(充电电池)，它主要依靠非锂金属离子或者络合金属离子在正极和负极之间移动来工作。常见的非锂金属离子主要包括碱金属(Na^+和K^+)，碱土金属(Mg^{2+}和Ca^{2+})，第三主族金属(Al^{3+})和过渡金属(Zn^{2+})。这些离子的共同特征是在地壳中储量丰富(图9-1)、价格便宜、环境友好、适宜大规模开发使用。图9-2显示了钠离子电池的工作原理，使用的正极为层状钠氧化物，负极为石墨；在充放电过程中，Na^+在两个电极之间往返嵌入和脱嵌:充电时,Na^+ 从正极脱嵌,经过电解质嵌入负极,负极处于富钠状态;放电时则相反。

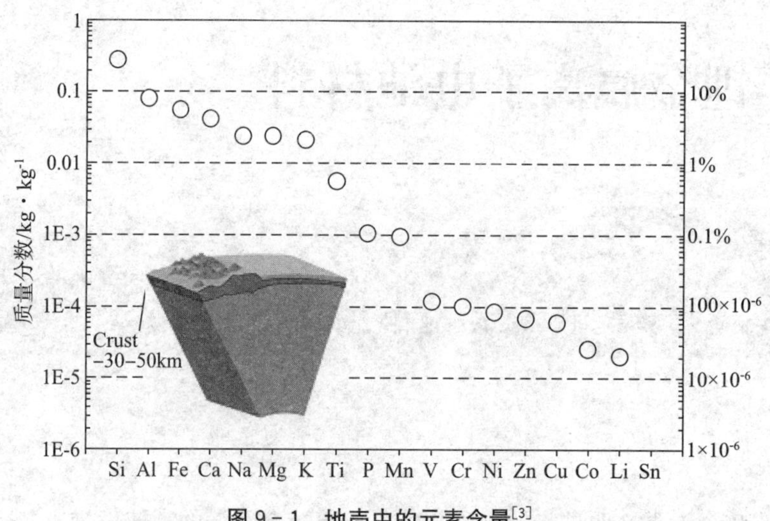

图 9-1　地壳中的元素含量[3]

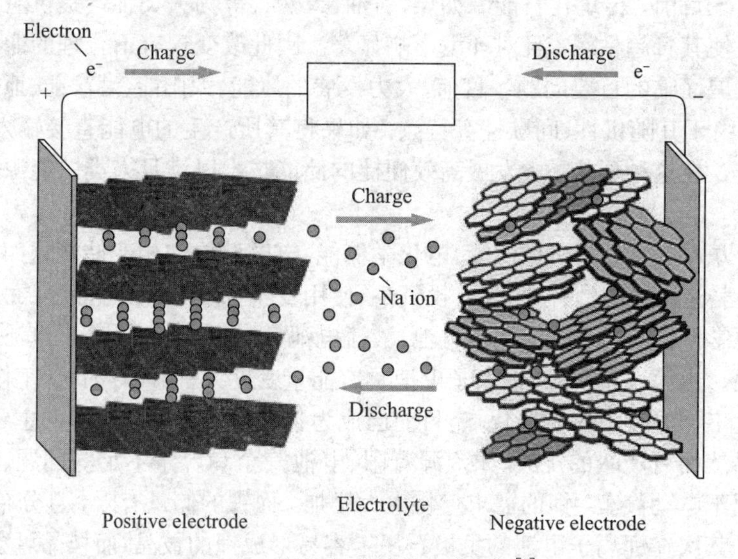

图 9-2　钠离子电池的工作原理[3]

9.1.2　非锂金属离子电池的种类

按照非锂金属离子的价态,非锂金属离子电池可以分为一价碱金属离子电池和多价金属离子电池。一价碱金属离子包括 Na^+ 和 K^+,尽管其容量偏低(表 9-1),但储量十分丰富。并且 Na^+ 和 K^+ 的离子迁移速度快,活性高,而且其还原电位相对较低,仅比锂分别高出 0.33V 和 0.11V。在钠和钾之中,钠离子电池具有较大的容量和较好的安全性,因此获得了更为广泛的关注,成为最有前景的非金属离子电池之一。

多价金属离子则包括 Mg^{2+}、Ca^{2+}、Zn^{2+} 和 Al^{3+},由于单个多价金属离子携带了一价金属两倍甚至三倍的电量,这类金属离子电池往往具有较高的容量(表 9-1)。特别是铝,其理论体积容量高达 8 040 mA·h·cm^{-3},是金属锂的四倍,前景十分看好。并且这类金属可以直接暴露在空气中而不发生快速的化学反应,因而既具有较好的安全性又可以简化装配工艺,降低成本。但是除钙以外,其他金属的理论还原电位都比较高,铝甚至达到了-1.67 V[vs 标准氢电极(SHE)],这就影响了该类离子电池的能量密度。而更大的挑战则是由于这类离子较大的电场强度制约了其迁移速率,目前还难以找到合适的电极材料使得多价金属离子可以在材料中迅速扩散。同时,与之匹配的电解液也是难题。

表 9-1 不同金属的理论容量、还原电位和离子半径

种类	体积比容量	质量比容量	还原电位	有效离子半径
	($mA \cdot h \cdot cm^{-3}$)	($mA \cdot h \cdot g^{-1}$)	(V vs. SHE)	(Å)
Li	2026	3861	3.04	0.76
Na	1128	1165	2.71	1.02
K	591	685	2.93	1.38
Mg	3833	2205	2.37	0.72
Ca	2073	1337	2.87	1.00
Zn	5851	820	2.20	0.74
Al	8040	2980	1.67	0.54

9.2 钠离子电池材料

9.2.1 发展概况

早在 20 世纪 80 年代,钠离子电池(Sodium ionbatteries, SIBs)和锂离子电池同时得到研究,随着锂离子电池成功商业化,钠离子电池的研究逐渐放缓。钠与锂属于同一主族,具有相似的理化性质(表 9-2),电池充放电原理基本一致。充电时,Na^+ 从正极材料(以 $NaMnO_2$ 为例)中脱出,经过电解液嵌入负极材料(以硬碳为例),同时电子通过外电路转移到负极,保持电荷平衡;放电时则相反。与锂离子电池相比,钠离子电池具有以下特点:钠资源丰富,约占地壳元素储量的 2.64%,而且价格低廉,分布广泛。然而,钠离子质量较重且离子半径 (0.102 nm) 比锂 (0.069 nm) 大,这会导致 Na^+ 在电极材料中脱嵌缓慢,影响电池的循环和倍率性能。同时,Na^+/Na 电对的标准电极电位(-2.71 V vs SHE)比 Li^+/Li 高约 0.3V(-3.04 V vs SHE),因此,对于常规的电极材料来说,钠离子电池的能量密度低于锂离子电池。锂离子电池作为高效的储能器件在便携式电子市场已得到了广泛应用,并向电动汽车、智能电网和可再生能源大规模储能体系扩展。从大规模储能的应用需求来看,理想的二次电池除具有适宜的电化学性能外,还必须兼顾资源丰富、价格廉价等社会经济效益指标。最近,二次电池在对能量密度和体积要求不高的智能电网和可再生能源等大规模储能方面具有良好的应用前景,使得钠离子电池再次得到人们密切关注(图 9-3)。

图 9-3　钠离子电池的潜在用途

表 9-2　金属钠和金属锂物理化学性质对比

	Na	Li
摩尔质量 / ($g \cdot mol^{-1}$)	23	6.94
离子半径 / nm	0.102	0.069
E_o/ V (vs SHE)	−2.71	−3.04
熔点 / ℃	97.7	180.5
元素含量 / %	2.64	0.01
分布	广泛分布	70%在南美
碳酸盐价格 / ($RMB \cdot kg^{-1}$)	~2	~40
理论容量 / ($ACoO_2$, $mA \cdot h \cdot g^{-1}$)	235	274

9.2.2　钠离子电池的工作原理

1. 工作原理

钠离子电池具有与锂离子电池相似的工作原理和储能机理。钠离子电池在充放电过程中，钠离子在正负电极之间可逆地穿梭引起电极电势的变化而实现电能的储存与释放，是典型的"摇摆式"储能机理。充电时，钠离子从正极活性材料晶格中脱出，正极电极电势升高，同时钠离子进一步在电解液中迁移至负极表面并嵌入负极活性材料晶格中，在该过程中电子则由外电路从正极流向负极，引起负极电极电势降低，从而使得正负极之间电压差升高而实现钠离子电池的充电；放电时，钠离子和电子的迁移则与之相反，钠离子从负极脱出经电解液后重新嵌入正极活性材料晶格中，电子则经由外电路从负极流向正极，为外电路连接的用电设备提供能量做功，完成电池的放电和能量释放。

2. 特点

依据目前的研究进展，钠离子电池与锂离子电池相比有 3 个突出优势：(1)原料资源丰富，成本低廉，分布广泛；(2)钠离子电池的半电池电势较锂离子电势高 0.3～0.4 V，即能利用分解电势更低的电解质溶剂及电解质盐，电解质的选择范围更宽；(3)钠电池有相对稳定的电化学性能，使用更加安全。与此同时，钠离子电池也存在着缺陷，如钠元素的相对原子质量比锂高很多，导致理论比容量小，不足锂的 1/2；钠离子半径比锂离子半径大 70%，使得钠离子在电池材料中嵌入与脱出更难。

3. 结构组成

同锂离子电池等一样，钠离子电池一般包括以下部件：正极、负极、电解质、隔膜等。

9.2.3 钠离子电池负极材料

1. 碳基负极材料

钠离子与石墨层间的相互作用比较弱，因此钠离子更倾向于在电极材料表面沉积而不是插入石墨层之间，同时由于钠离子半径较大，与石墨层间距不匹配，导致石墨层无法稳定地容纳钠离子，因此石墨长期以来被认为不适合做钠离子电池的负极材料。然而，Adelhelm 课题组于 2014 年首次报道石墨在醚类电解液中具有储钠活性，研究表明放电产物为嵌入溶剂化钠离子的石墨。利用这种溶剂化钠离子的共嵌效应[如图 9-4(a)]，南开大学牛志强和陈军等人进一步探索了天然石墨在醚类电解液中的嵌钠行为，发现其循环性能非常优异(6 000 周后容量保持率高达 95%，[图 9-4(b)]，而且在 10 A·g^{-1}的高电流密度下，容量仍超过 100 mA·h·g^{-1}[图 9-4(c)]，良好的倍率性能源于充放电过程中的部分赝电容行为[6]。美国马里兰大学的 Wang 课题组成功合成了层间距扩大的石墨(d = 4.3 A)，实现了石墨在传统酯类电解液中的可逆脱嵌，容量能够达到 284 mA·h·g^{-1}。

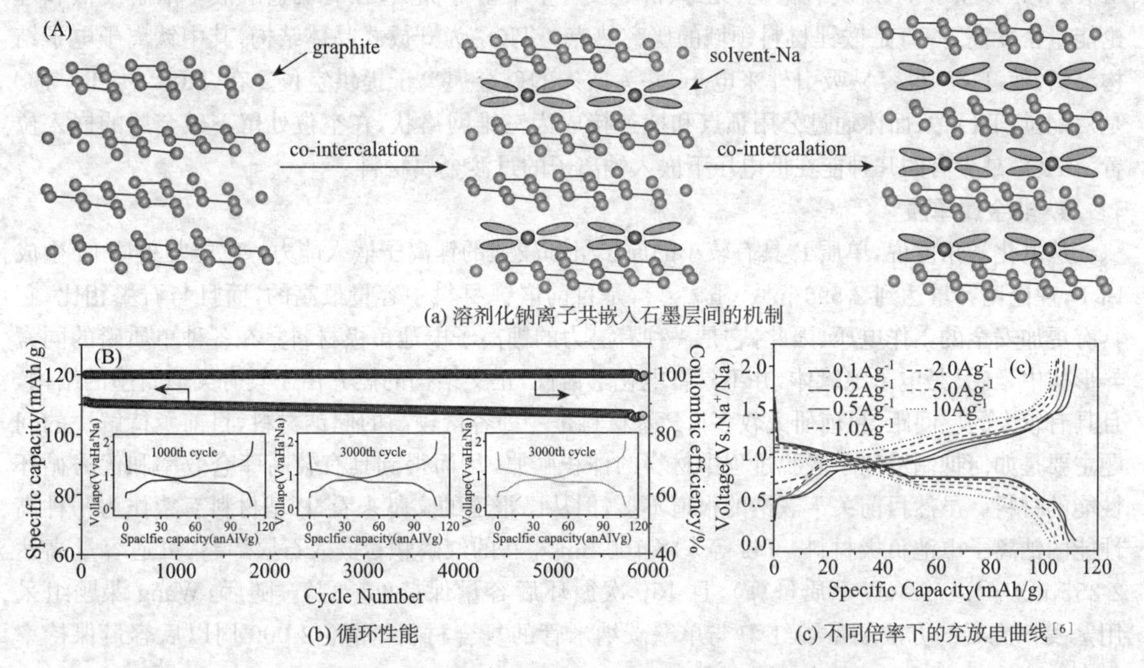

(a) 溶剂化钠离子共嵌入石墨层间的机制

(b) 循环性能

(c) 不同倍率下的充放电曲线[6]

图 9-4 石墨在链状醚类电解液中的储钠行为

与石墨相比,纳米碳材料的结构更加复杂,拥有更多的活性位点,特别是具有良好的结构稳定性和优良的导电性的碳纳米线和纳米管,因此更适宜做钠离子电池的负极材料。超大的比表面积能增大电极材料内部电解液与钠离子的接触面积,提供更多的活性位点。石墨烯作为一种具有超大比表面积的新型碳材料,广泛地应用于钠离子电池负极材料。澳大利亚的 Shixue Dou 课题组和美国凯斯西储大学的 Liming Dai 课题组在氨气中煅烧冷冻干燥后的氧化石墨得到了氮掺杂的三维石墨烯,在 500 $mA \cdot g^{-1}$的电流密度下容量高达 852.6 $mA \cdot h \cdot g^{-1}$,且循环 150 周后仍保持在 594 $mA \cdot h \cdot g^{-1}$。Guo 和 Wan 等人设计了一种三明治结构的多孔碳/石墨烯复合材料,不仅具有大的晶格间距(0.42 nm),而且多级多孔结构可加速离子、电子的传导。

2. 合金类储钠负极材料

采用合金作为钠离子电池负极材料可以避免由钠单质产生的枝晶问题,因而可以提高钠离子电池的安全性能、延长钠离子电池的使用寿命。目前研究较多的是钠的二元、三元合金。其主要优势在于钠合金负极可防止在过充电后产生枝晶,增加钠离子电池的安全性能,延长了电池的使用寿命。通过研究表明,可与钠制成合金负极的元素有 Pb、Sn、Bi、Ga、Ce、Si 等($Na_{15}Sn_4$:847 $mA \cdot h \cdot g^{-1}$;Na_3Sb:660 $mA \cdot h \cdot g^{-1}$;Na_3Ge:1108 $mA \cdot h \cdot g^{-1}$和 $Na_{15}Pb_4$:484 $mA \cdot h \cdot g^{-1}$)。合金负极材料在钠离子脱嵌过程中存在体积膨胀率大,导致负极材料的循环性能差。如 Sb 做负极时,Sb 到 Na_3Sb 体积膨胀 390%,而 Li 到 Li_3Sb 体积膨胀仅有 150%。纳米材料的核/壳材料能有效地调节体积变化和保持合金的晶格完整性,从而维持材料的容量。

3. 金属氧化物负极材料

过渡金属氧化物因为具有较高的容量早已被广泛研究作为锂离子电池负极材料。该类型材料也可以作为有潜力的钠离子电池嵌钠材料。与碳基材料脱嵌反应和合金材料的合金化反应不同,过渡金属氧化物主要是发生可逆的氧化还原反应。迄今为止,用于钠离子电池电极材料的过渡金属氧化物还比较少,正极材料主要有:中空 γ-Fe_2O_3 和 V_2O_5,负极材料主要有 TiO_2、α-MoO_3、SnO_2 等。TiO_2 具有稳定、无毒、价廉及含量丰富等优点,在有机电解液中溶解度低和理论能量密度高,一直是嵌锂材料领域的研究热点。TiO_2 为开放式晶体结构,其中钛离子电子结构灵活,使 TiO_2 很容易吸引外来电子,并为嵌入的碱金属离子提供空位。在 TiO_2 中,Ti 与 O 是六配位,TiO_6 八面体通过公用顶点和棱连接成为三维网络状,在空位处留下碱金属的嵌入位置。TiO_2 是少有的几种能在低电压下嵌入钠离子的过渡金属材料。

4. 非金属单质

从电化学角度说,单质 P 具有较小的原子量和较强的锂离子嵌入能力。它能与单质 Li 生成 Li_3P,理论比容量达到 2 596 $mA \cdot h \cdot g^{-1}$,是目前嵌锂材料中容量最高的,而且与石墨相比,它具有更加安全的工作电压,因此,它是一种有潜力的锂离子电池负极材料。在各种单质磷的同素异形体中,红 P 是电子绝缘体,并不具备电化学活性,正交结构的黑 P 由于具有类似石墨的结构,且具有较大的层间距,目前研究较多。P 基材料是一种容量较高的储钠材料,目前亟待解决的问题主要是如何抑制钠离子嵌脱过程中材料的体积膨胀,从而得到具有较高库仑效率和优秀循环性能的材料。虽然目前关于嵌钠的报道不多,但从已报道的文献来看,P 基材料有望作为一种高性能的钠离子电池负极材料。Pei 等人将 100 nm 左右的红磷颗粒嵌入石墨烯卷,可逆容量高达 2 355 $mA \cdot h \cdot g^{-1}$(以 P 质量算),且 150 次循环后容量保持 92.3%。随后,Wang 课题组采用蒸发—冷凝的方法制备了红 P 与单壁碳纳米管的复合材料,循环 2 000 周以后容量保持率仍有 80%。

5. 二维过渡金属碳化物(MXenes)

2011 年,美国德雷塞尔大学的 Yury Gogotsi 和 Michel Barsoum 制备了一类新型的二维材料 MXenes,其中 M 是过渡金属,X 是 C 或 N。如图 9-5 所示,MXenes (Ti_3C_2X) 具有类似于石墨烯的层状结构,表面有较多的官能团。在高分辨电镜下可清晰地看到层间嵌入的钠离子[图 9 - 5(b)]或铝离子[图 9 - 5(c)]。作为钠离子电池负极材料,其容量可达到约 100 mA·h·g^{-1}。并且得益于 Ti_3C_2X 出色的导电性和开放的层状结构,该电极具有良好的倍率性能和循环稳定性。美国德雷塞尔大学的 Yury Gogotsi 和澳大利亚悉尼科技大学的 Guoxiu Wang 将 Ti_3C_2X 与碳纳米管(CNT)复合,制备了多孔的 Ti_3C_2X/CNT 复合材料。如图 9 - 6 所示,高导电性的 Ti_3C_2 和 CNT 构成了快速导电网络,可保证电子的快速传输;而 CNT 有效限制了 Ti_3C_2 的堆叠,在复合材料中形成很多孔隙,这些孔隙可保证钠离子的快速扩散。用该材料制成的钠离子电池负极质量容量可达到 170 mA·h·g^{-1},同时具有优秀的倍率性能和寿命。

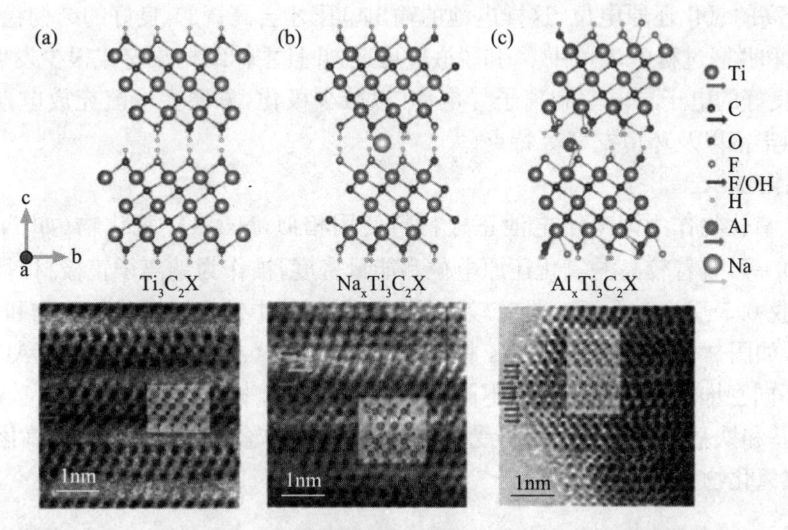

图 9 - 5　Ti_3C_2X 的结构及储钠、储铝示意图和高分辨电镜图

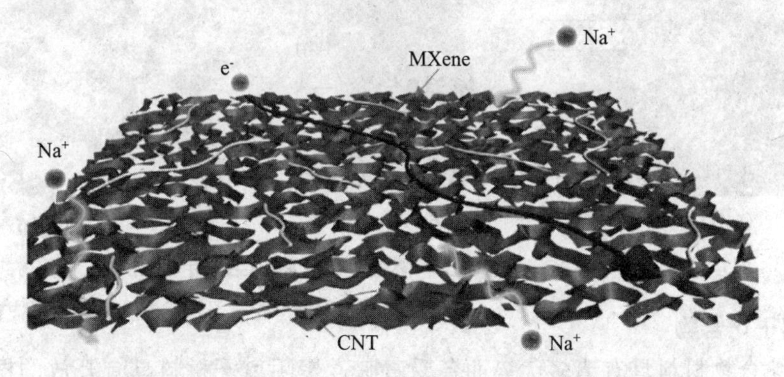

图 9 - 6　MXene/CNT 电极的钠离子扩散和电子转移示意图

6. 有机材料

与无机化合物相比,有机化合物具有以下优点:(1)化合物种类繁多,含量丰富;(2)氧化还原电位调节范围宽;(3)可发生多电子反应;(4)很容易循环等。目前,已经有一系列的有机化合物被研究用于锂离子电池嵌锂材料。其中部分材料被证实具有比容量高,循环寿命长和倍率性能

高等特点,因此开发低电位下高性能有机嵌钠材料是目前钠离子电池负极材料领域研究的新方向。与无机物相比,有机化合物结构灵活性更高,钠离子在嵌入时迁移率更快,这有效解决了钠离子电池动力学过程较差的问题。含有羰基的小分子有机化合物由于结构丰富,是钠离子电池负极材料的主要候选。

9.2.4 钠离子电池正极材料

1. 正极材料的选择要求

与锂离子电池相似,钠离子电池工作原理也是靠钠离子的浓度差实现的,正负极由不同的化合物组成。充电时,钠离子从正极脱出经过电解液嵌入负极,负极处于富钠态,正极处于贫钠态,同时电子经外电路供给到负极作为补偿,以保证正负极电荷平衡;放电时则相反。钠离子电池正极材料一般为嵌入化合物,作为钠离子电池关键材料,正极材料的选取原则如下:(1)具有较高的比容量;(2) 较高的氧化还原电位,这样电池的输出电压才会高;(3) 良好的结构稳定性和电化学稳定性:在嵌入和脱嵌过程中,钠的嵌入和脱嵌应可逆,并且主体结构没有或很少发生改变;(4) 嵌入化合物应有良好的电子导电率和离子导电率,以减少极化,方便大电流充放电;(5) 具有制备工艺简单、资源丰富以及环境友好等特点。

2. 金属氧化物

与 $LiMO_2$ 氧化物作为锂离子电池正极材料使用相似,$NaMO_2$ 氧化物(如 $NaCoO_2$、$NaMnO_2$ 和 $NaFeO_2$ 等)有着较高的氧化还原电位和能量密度,被作为钠离子正极材料使用。在充放电过程中能嵌脱 0.5～0.85 个 Na,具有较高的比容量。其中钠离子层状氧化物和一般氧化层密堆积方式不同,如图 9-7 所示,Del mAs 将其表述为 O3 型(ABCABC)、P2 型(ABBA)和 P3 型(ABBCCA),不同密堆积中钠离子处在不同的配位环境(P=棱形、O=八面体)。近年来低钴含量材料以及锰基和铁基等环境友好材料受到广泛关注,对单金属氧化物(锰基氧化物、铁基氧化物)及多元金属氧化物做了大量研究。

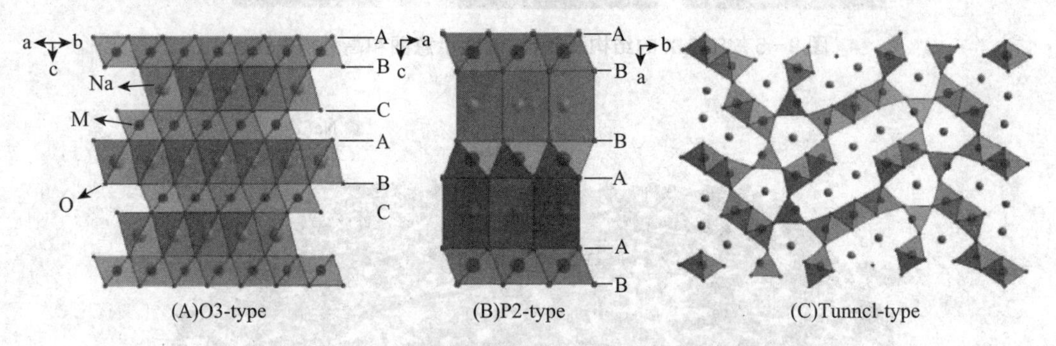

图 9-7 O3 型、P2 型和隧道型氧化物的结构示意图

3. 聚阴离子化合物

聚阴离子化合物材料具有诸多优势而备受青睐。聚阴离子材料具有开放的框架结构、较低的钠离子迁移能和稳定的电压平台,其稳定的共价结构使其具有较高的热力学稳定性以及高电压氧化稳定性。主要分为:磷酸盐类如 $NaFePO_4$、$Na_3V_2(PO_4)_3$ 等;氟磷酸盐类如 Na_2FePO_4F、Na_2MnPO_4F 和 $Na_3V_2(PO_4)_2F_3$ 等;焦磷酸盐类如 $Na_2FeP_2O_7$、$NaMnP_2O_7$ 和正交晶系的 $Na_2CoP_2O_7$ 等;硫酸盐类如 $Na_2Fe_2(SO_4)_3$ 等。

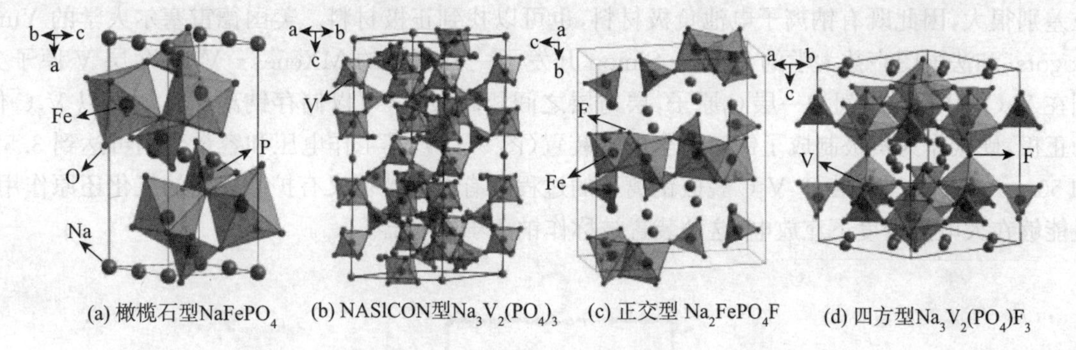

(a) 橄榄石型$NaFePO_4$ (b) NASICON型$Na_3V_2(PO_4)_3$ (c) 正交型 Na_2FePO_4F (d) 四方型$Na_3V_2(PO_4)F_3$

图 9-8 聚阴离子化合物结构

正交结构的 Na_2FePO_4F[图 9-8(c)]最早被加拿大滑铁卢大学的 Nazar 课题组提出，可实现 1 个 Na^+脱嵌，平台电位在 3.0 V，理论比容量为 135 mA·h·g^{-1}。碳包覆的 Na_2CoPO_4F 可逆容量达 100 mA·h·g^{-1}且工作电位为 4.3 V，对应的能量密度达 400 W·h·kg^{-1}，这在 Na_2MPO_4F 家族中是最高的。2003 年，Barker 等首次发现 $NaVPO_4F$ 与硬碳配合组成的钠离子电池工作电压为 3.7 V，充电容量为 82 mA·h·g^{-1}，30 次循环后容量保持 50%. Ruan 等人报道了石墨烯修饰的 $NaVPO_4F$，性能大有提升，可逆容量能够达到 120.9 mA·h·g^{-1}且 50 周循环后容量保持率为 97.7%。四方结构的 $Na_3V_2(PO_4)_2F_3$ 由 [$V_2O_8F_3$] 八面体和 [PO_4] 四面体构成，两者共享氧离子形成 Na^+ 扩撒通道[图 9-8(d)]。充电过程中，两个平台分别出现在 3.7 V 和 4.2 V，对应于 $V^{4+/3+}$ 电对的两步电化学反应，2 个 Na^+ 能够脱出生成稳定的 $NaV_2(PO_4)_2F_3$ 相，理论容量为 128 mA·h·g^{-1}。此外，$Na_3V_2(PO_4)_2F_3$ 中的 F 元素可以被 O 元素取代，生成 $Na_3(VO_x)_2(PO_4)_2F_{3-2x}$($0\leqslant x\leqslant 1$)系列材料，随着氧含量的增加，材料的晶胞体积逐渐减小，这是由于较小的 V^{4+} 取代了较大的 V^{3+}，而且 F 元素的减少会减弱离子诱导效应，充放电平台随之降低. 积极的一面是，氧元素的存在可以激发钒的多电子氧化还原反应，Kang 课题组发现 $Na_3(VO_{0.8})_2(PO_4)_2F_{1.4}$ 中的 $V^{4+/3+}/V^{5+/4+}$ 混合氧化还原电对能够发生 1.2 电子转移，理论比能量密度高达 600 Wh·kg^{-1}。此外，聚阴离子型 $NaFe(SO_4)_2$ 也被证实能够稳定地储钠，Goodenough 团队发现 $NaFe(SO_4)_2$ 在 0.1 C 下循环 100 周，容量可保持在 80 mA·h·g^{-1}左右，且库伦效率接近 100%。

4. 金属氟化物

金属氟化物因氟离子具有很强的电负性、结构中离域电子数目较少，造成材料电子导电性差。尽管金属氟化物材料具有开放结构和三维钠离子通道，但导电性差严重制约其电化学性能，通过碳包覆和合成纳米化材料可以提高材料导电性。

5. 普鲁士蓝类化合物。

普鲁士蓝类化合物为 CN－与过渡金属离子配位形成的配合物，具有 3D 开放结构，有利于钠离子传输和储存，也被广泛用于钠离子电池正极材料。美国得克萨斯大学的 Goodenough 课题组研究表明，普鲁士蓝及其衍生物 AxMFe(CN)6(A＝K 和 Na；M＝Ni、Cu、Fe、Mn、Co 和 Zn 等）在有机电解液体系中也显示了较好的倍率性能和循环稳定性。尽管这些化学物本身无毒，价格低廉，但制备过程由于 CN－的使用，可能会对环境造成影响。此外，合成过程中对水含量的控制是十分关键的，这将直接影响材料的性能。

6. 二维过渡金属碳化物(MXenes)

二维过渡金属碳化物(MXenes)家族成员的种类繁多，不同的化合物其钠离子嵌入/脱嵌电位差别很大,因此既有钠离子电池负极材料,也可以找到正极材料。美国德雷塞尔大学的 Yury Gogotsi 和法国图卢兹大学的 Patrice Simon 开发了一种新型的 MXenes－V_2C,两层 V 原子分别在 V_2C 的两面,中间为一层 C 原子,层与层之间相距较远,可以储存钠离子。他们以 V_2C 作为正极,硬碳作为负极制成了钠离子全电池装置(图 9－9),其工作电压和容量分别可达到 3.5V 和 50 $mA \cdot h \cdot g^{-1}$。由于 V_2C 脱嵌钠离子的过程既有电容特征又有扩散控制的氧化还原作用,且能够在大电流密度下充放电,这种装置被称作钠离子电容器。

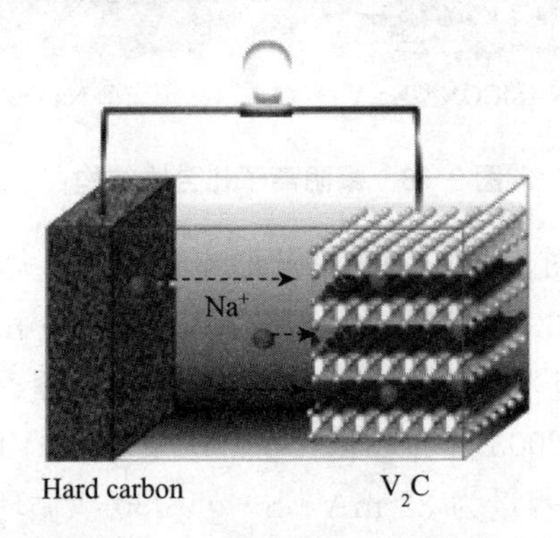

图 9－9　V_2C 正极钠离子电池示意图

9.2.5　电解质材料

电解质是电池的重要组成部分,影响电池的安全性能和电化学性能。所以改善电解质对电池的能量密度,循环寿命,安全性能有重要的影响。作为钠离子电池电解质需满足以下几个基本要求:高离子电导率,宽电化学窗口,电化学和热稳定性以及高机械强度。从目前已有的研究来看,钠离子电池电解质从相态上包含液态电解质、离子液体电解质、凝胶态电解质和固体电解质四大类,其中液态电解质又分为有机电解质和水系电解质这两类,固体电解质又分为固体聚合物电解质和无机固态电解质这两类。

9.2.6　隔膜材料

锂离子电池隔膜的孔径不适合用于半径较大的钠离子电池中。目前在钠离子电池中主要是利用玻璃纤维作为隔膜,因此研究和开发的空间还较为广阔。

9.2.7　钠离子电池主要应用和发展趋势

钠离子电池具有比能量高、安全性能好、价格低廉等优点,在储能领域有望成为锂离子电池的替代品。钠离子电池材料研究经过近年来的快速发展已经出现了一批具有电化学活性的关键材料,这种情况的出现很大程度上归功于钠离子电池与锂离子电池之间有很多类似之处,这也使得很多钠离子电极材料的研究可以看作从相应的锂离子电极材料中直接类比借鉴而来。这种利用“前车之鉴”开展研究的方式对于推进钠离子电池技术领域的研究水平提升,加快技术突破具有较强的助推作用。但同时,应注意到钠离子电池材料也有着一些独特的特性。如果借鉴锂离子电池现有材料体系和晶体结构的脱嵌机理开发出一种或多种具有稳定脱嵌性能的钠离子电池正负极材料体系,则能实现技术突破,甚至在较短时间内实现钠离子电池的实用化和产业化。但目前,钠离子电池材料研究总体现状是正极材料研究进展较快。当然,钠离子电池技术除正负极材料外，还包括电解质和隔膜技术，但基于液态电解质体系的相关技术已长久地应用于包括铅酸电池、镍镉电池、镍氢电池和锂离子电池中，积累了大量研究和产业化经验，因此有理由相信目前的技术水平可以满足钠离子电池的应用需求。

9.3 镁离子电池材料

9.3.1 发展概况

镁离子电池具有能量密度高、成本低、无毒安全、资源丰富等特点，在储能领域具有重要前景。自从 2000 年，以色列的 Aurbach 改良镁电池以来，就兴起了研究镁电池的热潮。近几年的研究主要集中在镁材料，这是因为 Mg 在周期表中处于 Li 的对角线位置，根据对角线法则，两者化学性质具有很多的相似之处。Mg 的价格比 Li 低得多(是 Li 的 1/24)；镁及几乎镁的所有化合物无毒或低毒、对环境友好；Mg 不如 Li 活泼，易操作，加工处理安全，安全性能好，熔点高达 649 ℃；Mg/Mg^{2+} 的电势较低，标准电极电位－2. 37V(vs. SHE)。可见，镁及镁合金可以成为电池的理想材料。我国的镁资源丰富，储量居世界首位，所以镁离子电池的未来发展绝对是有潜力的，但是目前也有很大的问题需要改善。

9.3.2 镁离子电池的工作原理及特点

镁离子电池的工作原理与前文所述的锂离子和钠离子的工作原理相似，也是一种浓差电池，正负极活性物质都能发生镁离子的脱嵌反应，其工作原理如下：充电时，镁离子从正极活性物质中脱出，在外电压的趋势下经由电解液向负极迁移；同时，镁离子嵌入负极活性物质中；因电荷平衡，所以要求等量的电子在外电路的导线中从正极流向负极。充电的结果是使负极处于富镁态，正极处于贫镁态的高能量状态，放电时则相反。外电路的电子流动形成电流，实现化学能向电能的转换。

与锂离子电池相比，镁离子电池尽管具有能量密度高、成本低、无毒安全、资源丰富等特点，但研究仍处于起步阶段，距离实用化阶段还远。制约镁可充电池的因素有两个：镁在大多数电解液中会形成不传导的钝化膜，镁离子无法通过，致使镁负极失去电化学活性；Mg^{2+} 很难嵌入到一般基质材料中，因此镁二次电池要想有所突破必须克服这两个瓶颈，寻找合适的电解液和正极材料。

9.3.3 镁离子电池负极材料

1. 金属和合金

作为镁离子电池的负极材料，其要求是镁的嵌入和脱嵌电极电位较低，从而使镁电池的电势较高。金属镁有很好的性能，其氧化还原电位较低(－2. 37V vs SHE)，比能量大(2205 mA·h·g^{-1})，因此目前所研究的负极材料，大多数都是金属镁或者镁合金。通过减小镁颗粒的大小，可以显著提高镁负极材料的容量。南开大学的陈军教授以二维 MoS_2 作为正极，超细的 Mg 纳米颗粒作为负极制备了镁离子电池，其工作电压高达 1. 8V，首次放电容量达到 170 mA·h·g^{-1}，经过 50 次充放电循环后仍保持了 95％的容量。

虽然金属镁有很好的性能，但是其表面很容易出现致密的氧化膜，限制了金属镁负极的开发和应用，其他金属负极也是在这样的背景下发展起来。北美丰田研究院的 mAtsui 等人研究了金属铋、锑以及铋锑合金等负极性能,发现镁离子可以嵌入铋中形成 Mg_3Bi_2,同时也很容易脱嵌,其中 $Bi_{0.88}Sb_{0.12}$ 在 1C 的电流密度下可逆容量达到 298 mA·h·g^{-1},经过 100 次充放电循环后保持了 72%的容量(图 9-10)。但是铋和铋合金的性能也受到体积膨胀的影响。美国西北太平洋国家实验室的 Yuyan Shao 和 Jun Liu 等人制备了新型的铋纳米管(图 9-11),作为镁离子电池负极容量可达到 350 mA·h·g^{-1} 或 3430 mA·h·cm^{-3},首圈库伦效率高达 95%。其特殊的纳米多孔结构可有效吸纳 Mg_3Bi_2 形成过程中的体积膨胀并且减少了镁离子的扩散距离。更重要的是,这种镁电池可使用传统电解液。

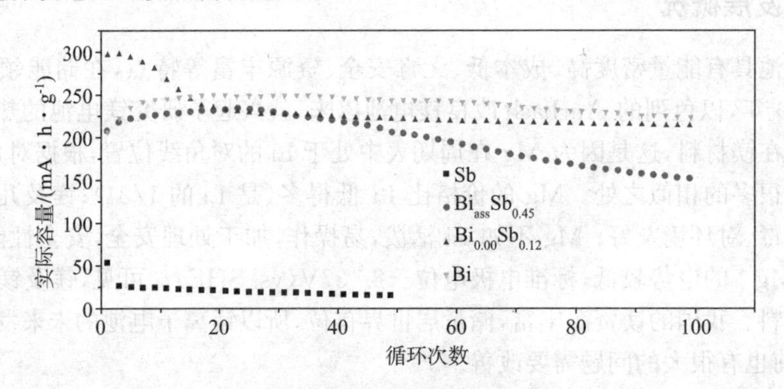

图 9-10 锑、铋及其合金的容量

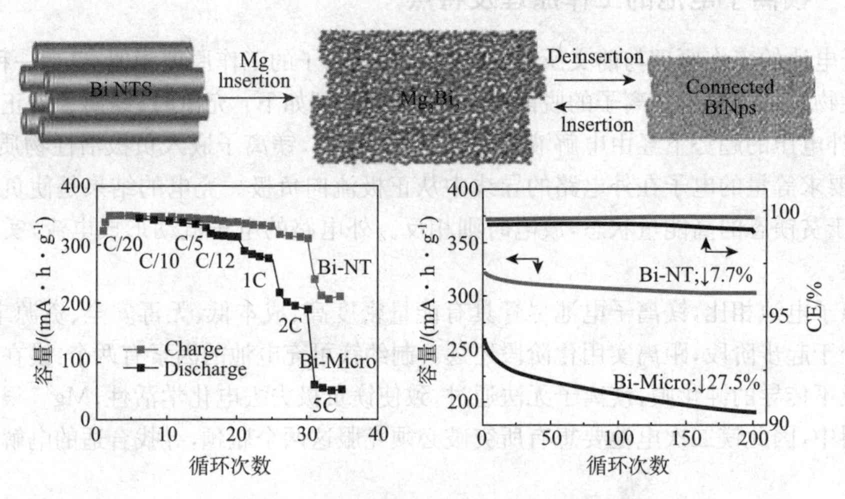

图 9-11 铋纳米管的嵌镁机制和容量特征

为进一步获得更大的容量和工作电压,北美丰田研究院的 Nikhilendra Singh 等人研究了镁离子电池锡负极的性能。与铋相比,锡有更低的镁离子嵌入/脱嵌电压(0.15/0.20 V)和更大的初始放电容量(在 0.002 C 的电流密度下接近其理论容量 903 mA·h·g^{-1})。但是,由于从锡转化为 Mg_2Sn 时伴随着巨大的体积膨胀,导致其初始充电容量仅有 350 mA·h·g^{-1},使得应用锡作为负极材料仍面临极大挑战。

2. 低应力金属氧化物

尖晶石型钛酸锂($Li_4Ti_5O_{12}$)由于其独特的"零应变"特征,作为锂离子电池负极材料已经备受关注。中科院化学所郭玉国研究员和中科院物理所谷林、李泓研究员的研究表明,钛酸锂同样可以作为镁离子电池负极材料。镁离子可以插入钛酸锂结构中,钛酸锂的可逆容量可达到 175 mA·h·g^{-1},得益于材料在充放电过程中的"零应变",经过 500 此循环后,材料的容量仅有

5%的衰减(图 9-12)。

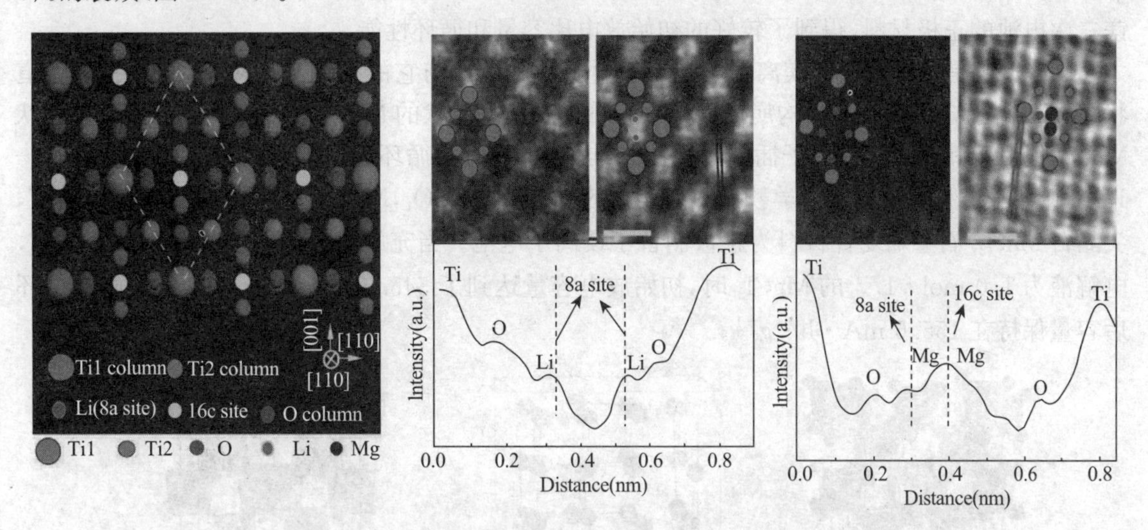

图 9-12 尖晶石型钛酸锂的结构示意图及嵌镁过程

9.3.4 镁离子电池正极材料

理想的镁电池的正极材料，需要具备能量密度高、循环性好的特点，镁离子能够很好地可逆脱嵌，而且还要安全性能好，环境友好，价格低廉。正极材料的选择一般集中在无机过渡金属氧化物、硫化物、硼化物、磷酸盐以及其他化合物上面。

1. Chevrel 相 Mo_6X_8(X=S,Se)

1917 年，Chevrel 等人首次报道了形式为 MMo_nS_{n+1}(M 为 Mg 时，$2\leqslant n\leqslant 6$)的镁离子嵌入材料。Chevrel 相硫化物是非常好的镁离子嵌入/脱嵌正极材料。法国 Bar-Ilan 大学的 Aurbach 等人组装的镁二次电池使用的正极材料为 $Mg_xMo_3S_4$，其结构和其它 Chevrel 相化合物一样，可以认为是 Mo_6S_8 单元的紧密堆积。与其他基体相比，Chevrel 相不需要把正极材料做成纳米颗粒、纳米管或是薄片，而它具有的独特结构能加快镁离子的传递速度。Aurbach 等人在原有电池系统基础上，对镁二次电池进行了进一步的改进。新的体系在原来的正极材料中加入了 Se 元素，加快了正极材料中的离子插入与扩散速度，容量和循环性能都有所提高。Mitelman 等人随后发表了用三元的 Chevrel 化合物 $Cu_yMo_6S_8$ 作为插入正极，在室温下，它比 Mo_6S_8 表现出了更好的性能，循环次数可达到几百次。硫化物作为正极材料主要缺陷是：制备比较困难，并且要求在真空或氩气气氛下高温合成；比起氧化物容易被腐蚀，其氧化稳定性不理想。尽管如此，其良好的充放电性能使其成为了理想的插入/脱嵌基质材料。

2. 过渡金属氧化物

Pereiva-Ramos 等人的研究发现 Mg^{2+} 可以插入到钒氧化物 V_2O_5 中，并形成 $Mg_{0.5}V_2O_5$ 化合物，而且嵌入与脱嵌是可逆的，但其循环性能差。南开大学的袁华堂课题组采用高温固相法合成了 MgV_2O_6 正极材料，得到了较高的放电比容量和较好的循环性能，但镁离子在正极中的扩散速度仍然很慢。减小材料的粒径可以缩短离子的扩散路径并提高材料的循环寿命，也可以通过加入碳等导电性好的颗粒增强镁离子的扩散性进而提高可逆容量。

首次组装并研究二次镁电池的 Gregory 等人使用了 Co_3O_4 作为正极材料，发现大部分的氧化物和硫化物不能用于镁二次电池，而只有 Co_3O_4、Mn_2O_3、RuO_2、ZrS_2 等有可能用于镁二次电池。2005 年,袁华堂课题组采用溶胶—凝胶法在 700 ℃下煅烧合成 $MgCo_{0.4}Mn_{1.6}O_4$ 粉末作为镁二次电池的正极材料,得到了较好的初始放电比容量和循环性能。

MnO_2 也是一种合适的镁离子电池正极材料。其性能与它的结构和形貌密切相关,如隧道状 MnO_2 由于充放电时易结构崩塌而导致容量损失快。层状的 MnO_2 尽管放电容量低于隧道状 MnO_2,但由于其可以提供离子插入的快速二维路径,长时间循环后仍能保持较高的容量(图 9-13)。哈尔滨工程大学的曹殿学教授等以镁盐的水溶液($MgSO_4$,$Mg(NO_3)_2$ 或 $MgCl_2$)为电解液,尖晶石 MnO_2/石墨烯复合材料为正极制备了镁离子电池。当充放电电流密度为 136 mA·g^{-1},电解液为 1.0 mol·L^{-1} 的 $MgCl_2$ 时,初始放电容量达到了 545.6 mA·h·g^{-1},经 300 次循环后容量保持在 155.6 mA·h·g^{-1}。

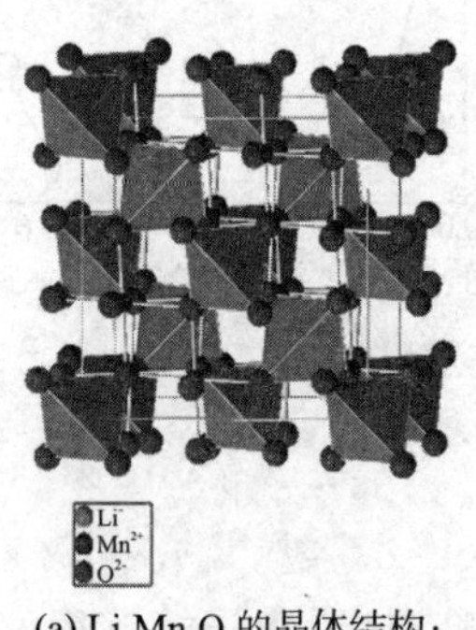

(a) $Li_2Mn_2O_4$的晶体结构;

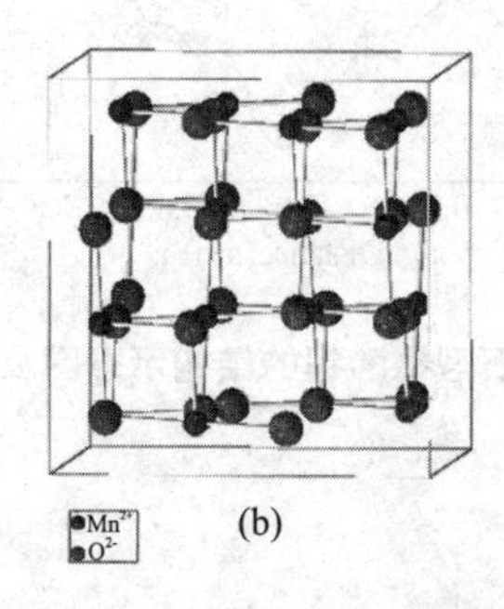

(b) 移除Li^+后带有空穴的λ-MnO_2;

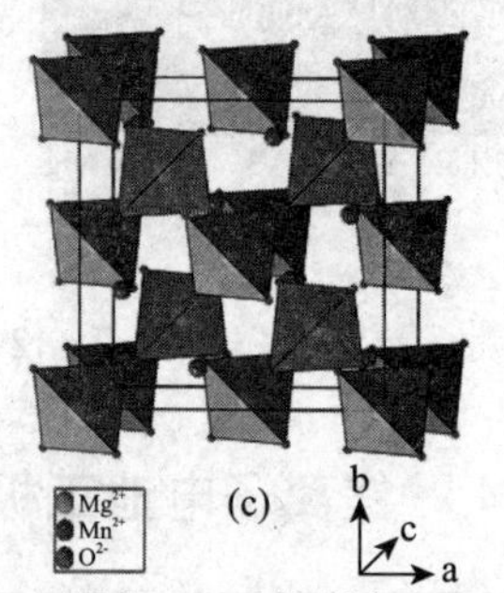

(c) 插入Mg^{2+}后得到的$MgMn_2O_4$

图 9-13　MnO_2 正极材料结构

3. 层状二硫化物或二硒化物

以 MoS_2 为代表的层状二硫化物或二硒化物具有独特的层状结构,层与层之间以范德瓦耳斯力结合,层间的孔隙可容纳大量的离子嵌入,因此也被认为是镁离子电池正极的候选材料之一(图 9-14)。清华大学的李亚栋教授制备了多种形貌的二硫化钼,包括类富勒烯中空笼状的、纤维绒状的和纳米球状的,遗憾的是,这些材料未能表现出令人满意的储镁性能。南开大学的陈军教授以类石墨烯的二硫化钼作为正极,镁作为负极制得镁离子电池,经 50 次循环后其容量可保持 170 mA·h·g^{-1}。华中科技大学的 Di Chen 和中科院半导体所的 Guozhen Shen 则研究了 WSe_2 作为镁离子电池正极的性能,结果表明 WSe_2 纳米线在 50 mA·g^{-1} 的电流密度下循环 160 圈后,容量保持在 200 mA·h·g^{-1},库仑效率 98.5%。同时该材料在大电流下也表现出良好的循环稳定性。此外,TiS_2 也可以作为镁离子电池的正极材料。

9.3.5　电解液

自从镁离子电池发明以来,研究人员一直在寻找能够使镁进行可逆的沉积或溶解的电解液,突破制约镁离子电池发展的瓶颈。一方面,镁是活泼金属,肯定不能直接以水溶液为电解液;另一方面,传统的离子化镁盐[如 $MgCl_2$,$Mg(ClO_4)_2$ 等]又不能实现 Mg 的可逆沉积。理想中的电解液应该有很好的导电率,电位窗口宽,在高效率 Mg 沉积或溶解循环多次后仍能够保持稳定。提高电导率、采用具有较强吸电子性的烷基或芳香基团的格氏试剂来提高其氧化分解电位,或者通过格氏试剂的各种反应制备还原性较低的有机镁盐将会是格氏试剂用作可充式镁电池电解液的发展方向。最初,Aurbach 以溶于醚溶剂中的格氏试剂为电解液进行镁离子电池的放电研究,实验结果表现出了很好的性能,实现了镁沉积的平衡并且在放电循环 2 000 多周次后,电池容量的损失只有 15%。后来,聚合物电解质的研究兴起,印度的 Kumar 研究的 Polyacrylorutrile 聚合物膜使 $MgGPEMnO_2$ 在 50 μA 的条件下放电,在电压是 1.6 V,恒电流是 C/8 情况下,放电时间可以达到 30 周,并且容量稳定在 150 $mA \cdot h \cdot g^{-1}$。

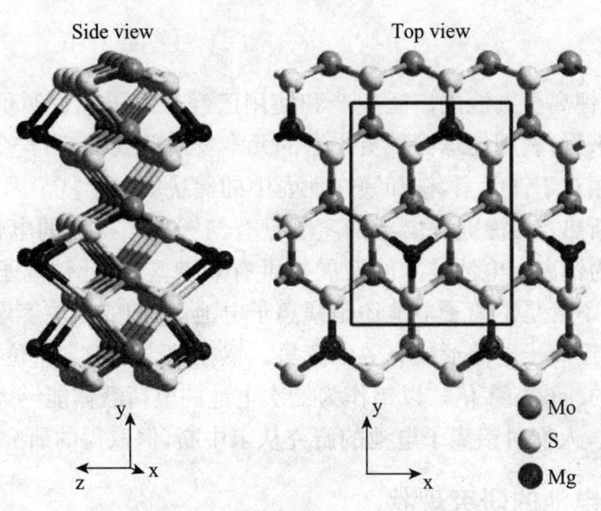

图 9-14 镁离子嵌入 MoS_2 示意图

南开大学的袁华堂等人合成了一种新型电解液 $Mg(SnPh_3)_2$,其分解电压为 1.2 V 左右,组装的模拟电池[Mg‖0.25 mol/L $Mg(SnPh_3)_2$/THF‖VO_x-NTs]开路电压在 0.8 V 左右,电池进行 50 次循环后仍可以观察到较好的循环性能。

有机电解质在使用过程中存在一些问题,如:在充放电过程中可能会放出气体,具有一定的安全隐患等。而作为另一种电解质的离子液体,由于它的蒸汽压为零,在较高温度下不挥发,运用在二次电池上能解决电动车在高温下的工作问题。离子液体作为绿色替代溶剂,具有电化学稳定窗口宽,温度范围宽等优点。离子液体有望应用于镁二次电池。努丽燕娜等人制备了 $BMIMBF_4$ 和 PP13-TFSI 两种离子液体,发现以 $BMIMBF_4$ 或 PP13-TFSI 或两者以 4 ∶1 的体积混合作为溶剂,$Mg(CF_3SO_3)_2$ 为溶质的电解液中,能实现镁的高效率可逆沉积与溶解,并有较低的稳态过电位。但在最初几个循环中的溶解过电位较高,这可能是由于镁与电解液之间复杂的界面现象引起的。

目前的电解液体系还不是很稳定,在不同程度上存在着一些缺点。寻找一种电解液体系能够满足高效率的可逆沉积,并具有较宽的电化学窗口以及高的电导率是今后研究的方向。

9.3.6 镁离子电池的发展趋势

镁电池满足了人们开发高性能、低成本、安全环保的大型充电电池的需求,镁电池要得到实际应用还有一定距离,自身腐蚀析氢,解决钝化膜问题,很多相关报道仅仅有好的镁沉积性能,但是本身电导、放电电压不是很理想,今后的重点应该放在高电导率、低钝化的电解质和相应的电极,目前的电解质溶剂局限于 THF 和乙醚,易吸水,而 Mg 不适合在有水环境下运作,可以尝试用混合电解质,各自发挥相应作用,聚合物电解质应引起足够重视,而正极材料研究主要集中在适合镁离子的嵌入材料,可以通过掺杂改性。

9.4 铝离子电池材料

9.4.1 概述

在过去10年中，锂离子电池的广泛生产和使用已经导致了锂资源价格的急剧上升。从可持续发展的战略高度来看,利用地球储量更丰富的元素发展低成本、高安全和长循环寿命的化学电源体系势在必行。相对于锂元素,钠和镁在地壳中的储量更加丰富。因此,基于钠或镁的二次电池成为人们研究的新热点。特别是由于钠离子具有与锂离子接近的电化学性质,许多锂离子电池的成功经验能够为钠离子电池技术的发展提供有效借鉴,因此钠离子电池被人们寄予额外的厚望。但是在目前,不管是钠离子电池还是镁离子电池,它们的充放容量和循环性能还远远达不到预期,更谈不上与锂离子电池形成有效的竞争。铝在地壳中的含量位列各种金属之首,其每年的全球开采量是锂的1 000多倍。以铝作为二次电池的电荷载体能够大幅降低电池的生产成本。在过去30多年里,人们对铝离子电池的研究从未中断,但取得的研究成果极为有限。

9.4.2 铝离子电池的研究现状

早在1988年美国新泽西州 Allied—Signal Incorporated 公司就报道过可充放电的铝离子电池,但由于其阴极材料容易分解,在当时并没有引起足够的关注;2011年,美国康奈尔大学 Archer 教授研究组也报道了可充放电的铝离子电池,美中不足的是其放电电压较低。由于这些不足,早期对铝离子电池的研究举步维艰。到目前为止,大部分与铝相关的化学电池还更多的是把铝作为一次性金属燃料使用,无法实现有效的充放电循环。2015年,美国斯坦福大学的戴宏杰团队报道了一种新型铝离子电池,在材料及循环性能上的突破都让人们耳目一新。

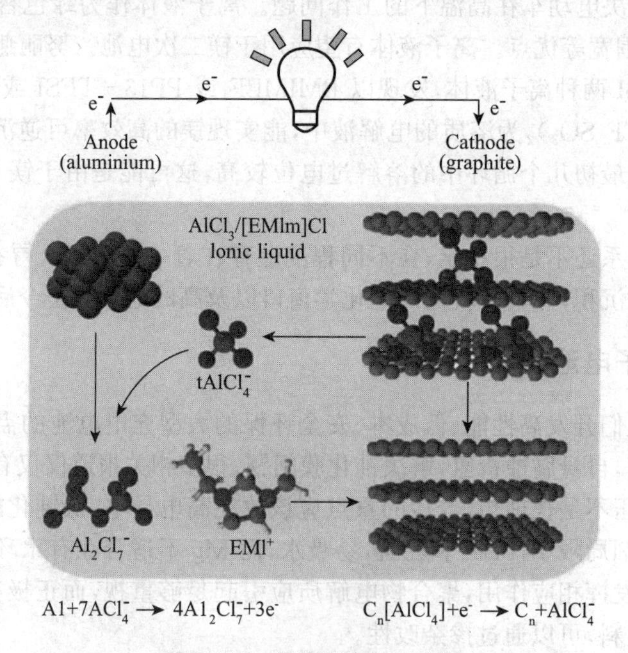

图9-15 铝离子电池示意图

如图 9-15 所示，该篇论文报道的铝离子电池以金属铝为负极、三维泡沫石墨烯为正极，以含有四氯化铝阴离子($AlCl_4^-$)的离子液体为电解液，在室温下实现了电池长时间可逆充放电。$AlCl_4^-$是电池中的电荷载体，而石墨烯材料的层状结构能够像容纳锂阳离子(Li^+)和其他阳离子一样，可逆地容纳 $AlCl_4^-$，这是该铝离子电池能够高效运行的材料结构基础。在放电过程中，$AlCl_4^-$从石墨烯正极中脱嵌出来，同时在金属铝负极反应生成 $Al_2Cl_7^-$ 在充电过程中，上述反应发生逆转，从而实现充放电循环。

这种铝离子电池相比于传统二次电池具有一些鲜明的优势，主要体现在以下几个方面：首先，铝离子电池具有快速充放电的特性和超长循环寿命。该团队通过实验发现，用三维泡沫石墨烯作为电池负极材料，利用它优良的导电性能和巨大的表面积，能够大大缩短电池的充放电时间并提高它的循环性能。例如，在 5 000 $mA \cdot h \cdot g^{-1}$ 的电流下，电池不到 1 min 就能被充满。同时，循环 7 500 次后，电池的容量几乎没有衰减。7 500 次循环意味着如果每天充放电一次，20 年后电池依然完好如初，这远远超过了人们对锂离子电池 1 000 次左右的预期循环寿命。其次，铝离子电池的安全性突出。安全性能差一直是锂离子电池被诟病的致命缺陷之一。和锂离子电池不同的是，该论文中展示的铝离子电池采用离子液体电解液，不存在易燃易爆等安全问题。在一段展示视频中，该团队成员将电钻钻入正在使用的铝离子电池，电池没有燃烧，仍能继续工作。此外，生产铝离子电池的原材料更容易获取，成本低。尽管通过化学气相沉积生长的三维泡沫石墨烯在目前不能算是廉价的电极材料，但是可以预计的是，其生产成本会随着规模经济的实现而大幅下降。最后，这类铝离子电池还具有柔性、可折叠的特点，这在未来的可穿戴设备上将大有应用前景。

不可否认，这类铝离子电池也同样存在一些缺点。目前，该电池只能产生约 2 V 电压，低于传统锂离子电池的 3.6 V；其只考虑活性物质计算得到的能量密度只有 40 W·h/kg，低于传统锂离子电池的 100～150 W·h/kg。从工作电压和能量密度上看，这类铝离子电池更接近我们熟悉的铅酸电池、碱性镍镉电池等水相电池，而与锂离子电池甚至是目前正处在研发阶段的钠离子电池相比具有很大的差距。此外，依赖于昂贵的离子液体电解液也是该铝离子电池的一个不足之处。

9.4.3 未来展望

尽管此次报道的铝离子电池目前还只是一个雏形，但是却为未来铝离子电池的研究吹响了号角. 今后的研究工作可能会集中在设计和发展具有更高工作电压和更大存储容量的新型正极材料，以提高铝离子电池整体的工作电压、能量和功率密度. 寻找更廉价的电解液也是铝离子电池发展一个迫切需要考虑的问题. 如果这些问题得到充分解决，再加上其他技术指标的优势和成本，这类廉价、安全、高速充电、灵活和长寿命的铝离子电池将会在我们的日常生活中普及使用. 特别需要强调的是，由于铝离子电池自身的特性，它们不太可能在一些需要高能量密度的应用领域与锂离子电池形成直接竞争。相反，它们的低成本、良好的循环寿命和安全性使得它们会在例如大规模智能电网储能(grid storage)等对成本、循环寿命和安全性格外强调的应用领域大显身手。不管成功与否，铝离子电池的出现为人们提供了一种新的可能与选择。

思考题

[1] 举例说明非锂离子电池的主要种类。

[2] 与锂离子相比,非锂金属离子电池有哪些优势?
[3] 说明钠离子电池的工作原理及其特点。
[4] 简述镁离子电池和铝离子电池的主要缺点。
[5] 请选出你认为最有前景的金属离子二次电池:a. 锂离子电池;b. 钠离子电池;c. 镁离子电池;d. 铝离子电池;e. 钙离子电池; f. 钾离子电池;g. 锌离子电池;h. 其他离子电池。为什么?

参考文献

[1] 李慧,吴川,吴锋,等. 钠离子电池:储能电池的一种新选择. 化学学报,2014(01):21-29.
[2] Wang Y, Chen R, Chen T, et al. Emerging non-lithium ion batteries. Energy Storage materials, 2016, 4: 103-129.
[3] Yabuuchi N, Kubota K, Dahbi M, et al. Research Development on Sodium-Ion Batteries. Chem. Rev., 2014, 114(23): 11636-11682.
[4] 张宁,刘永畅,陈程成,等. 钠离子电池电极材料研究进展. 无机化学学报,2015,31(9):1739-1750.
[5] 刘永畅,陈程成,张宁,等. 钠离子电池关键材料研究及应用进展. 电化学,2016(05):437-452.
[6] Zhu Z, Cheng F, Hu Z, et al. Highly stable and ultrafast electrode reaction of graphite for sodium ion batteries. J. Power Sources, 2015, 293: 626-634.
[7] Wen Y, He K, Zhu Y, et al. Expanded graphite as superior anode for sodium-ion batteries. Nature Communications, 2014, 5.
[8] Xu J, Wang M, Wickra mAratne N P, et al. High-Perfor mAnce Sodium Ion Batteries Based on a 3D Anode from Nitrogen-Doped Graphene Foams. Adv. Mater., 2015, 27(12): 2042-2048.
[9] Naguib M, Kurtoglu M, Presser V, et al. Two-Dimensional Nanocrystals Produced by Exfoliation of Ti3AlC2. Adv. Mater., 2011, 23(37): 4248-4253.
[10] Wang X, Shen X, Gao Y, et al. Atomic-Scale Recognition of Surface Structure and Intercalation Mechanism of Ti_3C_2 X. J. Am. Chem. Soc., 2015, 137(7): 2715-2721.
[11] Xie X, Zhao M, Anasori B, et al. Porous heterostructured MXene/carbon nanotube composite paper with high volumetric capacity for sodium-based energy storage devices. Nano Energy, 2016, 26: 513-523.
[12] Lu Y, Wang L, Cheng J, et al. Prussian blue: a new framework of electrode materials for sodium batteries. Chem. Commun., 2012, 48(52): 6544-6546.
[13] Dall′Agnese Y, Taberna P, Gogotsi Y, et al. Two-Dimensional Vanadium Carbide (MXene) as Positive Electrode for Sodium-Ion Capacitors. 1155 16TH ST, NW, WASHINGTON, DC 20036 USA: 2015: 6, 2305-2309.
[14] 秦楠楠,何文,徐小龙,等. 镁离子电池的研究进展. 山东陶瓷,2016(01):16-20.
[15] 胡启明,张娅,陈秋荣. 镁电池研究进展. 电源技术,2015,39(1):210-212.
[16] Liang Y, Feng R, Yang S, et al. Rechargeable Mg Batteries with Graphene-like MoS2

Cathode and Ultrasmall Mg Nanoparticle Anode. Adv. Mater., 2011, 23(5): 640 - 643.

[17] Arthur T S, Singh N, Matsui M. Electrodeposited Bi, Sb and $Bi_{1-x}Sb_x$ alloys as anodes for Mg-ion batteries. Electrochem. Commun., 2012, 16(1): 103 - 106.

[18] Shao Y, Gu M, Li X, et al. Highly Reversible Mg Insertion in Nanostructured Bi for Mg Ion Batteries. Nano Lett., 2014, 14(1): 255 - 260.

[19] Singh N, Arthur T S, Ling C, et al. A high energy-density tin anode for rechargeable mAgnesium-ion batteries. Chem. Commun., 2013, 49(2): 149 - 151.

[20] Wu N, Lyu Y, Xiao R, et al. A highly reversible, low-strain Mg-ion insertion anode mAterial for rechargeable Mg-ion batteries. NPG Asia Materials, 2014, 6(8): 120.

[21] 石春梅,曾小勤,常建卫,等. 镁二次电池的研究现状. 2010.

[22] Aurbach D, Suresh G S, Levi E, et al. Progress in Rechargeable magnesium Battery Technology. Adv. Mater., 2007, 19(23): 4260 - 4267.

[23] Mitelman A, Levi M D, Lancry E, et al. New cathode materials for rechargeable Mg batteries: fast Mg ion transport and reversible copper extrusion in $CuyMo_6S_8$ compounds. Chem. Commun., 2007(41): 4212 - 4214.

[24] 袁华堂,焦丽芳,曹建胜,等. 可再充镁离子电池正极材料 MgV_2O_6 的制备及其电化学性能研究. 电化学, 2004(04): 460 - 463.

[25] Imamura D, Miyayama M. Characterization of magnesium-intercalated V_2O_5/carbon composites. Solid State Ionics, 2003, 161(1 - 2): 173 - 180.

[26] Zhang R, Yu X, Nam K, et al. α-MnO_2 as a cathode material for rechargeable Mg batteries. Electrochem. Commun., 2012, 23: 110 - 113.

[27] Yuan C, Zhang Y, Pan Y, et al. Investigation of the intercalation of polyvalent cations (Mg^{2+}, Zn^{2+}) into λ-MnO_2 for rechargeable aqueous battery. Electrochim. Acta, 2014, 116: 404 - 412.

[28] Li X, Li Y. MoS_2 Nanostructures: Synthesis and Electrochemical Mg^{2+} Intercalation. The Journal of Physical Chemistry B, 2004, 108(37): 13893 - 13900.

[29] Liu B, Luo T, Mu G, et al. Rechargeable Mg-Ion Batteries Based on WSe_2 Nanowire Cathodes. ACS Nano, 2013, 7(9): 8051 - 8058.

[30] 焦丽芳,袁华堂,李晓冬,等. 可充镁电池有机电解液 $Mg(SnPh_3)_2$ 的研究. 化学通报, 2005(09): 714 - 717.

[31] Wang P, Nuli Y, Yang J, et al. Mixed ionic liquids as electrolyte for reversible deposition and dissolution of magnesium. Surface and Coatings Technology, 2006, 201(6): 3783 - 3787.

[32] 刘玉平,李彦光. 二次化学电池家族的新成员——铝离子电池. 科学通报, 2015(18): 1724 - 1725.

[33] Lin M, Gong M, Lu B, et al. An ultrafast rechargeable aluminium-ion battery. Nature, 2015, 520(7547): 325.